U0390419

大数据与人工智能技术丛书

数据库技术及应用

基于SQL Server 2016和MongoDB

◎ 马忠贵 王建萍 编著

清华大学出版社
北京

内 容 简 介

本书用通俗的语言将抽象的数据库理论具体化，采用目前最流行的关系数据库 SQL Server 2016 和 NoSQL 数据库的典型代表 MongoDB 对照阐述，介绍了数据库的基本原理和主要技术，具体内容包括数据库基础知识、数据模型、SQL Server 2016 数据库基础、关系数据库标准语言、Transact-SQL 程序设计进阶、关系数据库规范化理论、MongoDB 数据库基础、数据库的安全和维护、数据库设计、Java 与数据库编程示例等。

本书内容循序渐进、深入浅出，以一个读者耳熟能详的学生管理信息系统为例贯穿全书，并配有大量的示例、习题和实验项目。本书取材新颖，遵循数据库基本理论与实际应用相结合的原则，在注重理论性、系统性、科学性的同时，兼顾培养读者的自主创新学习能力。

本书可作为高等学校计算机相关专业高年级本科生和专科生的教材，也可供从事相关专业的工程技术人员和科研人员参考。

图书在版编目(CIP)数据

数据库技术及应用：基于 SQL Server 2016 和 MongoDB/马忠贵，王建萍编著．—北京：清华大学出版社，2020

(大数据与人工智能技术丛书)

ISBN 978-7-302-53618-5

Ⅰ．①数…　Ⅱ．①马…　②王…　Ⅲ．①数据库系统　Ⅳ．①TP311.13

中国版本图书馆 CIP 数据核字(2019)第 173910 号

策划编辑：魏江江
责任编辑：王冰飞
封面设计：刘　键
责任校对：白　蕾
责任印制：杨　艳

出版发行：清华大学出版社
网　　址：http://www.tup.com.cn，http://www.wqbook.com
地　　址：北京清华大学学研大厦 A 座　　**邮　　编**：100084
社 总 机：010-62770175　　**邮　　购**：010-62786544
投稿与读者服务：010-62776969，c-service@tup.tsinghua.edu.cn
质量反馈：010-62772015，zhiliang@tup.tsinghua.edu.cn
课件下载：http://www.tup.com.cn，010-83470236
印 装 者：三河市铭诚印务有限公司
经　　销：全国新华书店
开　　本：185mm×260mm　　**印　　张**：27.5　　**字　　数**：665 千字
版　　次：2020 年 5 月第 1 版　　**印　　次**：2020 年 5 月第1 次印刷
定　　价：69.80 元

产品编号：083405-01

前 言

数据库技术是研究数据库的结构、存储、设计、管理和使用的一门学科，已广泛应用到工农业生产、商业、行政管理、科学研究、教育、工程技术和国防军事等各行各业，而且已围绕数据库技术形成了一个巨大的软件产业，即数据库管理系统和各类工具软件的开发与经营。数据库的建设规模、应用深度已成为衡量一个国家信息化程度的重要标志，数据资源和数据库高新技术已经成为世界各国极为重要的优先发展战略。在市场需求的驱动下，数据库技术及应用已成为当前高等院校计算机专业的必修课程、非计算机专业选修的核心课程之一。

在云计算和大数据时代，传统的关系数据库不再是一枝独秀，各种 NoSQL 数据库也不断涌现。过去常说的“信息爆炸”“海量数据”等已经不足以描述这个新事物，于是出现了大数据和数据科学，并成为一个热门的研究领域。未来越来越多的 IT 基础架构将会部署在公有云、私有云或者混合云上，而数据库作为架构中最重要的部分，与云的结合将变得越来越重要。SQL Server 2016 支持云环境，打通了公有云和私有云的界限。提出 NoSQL 技术的目的并不是替代关系数据库技术，而是对其提供一种补充方案。NoSQL 数据库只应用在特定领域，基本上不进行复杂的处理，但它恰恰弥补了关系数据库的不足之处。因此，二者之间不存在对立或替代关系，而是互补关系。结构化数据仍然使用传统的关系数据库处理，而半结构化数据和非结构化数据采用 NoSQL 存储和处理。

数据库知识网站 DB-Engines(https://db-engines.com/en/ranking)根据搜索结果对 357 个数据库系统进行流行度排名，在 2019 年 11 月的流行度排行榜中，SQL Server 排名第三，MongoDB 排名第五，但 MongoDB 在 NoSQL 数据库中排名第一。因此，本书用通俗的语言将抽象的数据库理论具体化，结合目前最流行的关系数据库管理系统——SQL Server 2016 和 NoSQL 数据库 MongoDB 讲述数据库的基本理论与应用。

本书共分 10 章来进行论述。第 1 章为数据库基础知识，从数据管理技术发展的 5 个阶段引出数据库的概念，围绕数据库系统的组成介绍有关名词术语，最后介绍数据库系统的三级模式结构和二级映像功能。第 2 章介绍数据库系统的核心和基础——数据模型。第 3 章对 SQL Server 2016 系统进行概述，以使读者对该系统有整体的认识和了解。第 4 章介绍关系数据库标准语言 SQL，内容包括 SQL 语言的三级模式结构、数据定义语言、数据操纵语言、数据查询语言、数据控制语言和外模式视图。第 5 章介绍 Transact-SQL 程序设计进阶，内容包括批处理、脚本、流程控制语句，以及存储过程和触发器等高级议题。第 6 章介绍关系数据库规范化理论。第 7 章介绍 MongoDB 数据库基础。第 8 章介绍数据库的安全和维护。第 9 章主要介绍数据库设计的任务和特点、设计方法及设计步骤。第 10 章以开发一个学生管理信息系统为例，介绍使用 Java 语言进行 SQL Server 2016 和 MongoDB 数据库系统的开发方法。

本书的主要特色如下：

（1）采用数据库基本理论与实际应用相结合的原则，在注重理论性、系统性、科学性的同时，兼顾培养读者的自主创新学习能力。为此，本书通过目前最流行的数据库管理系统 SQL Server 2016 和 MongoDB 的学习，掌握数据库技术的基本原理，并使用目前比较流行的高级程序设计语言 Java 开发具体的应用系统，旨在培养读者的综合实践与创新能力。

（2）将关系数据库和非关系型数据库结合起来进行介绍。本书用通俗的语言将抽象的数据库理论具体化，结合目前最流行的数据库管理系统 SQL Server 2016 和 MongoDB 对照讲述数据库的基本理论与应用。通过数据分析、处理及解决问题的学习和训练，掌握数据库有关基本知识、基本技术及应用，提高运用数据库技术解决实际应用问题的知识、素质和能力，为以后的学习和工作奠定重要基础。

（3）内容有所取舍，配有丰富的数据库实验项目和大量的示例。通过课堂教学与上机实践相结合的学习方式，使读者系统地掌握数据库的基本原理和技术，掌握数据库设计方法和步骤，具有设计数据库模式以及开发数据库应用系统的基本能力。每章给出基本原理、最新的技术、应用和发展。注：本书提供教学大纲、教学课件、电子教案、程序源码和教学进度表，扫描封底的课件二维码可以下载。

本书可作为高等学校计算机相关专业高年级本科生和专科生的教材，也可作为相关技术人员的参考用书。

在本书的编写过程中，参考了大量数据库相关的技术资料，在此向资料的作者表示感谢。书中的全部 Transact-SQL 语句、MongoDB shell 命令和 Java 程序都上机调试通过。由于编者水平和时间有限，书中不妥之处在所难免，恳请同行专家和广大读者批评指正。

在本书的编写过程中，得到了北京科技大学的相关领导、同事、朋友以及家人的大力支持与帮助，在此一并表示诚挚的感谢！本书的编写得到了“十三五”期间高等学校本科教学质量与教学改革工程建设项目和北京科技大学教材建设经费资助，特此致谢！同时，感谢清华大学出版社魏江江分社长和王冰飞编辑的支持与帮助。

马忠贵

2020 年 1 月于北京

本书资源下载

目 录

第1章

数据库基础知识

随着计算机技术、通信技术和网络技术的发展，人类社会已经进入了信息化时代。当今，信息资源已成为各行各业最重要、最宝贵的财富和资源，建立一个行之有效的信息管理系统是各行各业生存和发展的重要条件。作为信息系统核心技术和重要基础的数据库技术正是瞄准这一目标应运而生、飞速发展起来的专门技术，其是管理信息系统(Management Information System，MIS)、办公自动化系统(Office Automation，OA)、企业资源规划(Enterprise Resource Planning，ERP)、决策支持系统(Decision Support System，DSS)等各类信息管理系统的核心部分，是进行数据资源共享、科学研究和决策管理的重要技术手段，得到了越来越广泛的应用。

数据库技术是一门应用广泛、实用性强的技术。它产生于20世纪60年代末，是数据管理的最新技术，也是计算机科学与技术的重要分支。著名未来学家阿尔文·托夫勒指出："谁掌握了信息，谁控制了网络，谁就将拥有整个世界"。现实世界信息无处不在、数据无处不用，数据库技术作为信息系统的核心和基础，已成为计算机应用的主流，它的出现极大地促进了计算机应用向各行各业的渗透。

对于一个国家来说，数据库的建设规模、数据库信息量的大小和使用频度已成为衡量该国家信息化程度的重要标志。伴随着云计算和物联网的蓬勃发展，信息的收集变得更加全面、更加智能、更加深入，引发了"信息爆炸"。在浩瀚的信息世界中，如何实现信息的存储、访问、共享以及安全是一个至关重要的问题。数据库系统就是研究如何科学地组织数据和存储数据的理论和方法，如何高效地检索数据和处理数据，以及如何既减少数据冗余，又能保证数据安全，实现数据共享的计算机应用技术。数据库可提供高效存储、高效访问、数据共享和数据安全。

在云计算和大数据时代，传统的关系数据库不再是一枝独秀，各种NoSQL(Not Only SQL，不仅仅是SQL)数据库也不断涌现。过去人们常说的"信息爆炸""海量数据"等已经不足以描述当今信息社会，于是出现了大数据和数据科学。未来越来越多的IT基础架构将会部署在公有云、私有云或者混合云上，而数据库作为架构中最重要的部分，与云的结合将变得越来越重要。本书重点介绍的关系数据库SQL Server 2016支持云环境，突破了公有云和私有云的界限。同时，作为关系数据库的补充方案和有效扩展，本书将以NoSQL数据库的典型代表MongoDB为辅进行介绍。

本章从数据管理技术的产生和发展引出数据库的概念；然后围绕数据库系统的组成介绍有关名词术语；最后介绍数据库系统的三级模式结构和二级映像功能。

1.1 数据、信息与数据处理

1.1.1 数据

数据(Data)是数据库中存储与处理的基本对象，是对客观事物、事件的记录和描述。数据在大多数人头脑中的第一个反应就是数字。其实数据不只是简单的数字，还可以是文字、图形、图像、音频、视频、动画、富媒体、学生档案(41751001，王强，男，1997-1-1，内蒙，通信工程1701班)、工作日志、货物的运输情况等，这些都是数据。

数据是描述客观事物的抽象表示和符号记录，是信息的符号表示或载体。数据是使用信息技术进行采集、处理、存储和传输的基本对象。只有承载了信息的符号才是数据。数据＝量化特征描述＋非量化特征描述。例如，在天气预报中，温度的高低可以量化表示，而“刮风”或“下雨”等特征则需要用文字或图形符号进行描述，它们都是数据，只是数据类型不同而已。

1.1.2 信息

信息(Information)是现实世界中各种客观事物的存在方式、运动状态和特征及其之间相互联系等要素在人脑中的反映，通过人脑抽象后形成的概念及描述，是数据的内涵或语义解释。信息可以被感知、存储、加工、传递和再生。数据与信息是密不可分的，必须赋予一定的语义才能使数据具有意义。例如1980，若描述一个人的出生日期，表示1980年；若描述一个人的身高，表示1980mm。

1.1.3 数据处理

数据处理(Data Processing)是将数据转换成信息的过程，包括对数据的采集、编码、存储、传输、分类、加工、检索、变换、维护等一系列活动，其目的是从大量的原始数据中抽取和推导出有价值的数据(信息)，作为决策和行动的依据，其实质是信息处理。

数据处理的方式有多种。以处理设备的结构方式区分，有联机处理方式和脱机处理方式；以数据处理时间的分配方式区分，有批处理方式、分时处理方式和实时处理方式；以数据处理空间的分布方式区分，有集中式处理方式和分布式处理方式；以中央处理器的工作方式区分，有单道作业处理方式、多道作业处理方式和交互式处理方式。不同的处理方式要求不同的硬件和软件支持，每种处理方式都有各自的特点，用户可以根据应用问题的实际环境选择合适的处理方式。

在数据处理的一系列活动中，数据采集、编码、存储、传输、分类、检索等操作是基本环节，这些基本环节统称为数据管理。数据、信息及数据处理之间的关系如图1-1所示。

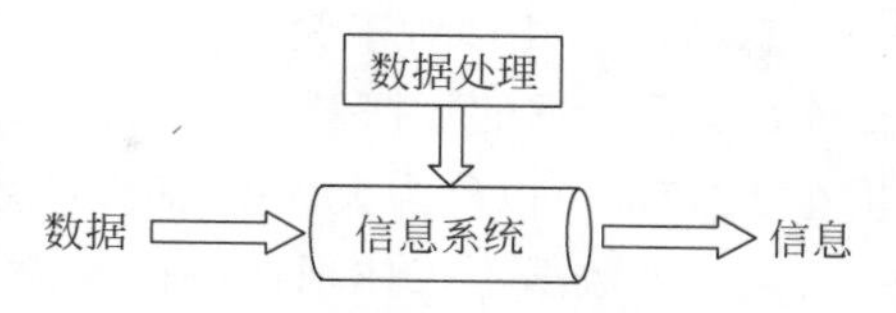

图1-1　数据、信息及数据处理之间的关系

1.2　大数据概述

1.2.1　大数据的定义

什么是大数据？大数据和数据库领域的超大规模数据库（Very Large Database，VLDB）、海量数据（Massive Data）有什么区别？

"超大规模数据库"这个词是在20世纪70年代中期出现的，是指数据库中管理的数据集有数百万条记录。"海量数据"则是21世纪初出现的词，用来描述更大的数据集以及更加丰富的数据类型。2008年9月，*Science* 发表了一篇文章 *Big Data：Science in the Petabyte Era*，"大数据"这个词开始被广泛传播。这些词都表示需要管理的数据规模很大，相对于当时的计算机存储和处理技术水平而言遇到了技术挑战，需要计算机界研究和发展更加先进的技术才能有效地存储、管理和分析它们。

对于大数据（Big Data）的定义，不同的研究机构基于不同的角度给出不同的定义。

高德纳（Gartner）咨询有限公司给出了这样的定义："大数据"是需要新的处理模式才能具有更强的决策力、洞察发现力和流程优化能力来适应海量、高增长率和多样化的信息资产。

全球著名的管理公司麦肯锡给出的定义是：一种规模大到在获取、存储、管理、分析方面极大地超出了传统数据库软件工具能力范围的数据集合，具有海量的数据规模、快速的数据流转、多样的数据类型和价值密度低4大特征。

国际数据公司（International Data Group，IDG）给出的定义是：大数据一般会涉及两种或两种以上的数据形式，它需要收集超过100TB（$1TB=2^{40}B$）的数据，并且是高速实时数据流；或者是从小数据开始，但数据每年的增长速率至少为60%。

2015年8月31日，中华人民共和国国务院在《促进大数据发展行动纲要》中指出："大数据是以容量大、类型多、存取速度快、应用价值高为主要特征的数据集合，正快速发展为对数量巨大、来源分散、格式多样的数据进行采集、存储和关联分析，从中发现新知识、创造新价值、提升新能力的新一代信息技术和服务业态。"《大数据白皮书2016》称："大数据是新资源、新技术和新理念的混合体。从资源视角看，大数据是新资源，体现了一种全新的资源观；从技术视角看，大数据代表了新一代数据管理和分析技术；从理念的视角看，大数据打开了一种全新的思维角度。"

作为特指的大数据，其中的"大"是指大型数据集，一般在10TB规模左右。多用户把多个数据集放在一起，形成PB级的数据量。同时这些数据来自多种数据源，包括结构化、半结构化和非结构化的数据，以实时、迭代的方式来实现。总地来说，大数据是指所涉及的数据规模或复杂程度超出了传统数据库和软件技术所能管理和处理的数据集范围。

总结以上几种对于大数据的不同定义,不难发现大数据概念具有两点共性。

(1) 大数据的数据量标准是随着计算机软/硬件的发展而不断增长。例如1GB的数据量在20年前可以称为大数据,而今的数据量已上升到了太字节(TB)或拍字节(PB)量级。

(2) 大数据不仅体现在数据规模上,还包含了不同于传统数据库软件获取、存储、管理、分析能力的提升。

同时,读者应注意区分"大数据""超大规模数据库"和"海量数据"这几个概念,可以从以下两个方面加以区分。

(1) 从目标性来看,以上三者都具有数据容量大的特点。但大数据的目标是从大量数据中提取相关的价值信息,所以大数据并非只是大量数据无意义的堆积,其数据之间具有一定的直接或者间接联系。因此数据之间是否具有结构性和关联性是大数据和"海量数据""大规模数据"的重要差别。

(2) 从技术方面而言,大数据能够快速、高效地对多种类型的数据进行处理和整合,从而获得有价值的信息,这也是大数据不同于"海量数据"和"超大规模数据库"的最主要特征。在数据处理过程中,大数据处理技术运用了数据挖掘、分布式处理、聚类分析等多种方法,并对相关的硬件发展和软/硬件的集成技术提出了较高要求。

大数据通常与Hadoop、NoSQL、数据分析与挖掘、数据仓库、商业智能以及开源云计算架构等诸多热点话题联系在一起。

1.2.2 大数据的特征

大数据不仅仅是容量大,还具有许多重要的特征。IBM公司将其归纳为5个V,即Volume(容量大)、Variety(多样性)、Velocity(存取速度快)、Value(低价值密度)、Veracity(真实性)。

1. 容量大

大数据的首要特征是容量大,而且在持续、急剧地增长。"容量大"是一个相对于计算和存储能力的说法。基于计算机的数据存储和运算是以字节(Byte)为单位的,按从小到大的顺序为Byte、KB(KiloByte,千字节)、MB(MegaByte,兆字节)、GB(GigaByte,吉字节)、TB(TeraByte,太字节)、PB(PetaByte,拍字节)、EB(ExaByte,艾字节)、ZB(ZettaByte,泽字节)、YB(YottaByte,尧字节)、BB(BrontoByte,一千亿亿亿字节)、NB(NonaByte,一百万亿亿亿字节)、DB(DoggaByte,十亿亿亿亿字节),它们按照进率1024(2^{10})来计算。据国际著名的咨询公司IDC的研究报告称,到2020年全球数据总量将达到40ZB,人均5.2TB,数据量的大小决定所考虑的数据的价值和潜在的信息。

2. 多样性

海量数据引发的危机并不单纯是数据量的爆炸性增长,还涉及数据的多样性,具体表现为:

(1) 数据格式多样性。数据不仅包含数字、文字、日期等结构化数据,还包括图形、图像、音频、视频、地理位置等非结构化数据和半结构化数据,如表1-1所示。

表 1-1　结构化数据、非结构化数据与半结构化数据的区别与联系

类　　型	含　　义	本　　质	举　　例
结构化数据	直接可以用传统的关系数据库存储和管理的数据	先定义结构，后有数据	关系数据库中的数据
非结构化数据	无法用关系数据库存储和管理的数据	没有(或难以发现)统一结构的数据	语音、图像、视频等
半结构化数据	经过一定转换处理后可以用传统的关系数据库存储和管理的数据	先有数据，后有结构(或较容易发现其结构)	HTML、XML 文件等

(2) 来源多样性。互联网应用、电子商务领域、电信运营商、全球定位系统、社交网络、各种传感器数据等。

3. 存取速度快

大数据的存取速度快也称为实时性，一方面指数据到达和增长的速度很快，另一方面指数据处理的速度很快，能实时地进行分析和处理。数据处理遵循“1 秒定律”，可从各种类型的数据中快速获得高价值的信息。

4. 低价值密度

大数据的价值是潜在的、巨大的。但在大数据中，价值密度的高低与数据总量的大小之间并不存在线性关系，有价值的数据往往被淹没在海量的无用数据之中。例如，在一段长达 1 小时的连续不间断监控视频中，可能有用的数据仅仅只有几秒。因此，如何从海量数据中洞察有价值的数据成为大数据的重要课题。

5. 真实性

真实性指的是当数据的来源变得更多元时，这些数据本身的可靠度、质量是否足够。如果数据本身就是有问题的，那么分析后的结果也不会是正确的。真实性旨在针对大数据噪音、数据缺失、数据不确定等问题强调数据质量的重要性，以及保证数据质量所面临的巨大挑战。

大数据与传统数据的区别如表 1-2 所示。

表 1-2　大数据与传统数据的区别

比较项目	传统数据	大　数　据
数据规模	规模小，以 MB、GB 为处理单位	规模大，以 TB、PB 为处理单位
数据增长速度	每小时、每天	更加迅速
数据结构类型	单一的结构化数据	多样性
数据源	集中的数据源	分布式的数据源
数据存储	关系数据库管理系统	分布式文件系统(HDFS)、非关系型数据库(NoSQL)
模式和数据的关系	先有模式，后有数据	先有数据，后有模式，且模式随数据变化而不断演变
处理对象	数据仅作为被处理对象	作为被处理对象或辅助资源来解决其他领域问题
处理工具	一种或少数几种处理工具	不存在单一的处理工具

1.2.3 大数据的作用

大数据的作用如下：

(1) 对大数据的分析正成为新一代信息技术融合应用的焦点。移动互联网、物联网、社交网络、数字家庭、电子商务等是新一代信息技术的应用形态，这些应用不断产生大数据。云计算为这些海量、多样化的大数据提供存储和运算平台。通过对不同来源数据的管理、处理、分析与优化，将结果反馈到上述应用中，将创造出巨大的经济和社会价值。卡内基·梅隆大学海因兹学院院长 Ramayya Krishnan 指出：大数据具有催生社会变革的能量。但释放这种能量，需要严谨的数据治理、富有洞察力的数据分析和激发管理创新的环境。

(2) 大数据是信息产业持续高速增长的新引擎。面向大数据市场的新技术、新产品、新服务、新业态会不断涌现。在硬件与集成设备领域，大数据将对芯片、存储产业产生重要影响，还将催生一体化数据存储处理服务器、内存计算等市场。在软件与服务领域，大数据将引发数据快速处理、数据挖掘技术和软件产品的发展。

(3) 大数据的利用将成为提高核心竞争力的关键因素。各行各业的决策正在从"业务驱动"转为"数据驱动"。对大数据的分析可以使零售商实时掌握市场动态并迅速做出应对；可以为商家制定更加精准有效的营销策略提供决策支持；可以帮助企业为消费者提供更加及时和个性化的服务；在医疗领域，可提高诊断准确性和药物有效性；在公共事业领域，大数据也开始发挥促进经济发展、维护社会稳定等方面的重要作用。

(4) 大数据时代科学研究的方法手段将发生重大改变。例如，抽样调查是社会科学的基本研究方法。在大数据时代，可通过实时监测、跟踪研究对象在互联网上产生的海量行为数据进行挖掘分析，揭示规律性的东西，提出研究结论和对策。

1.3 数据管理技术的产生与发展

数据库技术是应数据管理任务的需要而产生的。数据管理就是对数据进行采集、编码、存储、传输、分类、检索等操作的一系列活动的总和，是数据处理的核心。数据管理技术的发展与计算机硬件、系统软件及计算机应用的范围有着密切的联系。数据管理技术的发展经历了5个阶段，即人工管理阶段、文件系统管理阶段、数据库系统管理阶段、高级数据库系统管理阶段、新兴数据管理阶段。在计算机软/硬件的发展和应用需求的推动下，每一阶段的发展以数据存储冗余不断减小、数据独立性不断增强、数据操作更加方便和简单为标志。

数据管理技术也可以以大数据为标志粗略地划分为传统数据管理技术和新兴数据管理技术两个阶段。

(1) 传统数据管理技术是在大数据时代到来之前已经广泛使用的数据管理技术，主要包括文件系统、数据库系统、高级数据库系统。根据数据组织形式及管理对象的不同，将数据库系统进一步分为关系数据库、层次数据库、网状数据库、面向对象数据库、XML数据库、分布式数据库等不同类型。其中，关系数据库是目前应用最为广泛的数据管理技术之一。

(2) 随着大数据时代的到来,针对大数据时代数据管理新需求(高扩展性、高性能、高容错性、高可伸缩性、高经济性)提出了新兴数据管理技术,包括 NoSQL 技术和关系云。NoSQL 技术是关系数据库系统的重要补充,而关系云是关系数据库系统向云端迁移。

下面简单描述数据管理技术发展的 5 个发展阶段。

1.3.1 人工管理阶段

在计算机出现之前,人们运用常规的手段从事记录、存储和对数据加工,也就是利用纸张来记录和利用计算工具(算盘、计算尺)来计算,主要使用人的大脑来管理和利用这些数据。20 世纪 50 年代中期以前属于人工管理阶段。在这一阶段,以电子管为主要元器件的计算机主要用于科学计算。在硬件方面,外部存储器只有磁带机、卡片机和打孔纸带机等,还没有磁盘等直接存取数据的存储设备。在软件方面,只有汇编语言,既没有操作系统,也无数据管理方面的软件,而且数据处理方式基本是批处理。因此,从计算机内记录的数据上看,数据量小,数据无结构。用户直接管理数据,且数据间缺乏逻辑组织,数据仅依赖特定的应用,缺乏独立性。

在人工管理阶段,数据管理有如下几个特点:

(1) 数据不单独保存。因为该阶段的计算机主要应用于科学计算,对于数据保存的需求尚不迫切,且数据与程序是一个整体,数据只为本程序所使用。故所有程序的数据均不单独保存。

(2) 没有专用的软件对数据进行管理。数据需要由应用程序自己管理,没有相应的软件系统负责数据的管理工作。因此,每个应用程序不仅要规定数据的逻辑结构,而且要设计物理结构,包括存储结构、存取方法、输入方式等,程序员的负担很重。

(3) 数据不共享。数据是面向程序的,一组数据只能对应一个程序。当多个应用程序涉及某些相同的数据时,也必须各自定义,因此程序之间有大量的冗余数据。

(4) 数据不独立。程序依赖于数据,如果数据的类型、格式或输入/输出方式等逻辑结构或者物理结构发生变化,必须对应用程序做出相应的修改。数据脱离了程序则无任何存在的价值,因此数据不独立。

人工管理阶段程序与数据之间的关系如图 1-2 所示。

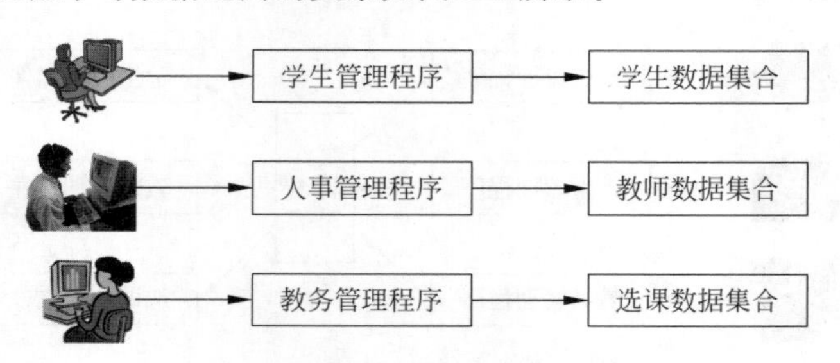

图 1-2 人工管理阶段程序与数据之间的关系

1.3.2 文件系统管理阶段

从20世纪50年代后期到60年代中期，计算机以晶体管取代了运算器和控制器中的电子管，不仅用于科学计算，还大量应用于信息管理。大量的数据存储、检索和维护成为紧迫的需求。在硬件方面，有了磁盘、磁鼓等直接存储设备；在软件方面，出现了高级语言和操作系统，且操作系统中有了专门管理数据的软件，一般称之为文件系统；在处理方式方面，不仅有批处理，还有联机实时处理。例如，在通过计算机管理数据的时候，通常使用文本文件或者Excel电子制表软件，这就是非常简单的文件系统。

用文件系统管理数据的特点如下：

(1) 数据以文件形式可以长期保存在外存储设备上。由于计算机大量用于数据处理，数据需要长期保存在外部存储设备(磁盘)上，以便用户可随时对文件进行查询、修改、增加和删除等处理。

(2) 文件系统可对数据的存取进行管理。有专门的软件(即文件系统)对数据进行简单管理，文件系统把数据组织成相互独立的数据文件，利用"按名访问，按记录存取"的管理技术对文件进行修改、增加和删除操作。

(3) 数据共享性差，冗余度大。由于数据的基本存取单位是记录，因此程序员之间很难明白他人数据文件中数据的逻辑结构。理论上，一个用户可通过文件系统访问很多数据文件，但实际上，一个数据文件只能对应于同一程序员的一个或几个程序，不能共享，即文件仍然是面向应用的。当不同的应用程序具有部分相同的数据时，也必须建立各自的文件，而不能共享相同的数据，因此数据的冗余度大，浪费存储空间。由于相同数据的重复存储、各自管理，在进行更新操作时，容易造成数据的不一致性。

(4) 数据独立性差。文件系统中的文件是为某一特定应用服务的，文件的逻辑结构对该应用程序来说是优化的，若要对现有的数据增加一些新的应用将会很困难，系统不容易扩充。数据和程序相互依赖，一旦改变数据的逻辑结构，必须修改相应的应用程序。而应用程序发生变化，如改用另一种程序设计语言来编写程序，也需修改数据结构。因此，数据和程序之间缺乏独立性。

(5) 无法应对突发事故。当文件被误删、硬盘出现故障等导致无法读取的时候，可能会造成重要数据丢失，同时数据还可能被他人轻易读取或盗用。

文件系统管理阶段应用程序与数据之间的关系如图1-3所示。

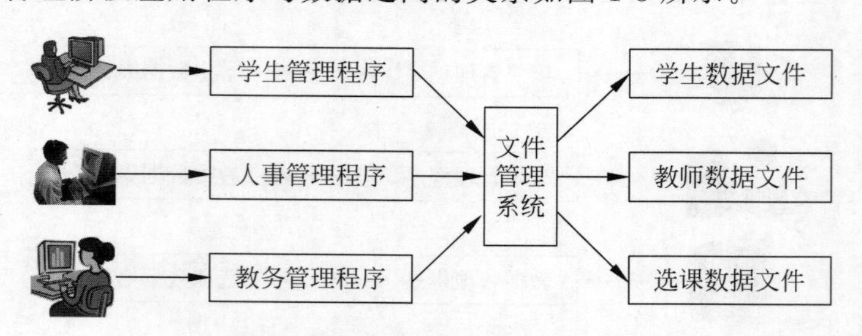

图1-3 文件系统管理阶段应用程序与数据之间的关系

1.3.3 数据库系统管理阶段

20世纪60年代后期，计算机硬件、软件有了进一步的发展。计算机应用于管理的规模更加庞大，数据量急剧增加；在硬件方面出现了大容量磁盘，使计算机联机存取大量数据成为可能；硬件价格下降，而软件价格上升，使开发和维护系统软件的成本增加。文件系统的数据管理方法已无法适应开发应用系统的需要。为解决多用户、多个应用程序共享数据的需求，出现了统一管理数据的专门软件系统，即数据库管理系统。业务数据的快速发展及迫切需求极大地促进了数据库技术产生、发展和数据库管理系统的研发，数据库成为计算机科学与技术领域中最具影响力和发展潜力、应用范围最广、成果最显著的技术之一，开始进入"数据库时代"。用数据库系统来管理数据比用文件系统具有明显的优点，从文件系统到数据库系统，标志着数据管理技术的飞跃。

数据库系统管理阶段的特点如下：

(1) 数据结构化。有了数据库系统后，数据库中的任何数据都不属于任何应用。数据是公共的，结构是全面的。在描述数据时不仅要描述数据本身，还要描述数据之间的联系。它是按照某种数据模型将某一领域的各种数据有机地组织到一个结构化的数据库中。数据结构化是数据库的主要特征之一，也是数据库系统与文件系统的本质区别。

例如要建立学生学籍管理系统，该系统包含学生(学号，姓名，性别，系)、课程(课程号，课程名，学分，教师)、成绩(学号，课程号，成绩)等数据，分别对应3个文件。若采用文件处理方式，因为文件系统只表示记录内部的联系，而不涉及不同文件记录之间的联系，若查找某个学生的学号、姓名、所选课程的名称和成绩，必须编写一段程序来实现。而采用数据库方式，数据库系统不仅描述数据本身，还描述数据之间的联系，上述查询可以非常容易地进行 。

(2) 数据共享性高、冗余度低，易扩展。数据库系统从全局角度看待和描述数据，数据不再面向某个应用程序而是面向整个系统，因此数据可以被多个用户、多个应用共享使用。这样便减少了不必要的数据冗余，节约了存储空间，同时也避免了数据之间的不相容性与不一致性。由于数据面向整个系统，是有结构的数据，不仅可被多个应用共享使用，而且容易增加新的应用，这就使得数据库系统弹性大，易于扩展，可以适应各种用户的要求。

(3) 数据独立性高。数据独立性是指应用程序和数据之间相互独立，不受影响。它是数据库系统的重要特性，是通过数据库系统的二级映像功能来实现的(将在1.5节中讲解)。数据独立性包括数据的逻辑独立性和物理独立性。数据的逻辑独立性是指用户的应用程序与数据库的逻辑结构是相互独立的，即当数据的总体逻辑结构改变时，数据的局部逻辑结构不变，由于应用程序是依据数据的局部逻辑结构编写的，所以应用程序不需修改，从而保证了数据与程序间的逻辑独立性。例如，在原有的记录类型之间增加新的联系，或在某些记录类型中增加新的数据项，均可确保数据的逻辑独立性。

数据的物理独立性是指用户的应用程序与存储在磁盘上的数据库中的数据是相互独立的，即当数据的存储结构改变时，数据的逻辑结构不变，从而应用程序也不必改变。例如，改变存储设备和增加新的存储设备，或改变数据的存储组织方式，均可确保数据的物理独立性。

(4) 数据由数据库管理系统统一管理和控制，数据的完整性和安全性高。数据库为多个用户和应用程序所共享，对数据的存取往往是并发的，即多个用户可以同时存取数据库中的数据，甚至可以同时存取数据库中的同一个数据。为确保数据库中数据的正确和数据库系统的有效运行，数据库管理系统提供以下 4 个方面的数据控制功能。

- 数据的安全性(Security)控制。数据的安全性是指保护数据，以防止不合法使用数据造成数据的泄密和破坏，保证数据的安全和机密，使每个用户只能按规定对某些数据以某些方式进行使用和处理。例如，系统提供口令检查或其他手段来验证用户身份，防止非法用户使用系统。当然，也可以对数据的存取权限进行限制，只有通过检查后才能执行相应的操作。
- 数据的完整性(Integrity)控制。数据的完整性是指系统通过设置一些完整性规则来确保数据的正确性、有效性和相容性。完整性控制将数据控制在有效的范围内，或保证数据之间满足一定的关系。正确性是指数据的合法性，例如年龄属于数值型数据，只能包含 0、1、…、9，不能包含字母或特殊符号。有效性是指数据是否在其定义的有效范围，例如月份只能用 1～12 的正整数表示。相容性是指表示同一事实的两个数据应相同，否则就不相容，例如一个人不能有两个性别。
- 数据的并发(Concurrency)控制。当多用户同时存取或修改数据库时，可能会发生相互干扰而提供给用户不正确的数据，并使数据库的完整性受到破坏，因此必须对多用户的并发操作加以控制和协调，防止相互干扰而得到错误的结果。
- 数据恢复(Recovery)。计算机系统出现各种故障是很正常的，数据库中的数据被破坏或丢失也是可能的。当数据库被破坏或数据不可靠时，系统有能力将数据库从错误状态恢复到最近某一时刻的正确状态。

数据库系统管理阶段应用程序与数据之间的关系如图 1-4 所示。

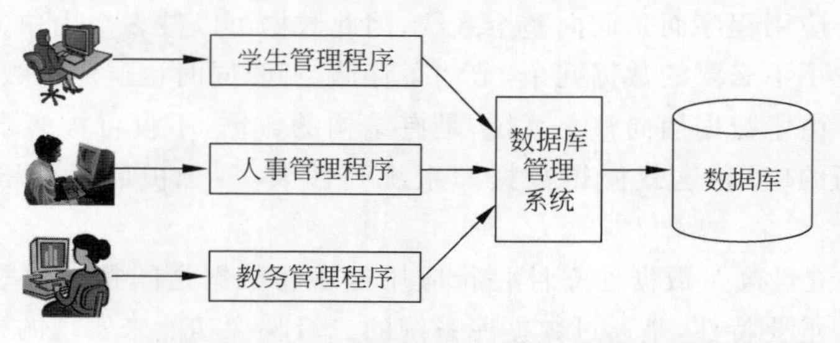

图 1-4　数据库系统管理阶段应用程序与数据之间的关系

从文件系统管理发展到数据库系统管理是信息处理领域的一个重大变化。在文件系统管理阶段，人们关注的是系统功能的设计，因此程序设计处于主导地位，数据服从于程序设计；而在数据库系统管理阶段，数据的结构设计成为信息系统首先关心的问题。

1.3.4 高级数据库系统管理阶段

20 世纪 70 年代，层次型、网状、关系三大数据库系统奠定了数据库技术的概念、原理和方法。从 20 世纪 80 年代以来，数据库技术在商业领域的巨大成功刺激了其他领域对数据库技术需求的迅速增长。这些新的领域为数据库应用开辟了新的天地，同时在应用中提出的一些新的数据管理的需求也直接推动了数据库技术的研究和发展，尤其是面向对象数据库系统。同时，数据库技术不断与其他计算机分支结合向高级数据库技术发展。例如，数据库技术与分布式处理技术相结合出现了分布式数据库系统，数据库技术与并行处理技术相结合出现了并行数据库系统等。

1. 面向对象数据库系统

面向对象数据库是面向对象的程序设计技术与数据库技术相结合的产物，是为了满足新的数据库应用需求而产生的新一代数据库系统。面向对象数据库的主要特点是具有面向对象技术的封装性和继承性，提高了软件的可重用性。把面向对象的方法和数据库技术结合起来可以使数据库系统的分析和设计最大限度地与人们对客观世界的认识相统一。其通过类似面向对象语言的语法操作数据库，通过对象的方式存取数据，比较典型的面向对象数据库的代表是db4o和Versant。

面向对象数据库的特点如下：

(1) 易维护。采用面向对象的思想设计结构，可读性高。由于继承的存在，即使需求发生变化，维护也只是在局部模块，所以维护起来非常方便。

(2) 质量高。具有面向对象技术的封装性(数据与操作定义在一起)和继承性(继承数据结构和操作)的特点，提高了软件可重用性。在设计时，可重用已有的稳定的基类，使系统满足业务需求并具有较高的质量。

(3) 效率高。在软件开发时，根据设计的需要对现实世界的事物进行抽象，产生类。使用这样的方法解决问题，接近于日常生活和自然的思考方式，必然会提高软件开发的效率。

(4) 易扩展。由于面向对象具有继承、封装、多态的特点，自然可以设计出高内聚、低耦合的系统结构，使得系统更灵活、更容易扩展，而且成本较低。

面向对象数据库与传统数据库的区别如下：

(1) 面向对象模型是一种层次式的结构模型。

(2) 面向对象数据模型是将数据与操作封装于一体的结构方式。

(3) 面向对象数据模型具有构造多种复杂抽象数据类型的能力。

(4) 面向对象数据模型具有不断更新结构的模式演化能力。

2. 分布式数据库系统

随着地域上分散而管理上集中的企业的不断增加，对数据的需求不再局限于本地，而要求能存取异地数据。此外，网络技术的飞速发展为实现这一需求提供了物质基础，于是产生了分布式数据库系统。分布式数据库系统是指数据分别存储在计算机网络中的各台计算机上的数据库。分布式数据库系统通常使用较小的计算机系统，每台计算机可单独放在一个地方，每台计算机中都可能有数据库管理系统的一份完整复制副本，或者部分复制副本，并具有自己局部的数据库。位于不同地点的许多计算机通过网络互相连接，共同组成一个完整的、全局的、逻辑上集中、物理上分布的大型数据库。分布式数据库的基本思想是将传统集中式数据库中的数据分散存储到多个通过网络连接的数据存储结点上，以获取更大的存储容量和更高的并发访问量。近年来，随着数据量的井喷式增长，传统的关系数据库开始从集中式模型向分布式架构发展。

另外，随着大数据的快速发展，关系型数据库开始暴露出一些难以克服的缺点。以NoSQL为代表的非关系型数据库，因高可扩展性、高并发性等优势得到了快速发展，正日渐成为大数据时代下分布式数据库领域的主力。例如Hadoop的分布式文件系统HDFS，作为开源的分布式平台，为目前流行的HBase等分布式数据库提供了支持。

分布式数据库系统的特点如下：

(1) 高可扩展性。分布式数据库能够动态地增添存储结点，以实现存储容量的线性扩展。

(2) 高并发性。分布式数据库必须及时响应大规模用户的读/写请求，能对海量数据进行随机读/写。

(3) 高可用性。分布式数据库必须提供容错机制，能够实现对数据的冗余备份，保证数据和服务的高度可靠性。

分布式数据库相对于传统集中式数据库的优点如下：

(1) 更高的数据访问速度。分布式数据库采用备份的策略实现容错，客户端可以并发地从多个备份服务器同时读取，从而提高了数据访问速度。

(2) 更强的可扩展性。分布式数据库可以通过增加存储结点来实现存储容量的线性扩展，而集中式数据库的可扩展性十分有限。

(3) 更高的并发访问量。分布式数据库由于采用多台主机组成存储集群，所以相对于集中式数据库而言，它可以提供更高的用户并发访问量。

分布式数据库系统兼顾集中管理和分布处理两项任务，因此具有良好的性能，其具体结构如图1-5所示。

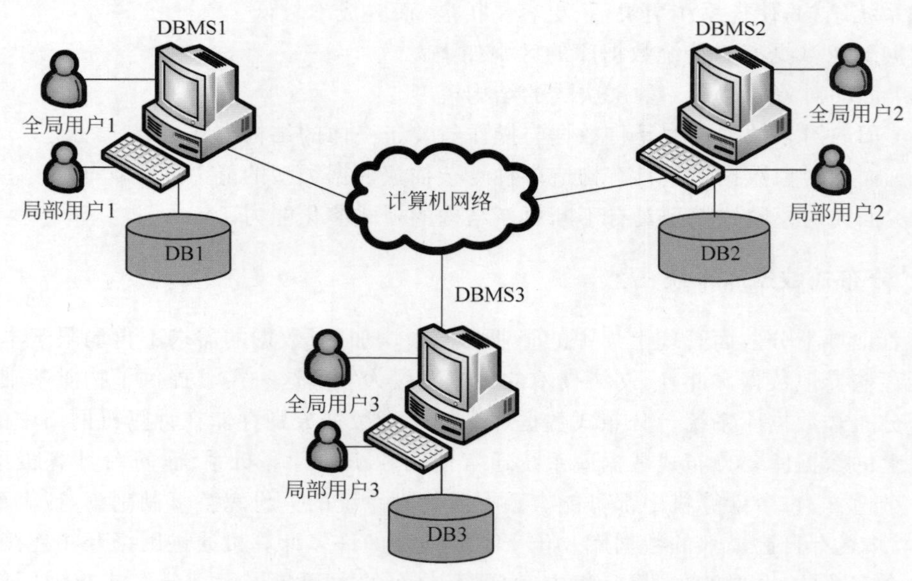

图1-5 分布式数据库系统

3. 并行数据库系统

并行数据库是利用并行计算机技术使数个、数十甚至成百上千台计算机协同工作，实现并行数据管理和并行查询功能，提供一个高性能、高可靠性、高扩展性的数据库管理系统，能够快速查询大量数据并处理大量的事务。并行数据库的目标是通过多个处理结点并行执行数据库任务，以提高整个数据库系统的性能和可用性。

1.3.5 新兴数据管理阶段

自 20 世纪以来，随着网络及计算机技术的发展，社会各行各业逐步走上了信息化的道路并积累了海量的数据。随着 Web 2.0、物联网和云计算技术的兴起，微博、社交网络、电子商务、生物工程等领域的不断发展，各领域数据呈现爆炸式的增长和积累，并超越了相应数据仓库和数据处理资源的发展，传统关系数据库越来越显得力不从心。如何采用新的技术和方法实现 PB 级甚至 ZB 级海量数据的存储和分析是当前面临的巨大挑战。爆炸式增长的数据正在引领一场新的时代变革，大数据时代已经来临。NoSQL 数据库也进入了发展期，其改变了关系数据库中以元组和关系为单位进行数据建模的方法，开始支持数据对象的多样性和复杂性。例如，不仅支持数据对象的嵌套，而且支持存放列表数据等。与关系数据库相比，NoSQL 数据库高度关注数据高并发读/写和海量数据的存储，在架构和模型方面做了简化，且在扩展性和并发等方面进行了增强。截至目前，已有 100 多种 NoSQL 数据库。虽然 NoSQL 数据库有很多，但采用的主要数据模型只有 4 种，分别是关键字-值（Key-Value）模型、列存储（Column-Oriented）模型、文档（Document）模型和图存储模型。

在大数据时代，关系数据库技术的优势与不足日益凸显，如表 1-3 所示，使得 NoSQL 数据库和云数据库系统等新兴数据管理技术逐渐成为主流。

表 1-3 关系数据库的优缺点

关系数据库的优势	关系数据库的不足
(1) 数据一致性高，遵循 ACID 原则。由于关系数据库具有较为严格的事务处理要求，它能够保持较高的数据一致性。 (2) 数据存储的冗余度低。由于关系数据库是以规范化理论为前提，通常，相同字段只能保存一处，数据冗余性较低，数据更新的开销较小。	(1) 高并发读/写速度慢。在关系数据库中，为了提高读/写效率，一般采用主从模式，即数据的写入由主数据库负责，而数据的读入由从数据库负责。因此，主数据库上的写入操作往往成为瓶颈。由于关系数据库的系统逻辑非常复杂，当数据量达到一定规模时，易出现死锁等并发问题，导致其读/写速度迅速下滑。 (2) 支撑容量有限。类似于微博、微信、Facebook、Twitter 这样的社交网站，用户数量巨大，每天能产生海量用户动态，每月能产生上亿条用户动态。关系型数据库在一张有数亿条记录的表中进行 SQL 查询时，效率极低，甚至让人无法忍受。 (3) 不适用于数据模型不断变化的应用场景，扩展困难。在关系数据库及其应用系统中，数据模型和应用程序之间的耦合高。当数据模型发生变化（例如新增或减少一个字段等）时，需要对应用程序代码进行修改。当一个应用系统的用户量和访问量不断增加时，关系数据库无法通过简单添加更多的硬件和服务结点来扩展性能和负载能力。很多需要提供不间断服务的网站不得不停机维护进行数据迁移，以完成数据库系统的升级和扩展。

续表

关系数据库的优势	关系数据库的不足
(3) 处理复杂查询的能力强。在关系数据库中可以进行JOIN等复杂查询。 (4) 成熟度高。关系数据库技术及其产品已经较为成熟，稳定性高，系统缺陷少	(4) 数据的频繁操作代价大。为了确保关系数据库的事务处理和数据一致性，在对关系数据库进行修改操作时往往需要采用共享锁和排他锁的方式放弃多个进程同时对同一个数据进行更新操作。 (5) 数据的简单处理效率较低。在关系数据库中，SQL语言编写的查询语句需要完成解析处理才能进行。因此，当数据操作非常简单时，也需要进行解析、加锁、解锁等操作，导致关系数据库对数据的简单处理效率较低。 (6) 建设和运维成本高。企业级数据库的License价格惊人，并且随着系统的规模不断上升。同时系统的管理维护成本也无法满足云计算应用对数据库的要求

1. NoSQL数据库

大数据给数据管理、数据处理和数据分析提出了全面挑战。支持海量数据管理的系统应具有高可扩展性(满足数据量增长的需要)、高性能(满足数据读/写的实时性和查询处理的高性能)、容错性(保证分布式系统的可用性)、可伸缩性(按需分配资源)等。传统的关系数据库在系统的可扩展性、可伸缩性、容错性等方面难以满足海量数据的柔性管理需求，NoSQL技术顺应大数据发展的需要，蓬勃发展。NoSQL是指非关系型的、分布式的、不严格遵循ACID原则的一类分布式数据管理系统。NoSQL有两种解释：一种是Non-Relational，即非关系数据库；另一种是Not Only SQL，即数据管理技术不仅仅是SQL，也就是说NoSQL为数据管理提供了一种补充方案。目前第二种解释更为流行。

相对于关系数据库，NoSQL数据库的主要优势体现在以下几个方面：

(1) 易于数据的分散存储与处理。NoSQL数据库通过放弃部分复杂处理能力(例如JOIN处理)的方式，支持将数据分散存放在不同服务器上，解决了关系数据库在大量数据的写入操作上的瓶颈。在关系数据库中，为了对数据进行JOIN处理，需要把涉及JOIN处理的数据事先存放在同一个服务器上。

(2) 数据的频繁操作代价低以及数据的简单处理效率高。NoSQL数据库通过采用缓存技术较好地支持同一个数据的频繁处理，提高了数据简单处理的效率。

(3) 适用于数据模型不断变化的应用场景。NoSQL数据库遵循"先有数据，后有结构"的设计模式，具有较强的应变能力。

需要注意的是，提出NoSQL技术的目的并不是替代关系数据库技术，而是对其提供一种补充方案。NoSQL数据库只应用在特定领域，基本上不进行复杂的处理，但它恰恰弥补了之前所列举的关系数据库的不足之处。因此，二者之间不存在对立或替代关系，而是互补关系。如果需要处理关系数据库擅长的问题，那么仍然首选关系数据库技术；如果需要处理关系数据库不擅长的问题，那么不再仅仅依赖于关系数据库技术，可以考虑更加适合的数据存储技术，例如NoSQL技术等。

在1998年，Carlo Strozzi首先提出了NoSQL这个术语。2009年初该术语再一次出现，当时Eric Evans在一次关于开源分布式数据库的活动中使用这个术语来提及非关系型且不遵循关系数据库的ACID特性的分布式数据库。当前主流的NoSQL数据库主要有4种，分别为BigTable、Cassandra、Redis、MongoDB，它们在设计理念、数据模型、分布式等方面存在着较大的区别，如表1-4所示。

表1-4　当前主流的NoSQL数据库

因　素	数　据　库			
	BigTable	Cassandra	Redis	MongoDB
设计理念	海量存储和处理	简单和有效的扩展	高并发	全面
数据模型	列存储模型	列存储模型	Key-Value模型	文档模型
体系结构	单服务器技术	P2P结构	Master-Slave结构	Master-Slave结构
特色	支撑海量数据	采用Dynamo和P2P，能够通过简单添加新的结点来扩展集群	List/Set的处理，逻辑简单，纯内存操作	全面
不足	不适应低时延应用	Dynamo机制受到质疑	分布式方面支持受限	在性能和扩展方面优势不明显

2．云数据库

云计算的定义有多种，目前广为接受的是美国国家标准与技术研究院的定义：云计算是一种按使用量付费的模式，送种模式提供可用的、便捷的、按需的网络访问，进入可配置的计算资源共享池(资源包括网络、服务器、存储、应用软件、服务)，这些资源能够被快速提供。只需投入很少的管理工作，或与服务供应商进行很少的交互，本质上就是虚拟化技术的延伸，以服务的形式提供客户。按照服务的形式，目前主要有以下3种形式的云计算。

- IaaS(Infrastructure-as-a-Service，基础设施即服务)。消费者通过互联网可以从完善的计算机基础设施获得服务，例如硬件服务器租用。
- SaaS(Software-as-a-Service，软件即服务)。它是一种通过互联网提供软件的模式，用户无须购买软件，而是向提供商租用基于Web的软件来管理企业经营活动。
- PaaS(Platform-as-a-Service，平台即服务)。PaaS实际上是指将软件研发的平台作为一种服务，以SaaS的模式提交给用户。因此，PaaS也是SaaS模式的一种应用。但是PaaS的出现可以加快SaaS的发展，尤其是加快SaaS应用的开发速度，例如软件的个性化定制开发。

从技术上看，大数据与云计算的关系就像一枚硬币的正反面一样密不可分。大数据必然无法用单台的计算机进行处理，必须采用分布式计算架构。它的特色在于对海量数据的挖掘，但它必须依托云计算的分布式处理。云计算解决了大数据的运算工具问题，而对大数据的存储我们需要相应的云存储工具。云数据库可以当作一个云存储系统使用。

云数据库是指被优化或部署到一个虚拟计算环境中的数据库，具有按需付费、按需扩展、高可用性以及存储整合等优势。将一个现有的数据库优化到云环境的好处如下：

(1) 可以使用户按照存储容量和带宽的需求付费。通常采用多租户的形式，这种共享资源的形式对于用户而言可以节省开销；云数据库底层存储通常采用大量廉价的商业服务器,可大幅度降低用户开销;而且用户采用按需付费的方式使用云计算环境中的各种软/硬件资源,不会产生不必要的资源浪费。

(2) 可以将数据库从一个地方迁移到另一个地方。用户只需要一个有效的链接字符串就可以开始使用云数据库,不必关心其在什么位置。

(3) 可实现按需扩展。云数据库具有无限可扩展性,可以满足不断增加的数据存储需求。在面对不断变化的条件时,云数据库可以表现出很好的弹性。

(4) 高可用性。不存在单点失效问题。如果一个结点失效了,剩余的结点就会接管未完成的事务。

(5) 大规模并行处理。支持几乎实时的面向用户的应用、科学应用和新类型的商务解决方案。将数据库部署到云,可以简化可用信息通过 Web 网络连接的业务进程,支持和确保云中的业务应用程序作为软件即服务(SaaS)部署的一部分。另外,将企业数据库部署到云还可以实现存储整合。

云数据库的特点如下:

(1) 云数据库信息的"留存率"更高,即使本地数据丢失也可以在云端找回。

(2) 扩展容易,通过数据库服务器内存、CPU 和磁盘容量等的弹性扩容,很容易实现对数据库的升级。

(3) 数据迁移更为简便,将云数据库所在的操作系统迁移到其他计算机十分方便。

(4) 相比本地数据库,维护成本也极大地降低。

云数据库不是将数据库部署在云中,而是利用云计算的一些特性来提升数据库本身的服务质量,并给用户带来良好的体验和低廉的使用成本。可以预见,云数据库在将来是大有可为的。云数据库和分布式数据库具有相似之处,例如都把数据存放到不同的结点上。二者之间的不同体现在:

(1) 分布式数据库随着结点的增加会导致性能快速下降,而云数据库具有很好的可扩展性。

(2) 在使用方式上,云数据库也不同于传统的分布式数据库,云数据库通常采用多租户模式。

典型的云数据库产品如表 1-5 所列。

表 1-5 典型的云数据库产品

序号	组 织	产 品
1	亚马逊(Amazon)	SimpleDB、Dynamo
2	谷歌(Google)	BigTable、FusionTable、GoogleBase、Google Cloud SQL
3	微软(Microsoft)	Microsoft SQL Azure
4	甲骨文(Oracle)	Oracle Cloud
5	10gen	MongoDB
6	脸书(Facebook)	Cassandra
7	EnerpriseDB	Postgres Plus Cloud Database
8	Apache	HBase、CouchDB、Redis
9	Hypertable	Hypertable
10	Yahoo	PNUTS

微软通过将 SQL Server 数据库在云环境下进行扩展，推出了基于云计算的数据库平台——SQL Azure，SQL Server 2016 支持用户将数据文件部署到 SQL Azure，体现了 SQL Server 2016 对云的支持。微软按照云计算的基础概念将数据服务都放在云端，依靠强大的云端操作系统和平台硬件来处理数据请求。SQL Azure 使企业能够在云上拥有企业级关系数据库管理系统的功能，而其费用仅为一个位于企业内部的 SQL Server 实例在硬件和许可证上投资的一小部分。将数据直接部署在 Azure Blob 存储中可以带来性能、数据迁移、数据虚拟化、高可用和灾备等方面的好处，其优势体现在以下几个方面：

(1) 可移植性。在 Azure 虚拟机环境下，将数据部署在 Azure Blob 中会更加容易移植，只需简单地将数据库分离，并附加到另一台 Azure 虚拟机中即可，无须移动数据库文件。

(2) 数据库虚拟化。在为用户提供服务的云环境中，将负载较高的虚拟机上的数据库平滑迁移到其他虚拟机上，从而不会影响该虚拟机环境的正常运行。

(3) 高可用和灾备。由于现在数据库文件位于 Microsoft Azure 的 Blob 存储上，因此即使虚拟机崩溃，只需将数据库文件附加到另一台备份机上即可。数据库可以在很短的时间内恢复并且数据本身不受虚拟机损坏的影响，从而保证了高 RTO(Recovery Time Objective，恢复时间目标)和 RPO(Recovery Point Objective，恢复点目标)。

(4) 可扩展性。无论在 Azure 虚拟机上还是在企业内部，存储的 IOPS(Input/Output Operations Per Second)都受到具体环境的限制，而在 Azure Blob 存储上，IOPS 可以非常高。

SQL Azure 具有以下两个优点：

(1) 在用户体验方面，能够将一些诸如备份等烦琐的日常操作自动化，极大地减轻数据库管理员的负担，并提供商业智能功能来提高用户的工作效率。

(2) 在成本方面，比传统的基于 License 的模式投入成本低，无须购买和维护相应的硬件，也减少了人力方面的投入。

数据管理技术经历了以上 5 个阶段的发展已经比较成熟，但随着计算机软/硬件的发展，数据管理技术仍在不断地向前发展和演进。

1.4　数据库系统的组成

数据库系统(Database System，DBS)是引入数据库后的计算机系统，是指具有管理和控制数据库功能的计算机系统。数据库系统一般由数据库、数据库管理系统、硬件系统、相关软件及各类人员构成，如图 1-6 所示。

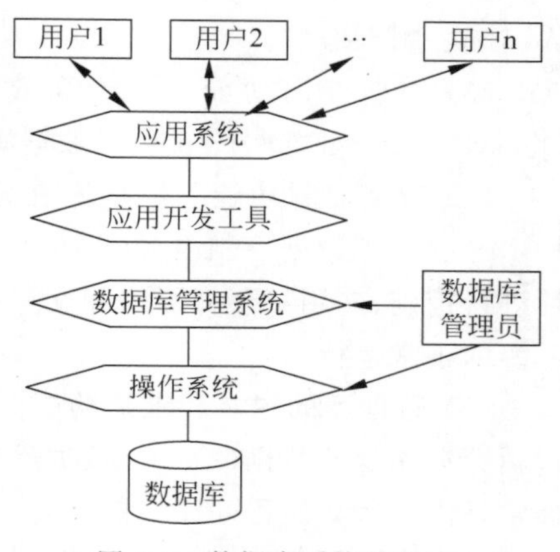

图 1-6　数据库系统的组成

1.4.1　数据库

顾名思义，数据库(Database，DB)是存放数据的仓库。只不过这个仓库是在计算机存储设备上，是按一定的格式存放数据。数据是自然界事物特征的符号描述，而且能够被计算机处理。数据存储的目的是为了从大量的数据中发现有价值的数据,这些有价值的数据就是信息。

数据库是指长期存储在计算机内大量的、有结构、可共享的数据集合。数据库的基本特征为:数据库中的数据按一定的数据模型(结构)进行组织、描述和储存,具有较小的冗余度、较高的数据独立性和易扩展性,并可为各种用户共享(多个用户同时使用同一个数据库中的数据),数据库本身不是独立存在的,它是组成数据库系统的一部分。在实际应用中,人们面对的是数据库系统。

系统的使用者通常无法直接接触到数据库,因此在使用系统的时候往往意识不到数据库的存在。其实大到银行账户的管理,小到智能手机的电话簿,可以说社会的所有系统中都有数据库的身影。

1.4.2 数据库管理系统

数据库管理系统(Database Management System,DBMS)是管理数据库的系统软件,是位于用户与操作系统之间的一层数据管理软件,它是数据库系统的核心组成部分。用户在数据库系统中的一切操作,包括数据定义、查询、更新及各种管理与控制,都是通过DBMS进行的。通过使用DBMS,多个用户可安全、简单地操作大量数据。在数据库建立、使用、管理和维护时对数据库进行统一控制,以保证数据的完整性、安全性,并在多用户同时使用数据库时进行并发控制,在数据库系统发生故障后对系统进行恢复。它的任务是如何科学地组织和存储数据以及如何高效地获取和维护数据。

1. 数据库管理系统的主要功能

数据库管理系统的主要功能如下:

(1) 数据定义功能。用于科学地组织和存储数据。DBMS提供了数据定义语言(Data Define Language,DDL),用户通过它可以方便地对数据库及其对象进行定义。例如定义表或视图的结构,为保证数据库安全而定义用户口令和存取权限,为保证正确语义而定义完整性规则等。

(2) 数据操纵功能。用于高效地维护数据。DBMS提供了数据操纵语言(Data Manipulation Language,DML)实现对数据库的基本操作,例如对数据库中的数据进行插入、修改、删除操作。

(3) 数据查询功能。用于高效地获取数据。DBMS提供了数据查询语言(Data Query Language,DQL)实现对数据库中的数据进行查询和统计。

(4) 数据控制功能。数据库在建立、运行和维护时由DBMS统一管理、统一控制。DBMS提供了数据控制语言(Data Control Language,DCL)实现对数据的安全性和完整性进行控制、多用户环境下的并发控制以及数据库的恢复,来确保数据正确有效和数据库系统的正常运行。

(5) 数据库的建立和维护功能。提供一组外部程序(工具)让用户实现前3个功能,包括数据库初始数据的输入、数据库的备份、恢复功能及性能监视和分析功能,这些功能通常是由一些实用程序完成的。

(6) 数据通信。DBMS提供与其他软件系统进行通信的功能,实现用户程序与

DBMS之间的通信,通常与操作系统协调完成。

2. 数据库管理系统的模块组成

DBMS是一个复杂的软件系统,由许多模块组成。由于DBMS的用途、版本及复杂程度各异,其程序不尽相同,按程序实现的功能可分为4个部分:

(1) 语言编译处理程序。包括DDL、DML、DQL、DCL和事务管理语言(Transact Management Language,TML)功能及其编译程序。

(2) 系统运行控制程序。主要包括系统总控程序、安全性控制程序、完整性控制程序、并发控制程序、数据存取和更新程序,以及通信控制程序。

(3) 系统建立与维护程序。主要包括装配程序、重组程序和系统恢复程序。

(4) 数据字典。对于用户而言是一组只读的表,内容包括数据库中所有模式对象特征的描述信息,例如表、视图及索引等,还包括来自用户的信息、系统状态信息和数据库的统计信息等。

3. 数据库管理系统的工作模式

DBMS是对数据库进行统一操纵和管理的数据管理软件,主要功能是建立、使用和维护数据。DBMS的工作模式示意图如图1-7所示。

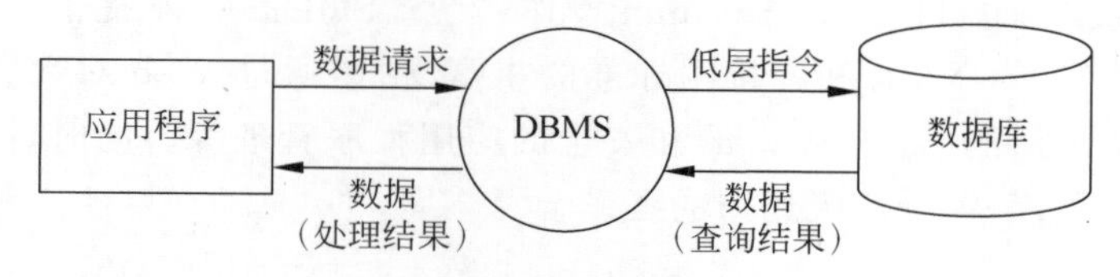

图1-7 DBMS的工作模式示意图

DBMS的查询操作工作模式如下:

(1) 接收应用程序的数据请求和处理请求。

(2) 将用户的查询数据请求(高级指令)转换成复杂的低层指令。

(3) 低层指令实现对数据库的具体操作。

(4) 接收数据库操作得到的查询结果。

(5) 对查询结果进行处理,包括相应的格式转换。

(6) 将处理结果返回给用户。

4. 常用的数据库管理系统

目前,商品化的数据库管理系统以关系数据库为主导产品,其技术比较成熟。常用的关系数据库管理系统包括微软公司的SQL Server、甲骨文公司的Oracle、IBM公司的DB2以及MySQL等。现在主流的NoSQL数据库包括MongoDB、Cassandra和Redis等。数据库知识网站DB-Engines(https://db-engines.com/en/ranking)根据搜索结果对357个数据库系统进行流行度排名,如图1-8所示,可以看到2019年11月流行度排行榜前10名的数据库管理系统,其中SQL Server是第三名,MongoDB是第五名。本书将以 Microsoft SQL Server 2016 和 MongoDB 为研究对象进行介绍。

357 systems in ranking, November 2019

Rank			DBMS	Database Model	Score		
Nov 2019	Oct 2019	Nov 2018			Nov 2019	Oct 2019	Nov 2018
1.	1.	1.	Oracle	Relational, Multi-model	1336.07	-19.81	+34.96
2.	2.	2.	MySQL	Relational, Multi-model	1266.28	-16.78	+106.39
3.	3.	3.	Microsoft SQL Server	Relational, Multi-model	1081.91	-12.81	+30.36
4.	4.	4.	PostgreSQL	Relational, Multi-model	491.07	+7.16	+50.83
5.	5.	5.	MongoDB	Document, Multi-model	413.18	+1.09	+43.70
6.	6.	6.	IBM Db2	Relational, Multi-model	172.60	+1.83	-7.27
7.	7.	↑8.	Elasticsearch	Search engine, Multi-model	148.40	-1.77	+4.94
8.	8.	↓7.	Redis	Key-value, Multi-model	145.24	+2.32	+1.06
9.	9.	9.	Microsoft Access	Relational	130.07	-1.10	-8.36
10.	10.	↑11.	Cassandra	Wide column	123.23	+0.01	+1.48

图 1-8 数据库管理系统排行榜

1）SQL Server

Microsoft SQL Server 是一个全面的 DBMS，使用集成的商业智能工具提供了企业级的数据管理。Microsoft SQL Server 数据库引擎为关系型数据和结构化数据提供了更安全、可靠的存储功能，使用户可以构建和管理用于业务的高可用和高性能的数据应用程序。

目前 SQL Server 的最新版本是 Microsoft SQL Server 2018，它既可以运行于 Windows 操作系统，也可以运行于 Linux 操作系统。SQL Server 提供了众多的 Web 和电子商务功能，例如对 XML 和因特网标准的丰富支持，通过 Web 对数据进行安全地访问，具有强大的、灵活的、基于 Web 的和安全的应用程序管理等。同时，由于其易操作性极其友好的操作界面，深受广大用户的喜爱。

2）Oracle

提起数据库，大家第一个想到的公司一般都会是 Oracle（甲骨文）公司。该公司成立于 1977 年，最初是一家专门开发数据库的公司。Oracle 在数据库领域一直处于领先地位。1984 年，该公司首先将关系数据库转到了桌面计算机上。然后，Oracle 5 率先推出了分布式数据库、客户/服务器结构等崭新的概念。Oracle 6 首创行锁定模式以及对称多处理计算机的支持。Oracle 8 主要增加了对象技术，成为关系-对象数据库系统。Oracle 9i 实现了互联，Oracle 10g 提出了网格的概念，Oracle 12c 实现了云数据库。目前，Oracle 产品覆盖了大、中、小型机等几十种机型，可在 VMS、DOS、UNIX、Linux、Windows 等多种操作系统下工作。Oracle 数据库产品具有兼容性、可移植性、高生产率、开放性等优良特性，已成为世界上使用最广泛的关系数据库系统之一。

3）DB2

DB2 是内嵌于 IBM 的 AS/400 系统上的 DBMS，直接由硬件支持。它支持标准的 SQL 语言，具有与异种数据库相连的 GATEWAY。因此它具有速度快、可靠性好的优点。但是，只有硬件平台选择了 IBM 的 AS/400，才能选择使用 DB2 数据库管理系统。DB2 能在所有主流平台上运行（包括 Windows），最适于海量数据。

4）MySQL

MySQL 是最受欢迎的开源 SQL 数据库管理系统，它由 MySQL AB 开发、发布和支持。MySQL AB 是一家基于 MySQL 开发的商业公司,它是一家使用了一种成功的商业模式来结合开源价值和方法论的第二代开源公司。MySQL 是一个完全免费的数据库系统,其功能也具备了标准数据库的功能。MySQL 是开源的,其服务器工作在客户/服务器或嵌入式系统中,是一个快速的、多线程、多用户和健壮的 SQL 数据库服务器,且有大量的 MySQL 软件可以使用。

5) MongoDB

Mongo DB 是一种基于文档模型的数据库系统,用 C++语言编写。MongoDB 的查询语法功能强大,使用类似 JSON 的 BSON 作为数据存储和传输的格式。BSON 支持嵌套对象和数组。在对复杂查询要求不高的情况下,MongoDB 可以作为 MySQL 的替代品。它具有分布式的特点,支持海量数据的存储,并且对海量数据具有良好的读/写性能。据测试,当数据量达到 50GB 以上的时候,在访问速度方面 MongoDB 是 MySQL 的 10 倍以上,在并发读/写方面,每秒可以处理读/写请求 0.5 万~1.5 万次。MongoDB 无法管理内存,它把内存大小交给操作系统来管理,在系统运行时必须在操作系统中监控内存的使用情况。

6) Cassandra

Cassandra 是由 Facebook 公司开发的基于列存储模型的开源数据库,具有模式灵活、扩展性强、多数据中心识别、支持分布式读/写等特点。Cassandra 被 Digg、Twitter 等多家互联网知名公司使用,是目前非常流行的一种 NoSQL 数据库系统;用 Cassandra 存储数据,不必提前确定字段,在系统运行时可以随意增加和删除字段;用 Cassandra 扩展系统容量,可以为服务器集群直接指向新的成员,不需要重新启动,或者迁移数据;用 Cassandra 布置多数据中心识别,每条记录都会在备用的数据中心复制备份;用 Cassandra 的分布式读/写功能,可以随时随地集中读/写数据,不会有单点失败。

7) Redis

Redis 是用 C 语言编写的基于 Key-Value 模型的数据库系统,具有持久存储、高性能、高并发性等优势。Redis 系统在内存中进行操作,通过异步操作定期把数据库输出到硬盘上保存,它能提供每秒超过 10 万次的读/写频率,是目前性能最快的 Key-Value 型数据库。Redis 支持多种数据类型的操作,包括 Strings、Lists、Hashes、Sets 及 Ordered Sets,单个 value 值的最大限制是 1GB。Redis 能实现多种功能,例如要实现一个轻量级的高性能消息队列服务,可以用 List 来作 FIFO 双向链表,它还能完成排序等高级功能。Redis 数据库不能用作海量数据的高性能读/写,因为 Redis 数据库的容量受到物理内存的限制,所以它通常局限于较小数据量的高性能操作和运算上。

1.4.3 硬件系统

由于数据库系统的数据量很大,加上 DBMS 丰富的功能使得自身的规模也很大,所以整个数据库系统对硬件资源提出了较高的要求,例如有足够的内存用于存放操作系统、DBMS 的核心模块、数据缓冲区和应用程序;有足够大的磁盘存放数据库数据;有足够数量的存储介质用于数据备份。

1.4.4 相关软件

数据库系统的软件主要包括DBMS(例如Microsoft SQL Server 2016)、支持DBMS运行的操作系统(例如Windows、UNIX、Linux)以及具有数据访问接口的高级语言(例如Java语言、C#)及其编程环境(例如J2EE),以便于开发应用程序。DBMS中的许多底层操作是靠操作系统完成的,因此DBMS要和操作系统协同工作来完成相关任务。

1.4.5 人员

这里的人员主要是指开发、设计、管理和使用数据库的人员,包括数据库管理员、系统分析员、数据库设计人员、应用程序开发人员和最终用户。

(1) 数据库管理员(Database Administrator,DBA)。全面负责建立、维护和管理数据库系统的人员。在数据库规划阶段要参与选择和评价与数据库有关的计算机硬件和软件,与数据库用户共同确定数据库系统的目标和数据库应用需求,确定数据库的开发计划;在数据库设计阶段负责制定数据库标准,设计数据字典,并负责设计各级数据库模式,还要负责数据库安全及可靠性方面的设计;在数据库运行阶段,要负责对用户进行数据库方面的培训;负责数据库的备份和恢复;负责维护数据库中的数据;负责对用户进行数据库的授权;负责监视数据库的性能并调整、改善数据库的性能;对数据库系统的某些变化作出响应,优化数据库系统性能,提高系统效率。

(2) 系统分析员。主要负责应用系统的需求分析和规范说明。该类人员要和最终用户以及数据库管理员配合,以确定系统的软/硬件配置,并参与数据库应用系统的概要设计。

(3) 数据库设计人员。参与需求调查和系统分析,负责设计数据库的各级模式和数据字典。

(4) 应用程序开发人员。负责设计和编写访问数据库的应用程序模块,并对程序进行调试和安装。

(5) 最终用户。数据库应用系统的最终使用者,通过应用程序提供的接口访问数据库。

数据库技术是研究、处理和应用数据库的一门软件科学,也是计算机科学与技术中发展最快、应用最广泛的学科之一,其研究和处理的对象是数据。

1.5 数据库系统的结构

可以从多种不同的角度考查数据库系统的结构。从DBMS的角度看(即数据库系统内部的体系结构),数据库系统通常采用三级模式结构,即外模式、模式和内模式;从数据库最终用户的角度(即数据库系统外部的体系结构)看,数据库系统的结构分为集中式数据库系统、客户/服务器数据库系统、分布式数据库系统、并行式数据库系统和浏览器/服务器数据库系统。

1.5.1 数据库系统的三级模式结构

在数据模型(见第2章)中有“型”(Type)和“值”(Value)的概念。型是对某一类数据的结构和属性的说明,值是型的一个具体赋值。例如学生记录定义为(学号,姓名,性别,出生日期,籍贯),称为记录型,而(10501001,张伟,男,1992-2-18,北京)则是该记录型的一个记录值。

模式(Schema)是数据库中全体数据的逻辑结构和特征的描述。它仅仅涉及型的描述,不涉及具体的值。某数据模式下的一组具体的数据值称为数据模式的一个实例(Instance)。因此,模式是稳定的,反映的是数据的结构及其联系;而实例是不断变化的,反映的是数据库某一时刻的状态。

为了有效地组织、管理数据,提高数据库的逻辑独立性和物理独立性,人们为数据库设计了一个严谨的体系结构,数据库领域公认的标准结构是三级模式结构(如图1-9所示),即外模式、模式和内模式,它们分别反映了看待数据库的3个角度。

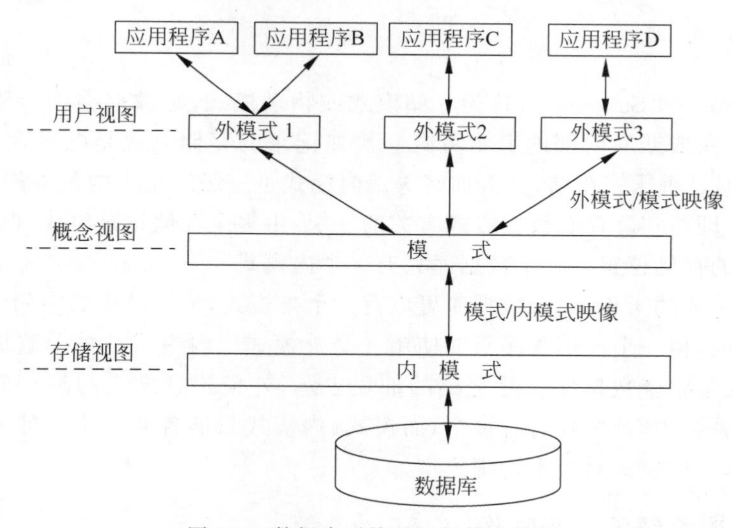

图1-9 数据库系统的三级模式结构

1. 模式

模式(Schema)也称概念模式(Conceptual Schema)或逻辑模式,是数据库中全体数据的逻辑结构和特征的描述,是所有用户的概念视图。视图可理解为一组记录的值,是用户或程序员看到和使用的数据库的内容。

模式处于三级结构的中间层,它是整个数据库实际存储对象的抽象表示,也是对现实世界的一个抽象,是现实世界某应用环境(企业或单位)的所有信息内容集合的表示,也是所有用户视图综合起来的结果,所以又称为用户公共数据视图,与具体的应用程序和应用程序开发工具无关。

一个数据库只有一个模式。数据库模式以某一种数据模型为基础,综合考虑了所有用户的需求,并将这些需求有机地结合成一个逻辑整体。在定义模式时不仅要定义数据的逻辑结构(例如数据记录由哪些项组成,数据项的名字、类型、取值范围等),而且要定义与数据有关的安全性、完整性要求,定义数据之间的联系。

2. 外模式

外模式(External Schema)又称子模式或用户模式,是三级结构的最外层,也是最靠近用户的一层,反映数据库用户看待数据库的方式,是模式的某一部分的抽象表示。它是数据库用户看见和使用的局部数据的逻辑结构和特征的描述,是数据库用户的数据视图,是与某一应用程序有关的数据的逻辑表示。它由多种记录值构成,这些记录值是模式的部分抽象表示,即个别用户看到和使用的数据库内容。

外模式通常是模式的子集。一个数据库可以有多个外模式。由于它是各个用户的数据视图,如果不同的用户在应用需求、看待数据的方式、对数据保密的要求等方面存在差异,则其外模式描述就是不同的。每个用户只能调用他的外模式所涉及的数据,其余的数据他是无法访问的。

3. 内模式

内模式(Internal Schema)又称为存储模式或物理模式,是数据物理结构和存储方式的描述,是数据在数据库内部的表示方式。例如记录的存储方式是顺序存储还是 Hash 方式存储;数据是否压缩存储,是否加密等。内模式是三级结构中的最内层,也是靠近物理存储的一层,即与实际存储数据方式有关的一层,由多个存储记录组成,但并非物理层,不必关心具体的存储位置。一个数据库只有一个内模式。

外模式是模式的子集,一个数据库可以有多个外模式,不同外模式中的结构、类型、长度等都可以不同,但一个应用程序只能使用一个外模式。内模式是整个数据库实际存储的表示,而模式是整个数据库实际存储的抽象表示,外模式是模式的某一部分的抽象表示。在数据库系统中,外模式可有多个,而模式、内模式只能各有一个。外模式和模式对应于逻辑模型,而内模式对应于物理模型。

1.5.2 数据库系统的二级映像

数据独立性是数据库系统的重要特性,是通过数据库系统的二级映像功能来实现的。数据库系统的三级模式是对数据的 3 个抽象级别,它使用户能抽象地处理数据,而不必关心数据在计算机内部的存储方式,把数据的具体组织交给 DBMS 管理。为了能够在内部实现这 3 个抽象层次的联系和转换,DBMS 在三级模式之间提供了两级映像(外模式/模式映像和模式/内模式映像)功能。这两级映像使数据库系统中的数据具有较高的逻辑独立性和物理独立性。

1. 外模式/模式映像

外模式描述的是数据的局部逻辑结构,而模式描述的是数据的全局逻辑结构。数据库中的同一模式可以有任意多个外模式,对于每一个外模式,都存在一个外模式/模式映像。

它确定了数据的局部逻辑结构与全局逻辑结构之间的对应关系。例如，在原有的记录类型之间增加新的联系，或在某些记录类型中增加新的数据项时，使数据的总体逻辑结构改变，外模式/模式映像也发生相应的变化。这一映像功能保证了数据的局部逻辑结构（外模式）不变，由于应用程序是依据数据的外模式编写的，所以应用程序不必修改，从而保证了数据与程序之间的逻辑独立性。

2. 模式/内模式映像

数据库中的模式和内模式都只有一个，所以模式/内模式映像是唯一的。它确定了数据的全局逻辑结构与存储结构之间的对应关系。例如，在存储结构变化时，模式/内模式映像也应有相应的变化，使其模式仍保持不变，即把存储结构的变化的影响限制在模式之下，这使数据的存储结构和存储方法的修改不会引起应用程序的修改。通过映像功能保证数据存储结构的变化不影响数据的全局逻辑结构的改变，从而不必修改应用程序，即确保了数据的物理独立性。通常内模式是由 DBMS 管理和实现的，用户不必考虑存取路径等细节，从而简化了应用程序的编写。

综上所述，数据库系统的三级模式和二级映像使得数据库系统具有较高的数据独立性。将外模式和模式分开，保证了数据的逻辑独立性；将模式和内模式分开，保证了数据的物理独立性。在不同的外模式下可有多个用户共享系统中的数据，减少了数据冗余。按照外模式编写应用程序或输入命令，不需要了解数据库内部的存储结构，方便用户使用系统，简化了用户接口。

1.5.3　数据库系统的体系结构

从数据库管理系统的角度来看，数据库系统是一个三级模式结构，但数据库的这种模式结构对最终用户和程序员是透明的，他们看到的仅是数据库的外模式和应用程序。从最终用户角度来看，数据库系统分为集中式数据库系统、客户/服务器数据库系统、浏览器/服务器数据库系统、分布式数据库系统、并行数据库系统。

1. 集中式数据库系统

集中式数据库系统是指数据库中的数据和数据处理集中在一台计算机上完成。例如，运行在大型机、小型机或 PC、工作站上的数据库系统。在集中式数据库系统中，应用程序、DBMS 和数据都集中部署在一台主机上，用户通过终端并发地访问主机上的数据，共享其中的数据。所有处理数据的工作都由主机完成。其他用户可使用终端设备访问数据库，但是终端不参与数据库中数据的计算与管理，所有数据操作均由主机完成，其拓扑结构如图 1-10 所示。

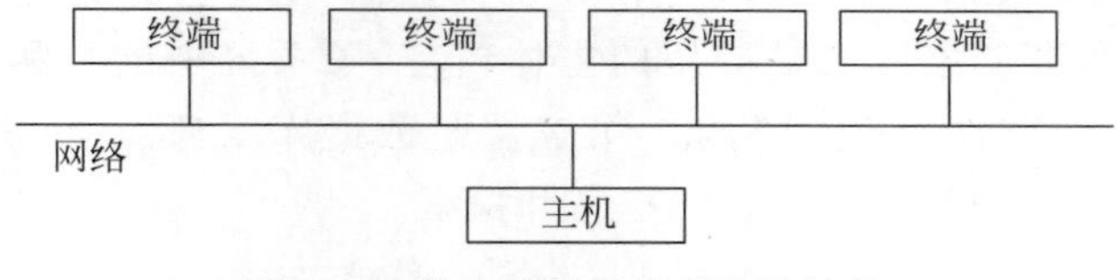

图 1-10　集中式数据库系统的结构

集中式数据库系统的优点是功能容易实现、简单、数据安全性高。其缺点是主机出现故障时系统内的所有机器均无法访问数据库，存在单点瓶颈，系统容错性低；终端到主机的通信开销大；当终端并发访问过多时，主机存在效率瓶颈。

2. 客户/服务器数据库系统

随着工作站功能的增强和广泛使用，人们开始把DBMS功能和应用分开，网络中某个或某些结点上的计算机专门用于执行DBMS功能，称为数据库服务器，简称服务器，其他结点上的计算机安装DBMS的外围应用开发工具，支持用户的应用，称为客户端，这就是客户/服务器(C/S)结构的数据库系统，如图1-11所示。在C/S结构中，数据库系统分为客户端和服务器端。服务器端负责存储结构、查询计算和优化、并发控制、故障恢复；客户端提供图形化的用户界面。客户端与服务器之间的接口遵循一定的标准，例如开放数据库互连(Open Database Connectivity，ODBC)标准，提供了访问数据库的统一接口。

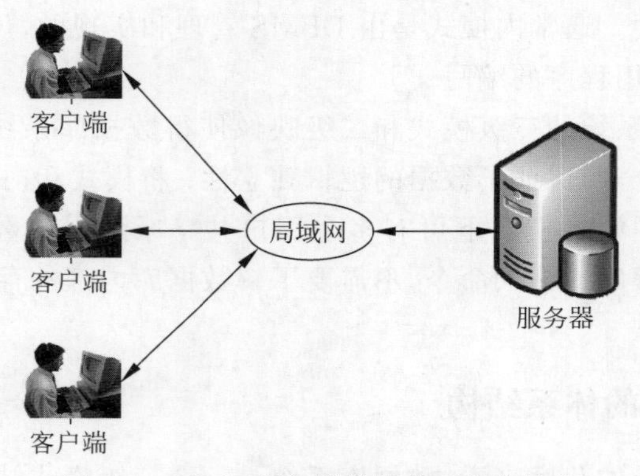

图1-11　客户/服务器数据库系统的结构

在C/S结构中，客户端的用户请求被传送到数据库服务器，数据库服务器进行处理后，只将结果返回给用户(而不是整个数据)，从而显著减少了网络上的数据传输量，提高了系统的性能、吞吐量和负载能力。

3. 浏览器/服务器数据库系统

随着Internet越来越广泛的应用以及分布式技术的不断发展，出现了浏览器/服务器数据库系统(B/S结构)。B/S结构的基本思想是将用户界面同企业逻辑分离，把数据库系统按功能划分为表示、功能和数据三大块，分别放置在相同或不同的硬件平台上；把传统的C/S结构中的服务器部分分解为一个Web服务器(应用服务器)和一个或多个数据库服务器，从而构成一个三层结构的C/S体系，如图1-12所示。其中，第一层是人机界面，是用户与系统间交互信息的窗口，使用Web浏览器，主要功能是指导操作人员使用界面，输入数据、输出结果；第二层是应用的主体，包括了系统中核心和易变的业务逻辑，它的功能是接收输入，处理后返回结果；第三层是数据库服务器，负责管理对数据库的读/写和维护，能够迅速执行大量数据的更新和检索。

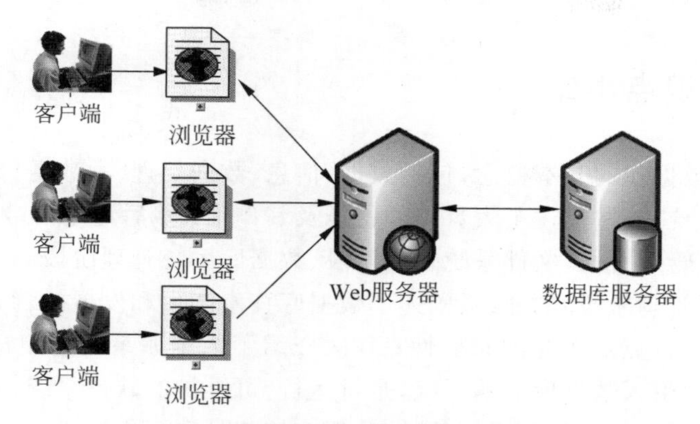

图 1-12　浏览器/服务器数据库系统的结构

4. 分布式数据库系统

分布式数据库系统是一个数据集合，其数据最显著的特点是"逻辑整体性和物理存储分布性"。这些数据在逻辑上是一个整体，但物理上分布在通信网络的不同计算机上，网络中的每个结点具有独立处理的能力，可以执行局部应用，同时每个结点也能通过通信网络支持全局应用。分布在不同计算机上的数据库是局部独立的，结构如图 1-13 所示。分布式数据库强调场地自治性(局部应用)以及自治场地之间的协作性(全局应用)。数据库存储在不同计算机上，计算机间通过通信网络互相通信、发送和接收数据。

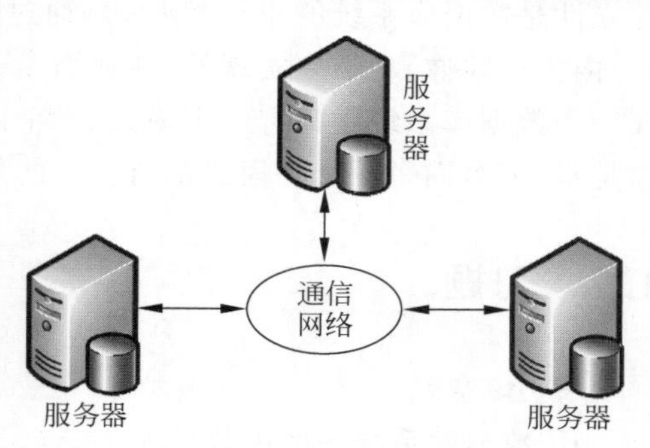

图 1-13　分布式数据库系统的结构

分布式数据库系统除了具有数据库系统所具有的物理独立性及逻辑独立性之外，还有数据分布的独立性，也称分布透明性，即用户不必关心数据物理位置的分布。

5. 并行数据库系统

并行数据库系统是新一代高性能的数据库系统，是在并行处理机和集群并行计算环境的基础上建立的数据库系统，是并行处理技术与数据库技术结合的产物。并行数据库系统可以同时使用多个 CPU 和存储设备，多个处理操作进程同时进行，从而提高了数据处理、存取和传输的速度。在并行处理时，许多操作同时进行，而不是采用分时的方法。并行数据库的特点如下：

(1) 高性能。例如通过将数据库在多个磁盘上分布存储，利用多个处理机对磁盘数据进行并行处理解决磁盘 I/O 瓶颈，提高效率。

(2) 高可用性。例如通过数据复制增强数据库的可用性，当一个磁盘损坏时，该数据在其他磁盘上的副本仍可供使用。

(3) 可扩充性。当数据库遇到性能和容量瓶颈时，可通过增加处理器和存储设备平滑扩展性能。

1.6 本章知识点小结

本章概述了数据库的基本概念,包括数据、信息、数据处理、大数据、数据库、数据库管理系统、数据库系统等,并描述了大数据的特征及其作用;然后通过对数据管理技术发展的5个阶段(人工管理阶段、文件系统管理阶段、数据库系统管理阶段、高级数据库系统管理阶段、新兴数据管理阶段)的介绍,阐述了数据库技术产生和发展的背景,说明了数据管理技术各个阶段的特点及研究的必要性;其次介绍了数据库系统的组成,数据库系统是指在计算机系统中引入数据库后的系统,是可运行、可维护的软件系统,一般由数据库、数据库管理系统(及其开发工具)、应用系统、数据库管理员和用户构成管理系统的功能与组成,使读者了解数据库系统实际上是一个人机系统,人的作用(特别是数据库管理员的作用)非常重要。

在数据库系统中,数据具有三级模式结构的特点,由外模式、模式、内模式组成。数据独立性是数据库系统的重要特性,是通过数据库系统的二级映像(外模式/模式映像、模式/内模式映像)功能来实现的,使数据库中的数据具有较高的逻辑独立性和物理独立性。在一个数据库系统中只有一个模式,一个内模式,但有多个外模式。因此,模式/内模式映像是唯一的,而每一个外模式都有自己的外模式/模式映像。

1.7 习题

一、填空题

1. 数据库系统一般由数据库、________、应用系统、________和用户构成。

2. DBMS是指________________,它是位于________和________之间的一层管理软件。

3. 数据独立性又可分为________和________。其中,外模式/模式映像保证了数据库中数据的________独立性,模式/内模式映像保证了数据库中数据的________独立性。

二、选择题

1. ________是存储在计算机内结构化的数据的集合。

A. 数据库系统　　B. 数据库
C. 数据库管理系统　　D. 数据结构

2. 数据库(DB)、数据库系统(DBS)和数据库管理系统(DBMS)三者之间的关系是________。

A. DBS包括DB和DBMS　　B. DBMS包括DB和DBS
C. DB包括DBS和DBMS　　D. DBS就是DB,也就是DBMS

3. 一般情况下,一个数据库系统的外模式________。

A. 只能有一个　　B. 最多只能有一个
C. 至少有两个　　D. 可以有多个

4. 一般情况下,一个数据库系统的模式和内模式________。
   A. 只能有一个 B. 最多只能有一个
   C. 至少有两个 D. 可以有多个
5. 为了保证数据库的逻辑独立性,需要修改的是________。
   A. 模式和内模式映像 B. 模式和外模式映像
   C. 三级模式 D. 三级模式之间的二级映像

三、简答题

1. 简述数据、信息、大数据、数据库、数据库管理系统、数据库系统的概念。
2. 简述大数据的特征。
3. 简述数据管理技术的5个发展阶段及其主要特点。
4. 简述数据库系统的特点。
5. 文件系统中的文件与数据库系统中的文件有何本质上的不同?
6. 简述数据库系统的组成。
7. 数据库管理系统的主要功能有哪些?
8. 什么是DBA?DBA应具有什么素质?DBA的职责是什么?
9. 什么是数据独立性?在数据库中有哪两种独立性?
10. 概述数据库系统的体系结构及其特点。
11. 试述数据库系统的三级模式结构,这种结构的优点是什么?

第2章 数据模型

在数据库中,数据以一定的数据模型进行组织、描述和存储,供用户共享。数据模型是一种表示数据特征的抽象模型,是数据处理的关键和基础,对于掌握数据库技术极其重要。

2.1 数据模型的概念及类型

2.1.1 数据模型的基本概念

数据库是一组相关数据的集合,其存储的数据来源于现实世界,将现实世界中的数据转换为计算机能够识别、处理的数据,需要一系列的数据处理过程。在数据处理过程中,数据描述将涉及3个不同的领域,即现实世界、信息世界和机器世界。数据处理过程就是逐渐抽象的过程,如图2-1所示。现实世界是指客观存在的世界中的事物及其联系。信息世界是现实世界在人们头脑中的反映,是对客观事物及其联系的一种抽象描述。在数据库方法中,把客观事物抽象成信息世界的实体及其实体集之间的联系。机器世界是在信息世界基础上的进一步抽象、表示和处理。

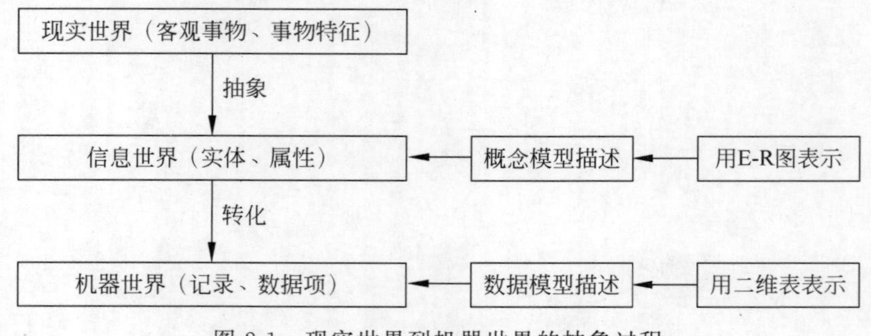

图2-1 现实世界到机器世界的抽象过程

计算机系统是不能直接处理现实世界的事物及其之间的联系，现实世界只有数据化后，才能由计算机系统来处理这些代表现实世界的数据。为了把现实世界的具体事物及事物之间的联系转换成计算机能够处理的数据，必须用某种模型来抽象和描述这些数据。数据库中的数据是有结构的，这种结构反映了事物之间的相互联系。模型是对现实世界中事物、对象、过程等客观系统中感兴趣的内容的模拟和抽象表达，是理解系统的思维工具。在数据库中，用数据模型来抽象、表示和处理现实世界中的数据和信息。数据模型是对客观事物及其联系特征的数据表示，是对客观现实世界的模拟，是数据结构和特征的抽象描述，是数据处理的关键和基础，数据库管理系统的实现都建立在某种数据模型的基础上。

2.1.2 数据模型的组成要素

数据模型是数据库系统的核心和基础，任何数据库管理系统都支持一种数据模型。数据模型是严格定义的一组概念的集合，它描述了系统的静态特性、动态特性和完整性约束条件。因此，数据模型通常由数据结构、数据操作和数据的完整性约束 3 部分组成。

1. 数据结构

任何一种数据模型都规定了一种数据结构，即信息世界中的实体和实体之间联系的表示方法。数据结构描述了系统的静态特性，是数据模型本质的内容。

数据结构是所研究的数据库对象类型的集合。这些对象是数据库的组成成分，它包括以下两类：

(1) 与数据类型、内容、性质有关的对象，例如关系模型中的域、属性、关系等。

(2) 与数据之间联系有关的对象，例如网状模型中的系型(Set Type)。

数据结构是刻画一个数据模型性质最重要的方面，因此在数据库系统中通常按照其数据结构的类型来命名数据模型，例如层次结构、网状结构、关系结构和面向对象结构的数据模型分别命名为层次模型、网状模型、关系模型和面向对象模型。

2. 数据操作

数据操作是对数据库中各种对象(型)的实例(值)允许执行的操作的集合，包括操作及有关的操作规则。数据操作描述了系统的动态特性。对数据库的操作主要有数据更新(包括插入、修改、删除)和数据查询两大类，这是任何数据模型都必须规定的操作，包括操作符、含义、规则等。

3. 数据的完整性约束

数据的完整性约束是一组完整性规则的集合。完整性规则是给定的数据模型中数据及其联系所具有的制约和依存规则，用于限定符合数据模型的数据库状态以及状态的变化，以保证数据的正确、相容和有效。

2.1.3 数据模型的分类

不同的数据模型实际上提供给用户模型化数据和信息的不同工具。根据模型应用目的的不同，可将数据模型分成两类或者两个层次，从信息世界中抽象的数据模型称为概念数据模型，简称概念模型；从机器世界中抽象出的DBMS支持的数据模型称为结构数据模型，简称数据模型。下文在不引起混淆的情况下，所提到的数据模型都是指结构数据模型。

第一类模型是概念模型，对应于信息世界，是一种独立于计算机系统的数据模型，完全不涉及信息在计算机中的表示，只是用来描述某个特定组织所关心的信息结构。概念模型是按用户的观点对数据和信息建模，强调其语义表达能力，概念应该简单、清晰、易于用户理解，它是对现实世界的第一层抽象，是用户和数据库设计人员之间进行交流的工具。这一类模型中最著名的是"实体-联系模型"(Entity-Relationship Model，E-R模型)，也称为E-R图。

第二类模型是数据模型，是专门用来抽象、表示和处理现实世界中的数据和信息的工具，是数据库系统的核心和基础。数据模型包括逻辑模型和物理模型。逻辑模型是指采用某一数据模型组织数据(例如网状模型、层次模型、关系模型等)，是按计算机系统的观点对数据建模，是直接面向数据库的逻辑结构，对应于机器世界，是对现实世界的第二层抽象。各种机器上实现的DBMS软件都是基于某种逻辑模型的。本书主要介绍逻辑模型。物理模型是面向计算机等数据处理存储设备物理表示的模型，是描述数据在系统存储设备内部的表示方式和存取方法，例如存储位置和方式、索引等，与具体的DBMS、操作系统和处理存储设备有关。

从现实世界到概念模型的第一次抽象由数据库设计人员完成，从概念模型到逻辑模型的第二次抽象由数据库设计人员完成，从逻辑模型到物理模型的转换由DBMS完成。

2.2 概念模型

由图2-1可以看出，概念模型是对信息世界的抽象表示，实质上是现实世界到机器世界的一个中间层次。概念模型主要用于数据库的设计阶段，是数据库设计人员进行数据库概念结构设计的有力工具，也是最终用户和数据库设计人员之间进行交流的语言。其特点是具有较强的语言表达能力，能够方便、直接地表达应用中的各种语义；应该简单、清晰、用户易于理解。

2.2.1 概念模型的基本概念

概念模型涉及的概念主要如下：

(1) **实体(Entity)**。实体是一个数据对象，指应用中客观存在并可以相互区别的事物。实体既可以是具体的人、事、物，也可以是抽象的概念或联系。例如一个学生、一个学校、老师与系的工作关系、订单等都是实体。

(2) **属性(Attribute)**。实体所具有的某一特性称为属性,一个实体可以由若干个属性来描述。属性的具体取值称为属性值,用于表示一个具体的实体。例如学生实体(学号,姓名,性别,出生日期,所属系)包括 5 个属性,则(17501001,张强,男,1997-5-1,通信工程系)这组属性值就构成了一个具体的学生实体。属性分为属性名和属性值,例如"姓名"是属性名,"张强"是姓名属性的一个属性值。

(3) **码(Key)**。能唯一标识实体的属性或属性集称为码,有时也称为实体标识符,或简称为键。例如"学号"属性是学生实体的码。

(4) **域(Domain)**。属性的取值范围称为该属性的域(值域),例如学生"性别"的属性域为(男,女)。

(5) **实体型(Entity Type)**。实体名及其所有属性名的集合称为实体型。例如,学生(学号,姓名,性别,出生日期,所属系)就是学生实体的实体型。实体型抽象地刻画了所有同集实体,在不引起混淆的情况下,实体型往往简称为实体。

(6) **实体集(Entity Set)**。所有属性名完全相同的同类实体的集合称为实体集。例如全体学生就是一个实体集。在同一实体集中没有完全相同的两个实体。

(7) **联系(Relationship)**。在现实世界中,事物内部以及事物之间是有联系的,这些联系在信息世界中反映为实体(型)内部的联系和实体(型)之间的联系。实体内部的联系通常是指组成实体的各属性之间的联系,实体之间的联系通常是指不同实体集之间的联系。这里主要讨论实体集之间的联系。

两个实体集之间的联系可归纳为以下 3 种类型:

(1) 一对一联系(1:1)。如果对于实体集 E_1 中的每个实体,实体集 E_2 有至多一个(0 个或一个)实体与之联系,反之亦然,那么称实体集 E_1 和实体集 E_2 的联系为"一对一联系",记为"1:1"。例如学校与校长间的联系,一个学校只能有一个校长,如图 2-2(a)所示。

(2) 一对多联系(1:n)。如果实体集 E_1 中每个实体可以与实体集 E_2 中 n 个(n≥0)实体有联系,而 E_2 中每个实体至多和 E_1 中一个实体有联系,那么称 E_1 和 E_2 的联系是"一对多联系",记为"1:n"。例如学校与学生间的联系,一个学校有若干学生,而每个学生只包含在一个学校,如图 2-2(b)所示。

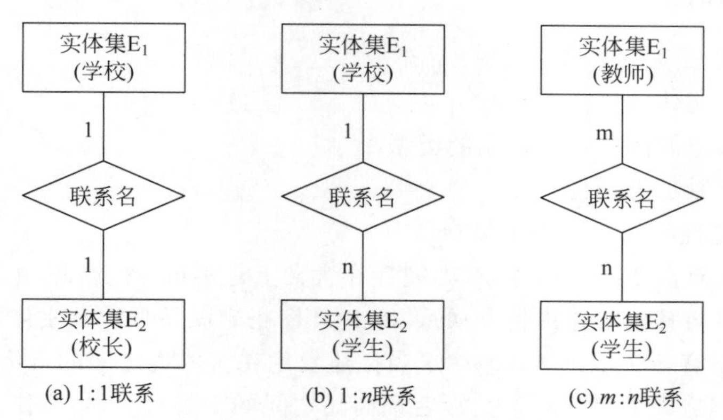

图 2-2　两个实体集之间的 3 类联系

(3) 多对多联系(m:n)。如果实体集 E_1 中每个实体可以与实体集 E_2 中 n(n≥0)个实体有联系，而实体集 E_2 中每个实体可以与实体集 E_1 中 m(m≥0)个实体有联系，那么称 E_1 和 E_2 的联系是“多对多联系”，记为“m:n”。例如，教师与学生间的联系，一个教师可以教授多个学生，而一个学生又可以受教于多个教师，如图 2-2(c)所示。

两个实体集之间的联系究竟属于哪一类，不仅与实体集有关，还与联系的内容有关。例如主教练集与队员集之间，若对于指导关系来说，具有一对多的联系；而对于朋友关系来说，则应是多对多的联系。

与现实世界不同，信息世界中实体集之间往往只有一种联系。这样，在谈论两个实体集之间的联系性质时就可以略去联系名，直接说两个实体集之间具有一对一、一对多或多对多的联系。

2.2.2 概念模型的表示方法

概念模型是对信息世界建模，因此概念数据模型应能方便、准确地描述信息世界中的常用概念。概念模型的表示方法有很多，其中被广泛采用的是 E-R 模型，它是由 Peter Pin-Shan Chen 于 1976 年提出的，也称为 E-R 图。E-R 图是用来描述实体、属性和联系的方法。它提供不受任何 DBMS 约束的面向用户的表达方法，在数据库概念结构设计中被广泛用作数据建模的工具。

1. E-R 图的要素

E-R 图的主要元素是实体、属性、联系，其表示方法如下：

(1) 实体用矩形框表示，矩形框内注明实体名。

(2) 属性用椭圆形框表示，框内写上属性名，并用无向边与其实体集相连，加下画线的属性为码。

(3) 联系用菱形框表示，菱形框内写明联系名，用无向边将其与相关的实体连接起来，并在连线上标明联系的类型(1:1、1:n、m:n)。联系也会有属性，用于描述联系的特征。如果一个联系具有属性，这些属性也要用无向边与该联系连接起来。

2. 建立 E-R 图的步骤

建立 E-R 图的步骤如下：

(1) 确定实体和实体的属性。

(2) 确定实体集之间的联系及联系的类型。

(3) 给实体和联系加上属性。

划分实体及其属性有两个原则可以参考：

(1) 属性不再具有需要描述的性质，即属性在含义上是不可分的数据项。

(2) 属性不能再与其他实体集具有联系，即 E-R 图指定联系只能是实体集间的联系。

划分实体和联系有一个原则可以参考：当描述发生在实体集之间的行为时最好用联系。例如读者和图书之间的借、还行为，顾客和商品之间的购买行为，均应作为联系。

划分联系的属性的原则如下：

(1) 发生联系的实体的标识属性应作为联系的默认属性。

(2) 和联系中的所有实体都有关的属性。例如,学生和课程的选修联系中的成绩属性。在学生选课系统中,学生是一个实体集,可以有学号、姓名、出生日期等属性;课程也是一个实体集,可以有课程号、课程名、学分等属性,把选修看作一个多对多的联系,具有成绩属性,用 E-R 图表示它们之间的联系如图 2-3 所示。图 2-3 表示一个学生可以选修多门课程,同时一门课程可以被多名学生选修。

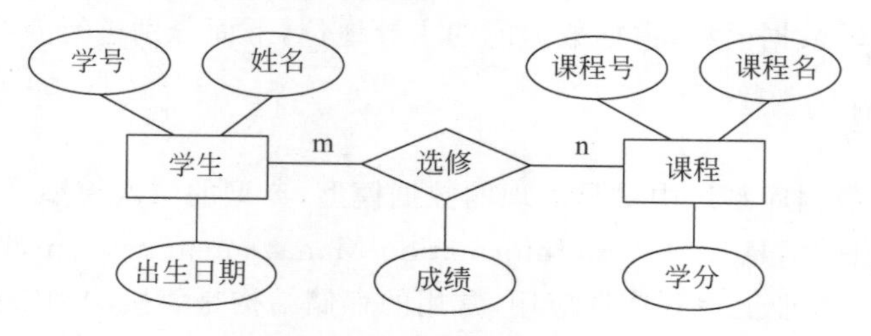

图 2-3　学生选课系统的 E-R 图

2.3　逻辑模型

概念模型只是将现实世界的客观对象抽象为某种信息结构,这种信息结构并不依赖于具体的计算机系统,而对应于机器世界的模型,由数据模型描述。

2.3.1　逻辑模型的基本概念

逻辑模型涉及的概念和术语如下:

(1) **数据项(Item)**。数据项又称为字段(Field),是数据库中可以命名的最小逻辑数据单位,用于描述属性的数据。

(2) **记录(Record)**。记录是数据项的有序集,即一个记录由若干个数据项组成,用于描述实体。例如,一个学生记录通常包含学号、姓名、性别、出生日期、所属系等数据项。一般来说,数据只有被组成记录的形式才有实际意义。

(3) **记录型(Record Type)**。记录名及其所有数据项的集合,称为记录型。例如,学生(学号,姓名,性别,出生日期,所属系)就是学生的记录型。

(4) **文件(File)**。文件是一个具有符号名的一组同类记录的集合。文件包含记录的结构和记录的值。例如,一个学生文件包含了该文件的记录结构:学号,姓名,性别,出生日期,所属系,还有该文件的记录的值:417501001,张强,男,1997-5-1,通信工程系;417501002,张曼玉,女,1998-1-12,计算机系等。

2.3.2　常用的逻辑模型

目前,数据库领域中最常用的逻辑模型有 8 种,它们是层次模型(Hierarchical Model)、网状模型(Network Model)、关系模型(Relational Model)、面向对象模型(Object-Oriented Model,OOM)、关键字-值模型(Key-Value)、列存储模型(Column-

Oriented)、文档模型(Document)和图存储模型。其中,前两类模型是数据库系统早期的非关系模型,在20世纪70年代至80年代初非常流行,它们在数据库系统产品中占据了主导地位,在数据库系统的初期起了重要的作用。在关系模型发展后,以层次模型和网状模型为代表的早期非关系模型逐渐被取代。然后出现了关系模型和面向对象模型,本书将以关系模型为主线进行介绍。大数据时代到来后,以NoSQL数据库为代表的新兴非关系模型(后4类数据模型)逐渐成为关系数据库的一种补充方案。关系模型仍然是目前使用最广泛的逻辑数据模型,占据数据库的主导地位,下面分别进行介绍。

1. 层次模型

层次模型是数据库系统中最早出现的数据模型,典型的层次模型系统是美国IBM公司于1968年推出的信息管理系统(Information Management System,IMS),这个系统于20世纪70年代在商业上得到广泛应用,常用的存储结构是邻接法和链接法。

在现实世界中,有许多事物是按层次组织的,例如一个系有若干个专业和教研室,一个专业有若干个班级,一个班级有若干个学生,一个教研室有若干个教师。其数据库模型如图2-4所示。

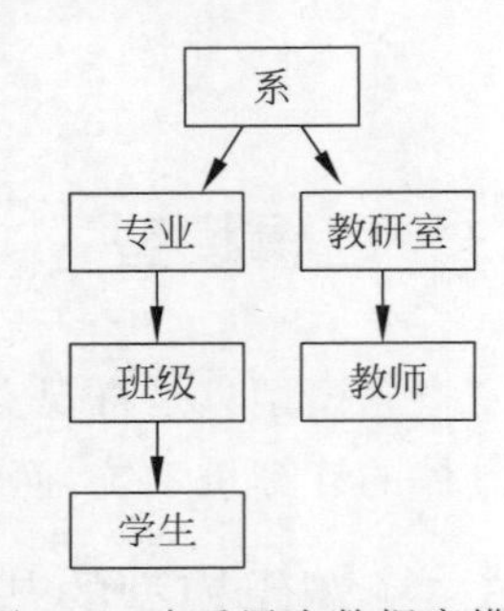

图2-4 院系层次数据库模型

层次模型用一棵"有向树"的数据结构来表示各类实体以及实体集间的联系。在树中,每个结点表示一个记录型,结点间的连线(或边)表示记录型间的关系,每个记录型可包含若干个数据项,记录型描述的是实体,数据项描述实体的属性,各个记录型及其数据项都必须命名。

1) 层次模型的数据结构

树的结点是记录型,有且仅有一个结点无父结点,这样的结点称为根结点,每个非根结点有且仅有一个父结点。在层次模型中,一个结点可以有几个子结点(这时称这几个子结点为兄弟结点,如图2-4中的专业和教研室),也可以没有子结点(该结点称为叶结点,如图2-4中的学生和教师)。

2) 层次模型的数据操作与数据的完整性约束

层次模型的数据操作的最大特点是必须从根结点入手,按层次顺序访问。层次模型的数据操作主要有查询、插入、删除和修改,在进行插入、删除和修改操作时要满足层次模型的完整性约束条件。

在进行插入操作时,如果没有相应的父结点值就不能插入子结点值。例如在图2-4所示的层次数据库中,若新调入一名教师,但尚未分配到某个教研室,这时就不能将该教师插入数据库中。在进行删除操作时,如果删除父结点值,则相应的子结点值也被同时删除。在进行修改操作时,应修改所有相应的记录,以保证数据的一致性。

3) 层次模型的优缺点

层次模型的优点如下:

(1) 层次数据模型本身比较简单,只需很少几条命令就能操作数据库,比较容易使用。

(2) 结构清晰,结点间联系简单,只要知道每个结点的父结点就可知道整个模型结构,在现实世界中许多实体间的联系本来就呈现出一种很自然的层次关系。

(3) 它提供了良好的数据完整性支持。

(4) 对于实体集间的联系是固定的,且预先定义好的应用系统,采用层次模型实现,其性能优于关系模型,但低于网状模型。

层次模型的缺点如下:

(1) 层次模型不能直接表示两个以上实体集间的复杂的联系和实体集间的多对多联系,只能通过引入冗余数据或创建虚拟结点的方法来解决,易产生不一致性。

(2) 对数据的插入和删除的操作限制太多。

(3) 查询子结点必须通过父结点。

(4) 由于结构严密,层次命令趋于程序化。

2. 网状模型

现实世界事物之间的联系更多的是非层次关系,用层次模型表示这种关系很不直观,网状模型克服了这一弊端,可以清晰地表示这种非层次关系。

网状模型取消了层次模型的两个限制。在层次模型中,若一个结点可以有一个以上的父结点,就得到了网状模型。用有向图结构表示实体类型及实体集间联系的数据模型称为网状模型。1969 年,CODASYL 组织提出 DBTG 报告中的数据模型就是网状模型的主要代表。常用的存储结构是链接法。

1) 网状模型的数据结构

网状模型的特点如下:

(1) 有一个以上的结点没有父结点。

(2) 至少有一个结点可以有多于一个父结点。即允许两个或两个以上的结点没有父结点,允许某个结点有多个父结点,则此时有向树变成了有向图,该有向图描述了网状模型。

网状模型是一种比层次模型更具普遍性的结构,它去掉了层次模型的两个限制,允许多个结点没有父结点,允许结点有多个父结点,此外它还允许两个结点之间有多种联系(称之为复合联系)。因此,网状模型可以更直接地描述现实世界。层次模型实际上是网状模型的一个特例。

网状模型中每个结点表示一个记录型(实体),每个记录型可包含若干个数据项(实体的属性),结点间的连线表示记录型(实体)间的父子关系,箭头表示从箭尾的记录型到箭头的记录型间的联系是 1:n 联系,用链接指针来实现。例如学生和教师间的关系,一个学生可以被多个教师指导,一个教师也可以指导多个学生,如图 2-5 所示。

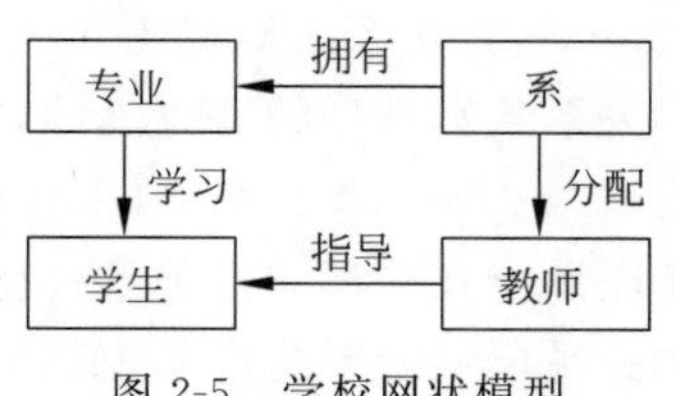

图 2-5 学校网状模型

2) 网状模型的数据操作与数据的完整性约束

网状模型一般没有像层次模型那样严格的完整性约束条件,但具体的网状数据库系统对数据操作都加了一些限制,提供了一定的完整性约束。

网状模型的数据操作主要包括查询、插入、删除和修改数据。

在插入数据时,允许插入尚未确定双亲结点值的子结点值,例如可增加一名尚未分配到某个系的新教师,也可增加一些刚来报到,还未分配专业的学生。

在删除数据时,允许只删除父结点值,例如可删除一个系,而该系所有教师的信息仍保留在数据库中。

在修改数据时,可直接表示非树形结构,而无须像层次模型那样增加冗余结点,因此在进行修改操作时只需更新指定记录即可。

它不像层次数据库那样有严格的完整性约束条件,只提供一定的完整性约束,主要如下:

(1) 支持记录码的概念,码是唯一标识记录的数据项的集合。例如学生记录中的学号是码,因此数据库中不允许学生记录中的学号出现重复值。

(2) 保证一个联系中的父记录和子记录之间是一对多的联系。

(3) 可以支持父记录和子记录之间的某些约束条件。例如,有些子记录要求父记录存在时才能插入,父记录删除时子记录也一起被删除。

3) 网状模型的优缺点

网状模型的优点如下:

(1) 能更加直接地描述客观世界,可表示实体集间的多种复杂联系,例如一个结点可以有多个父结点。

(2) 具有良好的性能,存储效率较高。

网状模型的缺点如下:

(1) 结构复杂,而且随着应用环境的扩大,数据库的结构变得越来越复杂,不利于最终用户掌握。

(2) 其DDL、DML语言极其复杂,用户不容易使用。

(3) 数据独立性差,由于实体间的联系本质上是通过存取路径表示的,所以应用程序在访问数据时要指定存取路径。

3. 关系模型

1970年,美国IBM公司的研究员E. F. Codd在美国计算机学会会刊(Communications of the ACM)上发表了著名论文"A Relational Model of Data for Large Shared Data Banks",首次系统地提出了关系数据模型的相关理论。之后他又发表了多篇文章,奠定了关系数据模型的理论基础,标志着数据库系统新时代的来临。E. F. Codd也因其杰出贡献,于1981年获得ACM图灵奖。自20世纪80年代以来,计算机厂商推出的数据库管理系统几乎都支持关系模型,例如SQL Server、Oracle、DB2、Sybase、Informix等,即使非关系模型的系统产品也都加上了关系接口。关系模型是一种用二维表结构来表示实体型以及实体集之间联系的数据模型,是目前最常用的一种数据模型。关系数据库系统采用关系模型作为数据的组织方式。

1) 关系模型的基本概念

关系模型把概念模型中实体型以及实体集间的各种联系均用关系来表示。从用户的观点来看，关系模型中数据的逻辑结构是一张由行和列构成的二维表，类似于 Excel 工作表。表 2-1 所列是一张学生信息表，它是一张二维表格，同时也代表了一个学生关系。

表 2-1 学生信息表

学　号	姓名	性别	出生日期	所在系
41756001	张颖	女	2000-1-1	通信工程系
41756002	叶斌	男	1999-12-10	计算机系
41756101	许娜	女	1999-8-25	物联网系

(1) **关系(Relation)**。每一个关系用一张二维表表示，表示数据的逻辑结构。用来管理数据的二维表在关系数据库中简称为表。通常将一个没有重复行、重复列的二维表看成一个关系，每个关系都有一个关系名。关系将现实世界中的实体型以及实体集之间的各种联系归结为简单的二维表关系，其中表中的每一行代表一个元组，每一列代表一个属性。关系是元组的集合。

(2) **属性(Attribute)**。二维表中的每一列(垂直方向)即为一个属性，也称为字段。每个属性都有一个显示在该列首行的属性名，在一个关系表中不能有两个同名属性。例如表 2-1 有 5 列，对应 5 个属性(学号、姓名、性别、出生日期、所在系)。关系的属性对应概念模型中实体型以及联系的属性。对于属性的约束比 Excel 更加严格，定义为数字的属性列只能输入数字，定义为日期的属性列只能输入日期。

(3) **域(Domain)**。域是一组具有相同数据类型值的集合。在关系中，用域表示属性的取值范围。例如表 2-1 中学生的性别域只能是男、女两个值。每个属性对应一个域，不同的属性可以对应同一个域。

(4) **元组(Tuple)**。二维表的每一行(水平方向)数据在关系中称为元组，也称为记录。一行描述了现实世界中的一个实体，或者描述了不同实体集间的一种联系。一个元组即为一个实体的所有属性值的总称。一个关系中不能有两个完全相同的元组，例如表 2-1 中有 3 个元组。关系数据库必须以行为单位读/写数据。由于关系定义为元组的集合，而集合中的元素是没有顺序的，所以，关系中的元组也就没有先后顺序。这样既能减少逻辑排序，又便于在关系数据库中引进集合论的理论。

(5) **分量(Component)**。一个元组在一个属性域上的取值称为该元组在此属性上的分量。例如，姓名属性在第一条元组上的分量为“张颖”，对应表中的一个单元格。

(6) **元数和基数**。元数指关系中属性的个数，基数指元组的个数。表 2-1 中关系的元数和基数分别为 5 和 3。

(7) **关系模式(Relation Schema)**。关系模式是对关系的描述方式。一个关系的关系名及其全部属性名的集合简称为该关系的关系模式。关系模式是概念模型中实体型以及实体集之间联系的数据模型表示，一般表示为关系名(属性名 1，属性名 2，…，属性名 n)。例如表 2-1 中的学生关系可描述为学生(学号，姓名，性别，出生日期，所在系)。

关系模式和关系是型与值的联系。关系模式是型，描述了一个关系的结构；关系则是值，是元组的集合，是某一时刻关系模式的状态或内容。因此，关系模式是稳定的、静态的，而关系则是随时间变化的、动态的。通常在不引起混淆的场合，两者都称为关系。

(8) **候选码或候选键(Candidate Key)**。如果在一个关系中存在一个或一组属性的值能唯一地标识该关系的一个元组,则这个属性或属性组称为该关系的候选码或候选键,一个关系可能存在多个候选码,例如表2-1中学号就可以作为学生关系的候选码。

(9) **主码或主键(Primary Key)**。在为关系组织物理文件存储时,通常选用一个候选码作为插入、删除、查询元组的操作变量。这个被选用的候选码称为主码,有时也称为主键,用来唯一标识该关系的元组。例如表2-1中的学号,可以唯一地确定一个学生,也就成为学生关系的主码。

(10) **主属性(Primary Attribute)和非主属性(Nonprimary Attribute)**。关系中包含在任何一个候选码中的属性称为主属性,不包含在任何一个候选码中的属性称为非主属性。

(11) **外码或外键(Foreign Key)**。如果关系 R_1 的某一(些)属性 A 不是 R_1 的候选码,但是在另一关系 R_2 中属性 A 是候选码,则称 A 是关系 R_1 的外码,有时也称"外键"。在关系数据库中,用外键表示两个关系之间的联系。在两个关系建立联系时,外键提供了一个桥梁。

表2-2是一个课程信息表,其中课程编号和课程名属性可以唯一地标识该课程关系,因此可称为该关系的候选码。若指定课程编号为课程关系的主键,那么课程编号就可以被看成是表2-3所示学生成绩表的外键。这样通过"课程编号"就将两个独立的关系表联系在一起了。

表2-2 课程信息表

课程编号	课程名	学分	学时
050218	数据库技术及应用	2	32
050106	通信原理	4	64
050220	计算机网络	2	32

表2-3 学生成绩表

学号	课程编号	平时成绩	试卷成绩	总评成绩
41756001	050218	85	90	88.5
41756001	050106	80	85	83.5
41756002	050220	75	82	79.9
41756005	050218	88	90	89.4

(12) 参照关系(Referencing Relation)和被参照关系(Referenced Relation)。参照关系也称从关系,被参照关系也称主关系,它们是指以外码相关联的两个关系。外码所在的关系称为参照关系,相对应的另一个关系(即外码取值所参照的那个关系)称为被参照关系。这种联系通常是1:n的联系。例如,对于表2-2所示的课程关系和表2-3所示的学生成绩关系来说,课程关系是被参照关系,而学生成绩关系是参照关系。

可以将关系定义为元组的集合,关系模式则是指定的属性集合,元组是属性值的集合。一个具体的关系模型是若干个关系模式的集合。

2) 关系模型的数据结构

在关系模型中,基本数据结构是关系,可形象地用二维表来表示,它由行和列组成。

例如表 2-1 所列是一张学生信息表，它是一张二维表格，同时也代表了一个学生关系。

关系是关系模型中最基本的数据结构。关系既用来表示实体，例如上面的学生关系，也用来表示实体集之间的联系，例如学生与课程之间的联系可以描述为选修(学号，课程号，成绩)。关系模型不用像层次模型或网状模型那样的链接指针。记录之间的联系是通过不同关系中的同名属性来体现的。例如要查找学生"张颖"的成绩，首先要在学生关系中根据姓名找到学号"41756001"，然后在选修关系中找到学号为"41756001"的学生的成绩。在上述查询过程中，同名属性"学号"起到了连接两个关系的纽带作用。由此可见，关系模型中的各个关系模式不应当孤立起来，不是随意拼凑的一些二维表。关系模型要求关系必须是规范化的，即要求关系必须满足一定的规范条件，这些规范条件是关系中的每个属性都必须是不可分的基本数据项，即不允许表中嵌套表；在一个关系中，属性间的顺序、元组间的顺序是无关紧要的。

3) 关系模型的数据操作

关系数据模型的操作主要包括查询、插入、删除和修改。它的特点如下：

(1) 操作对象和操作结果都是关系，即关系模型中的操作是集合操作。它是若干元组的集合，而不像非关系模型中那样是单记录的操作方式。

(2) 在关系模型中，存取路径对用户是隐藏的。用户只要指出"干什么"，不必详细说明"怎么干"，从而方便了用户，提高了数据的独立性。

4) 数据的完整性约束

数据的完整性约束是一组完整的数据约束规则，它规定了数据模型中的数据必须符合的条件，在对数据做任何操作时都必须保证的一种机制。关系的完整性约束条件包括 4 类，即实体完整性、参照完整性、域完整性和用户定义完整性，其具体含义将在 2.6 节进行介绍。

5) 关系模型的优缺点

与层次模型和网状模型相比，关系模型的优点如下：

(1) 关系模型的概念简单、清晰，关系的描述具有一致性，不仅可描述实体本身，也可描述实体集之间的联系，可以直接表示多对多的联系。

(2) 关系模型建立在关系数据理论基础之上，具有坚实的数学理论基础。

(3) 关系必须是规范化的。

(4) 无论是数据库的设计和建立，还是数据库的使用和维护，在操作上都比层次模型和网状模型简单得多，因此易学、易用。

关系模型的缺点如下：

(1) 查询效率较低。关系模型的数据库管理系统提供了较高的数据独立性和非过程化的查询功能，因此系统的负担重，直接影响查询速度和效率。

(2) 关系数据管理系统实现较难。由于关系数据库管理系统的效率比较低，必须对关系模型的查询进行优化，这一工作较复杂，实现难度比较大。

4. 面向对象模型

传统数据模型在表示图形、图像、声音等多媒体数据以及空间数据、时态数据和超文本数据这类复杂数据时，已明显表现出其建模能力的不足，为了适应这类应用领域的需要，产生了面向对象数据模型。

面向对象模型（Object-Oriented Model，OOM）是以面向对象观点描述实体的逻辑组织、对象间限制、联系等的模型。将客观事物（实体）模型化为一个对象，每个对象都有一个唯一标识。共享同样属性和方法集的所有对象构成一个对象类（简称类），而一个具体对象就是某一类的一个实例，并用“类层次结构”来表示数据之间的联系。

面向对象的基本思想：主要通过对问题域的自然分割，以更接近人的思维方式建立问题域的模型，并进行结构模拟和行为模拟，从而使设计的软件尽可能直接地表现出问题的求解过程。面向对象方法以接近人类思维方式的思想将客观世界的实体模型化为对象。每种对象都有各自的内部状态和运动规律，不同对象之间的相互作用和联系构成各种不同系统。

面向对象模型的主要概念如下：

(1) 对象与对象标识。一个对象就是一个实体所具有的属性和定义在这些属性之上的一组操作的集合体，每个对象有一个唯一的标识，称为对象标识。现实世界中的所有实体都可以看作对象。

(2) 封装。每一个对象是其状态与操作的封装。其中，状态是对象一系列属性值的集合，而操作是在对象状态上进行的操纵的集合，是对对象动作的描述。操作也称为方法。

(3) 类与类层次。将属性集和操作相同的所有对象组合在一起，可以构成一个类。将几个类中某些具有部分公共特征的属性和操作方法抽象，形成一个更高层次、更具一般性的超类。系统中所有的类组成一个类层次，一个类可以从其直接或间接父类那里继承所有的属性和操作。类是具有相同属性和操作的对象的集合，属于同一类的对象具有相同的属性和操作。对象和类的关系是“实例”(instance of)的关系。

(4) 消息。消息是对象间通信的手段，一个对象通过向另一个对象发送消息来请求其服务。由于对象是后封装的，对象与外部的通信一般只能通过消息传递，即消息从外部传送给对象，存取和调用对象中的属性和方法，在内部执行所要求的操作，操作的结果仍以消息的形式返回。消息通常由3个部分组成，即接收消息的对象名称、消息名和参数(0个或多个)。

面向对象的特点包括抽象性、封装性、继承性和多态性等。

(1) 抽象性。抽象是忽略对象中与主旨无关或暂时不关注的部分，只关注其核心属性和行为，例如研究天体运动时将太阳、地球和月亮抽象为质点。抽象是具体到一般化的过程。

(2) 封装性。封装是利用抽象数据类型将数据和操作封装在一起，使数据被保护在抽象数据类型的内部，系统的其他部分只能通过被授权的操作与抽象数据类型交互。这里的抽象数据类型一般指“类”。封装的目的在于将对象的使用者和对象的设计者分开，用户只能看到封装接口上的信息，其内部对用户是隐藏的，保证了对象的安全性。

(3) 继承性。继承是现实世界中遗传关系的直接模拟。继承指一类对象可继承另一类对象的特性和能力，子类继承父类的共性，继承不仅可以把父类的特征传给中间子类，还可以向下传给中间子类的子类。

(4) 多态性。多态是指同一消息被不同对象接收时可解释为不同的含义。因此,可以发送更一般的消息,将实现的细节都留给接收消息的对象。即相同的操作可作用于多种类型的对象,并能获得不同的结果。

面向对象数据库技术的特点包括数据模型可完整描述现实世界中事物的数据结构,表达数据之间的嵌套及递归联系,且具有面向对象技术的封装性(数据与操作定义一起)和继承性(继承数据结构和操作)的特点,可提高软件可重用性和实现与维护的效率。面向对象数据库提供了三维的数据结构,其中,可以从任意位置快速地检索数据库中的属性。关系数据库模型适合于检索二维表中的记录组,而面向对象数据库则可以有效地找出唯一的属性。因此,当检索多个属性时,面向对象数据库模型执行的性能较差,而在这种情况下,关系数据库就非常适用。相比于关系数据库模型,面向对象数据库模型可以解决一些更加难以理解的复杂问题,例如消除了类型和多对多关系替换表的需求。

5. 关键字-值模型

最简单的 NoSQL 数据库是关键字-值(Key-Value)存储模型。这种数据库在存储数据时不采用任何模式,这意味着存储的数据无须遵循任何预定义的结构。Key-Value 模型比较简单,类似于 HashTable,一个关键字对应一个值,本质是一种“映射”。其中,Key 是查找每条数据地址的唯一关键字,Value 是该数据实际存储的内容,可以是任意类型的数据值。例如,("41756001","张颖")、("41756001","2000-1-1")。Key-Value 模型的优点是易于实现和添加数据,因此非常适合用来提供基于键来存储和检索数据的简单存储,缺点是无法根据存储的值来查找元素。

通常,Key-Value 模型采用哈希函数实现“键到值的映射”。在查询数据时,基于 Key 的 Hash 值直接定位到数据所在的位置,虽然不支持复杂的操作,但是能实现快速查询,并支持海量数据存储和高并发操作,适合通过主键对数据进行查询和修改等操作。

根据数据的存储位置,Key-Value 模型可以分为 3 种,如表 2-4 所示,即临时性 Key-Value 模型、永久性 Key-Value 模型和混合性 Key-Value 模型。

表 2-4 Key-Value 模型的类型

存储技术	存储位置	主 要 特 点	代表性产品
临时性 Key-Value 模型	内存	数据处理速度快,但数据容易丢失,对数据容量的限制高	Danga Interactive 公司的 Memcashed
永久性 Key-Value 模型	硬盘	数据处理速度慢(主要原因在于需要对硬盘进行 I/O 操作),但数据不易丢失,对数据容量的限制低	Tokyo Tyrant、Flare 和 ROMA 等
混合性 Key-Value 模型	内存+硬盘	一般先把数据保存在内存中,当满足一定条件时将其存储到硬盘,既发挥了内存数据处理速度快的优点,又利用了硬盘的数据不易丢失和容量大的优势	Redis

6. 列存储模型

列存储模型以列的方式存储数据，列是数据库中最小的存储单元，它是一个三元组，包括独一无二的名称、值和时间戳，即一个带有时间戳的 Key-Value 对，如图 2-6 所示。这类似于键/值数据库，但列存储数据库适合用于存储根据时间戳来区分有效内容和无效内容的数据。其提供了这样的优点，即能够让数据库中存储的数据过期。列存储模型主要来自 Google 的 BigTable，后来很多开源项目（例如 HBase 和 Cassandra 等）也采用了此数据模型。

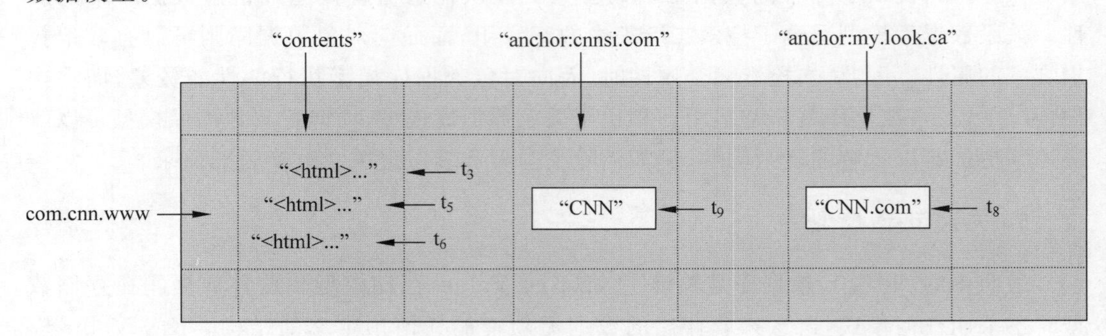

图 2-6　BigTable 的列存储模型

以 BigTable 为例，其数据模型由行、列、时间戳组成。与关系数据库不同的是，BigTable 中采用了关键字排序、列族（Column Family）存储和时间戳，可以很容易在不同版本之间回溯。

在如图 2-7 所示的列存储模型中，每一行是一个 Key-Value 对，对于任意一行，其 Key 是该行下数据的唯一入口（例如 k_1），Value 是一个列的集合（例如 column：c_1，c_2），而列族是一个包含多个行的结构，相当于关系数据库中关系表的概念。因此，列模型的特点如下：

（1）列存储模型采用多层映射的方式实现了关系数据库中的多表存储功能。

（2）采用两极聚合结构实现了 Key-Value 模型的拓展，但其数据查询仍需要通过 Key 进行。

Key	Columns		
	Name	Value	Timestamp
k_1	c_1	v_1	123456
	c_2	v_2	123456
k_2	c_1	v_3	123456
	c_2	v_4	123456

图 2-7　BigTable 的列模型示例

列存储模型的主要特点是以“列”取代“行”来存储数据，即将同一列的数据尽可能存储在硬盘的同一个页中。列存储模型主要应用于分布式文件系统。虽然列存储模型也使用表作为数据存储的基本单元，但是它并不支持 JOIN 类操作。其最大的特点是方便存储结构化和半结构化数据，方便做数据压缩，对针对某一列或者某几列的查询有非常大的I/O优势。列存储模型十分适用于数据仓库类应用，这类应用虽然每次查询都需要处理大量数据，但是所涉及的列并不多；并且大多数列式数据库都支持将相似列放在一起存储，能够节省大量I/O操作，提高列存储和查询效率。

表2-5给出了关系数据库和面向列数据库之间的比较。

表2-5　关系数据库和面向列数据库的比较

类　型	数据存储方式	优　势	案　例
关系数据库	以行为单位	擅长以行为单位进行数据处理	SQL Server、Oracle、MySQL等
面向列数据库	以列为单位	擅长以列为单位进行数据处理	BigTable、Cassandra、HBase和HyperTable等

7. 文档模型

文档模型数据库采用面向文档的方法来存储数据，其理念是可将单个实体的所有数据都存储在一个文档中，而文档可存储在集合中。这种模型也是一个关键字(Key)对应一个值(Value)，但是这个值主要以JSON或XML等格式的文档进行存储，是有语义的，并且文档模型数据库还可以对某些字段建立索引以方便上层的应用，而这一点是普通"Key-Value模型"数据库所无法支持的。

文档模型一般用于存储半结构化数据。在文档数据库中，文档是处理信息的基本单位。文档数据库允许创建不同类型的非结构化或任意格式的字段。由于文档数据库中的文档也需要一个唯一的Key来标识文档，文档的内容可以当作Value来理解。但是，与Key-Value模型不同的是，文档模型应具备以下两个重要特征。

(1) 可以定义具体的对象结构。在Key-Value模型中，数据对象的结构都是一样的，没有具体结构。其优点是可以存放任何类型的数据，缺点是数据访问的灵活性低，例如无法通过内容或字段值查找数据(只能通过关键字来查找)。相反，在文档模型中可以定义具体的对象结构。

(2) 可以根据数据对象的内容查找数据和建立索引。

目前比较典型的文档数据库有MongoDB和CouchDB等，主要应用于Web应用领域。

由于MongoDB支持非常松散的数据结构(BSON)，在无须定义表结构的情况下，MongoDB可以存储比较复杂的数据类型。因此，MongoDB具备的优点是不仅降低了程序代码与数据结构之间的耦合性，而且还支持对数据的灵活查询能力。MongoDB的数据查询语法类似于面向对象的查询语言，不仅可以实现关系数据库单表查询的多数功能，而且还支持对数据建立索引。因此本书选择MongoDB数据库作为NoSQL数据库的典型代表进行介绍。

8. 图存储模型

该模型以图的形式存储数据，是图形关系的最佳数据模型。图存储模型记为G(V,

E),V 为结点的集合,每个结点具有若干属性; E 为边的集合,也可以具有若干属性。该模型支持图结构的各种基本算法,可以直观地表达和展示数据之间的联系。如果使用传统关系数据库来解决,性能低下,而且设计不方便。其主要应用于航线拓扑图、社交网络、推荐系统和关系图谱。比较典型的图存储数据库是 Neo4J。

9. 8 种逻辑数据模型的比较

为了更加清晰地了解以上 8 种逻辑数据模型,从产生时间、数据结构、数据联系等几个方面进行比较,如表 2-6 所示。

表 2-6 8 种逻辑数据模型的对比

模　型	产生时间	数据结构	数据联系	语言类型	典型产品
层次模型	1968 年	树状结构	通过指针	过程性语言	IBM 公司的 IMS
网状模型	1971 年	有向图	通过指针	过程性语言	IDS/Ⅱ
关系模型	1970 年	关系	通过实体间的公共属性值	非过程性语言	SQL Server
面向对象模型	20 世纪 80 年代	对象	通过对象标识	面向对象语言	ONTOS DB
关键字-值模型	2009 年	Key-Value	通过关键字	非过程性语言	Redis
列模型	2009 年	列模型	通过时间戳	非过程性语言	Cassandra
文档模型	1989 年	文档模型	通过文档	非过程性语言	MongoDB
图存储模型	2010 年	图模型	通过边	非过程性语言	Neo4J

2.4 物理模型

物理模型是面向计算机等数据处理存储设备物理表示的模型,是描述数据在系统存储设备内部的表示方式和存取方法,例如存储位置和方式、索引等,与具体的 DBMS、操作系统和处理存储设备有关。

2.5 关系模型的集合论定义

前面介绍的关系模型定义和概念都是用自然语言描述的,但关系模型是从集合论中的关系(Relation)概念发展过来的,它有严格的数学理论基础。集合在数学领域表示事物的总和,在数据库领域表示记录的集合。具体来说,基本表、查询表和视图都是记录的集合。下面从集合论的角度给关系模型以严格的定义。关系实际上是笛卡儿积的一个子集,在此先给出笛卡儿积的定义。

2.5.1 笛卡儿积

【定义 2-1】 设有一个有限集合 $D_1,D_2,\cdots,D_n$,则在 $D_1,D_2,\cdots,D_n$ 上的笛卡儿积(Cartesian Product)为 $D=D_1\times D_2\times\cdots\times D_n=\{(d_1,d_2,\cdots,d_n)\mid d_i\in D_i,i=1,2,\cdots,n\}$。

其中,集合 $D_i(i=1,2,\cdots,n)$称为域,n 表示参与笛卡儿积的域的个数,称为度。D 中的每一个元素$(d_1,d_2,\cdots,d_n)$称为一个元组,元组中的每一个值称为一个分量,n 也表示每个元组中分量的个数。于是按 n 的值来称呼元组。当 $n=1$ 时,称为一元组;当 $n=2$ 时,称为二元组;当 $n=p$ 时,称为 p 元组。一个元组是组成该元组的各分量的有序集合,而不仅仅是各分量的集合。

若域 $D_i(i=1,2,\cdots,n)$ 为有限集,每个域的元组个数为 $m_i(i=1,2,\cdots,n)$,称为基数,则 $D_1 \times D_2 \times \cdots \times D_n$ 的基数为 $M=\prod_{i=1}^{n} m_i$。

笛卡儿积可表示为一个二维表。表中的每行对应一个元组,表中的每列对应一个域。n 元笛卡儿积实际上是由 n 元元组构成的集合,它既可以是有限集合,也可以是无限集合。当笛卡儿积为有限集合时,可以用元素的列举法来表示。

【例 2-1】 设有 3 个域:A={叶斌,张翠花},B={男,女},C={内蒙,北京},则域 A、B、C 上的笛卡儿积为 A×B×C={(叶斌,男,内蒙),(叶斌,男,北京),(叶斌,女,内蒙),(叶斌,女,北京),(张翠花,男,内蒙),(张翠花,男,北京),(张翠花,女,内蒙),(张翠花,女,北京)}。

由于域 A 有两个元组,域 B 有两个元组,域 C 有两个元组,则笛卡儿积的基数为 $2\times 2\times 2=8$,因此对应的二维表将是 8 个元组。当把域 A、B、C 上的笛卡儿积的每个元组作为一个二维表的一行时,域 A、B、C 上的笛卡儿积又可以用一张二维表来表示,如表 2-7 所示。

表 2-7 域 A、B、C 上的笛卡儿积

域 A	域 B	域 C
叶 斌	男	内蒙
叶 斌	男	北京
叶 斌	女	内蒙
叶 斌	女	北京
张翠花	男	内蒙
张翠花	男	北京
张翠花	女	内蒙
张翠花	女	北京

从上述具体示例可以看出,域 A、B、C 上的笛卡儿积只是数学意义上的一个集合,它通常无法表达实际的语义。但是笛卡儿积的一个子集通常具有表达某种实际语义的功能,即关系具有某种具体的语义。

2.5.2 关系与关系模式

【定义 2-2】 笛卡儿积 $D_1 \times D_2 \times \cdots \times D_n$ 的任意一个子集称为在域 $D_1, D_2, \cdots, D_n$ 上的一个 n 元关系,简称关系。关系的描述称为关系模式,它可以形式化地表示为 R(U,D,dom,F)。

其中,R 为关系名,n 为关系的度,U 为组成该关系的属性名的集合,D 为属性组 U 中的属性所来自的域的集合,dom 为属性向域的映像集合,F 为该关系中各属性间数据的依赖关系集合。由于笛卡儿积允许有相同的域,故在不同列取自相同域的情况下,无法根据域名来区分列。为了区分,将列称为属性,并给每列单独命名,从而构成 U。关系模式通常简写为 R(U)或 R(A_1,A_2,…,A_n)。其中,R 为关系名,U 为属性名集合,A_i(i=1,2,…,n)为属性名。

从上面的定义可以看出,关系是笛卡儿积的子集,因此可以用二维表来表示。二维表的名称就是关系的名称,二维表的每一列都是一个属性,n 元关系具有 n 个属性。在一个关系中每一个属性都有一个属性名,且各个属性名不能相同,对应参与笛卡儿积运算的每个域的名称。一个属性的取值范围 D_i(i=1,2,…,n)称为该属性的域(Domain),对应参与笛卡儿积运算的每个集合的值域,所以不同的属性可以有相同的域。二维表的每一行值对应于一个元组。

【例 2-2】 设例 2.1 中的域 A=学生姓名集合={叶斌,张翠花},B=性别集合={男,女},C=学生籍贯集合={内蒙,北京},则 A、B、C 上的关系 R(A,B,C)={(叶斌,男,内蒙),(张翠花,女,北京)}有着明确的语义,即表示学生叶斌的性别是男,来自内蒙;学生张翠花的性别是女,来自北京。此关系的二维表如表 2-8 所示。

表 2-8 学生信息的关系

学生姓名	性别	籍贯
叶 斌	男	内蒙
张翠花	女	北京

由于域 A、B、C 上的笛卡儿积包含所有的元组,所以没有明确的语义。例如,叶斌的性别既是男又是女,与实际不符,所以笛卡儿积通常没有实际语义。

在数学中,笛卡儿积形成的二维表的各列是有序的,而在关系模型中对属性、元组的次序交换都是无关紧要的。当然,关系的属性、元组按一定的次序存储在数据库中。但这仅仅是物理存储的顺序,在逻辑上,属性、元组在关系模型中的顺序都不做规定。

2.5.3 关系的类型

在关系模型中,关系包括 3 种类型,即基本表、查询表和视图。基本表是实际存在的表,它是实际存储数据的逻辑表示。查询表是查询结果对应的表。视图是由基本表或其他视图导出的表,是虚表,只有定义,不对应实际存储的数据。

2.5.4 关系的性质

关系是用笛卡儿积定义的一种规范化的二维表,具有如下性质:

(1) 列是同质的,即每一列中的分量是同一类型的数据,来自同一个域。

(2) 不同的列可出自同一个域,称其中的每一列为一个属性,不同的属性要给予不同的属性名。

(3) 任意两个元组不能完全相同。

(4) 在关系中,属性的顺序不重要,即列与列之间可以任意交换。

(5) 在关系中,元组的顺序不重要,即行的次序可以任意交换。

(6) 分量必须取原子值,即每一个分量都必须是不可分的数据项,不允许属性又是一个二维关系。

2.5.5 关系模型

关系数据库是建立在关系模型上的数据库。关系模型作为一种数据模型，也是由数据结构、数据操作和完整性约束 3 个部分组成的。

1. 关系模型的数据结构

关系模型的数据结构是关系，可以用二维表来表示，它由行和列组成。在关系模型中，实体及实体集之间的联系都用关系来表示。

2. 关系模型的数据操作

关系模型给出了关系操作的能力，但不对 DBMS 的操作语言给出具体的语法要求。常用的关系操作有选择、投影、连接、除、并、交、差等查询操作和增加、修改、删除操作等。

早期的关系操作能力通常用代数方式或逻辑方式来表示，分别称为关系代数和关系演算。关系代数是用对关系的运算来表达查找要求的方式，关系演算是用谓词来表达查询要求的方式。关系演算又可按谓词变元的基本对象是元组变量还是域变量，分为元组关系演算和域关系演算。关系代数、元组关系演算和域关系演算在表达能力上是完全等价的，详细内容见 2.8 节。

3. 关系模型的完整性约束

在关系模型中共有 4 类完整性约束，即实体完整性、参照完整性、域完整性和用户定义完整性，详细内容见 2.6 节。为了维护数据库中数据的一致性，关系数据库的插入、修改和删除操作必须遵守上述关系模型的 4 类完整性约束规则。

对应于一个关系模型的所有关系的集合称为关系数据库。

2.5.6 概念模型与关系模型之间的转换

概念模型向关系模型的转化就是将用 E-R 图表示的实体、实体属性和实体集之间的联系转化为关系模式。具体而言就是转化为选定的 DBMS 支持的数据库对象，例如表、列、视图、主键、外键、约束等数据库对象。一般的转换规则如下：

(1) 实体的转换。一个实体转换为一个关系模式(表)，实体的属性转换为关系的属性，实体的码转换为关系的主键。

(2) 二元联系类型的转换。

① 若实体集间的联系为一对一(1∶1)，则将两个实体类型转换成两个关系模式的过程中，任选一个属性或属性组在其中加入另一个关系模式的键和联系类型的属性。

② 若实体集间的联系是一对多(1∶n)，则在 n 端实体的关系模式中加上 1 端实体类型的键和联系类型的属性。

③ 若实体集间的联系是多对多(m∶n)，则将联系类型也转换为关系模式，其属性为两端实体类型的键加上联系型的属性，而键为两端实体键的组合。

这部分内容将在第 9 章中详细介绍。

2.6 关系模型的完整性

关系模型的基本理论不但对关系模型的结构进行了严格的定义，而且还有一组严格的数据完整性约束规则，它规定了关系模型中的数据必须符合的某种约束条件。在定义关系模型和进行数据操作时都必须保证符合完整性约束。在关系模型中共有4类完整性约束，即实体完整性、参照完整性、域完整性和用户定义完整性。其中，实体完整性和参照完整性是关系模型必须满足的完整性约束条件，任何关系系统都应该能自动维护。

2.6.1 实体完整性

若属性A是关系R的主属性，则属性A不能取空值且取值唯一。通过主属性使得一个关系模型中的所有元组都是唯一的，没有两个完全相同的元组（也就是一个二维表中没有两个完全相同的行），称为实体完整性（Entity Integrity），也称为行完整性。

关系模型是将概念模型中的实体以及实体集之间的联系都用关系这一数据模型来表示。一个基本关系通常只对应一个实体集。由于在实体集当中的每一个实体都是可以相互区分的，即它们通过实体码唯一标识。因此，关系模型中能唯一标识一个元组的候选码就对应了实体集的码。这样，候选码之中的属性（主属性）不能取空值。如果主属性取空值，就说明存在某个不可标识的元组，即存在不可区分的实体，这与现实世界的应用环境相矛盾。在实际的数据存储中用主键来唯一标识每一个元组，因此在具体的DBMS中，实体完整性应修改为在任一关系中主键不能取空值。例如，在表2-2所示的课程关系中，“课程编号”属性不能取空值。

2.6.2 参照完整性

参照完整性（Referential Integrity）就是定义外键和主键之间的引用规则。现实世界中的事物和概念往往是存在某种联系的，关系模型就是通过关系来描述实体和实体集之间的联系。这自然就决定了关系和关系之间也不会是孤立的，它们是按照某种规律进行联系的。参照完整性约束就是不同关系之间或同一关系的不同元组必须满足的约束。它要求关系的外键和被引用关系的主键之间遵循参照完整性约束。设关系R_1有一外键FK，它引用关系R_2的主键PK，则R_1中任一元组在外键FK上的分量必须满足以下两种情况：等于R_2中某一元组在主键PK上的分量；取空值（FK中的每一个属性的分量都是空值）。R_2称为被参照关系模式，R_1称为参照关系模式。例如，在表2-3所示的学生成绩关系中，“学号”只能取学生关系表中实际存在的一个学号；“课程编号”也只能取课程关系表中实际存在的一个课程编号。在这个例子中“学号”和“课程编号”都不能取空值，因为它们既是该关系的外键又是其主键，所以必须要满足该关系的实体完整性约束。在实际应用中，外键不一定与对应的主键同名。

2.6.3 域完整性

关系模型规定元组在属性上的分量必须来自属性的域，这是由域完整性（Domain

Integrity)约束规定的。域完整性约束对关系 R 中的属性(列)数据进行规范,并限制属性的数据类型、格式、取值范围、是否允许空值等。

2.6.4 用户定义完整性

以上 3 类完整性约束都是最基本的,因为关系模型普遍遵循。此外,不同的关系数据库系统根据其应用环境的不同往往还需要一些特殊的约束条件。用户定义完整性(User Defined Integrity)约束就是对某一具体关系数据库的约束条件,它反映了某一具体应用所涉及的数据必须满足的语义要求。例如,年龄不能大于工龄,夫妻的性别不能相同,成绩只能在 0～100 分等。这些约束条件需要用户自己来定义,故称为用户定义完整性约束。

2.7 关系代数

关系数据模型(简称关系模型)是目前最重要的一种数据模型,有着严格的数学理论基础。在数学领域中,关系是集合代数中的一个基本概念,分为二元关系和多元关系,二元关系是多元关系的特例,多元关系是二元关系的推广。现有的大部分数据库管理系统都是建立在关系模型的基础上,因此理解关系数据库理论对数据库设计及应用具有一定的指导作用。

在实际的数据库应用中,查询是最常用的基本操作,用户可以从数据库中及时获取所关注的数据。关系代数是一种抽象的查询语言,是以集合代数为基础、以关系为运算对象的高级运算,是关系数据操作语言的一种传统表达方式。关系代数是施加于关系之上的一组集合代数运算,是通过对关系的运算来表达查询。每个运算都以一个或多个关系作为运算对象,并生成另外一个关系作为该关系运算的结果。也就是说,关系代数的运算对象是关系,运算结果也是关系。

关系代数是关系模型的理论基础,这意味着无法在一台实际的计算机上执行用关系代数形式化的查询。而关系代数可以用最简单的形式来表达所有关系数据库查询语言必须完成的运算的集合,它们能用作评估实际系统查询语言能力的标准或基础。

可将关系代数的运算简称为关系运算。关系运算分为两类,即传统的集合运算和专门的关系运算。传统的集合运算将元组作为集合中的元素进行运算,其运算是从关系的"水平"方向(行的角度)进行的,包括并、差、交和笛卡儿积等运算。专门的关系运算主要是针对关系数据库的应用专门设计的,涉及关系的行运算和关系的列运算。它包括选择、投影、连接和除等运算。

关系运算的三要素包括运算对象、运算结果和运算符,其中运算对象和运算结果都是关系。关系运算的运算符主要包括以下 4 类:

(1) 集合运算符,包括∪(并运算)、－(差运算)、∩(交运算)、×(笛卡儿积)。

(2) 专门的关系运算符,包括 σ(选择)、π(投影)、⋈(连接)、÷(除)。

(3) 比较运算符,包括＞(大于)、≥(大于等于)、＜(小于)、≤(小于等于)、＝(等于)、≠(不等于)。

(4) 逻辑运算符，包括¬(非)、∧(与)、∨(并)。

其中，并、差、笛卡儿积、选择和投影运算构成了一个完备的操作集合，其他的关系代数操作都可用这5个基本运算的组合来实现。

2.7.1 传统的集合运算

从数学的角度看，关系是一个集合，因此传统的集合运算(包括并、差、交、笛卡儿积4种运算)可应用到关系的运算中，这4种运算都是二目集合运算。传统的集合运算将关系看作元组的集合，即关系运算是从"水平"方向的角度来进行的。

1. 并运算

设关系R和关系S是同一关系模式下的关系(具有相同的度n，即两个关系都有n个属性，且相应的属性取自同一个域)，则关系R和关系S的并(Union)运算是指关系R和关系S的所有元组合并，再删除重复的元组，组成一个新关系，其结果仍为n元关系。记作：

$$R \cup S = \{t \mid t \in R \vee t \in S\}$$

其中，"∪"为并运算符，t为关系R或关系S的元组变量，"∨"为逻辑或运算符。关系R和关系S的并是由属于R或属于S的元组组成的集合，如果R和S有重复的元组，则只保留一个。并运算主要用于关系数据的增加操作。

【例2-3】 关系R和S如表2-9和表2-10所示，则R和S的并运算R∪S如表2-11所示。

表2-9 关系R

A	B	C
a_1	b_1	c_1
a_1	b_2	c_2
a_3	b_3	c_3

表2-10 关系S

A	B	C
a_1	b_2	c_2
a_3	b_3	c_3
a_4	b_4	c_4

表2-11 关系R∪S

A	B	C
a_1	b_1	c_1
a_1	b_2	c_2
a_3	b_3	c_3
a_4	b_4	c_4

2. 差运算

设关系 R 和 S 是同一关系模式下的关系，则 R 和 S 的差(Difference)运算是由属于 R 但不属于 S 的元组组成的集合，即关系 R 中删除与关系 S 中相同的元组，组成一个新的关系，其结果仍为 n 元关系。记作：

$$R-S=\{t|t\in R\wedge t\notin S\}$$

其中，“－”为差运算符，t 为元组变量，“∧”为逻辑与运算符。差运算主要用于关系数据的删除操作。

对于关系数据的修改操作，可以看作是并运算和差运算的组合运算。修改关系 R 内的元组内容可用下面的方法实现：首先设需要修改的元组构成关系 R_1，则先做删除，得 $R-R_1$；其次设修改后的元组构成关系 R_2，此时将其插入，得到结果 $(R-R_1)\cup R_2$。

【例 2-4】 关系 R 和 S 如表 2-9 和表 2-10 所示，则 R 和 S 的差运算 R－S 如表 2-12 所示。

表 2-12 关系 R－S

A	B	C
a_1	b_1	c_1

3. 交运算

设关系 R 和 S 是同一关系模式下的关系，则 R 和 S 的交(Intersection)运算是由既属于 R 又属于 S 的元组组成的集合，即在两个关系 R 和 S 中取相同的元组，组成一个新的关系，其结果仍为 n 元关系。记作：

$$R\cap S=\{t|t\in R\wedge t\in S\}$$

其中，“∩”为交运算符，t 为元组变量，“∧”为逻辑与运算符。通过交运算，可以实现关系数据的查询操作。

【例 2-5】 关系 R 和 S 如表 2-9 和表 2-10 所示，则 R 和 S 的交运算 R∩S 如表 2-13 所示。

表 2-13 关系 R∩S

A	B	C
a_1	b_2	c_2
a_3	b_3	c_3

交运算和差运算之间存在如下关系：$R\cap S=R-(R-S)=S-(S-R)$。

设关系 R 中有 i 个元组，关系 R 中有 j 个元组，两者有 k 个元组相同，则 R∪S 中元组数为 $i+j-k$，R－S 中元组数为 $i-k$，R∩S 中元组数为 k。

4. 笛卡儿积

两个分别为 m 元和 n 元的关系 R 和 S 的广义笛卡儿积(Cartesian Product)是一个

有(m+n)个属性的元组的集合,元组的前 m 列是关系 R 的一个元组,后 n 列是关系 S 的一个元组。若 R 有 i 个元组,S 有 j 个元组,则关系 R 和关系 S 的广义笛卡儿积有 i×j 个元组。记作:

$$R \times S=\{t \mid t=\langle t^m, t^n \rangle \wedge t^m \in R \wedge t^n \in S\}$$

其中,"×"为笛卡儿积运算符,$\langle t^m, t^n \rangle$表示笛卡儿积运算所得到的新关系的元组由两部分组成的有序结构,t^m 由含有关系 R 的属性的元组构成,t^n 由含有关系 S 的属性的元组构成,共同组成一个新的元组。在 t^m、t^n 中,m、n 为上标,分别表示 m 个分量和 n 个分量。

这里说明几点:

(1) 虽然在表示上把关系 R 的属性放在前面,把关系 S 的属性放在后面,连接成一个有序结构的元组,但在实际的关系操作中,属性间的前后交换次序是无关的。

(2) 在做笛卡儿积运算时,可从 R 的第一个元组开始,依次与 S 的每一个元组组合,然后对 R 的下一个元组进行同样的操作,直到 R 的最后一个元组也进行完同样的操作为止,即可得到 R×S 的全部元组。

(3) 通过笛卡儿积运算可实现关系数据库中各关系之间的连接操作。笛卡儿积运算得出的新关系将数据库的多个孤立的关系联系在一起,这样就使关系数据库中独立的关系有了沟通的渠道。

【例 2-6】 关系 R 和 S 如表 2-9 和表 2-10 所示,则 R 和 S 的笛卡儿积运算 R×S 如表 2-14 所示。

表 2-14 关系 R×S

R. A	R. B	R. C	S. A	S. B	S. C
a_1	b_1	c_1	a_1	b_2	c_2
a_1	b_1	c_1	a_3	b_3	c_3
a_1	b_1	c_1	a_4	b_4	c_4
a_1	b_2	c_2	a_1	b_2	c_2
a_1	b_2	c_2	a_3	b_3	c_3
a_1	b_2	c_2	a_4	b_4	c_4
a_3	b_3	c_3	a_1	b_2	c_2
a_3	b_3	c_3	a_3	b_3	c_3
a_3	b_3	c_3	a_4	b_4	c_4

笛卡儿积运算在理论上要求参加运算的关系没有同名属性。通常在结果关系的属性名前加上<关系名>来区分,这样即使 R 和 S 中有相同的属性名,也能保证结果关系具有唯一的属性名。

2.7.2 专门的关系运算

在关系的运算中,由于关系数据结构的特殊性,在关系代数中除了需要一般的集合运算外,还需要一些专门的关系运算,即专门针对关系数据库设计的运算,包括投影(对关系进行垂直分解)、选择(对关系进行水平分解)、连接(关系的结合)和除。专门的关系运算不仅涉及关系的行，而且涉及关系的列，便于实现关系数据库多样的查询操作。比较运算符和逻辑运算符辅助专门的关系运算符进行操作。

1. 选择运算

选择(Selection)运算是根据给定的条件对关系进行水平分解，选择符合条件的元组。选择条件用F表示，也可称F为原子公式。在关系R中找出满足条件F的所有元组，组成一个新的关系，这个关系是关系R的一个子集，记作：

$$\sigma_F(R)=\{t \mid t \in R \wedge F(t)=\text{true}\}$$

其中，σ为选择运算符，F为选择条件，R为关系名，t为元组变量，“∧”为逻辑与运算符。F是一个逻辑表达式，取值为“true”或“false”，只有取值为“true”的元组被选取。F的形式是由算术比较运算符和逻辑运算符连接起来的逻辑表达式，其基本形式为：

$$X_1\theta Y_1[\varphi X_2\theta Y_2]\cdots$$

θ表示比较运算符，它可以是>、≥、<、≤、=和≠。X_1、Y_1等是属性名或简单函数。属性名也可以用它在关系中从左到右的序号来代替。φ表示逻辑运算符，它可以是∧(与)、∨(或)、¬(非)。[ ]表示可选选项，…表示上述格式可以重复下去。

选择运算是单目运算符，即运算的对象仅有一个关系。选择运算不会改变参与运算关系的关系模式，它只是根据给定的条件从所给的关系中找出符合条件的元组。实际上，选择运算是从行的角度进行的水平分解运算，是一种将大关系分解为较小关系的工具。

【例2-7】 设关系R如表2-9所示，从关系R中挑选满足$A=a_1$条件的元组，关系代数式为$\sigma_{A='a_1'}(R)$，其结果如表2-15所示。

表2-15 选择关系

A	B	C
a_1	b_1	c_1
a_1	b_2	c_2

2. 投影运算

投影(Projection)运算是从一个关系中选取某些感兴趣的属性，并对这些属性重新排列，最后从得出的结果中删除重复的元组，从而构成一个新的关系。

设R是n元关系，A_{i1}，A_{i2}，…，A_{im}($m \leqslant n$)是R的第i1，i2，…，im个属性，且i1，i2，…，im为1到m之间互不相同的整数，可不连续，则关系R在A_{i1}，A_{i2}，…，A_{im}上的投影定义为：

$$\pi_{i1,i2,\cdots,im}(R)=\{t \mid t=\langle t_{i1},t_{i2},\cdots t_{im}\rangle \wedge \langle t_1,\cdots,t_{i1},t_{i2}\cdots t_{im},\cdots t_n\rangle \in R\}$$

其中，π为投影运算符，R为关系名，t为元组变量，“∧”为逻辑与运算符，属性也可用其序号表示。投影运算表示按照i1，i2，…，im的顺序从关系R中取出所有元组在特定属性A_{i1}，A_{i2}，…，A_{im}上的值，并删除结果中的重复元组，构成一个以i1，i2，…，im为列顺序的m元关系。

投影运算也是单目运算，它是从列的角度进行的垂直分解运算，可以改变关系中列的顺序。在投影运算后不仅删除了原关系中的某些列,而且还可能删除某些元组,因为删除了某些属性列后就可能出现重复行,应删除这些完全相同的行。与选择运算一样,它也是一种分解关系的工具。

【例 2-8】 设关系 R 如表 2-9 所示,计算 $\pi_{A,C}(R)$或 $\pi_{1,3}(R)$的结果,如表 2-16 所示。

表 2-16 投影关系 $\pi_{A,C}(R)$

A	C
a_1	c_1
a_1	c_2
a_3	c_3

3. 连接运算

连接(Join)运算是从两个关系 R 和 S 的笛卡儿积中,选取 R 的 A 属性值和 S 的 B 属性值之间满足一定条件的元组,这些元组构成的关系是 R×S 的一个子集。连接运算是对关系的结合,也称为 θ 连接,记作:

$$R \underset{A\theta B}{\bowtie} S=\{t \mid t=\langle t_R, t_S\rangle \wedge t_R \in R \wedge t_S \in S \wedge t_R[A]\theta t_S[B]\}=\sigma_{A\theta B}(R\times S)$$

其中,A 和 B 分别为关系 R 和 S 上可比的属性名(属性名可不相同),定义在同一个域上。θ 是算术比较运算符,它可以是>、≥、<、≤、=和≠。AθB 作为比较公式。

若有多个属性作为条件,可以把连接条件表示为 F,记作:

$$R \underset{F}{\bowtie} S=\{t \mid t=\langle t_R, t_S\rangle \wedge t_R \in R \wedge t_S \in S \wedge F\}=\sigma_F(R\times S)$$

其中,F 的一般形式为 $F_1 \wedge F_2 \wedge \cdots \wedge F_n$,每个 F_i 是形为 $t_R[A_i]\theta t_S[B_i]$的比较公式。其中,A_i 是关系 R 的第 i 个属性,B_i 是关系 S 的第 i 个属性。对于连接条件的重要限制是条件表达式中所包含的对应属性必须来自同一个属性域,否则是非法的。若 R 有 m 个元组,此运算就是用关系 R 的第 p 个元组的 A_i 属性的各个值分别与关系 S 的对应 B_i 属性的各个值从头至尾依次作 θ 比较。每当满足这一比较运算时,就把 S 中该属性值的元组接在 R 的第 p 个元组的右边,构成新关系的一个元组。这样,当 p 从 1 遍历到 m 时,就得到了新关系的全部元组。新关系的属性集的取名方法和笛卡儿积运算一样。

【例 2-9】 关系 R 和 S 分别如表 2-9 和表 2-10 所示,则 R 和 S 的连接运算 $R \underset{B=B}{\bowtie} S$ 的结果如表 2-17 所示。

表 2-17 连接关系

R. A	R. B	R. C	S. A	S. B	S. C
a_1	b_2	c_2	a_1	b_2	c_2
a_3	b_3	c_3	a_3	b_3	c_3

在连接运算中包括两种最为重要也最为常用的运算,分别是等值连接和自然连接。

1) 等值连接

一个连接表达式中所有比较运算符 θ 都取"="时的连接就是等值连接,是从两个关系的广义笛卡儿积中选取 A、B 属性集间相等的元组。记作:

$$R \underset{A=B}{\bowtie} S=\{t \mid t=\langle t_R, t_S\rangle \land t_R \in R \land t_S \in S \land t_R[A]=t_S[B]\}=\sigma_{A=B}(R \times S)$$

若A和B的属性个数为n,A和B中属性相同的个数为k($n \geqslant k \geqslant 0$),则等值连接结果将出现k个完全相同的列,即数据冗余,这是它的不足。例2.9就属于等值连接的例子。

2）自然连接

自然连接是一种特殊的等值连接,它是在两个关系的相同属性上作等值连接,因此要求两个关系中进行比较的分量必须是相同的属性组,并且将去掉结果中重复的属性列。等值连接可能出现数据冗余,而自然连接将去掉重复的列。

如果R和S有相同的属性集合B,Att(R)和Att(S)分别表示R和S的属性集,则自然连接记作：

$$R \bowtie S=\{\pi_{Att(R) \cup (Att(S)-\{B\})}(\sigma_{t[B]=t[B]}(R \times S))\}$$

此处t表示$\{t \mid t \in R \times S\}$。

自然连接与等值连接的区别如下：

(1) 等值连接相等的属性既可以是相同属性,也可以是不同属性；自然连接相等的属性必须是相同的属性。

(2) 自然连接必须去掉重复的属性,特指相等比较的属性,而等值连接无此要求。

(3) 自然连接一般用于有公共属性的情况。如果两个关系没有公共属性,那么它们的自然连接就退化为广义笛卡儿积。如果是两个关系模式完全相同的关系进行自然连接,则变为交运算。

自然连接是关系代数中常用的一种运算,在关系数据库理论中起着重要的作用,利用选择、投影和自然连接操作可以任意地分解和构造新关系。

【例2-10】 关系R和S分别如表2-9和表2-10所示,则R和S的自然连接运算$R \underset{B=B}{\bowtie} S$的结果如表2-18所示。

表2-18 自然连接关系

A	B	C
a_1	b_2	c_2
a_3	b_3	c_3

4. 除运算

除(Division)运算实际上是笛卡儿积的逆运算,是同时从行和列角度进行运算。给定关系R(X,Y)和S(Z),其中X、Y、Z为属性集合。S的属性是R的属性的子集,假设R中的Y和S中的Z可以有不同的属性名,但必须具有相同的个数且对应属性出自相同的域,则除运算R÷S是满足下列条件的最大关系：其中每个元组t与S中的各个元组s组成的新元组< t,s >必在R中。其定义形式为：

$$R \div S=\pi_X(R)-\pi_X((\pi_X(R) \times S)-R)=\{t \mid t \in \pi_X(R), 且 \forall s \in S, \langle t,s\rangle \in R\}$$

关系的除操作需要说明的是：

(1) R÷S的新关系属性是由属于R但不属于S的所有属性构成的。

(2) R÷S的任一元组都是R中某元组的一部分,但必须符合下列要求:即任取属于R÷S的一个元组t,则t与S的任一元组相连后,结果都为R中的一个元组。

(3) $R(X,Y)\div S(Z)\equiv R(X,Y)\div \pi_Z(S)$

(4) R÷S的计算过程如下:

$$H=\pi_X(R);\quad W=(H\times S)-R;\quad K=\pi_X(W);\quad R\div S=H-K$$

在除运算的应用过程中需注意:当问题中出现"至少""全部""所有"等类似的集合包含的概念时,可能会用到除法;在用到除法时,关键的问题是构造除关系和被除关系。

【例 2-11】 设关系R和S分别如表2-19(a)、(b)所示,计算R÷S的结果,如表2-19(c)所示。

表 2-19 除关系

(a) 关系R

A	B	C
a	3	e
a	2	d
g	2	d
g	3	e
c	6	f

(b) 关系S

B	C
2	d
3	e

(c) R÷S

A
a
g

2.8 关系演算与查询优化

把数理逻辑中的谓词演算应用到关系运算中,就得到了关系演算。关系演算按其谓词变元的不同分为元组关系演算和域关系演算,前者以元组为变量,后者以域为变量。

2.8.1 元组关系演算

在元组关系演算中,用元组关系演算表达式(简称为元组表达式)$\{t|\varphi(t)\}$表示关系,其中t为元组变量,$\varphi(t)$是由原子公式和运算符组成的公式。该表达式表示了所有使得$\varphi(t)$为真的元组t的集合。

1. 原子公式的3种类型

(1) R(t)。R是关系名,t是元组变量,R(t)表示t是关系R的元组。因此,关系R可用元组演算表达式$\{t|R(t)\}$来表示。

(2) $t[i]\theta c$或$c\theta t[i]$。$t[i]\theta c$表示元组变量t的第i个分量,c是常量,θ是算术比较运算符。$t[i]\theta c$或$c\theta t[i]$表示"元组t的第i个分量与常量c之间满足θ运算"。例如,$t[3]=5$表示"元组t的第3个分量等于5"。

(3) $t[i]\theta u[j]$。t和u是两个元组变量,θ是算术比较运算符。$t[i]\theta u[j]$表示"元组t的第i个分量与元组u的第j个分量之间满足θ运算"。

在定义关系演算的运算时,可同时定义"自由"元组变量和"约束"元组变量。在一个公式中，一个元组变量的前面如果没有存在量词"∃"或全程量词"∀"等符号，称这个元组变量为自由元组变量，否则称为约束元组变量。自由元组变量类似于程序设计语言中的全局变量，而约束元组变量类似于程序设计语言中的局部变量。

2. 公式及公式中自由元组变量和约束元组变量的递归定义

(1) 每个原子公式是一个公式，其中的元组变量是自由变量。

(2) 设 φ_1 和 φ_2 是公式，则 $\neg\varphi_1$、$\varphi_1 \wedge \varphi_2$ 和 $\varphi_1 \vee \varphi_2$ 也是公式。当 φ_1 为真时，$\neg\varphi_1$ 为假，否则为真；当 φ_1 和 φ_2 同时为真时，$\varphi_1 \wedge \varphi_2$ 为真，否则为假；当 φ_1 为真，或 φ_2 为真，或 φ_1 和 φ_2 同时为真时，$\varphi_1 \vee \varphi_2$ 为真，否则为假。

(3) 设 φ 是公式，t 是 φ 的一个元组变量，则 $(\exists t)(\varphi)$、$(\forall t)(\varphi)$ 也都是公式。当至少有一个 t 使 φ 为真时，则 $(\exists t)(\varphi)$ 为真，否则为假；当所有的 t 都使得 φ 为真时，则 $(\forall t)(\varphi)$ 才为真，否则为假。

(4) 公式中运算符的优先次序是算术比较运算符 θ 最高，存在量词∃和全程量词∀次之，逻辑运算符最低，且按¬、∧和∨的次序排列。如果有括号，则括号中的运算优先级最高。利用括号可改变优先次序。

(5) 按照上述 4 条规则经过有限次组合形成的也都是公式。

3. 关系代数表达式的元组演算表示

因为所有的关系代数运算都能用关系代数的 5 种基本运算表示，所以这里仅把关系代数的 5 种基本运算用元组关系演算表示。

1) 并运算

$$R \cup S = \{t \mid R(t) \vee S(t)\}$$

关系 R 与 S 的并是元组 t 的集合，t 在 R 中或 t 在 S 中。

2) 差运算

$$R - S = \{t \mid R(t) \wedge \neg S(t)\}$$

关系 R 与 S 的差是元组 t 的集合，t 在 R 中而不在 S 中。

3) 笛卡儿积

设关系 R 有 m 个属性、i 个元组；关系 S 有 n 个属性、j 个元组，则关系 R 和 S 的笛卡儿积是一个有(m+n)个属性的元组集合，可表示为：

$$\begin{aligned}R \times S = \{t^{(m+n)} \mid (\exists u^{(m)})(\exists v^{(n)})\\ (R(u) \wedge S(v) \wedge t[1]=u[1] \wedge \cdots \wedge t[m]=u[m] \wedge t[m+1]\\ =v[1] \wedge \cdots \wedge t[m+n]=v[n])\}\end{aligned}$$

$t^{(m+n)}$ 表示 t 的度为(m+n)，即有(m+n)个属性。关系 R×S 是这样一些元组的集合：存在一个 u 和 v，u 在 R 中，v 在 S 中，并且 t 的前 m 个分量构成 u，后 n 个分量构成 v。

4) 投影运算

$$\pi_{i1,i2,\cdots,im}(R) = \{t^{(m)} \mid (\exists u)(R(u)) \wedge t[1]=u[i1] \wedge \cdots \wedge t[m]=u[im]\}$$

在公式中，关系 R 在第 i1,i2,…,im 个属性上的投影是度为 m 元组 $t^{(m)}$ 的集合，对于

$t^{(m)}$的任意一个属性都满足$t^{(m)}$属性 m 与 R 的元组 u 的第 im 个属性相同的条件。

5）选择运算

$$\sigma_F(R)=\{t|R(t)\wedge F'\}$$

式中 F′是 F 的等价公式，关系 R 的选择是 R 的元组 t 的一个子集，它的每个元组均同时满足等价公式 F′的要求。

2.8.2 域关系演算

域关系演算与元组关系演算类似，所不同的是公式中的变量不是元组变量，而是表示元组变量中各个分量的域变量。域关系演算表达式的一般形式为：

$$\{t_1,t_2,\cdots,t_m|\varphi(t_1,t_2,\cdots,t_m)\}$$

其中，$t_1,t_2,\cdots,t_m$ 是元组变量 t 的各个分量，都称为域变量；φ 是一个公式，由原子公式和各种运算符构成。

1. 原子公式的 3 种类型

1）$R(t_1,t_2,\cdots,t_m)$

式中，R 是度为 m 的关系，t_i 是域变量或常量，$R(t_1,t_2,\cdots,t_m)$表示由分量组成的元组在 R 中。

2）$t_i\theta c$ 或 $c\theta t_i$

式中，t_i 是元组 t 的第 i 个域变量，c 是常量，θ 是算术比较运算符。$t_i\theta c$ 或 $c\theta t_i$ 表示“元组 t 的第 i 个域变量与常量 c 之间满足 θ 运算”。

3）$t_i\theta u_j$

式中，t_i 为元组 t 的第 i 个域变量，u_j 为元组 u 的第 j 个域变量，θ 是算术比较运算符。$t_i\theta u_j$ 表示“元组 t 的第 i 个域变量与元组 u 的第 j 个域变量之间满足 θ 运算”。

域关系演算表达式$\{t_1,t_2,\cdots,t_m|\varphi(t_1,t_2,\cdots,t_m)\}$是表示所有那些使 φ 为真的 t_1，$t_2,\cdots,t_m$ 组成的元组集合，关键是要找出 φ 为真的条件。

域关系演算中的运算符与元组关系演算中的运算符完全相同，因此 φ 也是域关系演算的原子公式及各种运算符连接的复合公式。自由和约束变量的意义以及约束变量范围的定义与元组关系演算中的情况完全一样，如果公式中的某一个变量前有存在量词“∃”或全程量词“∀”，则这个变量为约束变量，否则称为自由变量。

2. 原子公式的递归定义

（1）每个原子公式是一个公式。

（2）设 φ_1 和 φ_2 是公式，则 $\neg\varphi_1$、$\varphi_1\wedge\varphi_2$ 和 $\varphi_1\vee\varphi_2$ 也是公式。

（3）设 $\varphi(t_1,t_2,\cdots,t_m)$是公式，则$(\exists t_i)(\varphi)(i=1,2,\cdots,m)$、$(\forall t_i)(\varphi)(i=1,2,\cdots,m)$也是公式。

（4）域关系演算公式中运算符的优先级与元组关系演算公式中运算符的优先级相同。

（5）域关系演算的全部公式只能由上述形式组成，无其他形式。

2.8.3 查询优化

1. 关系代数表达式的优化问题

关系代数是各种数据库查询语言的基础，各种查询语言都能够转换成关系代数表达式。所以关系代数表达式的优化是查询优化的基本方法。在关系代数运算中，笛卡儿积和连接运算是最费时间的，若关系 R 有 i 个元组，关系 S 有 j 个元组，则关系 R 和关系 S 的笛卡儿积有 $i \times j$ 个元组。如果 i 和 j 非常大，R 和 S 本身就占较大的内存空间，由于内存的容量是有限的，只能把 R 和 S 的一部分元组读入内存。为了节省时间和空间，有效地执行笛卡儿积操作，就需要通过适当地变换投影和连接的顺序进行查询优化。

2. 关系代数等价变换规则

两个关系代数表达式等价是指用同样的关系实例代替两个表达式中相应的关系时所得到的结果是一致的。当两个关系表达式 E1 和 E2 等价时，可表示为 $E1 \equiv E2$。

等价变换规则指出两种不同形式的表达式是等价的，可以利用第二种形式的表达式代替第一种，或者用第一种形式的表达式代替第二种。这是因为这两种表达式在任何有效的数据库中将产生相同的结果。

常用的等价变换规则有以下几种：

(1) 笛卡儿积和连接的等价交换律。设 E1 和 E2 是两个关系代数表达式，F 是连接运算的条件，则：

$$E1 \times E2 \equiv E2 \times E1, \quad E1 \bowtie E2 \equiv E2 \bowtie E1, \quad E1 \underset{F}{\bowtie} E2 \equiv E2 \underset{F}{\bowtie} E1$$

(2) 笛卡儿积和连接的结合律。设 E1、E2 和 E3 是 3 个关系代数表达式，F1 和 F2 是两个连接运算的限制条件，F1 只涉及 E1 和 E2 的属性，F2 只涉及 E2 和 E3 的属性，则：

$$(E1 \times E2) \times E3 \equiv E1 \times (E2 \times E3), \quad (E1 \bowtie E2) \bowtie E3 \equiv E1 \bowtie (E2 \bowtie E1)$$

$$(E1 \underset{F}{\bowtie} E2) \underset{F}{\bowtie} E3 \equiv E1 \underset{F}{\bowtie} (E2 \underset{F}{\bowtie} E3)$$

(3) 投影的串联。设 E 是一个关系代数表达式，$L_1, L_2, \cdots, L_n$ 是属性集，并且 $L_1 \subseteq L_2 \subseteq \cdots \subseteq L_n$，则：

$$\pi_{L_1}(\pi_{L_2}(\cdots(\pi_{L_n}(E))\cdots)) \equiv \pi_{L_1}(E)$$

(4) 选择的串联。设 E 是一个关系代数表达式，F1 和 F2 是两个选择条件，则：

$$\sigma_{F1}(\sigma_{F2}(E)) \equiv \sigma_{F1 \wedge F2}(E)$$

(5) 选择和投影的交换。设 E 为一个关系代数表达式，选择条件 F 只涉及 L 中的属性，则：

$$\pi_L(\sigma_F(E)) \equiv \sigma_F(\pi_L(E))$$

(6) 选择对笛卡儿积的分配律。设 E1 和 E2 是两个关系代数表达式，若条件 F 只涉及 E1 的属性，则：

$$\sigma_F(E1 \times E2) \equiv \sigma_F(E1) \times E2$$

(7) 选择对并的分配律。设 E1 和 E2 有相同的属性名，或者 E1 和 E2 表达的关系的属性有对应性，则：

$$\sigma_F(E1 \cup E2) \equiv \sigma_F(E1) \cup \sigma_F(E2)$$

（8）选择对差的分配律。设 E1 和 E2 有相同的属性名，或者 E1 和 E2 表达的关系的属性有对应性，则：

$$\sigma_F(E1 - E2) \equiv \sigma_F(E1) - \sigma_F(E2)$$

（9）投影对并的分配律。设 E1 和 E2 有相同的属性名，或者 E1 和 E2 表达的关系的属性有对应性，则：

$$\pi_L(E1 \cup E2) \equiv \pi_L(E1) \cup \pi_L(E2)$$

（10）投影对笛卡儿积的分配律。设 E1 和 E2 是两个关系代数表达式，L1 是 E1 的属性集，L2 是 E2 的属性集，则：

$$\pi_{L1 \cup L2}(E1 \times E2) \equiv \pi_{L1}(E1) \times \pi_{L2}(E2)$$

3. 关系代数表达式的优化算法

关系代数表达式的优化是由 DBMS 完成的。对于给定的查询来说，根据关系代数等价规则，可以得到与之等价的一系列的表达式，而每一个表达式执行所需的代价可能是不同的，则对于优化器来说，就存在着选择查询最佳策略的问题。下面给出应用等价规则变换来优化关系表达式的算法。

输入：一个关系代数表达式的语法树。

输出：计算表达式的一个优化序列。

方法：

（1）利用等价变换规则 4 把形如 $\sigma_{F_1 \wedge F_2 \wedge \cdots \wedge F_n}(E)$ 变换为 $\sigma_{F_1}(\sigma_{F_2}(\cdots(\sigma_{F_n}(E))\cdots))$。

（2）对每个选择，利用等价变换规则 4～8 尽可能把它移到叶端。

（3）对每个投影利用等价变换规则 3、5、10 中的一般形式尽可能把它移向树的叶端。

（4）利用等价变换规则 3～5 把选择和投影的串接合并成单个选择、单个投影或一个选择后跟一个投影，使多个选择或投影能同时执行，或在一次扫描中全部完成。

（5）把上述得到的语法树的内结点分组。每一个二元运算和它所有的直接祖先为一组。如果其后代直到叶子全是一元运算，则也将它们并入该组，但当二元运算是笛卡儿积，而且后面不是与它组成等值连接的选择时，则不能把选择与这个二元运算组成同一组，而是把这些一元运算单独分为一组。

2.9 本章知识点小结

本章系统地讲解了关系数据库的有关概念和重要基础知识，包括关系模型的数据结构、关系模型的完整性、关系代数、关系演算和查询优化。其中，关系模型及完整性是整个关系数据库的基础，对后续知识的学习有重要的作用。关系代数是以集合代数为基础的抽象查询语言，是关系操作的一种传统表达方式，它是 SQL 查询和操纵语言的基础，学习关系代数可以加深对后续 SQL 语句的理解。关系演算是以数理逻辑中的谓词演算为基础的运算，是非过程化的，分为元组关系演算和域关系演算。

数据模型是数据库系统的核心和基础。本章介绍了数据模型的基本概念，讲述了数据描述在3个不同的领域（现实世界、信息世界和机器世界）中使用不同的概念；介绍了组成数据模型的3个要素（数据结构、数据操作、数据完整性约束）和概念模型。概念模型用于信息世界的建模，E-R图是这类模型的典型代表，E-R图简单、清晰，应用十分广泛。数据模型的发展经历了非关系化模型（层次模型、网状模型）、关系模型、面向对象模型，现在再一次转向非关系模型（关键字-值模型、列存储模型、文档模型和图存储模型）。

关系模型的数据结构是二维表，基本概念包括关系、关系模式、属性、域、元组、分量、超关键字、候选关键字和外部关键字等。关系可以用二维表来表示，但在关系中，元组之间是没有先后次序的，属性之间也没有前后次序。

一个关系的完整模式为R(U,D,dom,F)，其中，R为关系名，U为该关系所有属性名的集合，D为属性组U中的属性所来自的域集合，dom为属性向域映像的集合，F为属性间数据依赖关系的集合。通常关系模式简写为R(U)。

在关系模型中共有4类完整性约束，即实体完整性、参照完整性、域完整性、用户定义完整性。其中，实体完整性和参照完整性是关系模型必须满足的完整性约束条件，任何关系系统都应该能自动维护。

对关系数据的操作可以用关系代数和关系演算来表达。关系操作包括传统的集合运算和专门的关系运算。传统的集合运算有并、交、差、笛卡儿积等，专门的关系运算有选择、投影、连接和除。其中，并、差、笛卡儿积、选择和投影运算构成了一个完备的操作集合，其他的关系代数操作都可用这5个基本运算的组合来实现。

2.10　习题

一、填空题

1. 数据模型是由________、________和________ 3个部分组成的。

2. 两个实体集之间的联系可以分成3类，即一对一联系、________和________。

3. 关系模式的定义格式为________________。

4. 在关系代数运算中，基本的运算是________、________、________、________和________。

5. 关系数据库中基于数学的两类运算是________和________。

6. 关系代数是用对关系的运算来表达查询的，而关系演算是用________表达查询的，它又分为________演算和________演算两种。

二、选择题

1. 关系模型、层次模型、网状模型的划分原则是________。

   A. 记录长度　　B. 文件的大小

   C. 联系的复杂程度　　D. 数据之间的联系

2. 在数据库中存储的是________。

   A. 数据　　B. 数据模型

   C. 数据及数据之间的联系　　D. 信息

3. 关系模型________。

A. 只能表示实体间的1:1联系　　B. 只能表示实体间的1:n联系

C. 只能表示实体间的m:n联系　　D. 可以表示实体间的上述3种联系

4. 下面的选项不是关系数据库基本特征的是________。

A. 不同的列应有不同的数据类型　　B. 不同的列应有不同的列名

C. 与行的次序无关　　D. 与列的次序无关

5. 数据模型的三要素是________。

A. 外模式、模式和内模式　　B. 关系模型、层次模型、网状模型

C. 实体、属性和联系　　D. 数据结构、数据操作和完整性约束

6. 概念模型是现实世界的第一层抽象,这一类模型中最著名的模型是________。

A. 层次模型　　B. 关系模型

C. 网状模型　　D. 实体-联系模型

7. 在关系模型中,一个码________。

A. 可以由多个任意属性组成

B. 至多由一个属性组成

C. 由一个或多个属性组成,其值能够唯一标识关系中的一个元组

D. 以上都不是

8. 一个关系只有一个________。

A. 候选码　　B. 外码　　C. 超码　　D. 主码

9. 在一般情况下,当对关系R和S进行自然连接时,要求R和S含有一个或多个共有的________。

A. 记录　　B. 行　　C. 属性　　D. 元组

10. 在关系R(R#,RN,S#)和S(S#,SN,SD)中,R的主码是R#,S的主码是S#,则S#在R中称为________。

A. 候选码　　B. 主码　　C. 外码　　D. 超码

11. 有两个关系R和S,分别包含15个和10个元组,则在R∪S、R-S、R∩S中不可能出现的元组数目是________。

A. 15、5、10　　B. 18、7、7　　C. 21、11、4　　D. 25、15、0

12. 关系模式的任何属性________。

A. 不可再分　　B. 可再分

C. 命名在该关系模式中可以不唯一　　D. 以上都不是

13. 关系代数的5个基本运算是________。

A. 并、差、选择、投影和自然连接　　B. 并、差、交、选择和投影

C. 并、差、交、选择和笛卡儿积　　D. 并、差、投影、选择和笛卡儿积

14. 若R={a,b,c},S={1,2,3},则R×S集合中共有元组________个。

A. 6　　B. 8　　C. 9　　D. 12

15. 两个关系在没有公共属性时,其自然连接操作表现为________。

A. 结果为空关系　　B. 笛卡儿积操作

C. 等值连接操作　　D. 无意义的操作

16. 现有关系：患者(患者编号,患者姓名,性别,出生日期,所在单位),医疗(患者编号,医生编号,医生姓名,诊断日期,诊断结果)。其中,医疗关系中的外码是________。

A. 患者编号　　B. 患者姓名

C. 患者编号和患者姓名　　D. 医生编号和患者编号

17. 学生实体与课程实体之间具有的联系是________联系。

A. 一对一　　B. 一对多　　C. 多对多　　D. 多对一

18. 在 n 元关系 R 中,公式 $\sigma_{3>'2'}(R)$ 表示________。

A. 从 R 中选择值为 3 的分量(或属性)大于第 2 个分量值的元组组成的关系

B. 从 R 中选择第 3 个分量的值大于第 2 个分量值的元组组成的关系

C. 从 R 中选择第 3 个分量的值大于 2 的元组组成的关系

D. 从 R 中选择第 3 个分量的值大于两个元组组成的关系

19. 关系 R 和关系 S 只用一个公共属性,T_1 是 R 与 S 等值连接的结果,T_2 是 R 与 S 自然连接的结果,则________。

A. T_1 的属性个数等于 T_2 的属性个数

B. T_1 的属性个数小于 T_2 的属性个数

C. T_1 的属性个数大于或等于 T_2 的属性个数

D. T_1 的属性个数大于 T_2 的属性个数

20. 对关系 R 进行投影运算后,得到关系 S,则________。

A. 关系 R 的元组数等于关系 S 的元组数。

B. 关系 R 的元组数小于或等于关系 S 的元组数。

C. 关系 R 的元组数大于或等于关系 S 的元组数。

D. 关系 R 的元组数大于关系 S 的元组数。

21. 有关系 R(A, B, C),其主码为 A；关系 S(D, A),其主码为 D,外码为 A,参照于 R 的属性 A。关系 R 和 S 的元组如表 2-20 所示。指出关系 S 中违反关系完整性规则的元组是________。

A. (1,2)　　B. (2,null)　　C. (3,3)　　D. (4,1)

表 2-20　关系 R 和 S 的元组

(a) 关系 R

A	B	C
1	2	3
2	1	3

(b) 关系 S

D	A
1	2
2	null
3	3
4	1

22. 关系的类型不包括________。

A. 基本表　　B. 查询表　　C. 视图　　D. 物理表

23. 关系模型的完整性不包括________。

A. 实体完整性　　B. 参照完整性

C. 数据完整性　　D. 用户定义完整性

24. 关系代数运算是以________为基础的运算。

A. 关系运算　　B. 谓词演算　　C. 集合运算　　D. 代数运算

三、简答题

1. 定义并解释概念模型中的概念：实体、实体型、实体集、属性、码、E-R 图。

2. 简述关系模型的概念：关系、属性、域、元组、候选键、主键、外键、分量、关系模式、关系数据库，并理解与概念模型中的相应概念的对应关系。

3. 简述概念模型的作用。

4. 简述数据模型的概念和 3 个组成要素。

5. 简述层次模型的概念，并举例说明。

6. 简述网状模型的概念，并举例说明。

7. 简述关系模型的 3 个组成部分。

8. 简述文档模型的概念，并举例说明。

9. 举例并绘制 E-R 图说明实体之间的一对一、一对多、多对多联系。

10. 学校中有若干学院，每个学院有若干系，每个系有若干教师和学生，其中有的教授和副教授每人各带若干研究生；每个班有若干学生，每名学生可以同时选修若干门课程，每门课可由若干名学生选修。请设计该学校教学管理的 E-R 模型，要求给出每个实体、联系的属性。

11. 简述关系模型的完整性规则。在参照完整性中，为什么外键属性的值也可以为空？在什么情况下才可以为空？

12. 关系代数的基本运算有哪些？如何用这些基本运算来表示其他运算？

13. 设有关系 R 和 S 如表 2-21 所示。

表 2-21　关系 R 和 S

(a) 关系 R

A	B	C
1	2	7
2	5	7
7	6	3
3	4	5

(b) 关系 S

A	B	C
3	8	7
2	5	7
7	6	3

计算 $R \cup S$、$R - S$、$R \cap S$、$R \times S$、$\pi_{A,C}(R)$、$\sigma_{A>'2'}(R)$、$R \bowtie S$、$R \underset{B=B}{\bowtie} S$。

14. 设有“产品”实体，包含“产品号”和“产品名”两个属性，还有“零件”实体，包含“零件号”和“规格型号”两个属性。每一产品可能由多种零件组成，有的通用零件用于多种产品，有的产品需要一定数量的同类零件。

(1) 画出 E-R 图，并指出其联系类型是 1:1、1:n，还是 m:n。

(2) 将 E-R 图转换为关系模式，并给出各关系模式中的主码。

15. 在出版图书的过程中，一位作者可以编写多本图书，一本书也可由多位作者合写。设作者的属性有作者号、姓名、单位、电话；图书的属性有书号、书名、出版社、日期。试完成以下两题：

(1) 画出 E-R 图，并指出其联系类型是 1:1、1:n，还是 m:n。

(2) 将 E-R 图转换为关系模式，并给出各关系模式中的主码。

16. 某课程的计算机模拟考试系统涉及的部分信息如下。

用户：用户号、姓名、密码。

试题：试题编号、试题内容、知识点、难度系数、选项 A、选项 B、选项 C、选项 D、答案。

试卷：试卷编号、生成时间。

说明：允许用户多次登录系统进行模拟测试；每次登录后，测试试卷由系统自动抽题随机生成，即每次生成的试卷均不相同；每份试卷由若干试题组成；系统要记录每次测试的起始和结束时间，以及测试成绩。

(1) 建立一个反映上述局部应用的 E-R 模型，要求标注联系类型(可省略实体属性)。

(2) 根据转换规则，将 E-R 模型转换成关系模型，要求标注每个关系模型的主键和外键(如果存在)。

17. 为体育部门建立数据库，其中包含如下信息。

(1) 运动队：队名、主教练，其中队名唯一标识运动队。

(2) 运动员：运动员编号、姓名、性别、年龄。

(3) 运动项目：项目编号、项目名、所属类别。

其中，每个运动队有多名运动员，每名运动员只属于一个运动队；每名运动员可以参加多个项目，每个项目可以有多个运动员参加。系统记录每名运动员参加每个项目所得的名次和成绩以及比赛日期。

(1) 根据以上叙述建立 E-R 模型，要求标注联系类型。

(2) 根据转换规则，将 E-R 模型转换成关系模型，要求标明每个关系模式的主键和外键(如果存在)。

18. 某医院病房管理系统需要如下信息。

科室：科室名、科室地址、科室电话、医生姓名。

病房：病房号、床位数、所属科室名。

医生：姓名、职称、所属科室名、年龄、工作证号。

病人：病历号、姓名、性别、诊断医生、病房号。

其中，一个科室有多个病房、多个医生；一个病房只能属于一个科室；一个医生只属于一个科室，但可负责多个病人的诊治；一个病人的主治医生只有一个。设计该病房管理系统的 E-R 图。

第 3 章

SQL Server 2016 数据库基础

2016 年 7 月 1 日，微软公司发布了 SQL Server 数据库软件家族中最重要的一代产品，命名为 SQL Server 2016。SQL Server 2016 作为一款面向企业级应用的分布式关系数据库产品，在各行各业和各软件产品中得到了广泛的应用。SQL Server 2016 不仅延续了现有数据平台的强大能力，而且全面支持云技术。其提供了一个全面、灵活、可扩展的数据仓库管理平台，可以满足成千上万用户的海量数据管理需求，能够快速构建相应的解决方案，实现私有云与公有云之间数据的扩展与应用的迁移。SQL Server 2016 具有更安全、高性能、高级分析和可视化等强大功能，首次提供 R 语言与强大的商业智能(Power BI)功能，可用 R 语言打造智能应用程序，挖掘业务新价值并加以深入分析，不用再将数据发送到云端，即可用 Power BI 进行视觉化分析，并分享到移动设备上，协助用户在移动端、云端、社交网络与大数据四大趋势中快速掌握资料并进行及时的分析与决策，可以支持企业、部门以及个人等各种用户完成信息系统、电子商务、决策支持、商业智能等工作。本章将对 SQL Server 2016 系统进行概述，以使读者对该系统有整体的认识和了解，对 SQL Server 2016 系统在易用性、可用性、可管理性、可编程性、动态开发、安全性等方面有一个初步的理解，为后面各章的深入学习奠定坚实的基础。

3.1　SQL Server 2016 简介

3.1.1　SQL Server 的发展历程

SQL Server 是一种广泛应用于网络业务数据处理的关系数据库管理系统，历经 20 多年发展到了今天的产品。表 3-1 概述了 SQL Server 的发展历程。

表 3-1 SQL Server 的发展历程

年份	发布版本	代码名称	说 明
1987	Sybase SQL Server	—	由 Sybase 公司发布
1989	SQL Server 1.0	Filipi	Microsoft 公司、Aston-Tate 公司参加到了 Sybase 公司的 SQL Server 系统开发中，只能运行于 OS/2 操作系统上的 16 位应用程序
1991	SQL Server 1.1	Pietro	只能运行于 OS/2 操作系统上的 16 位应用程序
1993	SQL Server 4.21a	SQLNT	由 Microsoft 公司和 Sybase 公司共同开发的一种功能较少的桌面数据库，能够满足小部门数据存储和处理的需求。数据库与 Windows NT 集成，界面易于使用并广受人们欢迎，标志着 Microsoft SQL Server 的真正诞生
1994			Microsoft 公司与 Sybase 公司终止合作关系
1995	SQL Server 6.0	SQL95	一种小型商业数据库，对核心数据库引擎做了重大的改写，性能得以提升，重要的特性得到增强
1996	SQL Server 6.5	Hydra	SQL Server 性能进一步改进
1998	SQL Server 7.0	Sphinx	一种 Web 数据库，再一次对核心数据库引擎进行了重大改写。该数据库介于基本的桌面数据库(例如 Microsoft Access)与高端企业级数据库(例如 Oracle 和 DB2)之间，为中小型企业提供了切实可行的可选方案
2000	SQL Server 2000	Shiloh	一种企业级数据库，SQL Server 在可扩缩性和可靠性上有了很大的改进，其凭借优秀的数据处理能力和简单易用的操作，跻身世界三大企业级数据库(其他两大数据库为 Oracle 和 IBM DB2)之列，它提供了日志传送和索引视图等功能
2003	SQL Server 2000 64 位版	Liberty	
2005	SQL Server 2005	Yukon	对 SQL Server 的许多地方进行了改写，引入了.NET Framework，并与 Microsoft Visual Studio 进行了集成。它是一个全面的数据库平台，不仅是大规模联机事务处理、数据仓库和电子商务应用的数据库平台，也是用于数据集成、分析和报表解决方案的商业智能平台。其提供了分区、数据库镜像、联机索引、数据库快照、复制、故障转移群集等功能
2008	SQL Server 2008	Katmai	该系统在可用性方面对数据库镜像进行了增强，可以创建热备用服务器，提供快速故障转移且保证已提交的事务不会丢失数据。在易管理性方面，增加了 SQL Server 审核功能，可以对各种服务器和数据库对象进行审核。在可编程性方面，增强的功能包括新数据存储功能、新数据类型、新全文搜索体系结构、对 Transact-SQL 所做的改进和增强
2010	Azure SQL Database	CloudDB	可以将本地数据库的数据和日志文件迁移和存储到 Azure 上
2010	SQL Server 2008 R2	Kilimanjaro (aka KJ)	新增数据中心版，最大支持 256 核

续表

年份	发布版本	代码名称	说　明
2012	SQL Server 2012	Denali	在管理、安全以及多维数据分析、报表分析等方面有进一步的提升，提供 AlwaysOn、列存储索引(支持高度聚合数据仓库查询，但不能使用集群，也不能更新)、增强的审计功能、大数据支持等功能
2014	SQL Server 2014	Hekaton	为用户的关键任务应用程序提供突破性的性能、可用性和可管理性，主要包括内置内存技术、混合云解决方案、备份加密、AlwaysOn 增强功能、延迟持续性、分区切换和索引生成、列存储索引、利用 SSDE 对高使用频率数据进行缓冲池扩展、增量统计信息等
2016	SQL Server 2016	—	通过 SQL Server 2016，可以使用可缩放的混合数据库平台生成任务关键型智能应用程序。此平台内置了需要的所有功能，包括内存中性能、高级安全性和数据库内分析。SQL Server 2016 版本新增了安全功能、查询功能、Hadoop 和云集成、R 分析等功能，以及许多改进和增强功能
2017	SQL Server 2017	—	SQL Server 2017 跨出了重要的一步，它力求通过将 SQL Server 的强大功能引入 Linux、基于 Linux 的 Docker 容器和 Windows，使用户可以在 SQL Server 平台上选择开发语言、数据类型、本地开发或云端开发，以及操作系统开发。其提供了可恢复的在线索引重建、图表数据库功能，以及用于多对多关系建模、R/Python 机器学习方面的功能等
2018	SQL Server 2018	Hekaton	SQL Server 2018 中最吸引人关注的特性就是内存在线事务处理(OLTP)引擎，内存 OLTP 整合到 SQL Server 的核心数据库管理组件中，它不需要特殊的硬件或软件，就能够无缝整合现有的事务过程。它引入了另一种列存储索引，既支持集群也支持更新。此外，它还支持更高效的数据压缩，允许将更多的数据保存到内存中，以减少昂贵的 I/O 操作。微软一直将 SQL Server 2018 定位为混合云平台，这意味着 SQL Server 数据库更容易整合 Windows Azure

3.1.2　SQL Server 2016 的主要功能

SQL Server 2016 拥有各种新的特性和增强，提供了突破性的性能、高级的安全性，以及更丰富、集成的报表和分析功能。SQL Server 2016 使用新的快速发布模型构建，包含了许多 Microsoft Azure SQL 数据库中最先在云中引入的特性。此外，SQL Server 2016 还包含将历史数据动态迁移到云的功能。SQL Server 2016 的新功能主要如下：

(1) 伸缩数据库(Stretch Database)。为了增强其性能，可将数据动态延伸至云计算平台与服务 Azure，以便于及时查看且始终处于安全保护。

(2) 实时业务分析与加速数据处理。其主要借助实时业务分析与内存中的联机事务处理(OLTP)功能提供实时数据分析并加速处理数据。

(3) 支持全程加密技术(Always Encrypted)。对数据的全程加密使得加密更便捷，数据的存储和应用都采用微软技术进行加密，确保数据库中的数据都进行加密保护，且无须对应用重写。

(4) 增强的安全功能。层级安全性管控使客户基于用户特征控制数据访问,动态数据屏蔽(Dynamic Data Masking)保护数据。

(5) 提升可用性及灾难可恢复性。实现 AlwaysOn 高可用性和故障可恢复性,改进同步复制、事务处理协调器支持和负载均衡等。

(6) 更快的混合型 hybrid 备份。增强的云平台 Azure 混合备份功能,在 Azure 虚拟机中也可实现更快的备份和恢复。用户可将本地数据库中的数据和日志文件迁移和存储到 Azure 上。

(7) 为多种类型数据提供更好的支持。利用数据交换格式(JavaScript Object Notation,JSON)对数据的支持,可实现快捷解析和存储。

(8) 可用性和可扩展性得到较大提升。利用企业实时通信工具和分析服务等使性能得到提高,并强化信息管理。

(9) 内置高级分析(Built-in Advanced Analytics)、混合基(Poly Base)和移动商业智能(Mobile BI)。

(10) 多 TempDB 数据库文件。多个 TempDB 数据文件可在多核计算机中运行。

3.1.3 SQL Server 2016 的各版本和支持的功能

SQL Server 2016 分为 SQL Server 2016 企业版(Enterprise)、标准版(Standard)、Web 版、开发者版(Developer)和速成版(Express),它们的功能、作用和价格各不相同,如表 3-2 所示。其中,开发者版和速成版可免费下载。

表 3-2 SQL Server 2016 各版本的比较

版本分类	功　能
企业版	提供了全面的高端数据中心功能,性能极为快捷,虚拟化不受限制,还具有端到端的商业智能,可为关键任务工作负荷提供较高服务级别,支持最终用户访问深层数据。
标准版	提供了基本数据管理和商业智能数据库,使部门和小型组织能够顺利运行其应用程序,并支持将常用开发工具用于内部部署和云部署,有助于以最少的 IT 资源获得高效的数据库管理
Web 版	对于为从小规模至大规模 Web 资产提供可伸缩性、经济性和可管理性功能的 Web 宿主和 Web VAP 来说,SQL Server Web 版本是一项总拥有成本较低的选择
开发者版	支持开发人员基于 SQL Server 构建任意类型的应用程序。它包括企业版的所有功能,但有许可限制,只能用作开发和测试系统,而不能用作生产服务器。SQL Server 开发者版是构建 SQL Server 和测试应用程序的人员的理想之选
速成版	入门级的免费数据库,是学习和构建桌面及小型服务器数据驱动应用程序的理想选择。它是独立软件供应商、开发人员和热衷于构建客户端应用程序的人员的最佳选择

从 SQL Server 2016 开始,仅提供 64 位版本。本书以 SQL Server 2016 开发者版进行介绍,其可以运行在 Windows Server 2016、Windows Server 2012、Windows 10、Windows 8.1、Windows 8 等操作系统中。

3.1.4 SQL Server 2016 的服务器组件

SQL Server 2016 是一个提供了联机事务处理、数据仓库、电子商务应用的数据库、数据分析平台和解决方案，它的服务器组件主要包括数据库引擎(Database Engine，DE)、分析服务(Analysis Services，AS)、集成服务(Integration Services，IS)、报表服务(Reporting Services，RS)、主数据服务(Master Data Services，MDS)以及 R 服务(R Services)组件等。SQL Server 2016 各组件的组成结构如图 3-1 所示，通过选择不同的服务器类型来完成不同的数据库操作。本书仅讲解数据库引擎的相关技术。

用于操作、管理和控制的数据库引擎是整个系统的核心组件，其他所有组件都与其有着密不可分的联系。SQL Server 2016 主要组件之间的关系如图 3-2 所示。

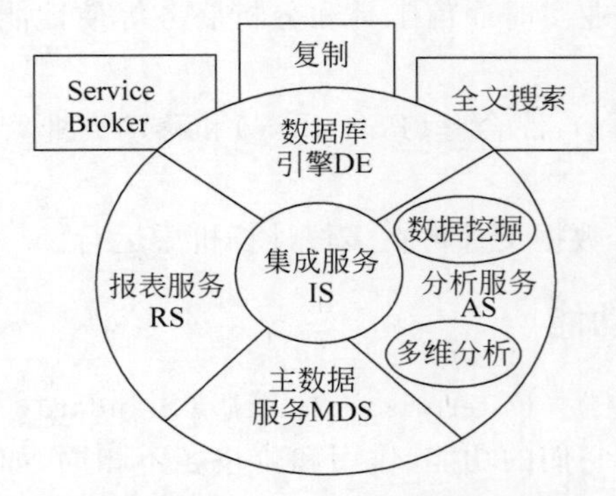

图 3-1 SQL Server 2016 的服务器组件

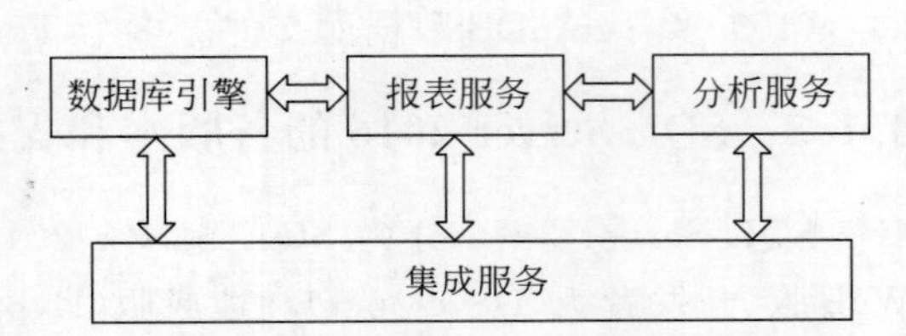

图 3-2 SQL Server 2016 主要组件之间的关系

SQL Server 2016 的服务器组件及其对应的功能如下：

(1) 数据库引擎。数据库引擎是 SQL Server 2016 的核心组件，负责完成业务数据的操作、管理和控制等操作。其包括数据库引擎(用于存储、处理和保护数据、复制及全文搜索的核心服务)、用于管理关系数据和 XML 数据的工具，以及数据质量服务(Data Quality Services，DQS)的服务器。例如，创建数据库、创建表、创建视图、数据查询、访问数据库等操作都是由数据库引擎完成的。在通常情况下，使用 SQL Server 2016 实际上就是在使用数据库引擎。

(2) 分析服务。分析服务为商业智能提供了联机分析处理(Online Analytical Processing，OLAP)和数据挖掘功能，可以支持用户建立数据仓库和商业智能分析。使用分析服务，用户可以设计、创建和管理包含来自其他数据源数据的多维结构，通过对多维数据进行多角度分析，可以使管理人员对业务数据有更全面的理解。另外，通过使用分析服务，用户可以完成数据挖掘模型的构造和应用，实现知识发现、表示和管理。

(3) 集成服务。集成服务是一组图形工具和可编程对象，用于生成企业级数据集成和数据转换解决方案的平台，可以完成有关数据的提取、转换、加载等操作。如图 3-2 所示，数据库引擎、分析服务和报表服务就是通过集成服务来进行联系的。

(4) 报表服务。报表服务包括用于创建、管理和部署表格报表、矩阵报表、图形报表以及自由格式报表的服务器和客户端组件，可为用户提供支持 Web 的企业级报表功能。

报表服务还是一个可用于开发报表应用程序的可扩展平台。通过使用 SQL Server 2016 系统提供的报表服务，用户可以方便地定义和发布满足自己需求的报表。无论是报表的布局格式，还是报表的数据源，用户都可以轻松地实现。这种服务极大地便利了企业的管理工作，满足了管理人员高效、规范的管理需求。

（5）主数据服务。主数据服务是针对主数据管理的 SQL Server 解决方案。用户可以配置主数据服务来管理任何领域（产品、客户、账户）；在主数据服务中可包括层次结构、各种级别的安全性、事务、数据版本控制和业务规则，以及可用来管理数据的用于 Excel 的外接程序。其包括复制服务、服务代理、通知服务和全文检索服务等功能组件，共同构成完整的服务架构。

（6）R 服务。R 服务（数据库内）支持在多个平台上使用可缩放的分布式 R 解决方案，并支持使用多个企业数据源（例如 Linux、Hadoop 和 Teradata 等）。

3.1.5 SQL Server 2016 的主要管理工具

在实际应用中经常使用 SQL Server 2016 的管理工具，用户借助这些管理工具可以对系统进行快速、高效的管理。下面分别简要介绍。

（1）**SQL Server 管理平台（SQL Server Management Studio，SSMS）**。SSMS 是一个图形化的集成环境，它将查询设计器和服务管理器的各种功能组合到一个集成环境中，用于访问、配置、管理和开发 SQL Server 的相关工作。在 SSMS 中包含了大量的图形工具和丰富的脚本编辑器，使各种技术水平的开发人员和管理员都能使用 SQL Server。

（2）**SQL Server 数据工具（SQL Server Data Tools）**。SQL Server 2016 以前的版本将其称为商业智能开发工具（Business Intelligence Development Studio），其提供集成开发环境（Integrated Development Environment，IDE）以便为分析服务、报表服务和集成服务智能组件生成解决方案，该工具包括了一些项目模板。SQL Server 数据工具还包含“数据库项目”，为数据库开发人员提供集成环境，以便在 Visual Studio 内为任何 SQL Server 平台（包括本地和外部）执行其所有数据库设计工作。数据库开发人员可以使用 Visual Studio 中功能增强的服务器资源管理器，轻松创建或编辑数据库对象或执行查询。

（3）**SQL Server 配置管理器（SQL Server Configuration Manager）**。它用于管理与 SQL Server 相关的服务、配置 SQL Server 使用的网络协议，以及从 SQL Server 客户端计算机管理网络连接。在 SQL Server 配置管理器中集成了服务器网络使用工具、客户端网络使用工具和服务器管理等功能。

（4）**SQL Server 事件探查器（SQL Server Profiler）**。SQL Server 事件探查器提供了一个图形用户界面，用于监督、记录和检查数据库服务器的使用情况。使用该工具，管理员可以实时监视用户的活动状态。

（5）**数据库引擎优化顾问（Database Engine Tuning Advisor）**。数据库引擎优化顾问用来帮助用户分析工作负荷、提出优化建议等。即使用户对数据库的结构没有详细的了解，也可以使用该工具选择和创建最佳的索引、索引视图和分区等。

（6）**数据质量客户端**。SQL Server 2016 提供了一个非常简单和直观的图形用户界面，用于连接到 DQS 数据库并执行数据清理操作。它还允许用户集中监视在数据清理操作过程中执行的各项活动。

(7) **连接组件**。安装用于客户端和服务器之间通信的组件,以及用于 DB-Library、ODBC 和 OLE DB 的网络库。

本书将主要围绕 SQL Server Management Studio 展开介绍。尽管本书重点介绍 SQL Server Management Studio 中的数据库引擎服务,但有了这方面的知识后,可以很容易地学习其他的服务。

3.2 SQL Server 2016 的登录

在 SQL Server 2016 中,一个 SQL Server 服务器又称为一个数据库实例。在同一台计算机上可以运行多个 SQL Server 2016 服务器,也就是多个数据库实例,简称"实例"。用"计算机名/实例名"来区分不同的命名实例。但一台计算机上只允许有一个默认实例,默认实例用"计算机名"表示。每个实例都提供了数据库引擎、分析服务、报表服务以及集成服务等。在一般情况下,要完成 SQL Server 的基本操作,例如创建和维护数据库,必须要启动数据库引擎。

3.2.1 启动数据库引擎

为了能有效控制用户对服务器资源的访问,需要对数据库引擎进行启动、停止、暂停和退出操作,可以使用 SQL Server 2016 配置管理器完成该项工作。

当完成 SQL Server 2016 相应版本的安装后,单击"开始"按钮,选择"所有程序"→Microsoft SQL Server 2016→"配置工具"→"SQL Server 2016 配置管理器"命令,即可打开 Sql Server Configuration Manager 对话框,如图 3-3 所示。

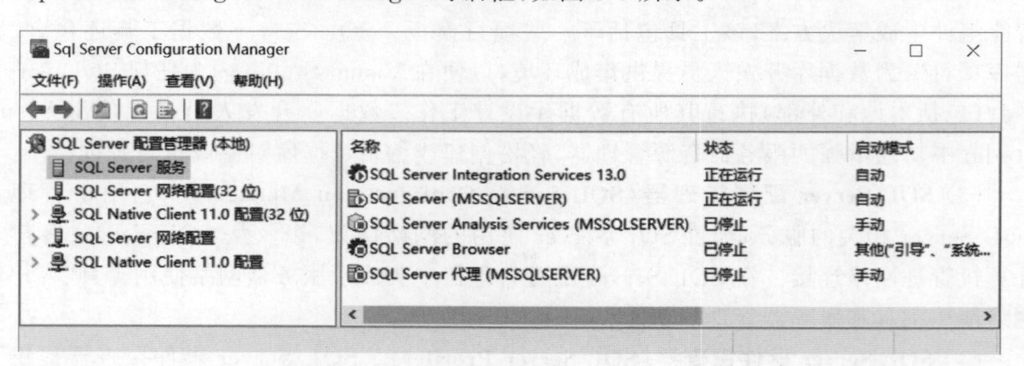

图 3-3 Sql Server Configuration Manager 对话框

在图 3-3 中,单击左侧的"SQL Server 服务",在右侧显示该服务器的所有服务,例如 SQL Server(MSSQLSERVER),其中小括号里面的 MSSQLSERVER 是一个数据库命名实例。该实例是在安装 SQL Server 2016 的过程中选择的默认实例名称,用户在安装时可以进行修改。用户可以右击某一个服务,例如 SQL Server(MSSQLSERVER),在弹出的下拉菜单中选择"启动""暂停""停止"命令实现服务器的启动、暂停、停止操作。暂停服务是指不允许新的用户继续登录服务器,但是已经登录的用户依然可以不受影响地工作。

停止服务是指从内存中清除 SQL Server 2016 的所有服务器进程，除了不允许新的用户继续登录服务器外，已连接用户的操作也会被禁止。

3.2.2 SQL Server Management Studio 的启动与连接

SQL Server(MSSQLSERVER)服务启动后，即可启动 SQL Server Management Studio 并连接到 SQL Server 服务器。在 Windows 系统桌面中，单击“开始”按钮，选择“所有程序”→Microsoft SQL Server 2016→SQL Server Management Studio 命令，就可以打开如图 3-4 所示的“连接到服务器”对话框。

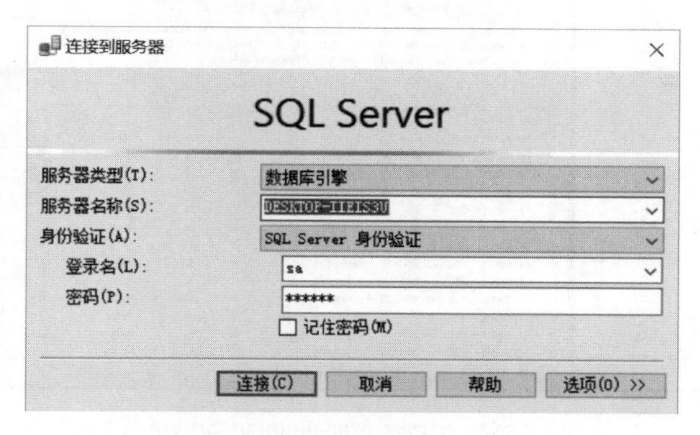

图 3-4 “连接到服务器”对话框

(1) 在“服务器类型(T)”下拉列表框中列出了 SQL Server 2016 的所有服务，因为是进行数据管理工作，所以选择“数据库引擎”选项。其他还包括分析服务、报表服务和集成服务选项。

(2) 在“服务器名称(S)”下拉列表框中列出了当前网络中安装 SQL Server 服务器的所有计算机名称，这里选择当前计算机名即可。当然，使用 SQL Server 服务器的 IP 地址也可以，有时利用“.”或“(local)”表示本地计算机。

(3) 当用户登录数据库系统时，如何确保只有合法的用户才能登录到系统中，是一个最基本的安全性问题，也是数据库管理系统提供的基本功能。在 Microsoft SQL Server 2016 系统中，通过身份验证模式解决这个问题，共有 4 种身份验证模式，即 Windows 身份验证、SQL Server 身份验证、活动目录(Active Directory)密码身份验证、活动目录集成身份验证。在 Windows 身份验证模式中，用户通过 Microsoft Windows 用户账户连接时，SQL Server 使用 Windows 操作系统中的信息验证账户名和密码。一般不建议用户使用该种身份验证模式，而应使用 SQL Server 身份验证模式。在采用 SQL Server 身份验证时，需要内置的 SQL Server 的系统管理员 sa 的密码。sa 是一个默认的 SQL Server 登录名，拥有操作 SQL Server 系统的所有权限，该登录名不能被删除。在采用 SQL Server 身份验证模式安装 Microsoft SQL Server 系统之后，应该为 sa 指定一个密码。此时在“密码”输入框中输入初次安装时的密码即可。

单击“连接”按钮，即可进入 SQL Server Management Studio 开始数据库之旅，如图 3-5 所示。

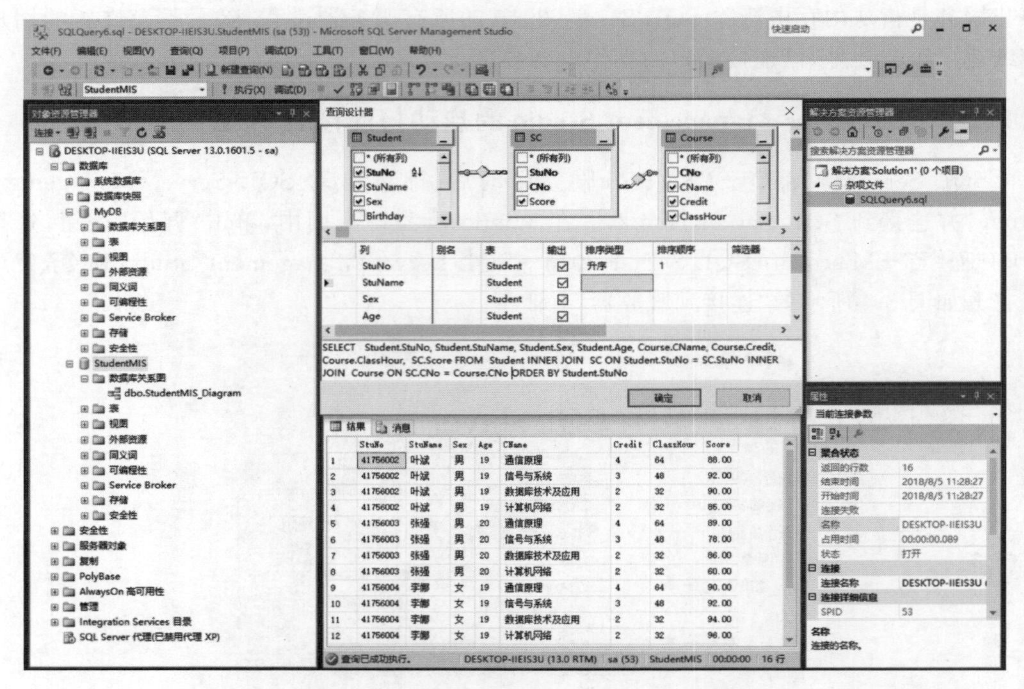

图 3-5 SQL Server Management Studio 界面

3.3 SQL Server Management Studio 简介

在 SQL Server 中,用于业务数据处理与管理有两种常用的操作方式:

(1) 通过 SQL Server Management Studio 的界面菜单方式进行操作。

(2) 用 SQL 语句及扩展的事务-结构化查询语言(Transact-SQL)进行操作。Transact-SQL 是 SQL Server 的核心组件,在数据处理与管理等常用操作语句及其语法规则中极为重要,特别是在动态数据处理及系统运行中更为常用,将在第 4 章进行介绍。本节仅介绍 SQL Server Management Studio 的使用。

SQL Server Management Studio 是 SQL Server 2016 提供的一种新的集成环境,用于访问、配置、管理和开发 SQL Server 的所有组件。SQL Server Management Studio 组合了大量图形工具和丰富的脚本编辑器,极大地方便了技术人员和数据库管理员对 SQL Server 的各种操作。

SQL Server Management Studio 将 SQL Server 2005 以前版本所包含的企业管理器、查询分析器和 OLAP 分析管理器功能整合到单一的环境中。此外,SQL Server Management Studio 还可以和 SQL Server 的所有组件协同工作,例如报表服务、集成服务等。开发人员可以获得熟悉的体验,而数据库管理员可获得功能齐全的单一实用工具,其中包含易于使用的图形工具和多功能的脚本编辑器。

可以从程序组中启动 SQL Server Management Studio,启动该工具后的界面如图 3-5 所示。

SQL Server Management Studio 集成工作环境一般包括 4 个组件窗口，即对象资源管理器、查询编辑器、已注册的服务器、模板浏览器。

3.3.1　对象资源管理器

对象资源管理器是 SQL Server Management Studio 的一个组件，可连接到数据库引擎实例、分析服务、集成服务、报表服务。它提供了服务器中所有对象的视图，并具有可用于管理这些对象的用户界面。对象资源管理器的功能根据服务器的类型稍有不同，但一般都包括用于数据库的开发功能和用于所有服务器类型的管理功能。对象资源管理器与 SQL Server 2000 的企业管理器类似。该组件使用了类似于 Windows 资源管理器的树状结构，在左边的树结构图上，根结点是当前实例，子结点是该服务器的所有管理对象和可以执行的管理任务，分为“数据库”“安全性”“服务器对象”“复制”以及 PolyBase 和“AlwaysOn 高可用性”“管理”“集成服务目录”“SQL Server 代理”共九大类，如图 3-5 左边所示。

3.3.2　查询编辑器

在 SQL Server Management Studio 中，查询编辑器与 SQL Server 2000 的查询分析器类似，可以执行输入的 SQL 语句，执行结果会显示在屏幕下方。用户也可以使用图形化的方式进行数据库对象的拖拉操作，选择相应的显示字段，动态生成 SQL 语句，如图 3-5 中间所示。

在 SQL Server Management Studio 中，用户可输入 SQL 语句，执行语句并在“结果”窗口查看结果，如图 3-6 所示。用户也可以打开包含 SQL 语句的文本文件，执行语句并

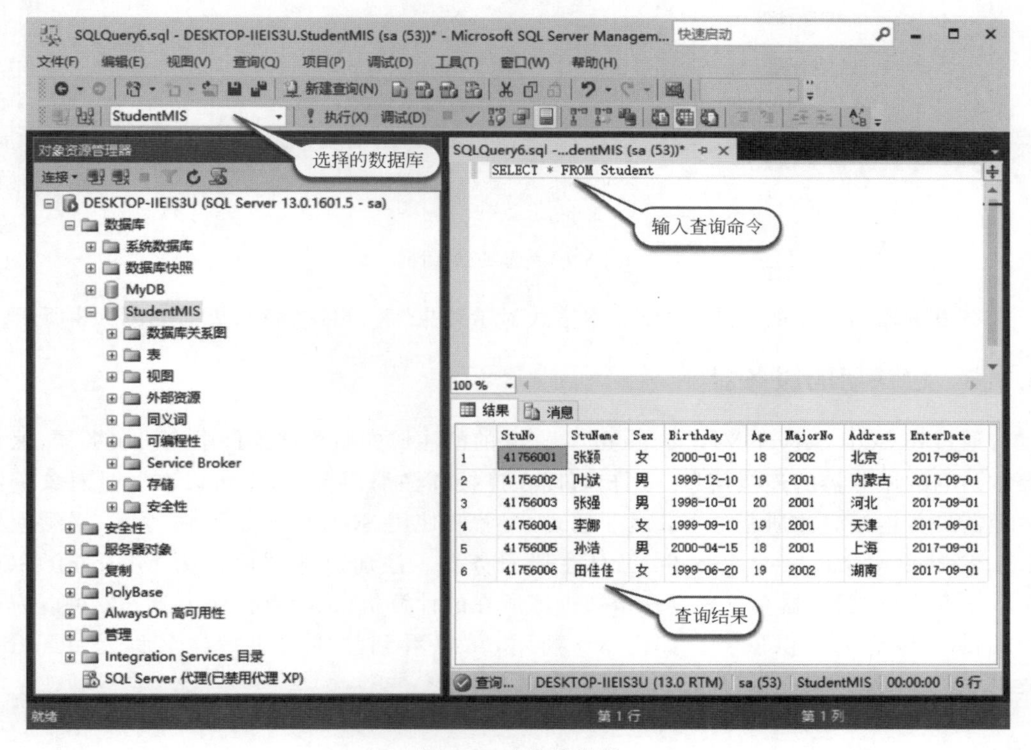

图 3-6　查询编辑器

在“结果”窗口中查看结果。SQL Server Management Studio 提供如下功能：用于输入SQL 语句的自由格式文本编辑器；在 SQL 语句中使用不同的颜色，以提高复杂语句的易读性；对象浏览器和对象搜索工具，可以轻松查找数据库中的对象和对象结构；模板可用于加快创建 SQL Server 对象的 SQL 语句的开发速度；用于分析存储过程的交互式调试工具；以网格或自由格式文本窗口的形式显示结果；显示计划信息的图形关系图，用于说明内置在 SQL 语句执行计划中的逻辑步骤。

为了使文本消息和输出结果显示在同一窗口，需要设置输出结果的格式为“以文本格式显示结果”。步骤如下：进入 SQL Server Management Studio，选择“工具”菜单，然后选择“选项”命令，出现“选项”对话框，如图 3-7 所示，然后进行相应的设置。

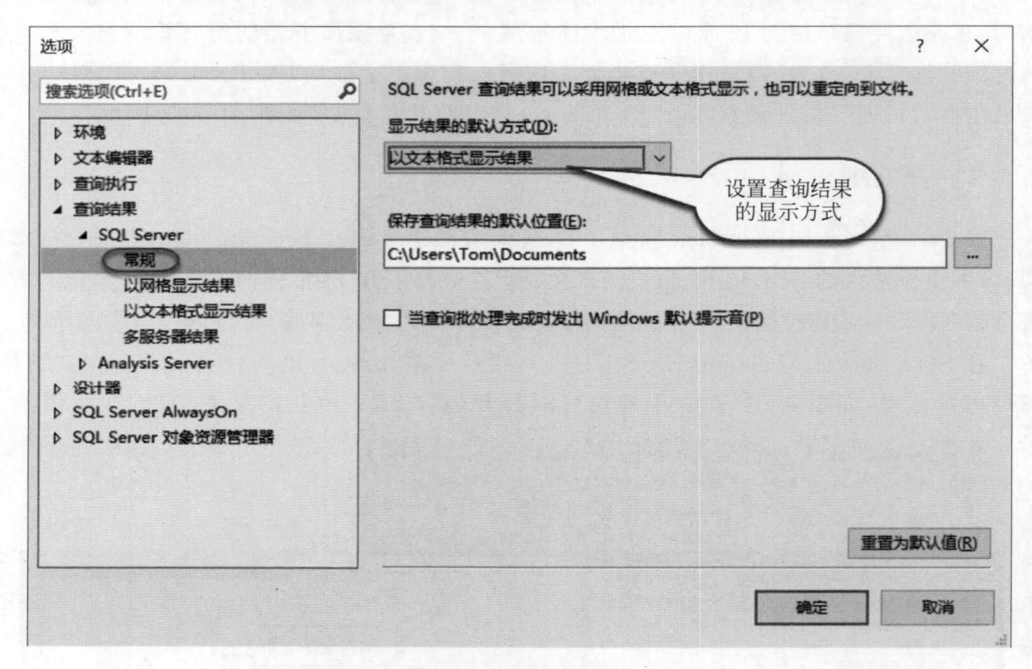

图 3-7 “选项”对话框

在设置输出结果的格式为“以文本格式显示结果”后，再次执行，界面如图 3-8 所示。

3.3.3 已注册的服务器

通过在 SQL Server Management Studio 的已注册的服务器组件中注册服务器，保存经常访问的服务器的连接信息。用户可以在连接前注册服务器，也可以在通过对象资源管理器进行连接时注册服务器。为了管理、配置和使用 SQL Server 2016 系统，必须使用SQL Server Management Studio 工具注册服务器。注册服务器就是为 Microsoft SQL Server 客户机/服务器系统确定一个数据库所在的计算机，该计算机作为服务器可以为客户端的各种请求提供服务。如图 3-9 所示，可以看到注册的服务器名称是 desktop-iieis3u。

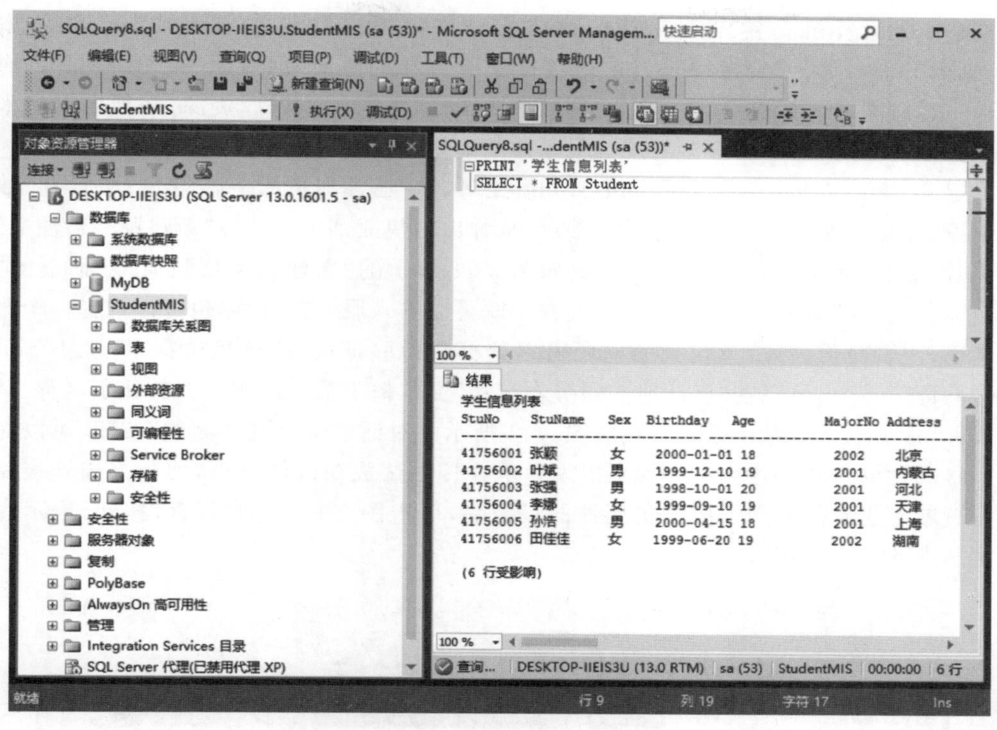

图 3-8 以文本格式显示查询结果

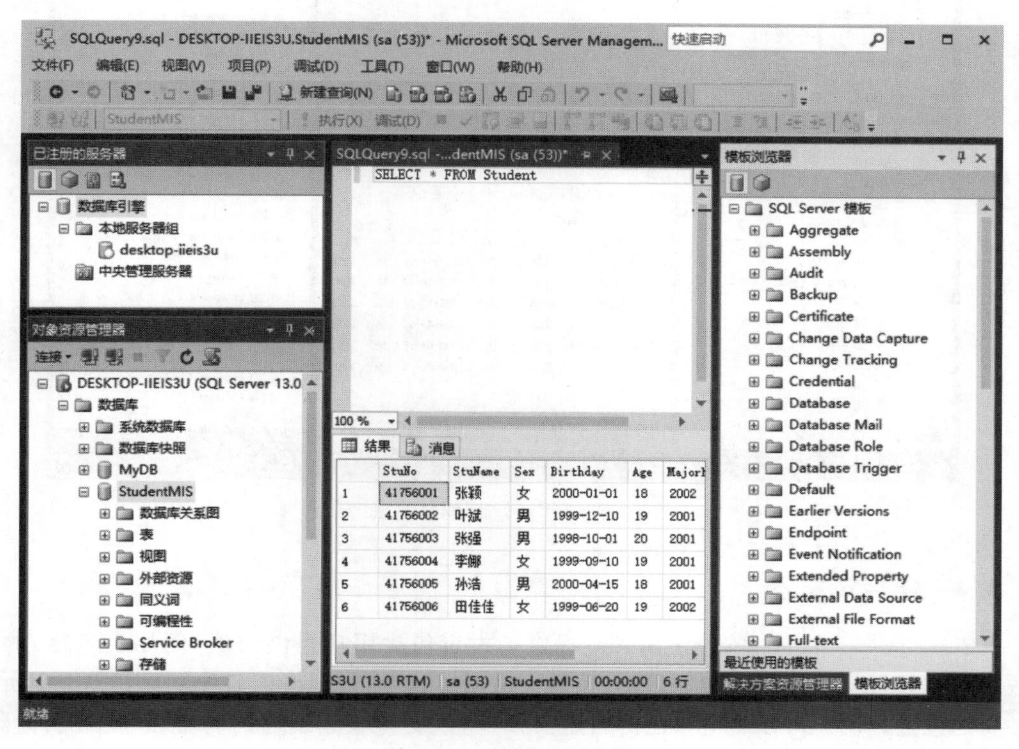

图 3-9 已注册的服务器

在本地计算机安装 SQL Server 2016 服务器后,第一次启动 SQL Server 2016 服务时,SQL Server 2016 会自动完成本地数据库服务器的注册,但对于一台仅安装了 SQL Server 客户端的计算机而言,要访问 SQL Server 服务器的数据库资源,必须由用户来完成服务器的注册,注册服务器是进行服务器集中管理和实现分布式查询的前提。

启动 SQL Server Management Studio 工具,在"已注册的服务器"窗口中打开"数据库引擎"结点。右击"本地服务器组"结点,从弹出的快捷菜单中选择"新建服务器注册"命令,如图 3-10 所示。单击该命令,出现如图 3-11 所示的"新建服务器注册"对话框的"常规"选项卡。在"服务器名称"下拉列表框中既可以输入服务器名称,也可以选择一个服务器名称。从"身份验证"下拉列表框中可以选择身份验证模式,这里选择了"SQL Server 身份验证"。用户可以在"已注册的服务器名称"文本框中输入该服务器的显示名称。"连接属性"选项卡选择默认设置。在如图 3-11 所示的对话框中,单击"测试"按钮,可以对当前连接属性的设置进行测试。如果出现表示连接测试成功的消息框,那么当前连接属性的设置就是正确的。在完成连接属性的设置后,单击图 3-11 中的"保存"按钮,表示完成连接属性的设置操作。

图 3-10 选择"新建服务器注册"命令

3.3.4 模板浏览器

SQL Server Management Studio 提供了大量包含用户提供的值(例如表名称)的参数的脚本模板。使用该参数,可以只输入一次名称,然后自动将该名称复制到脚本中所有必要的位置。用户可以编写自己的自定义模板,以支持频繁编写的脚本。"模板浏览器"窗口如图 3-10 的右侧所示。

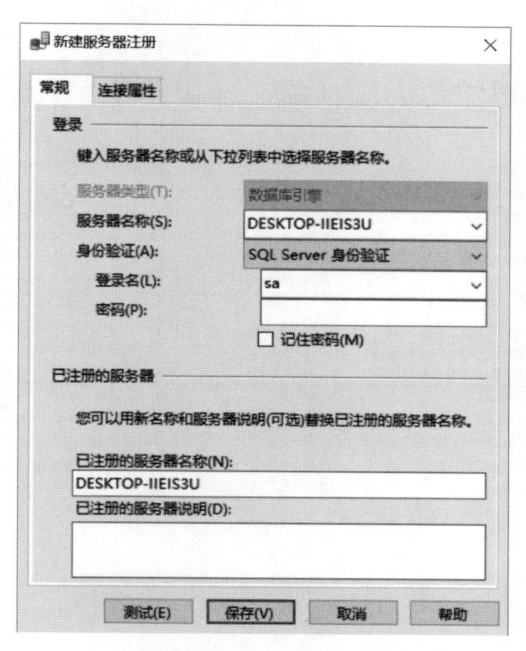

图 3-11　"新建服务器注册"对话框

3.4　SQL Server 2016 数据库的存储结构与分类

数据库是 SQL Server 中存储数据和数据库对象的容器。数据库对象是指存储、管理和使用数据的不同结构形式。

3.4.1　SQL Server 2016 数据库的存储结构与文件

1. SQL Server 2016 数据库的存储结构

SQL Server 2016 数据库的存储结构分为两种，即逻辑存储结构和物理存储结构。

(1) 数据库的逻辑存储结构。数据库的逻辑存储结构表示数据库中各数据之间的逻辑关系，说明数据库是由哪些性质的信息所组成。在如图 3-5 所示的 SQL Server Management Studio 集成工作环境左侧的"对象资源管理器"中可以看到 MyDB 数据库结点，包括数据库关系图、表、视图、外部资源、同义词、可编程性(存储过程、数据库触发器、函数等)、服务代理(Service Broker)、存储、安全性等若干数据库对象，这就是 SQL Server 数据库的逻辑结构。

(2) 数据库的物理存储结构。数据库的物理存储结构讨论数据库文件是如何在磁盘上存储的，数据库在磁盘上是以文件为单位存储的，由数据库文件和事务日志文件组成，一个数据库至少应该包含一个数据库文件和一个事务日志文件。例如，MyDB 数据库在物理存储上被映射成 4 个物理文件，文件名分别为 MyDB. mdf、MyDB_log. ldf、MyDB_secondary1. ndf、MyDB_ secondary2. ndf，如图 3-12 所示。

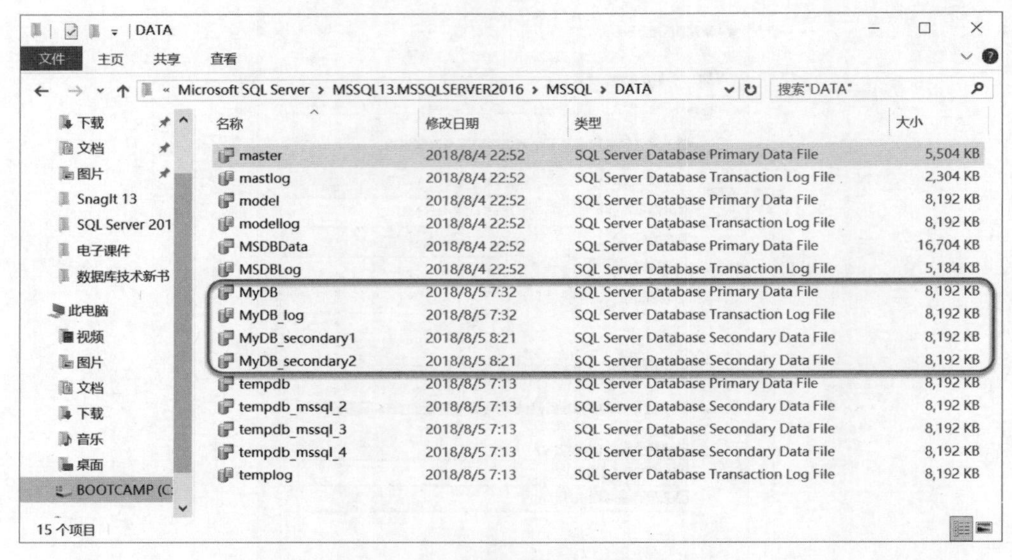

图 3-12　数据库的物理存储结构

2. SQL Server 2016 的数据库文件

SQL Server 的文件拥有两个名称，即逻辑文件名和物理文件名。当使用 Transact-SQL 命令语句访问某一个文件时，必须使用该文件的逻辑文件名。物理文件名是文件实际存储在磁盘上的文件名，而且可包含完整的磁盘目录路径。在 SQL Server 2016 中，数据库文件包括以下 3 种类型：

（1）主数据文件。主数据文件是数据库的起点，包含数据库的启动信息，并指向数据库中的其他文件，是用来存放数据库部分或者全部数据和数据库对象的文件。每个数据库都有一个主数据文件，默认扩展名为. mdf。

（2）次要数据文件。次要数据文件是可选的，由用户定义并存储用户数据。除主数据文件以外的其他所有数据文件都是次要数据文件。如果主数据文件的大小超过了单个 Windows 文件的最大限制，可以使用次要数据文件继续增长。一个数据库可以没有次要数据文件，也可以同时拥有多个次要数据文件。次要数据文件的默认扩展名是. ndf。采用主、次要数据文件来存储数据，容量可以无限制地扩充而不受操作系统文件的大小限制。用户可以将数据文件保存在不同的硬盘上，提高了数据处理的效率。

（3）日志文件。日志文件用于记录所有事务以及每个事务对数据库所做的修改。日志文件包含着用于恢复数据库的所有日志信息。每个数据库必须至少有一个事务日志文件，当然也可以有多个。事务日志文件的默认扩展名是. ldf。

SQL Server 2016 不强制使用. mdf、. ndf 或者. ldf 作为文件的扩展名，但建议使用这些扩展名帮助标识文件的用途。

3. SQL Server 2016 的数据库文件组

为了方便数据的管理和分配，可以将数据库对象和文件一起分成文件组。文件组就是文件的逻辑集合。例如在某个数据库中,3 个文件(data1. ndf、data2. ndf 和 data3. ndf)分别创建在 3 个不同的磁盘驱动器中,然后为它们指定一个文件组 group1。以后,所创建的表可以明确指定放在文件组 group1 上。对该表中数据的查询将分布在这 3 个磁盘上,因此可以通过执行并行访问来提高查询性能。

在创建表时,不能指定将表放在某个文件上,只能指定将表放在某个文件组上。因此,如果希望将某个表放在特定的文件上,那么必须通过创建文件组来实现。通常有 3 种类型的文件组:

(1) 主文件组。主文件组(PRIMARY 文件组)包含主数据文件和任何没有明确分配给其他文件组的其他文件。数据库的所有系统表都被分配到主文件组中。当主文件组的存储空间用完之后,将无法向系统表中添加新的目录信息,一个数据库有一个主文件组。

(2) 用户定义文件组。用户定义文件组是通过在 CREATE DATABASE 或 ALTER DATABASE 语句中使用 FILEGROUP 关键字指定的任何文件组,其目的在于数据分配,以提高数据表的读/写效率。

(3) 默认文件组。各数据库都有一个被指定的默认文件组,容纳所有在创建时没有指定文件组的表、索引以及 text、ntext 和 image 数据类型的数据。

日志文件不包括在文件组内。日志空间与数据空间分开管理。同时,一个文件不可以是多个文件组的成员,而且一个文件或文件组只由一个数据库使用。表、索引和大型对象数据可以与指定的文件组相关联。

3.4.2 SQL Server 2016 数据库的分类

SQL Server 2016 系统提供了 3 种类型的数据库,即系统数据库、用户数据库和示例数据库。

1. 系统数据库

系统数据库存放 SQL Server 2016 的系统级信息,例如系统配置、数据库的属性、登录账户、数据库文件、数据库备份、警报、作业等信息。SQL Server 2016 使用这些系统级信息管理和控制整个数据库服务器系统,如图 3-13 所示。SQL Server 2016 在安装时创建了 5 种系统数据库,即 master、model、msdb、resource 和 tempdb。

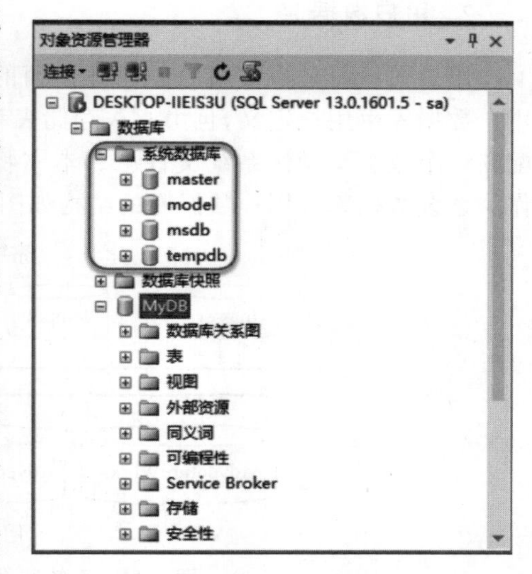

图 3-13 系统数据库示意图

1) master 数据库

master 数据库是 SQL Server 最重要的系统数据库,是整个数据库服务器的核心。它记录了 SQL Server 系统级的所有信息,这些系统级的信息包括服务器配置信息、登录账户信息、数据库文件信息、SQL Server 初始化信息等,这些信息影响整个 SQL Server 系统的运行。用户不能直接修改该数据库,永远也不要在 master 数据库中创建对象,如果在其中创建对象,则可能需要更频繁地进行备份。如果损坏了 master 数据库,则 SQL Server 无法启动。master 数据库是 SQL Server 的默认数据库。用户使用 SQL Server Management Studio 登录后,新建的查询是针对 master 数据库的。用户可以在下拉列表中修改当前可用的数据库。

2）model 数据库

model 数据库是一个在 SQL Server 创建新数据库时充当模板的系统数据库。该数据库存储了可以作为模板的数据库对象和数据。当创建用户数据库时,系统自动把该模板数据库中的所有信息复制到用户新建的数据库中,使得新建的用户数据库初始状态下具有与 model 数据库一致的对象和相关数据,从而简化了数据库的初始创建和管理操作。对 model 数据库进行的修改(例如数据库大小、排序规则、恢复模式和其他数据库选项)将应用于以后创建的所有数据库。

3）msdb 数据库

msdb 数据库是代理服务器数据库,包含 SQL Server 代理、日志传送、SQL Server 集成服务以及关系数据库引擎的备份和还原系统等使用的信息。该数据库存储了有关作业、操作员、报警、任务调度以及作业历史的全部信息,这些信息可以用于自动化系统的操作。

4）resource 数据库

resource 数据库是一个只读数据库,包含了 SQL Server 2016 系统中的所有信息。

5）tempdb 数据库

tempdb 数据库是一个临时数据库,类似于操作系统的分页文件。它用于存储用户创建的临时对象或中间结果、数据库引擎需要的临时对象和版本信息。tempdb 数据库由整个系统的所有数据库使用,不管用户使用哪个数据库,他们建立的所有临时表和存储过程都存储在 tempdb 上。实际上,它只是 SQL Server 的临时工作空间,SQL Server 关闭后,该数据库中的内容被清空。tempdb 数据库在每次重启 SQL Server 时被重新创建。

2. 用户数据库

用户数据库是指由用户创建并使用的数据库,主要用于存储用户使用的数据信息。用户数据库由用户定义,且由永久存储表和索引等数据库对象的磁盘空间构成,空间被分配在一个或多个操作系统文件上。本书将主要介绍用户数据库的创建、修改、删除等操作。系统数据库与用户数据库的结构如图 3-14 所示。

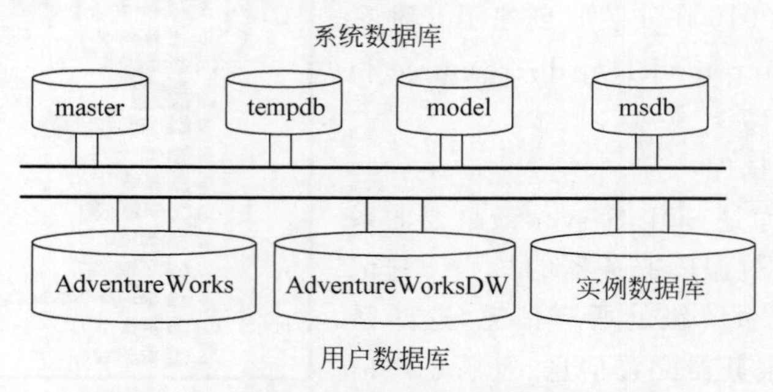

图 3-14　系统数据库与用户数据库的结构

3. 示例数据库

示例数据库是一种实用的学习数据库的范例，SQL Server 引入 Adventure Works Cycles 公司的 Adventure Works 示例数据库供用户学习。在默认情况下，SQL Server 2016 不安装示例数据库，需要进行单独安装和设置。

通常，每个 SQL Sever 实例包括 4 个系统数据库（master、model、msdb 和 tempdb）以及一个或多个用户数据库。

3.4.3 SQL Server 2016 数据库的状态

SQL Server 2016 数据库总是处于一个特定的状态中，这些状态包括联机（ONLINE）、脱机（OFFLINE）、还原（RESTORING）、恢复（RECOVERING）、恢复挂起（RECOVERY PENDING）、可疑（SUSPECT）、应急（EMERGENCY），如表 3-3 所示。若要确认数据库的当前状态，可以选择 sys. databases 目录视图中的 state_desc 列或 DATABASEPROPERTYEX 函数中的 status 属性。

表 3-3 数据库的状态

状　态	定　义
ONLINE	联机状态，可以对数据库进行访问。即使可能尚未完成恢复的撤销阶段，主文件组仍处于在线状态
OFFLINE	脱机状态，数据库无法使用。数据库由于显式的用户操作而处于离线状态，并保持离线状态直到执行了其他的用户操作。例如，可能会让数据库离线以便将文件移至新的磁盘。在完成移动操作后，使数据库恢复在线状态
RESTORING	正在还原主文件组的一个或多个文件，或正在脱机还原一个或多个辅助文件。数据库不可用
RECOVERING	正在恢复数据库。恢复进程是一个暂时性状态，恢复成功后数据库将自动处于在线状态。如果恢复失败，数据库将处于可疑状态。数据库不可用
RECOVERY PENDING	SQL Server 在恢复过程中遇到了与资源相关的错误。数据库未损坏，但是可能缺少文件，或系统资源限制可能导致无法启动数据库。数据库不可用，需要用户另外执行操作来解决问题，并让恢复进程完成
SUSPECT	至少主文件组可疑或可能已损坏。在 SQL Server 启动过程中无法恢复数据库。数据库不可用，需要用户另外执行操作来解决问题
EMERGENCY	用户更改了数据库，并将其状态设置为 EMERGENCY。数据库处于单用户模式，可以修复或还原。数据库标记为 READ_ONLY，禁用日志记录，并且仅限 sysadmin 固定服务器角色的成员访问。EMERGENCY 主要用于故障排除。例如，可以将标记为“可疑”的数据库设置为 EMERGENCY 状态。这样可以允许系统管理员对数据库进行只读访问。只有 sysadmin 固定服务器角色的成员才可以将数据库设置为 EMERGENCY 状态

脱机与联机是针对数据库的当前状态来说的，当一个数据库处于可操作、可查询的状态时就是联机状态，而一个数据库尽管可以看到其名字出现在数据库结点中，但对其不能

执行任何有效的数据库操作时就是脱机状态。

在数据库管理及软件开发过程中，经常会出现对当前数据库进行迁移的操作，而在联机状态下，SQL Server Management Studio 工具是不允许复制数据库文件的。若在数据库复制过程中需要暂停当前的联机数据库，就可以在“对象资源管理器”中选择指定的“数据库”，例如 StudentMIS 数据库，然后右击，在弹出的快捷菜单中选择“任务”→“脱机”命令。在完成对脱机状态的数据库的复制后，要将其恢复为可用状态，可以选择指定的“数据库”，右击，在弹出的快捷菜单中选择“任务”→“联机”命令来实现数据库联机。

3.4.4 SQL Server 2016 数据库的分离与附加

系统管理员在进行系统维护之前、发生硬件故障之后或者更换硬件时都需要对数据库进行迁移，这就需要使用 SQL Server 的分离和附加操作了。同时，对于学生在实验室创建的数据库、表和数据等，由于公用机房使用还原系统，下次开机后数据自动丢失，需要每次实验结束后将数据库及其数据保存到 U 盘供后续实验使用，也需要使用 SQL Server 的分离和附加操作。

如果存在下列任何情况，不能分离数据库：

(1) 已复制并发布的数据库。如果进行复制，则数据库必须是未发布的。用户必须通过运行 sp_replicationdboption 禁用发布后才能分离数据库。

(2) 数据库中存在数据库快照。此时必须首先删除所有数据库快照，然后才能分离数据库。

(3) 该数据库正在某个数据库镜像会话中进行镜像。除非终止该会话，否则无法分离该数据库。

(4) 数据库处于可疑状态。

(5) 该数据库是系统数据库。

1. 数据库的分离及保存

分离数据库是指移动保存完整的数据库及其数据文件和事务日志文件，同时将数据库的定义从 SQL Server 的数据库引擎中删除，但并不会删除数据库存储在磁盘上的数据库文件。实际分离数据库的操作步骤如下：

(1) 启动 SQL Server Management Studio，在“对象资源管理器”中选择指定的“数据库”，例如 StudentMIS 数据库，然后右击，在弹出的快捷菜单中选择“任务”→“分离”命令，如图 3-15 所示。

(2) 出现“分离数据库”对话框，如图 3-16 所示，勾选“删除连接”复选框，然后单击“确定”按钮即可分离该数据库。

(3) 保存数据库。找到分离数据库的数据文件(StudentMIS.mdf)和事务日志文件(StudentMIS_log.ldf)，复制到 U 盘或指定的位置即可。

图 3-15　选择“任务”→“分离”命令

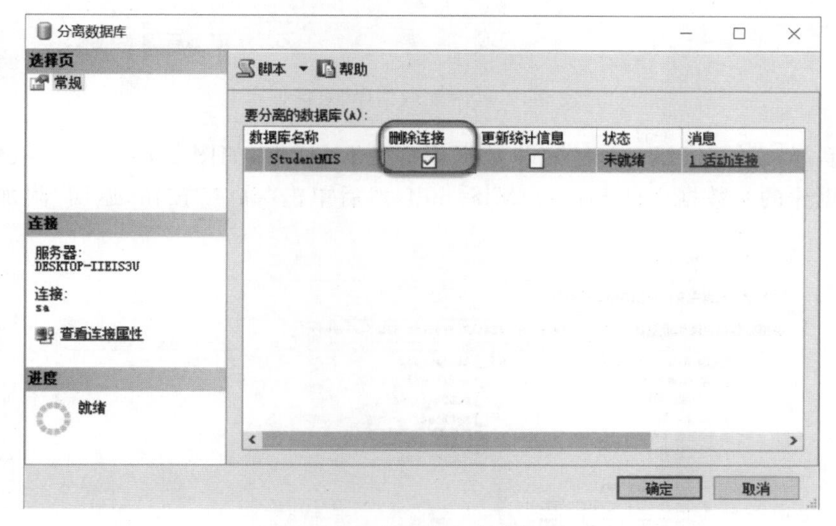

图 3-16　“分离数据库”对话框

2. 数据库的附加

具体附加数据库的操作步骤如下：

(1) 附加前需要将 U 盘上的数据库相关文件(StudentMIS. mdf 文件、StudentMIS_log. ldf 文件等)复制到目标服务器指定的文件目录下。

(2) 启动 SQL Server Management Studio,在“对象资源管理器”中右击“数据库”选项,弹出快捷菜单,选择“附加”命令,出现“附加数据库”对话框,如图 3-17 所示。

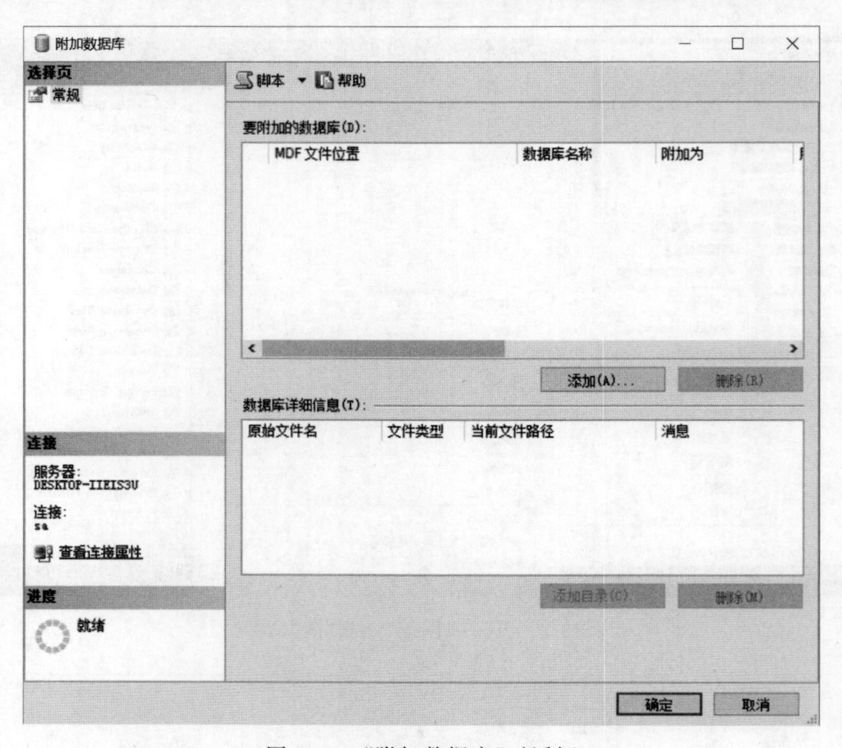

图 3-17 “附加数据库”对话框

(3) 单击“添加”按钮,出现“定位数据库文件”对话框,如图 3-18 所示。从中选择要附加的数据库的主数据文件 StudentMIS. mdf,然后单击“确定”按钮,返回“附加数据库”对话框。

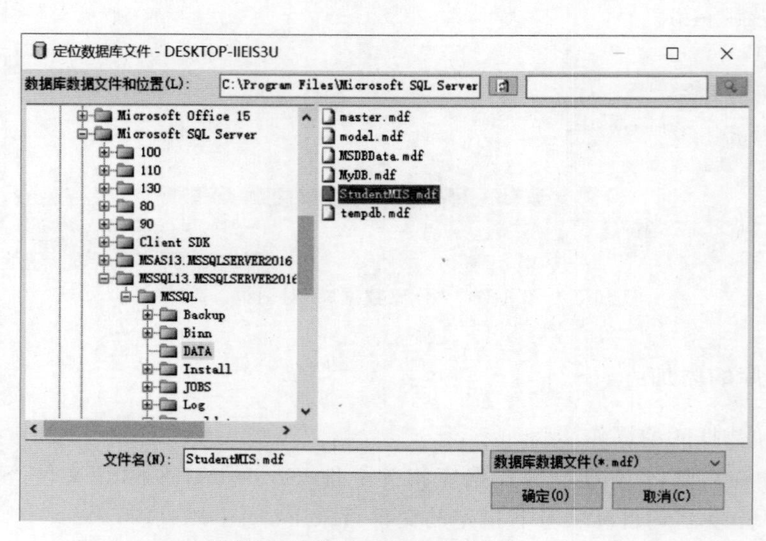

图 3-18 选择要附加的数据库的主数据文件 StudentMIS. mdf

(4) 在"要附加的数据库"区域和"'StudentMIS'数据库详细信息"区域显示相关的信息,如图 3-19 所示。

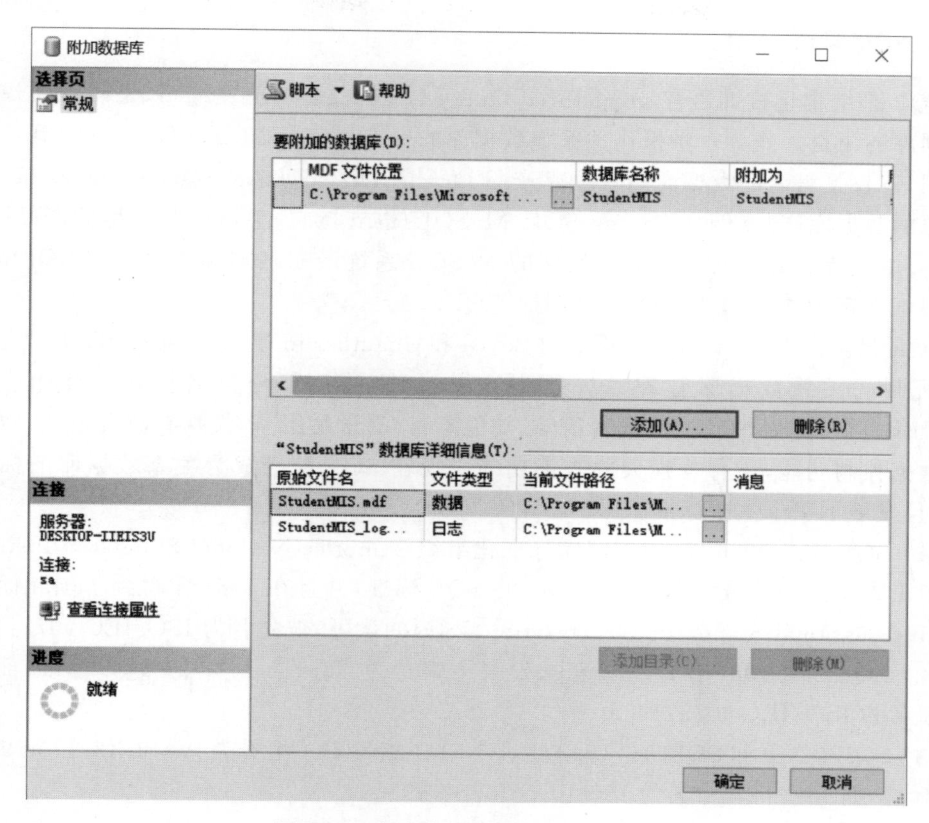

图 3-19　完成附加数据库文件的选择

(5) 确认无误后,单击"确定"按钮,即可把所选的 StudentMIS 数据库添加到当前 SQL Server 实例上。

说明: 如果附加数据库失败,可能是当前用户对于 StudentMIS 数据库的权限不够。右击 StudentMIS.mdf 文件,打开文件属性对话框,选择"安全"选项卡,然后选中 Authenticated Users 组,单击"编辑"按钮,选择"完全修改"权限即可。

3.5　Transact-SQL 程序设计基础

Transact-SQL 语言是使用 SQL Server 的核心。在 SQL Server 2016 中,与 SQL Server 实例通信的所有应用程序都通过将 Transact-SQL 语句发送到服务器,实现数据的查询、操纵和控制等功能。因此 Transact-SQL 是 SQL Server 与应用程序之间的语言,是 SQL Server 对应用程序开发的接口语言。每一条 Transact-SQL 语句都包含一系列元素,例如标识符、数据类型、变量、运算符、函数、表达式等,因此本节将对 Transact-SQL 语言程序设计的各个元素进行简要介绍。

3.5.1 SQL与Transact-SQL

1. SQL概述

SQL是结构化查询语言(Structured Query Language)的英文缩写,是一种操作关系型数据库的语言。作为一种操作关系型数据库的标准语言,SQL自问世以来得到了广泛的应用,不仅是著名的大型商用数据库产品Oracle、DB2、Sybase、SQL Server支持它,很多开源的数据库产品(例如PostgreSQL、MySQL)也支持它,甚至一些小型的产品(例如Access)也支持SQL。近些年蓬勃发展的NoSQL系统最初是宣称不再需要SQL的,后来不得不修正为Not Only SQL来“拥抱”SQL。

SQL最早由IBM圣约瑟实验室的Boyce和Chamberlin于1974年提出,并作为IBM公司研制的关系数据库管理系统原型System R的一部分付诸实施。当时它称为SEQUEL,后简称为SQL。该语言简洁、功能丰富、易学易用,不仅具有数据定义、数据操纵和数据控制功能,还有着强大的查询功能。现在SQL已经成为关系数据库的标准语言,并且发展了7个主要标准。

(1) SQL-86。1986年,美国国家标准化组织(America National Standards Institute,ANSI)正式发表了编号为X3.135-1986的SQL标准,并且在1987年得到了国际标准化组织(International Standards Organization,ISO)的认可,被命名为ISO/IEC 9075:1987。

(2) SQL-89。1989年,ANSI正式发表了编号为X3.135-1989的SQL标准,而ISO将其命名为ISO/IEC 9075:1989。

(3) SQL-92(也称SQL2)。1992年,ANSI正式发表了编号为ANSI X3.135-1992的SQL标准,而ISO将其命名为ISO/IEC 9075:1992。

(4) SQL:1999(也称SQL3)。1999年,ISO在SQL2的基础上推出了ISO/IEC 9075:1999,并增加了对象关系特征和许多其他的新功能。从SQL:1999开始,标准简称中的短横线(-)被换成了冒号(:),而且标准制定的年份也改用了4位数字。前一个修改的原因是ISO标准习惯上采用冒号,而ANSI标准一直采用短横线;后一个修改的原因是标准的命名也遇到了2000年问题。

(5) SQL:2003。2003年,ISO推出了ISO/IEC 9075:2003标准。

(6) SQL:2008。2008年,ISO推出了ISO/IEC 9075:2008标准。

(7) SQL:2011。2011年,ISO推出了ISO/IEC 9075:2011标准。

现在各大数据库厂商提供不同版本的SQL。这些版本的SQL不仅都包括原始的ANSI标准,而且还在很大程度上支持SQL-92和SQL:1999标准。这使不同的数据库系统之间的互操作有了可能。SQL语言集数据定义、数据操纵、数据查询和数据控制功能于一体,主要特点包括:

1) 多功能综合统一

交互式查询语言功能强大、简单易学,而且集数据定义、数据操纵、数据查询、数据控制和附加语言于一体。数据库的主要功能是通过数据库支持的数据语言来实现的,SQL语言的核心包括如下数据语言:

(1) 数据定义语言(Data Definition Language,DDL)。数据定义语言用于定义和管理数据库及其对象,是对关系模式一级的定义,包括数据库、基本表、视图、索引等的创建、修改和删除操作。

(2) 数据操纵语言(Data Manipulation Language,DML)。数据操纵语言用于对数据库中数据的操作,包括插入(INSERT)新数据、删除(DELETE)旧数据、修改(UPDATE)已有数据等。

(3) 数据查询语言(Data Query Language,DQL)。数据查询语言按一定的查询条件从数据库对象(基本表或视图)中检索(SELECT)符合条件的数据。

(4) 数据控制语言(Data Control Language,DCL)。数据控制语言主要用于权限和安全管理,用来控制对数据库中数据的操作,包括基本表和视图等对象的授权、完整性规则的描述、事务开始和结束控制语句等。

(5) 其他附加的语言。这些附加语言主要用于辅助命令语句的操作、标识、理解和使用,包括标识符、数据类型、常量、变量、运算符、函数、表达式、批处理、流程控制、错误处理和注释等。

SQL 语言集这些功能于一体,语言风格统一,可以独立完成数据库生命周期中的全部活动,包括定义关系模式、建立数据库、查询和更新数据、数据库重构、数据库安全控制等一系列操作要求,这就为数据库应用系统开发提供了良好的环境。

2) 高度非过程化

使用 SQL 语言进行数据操作,用户只需提出“做什么”,而不必指明“怎么做”,用户只需将要求用 SQL 语句提交给系统,系统会自动完成所需的操作。这不仅极大地减轻了用户负担,而且有利于提高数据独立性。

3) 面向集合的操作方式

SQL 操作的对象和结果都是集合(关系),插入、删除、修改的对象和查找的结果均为元组的集合。通常,用关系(二维数据表)表示数据处理操作更快捷、方便。

4) 灵活的使用方法

SQL 语言既是自含式语言,又是嵌入式语言。作为自含式语言,它能够独立地用于联机交互的使用方式,用户可以在终端键盘上直接输入 SQL 命令对数据库进行操作。作为嵌入式语言,SQL 语句能够嵌入高级语言(例如 Java)程序中,供程序员设计程序时使用。在两种方式下,SQL 语言的语法结构基本上是一致的。这种统一的语法结构提供了两种不同的使用方式,为用户提供了极大的灵活性与方便性。

5) 语言简洁、易学易用

SQL 语言功能极强,且十分简洁,完成数据定义、数据操纵、数据查询、数据控制的核心功能只用了 10 个关键字,其中数据定义 3 个(CREATE、DROP、ALTER)、数据操纵 3 个(INSERT、UPDATE、DELETE)、数据查询 1 个(SELECT)、数据控制 3 个(GRANT、DENY、REVOKE)。SQL 用关键字、表名、属性名等组合而成的一条语句(SQL 语句)来描述操作的内容,语法简单,接近英语口语,因此易学易用。

2. Transact-SQL 概述

Transact-SQL 语言是微软公司在 SQL Server 系统中使用的事务-结构化查询语言,

支持标准的 SQL,但对 SQL 语言进行了扩展。Transact-SQL 对 SQL 的扩展主要包含以下 4 个方面:

(1) 增加了流程控制语句。

(2) 加入了局部变量、全局变量、表达式、函数等许多新概念,可以写出更复杂的查询语句。

(3) 增加了新的数据类型,处理能力更强。

(4) 增加了事务管理语言,主要用于事务管理操作。

事务是指用户定义的一个数据库操作序列,这些操作"要么都做,要么都不做",是一个不可分割的工作单位。在数据库中执行操作时,经常需要多个操作同时完成或同时撤销。例如,将账户 A 的资金转账到账户 B,需要两个更新操作(账户 A 的余额减少,账户 B 的余额增加相应的数额),这就属于事务管理,在执行过程中或者两个更新操作都做,或者都不做,避免数据不一致。在 SQL Server 2016 中,可用 COMMIT 语句提交事务,也可用 ROLLBACK 语句撤销。

Transact-SQL 语言是一种交互式查询语言,既允许用户直接查询存储在数据库中的数据,也可以将 Transact-SQL 语句嵌入某种高级程序设计语言中使用,例如可嵌入 C#、C++或 Java 等语言中,具有功能强大、易学易用的特点。对于数据库中数据集的操作来说,Transact-SQL 比其他高级语言更加简单、高效,而且也具有了其他高级语言的特点,因此得到了广泛的应用。

3. Transact-SQL 的执行方式

在 SQL Server 2016 系统中提供了多种图形界面和命令行工具,用户可以使用不同的方法来访问数据库。但是这些工具的核心却是 Transact-SQL 语言。在 SQL Server 2016 中主要使用 SQL Server Management Studio 工具来执行 Transact-SQL 语言编写的查询语句,用于交互地设计和测试 Transact-SQL 语句、批处理和脚本。Transact-SQL 对于 SQL Server 非常重要,SQL Server 中使用图形界面和命令行工具能够完成的所有功能都可以使用 Transact-SQL 实现。因此,本书主要以 Transact-SQL 为主线进行介绍。

若想使用 SQL Server Management Studio 工具运行编写的 Transact-SQL 语句,可先在"对象资源管理器"中选中要运行 Transact-SQL 语句的数据库或者数据库中的对象,然后单击"新建查询"按钮或者按 Alt+N 组合键,SQL Server Management Studio 将新建一个空白查询编辑器窗口,用户可在此编写 Transact-SQL 语句并执行。在执行时需要注意的是,若用户在编辑器中选中部分 Transact-SQL 脚本,SQL Server Management Studio 将只运行选中的脚本。若用户没有在查询编辑器窗口中选择任何脚本,SQL Server Management Studio 将运行该窗口中的所有 Transact-SQL 脚本。

在 SQL Server Management Studio 中还支持对大多数数据库对象(例如表、视图、同义词、存储过程、函数、触发器等)生成操作 Transact-SQL 语句,该功能可减少开发人员反复编写 Transact-SQL 语句的工作,极大地提高了工作效率。例如要生成查询 Student 表的 SQL 语句,只需在"对象资源管理器"中找到该表,在该表上右击,在弹出的快捷菜单中选择"编写表脚本为"→"SELECT 到"→"新查询编辑器窗口"命令，如图 3-20 所示。

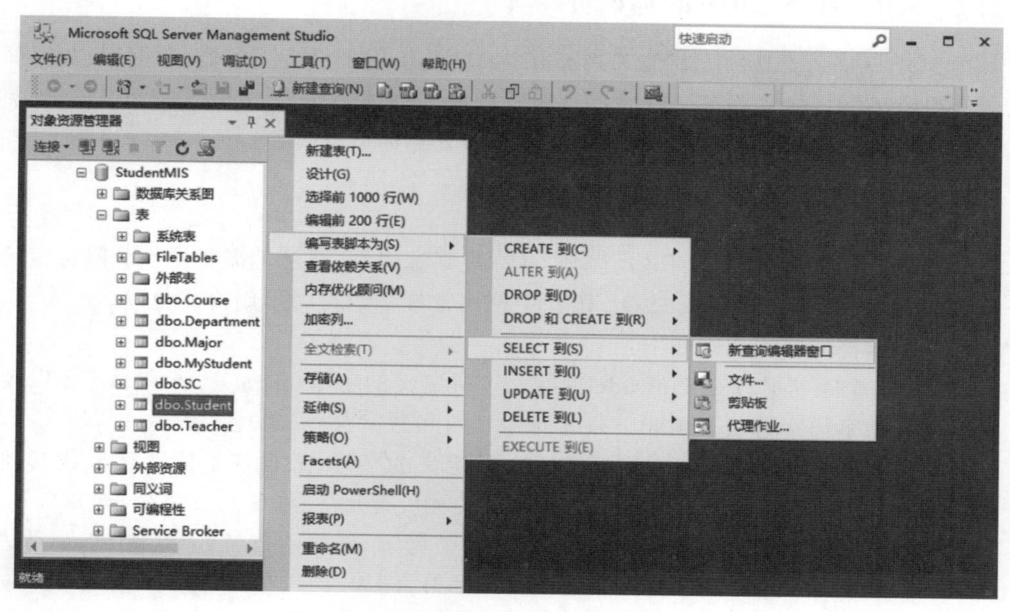

图 3-20　为表生成查询 Transact-SQL 语句

SQL Server Management Studio 可自动生成该表的查询语句。单击工具栏中的 执行(X) 按钮，运行该语句，将在主区域的下方显示运行结果。自动生成的查询语句和运行结果如图 3-21 所示。通过同样的操作，不仅可以自动生成查询语句，还可以自动生成表的创建、插入、更改和删除等操作的 Transact-SQL 语句。

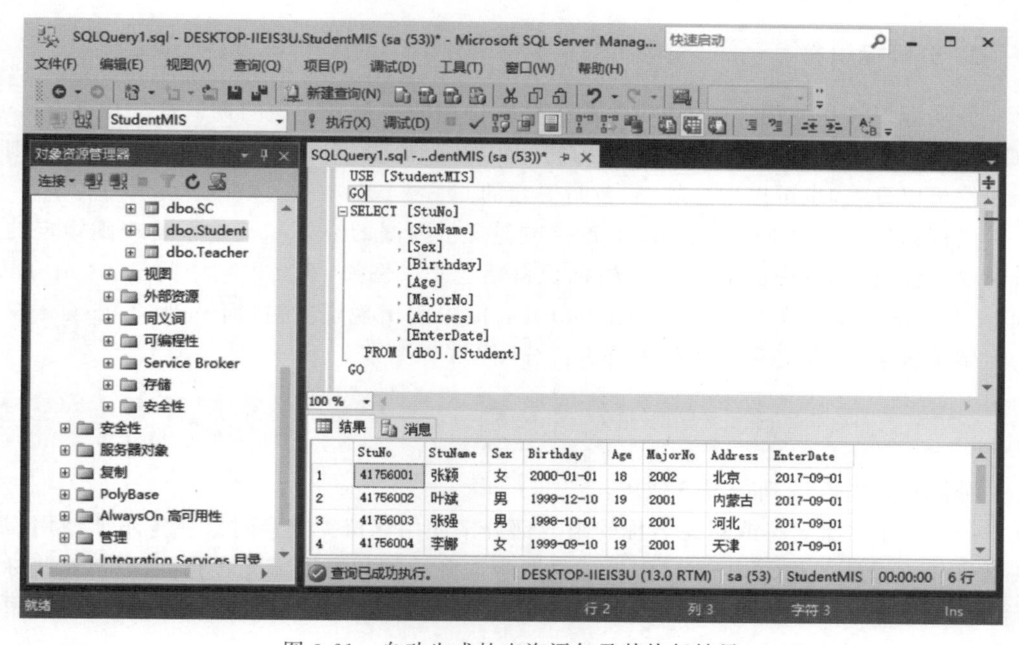

图 3-21　自动生成的查询语句及其执行结果

3.5.2 SQL Server 2016 的标识符

在 SQL Server 2016 中，标识符(Identifer)就是指用来定义服务器、数据库、数据库对象(表、视图、索引、触发器、存储过程等)和变量等名称的字符串，不区分大小写。按照标识符的使用方法，标识符可以分为常规标识符和分隔标识符两种。

1. 常规标识符

常规标识符符合标识符的格式规则，又称规则标识符，就是不需要使用分隔标识符进行分隔的标识符。在 Transact-SQL 语句中使用常规标识符时不用将其分隔。

常规标识符的格式规则如下：

(1) 第一个字符必须是 Unicode 标准 3.2 所定义的字母(例如 a～z 和 A～Z 以及来自其他语言的字母字符)、下画线(_)、at 符号(@)和数字符号(＃)。

(2) 后续字符可以是 Unicode 标准 3.2 所定义的字母、来自基本拉丁字母或其他国家/地区脚本的十进制数字、下画线(_)、at 符号(@)、美元符号($)、数字符号(＃)。

(3) 标识符不能使用 Transact-SQL 的保留关键字，例如函数名 max、min、asc 等。

(4) 标识符内不允许嵌入空格或其他特殊字符，例如?、%、&、* 等。

(5) 常规标识符和分隔标识符包含的字符数必须在 1～128。对于本地临时表而言，标识符最多可以有 116 个字符。

注意：在 SQL Server 中，某些处于标识符开始位置的符号具有特殊意义。以 at 符号(@)开始的标识符表示局部变量或参数；以双 at 符号(@@)开始的标识符表示全局变量；以一个数字符号(＃)开始的标识符表示临时表或过程；以双数字符号(＃＃)开始的标识符表示全局临时对象。

2. 分隔标识符

分隔标识符是使用[ ]、''或""等起到分隔作用的符号来限定的标识符。在 Transact-SQL 语句中，对不符合所有标识符规则的标识符必须进行分隔。符合标识符格式规则的标识符可以分隔，也可以不分隔，二者是等效的。

当标识符中包含 SQL Server 关键字或包含了内嵌的空格和其他不是规则规定的字符时，要使用分隔符中的括号([ ])将标识符括起来。例如，下面语句中的 Student Table 和 in 均不符合标识符规则，其中 Student Table 中间出现了空格，而 in 为 Transact-SQL 的保留关键字，因此必须使用分隔符进行分隔：

```
SELECT * FROM [Student Table] WHERE [in] = 5
```

分隔标识符在下列情况下使用：

(1) 当在对象名称或对象名称的组成部分中使用保留关键字时。注意不要使用保留关键字作为对象名称。从 SQL Server 早期版本升级的数据库可能含有标识符，这些标识符包括早期版本中未保留而在 SQL Server 2016 中保留的关键字。用户可用分隔标识符引用对象直到可改变其名称。

(2) 当使用未被列为合法标识符的字符时。SQL Server 允许在分隔标识符中使用当前代码页中的任何字符,但是不加选择地在对象名称中使用特殊字符将使 SQL 语句和脚本难以阅读和维护。

分隔标识符的格式规则如下:

(1) 分隔标识符可以包含与常规标识符相同的字符数(1～128 个,不包括分隔符字符)。本地临时表标识符最多可以包含 116 个字符。

(2) 标识符的主体可以包含当前代码页内字母(分隔符本身除外)的任意组合。例如,分隔标识符可以包含空格、对常规标识符有效的任何字符以及代字号(～)、连字符(-)、惊叹号(!)、左括号({)、百分号(%)、右括号(})、插入号(^)、撇号(')、and 号(&)、句号(.)、左圆括号(()、反斜杠(\)、右圆括号())、重音符号(`)等。

3. 数据库对象命名规则

数据库对象的名称被看成是该对象的标识符。SQL Server 中的每一内容都可带有标识符,服务器、数据库和数据库对象(例如表、视图、列、索引、触发器、过程、约束及规则等)都有标识符。大多数数据库对象要求带有标识符,但对于有些对象(例如约束),标识符是可选项。在 SQL Server 2016 中,一个数据库对象的全称语法格式为:

```
[server_name].[database_name].[schema_name].object_name
```

其中,server_name 指定连接的服务器名称或远程服务器名称。对于 database_name,如果对象驻留在 SQL Server 的本地实例中,则指定 SQL Server 数据库的名称;如果对象在连接服务器中,则 database_name 将指定 OLE DB 目录。对于 schema_name,如果对象在 SQL Server 数据库中,则指定包含对象的架构的名称;如果对象在连接服务器中,则 schema_name 将指定 OLE DB 架构名称。object_name 为对象的名称。

在实际使用时,使用全称比较烦琐,因此经常使用简写格式。若要省略中间结点,请使用句点来指示这些位置。数据库对象的引用格式如表 3-4 所示。

表 3-4 数据库对象的引用格式

对象引用格式	说　明
server. database. schema. object	4 个部分的名称
server. database. . object	省略架构名称
server. . schema. object	省略数据库名称
server…object	省略数据库和架构名称
database. schema. object	省略服务器名
database. . object	省略服务器和架构名称
schema. object	省略服务器和数据库名称
object	省略服务器、数据库和架构名称

在上面的简写格式中,没有指明的部分使用默认设置值。server:本地服务器;database:当前数据库;schema:包含该对象的架构的名称。

【例 3-1】 一个用户名为 sa 的用户登录到 MyServer 服务器上，并使用 MyDB 数据库。

使用下述语句创建一个 MyTable 表：

```
CREATE TABLE MyTable(column1 int, column2 char(20))
```

则表 MyTable 的全称就是 MyServer. MyDB. dbo. MyTable。

4. Transact-SQL 语句使用的语法规则

Transact-SQL 语句使用的语法规则如下：

(1) “〈 〉”(尖括号)中的内容表示“必选项”，不可省略，不需输入尖括号。

(2) “[ ]”(方括号)中的内容为可选项，省略时系统取默认值，无须输入方括号。

(3) { }(大括号)中的内容表示“必选项”，无须输入大括号。

(4) “|”(或/)分隔尖括号、方括号或大括号中的语法项，表示相邻前后两项只能选择其中一项。

(5) [,…*n*]指示前面的项可以重复 *n* 次，且每一项由逗号分隔。

(6) […*n*]指示前面的项可以重复 *n* 次，且每一项由空格分隔。

(7) 一条较长语句可分成多行书写且以分号(;)结尾，但是在同一行中不允许写多条语句。在 SQL Server 中，SQL 语句是逐条执行的，每条语句以“;”结尾。

(8) 在一个关键字的中间不能加入空格或换行符。

(9) 在 Transact-SQL 中，保留关键字(Transact-SQL 中系统预留或事先定义好的关键字)、命令和语句的写书不区分大小写，但是插入表中的数据是区分大小写的。关键字不能被缩写，也不能分行。虽然 Transact-SQL 语言不区分大小写，但是本书中的关键字使用大写，用户定义的标识符使用小写。

(10) 在书写各种 Transact-SQL 语句时，所用的标点符号(例如空格、括号、逗号、分号、圆点(英文句号))等都应是英文半角，若写成中文符号或全角符号，将会在执行命令时出错。

3.5.3 SQL Server 2016 的数据类型

在 SQL Server 中，每个表或视图中的字段、常量、Transact-SQL 程序中的变量、表达式、存储过程中的参数等都有其各自的数据类型，指定对象的数据类型相当于定义该对象的下列 4 种属性：对象所含的数据类型，例如字符、整数或二进制数；数据的长度；数值精度；数值中的小数位数。其中，后两种属性仅用于数值数据类型。

在 SQL Server 中提供了两类数据类型供用户选择，即系统数据类型和用户自定义数据类型。系统数据类型由 SQL Server 提供系统数据类型集，定义可供使用的所有数据类型，用户可直接使用上述数据类型。用户定义数据类型是用户根据实际需要在系统基本数据类型的基础上定义自己的数据类型，是出于系统可扩展性的需要和考虑。

SQL Server 提供的系统数据类型主要包括数值型、字符型、日期型等。

1. 整数数据类型

整数数据类型包括 tinyint、smallint、int、bigint，均为精确数值型，如表 3-5 所示。

表 3-5　整数数据类型

数据类型	描　述	存储空间
tinyint	用于存储 0～255 的整数	1 字节
smallint	-2^{15}(−32768)～$2^{15}-1$(32767)的整数，其中一个二进制位表示正负号	2 字节
int	-2^{31}(−2147483648)～$2^{31}-1$(2147483647)的整数，其中一个二进制位表示正负号	4 字节
bigint	-2^{63}(−9223372036854775808)～$2^{63}-1$(9223372036854775807)的整数	8 字节

2. 浮点数据类型

浮点数据类型用来表示有小数部分的数据，根据所使用的存储空间，可以分为 float、real、decimal、numeric、money、smallmoney，如表 3-6 所示。其中，decimal 和 numeric 属于精确数值型，而 float 和 real 为近似数值型，money、smallmoney 属于货币型。

表 3-6　浮点数据类型

数 据 类 型	描　述	存 储 空 间
float(n)	范围为−1.79E+308～−2.23E-308，0，2.23E-308～1.79E+308	由 n 决定
real()	范围为−3.40E+38～−1.18E-38，0，1.18E-38～3.40E+38	4 字节
decimal(p,s)	$-10^{38}+1$～$10^{38}-1$ 的数值，p 变量指定精度，取值范围为 1～38；s 变量指定小数位数，取值范围为 0～p	最多 17 字节
numeric(p,s)	$-10^{38}+1$～$10^{38}-1$ 的数值，功能上等价于 decimal	最多 17 字节
money	−922337203685477.5808～922337203685477.5807	8 字节
smallmoney	−214748.3648～214748.3647	4 字节

float(n)中的 n 是用于存储该数尾数的位数。SQL Server 对此只使用两个值。如果指定位于 1～24，SQL Server 就使用 24。如果指定 25～53，SQL Server 就使用 53。当指定 float()时（括号中为空），默认为 53。real 类型等价于 float(24)。decimal 和 numeric 数值数据类型可存储小数点右边或左边的变长位数。p 表示精度（Precision），定义了最多可以存储的十进制数字的总位数，包括小数点左、右两侧的位数，精度值的范围是 1～38，默认精度为 18。s(Scale)是小数点右侧可以存储的十进制数字的最大位数。当精度为 1～9 时，存储空间为 5 字节；当精度为 10～19 时，存储空间为 9 字节；当精度为 20～28 时，存储空间为 13 字节；当精度为 29～38 时，存储空间为 17 字节。money 和 smallmoney 类型用来存储货币型数据，精确到它们所代表的货币单位的 1‰。当表中使用货币型数据时，必须在前面加上货币符号（$）。若货币为负数，则需要在符号 $ 后面加上负号（−）。例如，$ −100.5 是正确的货币表示形式。money 的数据范围和 bigint 相同，不同的是 money 有 4 位小数。smallmoney 与 int 的关系也是如此。

3. 字符数据类型

字符数据类型包括 varchar、char、nvarchar、nchar、text 以及 ntext，如表 3-7 所示。这些数据类型用于存储字符串。当 SQL 语句中含有字符串的时候，需要像'abc'这样，使用单引号(')将字符串括起来，用来标识这是一个字符串。

表 3-7 字符数据类型

数据类型	描述	存储空间
char(n)	n 的取值范围为 1～8000 个字符	n 字节
nchar(n)	n 的取值范围为 1～4000 个 Unicode 字符	2n 字节
varchar(n)	n 的取值范围为 1～8000 个字符	n 字节+2 字节额外开销
varchar(max)	最多为 $2^{31}-1$(2147483647)个字符	n 字节+2 字节额外开销
nvarchar(n)	n 的取值范围为 1～4000 个 Unicode 字符	2n 字节+2 字节额外开销
nvarchar(max)	最多为 $2^{30}-1$(1073741823)个 Unicode 字符	2n 字节+2 字节额外开销
text	最多为 $2^{31}-1$(2147483647)个字符	n 字节
ntext	最多为 $2^{30}-1$(1073741823)个 Unicode 字符	2n 字节

varchar 和 char 类型的主要区别是数据填充。如果有一个表的列名为 Name，且数据类型为 varchar(8)，同时将值 Tom 存储到该列中，则物理上只存储 3 字节。如果在数据类型为 char(8)的列中存储相同的值，将使用全部 8 字节，SQL 将在 Tom 后面插入半角空格来填满 8 个字符。所以，称 char 为定长字符类型，称 varchar 为可变长字符类型。

nvarchar 数据类型和 nchar 数据类型的工作方式与对等的 varchar 数据类型和 char 数据类型相同，但这两种数据类型可以处理国际性的 Unicode 字符。它们需要一些额外开销。以 Unicode 形式存储的数据为一个字符占两个字节。如果要将值 Tom 存储到 nvarchar 列，它将使用 6 字节；而如果将它存储为 nchar(20)，则需要使用 40 字节。由于这些额外开销和增加的空间，应该避免使用 Unicode 列，除非确实有需要使用它们的业务或语言需求。

text 数据类型用于在数据页内外存储大型字符数据。用户应尽可能少地使用这两种数据类型，因为可能影响性能，但可在单行的列中存储多达 2GB 的数据。与 text 数据类型相比，更好的选择是使用 varchar(max)类型，因为将获得更好的性能。另外，text 和 ntext 数据类型在 SQL Server 的一些未来版本中将不可用，因此从现在开始还是最好使用 varchar(max)和 nvarchar(max)，而不是 text 和 ntext 数据类型。

4. 日期和时间数据类型

用户以字符串的形式输入日期和时间类型数据，系统也以字符串形式输出日期和时间类型数据。SQL Server 支持的日期和时间数据类型如表 3-8 所示。

表 3-8 日期和时间数据类型

数据类型	描述	精确度	存储空间
date	9999 年 1 月 1 日～12 月 31 日	1 天	3 字节
datetime	1753 年 1 月 1 日～9999 年 12 月 31 日,精确到最近的 3.33 毫秒	3.33ms	8 字节
datetime2(n)	9999 年 1 月 1 日～12 月 31 日,0～7 的 n 指定小数秒	100ns	6～8 字节
datetimeoffset(n)	9999 年 1 月 1 日～12 月 31 日 0～7 的 n 指定小数秒＋/－偏移量	100ns	8～10 字节
smalldatetime	1900 年 1 月 1 日～2079 年 6 月 6 日,精确到 1 分钟	1 分钟	4 字节
time(n)	小时：分钟：秒.9999999,0～7 的 n 指定小数秒	用户指定小数位数	3～5 字节

datetime 和 smalldatetime 数据类型用于存储日期和时间数据。smalldatetime 为 4 字节,存储 1900 年 1 月 1 日～2079 年 6 月 6 日的时间,且只精确到最近的分钟。datetime 数据类型为 8 字节,存储 1753 年 1 月 1 日～9999 年 12 月 31 日的时间,且精确到最近的 3.33 毫秒。当 SQL 语句中含有日期的时候,需要使用单引号将其括起来。日期的格式有很多种('15 Jan 2018'或者'18/01/15'等),本书统一使用'2018-01-15'这种'年-月-日'的格式。

SQL Server2016 有 4 种与日期相关的新数据类型,即 datetime2、dateoffset、date 和 time。用户通过 SQL Server 联机丛书可找到使用这些数据类型的示例。datetime2 数据类型是 datetime 数据类型的扩展,有着更广的日期范围。时间总是用时、分钟、秒形式来存储。用户可以定义末尾带有可变参数的 datetime2 数据类型,例如 datetime2(3)。这个表达式中的 3 表示存储时秒的小数精度为 3 位,或 0.999。其有效值为 0～9,默认值为 3。datetimeoffset 数据类型和 datetime2 数据类型一样,带有时区偏移量。该时区偏移量最大为＋/－14 小时,包含了 UTC 偏移量,因此可以合理化不同时区捕捉的时间。date 数据类型只存储日期,这是一直需要的一个功能。time 数据类型只存储时间。它也支持 time(*n*)声明,因此可以控制小数秒的粒度。与 datetime2 和 datetimeoffset 一样,*n* 可为 0～7。

5. 二进制数据类型

二进制数据类型用于存储二进制数据,例如图形文件、Word 文档或 MP3 文件等,值为十六进制的 0x0～0xf,包括 bit、binary、varbinary、varbinary(max)和 image,如表 3-9 所示。

表 3-9 二进制数据类型

数据类型	描述	存储空间
bit	0、1 或 NULL	1 字节
binary(n)	n 为 1～8000 的十六进制数字	n 字节
image	最多为 $2^{31}-1$(2147483647)十六进制数字	每字符 1 字节
varbinary(n)	n 为 1～8000 的十六进制数字	n 字节＋2 字节额外开销
varbinary(max)	最多为 $2^{31}-1$(2147483647)十六进制数字	每字符 1 字节＋2 字节额外开销

6. 其他数据类型

除了以上数据类型,SQL Server 2016 还提供了一些新的数据类型,如表 3-10 所示。

表 3-10 其他数据类型

数 据 类 型	描 述	存 储 空 间
NULL	表示什么也没有,不同于空格。按 Ctrl+0 组合键可在单元格中输入 NULL	
sql_variant	可包含除 text、ntext、image、timestamp、xml、varchar(max)、nvarchar(max)、varbinary(max)以及用户定义的数据类型之外的其他任何系统数据类型的值	8016 字节
table	存储用于进一步处理的数据集。其定义类似于 CREATE Table,主要用于返回表值函数的结果集,它们也可用于存储过程和批处理中	取决于表定义和存储的行数
uniqueidentifier	包含全局唯一标识符(Globally Unique Identifier,GUID)。GUID 值可以从 Newid()函数获得。一般用作主键的数据类型,是由硬件地址、CPU 标识、时钟频率所组成的随机数据,在理论上每次生成的 GUID 都是全球唯一的。尽管存储为 16 位的二进制值,但它显示为 char(36)	16 字节
rowversion	每一次对数据表的更改,SQL Server 都会更新一个内部的序列数,这个序列数就保存在 rowversion 字段中。所有 rowversion 列的值在数据表中是唯一的,并且每张表中只能有一个包含 rowversion 字段的列存在。使用 rowversion 作为数据类型的列,其字段本身的内容是无自身含义的,这种列主要是作为数据是否被修改过,更新是否成功的作用列	8 字节
timestamp	timestamp 时间戳数据类型和 rowversion 有一定的相似性,当插入或者修改行时,自动生成的唯一的二进制数字的数据类型,通常用于时间戳。在创建表时只需提供数据类型即可,不需要为 timestamp 所在的数据列提供列名。	8 字节
cursor	游标数据类型允许在存储过程中创建游标变量,游标允许一次一行地处理数据,这个数据类型不能用作表中的列数据类型	
XML	可以以 Unicode 或非 Unicode 形式存储	最多 2GB
hierarchyid	表示树层次结构中的位置	1～892 字节+2 字节额外开销

3.5.4 常量、变量、运算符

1. 常量

常量是指在程序运行过程中其值保持不变的量。常量是表示一个特定数据值的符号,也称为文字值或标量值。根据不同的数据类型,常量可分为字符型常量、整型常量、日期常量、实型常量、货币常量和唯一标识(uniqueidentifier)常量。对于非数值型常量需要使用单引号。

1）字符型常量

字符型常量括在单引号内并包含字母(a～z、A～Z)、数字(0～9)以及特殊字符，例如感叹号(!)、at 符号(@)和数字符号(#)。如果单引号中的字符串包含一个嵌入的单引号，可以使用两个单引号表示嵌入的单引号。对于嵌入在双引号中的字符串则没有必要这样做。例如，'This is a book'是一个字符型常量。字符型常量包括 ASCII 字符型常量和 Unicode 字符型常量两种。

(1) ASCII 字符型常量。用单引号括起来，由 ASCII 字符构成的字符串，例如'Tom'。

(2) Unicode 字符型常量。通常在常量前面有一个 N 标识符，例如 N'Tom'(其中的 N 在 SQL-92 标准中表示国际语言，要求必须大写)。

2）整型常量

整型常量通常表示整数，主要包括二进制整型常量、十进制整型常量和十六进制整型常量。整型常量不用引号括起来，且不能包含小数。二进制常量如 100；十进制常量如 18；十六进制常量具有前缀 0x，例如 0x1a。

3）日期时间型(datetime)常量

日期时间型常量是表示日期或时间的常量，要求用单引号将所表示的日期或时间括起来。例如，'December 5, 2018'、'12/5/2018'、'14：30：24'等。

4）实型常量

decimal 常量由没有用引号括起来并且包含小数点的数字字符串来表示。例如 123.45。float 和 real 常量使用科学记数法来表示，例如 1.5E5。

5）货币常量

货币常量以前缀为可选的小数点和可选的货币符号的数字字符串来表示。以货币符号开头，例如 $100.5、￥12.0。SQL Server 不强制分组，每隔 3 个数字插入一个逗号进行分隔。

6）uniqueidentifier 常量

uniqueidentifier 常量是表示全局唯一标识符的字符串，可以使用字符或二进制字符串格式指定，是 SQL Server 根据计算机网络适配器地址和主机时钟产生的唯一号码生成的全局唯一标识符。例如，0xff19966f868b11d0b42d00c04fc964ff、'6F9619FF-8B86-D011-B42D-00C04FC964FF'。

2. 变量

变量是指在程序运行过程中其值可以发生改变的量，包括用户自己定义的局部变量和系统提供的全局变量两种。在局部变量前面有一个@字符，由用户自定义和使用；在全局变量名称前面有两个@字符，由系统定义和维护。

1）局部变量

局部变量由用户自定义，仅在声明它的批处理、存储过程或者触发器中有效。在批处理结束后，局部变量将变成无效。局部变量用于保存特定类型的单个数据值的对象。在 Transact-SQL 语言中，可以使用 DECLARE 语句声明变量。在声明变量时需要注意为变量指定名称，且名称的第一个字符必须是@；指定该变量的数据类型和长度；在默认情况下将该变量值设置为 NULL。其语法格式如下：

```
DECLARE { @local_variable data_type}[,…n]
```

各参数含义如下：

(1) @local_variable 是局部变量的名称。变量名必须以 at 符号(@)开头，并符合 SQL Server 标识符命名规则。

(2) data_type 是任何由系统提供的或用户定义的数据类型。变量不能是 text、ntext 或 image 数据类型。

用户可以在一个 DECLARE 语句中声明多个变量，变量之间使用逗号分隔。例如：

```
DECLARE @maxprice float, @pub char(12)
```

局部变量的使用也是必须先声明，然后再赋值，默认初值是 NULL。通常有两种为变量赋值的方式，即使用 SET 语句为变量赋值，和使用 SELECT 语句选择列表中当前所引用值为变量赋值。其语法格式如下：

```
SET @local_variable = expression[,…n]
SELECT { @local_variable = expression[,…n] [FROM 子句] [WHERE 子句]}
```

其中，@local_variable 为定义的局部变量名称，expression 为一表达式。如果省略了 FROM 子句和 WHERE 子句，则使用 SELECT 语句和 SET 语句给变量赋值，二者等价。

【例 3-2】 首先定义两个变量，并分别使用 SET 和 SELECT 为其赋值，然后使用这两个变量查询价格小于 40 且出版社为“国防工业出版社”的书籍的信息。

```
DECLARE @maxprice float, @pub char(12)
SET @maxprice = 40
SELECT @pub = '国防工业出版社'
SELECT * FROM booklist WHERE price < @maxprice AND publisher = @pub
```

SELECT @local_variable 通常用于将单个值返回到变量中。例如，如果 expression 为列名，则返回多个值。如果 SELECT 语句返回多个值，则将返回的最后一个值赋给变量。如果 SELECT 语句没有返回行，变量将保留当前值。如果 expression 是不返回值的标量子查询，则将变量设为 NULL。一般来说，应该使用 SET，而不是 SELECT 给变量赋值。

【例 3-3】 以消息的方式返回出版社数据库中图书的总数。

```
DECLARE  @Number  int
SELECT  @Number = count( * )  FROM  booklist
PRINT  '图书总数为: '  + @Number
GO
```

2）全局变量

系统全局变量是 SQL Sever 系统定义并提供赋值的变量，用于跟踪和记录服务器范围和特定会话期间的信息，不允许用户显式定义、赋值或修改，也就是说用户既不能定义全局变量，也不能使用 SET 语句对全局变量进行赋值。在 SQL Server 2016 中提供了 33 个全局变量，方便用户监测或了解 SQL Server 服务器活动状态，例如，@@ERROR 返回最后一个 Transact-SQL 语句错误的错误号、@@VERSION 返回 SQL Server 的版本信息、@@IDENTITY 返回最后插入的标识值，对于详细内容可查阅联机帮助。

3. 运算符

运算符是一种符号，用来指定要在一个或多个表达式中执行的操作。SQL Server 提供的运算符包括算术运算符、赋值运算符、位运算符、比较运算符、逻辑运算符、字符串连接运算符和一元运算符。运算符在表达式中起到连接变量、常量和函数的作用，同时在连接过程中存在一定的优先级。下面将对 SQL Server 中的运算符的分类和运算符的优先级进行简要论述。

1）运算符的分类

（1）算术运算符。算术运算符用于两个表达式执行数学运算，这两个表达式可以是任何数值数据类型。在 SQL Server 中，算术运算符包括+（加）、-（减）、*（乘）、/（除）和%（取模）。取模运算返回一个除法运算的整数余数。例如 7%3=1，这是因为 7 除以 3，余数为 1。

（2）赋值运算符。Transact-SQL 有一个赋值运算符，即等号（=）。它将表达式的值赋给另外一个变量。

【例 3-4】 下面的 SQL 语句先声明一个变量，然后将一个取模运算的结果赋给该变量。

```
DECLARE @MyResult  int
SET @ MyResult = 7 % 3
```

（3）位运算符。位运算符用于对两个表达式执行位操作，这两个表达式可以是整型数据或者二进制数据。位运算符包括 &（按位与）、|（按位或）、^（按位异或）。Transact-SQL 首先把整型数据转换为二进制数据，然后再对二进制数据进行按位运算。

（4）比较运算符。比较运算符用于比较两个表达式的大小，表达式可以是字符、数字或日期数据，并可用在查询语句的 WHERE 或 HAVING 子句中。比较运算符的计算结果为布尔数据类型，它们根据测试条件的输出结果返回 TRUE、FALSE 或 UNKNOWN。SQL Server 提供的比较运算符包括>（大于）、<（小于）、=（等于）、<=（小于或等于）、>=（大于或等于）、!=（不等于）、<>（不等于）、!<（不小于）、!>（不大于）。

（5）逻辑运算符。逻辑运算符用于把多个逻辑表达式连接起来进行测试，以获得其真实情况。其返回带有 TRUE、FALSE 或 UNKNOWN 的布尔数据类型。SQL Server 共提供了 10 个逻辑运算符，如表 3-11 所示。

表 3-11 逻辑运算符

逻辑运算符	含 义
ALL	如果一组比较关系的值都为 TRUE,才返回 TRUE
AND	如果要比较的两个布尔表达式的值都为 TRUE,才返回 TRUE
ANY	只要一组比较关系中有一个值为 TRUE,就返回 TRUE
BETWEEN	只有操作数在定义的范围内,才返回 TRUE
EXISTS	如果在子查询中存在,就返回 TRUE
IN	如果操作数在所给的列表表达式中,则返回 TRUE
LIKE	如果操作数与模式相匹配,则返回 TRUE
NOT	对所有其他的布尔运算符的值取反
OR	只要比较的两个表达式有一个为 TRUE,就返回 TRUE
SOME	如果一组比较关系中有一些为 TRUE,则返回 TRUE

(6) 字符串连接运算符。字符串连接运算符为加号(+),可以将两个或多个字符串合并或连接成一个字符串,还可以连接二进制字符串。

(7) 一元运算符。一元运算符是指只有一个操作数的运算符。SQL Server 提供的一元操作符包括+(正)、-(负)和~(按位非)。+和-运算符表示数据的正和负,可以对所有的数据类型进行操作。~运算符返回一个数的补数,只能对整型数据进行操作。

2) 运算符的优先级

运算符的优先级决定了运算符与变量、常量和函数相结合和执行运算的先后顺序,执行的顺序可能严重地影响所得到的值。在 SQL Server 中,运算符的优先级从高到低如表 3-12 所示,如果两个运算符优先级相同,则按照从左到右的顺序进行运算。使用括号可以提高运算符的优先级,首先对括号中的内容进行求值,从而产生一个值,然后括号外的运算符才可以使用这个值。如果有嵌套的括号,则处于最里面的括号最先计算。

表 3-12 运算符的优先级

优先级	运 算 符
1	+(正)、-(负)、~(按位非)
2	*(乘)、/(除)、%(取模)
3	+(加)、+(连接)、-(减)
4	=、＞、＜、＞=、＜=、＜＞、!=、!＞、!＜(比较运算符)
5	^(按位异或)、&(按位与)、|(按位或)
6	NOT
7	AND
8	ALL、ANY、BETWEEN、IN、LIKE、OR、SOME
9	=(赋值)

3.5.5 函数

函数是指具有完成某种特定功能的程序片段,在 Transact-SQL 编程中也可理解为能完成一定功能的 SQL 语句集合,其处理结果称为返回值,处理过程称为函数体。SQL

Server 与其他程序设计语言一样，提供了丰富的内置函数，而且允许用户自定义函数。所以，SQL Server 2016 支持两种函数类型，即内置函数和用户自定义函数，利用这些函数可以方便地实现各种运算和操作。

1. SQL Server 2016 提供的内置函数

为了使用户对数据库进行查询和修改时更加方便，SQL Server 2016 提供了丰富的具有执行某些运算功能的内置函数，可以分为 14 大类，如表 3-13 所示。

表 3-13　SQL Server 2016 提供的内置函数的种类和功能

函数种类	主要功能
聚合函数	对一组值进行运算，返回一个汇总值
字符串函数	对字符串输入值进行运算，然后返回一个字符串或数字值
数学函数	对输入值进行数学运算，然后返回数字值
日期时间函数	对日期和时间输入值进行运算，然后返回字符串、数字或日期和时间值
系统函数	执行运算后返回 SQL Server 实例中有关值、对象和设置的信息
行集函数	返回可在 SQL 语句中像表引用一样使用的对象
排名函数	对分区中的每一行均返回一个排名值
文本和图像函数	对文本或图像输入值进行运算，然后返回有关值的信息
配置函数	返回当前配置选项配置的信息
加密函数	支持加密、解密、数字签名和签名验证等操作
游标函数	返回有关游标状态的信息
安全函数	返回有关用户和角色的信息
系统统计函数	返回系统的统计信息
元数据函数	返回有关数据库和数据库对象的信息

这里主要介绍比较常用的几类内置函数，即聚合函数、字符串函数、数学函数、日期时间函数、系统函数以及其他函数。

1）聚合函数

聚合函数又称为统计函数。所有聚合函数均为确定性函数，只要使用一组特定输入值(数值型)调用聚合函数，该函数就会返回同类型的单个计算结果。聚合函数通常和 SELECT 语句中的 GROUP BY 子句一起使用。SQL Server 提供的聚合函数如表 3-14 所示。

表 3-14　聚合函数

函　　数	说　　明
AVG([ALL|DISTINCT]表达式)	计算表达式中各项的平均值。其中，ALL 表示对所有值求平均，DISTINCT 表示排除表达式中的重复值项
SUM([ALL|DISTINCT]表达式)	计算表达式中所有值项的和，它忽略 NULL 值项
MAX([ALL|DISTINCT]表达式)	返回表达式中的最大值项
MIN([ALL|DISTINCT]表达式)	返回表达式中的最小值项
COUNT({[ALL|DISTINCT]表达式}|*))	返回一个集合中的项数，返回值为整型
COUNT_BIG({[ALL|DISTINCT]表达式}|*))	返回一个集合中的项数，返回值为长整型

续表

函　　数	说　　明
CHECKSUM_AGG([ALL|DISTINCT]表达式)	返回一个集合的校验和
STDEV(表达式)	返回表达式中所有数值的统计标准偏差
STDEVP(表达式)	返回表达式中所有数值的填充统计标准偏差
VAR(表达式)	返回表达式中所有数值的统计方差
VARP(表达式)	返回表达式中所有数值的填充统计方差
GROUPING(表达式)	指示是否聚合 GROUP BY 列表中的指定列表达式。在结果集中,如果 GROUPING 返回 1,则指示聚合;如果返回 0,则指示不聚合。如果指定了 GROUP BY,则 GROUPING 只能用在 SELECT、HAVING 和 ORDER BY 子句中
BINARY_CHECKSUM(表达式)	返回一个根据表达式遍历表的所有行的二进制校验和值,可用于检测表中行的更改

在所有聚合函数中,除了 COUNT()函数以外,聚合函数均忽略空值。

2）字符串函数

字符串函数实现对字符串的操作和运算。SQL Server 2016 提供的字符串函数如表 3-15 所示。

表 3-15　字符串函数

函　　数	说　　明
ASCII(character_expression)	返回字符表达式中最左侧的字符的 ASCII 代码值
CHAR(integer_expression)	将 integer_expression 转换为字符。对于控制字符,可以使用 CHAR()函数输入。例如,CHAR(9)表示制表符,CHAR(10)表示换行符,CHAR(13)表示回车符
CHARINDEX(character_expression1,character_expression2[start_location])	返回指定的表达式 character_expression1 在表达式 character_expression2 中的开始位置。其中,参数 start_location 指出在表达式 character_expression2 中开始搜索的起始位置,如 start_location 的值为 0、-1 或者省略,搜索从表达式 character_expression2 的起始位置开始。返回值类型为 int
DIFFERENCE(character_expression1,character_expression2)	比较两个字符串表达式的差异。返回值为 0～4
LEFT(character_expression,integer_expression)	返回字符串表达式 character_expression 中左边的 integer_expression 个字符。返回值类型为 varchar
LEN(string_expression)	返回字符串的长度,并包括字符串尾部的空格。返回值类型为 int
LOWER(character_expression)	将 character_expression 中的所有大写字母转换成小写字母
LTRIM(character_expression)	将 character_expression 中的前导空格删除
NCHAR(integer_expression)	返回 integer_expression 所代表的 Unicode 字符

续表

函　　数	说　　明
PATINDEX('%pattern%',expression)	返回 expression 中 pattern 首次出现的位置
REPLACE('string_expression1','string_expression2','string_expression3')	将字符串表达式 string_expression1 中所有的 string_expression2 字符串替换为 string_expression3
QUOTENAME('character_string'[,'quote_character'])	给字符串 character_string 添加上定界符，以构成 SQL Server 中有效的定界标识符
REPLICATE(character_expression,integer_expression)	将 character_expression 重复 integer_expression 次，组成一个字符串
REVERSE(character_expression)	将 character_expression 中的字符逆向排列组成字符串
RIGHT(character_expression,integer_expression)	返回 character_expression 中右边的 integer_expression 个字符
RTRIM(character_expression)	将字符串表达式 character_expression 中的尾部空格删除
SOUNDEX(character_expression)	返回一个四字符代码，说明字符串读音的相似性
SPACE(integer_expression)	返回一个由空格组成的字符串，空格的个数为 integer_expression；如果 integer_expression 的值为负，返回 NULL
STR(float_expression[,length[,decimal]])	返回由数字数据转换来的字符数据
SUBSTRING(expression,start, length)	返回字符表达式、二进制表达式、文本表达式或图像表达式的一部分。start 是指定子字符串开始位置的整数
UPPER(character_expression)	将 character_expression 中的所有小写字母转换成大写字母

3）数学函数

数学函数对数字表达式进行数学运算并返回运算结果。数学函数可对 SQL Server 系统提供的数字数据（decimal、integer、float、real、money、smallmoney、smallint 和 tinyint）进行处理。在默认情况下，对 float 数据类型数据的内置运算的精度为 6 个小数位；传递到数学函数的数字将被解释为 decimal 数据类型；可用 CAST()或 CONVERT()函数将数据类型更改为其他数据类型，例如 float 类型。SQL Server 2016 提供的数学函数如表 3-16 所示。

表 3-16　数学函数

函　　数	说　　明
ABS(numeric_expression)	求 numeric_expression 表达式的绝对值
ACOS(float_expression)	求 float_expression 表达式的反余弦
ASIN(float_expression)	求 float_expression 表达式的反正弦
ATAN(float_expression)	求 float_expression 表达式的反正切
ATN2(float_expression1,float_expression2)	求 float_expression1/float_expression2 的反正切
CEILING(numeric_expression)	求大于等于 numeric_expression 表达式的最小整数
COS(float_expression)	求 float_expression 表达式的余弦
COT(float_expression)	求 float_expression 表达式的余切
DEGREES(numeric_expression)	将弧度 numeric_expression 转换为度
EXP(float_expression)	求 float_expression 表达式的指数

续表

函　　数	说　　明
FLOOR(numeric_expression)	求小于等于 float_expression 表达式的最大整数
LOG(float_expression)	求 float_expression 表达式的自然对数
LOG10(float_expression)	求 float_expression 表达式以 10 为底的对数
PI()	返回圆周率 π,值为 3.14159265358979
POWER(numeric_expression, y)	求 numeric_expression 的 y 次方
RADIANS(numeric_expression)	将度 numeric_expression 转换为弧度
RAND([seed])	返回 0 到 1 的随机浮点数,可以用整数 seed 来指定初值
ROUND(numeric_expression,length[,function])	求表达式 numeric_expression 的四舍五入值和截断值,四舍五入或截断后保留的位数由 length 指定;function 参数说明 ROUND()函数执行的操作,数据类型必须是 tinyint、smallint 或 int;当 fnuction 的数值为 0 或省略时,执行四舍五入操作,否则执行截断操作
SIGN(numeric_expression)	求表达式 numeric_expression 的符号值
SIN(float_expression)	求表达式 float_expression 的正弦
SQUARE(float_expression)	求表达式 float_expression 的平方
SQRT(float_expression)	求表达式 float_expression 的平方根
TAN(float_expression)	求表达式 float_expression 的正切

像 ABS()、CEILING()、DEGRESS()、FLOOR()、POWER()、RADIANS()和 SIGN()函数,返回值的数据类型和输入值的数据类型相同。而三角函数和其他函数,包括 EXP()、LOG()、LOG10()、SQUARE()和 SQRT(),将输入值的数据类型转换成 float 类型,并且返回值为 float 类型。

4) 日期时间函数

日期时间函数用于处理输入的日期和时间数值,并返回一个字符串、数字或者日期时间数值。SQL Server 2016 提供的日期时间函数如表 3-17 所示。

表 3-17　日期时间函数

函　　数	说　　明
DATEDD(datepart,number, date)	返回 datetime 类型数值,其值为 date 值加上 datepart 和 number 参数指定的时间间隔
DATEDIFF(datepart,startdate,enddate)	返回 startdate 和 enddate 的时间间隔,其单位由 datepart 参数决定
DATENAME(datepart,date)	返回 date 参数对应的字符串,其格式由 datepart 确定
DATEPART(datepart,date)	返回 date 参数对应的整数值,其格式由 datepart 确定
DAY(date)	返回 date 参数的日数,返回值数据类型为 int
GETDATE()	按照 SQL Server 规定的格式返回系统当前的日期和时间
GETUTCDATE()	返回 datetime 类型数值,其值表示当前的格林威治时间
MONTH(date)	返回 date 参数的月份,返回值数据类型为 int
YEAR(date)	返回 date 参数的年份,返回值数据类型为 int

在日期时间函数中,datepart 参数指定了时间的单位。在 SQL Server 2016 中,datepart 的取值如表 3-18 所示。

表 3-18　datepart 的取值

datepart 的取值	缩　　写	含　　义
Year	yy 或 yyyy	年
quarter	qq 或 q	季
Month	mm 或 m	月
dayofyear	dy 或 y	年日期(1～366)
Day	dd 或 d	日
Week	wk 或 ww	周
Hour	hh	时
minute	mi 或 n	分
second	ss 或 s	秒
millisecond	ms	毫秒
dayofweek	dw 或 w	周日期(1～7)

5）系统函数

系统函数返回有关 Microsoft SQL Server 的设置和对象等信息。SQL Server 为 DBA 和用户提供了一系列系统函数。通过调用这些系统函数可以获得有关服务器、用户、数据库状态等的系统信息。例如，HOST_NAME()返回运行 SQL Server 的计算机的名字，APP_NAME()返回当前会话的应用程序名称等。更多函数参见联机帮助。

6）元数据函数

元数据函数返回有关数据库和数据库对象的信息，所以元数据函数都具有不确定性。常用的元数据函数如表 3-19 所示。

表 3-19　常用的元数据函数

函　　数	说　　明
COL_LENGTH (表名,列名)	返回列的定义长度(以字节为单位)
COL_NAME(表标识号,列标识号)	根据指定的对应表标识号和列标识号返回列的名称
DB_ID ([数据库名称])	返回数据库标识(ID)号
DB_NAME ([数据库的标识号])	返回数据库名称

7）配置函数

配置函数实现返回当前配置选项设置的信息的功能，常用的配置函数如表 3-20 所示。

表 3-20　常用的配置函数

函　　数	说　　明
@@DBTS()	返回当前数据库的当前 timestamp 数据类型的值
@@LANGUAGE()	返回当前所用语言的名称
@@MAX_CONNECTIONS()	返回 SQL Server 实例允许同时进行的最大用户连接数
@@TEXTSIZE()	返回 SET 语句中的 TEXTSIZE 选项的当前值
@@VERSION()	返回当前的 SQL Server 安装版本、处理器体系结构、生成日期和操作系统

8）系统统计函数

在 SQL Server 2016 中，通常以全局变量的形式来表达系统统计函数，常用的系统统计函数如表 3-21 所示。

表 3-21 常用的系统统计函数

函 数	说 明
@@ CONNECTIONS()	返回 SQL Server 自上次启动以来尝试的连接数
@@CPU_BUSY()	返回 SQL Server 自上次启动后的工作时间
@@IDLE()	返回 SQL Server 自上次启动后的空闲时间
@@PACK_RECEIVED()	返回 SQL Server 自上次启动后从网络读取的输入数据包数
@@TOTAL_READ()	返回 SQL Server 自上次启动后读取磁盘的次数

9）其他常用函数

(1) ISDATE(expression)用于判断指定表达式是否为一个合法的日期。如果输入 expression 是 datetime 或 smalldatetime 数据类型的有效日期或时间值，则返回 1，否则返回 0。

(2) ISNULL(check_expression，replacement_value)判断 check_expression 的值是否为空，如果是，则返回 replacement_value 的值；如果不是，则返回 check_expression 的值。

(3) ISNUMERIC(expression)确定表达式是否为有效的数值类型。

(4) PRINT(字符串表达式)向客户端返回用户定义消息。

(5) CAST(expression AS data_type[(length)])将一种数据类型的表达式转换为另一种数据类型的表达式。

(6) CONVERT(data_type[(length)]，expression[，style])将一种数据类型的表达式转换为另一种数据类型的表达式，但 CONVERT()比 CAST()的功能更加强大。

2. SQL Server 2016 的自定义函数

为了扩展性和方便用户，SQL Server 2016 提供了用户自定义函数功能。用户自定义函数是由一个或多个 Transact-SQL 语句组成的子程序，可用于封装代码以便重新使用。自定义函数可以接受 0 个或多个输入参数，其返回值是一个临时表或一个数值。需要特别指出的是，自定义函数不支持输出参数，如果要使用输出参数，可以使用存储过程。

在 SQL Server 中，用 CREATE FUNCTION 语句创建自定义函数，每个完全合法的用户自定义函数名必须唯一。根据函数返回值形式的不同可创建 3 类自定义函数，即标量值自定义函数、内联表值自定义函数和多语句表值自定义函数。

1）标量值自定义函数

标量值自定义函数的返回值是一个确定类型的标量值，其返回值类型为除 text、ntext、image、timestamp 和 table 类型之外的任意类型，即标量值自定义函数返回的是一个数值。

定义标量值自定义函数的语法结构如下：

```
CREATE FUNCTION 函数名称(@参数 1  类型 1,[@参数 2  类型 2,…,@参数 n  类型 n])
RETURNS 返回值类型
[WITH ENCRYPTION]
[AS]
BEGIN
    函数体语句序列
    RETURN 返回值
END
```

WITH 子句指出了创建函数的选项，如果 ENCRYPTION 参数被指定，则创建的函数是被加密的，函数定义的文本将以不可读的形式存储在 syscomments 表中，任何人都不可查看该函数的定义，包括函数的创建者和管理员。

2）内联表值自定义函数

内联表值自定义函数是以表形式返回一个值，也就是说返回一个表的数据。内联表值自定义函数没有 BEGIN…END 语句块中包含的函数体，而是直接使用 RETURNS 子句，其中包含的 SELECT 语句将数据从数据库中筛选出形成一个表。使用内联表值自定义函数可提供参数化的视图功能。

内联表值自定义函数的语法结构如下：

```
CREATE FUNCTION 函数名称(@参数 1  类型 1,[@参数 2  类型 2,…,@参数 n  类型 n])
RETURNS TABLE
[WITH ENCRYPTION]
[AS]
RETURN (查询语句)
```

3）多语句表值自定义函数

多语句表值自定义函数可看作标量值和内联表值自定义函数的结合体。此类函数的返回值是一个表，但与标量值自定义函数一样，有一个 BEGIN…END 语句块中包含的函数体，返回值的表中的数据是由函数体中的语句插入的。因此，其可以进行多次查询，对数据进行多次筛选与合并，弥补了内联表值自定义函数的不足。

同时，可以使用 ALTER FUNCTION 语句修改自定义函数，使用 DROP FUNCTION 语句删除用户自定义函数。其语法参见联机帮助。

3.5.6 表达式

表达式是标识符、值和运算符的组合，是指由常量、变量或函数等通过运算符按规则连接起来的有意义的式子。表达式的运算常在“列与列”或者“变量”间进行。在 SQL Server 中，表达式主要分为 4 类，即数学表达式、字符串表达式、比较表达式和逻辑表达式。下面分别对这 4 类表达式进行说明。

1. 数学表达式

数学表达式用于各种数字变量的运算。数字变量的类型有 int、smallint、tinyint、

float、real、money 和 smallmoney 等。用于数学表达式的符号主要为算术运算符。

2. 字符串表达式

字符串表达式由字母、符号或数字组成。在字符串表达式中，用“+”来实现字符或字符串的连接。在数据类型中，可用于字符串加法的数据类型有 char、varchar、nvarchar、text 和可以转换为 char 或 varchar 的数据类型。

3. 比较表达式

比较表达式用于两个表达式的比较，其执行优先级和数学表达式一样，可以用“( )”来人为设置。

4. 逻辑表达式

在 SQL Server 的逻辑表达式中有 3 种连接符，即 AND、OR、NOT。

(1) AND 表达式。当所有表达式的值为真时，其逻辑表达式的值才为真；如果有一个返回值为“假”，则表达式的值为“假”。

(2) OR 表达式。只要有一个子表达式的返回值为“真”，则其逻辑表达式的值即为“真”。

(3) NOT 表达式。当表达式的值为“真”时，进行 NOT 运算后，其表达式的值为“假”，反之亦然。

3.5.7 注释

注释是指程序代码中不执行的文本字符串，也称为注解。在 Transact-SQL 程序中，注释语句主要用于对程序语句的解释说明并增加阅读性，有助于对源程序语句的理解、修改和维护，系统对注释语句不执行。注释通常用于记录程序名称、作者姓名和主要代码更改的日期。注释可用于描述复杂计算或解释编程方法。SQL Server 支持两种类型的注释语句，即单行注释语句和多行注释语句。

1. 单行注释语句

单行注释语句也称为行注释语句，通常放在一行语句的后面，用于对本行语句进行具体说明，是以--(双连字符)开始的若干字符。这些注释字符可与要执行的代码处在同一行，也可另起一行。从双连字符开始到行尾均为注释。对于多行注释，必须在每个注释行的开始使用双连字符。

例如以下 Transact-SQL 语句就包括单行注释语句，注释对 SQL 语句的执行没有任何影响。

```
--查询学生信息
SELECT * FROM Student
```

2. 多行注释语句

多行注释语句也称为块注释语句，通常放在程序（块）的前面，用于对程序功能、特性和注意事项等方面进行说明。对于多行注释，必须使用开始注释字符对（/ *）开始注释，使用结束注释字符对（ * /）结束注释，在注释行上不应出现其他注释字符。这些注释字符可与要执行的代码处在同一行，也可另起一行，甚至在可执行代码内。从开始注释对（/ *）到结束注释对（ * /）之间的全部内容均视为注释部分。

3.6 本章知识点小结

SQL Server 2016 是微软公司具有重要意义的数据库新产品。其作为最新研发的新一代旗舰级数据库和分析平台，突出高级分析和丰富可视化，并融合了关键创新功能。本章首先介绍了 SQL Server 的发展历程，以及 SQL Server 2016 的主要功能及特点；然后简要介绍了 SQL Server 2016 的服务器组件、主要管理工具以及数据库的存储结构，重点介绍了 SQL Server Management Studio 的使用。如果想要使用某个 SQL Server 2016 服务器所提供的资源，首先必须要保证相关的服务已启动，并已经成功登录。SQL Server 2016 支持 4 种身份验证模式，即 Windows 身份验证、SQL Server 身份验证、活动目录密码身份验证、活动目录集成身份验证。Windows 验证模式是使用 Windows 的验证机制；SQL Server 验证模式则是在 Windows 验证的基础上，输入 SQL Server 的用户名和密码的验证模式。Windows 验证模式适用于 Windows 组，它适用于命名管道的 RPC 网络库。SQL Server 验证模式适用于所有的网络库。

结构化查询语言（SQL）具有语言简洁、易学易用、高度非过程化、一体化等特点，是目前广泛使用的数据库标准语言。本章最后介绍了 Transact-SQL 程序设计基础，包括 SQL Server 标识符的命名规范、SQL Server 2016 支持的数据类型、常量、变量、运算符、函数、表达式等，为后续章节的学习打下了良好的基础。利用 Transact-SQL 语言所提供的功能，用户可以方便地进行数据库及其对象的创建、管理和维护工作。

3.7 习题

1. 简述 SQL Server 2016 的组件及其功能。
2. SQL Server Management Studio 的功能有哪些？
3. 如何进行服务器的注册？
4. 数据库的存储结构分为哪两种？其含义分别是什么？
5. SQL Server 2016 的系统数据库有哪些？各自的作用是什么？
6. 简述如何利用 SQL 语句增加、修改和删除数据库。
7. Transact-SQL 和 SQL 的关系是什么？
8. 数据定义语言的类型和作用是什么？
9. 数据操纵语言的类型和作用是什么？

10. 数据控制语言的类型和作用是什么?

11. Transact-SQL 的标识符必须遵循哪些原则?

12. Transact-SQL 语言主要由哪几部分组成?各部分的功能是什么?

13. 标识符有哪几种?

14. 标识符的命名和使用规则分别是什么?

15. 什么是常量?什么是变量?它们的种类有哪些?

16. 常量和变量的区别是什么?

17. 什么是局部变量?什么是全局变量?如何标识它们?

18. 什么是函数?SQL Server 提供的常用函数分为哪几类?它们的功能分别是什么?

19. SQL Server 提供了哪些种类的运算符?运算符的优行级是如何排列的?

20. SQL Server 2016 数据库分为哪几种类型?

21. 数据库文件类型有哪些?

第 4 章

关系数据库标准语言

结构化查询语言(Structured Query Language,SQL)是关系数据库的标准语言,功能强大、易学易用。SQL 的结构化是指 SQL 利用结构化的语句(Statement)和子句(Clause)来使用和管理数据库,语句是 SQL Server 2016 中可以执行的最小单位,语句可以由多个子句组成,例如 SELECT 子句、FROM 子句; SQL 是在对应的服务器提供的解释或编译环境下运行的,因此不能脱离运行环境独立运行。例如,操作 SQL Server 数据库的 Transact-SQL 语言就不能脱离 SQL Server 环境运行。SQL 不仅具有丰富的查询功能,还具有数据定义、数据操纵和数据控制功能,是集数据定义语言(DDL)、数据操纵语言(DML)、数据查询语言(DQL)和数据控制语言(DCL)于一体的关系数据语言。SQL 功能强大,但完成核心功能只用 10 个关键字,如表 4-1 所示。

表 4-1 SQL 的关键字

SQL 功能	关 键 字
数据定义	CREATE、DROP、ALTER
数据操纵	INSERT、UPDATE、DELETE
数据查询	SELECT
数据控制	GRANT、DENY、REVOKE

本章主要介绍 SQL 语言的三级模式结构、数据定义语言(DDL)、数据操纵语言(DML)、数据查询语言(DQL)、数据控制语言(DCL)和外模式视图。

4.1 SQL 的三级模式结构

数据库的体系结构分为三级,SQL 也支持该三级模式结构,如图 4-1 所示。其中外模式对应视图,模式对应基本表,内模式对应存储文件。

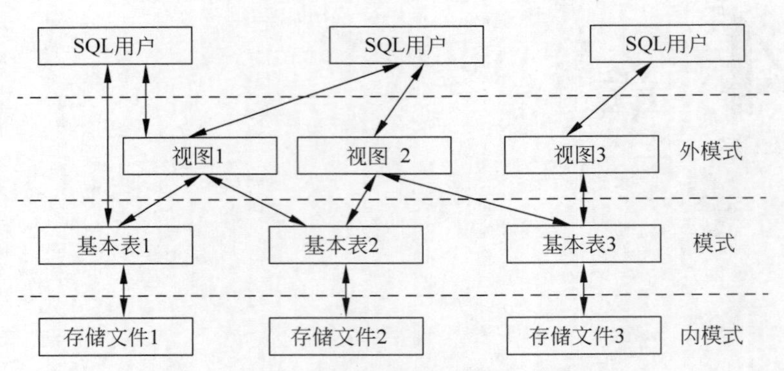

图 4-1　SQL 支持的数据库三级模式结构

(1) **基本表(Base Table)**。基本表是模式的基本内容,是实际存储在数据库中的表,是独立存在的,并非由其他表导出的表。一个基本表对应一个实际存在的关系。

(2) **视图(View)**。视图是从基本表或其他视图导出的虚表,是数据库外模式的基本单位,用户可以通过视图使用数据库中基本表的数据。视图是从其他表(包括其他视图)中导出的表,它仅是一种逻辑定义形式保存在数据字典中,本身并不独立存储在数据库中,因此视图是一种虚表。

(3) **存储文件**。存储文件是内模式的基本单位,其逻辑结构构成关系数据库的内模式。每个基本表可以对应一个或多个存储文件,每个存储文件可以存放在一个或多个基本表中,每个基本表可以有若干个索引,索引同样存放在存储文件中。存储文件的存储结构对用户来说是透明的。

下面将介绍 SQL 的基本语句。各厂商的 DBMS 实际使用的 SQL 语言,为保持其竞争力,与标准 SQL 有所差异及扩充。因此,用户在具体使用时应参阅实际系统的参考手册。

4.2　SQL 的数据定义

通过 SQL 语言的数据定义功能,可以完成数据库、基本表、视图以及索引的创建、删除和修改。通过 CREATE、DROP、ALTER 共 3 个核心动词完成数据定义功能,见表 4-2。

表 4-2　SQL 的数据定义功能

动　词	操 作 方 式	功　能
CREATE	CREATE DATABASE	创建数据库
	CREATE TABLE	创建表
	CREATE VIEW	创建视图
	CREATE INDEX	创建索引
DROP	DROP DATABASE	删除数据库
	DROP TABLE	删除表
	DROP VIEW	删除视图
	DROP INDEX	删除索引

续表

动　词	操作方式	功　能
ALTER	ALTER DATABASE	修改数据库
	ALTER TABLE	修改表
	ALTER VIEW	修改视图

由于视图的定义与查询操作有关，所以本节只介绍数据库、基本表和索引的创建、删除和修改等，将在4.5节单独介绍视图。

4.2.1　数据库的创建与管理

数据库是存储和处理数据的重要基础和条件。创建数据库实际上是在指定位置创建一个存储空间，用于在数据库内构建数据表，并按其关系模式输入、存储、处理和传输相关的业务数据。数据库的管理主要包括修改数据库、删除数据库、收缩数据库、切换数据库、查看数据库信息。

1. 创建数据库

设计数据库的过程实际上就是设计和实现数据库对象的过程。创建数据库就是在数据库引擎中创建一个环境，用于定义表、视图、存储过程等数据库对象，是数据库的逻辑设计到物理实现的过程。在创建数据库之前应先进行设计，主要考虑以下几点：

(1) 确定数据库名称、数据库文件名、数据库所有者、物理存储路径、数据库的字符集。

(2) 数据文件和事务日志文件的逻辑名、物理名、初始大小、自动增长方式和最大容量(存储空间大小)及增长幅度。

(3) 使用数据库的用户数量和用户权限。

(4) 数据库空间容量是否与硬件配置匹配、是否使用文件组。

(5) 在出现意外时，数据库具有备份与恢复功能。

在一个SQL Server的实例中，最多可以创建32767个数据库。数据库的名称必须满足数据库的标识符命名规则。在命名数据库时，一定要使数据库名称简短并有一定的含义。创建数据库的方法有3种，即使用SQL Server Management Studio向导、使用Transact-SQL语句、使用模板。

1) 使用SQL Server Management Studio向导创建数据库

【例4-1】 使用SQL Server Management Studio创建一个名称为“MyDB”的数据库。

操作步骤如下：

(1) 打开SQL Server Management Studio并连接到目标服务器，在左侧的“对象资源管理器”窗口中选择“数据库”结点，然后右击，在弹出的快捷菜单中选择“新建数据库”命令，打开“新建数据库”对话框，在对话框左侧有“常规”“选项”“文件组”3个选择页，当前默认显示的是“常规”选择页。在“数据库名称”文本框中输入“MyDB”,在“所有者”文本框中输入“sa”,在“数据库文件”列表框中显示了新建数据库的文件名及文件的类型,可以根据需要修改每个文件的“初始大小”及“自动增长”方式以及上限,还可以选择每个文件的物理存储路径,设置结果如图 4-2 所示。

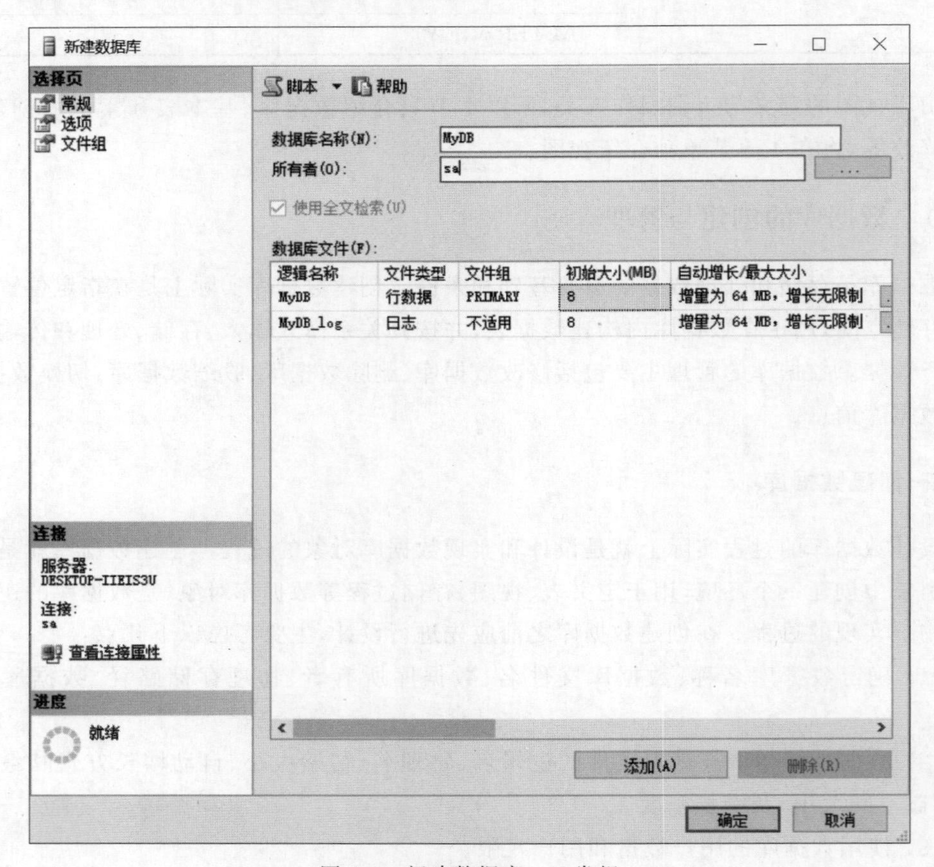

图 4-2　新建数据库——常规

(2) 新建一个名为“UserGroup”的文件组。单击左侧窗口中的“文件组”选择页,然后单击“添加”按钮,在右侧的列表框中会新增一行,输入文件组的名字“UserGroup”,如图 4-3 所示。

(3) 新建两个次要数据文件“MyDB_secondary1”和“MyDB_secondary2”,并将这两个文件放到“UserGroup”文件组中。单击左侧窗口中的“常规”选择页,然后单击“添加”按钮,在“数据库文件”列表框中会新增一行,输入文件的逻辑名称“MyDB_secondary1”,改变文件类型及存储特性。同理增加“MyDB_secondary2”,如图 4-4 所示。

(4) 单击“确定”按钮,完成 MyDB 数据库的创建。此时,在“对象资源管理器”窗口中出现了 MyDB 数据库。

2) 使用 Transact-SQL 语句创建数据库

除了可以通过图形化的方式创建数据库以外,还可以使用 Transact-SQL 语句创建,

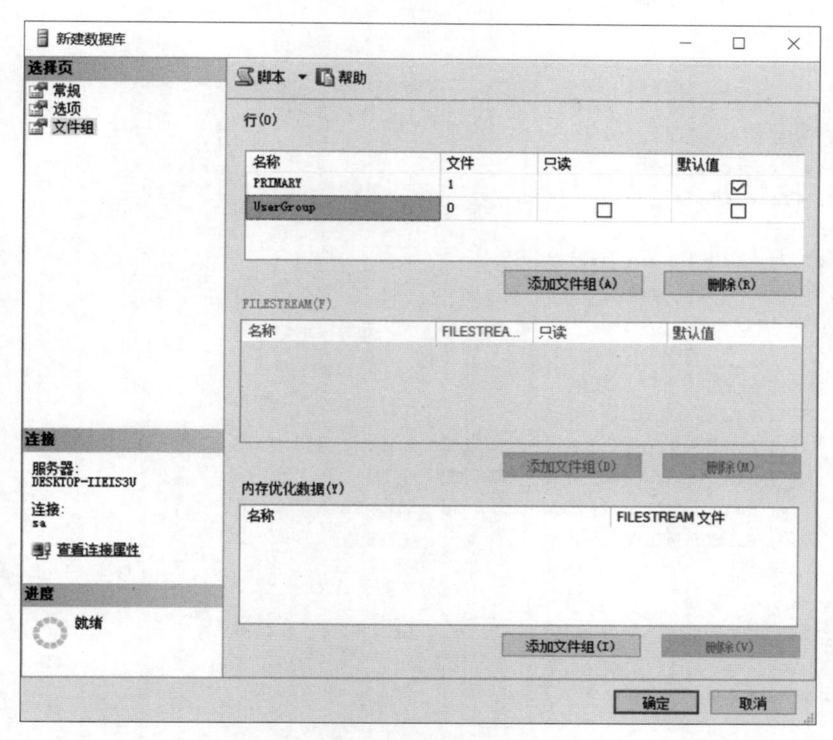

图 4-3　新建数据库——文件组

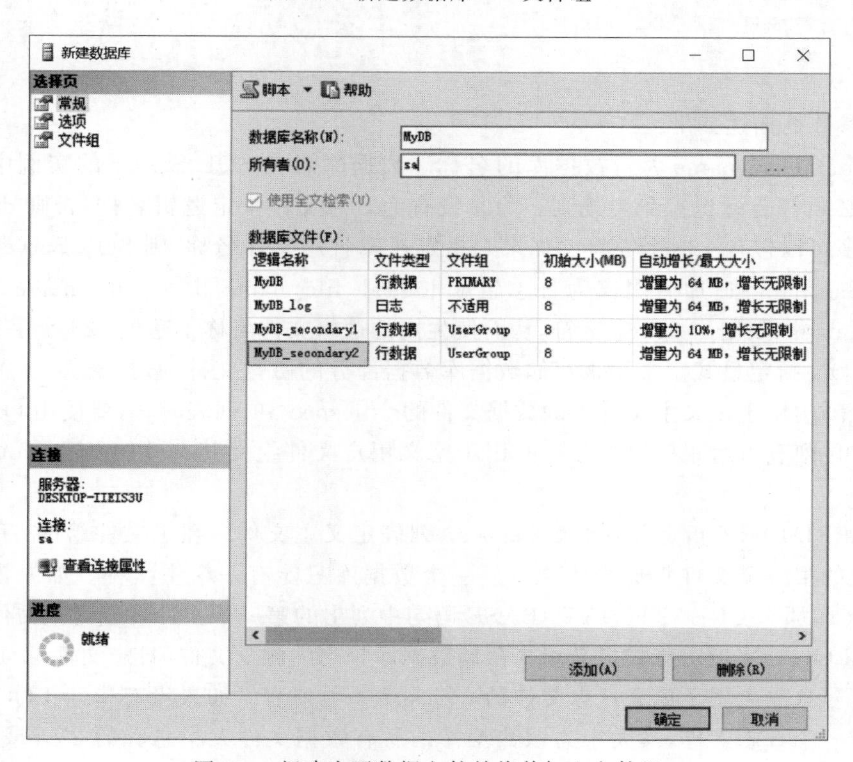

图 4-4　新建次要数据文件并将其加入文件组

其语法如下：

```
CREATE DATABASE database_name
[ ON [PRIMARY]
    [ <filespec> [ ,…n ]
    [ , <filegroup> [ ,…n ] ]
[ LOG ON
    { <filespec> [ ,…n ] } ]]
[ COLLATE collation_name ]
[ FOR ATTACH ]
]
<filespec> ::=
    {( NAME = logical_file_name,
        FILENAME = { 'os_file_name' | 'filestream_path' }
        [ , SIZE = size [ KB | MB | GB | TB ] ]
        [ , MAXSIZE = { max_size [ KB | MB | GB | TB ] | UNLIMITED } ]
        [ , FILEGROWTH = growth_increment [ KB | MB | GB | TB | % ] ]
    ) [ ,…n ]}
<filegroup> ::=
    {FILEGROUP filegroup_name [ CONTAINS FILESTREAM ] [ DEFAULT ]
        <filespec> [ ,…n ]}
<external_access_option> ::=
{
    [ DB_CHAINING { ON | OFF } ]
    [ , TRUSTWORTHY { ON | OFF } ]
}
```

其中，各参数的描述如下：

(1) database_name 为新数据库的名称。数据库名在 SQL Server 的实例中必须唯一，并且必须符合标识符命名规则。除非没有为日志文件指定逻辑名称，否则 database_name 最多可以包含 128 个字符。如果未指定逻辑日志文件名称，则 SQL Server 将通过向 database_name 追加后缀来为日志生成 logical_file_name 和 os_file_name。这会将 database_name 限制为 123 个字符，从而使生成的逻辑文件名称不超过 128 个字符。

(2) ON 指定显式定义用来存储数据库数据部分的磁盘文件(数据文件)。当后面是以逗号分隔的用于定义主文件组的数据文件的< filespec >项列表时，需要使用 ON。主文件组的文件列表可后跟以逗号分隔的用于定义用户文件组及其文件的< filegroup >项列表(可选)。

(3) PRIMARY 指定关联的< filespec >列表定义主文件。在主文件组的< filespec >项中指定的第一个文件将成为主文件。一个数据库只能有一个主文件。如果没有指定 PRIMARY，那么 CREATE DATABASE 语句中列出的第一个文件将成为主文件。

(4) LOG ON 指定显式定义用来存储数据库日志的磁盘文件(日志文件)。LOG ON 后跟以逗号分隔的用于定义日志文件的< filespec >项列表。如果没有指定 LOG ON，将自动创建一个日志文件，其大小为该数据库的所有数据文件大小总和的 25%或 512KB，取两者之中的较大者。注意，不能对数据库快照指定 LOG ON。

(5) COLLATE collation_name 指定数据库的默认排序规则。排序规则名称既可以是 Windows 排序规则名称，也可以是 SQL 排序规则名称。如果没有指定排序规则，则将 SQL Server 实例的默认排序规则分配为数据库的排序规则。注意，不能对数据库快照指定排序规则名称。

(6) FOR ATTACH 指定通过附加一组现有的操作系统文件来创建数据库。注意，必须有一个指定主文件的< filespec >项。至于其他< filespec >项，只需要指定与第一次创建数据库或上一次附加数据库时路径不同的文件的那些项即可。

(7) < filespec >控制文件属性。

NAME 指定文件的逻辑名称。在指定 FILENAME 时，需要使用 NAME。logical_file_name 表示引用文件时在 SQL Server 中使用的逻辑名称。logical_file_name 在数据库中必须是唯一的，必须符合标识符命名规则。名称可以是字符或 Unicode 常量，也可以是常规标识符或分隔标识符。FILENAME { 'os_file_name' | 'filestream_path' }指定操作系统(物理)文件名称。SIZE 指定文件的大小，可以使用千字节(KB)、兆字节(MB)、千兆字节(GB)或兆兆字节(TB)后缀，默认值为 MB。请指定整数，不要包括小数。MAXSIZE 指定文件可增大到的最大大小。UNLIMITED 表示无最大限制。在 SQL Server 中，指定为不限制增长的日志文件的最大大小为 2TB，而数据文件的最大大小为 16TB。FILEGROWTH 指定文件的自动增量，文件的 FILEGROWTH 设置不能超过 MAXSIZE 设置。该值可以 MB、KB、GB、TB 或百分比(%)为单位指定。当值为 0 时表明自动增长被设置为关闭，不允许增加空间。如果未指定 FILEGROWTH，则数据文件的默认值为 1MB，日志文件的默认增长比例为 10%，并且最小值为 64KB。

(8) < filegroup >控制文件组属性。

FILEGROUP 指定文件组的逻辑名称。CONTAINS FILESTREAM 指定文件组在文件系统中存储 FILESTREAM 二进制大型对象(BLOB)。DEFAULT 指定命名文件组为数据库中的默认文件组。

在“查询编辑器”中输入“CREATE DATABASE StudentMIS”，按 F5 键或单击工具栏上的“执行”按钮，即可建立一个所有参数均为默认值的“StudentMIS”数据库。

【例 4-2】 使用 Transact-SQL 语句创建一个“MyDB”数据库，将该数据库的数据文件存储到“d:\data”下。该数据库包括一个主数据文件，逻辑文件名为“MyDB”、物理文件名为“MyDB. mdf”；一个日志文件，逻辑文件名为“MyDB_log”、物理文件名为“MyDB_log. ldf”；两个次要数据文件“MyDB_secondary1. ndf”和“MyDB_secondary2. ndf”。主数据文件在主文件组中，而两个次要数据文件在用户定义文件组“UserGroup”中。各文件的初始大小为 8MB，数据文件的增长速度为 64MB，最大容量限制为 2GB；日志文件的增长速度为 10%，最大容量无限制。

操作步骤如下：

(1) 在 SQL Server Management Studio 中单击工具栏上的“新建查询”按钮，打开一个新的“查询编辑器”窗口。

(2) 在“查询编辑器”窗口中输入以下语句。

```
CREATE DATABASE MyDB
ON PRIMARY                                          /* 数据文件参数 */
  (NAME = 'MyDB',                                   /* 注意有逗号分隔 */
  FILENAME = 'd:\data\MyDB.mdf',      /* 注意用半角状态下的引号,data 文件夹必须已存在 */
  SIZE = 8MB, MAXSIZE = 2GB, FILEGROWTH = 64MB),
  FILEGROUP UserGroup
  (NAME = 'MyDB_secondary1', FILENAME = 'd:\data\MyDB_secondary1.ndf',
   SIZE = 8MB, MAXSIZE = 2GB, FILEGROWTH = 64MB),
  (NAME = 'MyDB_secondary2', FILENAME = 'd:\data\MyDB_secondary2.ndf',
   SIZE = 8MB, MAXSIZE = 2GB, FILEGROWTH = 64MB)       /* 注意没有逗号 */
LOG ON                                              /* 日志文件参数 */
  (NAME = 'MyDB_log', FILENAME = 'd:\data\ MyDB_log.ldf',
   SIZE = 8MB, MAXSIZE = UNLIMITED, FILEGROWTH = 10 % );
```

(3) 单击工具栏上的 ✓ 按钮,进行语法分析,保证上述语句语法的正确性。

(4) 按 F5 键或单击工具栏上的 ! 执行(X) 按钮,执行上述语句。

(5) 在“结果”窗口中将显示相关消息,告诉用户数据库创建是否成功。

(6) 在“对象资源管理器”窗口中,刷新“数据库”窗口,查看已经创建的数据库。

3) 使用模板创建数据库

【例 4-3】 使用模板创建例 4.2 的 MyDB 数据库。

操作步骤如下:

(1) 从“模板浏览器”窗口中打开模板。选择“视图”→“模板资源管理器”命令,在打开的窗口中选择“SQL Server 模板”选项,展开 Database 项,选择 Create Database 选项,如图 4-5 所示。

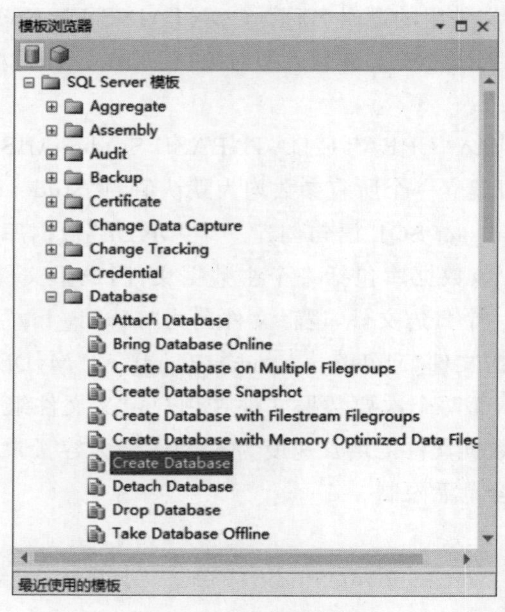

图 4-5 “模板浏览器”窗口

（2）将 Create Database 从“模板浏览器”窗口拖放到“查询编辑器”窗口中，系统将自动创建模板代码，如图 4-6 所示。

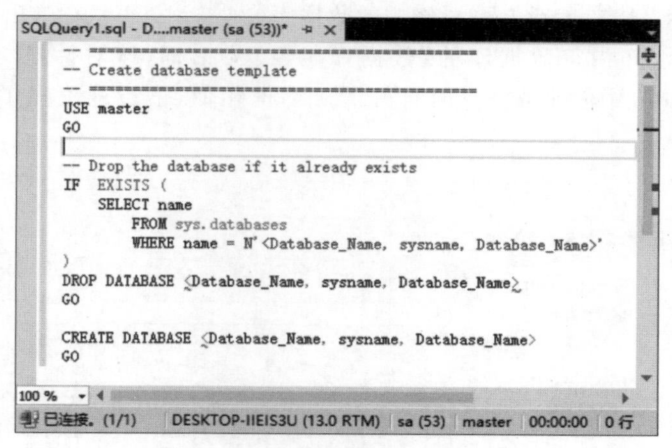

图 4-6　利用模板创建数据库

（3）替换模板参数。选择“查询”→“指定模板参数的值”命令或单击工具栏上的按钮，打开“指定模板参数的值”对话框，如图 4-7 所示。

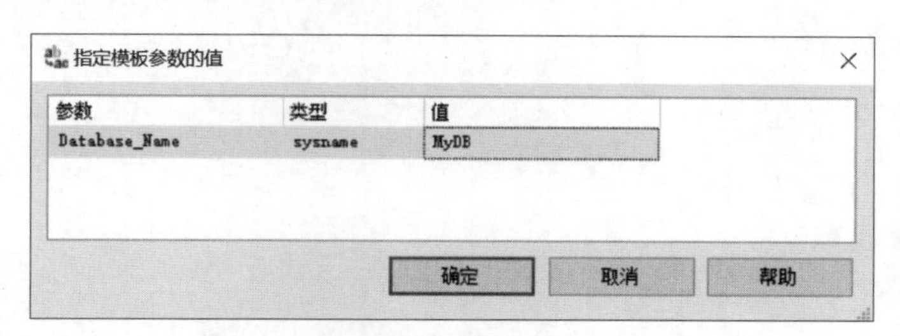

图 4-7　“指定模板参数的值”对话框

（4）单击“确定”按钮，关闭“指定模板参数的值”对话框，系统自动修改查询窗口中的脚本结果。

（5）单击工具栏上的按钮，进行语法分析，保证上述语句语法的正确性。

（6）按 F5 键或单击工具栏上的 ! 执行(X) 按钮，执行上述语句。

（7）在“结果”窗口中将显示相关消息，告诉用户数据库创建是否成功。

（8）验证数据库。在“对象资源管理器”窗口中，刷新“数据库”窗口，查看已经创建的 MyDB 数据库。

2. 修改数据库

数据库创建后，随着数据库容量的增加以及需求的变化，现有的数据库属性会不适应当前的需求，因此要对现有的数据库进行修改。数据库的修改包括扩充数据库容量、收缩数据库和数据文件、更改数据库的名称等。修改数据库的方法也有两种，即使用 SQL Server Management Studio、使用 Transact-SQL 语句。

1）使用 SQL Server Management Studio 修改数据库

打开 SQL Server Management Studio 并连接到目标服务器，在“对象资源管理器”窗口中找到“数据库”结点，然后右击要修改的数据库（例如 MyDB），在弹出的快捷菜单中选择“属性”命令，打开指定数据库的“数据库属性”对话框，该对话框与在 SQL Server Management Studio 中创建数据库时打开的对话框相似，不过这里多了几个选择页，如图 4-8 所示。

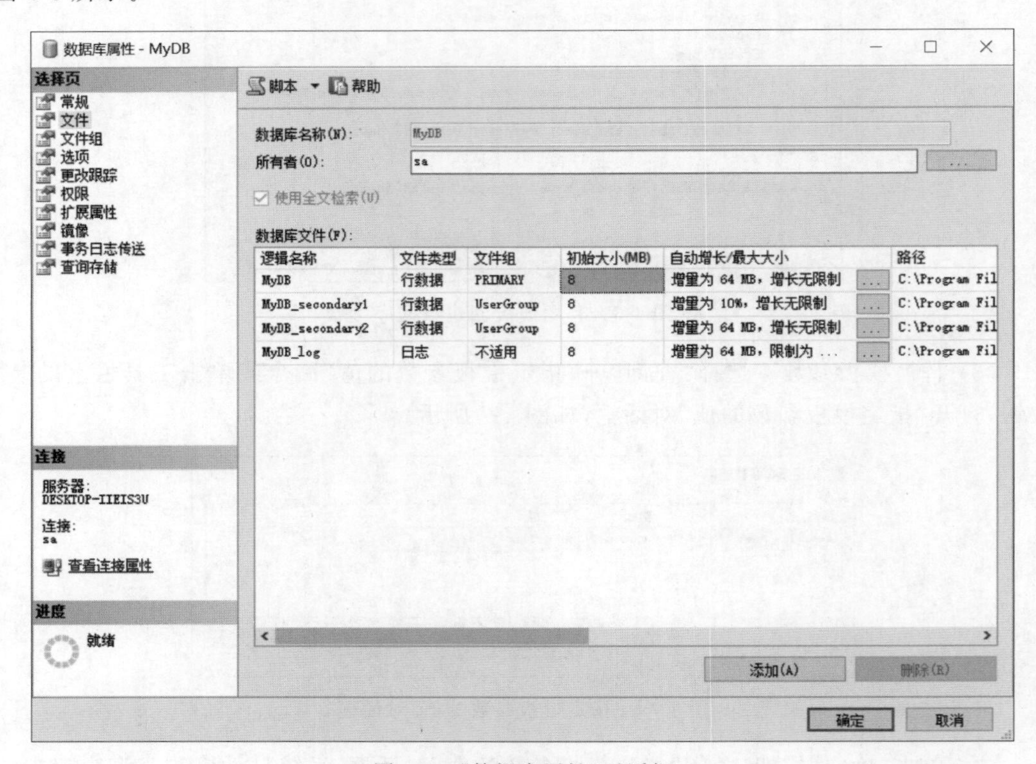

图 4-8 “数据库属性”对话框

在左侧窗口中选择相应的选择页，可以添加、删除文件以及修改数据文件的相关属性；可以添加、删除文件组以及修改文件组的属性；可以设置数据库的“只读”属性，对数据库进行收缩；可以设置用户对数据库对象的使用权限等。

2）使用 Transact-SQL 语句修改数据库

在数据库创建之后，可以根据需要使用 ALTER DATABASE 语句对数据库进行修改。除了前面讲过的设置数据库选项之外，修改操作还包括更改数据库名称、扩充数据库的容量、收缩数据库、增加或删除数据库文件、管理数据库文件组、修改字符排列规则等。使用 Transact-SQL 语句修改数据库的语法格式如下：

```
ALTER DATABASE database_name            -- database_name 为要修改的数据库的名称
{
  | MODIFY NAME = new_database_name     -- 使用指定的名称重命名数据库
  | COLLATE collation_name              -- 指定数据库的排序规则
```

```
  | ADD FILE <filespec>[,…n] [TO FILEGROUP {filegroup_name}]  -- 向指定的文件组添加文件
  | ADD LOG FILE <filespec> [ ,…n ]       -- 将要添加的日志文件添加到指定的数据库
  | REMOVE FILE logical_file_name         -- 删除逻辑文件说明并删除物理文件
  | MODIFY FILE <filespec>    -- 指定应修改的文件。注意,一次只能更改一个<filespec>属性
  | ADD FILEGROUP filegroup_name          -- 向数据库中添加文件组
  | REMOVE FILEGROUP filegroup_name       -- 从数据库中删除文件组
  | MODIFY FILEGROUP filegroup_name { READONLY | READWRITE | DEFAULT
    | NAME = new_filegroup_name}          -- 修改文件组的属性
}
```

【例 4-4】 MyDB 数据库经过一段时间的使用后,随着数据量的不断增大,会引起数据库空间的不足。现需增加一个次要数据文件,存储在"d:\data"下,逻辑文件名为 MyDB_secondary3、物理文件名为 MyDB_secondary3.ndf,初始大小为 10MB,最大容量为 1GB,增长速度为 10MB。

```
ALTER DATABASE MyDB
ADD FILE
(
    NAME = 'MyDB_secondary3',
    FILENAME = 'd:\data\ MyDB_secondary3.ndf',
    SIZE = 10MB, MAXSIZE = 1GB, FILEGROWTH = 10MB)
```

【例 4-5】 删除 MyDB 数据库中的 MyDB_secondary3.ndf 数据文件。

```
ALTER DATABASE MyDB
REMOVE FILE MyDB_secondary3
```

在 SQL Server 2016 中,除了系统数据库以外,其他数据库的名称都可以更改。但是,在修改数据库名称之前应关闭所有与该数据库的连接,包括"查询编辑器"窗口,否则将无法更改数据库名称。

【例 4-6】 将 MyDB 数据库的主数据文件的初始大小修改为 1GB。

```
ALTER DATABASE MyDB
MODIFY FILE (NAME = 'MyDB', SIZE = 1GB);
```

在修改数据文件的初始大小时,指定的 SIZE 的大小必须大于或等于当前大小。如果小于当前的大小,代码将不能被执行。

【例 4-7】 将 MyDB 数据库更名为 StudentDB。

```
ALTER DATABASE MyDB
MODIFY NAME = StudentDB
```

更改数据库名称也可以使用系统存储过程 sp_renamedb,其语法格式如下:

```
sp_renamedb 原数据库名,新数据库名
```

【例 4-8】 使用系统存储过程 sp_renamedb 将 MyDB 数据库更名为 StudentDB。

```
sp_renamedb MyDB, StudentDB
```

3. 删除数据库

在 SQL Server 2016 中,除了系统数据库以外,其他数据库都可以删除。当用户删除数据库时,将从当前服务器或实例上永久性地删除该数据库,数据库一旦删除就不能恢复。注意,只有处于关闭状态下的数据库,用户才能根据自己的权限删除,当数据库打开正在使用,或数据库正在恢复等状态时不能被删除。

1) 使用 SQL Server Management Studio 删除数据库

打开 SQL Server Management Studio 并连接到目标服务器,在"对象资源管理器"窗口中找到"数据库"结点,然后右击要删除的数据库(例如 StudentMIS),在弹出的快捷菜单中选择"删除"命令,弹出"删除对象"对话框,如图 4-9 所示。在此对话框中勾选"删除数据库备份和还原历史记录信息"复选框和"关闭现有连接"复选框。单击"确定"按钮,即可删除数据库。

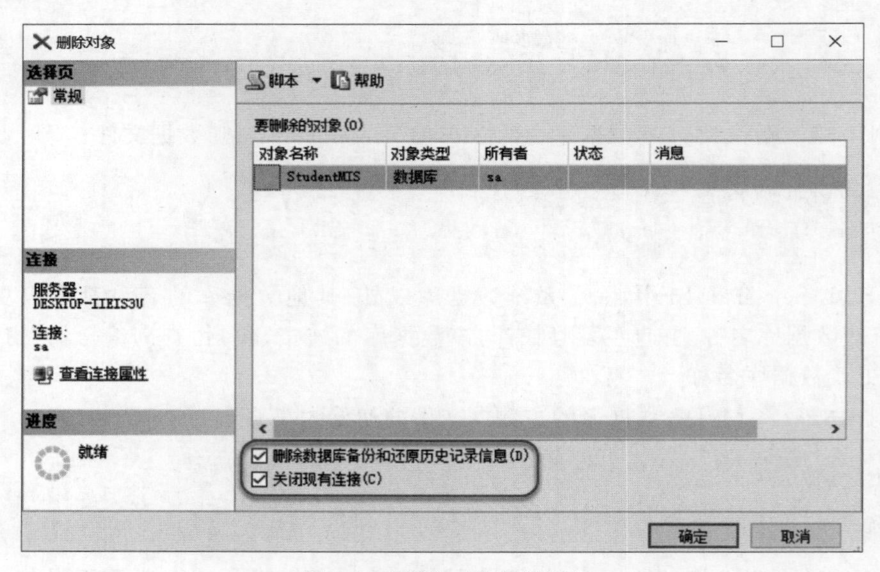

图 4-9 "删除对象"对话框

2) 使用 Transact-SQL 语句删除数据库

使用 Transact-SQL 语句删除数据库的语法格式如下:

```
DROP DATABASE { database_name | database_snapshot_name } [ ,…n ]
```

其中,database_name 是指定要删除的数据库的名称,database_snapshot_name 是指定要删除的数据库快照的名称。

例如,如果希望删除 StudentMIS 数据库,那么可以使用下面的命令:

```
DROP DATABASE StudentMIS
```

4. 收缩数据库

SQL Server 2016 数据库采用“先分配,后使用”的分配机制。当为数据库分配的磁盘空间过大时,可以在 SQL Server 2016 中收缩数据库,以节省存储空间。数据文件和事务日志文件都可以进行收缩。数据库也可设置为按给定的时间间隔自动收缩。该活动在后台进行,不影响数据库内的用户活动。

1）使用 SQL Server Management Studio 收缩数据库

启动 SQL Server Management Studio,在“对象资源管理器”中选择指定的数据库,例如 StudentMIS,然后右击,在弹出的快捷菜单中选择“任务”→“收缩”→“数据库”命令,打开“收缩数据库”对话框,如图 4-10 所示。单击“确定”按钮即可收缩该数据库。

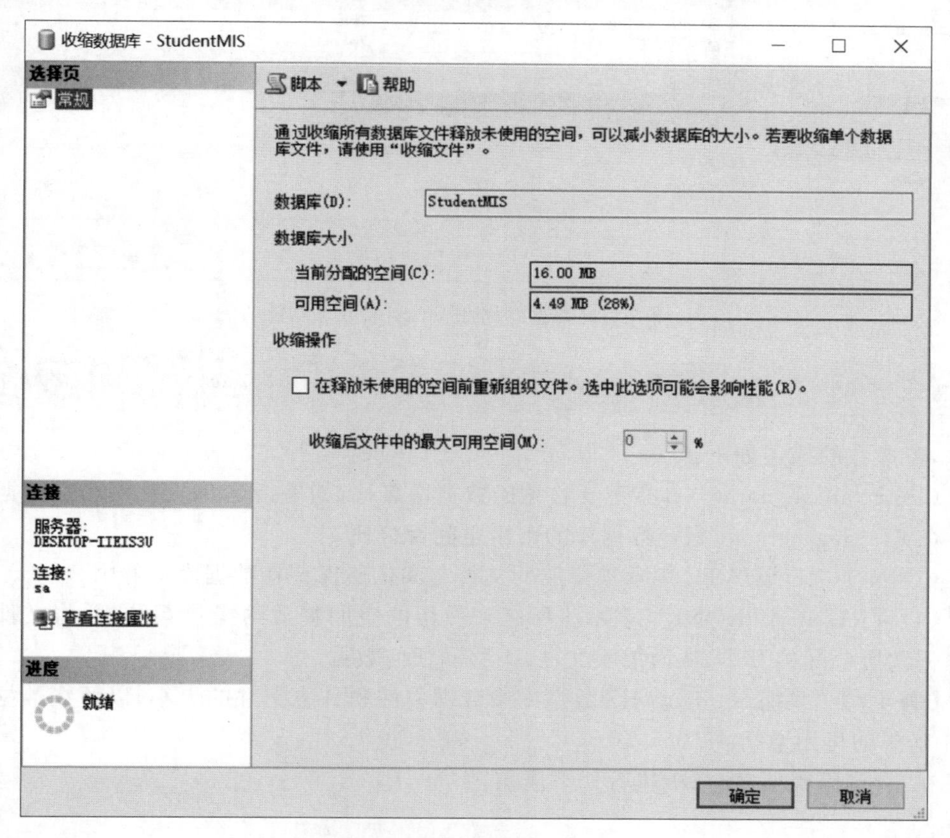

图 4-10　“收缩数据库”对话框

用户也可以使用数据库的自动收缩功能。数据库的自动收缩功能可以在“数据库属性”对话框中选择“选项”选择页,将选项中的“自动收缩”设为“True”,如图 4-11 所示。

2）使用 Transact-SQL 语句收缩数据库

使用 DBCC SHRINKDATABASE 可以收缩数据库,其语法格式如下：

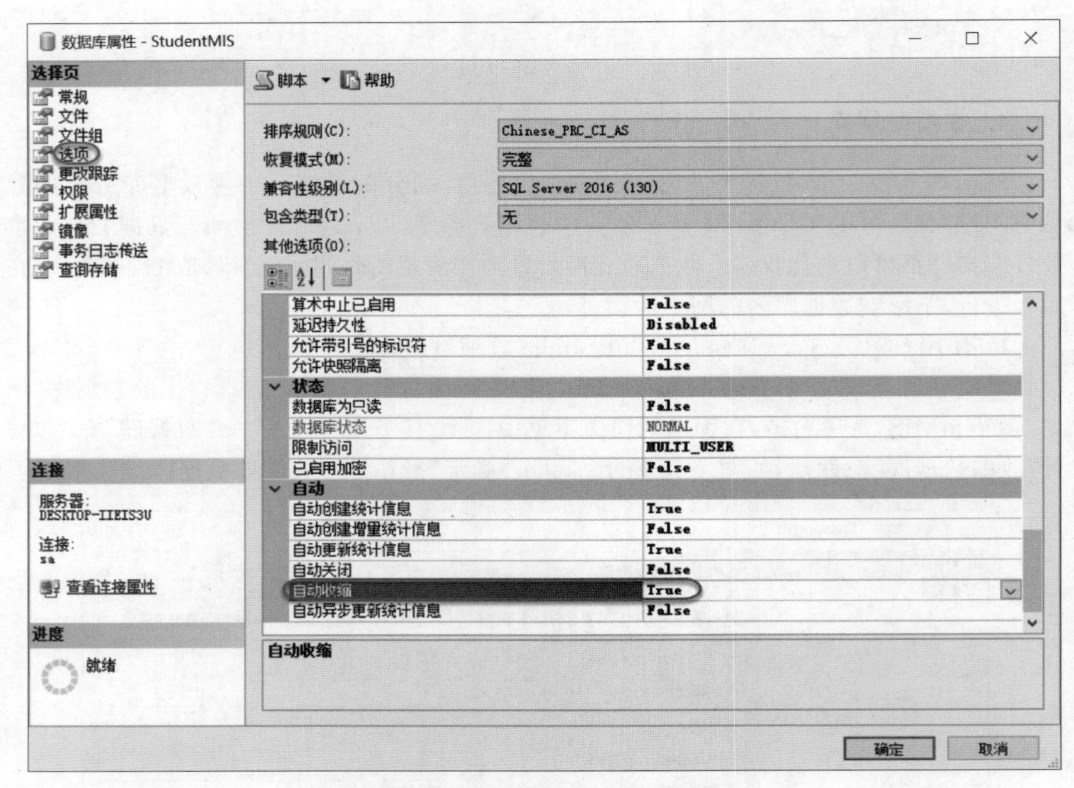

图 4-11 数据库属性——自动收缩功能

```
DBCC SHRINKDATABASE (database_name |0 [, target_percent ], { NOTRUNCATE | TRUNCATEONLY } ] )
```

其中，各参数的描述如下：

(1) database_name | 0 指定要收缩的数据库名称，如果指定 0，则使用当前数据库。

(2) target_percent 指定数据库的可用空间百分比。

(3) NOTRUNCATE 表示被释放的文件空间依然保留在数据库文件中。

(4) TRUNCATEONLY 表示将所有未使用的空间释放给操作系统，并将文件收缩到上一次所分配的大小，从而缩小文件，不移动任何数据。

【例 4-9】 收缩 StudentMIS 数据库中数据文件和日志文件的大小，以便在数据库中留出 10%的可用空间。

在"查询编辑器"窗口中执行如下语句：

```
DBCC SHRINKDATABASE (StudentMIS, 10)
```

使用 DBCC SHRINKFILE 命令可以收缩数据库文件的大小，其语法格式如下：

```
DBCC SHRINKFILE (文件名, target_size [,{NOTRUNCATE |TRUNCATEONLY } ])
```

其中，target_size 表示文件收缩后的大小，以 MB 为单位。如果不指定该项，文件将收缩到默认文件大小。

5. 切换数据库

用户通过 SQL Server Management Studio 连接 SQL Server 时，会自动连接并打开默认数据库 master，用户可以利用工具栏中的“可用数据库”下拉列表框切换到当前的数据库，如图 4-12 所示。

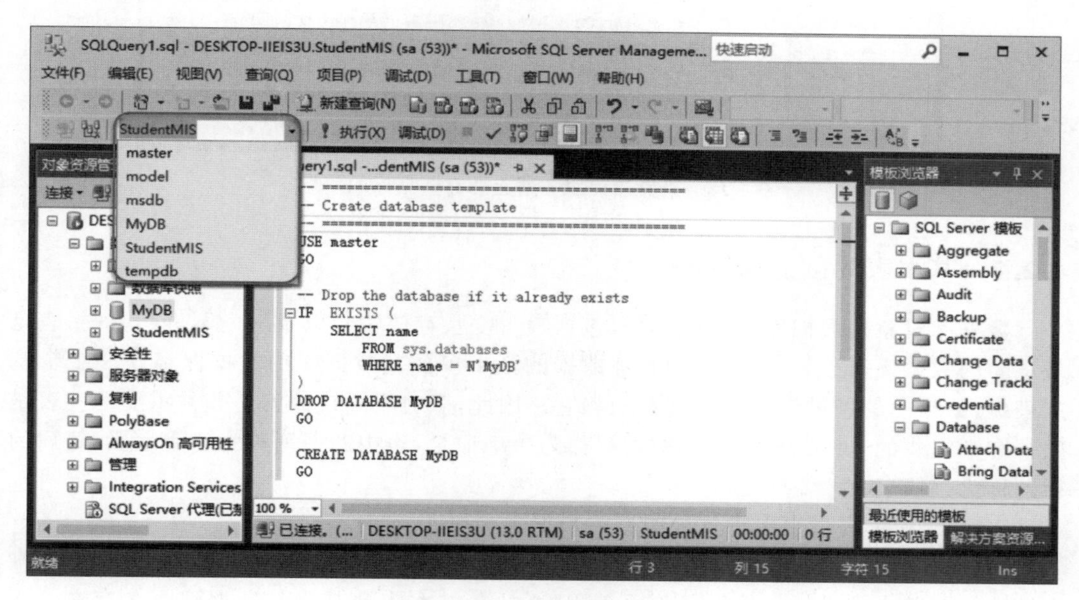

图 4-12 切换当前数据库

用户也可以在“查询编辑器”窗口中使用 USE 命令打开并切换到其他数据库。USE 命令的语法格式如下：

```
USE <数据库名>
```

【例 4-10】 使用 USE StudentMIS 命令，将当前数据库切换为 StudentMIS 数据库。

6. 查看数据库信息

在“查询编辑器”窗口中，使用系统存储过程 sp_helpdb 可以查看当前服务器上数据库的相关信息。如果指定了数据库名，将返回指定数据库的信息。其语法格式如下：

```
sp_helpdb [ [ @dbname = ]'数据库名']
```

【例 4-11】 查看当前服务器上所有数据库的信息。

在“查询编辑器”窗口中执行语句 sp_helpdb，结果如图 4-13 所示。

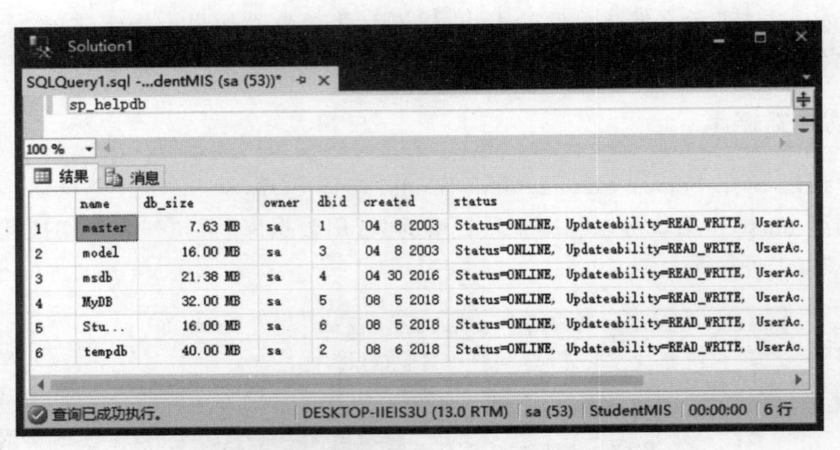

	name	db_size	owner	dbid	created	status
1	master	7.63 MB	sa	1	04 8 2003	Status=ONLINE, Updateability=READ_WRITE, UserAc.
2	model	16.00 MB	sa	3	04 8 2003	Status=ONLINE, Updateability=READ_WRITE, UserAc.
3	msdb	21.38 MB	sa	4	04 30 2016	Status=ONLINE, Updateability=READ_WRITE, UserAc.
4	MyDB	32.00 MB	sa	5	08 5 2018	Status=ONLINE, Updateability=READ_WRITE, UserAc.
5	Stu...	16.00 MB	sa	6	08 5 2018	Status=ONLINE, Updateability=READ_WRITE, UserAc.
6	tempdb	40.00 MB	sa	2	08 6 2018	Status=ONLINE, Updateability=READ_WRITE, UserAc.

图 4-13　查看当前服务器上所有数据库的信息

4.2.2　基本表的创建与管理

数据库对象是数据库的组成部分,包括表、视图、存储过程以及触发器等。其中,表是最重要的数据库对象,它是组织和管理数据的基本单位。数据库的数据保存在一个个基本表中,数据库的各种开发和管理都依赖它。因此,表对于用户而言是非常重要的。表是由行和列组成的二维结构。表中的一行称为一条记录,表中的一列称为一个字段,每列的标题称为字段名。

SQL Server 提供了以下 4 种类型的数据表:

(1) 持久基本表。持久基本表即用户平时使用的,用来持久保存数据的表,数据通常存储在持久基本表中。如果用户不手动删除,持久基本表和其中的数据将永久存在。本节将要介绍的基本表就是持久基本表。

(2) 全局临时表。全局临时表是在 tempdb 数据库中创建的可被全局用户访问的临时表。全局临时表名以 ## 开头,创建后对任何用户都是可见的。在引用该表的所有用户都与 SQL Server 实例断开连接后,将删除全局临时表。

(3) 局部临时表。局部临时表是在 tempdb 数据库中创建的只对创建者可见的临时表。局部临时表名以 # 开头。在创建者与 SQL Server 实例断开连接后,将删除局部临时表。

(4) 表变量。表变量是在内存中创建的只对创建者可见的临时表,它是 SQL Server 提供的一种数据类型。在创建者与 SQL Server 实例断开连接后,系统自动删除表变量。

1. 创建基本表

一个基本表由两部分组成,一部分是由各列名构成的表的结构,即表结构;另一部分是具体存放的数据,称为数据记录。在创建基本表时只需要定义表结构,包括表名、列名、列的数据类型和约束条件等。

创建基本表的方法有 3 种,即使用 SQL Server Management Studio 向导、使用 Transact-SQL 语句和使用模板。使用模板的方法创建基本表请参见 4.2.1 节,本书主要介绍使用前两种方法创建基本表。

1）使用 SQL Server Management Studio 向导创建基本表

【例 4-12】 在 StudentMIS 数据库中创建学生信息表(MyStudent)，它由学号(id)、姓名(name)、性别(sex)、出生日期(birthday)、籍贯(address)共5个属性组成，其中学号作为主键，且自动增加1，姓名值不能为空，性别的默认值为“男”，出生日期不能大于系统的当前日期。

使用 SQL Server Management Studio 创建基本表，就是利用 SQL Server Management Studio 中的表设计器创建表的结构。表设计器是 SQL Server 2016 提供的一个可视化创建表的工具，主要部分是列管理。用户可以使用表设计器完成对表中所包含列的管理工作，包括创建列、删除列、修改数据类型、设置主键和索引等。

操作步骤如下：

(1) 启动 SQL Server Management Studio，在“对象资源管理器”窗口中展开“数据库”→StudentMIS→“表”结点。

(2) 右击“表”结点，从弹出的快捷菜单中选择“新建表”命令，出现表设计器。

(3) 在表设计器的“列名”单元格中输入字段名“id”，在同一行的“数据类型”单元格中设置该数据列的数据类型为“int”，并在“允许 Null 值”列选择是否允许该数据列为空值。如果允许，则选中复选框；如果不允许，则取消选中复选框。由于“id”是主键，所以选择不允许为空。选中该行，单击工具栏上的 按钮，即可将“id”设置为主键。在设置完成后，“id”前面会有一个小钥匙图标，如图 4-14 所示。

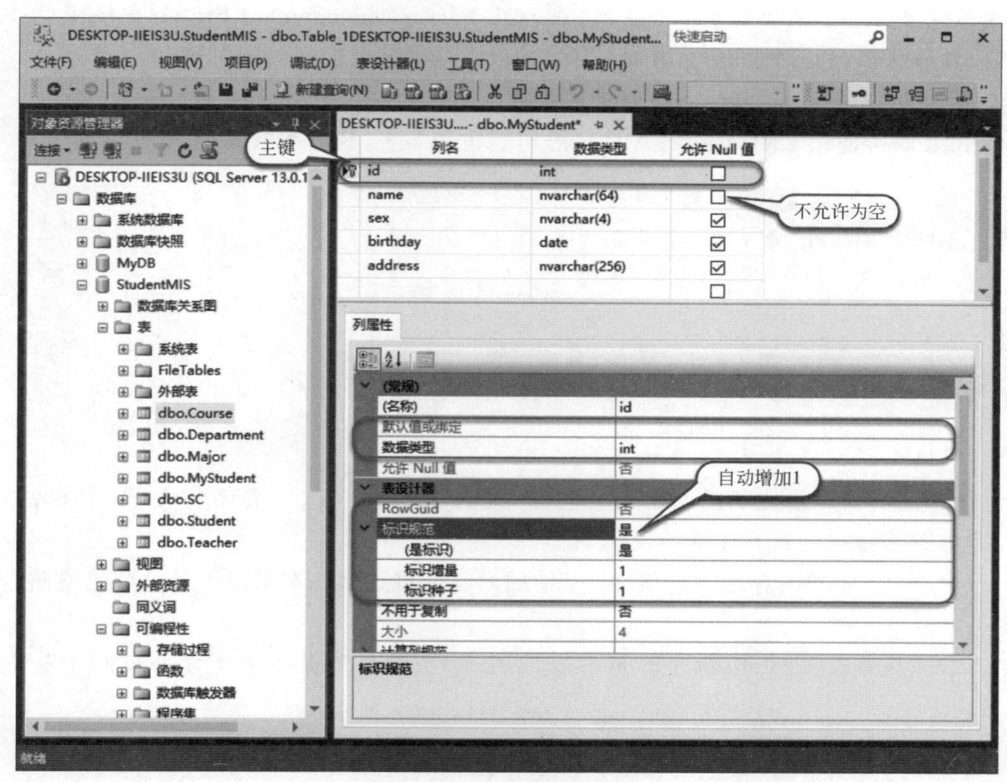

图 4-14　表设计器

(4) 设置列的属性。在窗口的上半部分选中“id”行，在窗口的下半部分显示“id”列的属性。在“列属性”窗口中展开“标识规范”选项，在“(是标识)”下拉列表框中选择“是”选项，设置“标识增量”和“标识种子”选项为1，如图4-14所示。

(5) 重复步骤(3)添加“name”列，将“数据类型”列设置为“nvarchar(64)”，并在“允许Null值”列取消选中复选框。

(6) 重复步骤(3)添加“sex”列，将“数据类型”列设置为“nvarchar(4)”，在窗口的上半部分选中“sex”行，在窗口的下半部分显示“sex”列的属性。在“列属性”窗口的“默认值或绑定”选项中输入“'男'”作为默认值。默认约束是指当某一数据列没有提供数据值时，系统自动给该数据列赋予一个设定好的值。

(7) 重复步骤(3)添加“birthday”列，将“数据类型”列设置为“date”。右击“birthday”列，在弹出的快捷菜单中选择“CHECK 约束”命令，在弹出的对话框中单击“添加”按钮，增加一条新的条件约束。选中新建的约束，在“表达式”中输入逻辑表达式“(birthday <= GETDATE())”。检查约束是对输入基本表中的数据所设置的检查条件，以限制输入值，用于保证数据库的完整性。

(8) 重复步骤(3)添加“address”列，将“数据类型”列设置为“nvarchar(256)”。

(9) 选择“文件”→“保存”命令或单击工具栏上的按钮，在出现的对话框中输入表的名称“MyStudent”，新表的相关信息即会出现在“对象资源管理器”中。

说明：可以使用相同的方法在一个数据库中创建不同的多张表。主键约束是为了保证实体完整性。如果要创建组合主键，在SQL Server Management Studio中按住Ctrl键不放，然后选择相应的多个列，再单击工具栏上的按钮设置主键即可。

2) 使用Transact-SQL语句创建基本表

SQL语言使用CREATE TABLE语句创建基本表，其基本格式为：

```
CREATE TABLE <基本表名>
( <列名 1>  <列数据类型> [列约束],
  <列名 2>  <列数据类型> [列约束],
  ⋮
  [表级约束 1],
  [表级约束 2],
  ⋮
);
```

该语法清楚地描述了要创建一个包含<列名 1>、<列名 2>等名称为<基本表名>的表，非常容易理解。其具体细节说明如下：

(1) “< >”中的内容是必选项，“[ ]”中的内容是可选项。本书以下各章节也遵循这个约定。

(2) <基本表名>是指新建的基本表的名字，在一个数据库中不允许有两个基本表同名。

(3) <列名>规定了该列(属性)的名称。在一个表中不能有两列同名。

(4) <列数据类型>规定了该列的数据类型，参见第3章介绍的SQL Server 2016数据类型。每一列都不能存储与该列数据类型不符的数据。

（5）[列约束]是指对某一列设置的约束条件，该列的数据必须满足该约束。其包含在列定义中，直接跟在该列的其他定义之后，用空格分隔，不必指定列名。约束(Constraint)是 SQL Server 提供的自动保持数据库完整性的一种方法。在 SQL Server 中有以下 6 种约束：

① 主键约束。PRIMARY KEY，用于唯一地标识表中的各行，其列值不能为 NULL，同时也不能与其他行的列值有重复，以免造成无法唯一标识行。它实际上是非空约束与唯一性约束的合并。

② 唯一性约束。UNIQUE，指该列中不能存在重复的属性值。

③ 外键约束。FOREIGN KEY (<外键列名>) REFERENCES <父表名>(<主键列名>)。

④ 默认值约束。DEFAULT <常量表达式>，定义列的默认值是在插入数据时，如果不指定该列的值，则系统自动赋默认值。

⑤ 非空/空值约束。NOT NULL/NULL，表明该列值是否可以为空，默认为 NULL。如果表的某一列指定为 NULL，允许在插入数据时省略该列的值，表示该列的值未知或尚未确定。反之，如果表的某一列指定为 NOT NULL，不允许在没有指定默认值的情况下插入省略该列值的记录。

⑥ 检查约束。CHECK(<逻辑表达式>)，通过约束条件表达式设置列值应该满足的条件。

约束与完整性之间的关系如表 4-3 所示。

表 4-3　约束与完整性之间的关系

完整性类型	约束类型	描　　述	约束对象
实体完整性	主键约束	每行记录的唯一标识符，确保用户不能输入重复值，并自动创建索引，提高性能，该列不允许使用空值	行
	唯一性约束	在列集内强制执行值的唯一性，防止出现重复值，表中不允许有两行的同一列包含相同的非空值	
参照完整性	外键约束	定义一列或几列，其值与本表或其他表的主键或 UNIQUE 列相匹配	表与表之间
域完整性	默认值约束	当使用 INSERT 语句插入数据时，若已定义默认值的列没有提供指定值，则将该默认值插入记录中	列
	非空/空值约束	表明该列值是否可以为空，默认为 NULL	
用户自定义完整性	检查约束	指定某一列可接受的值	列

（6）[表级约束]为应用到多个列的完整性约束条件，其定义独立于列的定义，用逗号分隔表级约束。在定义表级约束时，必须指出要约束的那些列的名称。其规定了关系主键、外键和检查约束。一般有以下 4 种：

① 主键约束。PRIMARY KEY(列名,…)。

② 唯一性约束。UNIQUE(列名,…)。

③ 外键约束。FOREIGN KEY (<外键列名>) REFERENCES <父表名>(<主键

列名>)。

④ 检查约束。CHECK(<逻辑表达式>)。

约束可以在定义列的时候进行设置,也可以在语句的末尾进行设置。列约束与表级约束基本上相同,但在写法上有一些差别,表级约束可以一次涉及多列,但列约束一次仅涉及一列。需要注意的是,非空/空值(NOT NULL/NULL)约束只能以列约束进行设置。

【例 4-13】 使用 Transact-SQL 语句创建例 4.12 中的 MyStudent 表。

在"查询编辑器"中执行如下 Transact-SQL 语句。

```
CREATE TABLE MyStudent (
    id int IDENTITY(1,1) NOT NULL,                    -- 自动编号 IDENTITY(起始值, 递增量)
    name nvarchar(64) NOT NULL,                       -- 非空约束,name 属性必须输入数据
    sex nvarchar(4) DEFAULT '男',                     -- 默认值约束
    birthday DATE CHECK (birthday < = GETDATE()),     -- 列级检查约束
    address nvarchar(256) NULL,
    [CONSTRAINT PK_MyStudent] PRIMARY KEY(id));       -- 表级主键约束
```

其中,IDENTITY 属性指定为标识列,可以使表的列包含系统自动生成的数字,可以唯一地标识表的每一行,即表中的每行数据列上的数字均不相同,与上面的"标识规范"的设置等价。其语法为"IDENTITY [(seed, increment)]"。其中,seed 为标识种子,表示起始值; increment 表示增量值,其默认值为 1。getdate()用于返回数据库系统的当前日期。PRIMARY KEY(id)将 id 列设定为主键约束,同时,该约束的名称为 PK_MyStudent,这里可以省略 CONSTRAINT PK_MyStudent。

执行后,在数据库中就建立了一个名为 MyStudent 的表,不过此时还没有记录。此表的定义及各约束条件都自动保存到数据字典当中。

当数据表创建完成后,可在"资源管理器"窗口的具体数据库中进行查看,或通过快捷菜单中的"编辑"命令输入或编辑数据。

2. 修改基本表

在数据库的实际应用中,随着应用环境和需求的变化,经常要修改基本表的结构,包括修改属性列的类型精度、增加新的属性列或删除原有的属性列、增加新的约束条件或删除原有的约束条件。SQL 通过 ALTER TABLE 命令对基本表进行修改。其一般语法格式为:

```
ALTER TABLE <基本表名>
[ADD <新列名> <列数据类型> [列约束]]
[DROP COLUMN <列名> [RESTRICT | CASCADE]]
[MODIFY <列名> <新的数据类型>]
[ADD CONSTRAINT <表级约束>]
[DROP CONSTRAINT <表级约束>]
```

其中,各参数的描述如下:

（1）ADD 表示为一个基本表增加新列，但新列的值必须允许为空（除非有默认值）。

（2）DROP COLUMN 表示删除表中原有的一列。DROP 删除原有某列时，RESTRICT 选项是系统的默认方式，对删除列有限制。在删除列之前，要确保基于该列所有的索引和约束（例如 CHECK、FOREIGN KEY 等约束）都已删除，否则该列将无法被删除。级联选项 CASCADE 对删除该列无限制，同时删除该列及其关联对象。

（3）MODIFY 表示修改表中原有列的数据类型。通常，当该列上有列约束时不能修改该列。

（4）ADD CONSTRAINT 和 DROP CONSTRAINT 分别表示添加表级约束和删除表级约束。增加新的约束条件的语法如下：

```
ALTER TABLE <基本表名> ADD CONSTRAINT 约束名 约束类型 具体的约束说明
```

其中，约束名必须符合标识符的命名规则，其命名规则推荐采用“约束类型_约束字段”。主键（Primary Key）约束，例如 PK_MyStudent；唯一性（Unique）约束，例如 UQ_name；默认值（Default）约束，例如 DF_address；检查（Check）约束，例如 CK_birthday；外键（Foreign Key）约束，例如 FK_specNo。

如果错误地添加了约束，用户还可以删除约束。删除约束的语法如下：

```
ALTER TABLE <基本表名> DROP CONSTRAINT 约束名 1 [,…, 约束名 n]
```

【例 4-14】 向 MyStudent 表中增加专业编号（specNo）列，其数据类型为 char 型，长度为 5；增加身份证号（idCard），其数据类型为 char 型，长度为 18。

```
ALTER TABLE MyStudent ADD specNo char(5)
ALTER TABLE MyStudent ADD idCard char(18)
```

【例 4-15】 将 MyStudent 表中性别（sex）列的数据类型改为 char 型，长度为 2。

```
ALTER TABLE MyStudent MODIFY sex char(2)
```

【例 4-16】 删除 MyStudent 表中的出生日期字段。

```
ALTER TABLE MyStudent DROP COLUMN birthday
```

【例 4-17】 在 MyStudent 表中的学生姓名列增加一个表级唯一性约束 UQ_name，地址列增加默认值约束 DF_ address，如果地址不填，默认为“地址不详”。

```
ALTER TABLE MyStudent ADD CONSTRAINT UQ_name UNIQUE(name)
ALTER TABLE MyStudent ADD CONSTRAINT DF_address DEFAULT ('地址不详') FOR address
```

【例 4-18】 删除例 4.17 中增加的表级唯一性约束 UQ_name。

```
ALTER TABLE MyStudent DROP CONSTRAINT UQ_name
```

修改列名使用系统存储过程 sp_rename,它的语法格式如下：

```
sp_rename  '表名.原列名',  '新列名',  'COLUMN'
```

【例 4-19】 在 MyStudent 表中将“sex”列重命名为“gender”。

```
sp_rename  'MyStudent.sex',  'gender',  'COLUMN'
```

3. 删除基本表

当数据库中的某个基本表不再使用时,可以将其删除。当一个基本表被删除后,该表中的所有数据连同该表建立的索引都会被删除。但由该表导出的视图的定义仍然存在数据字典当中,只是无法使用。在执行 DROP TABLE 语句之前请务必仔细确认,删除了的表是无法恢复的。

1) 使用 SQL Server Management Studio 向导删除基本表

在指定的数据库中展开表,右击要删除的基本表,例如 MyStudent,然后在弹出的快捷菜单中选择“删除”命令,在出现的“删除对象”对话框中单击“确定”按钮,完成删除任务。

在执行删除操作后,数据表中所有的数据内容和数据结构将全部清除,在删除前要确保选择了正确的基本表。当有对象依赖于该表时无法对基本表进行删除,应该先在依赖关系中删除该关系再对基本表进行删除操作。

2) 使用 Transact-SQL 语句删除基本表

使用 Transact-SQL 语句删除基本表的基本格式为：

```
DROP TABLE <基本表名>[RESTRICT|CASCADE]
```

其中,各参数的描述如下：

(1) RESTRICT(约束删除选项)为系统默认方式,要求要删除的基本表不能被其他表的约束所引用(例如 CHECK、FOREIGN KEY 等约束),不能有视图、触发器、存储过程或函数等依赖该表的对象,否则此表无法被删除。

(2) CASCADE(级联删除选项)表示同时删除该表及其关联对象。

(3) 在删除基本表的同时,表中的所有数据及建立的索引将一起被删除,系统将保留该表上的视图定义,但不可使用。

【例 4-20】 删除 StudentMIS 数据库中的 MyStudent 表,同时删除相关的视图和索引。

```
USE StudentMIS
GO
DROP TABLE MyStudent CASCADE
```

4. 重命名基本表

若在创建表的过程中将表名写错了，可以对基本表进行重命名，不需要删除后重建。

1）使用 SQL Server Management Studio 重命名基本表

在指定的数据库中展开表，右击需重命名的基本表，例如 MyStudent，然后在弹出的快捷菜单中选择“重命名”命令进入编辑状态，进入编辑状态后输入新表名即可。

如果在进行重命名操作时弹出文件保护错误，请将已打开的基本表保存关闭后再次执行操作。

2）使用 Transact-SQL 语句重命名基本表

使用系统存储过程 sp_rename 修改表名的语法格式如下：

```
sp_rename  '原表名',  '新表名'
```

4.2.3 索引的创建和维护

1. 索引的概念和作用

在基本表建立并存储数据后，就会在计算机上形成物理文件。查询是数据库中最常用的操作，因此如何在大量数据中快速找到符合条件的数据尤为重要。当用户需要查询基本表当中的数据时，DBMS 就会顺序遍历整个基本表来查找用户所需要的数据，称为全扫描。如果基本表当中的数据非常多，则 DBMS 会在顺序扫描上花很长时间，这样将影响查询效率。为了改善查询性能，可以创建和使用索引。

索引是根据表中的一列或若干列按照一定顺序建立的列值与记录行之间的对应关系表，是一个单独的、物理的数据库结构。索引属于物理存储的路径概念，而不是用户使用的逻辑概念。建立在多个列上的索引称为复合索引。在数据库中，索引类似于图书中的目录标注了各部分内容和所对应的页码，索引页注明了关系中各记录及其所对应的存储位置，是快速检索表中数据的常用方法。在查询数据时，首先在索引中找到符合条件的索引值，再通过保存在索引中的位置信息找到关系中对应的记录，从而实现快速查询。索引的概念涉及数据库中数据的物理存储顺序，因此属于数据库三级模式中的内模式范畴。

正如汉语字典中的汉字按页存放一样，SQL Server 中的数据记录也是按页存放的，每页容量一般为 4KB。为了加快查找的速度，汉语字（词）典一般都有按拼音、笔画、偏旁部首等排序的目录（索引），用户可以选择按拼音或笔画查找方式快速查找到需要的字（词）。同理，SQL Server 允许用户在表中创建索引，指定按某列预先排序，从而可以极大地提高数据库的检索速度，改善数据库的查询性能。其优点如下：

（1）通过索引极大地提高数据查询的速度，这也是其最主要的优点。

（2）通过创建唯一索引，可以确保数据表中各行数据的唯一性。

（3）建立在外码上的索引可以加速多表之间的连接，有益于实现数据的参照完整性。

（4）当查询涉及分组和排序时，可显著减少查询中分组和排序的时间。

（5）通过使用索引可以在查询过程中使用优化隐藏器，提高系统的性能。

虽然使用索引能够提高系统性能，但是索引为查找所带来的优势是有代价的：

（1）创建和维护索引耗费时间。

（2）索引需要占据一定的物理存储空间。在物理存储空间中除了存储数据表之外，还需要一定的额外空间来存储索引。

（3）在对数据表进行插入、修改和删除操作时，相应的索引也需要动态维护更新，从而需要消耗系统资源。

2. 索引的分类

在微软的 SQL Server 中，根据索引记录的结构和存放位置可分为聚集索引（Clustered Index）、非聚集索引（Nonclustered Index）和其他类型索引（例如唯一索引、视图索引等）。其中，聚集索引和非聚集索引是数据库引擎中最基本的索引。

1）聚集索引

聚集索引也称为聚簇索引，是指索引项的顺序与表中记录的物理存储顺序完全一致，类似于图书目录和正文内容之间的关系。聚集索引如同图书目录带有指针（位置链接），对应（指向）数据存储位置按原定物理顺序（输入时自然顺序）排列，按照索引的字段（属性列）排列记录，并依排好的顺序将记录存储在表中。

由于聚集索引规定数据在表中的物理存储顺序，所以一个表只能包含一个聚集索引。例如，汉语字（词）典默认按拼音排序编排字典中的每页页码。拼音字母 a、b、c、d……x、y、z 就是索引的逻辑顺序，而页码 1、2、3……就是物理顺序。默认按拼音排序的字典，其索引顺序和逻辑顺序是一致的。即拼音顺序较后的字（词）对应的页码较大。例如拼音“ma”对应的字（词）页码就比拼音“ba”对应的字（词）页码靠后。但聚集索引可以包含多个列（组合索引），就像电话簿按姓氏和名字进行组织一样。在聚集索引下，数据在物理上按顺序排在数据页上，重复值也排在一起，因此对于那些经常要搜索范围值（between、<、<=、>、>=）的列特别有效，一旦找到包含第一个值的行后，便可以确保包含后续索引值的行物理相邻，不必进一步搜索，避免了大范围扫描，可极大地提高查询性能。

2）非聚集索引

非聚集索引是指数据存储在一个地方，索引存储在另一个地方，索引带有指针指向数据的存储位置。索引中的项目按索引键值的顺序存储，而表中的记录按另一种顺序存储。非聚集索引不改变表中记录的物理存储顺序，因此一个表可以有多个非聚集索引。如果在表中没有创建聚集索引，则无法保证这些行具有任何特定的顺序。例如，按笔画排序的索引就是非聚集索引，“1”画的字（词）对应的页码可能比“3”画的字（词）对应的页码大（靠后）。

提示：在 SQL Server 2016 中，一个表只能创建一个聚集索引，但可创建不超过 999 个非聚集索引。聚集索引比非聚集索引有更快的数据访问速度。设置某列为主键，该列就默认为聚集索引。

如果一个关系表中包含一个非聚集索引但没有聚集索引，新插入的记录将会被插入最末一个数据页中，然后非聚集索引会被更新。如果该关系表中还包含聚集索引，则先根据聚集索引确定新数据的位置，然后再更新聚集索引和非聚集索引。

表 4-4 给出了聚集索引和非聚集索引的使用原则，读者可以根据实际情况综合分析使用。

表 4-4　聚集索引和非聚集索引的使用原则

索引分类	列经常被分组排序	返回某范围内的数据的列	极少不同值的列	小数目的不同值的列	大数目的不同值的列	频繁更新的列	外键列	主键列	频繁修改索引列
聚集索引	应使用	应使用	不使用	应使用	不使用	不使用	应使用	应使用	不使用
非聚集索引	应使用	不使用	不使用	不使用	应使用	应使用	应使用	应使用	应使用

聚集索引和非聚集索引的区别如表 4-5 所示。

表 4-5　聚集索引和非聚集索引的区别

聚 集 索 引	非 聚 集 索 引
每个表只允许创建一个聚集索引	每个表可创建不超过 999 个非聚集索引
物理地重排表中的数据以符合索引顺序	创建一个键值列表，键值指向数据在数据页中的位置
用于经常查找数据的列	用于从表中查找单个值的列

3）其他类型索引

除了上述两类索引之外，SQL Server 中还提供了唯一索引、分区索引、视图索引、列存储索引、XML 索引、全文索引等，下面简要说明。

（1）唯一索引。在其他类型的索引中最常见的是唯一索引（Unique Index），其索引列中不包含重复的索引值，即唯一索引中的每一个索引值都对应表中唯一的数据记录。例如，在 Student 表中的姓名（StuName）列上创建了唯一索引，则所有学生的姓名不能重复。在创建数据表时如果设置了主键或唯一约束，则 SQL Server 2016 就会自动创建与之对应的唯一索引。当然，聚集索引和非聚集索引也都可以是唯一的。尽管唯一索引有助于找到信息，但为了获得最佳性能，建议使用主键（PRIMARY KEY）约束或唯一（UNIQUE）约束。

（2）分区索引。为了改善大型表的可管理性和性能，经常会对其进行分区，对应的可以为已分区表建立分区索引，但是有时也可以在未分区的表中使用分区索引。

（3）视图索引。视图索引是为视图创建的索引，其存储方法与带聚集索引的表的存储方法相同。视图索引可以提高视图的查询效率，将结果集永久存储在索引中。

（4）列存储索引。在常规索引中，每行的索引数据被一起保存在一页中，每列数据在一个索引中是跨所有页保留的；而在列存储索引中，每列数据被保存在一起，这样每个数据也都只包含来自单个列的数据。

（5）XML 索引。XML 索引是为 XML（Extensible Markup Language）数据类型列创建的索引，它们对列中 XML 实例的所有标记、值和路径进行索引，从而提高查询性能。XML 索引可分为主索引和辅助索引。

（6）全文索引。全文索引是一种特殊类型的基于标记的功能性索引，由 SQL Server 全文引擎（MSFTESQL）服务创建和维护，用于帮助用户在字符串数据中搜索复杂的词语。

3. 索引和约束的关系

在对列定义主键(PRIMARY KEY)约束或唯一(UNIQUE)约束时,会自动创建索引。

1) PRIMARY KEY 约束和索引

如果创建表时将一个特定列标识为主键,则 SQL Server 自动对该列创建 PRIMARY KEY 约束和唯一聚集索引。

2) UNIQUE 约束和索引

在默认情况下,创建 UNIQUE 约束,SQL Server 自动对该列创建唯一非聚集索引。

当用户从表中删除主键约束或唯一约束时,创建在这些约束列上的索引也会被自动删除。

3) 独立索引

使用 CREATE INDEX 语句或 SQL Server Management Studio 的"对象资源管理器"中的"新建索引"对话框创建独立于约束的索引。

4. 创建索引的规则

使用索引可以提高查询的速度并减少存储空间,在创建索引前需要考虑以下规则和策略:

(1) 搜索符合特定搜索关键字值的行(精确匹配查询)。

(2) 搜索其关键字值为范围值的行(范围查询)。

(3) 在前一表中搜索要根据连接谓词与后一表中的某行匹配的行。

(4) 若不进行显式排序操作,按一种有序的顺序对行扫描,以允许基于顺序的操作,例如合并连接。

(5) 以优于表扫描的性能对表中所有的行进行扫描,性能提高是由于减少了要扫描的列集和数据总量。

(6) 在搜索插入和更新操作中,重复搜索关键字值,实现 PRIMARY KEY 和 UNIQUE 约束。

(7) 搜索已定义 FOREIGN KEY 约束的两个表之间匹配的行。

(8) 在使用 LIKE 比较进行查询时,若模式以特定字符串(例如"abc%")开头进行了索引,使用索引将提高效率。

(9) 数据表不宜建立太多的索引,以免影响 INSERT、UPDATE 和 DELETE 操作的性能。

5. 创建索引

创建索引的常见方法有两类,即系统自动创建索引和用户创建索引。

系统在创建表中的其他对象时可以附带地创建新索引。在创建 UNIQUE 约束或 PRIMARY KEY 约束时,SQL Server 会自动为这些约束列创建聚集索引。

用户创建索引的方法有两种,即使用 SQL Server Management Studio 向导、使用 Transact-SQL 语句,下面分别介绍。

1）使用 SQL Server Management Studio 向导创建索引

使用 SQL Server Management Studio 创建索引的操作步骤如下：

（1）启动 SQL Server Management Studio，在“对象资源管理器”窗口中展开“数据库”→StudentMIS→“表”结点，选择要创建索引的表，例如 Student 表。

（2）右击 Student 表，从弹出的快捷菜单中选择“设计”命令，出现“表设计器”对话框，如图 4-15 所示。选择将要建立索引的属性列，例如 StuName，右击，在弹出的快捷菜单中选择“索引/键”命令，出现“索引/键”对话框，如图 4-16 所示。

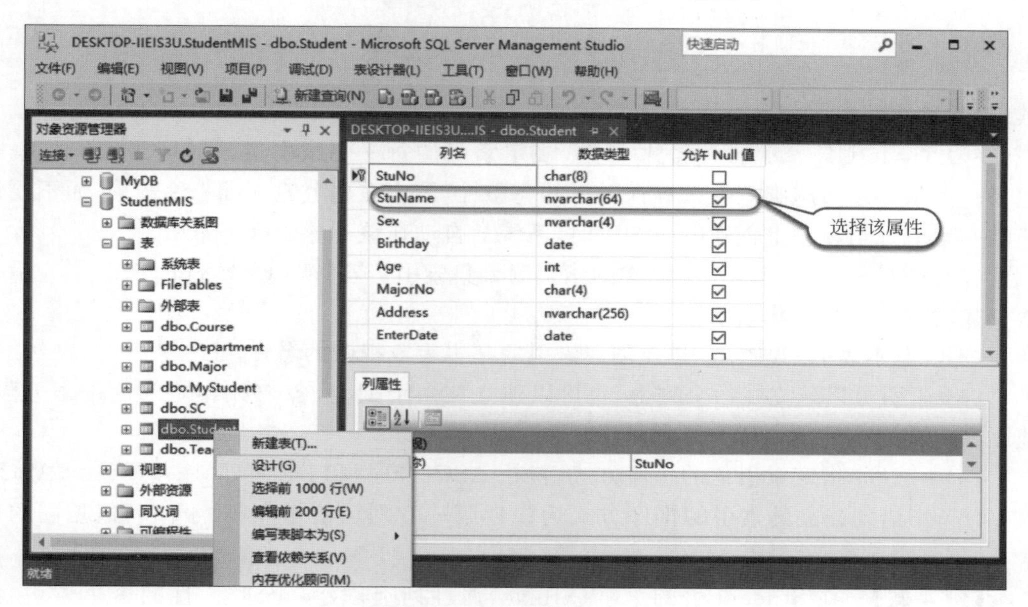

图 4-15　选择“设计”命令

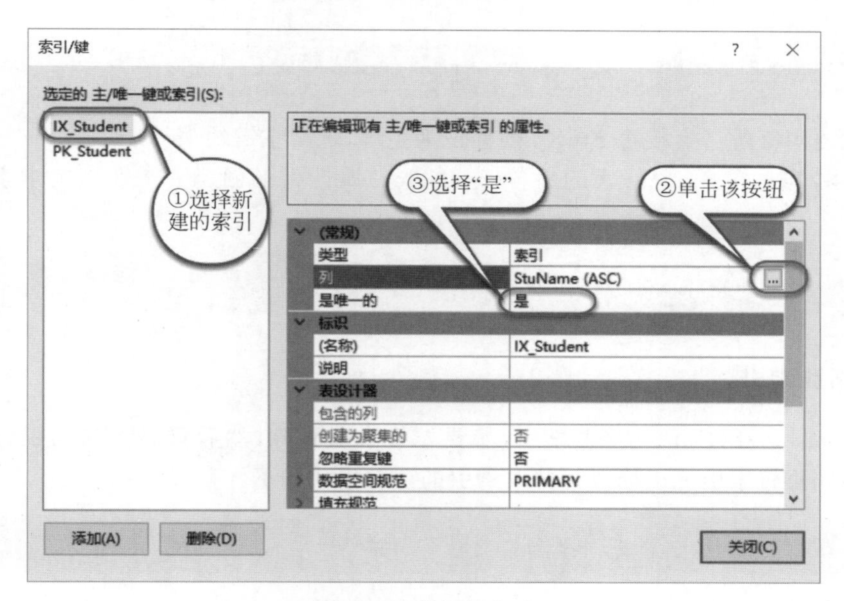

图 4-16　增加新索引

(3) 单击“添加”按钮，添加一个唯一性约束。选中新建的索引 IX_Student，单击列右边的按钮，在弹出的“索引列”对话框中选择“StuName”字段，然后单击“确定”按钮关闭该对话框。

(4) 按照如图 4-16 所示设置完成后，单击“关闭”按钮完成索引的创建。

2) 使用 Transact-SQL 语句创建索引

在 Transact-SQL 语言中，使用 CREATE INDEX 语句创建索引，其语法格式为：

```
CREATE [UNIQUE] [CLUSTERED|NONCLUSTERED] INDEX <索引名>
ON <基本表名 | 视图名> (<列名> [ ASC | DESC] [,…n])
```

其中，各参数的说明如下：

(1) UNIQUE 表示唯一索引，可选，规定索引的每一个索引值只对应于表中唯一的记录。如果必须实施唯一性来确保数据的完整性，则应在列上建立唯一性约束，而不要创建唯一索引。当在表上创建唯一约束时，系统会自动在该列建立唯一索引。

(2) CLUSTERED 表示要创建的索引为聚集索引。若省略 CLUSTERED，则表示默认创建的索引为非聚集索引。

(3) <基本表名|视图名>是要创建索引的基本表或视图的名称。

(4) 索引可以建立在一个列上，也可以建立在多个列上，各<列名>之间用逗号分隔。建立在多个列上的索引称为复合索引。

(5) <次序>指定索引值的排序方式，包括 ASC(升序)和 DESC(降序)，默认为 ASC。

(6) 本语句建立的索引的排序方式为先以第一个列名值排序，对于该列值相同的记录，按下一个列名值排序。

【例 4-21】 在 Student 表的学号(StuNo)属性列上创建一个唯一性的聚集索引，按照升序排列。

```
CREATE UNIQUE CLUSTERED IDX_StuNo ON Student (StuNo ASC);
```

上述语句等价于直接将 StuNo 列标识为主键，定义主键约束。

【例 4-22】 在 Student 表的姓名(StuName)属性列上创建一个非聚集索引，按照降序排列。

```
CREATE INDEX IDX_StuName ON Student (StuName DESC);
```

6. 修改索引

用 Transact-SQL 语句修改索引，需要先将索引删除，然后重新定义索引，最后用修改索引语句重置索引完成修改。修改索引的语句格式如下：

```
ALTER INDEX <索引名> ON <基本表名 | 视图名> REBUILD
```

【例 4-23】 将例 4.22 创建的索引 IDX_StuName 进行修改，使其成为唯一索引。

```
DROP INDEX IDX_StuName ON Student;
CREATE UNIQUE INDEX IDX_StuName ON Student (StuName DESC);
ALTER INDEX IDX_StuName ON Student REBUILD
```

7. 删除索引

虽然使用索引能提高查询效率，加强行的唯一性，但过多或不当的索引会导致系统低效。用户在表中每增加一个索引，数据库就要做很多的工作。带索引的表在数据库中需要更多的存储空间，操纵数据的命令需要更长的处理时间，因为它们需要对索引进行更新。过多的索引甚至会导致索引碎片，降低系统效率。因此，不必要的索引应及时删除。删除索引的语法格式为：

```
DROP INDEX <索引名> ON <基本表名>
或 DROP INDEX <基本表名>.<索引名> [,…n]
```

本语句将删除独立于约束定义的索引，同时该索引在数据字典中的描述也将被删除。若是通过约束自动创建的索引，必须先删除 PRIMARY KEY 约束或 UNIQUE 约束才能删除约束使用的索引。

【例 4-24】 删除 Student 表的索引 IDX_StuName。

```
DROP INDEX IDX_StuName ON Student;
或 DROP INDEX Student.IDX_StuName;
```

8. 查看索引

查看指定表的索引信息，可通过执行系统存储过程 sp_helpindex，它的语法格式如下：

```
EXEC sp_helpindex <基本表名>
```

执行该语句可返回指定表上所有索引的名称、类型和建立索引的列。

当然也可以执行以下语句：

```
DBCC SHOW_STATISTICS (基本表名,索引名)
```

该语句也可以用来查看指定表中某个索引的统计信息。

9. 重命名索引

利用系统存储过程 sp_rename 更改索引的名称，其语法格式如下：

```
sp_rename '基本表名.原索引名称','新索引名称'
```

4.3 SQL 的数据操纵

在 SQL Server 2016 中,创建基本表确定基本结构以后,接着就是表中数据的处理,包括插入、删除和修改数据。数据操纵有两种方法,即使用 SQL Server Management Studio 操纵表中的数据;使用 Transact-SQL 语句操纵表中的数据。

【例 4-25】 使用 SQL Server Management Studio 在 StudentMIS 数据库的 MyStudent 表中插入一条记录。

操作步骤如下:

启动 SQL Server Management Studio,在"对象资源管理器"窗口中展开"数据库"→StudentMIS→"表"结点。然后右击 MyStudent 结点,从弹出的快捷菜单中选择"编辑前200行"命令,如图 4-17 所示,再将光标定位到当前表尾的下一行,输入相关信息。由于id 为标识列,所以不需要输入。

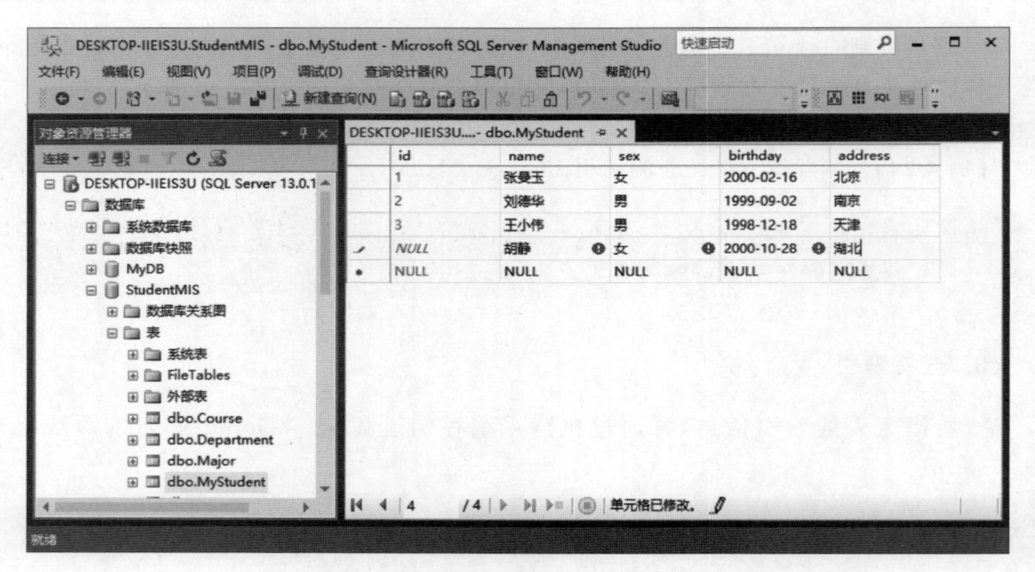

图 4-17 编辑 MyStudent 表中的数据

使用 SQL Server Management Studio 操纵表中的数据相对简单,鉴于教学重点及篇幅,本节主要介绍使用 Transact-SQL 语句操纵表中数据的方法。SQL 语言的数据操纵功能主要包括插入(INSERT)、删除(DELETE)和修改(UPDATE)3 个方面。借助相应的数据操纵语句,可以对基本表中的数据进行更新,包括向基本表中插入数据、修改基本表中原有的数据、删除基本表中的某些数据。

4.3.1 插入数据

在基本表建立以后,就可以根据实际业务需要向指定的基本表中插入数据。在 SQL

中插入数据使用INSERT语句。INSERT语句插入数据的操作有3种形式：插入一条记录；利用VALUES插入多条记录；利用子查询的结果一次插入多条记录。

1. 插入一条记录

对于指定的数据表，插入单个记录的INSERT语句的语法格式如下：

```
INSERT INTO <基本表名> [(<列名 1>, <列名 2>,…, <列名 n>)]
VALUES (<列值 1>,<列值 2>,…,<列值 n>)
```

其中，<基本表名>指定要插入数据的表的名字，<列名 1>，<列名 2>，…，<列名 *n*>为要添加列值的列名序列，VALUES后一一对应要添加列的输入值。将列名和列值用半角逗号隔开，分别括在()内。若列名序列省略，则新插入的记录必须在指定表的每个属性列上都有值。若某些列名(属性)在INTO子句中没出现，则新记录在列名序列中未出现的对应列上取空值(NULL)。所有不可取空值(标记为NOT NULL)的列必须包括在列名序列中，以免操作受限。各列值要与表中字段的数据类型保持一致。

【例4-26】 在Course表中插入一条课程记录(课程号：050116，课程名：C语言，学分：3，学时：48，教师编号：3002)。

```
INSERT INTO Course (CNo, CName, Credit, ClassHour, TeacherNo) VALUES('050116', 'C语言', 3,
48, '3002')
```

若插入数据的顺序与表中列的顺序一致，且表中的每个列都赋值，则可以省略列名，表示如下：

```
INSERT INTO Course VALUES('050116', 'C语言', 3, 48, '3002')
```

注意：*若输入值为字符型或日期型数据，需要用单引号(')括起来，例如'C语言'。*

【例4-27】 在SC表中插入一个学生成绩记录，即('41756002', '050116')。

```
INSERT INTO SC(StuNo, CNo) VALUES('41756002', '050116')
```

该例中只对SC表的两个属性列指定了值，那么其余属性列的值就为空值(NULL)，即该记录成绩属性列(Score)上为NULL。用户可以为表中的列设定默认值，默认值通过在CREATE TABLE语句中为列设置DEFAULT约束来设定。插入默认值可以通过两种方式实现，即在INSERT语句的VALUES子句中指定DEFAULT关键字(显式方法)，或省略列清单(隐式方法)。如果省略了没有设定默认值的列，该列的值就会被设定为NULL。因此，如果省略的是设置了NOT NULL约束的列，INSERT语句就会出错。

2. 利用VALUES插入多条记录

对于指定的数据表，利用VALUES插入多条记录的INSERT语句的语法格式如下：

```
INSERT INTO <基本表名> [(<列名 1>, <列名 2>,…, <列名 n>)]
VALUES (<列值 1>,<列值 2>,…,<列值 n>)[, (<列值 1>,<列值 2>,…,<列值 n>),…]
```

【例 4-28】 在 SC 表中插入 3 个学生成绩记录,即('41756002', '050116', 85)、('41756003', '050116', 90)、('41756004', '050116', 92)。

```
INSERT INTO SC(StuNo, CNo, Score) VALUES('41756002','050116', 85), ('41756003', '050116', 90), ('41756004','050116', 92)
```

3. 利用子查询的结果一次插入多条记录

利用子查询的结果一次插入多条记录的 INSERT 语句的语法格式如下:

```
INSERT INTO <基本表名> [(<列名 1>,<列名 2>,…,<列名 n>)] <子查询>
```

这种形式可将子查询的结果集一次性插入基本表中。如果列名序列省略,则子查询所得到的数据列必须和要插入数据的基本表的数据列完全一致。如果列名序列给出,则子查询结果与列名序列要一一对应。

【例 4-29】 如果已建有课程平均分表 Course_AVG(CNo, Average),其中 Average 表示每门课程的平均分,向 Course_AVG 表中插入每门课程的平均分记录。

```
INSERT INTO Course_AVG (CNo, Average)
SELECT CNo, AVG(Score) FROM SC GROUP BY CNo
```

执行该语句,首先从 SC 表中查询每门课程的平均成绩,然后将查询结果插入 Course_AVG 表中。

4.3.2 修改数据

当业务数据发生变更时,需要及时对有关数据进行修改。在 SQL 中修改数据使用 UPDATE 语句,用于修改满足指定条件记录的指定列值。该语句的一般格式为:

```
UPDATE <基本表名>
SET <列名 1> = <表达式 1> [,<列名 2> = <表达式 2>][,…n]
[WHERE <条件表达式>]
```

其中,"数据表名"为指定要修改数据(记录)所在的数据表名。SET 子句主要用于指定"替换"修改具体值,列名 1、列名 2 等是要修改的列的名称,表达式 1、表达式 2 等是要赋予的新值,即用"表达式"的结果值替换对应的列(指定"列名")的值。WHERE 子句用于修改指定表中满足"条件表达式"的记录。如果省略 WHERE 子句,则表示要修改指定表中的所有记录的对应列。其功能是对指定基本表中满足条件的记录,用表达式的值作为对应列的新值进行更新。满足指定条件的记录可以是一条记录,也可以是多条记录,主要取决于后面的 WHERE 子句。

1. 按指定条件修改记录

【例 4-30】 将学号为“41756001”的学生的姓名改为“张影”。

```
UPDATE Student SET StuName = '张影' WHERE StuNo = '41756001'
```

【例 4-31】 将所有选修编号为“050218”课程的学生的成绩加 2 分。

```
UPDATE SC SET Score = Score + 2 WHERE CNo = '050218'
```

在 WHERE 条件中同样可以使用更加复杂的子查询。

【例 4-32】 将所有选修“计算机技术及应用”课程的学生的成绩加 3 分。

```
UPDATE SC SET Score = Score + 3 WHERE CNo IN (SELECT CNo FROM Course WHERE CName = '计算机技术
及应用')
```

2. 修改表中所有记录的值

【例 4-33】 将所有学生的成绩加 1 分。

```
UPDATE SC SET Score = Score + 1
```

由于省略了 WHERE 子句，则所有记录的成绩都将被修改。

4.3.3 删除数据

当业务数据表中有些数据(记录)不再需要时，可以从数据表中进行删除。SQL 提供了 DELETE 语句用于删除指定表中的一条或多条记录。用户要注意区分 DELETE 语句和 DROP 语句。DROP 是数据定义语句，作用是删除表的定义，当删除表定义时，连同表所对应的数据都被删除；而 DELETE 是数据操纵语句，只是删除表中的相关记录，表的结构、约束、索引等并没有被删除。DELETE 语句的语法格式如下：

```
DELETE FROM <基本表名> [WHERE <条件表达式>]
```

其中，<基本表名>为指定要删除的数据(记录)所在的表名。WHERE 子句用于指定删除满足“条件表达式”的数据(记录)。如果省略 WHERE 子句，则删除表中的全部记录(只留表结构)。如果仅需删除部分数据行，只需在 WHERE 子句中指定删除条件即可。

【例 4-34】 删除所有选修“050218”号课程的选课信息。

```
DELETE FROM SC WHERE CNo = '050218'
```

该语句会将课程号为“050218”的所有选课记录全部删除。

在 WHERE 条件中同样可以使用复杂的子查询。

【例 4-35】 删除成绩不及格的学生的基本信息。

```
DELETE FROM Student WHERE StuNo IN (SELECT StuNo FROM SC WHERE Score < 60)
```

注意，DELETE 语句一次只能从一个表中删除记录，而不能从多个表中删除记录。若要删除多个表中的记录，需要多次使用 DELETE 语句进行操作。

如果要删除全部数据记录，在 SQL Server 2016 中还提供了一条语句，其一般语法格式为：

```
TRUNCATE TABLE <基本表名>
```

该语句和 DELETE 语句的主要区别如下：

(1) DELETE 语句每次删除一行，并在事务日志中为所删除的每行记录一项。TRUNCATE 语句通过释放存储表数据所用的数据页来删除数据，并且只在事务日志中记录页的释放。

(2) 使用 TRUNCATE 语句，新行标识所用的计量值重置为该列的种子。如果要保留标识计数值，应使用 DELETE 语句。

(3) 对于有外键约束引用的表，不能使用 TRUNCATE 语句，而应使用 DELETE 语句。由于 TRUNCATE 语句不记录在日志中，所以它不能激活触发器。

(4) TRUNCATE 语句只能删除表中的全部数据，而不能通过 WHERE 子句指定条件来删除部分数据。也正是因为它不能具体地控制删除对象，所以其处理速度比 DELETE 语句要快得多。

4.4 SQL 的数据查询

SQL 数据查询是 SQL 语言中最重要、最丰富也是最灵活的内容。建立数据库的主要目的就是存储数据，以便在需要时进行检索、统计或组织输出。关系代数的运算在关系数据库中主要由 SQL 数据查询来体现。SQL 语言提供 SELECT 语句进行数据库的查询，完成单表查询、多表查询、统计、分组、排序等功能。其基本格式为：

```
SELECT [ALL|DISTINCT] <列名或列表达式 A1>[,<列名或列表达式 A2>][,…n]
FROM <表名或视图名 R1>[,<表名或视图名 R2>][,…m]
[WHERE <行条件表达式>]
```

查询基本结构包括了 3 个子句，即 SELECT 子句、FROM 子句和 WHERE 子句。这些子句的书写顺序是固定的，不能随意更改。

(1) SELECT 子句对应关系代数中的投影运算，用于列出希望从表中查询出的列名或列表达式。在查询多列时，需要使用半角逗号进行分隔。查询结果中列的顺序和 SELECT 子句中的顺序相同。

(2) FROM 子句对应关系代数中的广义笛卡儿积，用于列出被查询的关系——基本表或视图。

(3) WHERE子句对应关系代数中的选择谓词,这些谓词涉及FROM子句中关系的属性,用于指出连接、选择等运算要满足的查询条件。

SQL数据查询的基本结构如下:

```
SELECT A₁, A₂,…, Aₙ FROM R₁, R₂, …, Rₘ WHERE P
```

在关系代数中等价于:

$$\pi_{A_1,A_2,\cdots A_n}(\sigma_P(R_1 \times R_2 \times \cdots \times R_m))$$

其运算过程是首先构造FROM子句中关系的广义笛卡儿积,然后根据WHERE子句中的谓词进行关系代数中的选择运算,最后把结果投影到SELECT子句中的属性上。

另外,SQL数据查询除了上面3个子句以外,还有ORDER BY子句和GROUP BY子句,以及DISTINCT、HAVING等短语。

SQL数据查询的一般格式为:

```
SELECT [ALL | DISTINCT] <列名或列表达式> [[AS] 别名] [,…n]
FROM <表名或视图名> [[AS] 表别名] [,…m]
[WHERE <行条件表达式>]
[GROUP BY <列名> [,…n] [HAVING <组条件表达式>]]
[ORDER BY <列名> [ASC|DESC] [,…n];
[FOR [JSON|xmb][AUTO|PATH]]
```

其中,各参数的说明如下:

(1) 对于ALL | DISTINCT,若选DISTINCT,则每组重复记录只输出一条记录;若选ALL,则所有重复记录全部输出,默认为ALL。当在结果表中输出的列名与表或视图的列名不一致时,可用"<列名或列表达式> [AS]别名"的形式进行修改。在实际使用时,AS也可省略。

(2) 在FROM子句中,当多次引用同一数据表时可用AS加别名进行区分,其格式为"AS表别名"。在实际使用时,AS也可省略。

(3) GROUP BY <列名>[,…n]根据列名分组,由HAVING <组条件表达式>对组进行筛选,实现分类汇总查询。

(4) ORDERBY <列名>[ASC|DESC][,…n]指定将查询结果按<列名>中指定的列进行升序(ASC)或降序(DESC)排列,对第一指定列值相同的元组再按第二指定列排序,以此类推。默认为ASC(升序),用于控制行的排序方式。

(5) FOR [JSON|XML][AUTO|PATH]可以将查询结果输出为JSON格式或XML格式。AUTO选项可以将结果简单输出为JSON格式或XML格式;PATH选项可以通过属性别名的点操作符将结果嵌套输出为复杂的JSON格式或XML格式。

一般格式的含义是从FROM子句指定的关系(基本表或视图)中取出满足WHERE子句条件的元组,最后按SELECT的查询项形成结果表。若有ORDER BY子句,则结果按指定的列的次序排列。若有 GROUP BY 子句，则将指定的列中相同值的元组都分在一组，并且若有 HAVING 子句，则将分组结果中去掉不满足 HAVING 条件的元组。

由于 SELECT 语句涉及的内容较多，可以组合成非常复杂的查询语句。对于初学者来说，想要熟练地掌握和运用 SELECT 语句必须下一番功夫。下面以教务管理系统为例，通过大量的例子来介绍 SELECT 语句的功能。

教务管理数据库(StudentMIS)中包括下面 3 个基本表：

- 学生信息表。Student(StuNo，StuName，Sex，Birthday，Age，MajorNo，Address，EnterDate)，如图 4-18 所示，各字段分别表示学号、姓名、性别、出生日期、年龄、专业编号、籍贯、入学日期。在 Student 表中 StuNo 为主键。

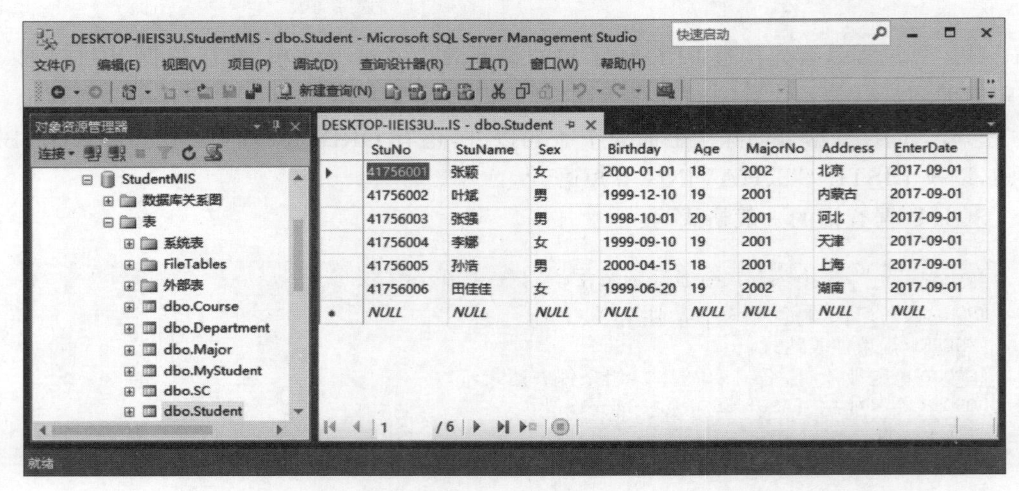

StuNo	StuName	Sex	Birthday	Age	MajorNo	Address	EnterDate
41756001	张颖	女	2000-01-01	18	2002	北京	2017-09-01
41756002	叶斌	男	1999-12-10	19	2001	内蒙古	2017-09-01
41756003	张强	男	1998-10-01	20	2001	河北	2017-09-01
41756004	李娜	女	1999-09-10	19	2001	天津	2017-09-01
41756005	孙浩	男	2000-04-15	18	2001	上海	2017-09-01
41756006	田佳佳	女	1999-06-20	19	2002	湖南	2017-09-01
NULL	NULL	NULL	NULL	NULL	NULL	NULL	NULL

图 4-18 学生信息表

- 课程表。Course(CNo，CName，Credit，ClassHour，TeacherNo)，如图 4-19 所示，各字段分别表示课程号、课程名、学分、学时数、教师编号。在 Course 表中 CNo 为主键。

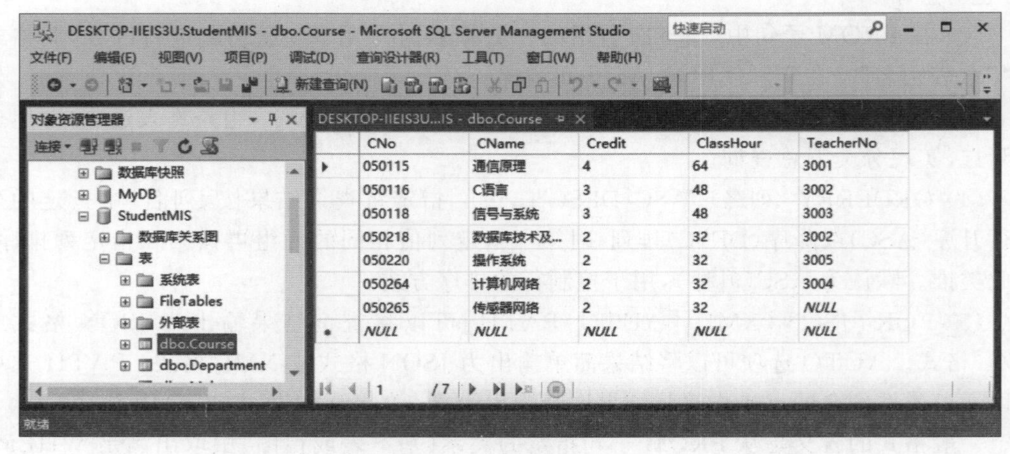

CNo	CName	Credit	ClassHour	TeacherNo
050115	通信原理	4	64	3001
050116	C语言	3	48	3002
050118	信号与系统	3	48	3003
050218	数据库技术及...	2	32	3002
050220	操作系统	2	32	3005
050264	计算机网络	2	32	3004
050265	传感器网络	2	32	NULL
NULL	NULL	NULL	NULL	NULL

图 4-19 课程表

- 学生成绩表。SC(StuNo,CNo,Score),如图 4-20 所示,各字段分别表示学号、课程号、成绩。在 SC 表中 StuNo 和 CNo 合起来为主键。

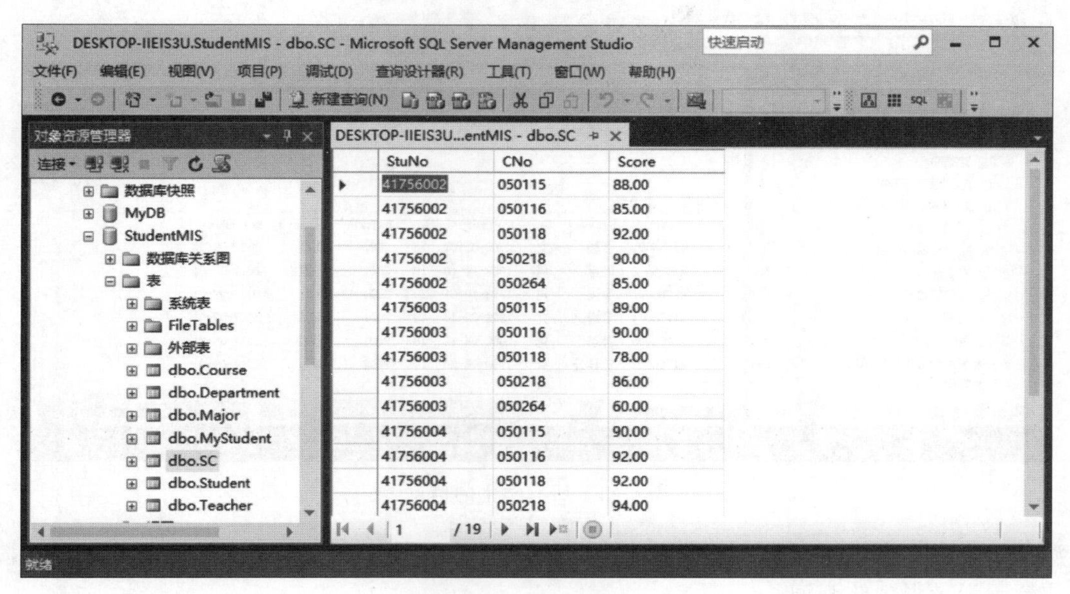

图 4-20　学生成绩表

SQL Server 2016 提供了查询编辑器,用于编辑和运行查询代码。

【例 4-36】 查询所有学生的信息。

操作步骤如下:

(1) 启动 SQL Server Management Studio。

(2) 在"对象资源管理器"窗口中选择 StudentMIS,然后单击工具栏中的"新建查询"按钮,打开查询编辑器。此时,在"可用数据库"下拉列表框中已经选择 StudentMIS。

(3) 在查询编辑器中输入以下代码。在 SELECT 子句中,在选择列表处使用通配符"*",表示选择指定的表或视图中所有的列。服务器会按用户创建表格时声明列的顺序来显示所有的列。

```
SELECT * FROM Student
```

(4) 单击工具栏上的 ✔ 按钮,进行语法分析。

(5) 单击 ! 执行(X) 按钮,在当前数据库中执行查询语句,结果如图 4-21 所示。在状态栏中显示了当前数据库服务器名 DESKTOP-IIEIS3U,当前数据库为 StudentMIS,结果数据集有 6 行。

下面的例子将省略以上步骤,直接给出 SQL 语句。

4.4.1　单表无条件查询

单表无条件查询是指只含有 SELECT 子句和 FROM 子句的查询,且 FROM 子句仅

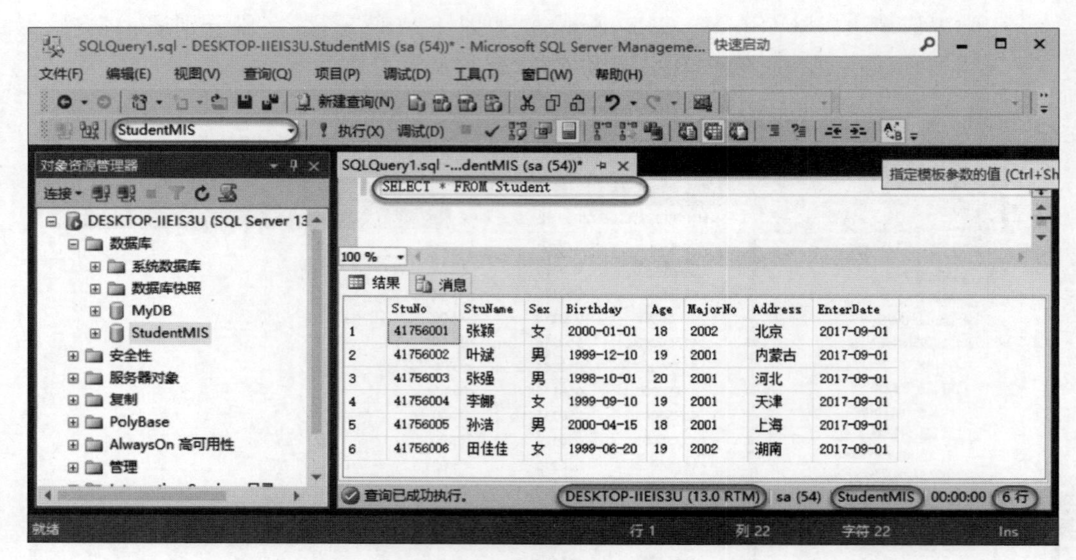

图 4-21 所有学生的信息

涉及一个表。由于这种查询不包含查询条件，所以它不会对所查询的关系进行水平分割，适合于记录很少的查询。

1. 查询表中的若干列

选择表中的全部列或部分列，即关系代数中的投影运算。

【例 4-37】 查询 Student 表中所有学生的学号、姓名、年龄，结果只显示该 3 列的内容。

```
SELECT StuNo, StuName, Age FROM Student   /* 列名之间用半角的逗号隔开 */
```

【例 4-38】 查询 Student 表中所有学生的全部内容。

```
SELECT StuNo, StuName, Sex, Birthday, Age, MajorNo, Address, EnterDate FROM Student
```

说明：当所查询的列是基本表的所有列时，可以使用"*"来代表全部列，因此上述查询等价于"SELECT * FROM Student"。这两种方法的区别是前者的列顺序可根据 SELECT 子句的列名显示查询结果，而后者只能按照 CREATE TABLE 语句的定义对列进行排序。

2. DISTINCT 关键字的使用

当查询的结果只包含表中的部分列时，在结果中可能会出现重复行，使用 DISTINCT 关键字可以去掉查询结果中重复出现的行，使重复行只保留一个。在使用 DISTINCT 时，NULL 也被视为一类数据。当 NULL 存在于多行中时，也会被合并为一条 NULL 数据。

【例 4-39】 查询 Student 表中学生的性别，分别如图 4-22 和图 4-23 所示。

```
SELECT Sex FROM Student
SELECT DISTINCT Sex FROM Student
```

	Sex
1	女
2	男
3	男
4	女
5	男
6	女

图 4-22 查询 Student 表中所有学生的性别

	Sex
1	男
2	女

图 4-23 取消 Student 表中重复性别的结果

DISTINCT 关键字也可以在多列之前使用。此时，会将多个列的数据进行组合，将重复的数据合并为一条。在图 4-24 中，(男，2001)的 3 条数据被合并成了一条。同时，DISTINCT 关键字只能用在第一个列名之前，因此，例 4.40 不能写成"SELECT Sex, DISTINCT MajorNo FROM Student"。

【例 4-40】 查询 Student 表中学生性别和所学专业的不同组合，结果如图 4-24 所示。

```
SELECT DISTINCT Sex, MajorNo FROM Student
```

3. 查询列中含有算术运算的表达式

在 SELECT 子句的目标列中可以包含带有+、-、*、/的算术运算表达式，其运算对象为常量或元组的属性。需要注意的是，所有包含 NULL 的计算，结果一定是 NULL。

【例 4-41】 查询 Student 表中所有学生的学号、姓名和出生年份，如图 4-25 所示。

```
SELECT StuNo, StuName, YEAR(GETDATE()) - Age FROM Student
```

此处 GETDATE()用于获取数据库所在服务器的当前日期，通过 YEAR()函数获取当前日期所在的年份。

	Sex	MajorNo
1	男	2001
2	女	2001
3	女	2002

图 4-24 Student 表中学生性别和所学专业的不同组合结果

	StuNo	StuName	(无列名)
1	41756001	张颖	2000
2	41756002	叶斌	1999
3	41756003	张强	1998
4	41756004	李娜	1999
5	41756005	孙浩	2000
6	41756006	田佳佳	1999

图 4-25 例 4.41 的查询结果(未使用别名)

4. 使用别名更改列标题

SQL 显示查询结果时，若没有特别指定，使用属性名作为列标题。然而，用户通常不容易理解属性名的含义。要使这些列标题能更好地便于用户理解，可以为列标题设置别名，别名可以使用中文。用户可以采用下列 3 种方法来改变列标题。

(1) 采用"列标题＝列名"的格式。

(2) 采用"列名　列标题"的格式。

(3) 采用"列名　AS　列标题"的格式。

将例 4.41 的 SELECT 语句改为：

```
SELECT StuNo 学号, StuName 姓名, YEAR(GETDATE()) - age 出生年份 FROM Student
或 SELECT StuNo AS 学号, StuName AS 姓名, YEAR(GETDATE()) - age AS 出生年份 FROM Student
或 SELECT 学号 = StuNo, 姓名 = StuName, 出生年份 = YEAR(GETDATE()) - age FROM Student
```

查询结果如图 4-26 所示。

说明：改变的只是查询结果的列标题，并没有改变数据表中的列名。

5. 查询列中含有常量

【例 4-42】 查询 Course 表中每门课程的课程名和学分，查询结果如图 4-27 所示。

```
SELECT CName, '学分' AS 学分, Credit FROM Course
```

	学号	姓名	出生年份
1	41756001	张颖	2000
2	41756002	叶斌	1999
3	41756003	张强	1998
4	41756004	李娜	1999
5	41756005	孙浩	2000
6	41756006	田佳佳	1999

图 4-26　例 4.41 的查询结果(使用别名)

	CName	学分	Credit
1	通信原理	学分	4
2	C语言	学分	3
3	信号与系统	学分	3
4	数据库技术及应用	学分	2
5	操作系统	学分	2
6	计算机网络	学分	2

图 4-27　例 4.42 的查询结果

这种书写方式可以使查询结果增加一个原关系里不存在的字符串常量列，元组在该列上的每个值就是字符串常量。在 SQL 语句中使用字符串或者日期常量时，必须使用单引号(')将其括起来。

6. 查询列中含有聚合函数

为了增强查询功能，SQL 提供了许多聚合函数。所谓聚合，就是将多行汇总为一行。实际上，所有的聚合函数都是这样：输入多行输出一行。SQL Server 2016 提供的聚合函数见第 3 章，尽管各个数据库管理系统提供的聚合函数不尽相同，但基本上都提供如表 4-6 所示的几个。

表 4-6 SQL 中常用的聚合函数

<table>
<tr><th>聚合函数</th><th>功能</th></tr>
<tr><td>COUNT([DISTINCT|ALL]*)</td><td>统计查询结果中的记录个数</td></tr>
<tr><td>COUNT([DISTINCT|ALL]<列名>)</td><td>统计查询结果中一列值的个数</td></tr>
<tr><td>MAX([DISTINCT|ALL]<列名>)</td><td>计算查询结果中一列值中的最大值</td></tr>
<tr><td>MIN([DISTINCT|ALL]<列名>)</td><td>计算查询结果中一列值中的最小值</td></tr>
<tr><td>SUM([DISTINCT|ALL]<列名>)</td><td>计算查询结果中一列值的总和</td></tr>
<tr><td>AVG([DISTINCT|ALL]<列名>)</td><td>计算查询结果中一列值中的平均值</td></tr>
</table>

说明：

(1) 通常，聚合函数会对空值(NULL)以外的对象进行计算。但是只有 COUNT()函数例外，使用 COUNT(*)可以查出包含 NULL 在内的全部数据的行数。

(2) 在<列名>前加入 DISTINCT 关键字，会将查询结果的列删除重复值再计算。当要计算值的种类时，可以在 COUNT()函数的参数中使用 DISTINCT 关键字。

(3) MAX()/MIN()函数和 SUM()/AVG()函数的区别是，SUM()/AVG()函数只能对数值类型的列使用，而 MAX()/MIN()函数原则上适用于任何数据类型的列。

【例 4-43】 COUNT()函数的使用。COUNT()函数的结果根据参数的不同而不同，COUNT(*)会得到包含 NULL 的数据行数，而 COUNT(<列名>)会得到 NULL 之外的数据行数。

```
SELECT COUNT( * ) FROM Student                    --统计学生表中的所有记录数:6
SELECT COUNT (Sex) FROM Student                   --统计学生的性别(去掉空值):6
SELECT COUNT (DISTINCT Sex) FROM Student          --统计学生的性别种类数:2
SELECT COUNT ( * ) FROM Course                    --统计课程表中所有的记录数:7
SELECT COUNT (TeacherNo) FROM Course              --统计开课的教师总人次(去掉空值):6
SELECT COUNT (DISTINCT TeacherNo) FROM Course     --统计开课的不同教师数:5
```

【例 4-44】 查询 SC 表中学生的平均成绩、最高分、最低分，结果如图 4-28 所示。

	平均成绩	最高分	最低分
1	86.684210	96.00	60.00

图 4-28 例 4.44 的查询结果

```
SELECT AVG(Score) AS 平均成绩, MAX(Score) AS 最高分, MIN(Score)最低分 FROM SC
```

7. 返回前面一定数量数据的查询

SQL Server 2016 提供了 TOP 关键字，让用户指定返回前面一定数量的数据。其语法格式如下：

```
SELECT TOP N [PERCENT] <列名或列表达式> [[AS] 别名] [,…n]
FROM <表名或视图名> [[AS] 表别名] [,…m]
[WHERE <行条件表达式>]
```

在 SELECT 语句中使用 TOP N 指定只从查询结果集中输出前 N 行。如果还指定了 PERCENT，则只从结果集中输出前百分之 N 行。

【例 4-45】 查询 Student 表中学生的前两条记录，结果如图 4-29 所示。

```
SELECT TOP 2 * FROM Student
```

	StuNo	StuName	Sex	Birthday	Age	MajorNo	Address	EnterDate
1	41756001	张颖	女	2000-01-01	18	2002	北京	2017-09-01
2	41756002	叶斌	男	1999-12-10	19	2001	内蒙古	2017-09-01

图 4-29 例 4.45 的查询结果

【例 4-46】 查询 Student 表中学生的前两条记录，并将学号、姓名、专业编号和入学日期输出为 XML 格式，结果如图 4-30 所示。

```
SELECT TOP 2 StuNo, StuName, MajorNo, EnterDate FROM Student FOR XML AUTO
```

图 4-30 例 4.46 的查询结果

【例 4-47】 查询 Student 表中学生的前两条记录，并将学号、姓名、专业编号和入学日期输出为 JSON 格式，结果如图 4-31 所示。

```
SELECT TOP 2 StuNo, StuName, MajorNo, EnterDate FROM Student FOR JSON AUTO
```

JSON_F52E2B61-18A1-11d1-B105-00805F49916B
[{"StuNo":"41756001","StuName":"张颖","MajorNo":"2002","EnterDate":"2017-09-01"},{"StuNo":"41756002","StuName":"叶斌",

图 4-31 例 4.47 的查询结果

【例 4-48】 查询 Student 表中学生的前两条记录，并将学号、姓名、专业编号和入学日期输出为嵌套的 JSON 格式，结果如图 4-32 所示。

```
SELECT TOP 2 StuNo, StuName, MajorNo AS 'Info.Major', EnterDate AS 'Info.Enterdate' FROM
Student FOR JSON PATH
```

JSON_F52E2B61-18A1-11d1-B105-00805F49916B
[{"StuNo":"41756001","StuName":"张颖","Info":{"Major":"2002","Enterdate":"2017-09-01"}},{"StuNo":"41756002","StuName":"叶斌",

图 4-32 例 4.48 的查询结果

4.4.2 单表带条件查询

一般情况下，数据库每个表中的数据量都非常大，显示表中所有的行是不现实的，也没有必要。因此，可以在查询的时候根据查询条件对表进行水平分割，可以使用 WHERE 子句实现。WHERE 子句常用的查询条件如表 4-7 所示。

表 4-7 查询条件中常用的运算符

查询条件	运 算 符	功 能
比较	=、>、<、>=、<=、<>、!=、!>、!<	使用比较运算符进行判断,不建议使用!=、!>、!<
确定范围	BETWEEN a AND b、NOT BETWEEN a AND b	判断属性值是否在 a 与 b 这个范围内,a 是下界,b 是上界
确定集合	IN、NOT IN	判断属性值是否在一个集合内
字符匹配	LIKE、NOT LIKE	判断字符串是否匹配。常用的通配符包括%(匹配 0 或多个字符)、_(匹配单个字符)、[ ](匹配方括号里列出的任意一个字符)、[^](匹配任意一个没有在方括号里列出的字符)
空值判断	IS NULL、IS NOT NULL	判断属性值是否为空(NULL)
组合条件	AND、OR	将多个条件组合起来
取反	NOT	将后面的条件取反

注意:这些条件常称为谓词条件,谓词就是返回值为真值的函数。所有通配符都只有在 LIKE 子句中才有意义,否则通配符会被当作普通字符处理。同时,在 WHERE 子句中不能用聚合函数作为条件表达式。如果查询条件是索引字段,则查询效率会极大地提高,因此在查询条件中应尽可能地利用索引字段。

1. 比较条件查询

比较条件查询主要在 WHERE <行条件表达式>子句的"行条件表达式"中采用比较运算符=、<、>、>=、<=、< >、!=、!>、!<等。这些比较运算符可以对字符、数字和日期等几乎所有数据类型的列和值进行比较。但是,在对字符类型的数据使用比较运算符时,原则上按照字典顺序进行排序,不能与数字的大小顺序相混淆。

【例 4-49】 从 SC 表中查询考试成绩在 70~80 分的学生的学号,如图 4-33 所示。

	StuNo	Score
1	41756003	78.00
2	41756005	80.00

图 4-33 例 4.49 的查询结果

```
SELECT StuNo, Score FROM SC WHERE Score > = 70 AND Score < = 80
```

2. 范围条件查询

使用 BETWEEN…AND 可以进行范围查询。该谓词与其他谓词的不同之处在于它使用了 3 个参数。

例 4.49 也可以使用 BETWEEN…AND,表示如下:

```
SELECT StuNo, Score FROM SC WHERE Score BETWEEN 70 AND 80
```

3. 逻辑条件查询

通过使用逻辑运算符 AND 和 OR 可以将多个查询条件进行组合。AND 运算符在其两侧的查询条件都成立时整个查询条件才成立，其意思相当于“并且”。OR运算符在其两侧的查询条件有一个成立时整个查询条件就成立，其意思相当于“或者”。逻辑运算符NOT将后面的条件取反。

【例4-50】 查询Student表中籍贯是“北京”或“上海”的学生的信息，如图4-34所示。

```
SELECT * FROM Student WHERE Address = '北京' OR Address = '上海'
```

	StuNo	StuName	Sex	Birthday	Age	MajorNo	Address	EnterDate
1	41756001	张颖	女	2000-01-01	18	2002	北京	2017-09-01
2	41756005	孙浩	男	2000-04-15	18	2001	上海	2017-09-01

图4-34　例4.50的查询结果

【例4-51】 查询Student表中籍贯是“北京”或“上海”的男生的信息，如图4-35所示。

```
SELECT * FROM Student WHERE (Address = '北京' OR Address = '上海') AND sex = '男'
```

	StuNo	StuName	Sex	Birthday	Age	MajorNo	Address	EnterDate
1	41756005	孙浩	男	2000-04-15	18	2001	上海	2017-09-01

图4-35　例4.51的查询结果

在例4.51中使用了括号进行优先级的设定，结果输出正确。若将上述语句写为“SELECT * FROM Student WHERE Address='北京' OR Address='上海' AND sex='男'”，则其查询结果如图4-36所示。这是由于AND运算符的优先级高于OR运算符造成的，会将上述SQL语句解释为“SELECT * FROM Student WHERE Address='北京' OR (Address='上海' AND sex='男')”。当要优先执行OR运算符时可以使用括号。逻辑运算符对比较运算符等返回的真值进行操作。AND运算符两侧的真值都为真时返回真，除此之外都返回假。OR运算符两侧的真值只要有一个不为假就返回真，只有当其两侧的真值都为假时才返回假。NOT运算符只是单纯地将真转换为假，将假转换为真。

4. 集合条件查询

SQL提供了IN运算符，可以看作OR的简化用法，其常用形式为IN(值1，值2，…)。例4.50也可以使用下面的语句来表示：

```
SELECT * FROM Student WHERE Address IN ('北京','上海')
```

5. 模糊条件查询

除了使用比较运算符以外，SQL还提供了一种简单的模式匹配功能用于字符串比较，可以使用LIKE和NOT LIKE来实现“=”和“<>”的比较功能，但前者可以支持模糊查询条件。例如不知道学生的全名,但知道学生姓王,因此就能查询出所有姓王的学生情况。通配符可以出现在字符串的任何位置,但通配符出现在字符串首时查询效率会变慢。

例如以下通配符示例:

(1) LIKE 'MA%'匹配以"MA"开始的任意字符串。

(2) LIKE '%MA'匹配以"MA"结束的任意字符串。

(3) LIKE '%MA%'匹配包含"MA"的任意字符串。

(4) LIKE '_MA'匹配以"MA"结束的3个字符的字符串。

(5) LIKE '[ABC]%'匹配以"A""B"或"C"开始的任意字符串。

(6) LIKE '[A-M]er'匹配3个字符的字符串,以"er"结束,首字符的范围为A到M。

(7) LIKE 'M[^A]%'匹配以"M"开始,第二个字符不是"A"的任意长度的字符串。

【例4-52】 查询Student表中姓"孙"的学生的学号、姓名、年龄,结果如图4-36所示。

```
SELECT StuNo, StuName, Age FROM Student WHERE StuName LIKE '孙%'
```

【例4-53】 查询Student表中所有姓"孙"和姓"李"的学生的学号、姓名、年龄,结果如图4-37所示。

```
SELECT StuNo, StuName, Age FROM Student WHERE StuName LIKE '[孙,李]%'
```

	StuNo	StuName	Age
1	41756005	孙浩	18

图4-36　例4.52的查询结果

	StuNo	StuName	Age
1	41756004	李娜	19
2	41756005	孙浩	18

图4-37　例4.53的查询结果

6. 空值(NULL)数据查询

SQL提供了专门用来判断是否为NULL的IS NULL和IS NOT NULL运算符。这里不可以使用比较运算符代替,例如用=NULL代替IS NULL是错误的。

【例4-54】 查询Course表中暂时没有安排教师的课程信息,结果如图4-38所示。

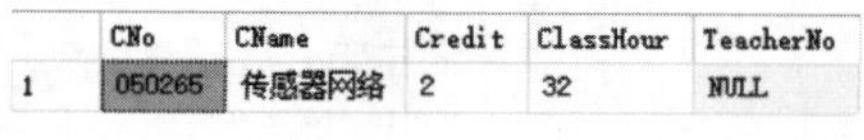

	CNo	CName	Credit	ClassHour	TeacherNo
1	050265	传感器网络	2	32	NULL

图4-38　例4.54的查询结果

```
SELECT * FROM Course WHERE TeacherNo IS NULL
```

4.4.3　分组查询和排序查询

在前面介绍SQL的一般格式时,读者已经知道GROUP BY子句和ORDER BY子句是分别用于分组和排序操作的。下面将详细介绍如何使用SQL的分组和排序功能。

1. 分组查询

含有 GROUP BY 子句的查询称为分组查询。GROUP BY 子句把一个表按某一指定列(或某些列)上的值相等的原则分组,然后再对每组数据进行规定的操作。分组查询一般和查询列的聚合函数一起使用,当使用 GROUP BY 子句后所有的聚合函数都将是对每一个组进行运算,而不是对整个查询结果进行运算。用户需要注意以下几点:

(1) 在使用聚合函数时,SELECT 子句中的元素有严格的限制。实际上,在使用聚合函数时,SELECT 子句中只能使用常量、聚合函数、GROUP BY 子句中指定的列名。

(2) 在 WHERE 子句中不能使用聚合函数。

(3) 在 GROUP BY 子句中不能使用 SELECT 子句中列的别名。

(4) 在 HAVING 子句中只能使用两种要素,即常量和聚合函数。

【例 4-55】 查询 SC 表中每一门课程的平均成绩,如图 4-39 所示。

在 SC 表中记录着学生选修的每门课程和相应的考试成绩。由于一门课程可以有若干个学生学习,SELECT 语句在执行时首先把 SC 表的全部记录按相同课程号划分成组,即每一门课程有一组学生和相应的成绩,然后对各组执行 AVG(Score)。因此,查询的结果就是分组检索的结果。

```
SELECT CNo, AVG(Score) AS 平均成绩 FROM SC GROUP BY CNo
```

在分组查询中,HAVING 子句用于分完组后对每一组进行条件判断。这种条件判断一般与 GROUP BY 子句有关。HAVING 是分组条件,只有满足条件的分组才被选出来。

【例 4-56】 查询 SC 表中被两人及两人以上选修的每一门课程的平均成绩、最高分、最低分,查询结果如图 4-40 所示。

```
SELECT CNo, AVG(Score) AS 平均成绩, MAX(Score) AS 最高分, MIN(Score) AS 最低分
FROM SC GROUP BY CNo HAVING COUNT( * )> = 2
```

	CNo	平均成绩
1	050115	87.250000
2	050116	89.000000
3	050118	88.750000
4	050218	88.750000
5	050264	80.250000

图 4-39 例 4.55 的查询结果

	CNo	平均成绩	最高分	最低分
1	050115	87.250000	90.00	82.00
2	050116	89.000000	92.00	85.00
3	050118	88.750000	93.00	78.00
4	050218	88.750000	94.00	85.00
5	050264	80.250000	96.00	60.00

图 4-40 例 4.56 的查询结果

在本例中 SELECT 语句执行时首先按 CNo 把 SC 表分组,然后对各组的记录执行 AVG(Score)、MAX(Score)、MIN(Score)聚合函数,最后根据 HAVING 子句的条件表达式 COUNT(*)>=2 过滤出组中记录数在两条以上的分组。

GROUP BY 是写在 WHERE 子句后面的,当 WHERE 子句省略时,它跟在 FROM 子句的后面。上面两个例子都是 WHERE 子句省略的情况。此外,一旦使用 GROUP

BY 子句，则 SELECT 子句中只能包含 3 种目标列表达式，即常量、聚合函数、出现在 GROUP BY 后面的分组列。同时，只有 SELECT 子句、HAVING 子句以及 ORDER BY 子句中能够使用聚合函数。例 4.56 中 HAVING 子句的条件表达式 COUNT(*)>=2 不能放在 WHERE 子句中，否则会出错。

【例 4-57】 查询课程号为“050115”的课程的平均成绩、最高分、最低分，查询结果如图 4-41 所示。

	课程号	平均成绩	最高分	最低分
1	050115	87.250000	90.00	82.00

图 4-41　例 4.57 的查询结果

```
SELECT CNo AS 课程号, AVG(Score) AS 平均成绩, MAX(Score) AS 最高分, MIN(Score) AS 最低分
FROM SC WHERE CNo = '050115' GROUP BY CNo
```

像这样使用 WHERE 子句进行汇总处理时，会先根据 WHERE 子句指定的条件进行过滤，然后再进行汇总处理。同样是设置查询条件，但 WHERE 和 HAVING 的功能是不同的，不要混淆。WHERE 子句所设置的查询条件是检索的每一个记录必须满足的，是作用于整个基本表或视图，从中选择满足条件的记录；而 HAVING 子句设置的查询条件是针对分组记录的，不是针对单个记录的。也就是说，WHERE 用在聚合函数计算之前对记录进行条件判断，而 HAVING 用在计算聚合函数之后对分组记录进行条件判断。当 GROUP BY 子句和 WHERE 子句并用时 SELECT 语句的执行顺序是 FROM 子句→WHERE 子句→GROUP BY 子句→SELECT 子句。因此，在 GROUP BY 子句中不能使用 SELECT 子句中列的别名。例如，例 4.57 中 GROUP BY 子句后只能使用“CNo”，而不能使用“课程号”。

尽管未对 GROUP BY 子句中指定的列名使用聚合函数时可以出现在 HAVING 子句中，但建议书写在 WHERE 子句当中。例如，例 4.57 可用以下等价 SQL 语句实现，但不建议这样使用，原因有两个：WHERE 子句和 HAVING 子句的作用不同；WHERE 子句比 HAVING 子句的执行速度更快。

```
SELECT CNo AS 课程号, AVG(Score) AS 平均成绩, MAX(Score) AS 最高分, MIN(Score) AS 最低分
FROM SC GROUP BY CNo HAVING CNo = '050115'
```

【例 4-58】 按照教师编号(TeacherNo)统计每个教师代课的总数，查询结果如图 4-42 所示。

```
SELECT TeacherNo, COUNT ( * ) FROM Course GROUP BY TeacherNo
```

当分组的指定列中包含 NULL 时，在结果中会以“空行”(NULL)的形式表现出来，如图 4-42 中的第一行所示。

	TeacherNo	(无列名)
1	NULL	1
2	3001	1
3	3002	2
4	3003	1
5	3004	1
6	3005	1

图 4-42　例 4.58 的查询结果

2. 排序查询

查询语句中的 ORDER BY 子句可使输出的查询结果按照要求的顺序排列。由于是控制输出结果，所以 ORDER BY 子句只能用于最终的查询结果。有了 ORDER BY 子句后，查

询语句的查询结果中各记录将按照要求的顺序排列：首先按第一个<列名>值排列；前一个<列名>值相同者，再按下一个<列名>值排列，以此类推。列名后面有ASC，表示该列名值以升序排列；有DESC，表示该列名值以降序排列。若省略不写，默认为ASC(升序)排列。

使用HAVING子句时SELECT语句的执行顺序如下：FROM子句→WHERE子句→GROUP BY子句→HAVING子句→SELECT子句→ORDER BY子句。所以，在ORDER BY子句中可以使用SELECT子句中定义的列的别名。同时，在ORDER BY子句中可以使用SELECT子句中未使用的列和聚合函数。

【例4-59】 查询Student表中所有学生的基本信息，并按年龄升序排列，年龄相同者按学号降序排列，查询结果如图4-43所示。

```
SELECT * FROM Student ORDER BY Age, StuNo DESC
```

如果排序字段在索引字段内，并且排序字段的顺序和定义索引的顺序一致，则会极大地提高查询效率，反之降低查询效率。

	StuNo	StuName	Sex	Birthday	Age	MajorNo	Address	EnterDate
1	41756005	孙浩	男	2000-04-15	18	2001	上海	2017-09-01
2	41756001	张颖	女	2000-01-01	18	2002	北京	2017-09-01
3	41756006	田佳佳	女	1999-06-20	19	2002	湖南	2017-09-01
4	41756004	李娜	女	1999-09-10	19	2001	天津	2017-09-01
5	41756002	叶斌	男	1999-12-10	19	2001	内蒙古	2017-09-01
6	41756003	张强	男	1998-10-01	20	2001	河北	2017-09-01

图4-43 例4.59的查询结果

4.4.4 多表查询

在数据库中通常存在着多个相互关联的表，用户经常需要同时从多个表中查找自己想要的数据，这就要涉及多个数据表的查询。本节将介绍使用多个数据表的SQL语句。通过以行(纵向)为单位的集合运算符和以列(横向)为单位的连接，就可以将分散在多张表中的数据组合成为期望的结果。SQL提供了关系代数中的5种运算功能，即连接、笛卡儿积、并、交、差，下面分别进行介绍。

1. 连接查询

连接查询是指通过两个或两个以上的关系表或视图的连接操作来实现的查询。连接的类型分为内连接、外连接和交叉连接。其中，内连接分为等值连接、非等值连接、自然连接、自身连接。外连接包括左外连接、右外连接和全外连接。交叉连接又称为笛卡儿积，返回两个表的乘积。

连接的格式包括以下两种。

格式1：

```
SELECT [ALL | DISTINCT] <列名或列表达式> [[AS] 别名] [,…n]
FROM <表名1>, <表名2>
[WHERE [<表名1>.]<列名1> <比较运算符> [<表名2>.]<列名2>]
```

格式 2：

```
SELECT [ALL | DISTINCT] <列名或列表达式> [[AS] 别名] [,…n]
FROM <表名 1 > <连接类型> <表名 2 > [ON ( <连接条件>)] [WHERE 子句]
```

各参数的说明如下：

(1) 当 SELECT 子句中使用多个关系表且有同名的列出现时，必须明确定义列名所在关系表的名称。例如，假设关系表 1 和关系表 2 都包括“列名 1”，需采用<表名 1 >.<列名 1 >的形式在 SELECT 子句中进行声明。

(2) 格式 1 是 SQL 提供的一种简单的方法，把几个关系连接到一个关系中，即在 FROM 子句中列出每个关系，然后在 SELECT 子句和 WHERE 子句中引用 FROM 子句中的关系的属性，WHERE 子句中用来连接两个关系的条件称为连接条件或连接谓词。比较运算符主要包括＝、＞、＜、＞＝、＜＝、!＝、＜＞等。当连接运算符为“＝”时，称为等值连接，否则称为非等值连接。

(3) 格式 2 中的“连接条件”也可以采用格式 1 中 WHERE 子句的条件格式。同时，格式 2 中的连接类型指定所执行的连接类型是内连接(INNER JOIN)、外连接(OUTER JOIN)或交叉连接(CROSS JOIN)。

下面首先介绍连接查询。

1) 内连接

内连接是组合两个或两个以上关系表的常用方法。在内连接中，只有在两个表中符合连接条件的数据记录才能包含在结果集中。内连接分为等值连接、非等值连接、自然连接和自身连接。

(1) 等值与非等值连接查询。等值与非等值连接查询是最常用的连接查询方法，是通过两个关系表中具有共同性质的列的比较，将两个关系表中满足比较条件的记录组合起来作为查询结果。

【例 4-60】 查询籍贯为“上海”的学生的学号、选修的课程号和相应的考试成绩。该查询需要同时从 Student 表和 SC 表中找出所需的数据，因此使用连接查询实现，结果如图 4-44 所示。Student. StuNo＝SC. StuNo 是两个关系的连接条件，Student 表和 SC 表中的记录只有满足这个条件才连接。Address＝'上海'是连接以后关系的查询条件，它和连接条件必须同时成立。

	StuNo	CNo	Score
1	41756005	050115	82.00
2	41756005	050118	93.00
3	41756005	050218	85.00
4	41756005	050264	80.00

图 4-44 例 4.60 的查询结果

```
SELECT Student. StuNo, CNo, Score FROM Student, SC WHERE Student. StuNo = SC. StuNo AND Address =
'上海'
或 SELECT S. StuNo, CNo, Score FROM Student AS S INNER JOIN SC ON S. StuNo = SC. StuNo WHERE
Address = '上海'
```

在通常的连接操作中，只有满足查询条件(WHERE 条件或 HAVING 条件)和连接条件的元组才能作为结果输出，这样的连接称为内连接(INNER JOIN)。所以内连接除了可以使用格式 1 表示之外，还可以使用 INNER JOIN 关键字将多个关系表连接起来，使用 ON 子句给出查询条件,同时列出这些表中与连接条件相匹配的数据记录。为了简化语句,在使用格式 2 时 Student 表使用了别名 S,可以使用 AS,也可以删除 AS,效果一样。

在进行多表连接查询时,SELECT 子句和 WHERE 子句中的属性名前都加上表名前缀,以避免二义性混淆问题。注意 SELECT 和 WHERE 后面的 StuNo 属性之前的"Student."和"SC.",由于两个表中有相同的属性名,存在属性的二义性问题。SQL 通过在属性前面加上表名及一个小圆点来解决这个问题,表示该属性来自这个关系。CNo 和 Score 来自 SC 表不存在二义性,DBMS 会自动判断,因此表名及小圆点可省略。

例 4.60 是两个表的连接,同样可以进行两个以上的连接。若有 m 个关系表进行连接,则必须有 $m-1$ 个连接条件将这些关系连接起来。

【例 4-61】 查询籍贯为"上海"的学生的姓名、选修的课程名称和相应的考试成绩。

该查询需要同时从 Student、Course 和 SC 这 3 个表中找出所需的数据,因此用 3 个关系的连接查询,结果如图 4-45 所示。

	StuName	CName	Score
1	孙浩	通信原理	82.00
2	孙浩	信号与系统	93.00
3	孙浩	数据库技术及应用	85.00
4	孙浩	计算机网络	80.00

图 4-45 例 4.61 的查询结果

```
SELECT StuName, CName, Score FROM Student, SC, Course WHERE Student.StuNo = SC.StuNo AND SC.
CNo = Course.CNo AND Address = '上海'
或 SELECT StuName, CName, Score FROM Student S INNER JOIN SC ON S.StuNo = SC.StuNo INNER JOIN
Course C ON SC.CNo = C.CNo WHERE Address = '上海'
```

(2) 自然连接。在等值连接中,目标列可能出现重复的列,例如"SELECT Student.*, SC.* FROM Student,SC WHERE Student.StuNo=SC.StuNo AND Address='上海'",结果如图 4-46 所示。

	StuNo	StuName	Sex	Birthday	Age	MajorNo	Address	EnterDate	StuNo	CNo	Score
1	41756005	孙浩	男	2000-04-15	18	2001	上海	2017-09-01	41756005	050115	82.00
2	41756005	孙浩	男	2000-04-15	18	2001	上海	2017-09-01	41756005	050118	93.00
3	41756005	孙浩	男	2000-04-15	18	2001	上海	2017-09-01	41756005	050218	85.00
4	41756005	孙浩	男	2000-04-15	18	2001	上海	2017-09-01	41756005	050264	80.00

图 4-46 等值连接可能出现重复列

这里 Student.StuNo 和 SC.StuNo 是两个重复列,而在下面的语句中去掉了重复属性列,这种去掉重复属性列,只保留所有不重复属性列的等值连接称为自然连接。SQL 语句如下:

```
SELECT Student.StuNo, StuName, Sex, Age, MajorNo, Address, CNo, Score FROM Student, SC WHERE
Student.StuNo = SC.StuNo
```

(3) 自身连接。有一种连接,是一个关系与自身进行的连接,这种连接称为自身连接。SQL 允许为 FROM 子句中的关系 R 的每一次出现定义一个别名。这样在 SELECT 子句和 WHERE 子句中的属性前面就可以加上"别名.<属性名>"。在自身连接中,必须为表指定两个别名,使之在逻辑上成为两张关系表。

【例 4-62】　查询籍贯相同的两个学生的基本信息，结果如图 4-47 所示。

```
SELECT A.* , B.StuName FROM Student A, Student B WHERE A.Address = B.Address
```

	StuNo	StuName	Sex	Birthday	Age	MajorNo	Address	EnterDate	StuName
1	41756001	张颖	女	2000-01-01	18	2002	北京	2017-09-01	张颖
2	41756002	叶斌	男	1999-12-10	19	2001	内蒙古	2017-09-01	叶斌
3	41756003	张强	男	1998-10-01	20	2001	河北	2017-09-01	张强
4	41756004	李娜	女	1999-09-10	19	2001	天津	2017-09-01	李娜
5	41756005	孙浩	男	2000-04-15	18	2001	上海	2017-09-01	孙浩
6	41756006	田佳佳	女	1999-06-20	19	2002	湖南	2017-09-01	田佳佳

图 4-47　例 4.62 查询结果

该列中要查询的内容属于 Student 表。上面的语句将 Student 表分别取两个别名 A、B，这样 A、B 相当于内容相同的两个表。将 A 和 B 中籍贯相同的元组进行连接，经过投影就得到了满足要求的结果。

2）外连接

与内连接不同，外连接(OUTER JOIN)生成的结果集不仅包含符合连接条件的数据记录，而且还包含左表(左外连接时的表)、右表(右外连接时的表)中所有的数据记录。外连接分为左外连接(LEFT OUTER JOIN)、右外连接(RIGHT OUTER JOIN)和全外连接(FULL OUTER JOIN)3 种类型。

(1) 左外连接。左外连接是指只包括左表的所有行，不包括右表的不匹配行的外连接。也就是将左表中的所有数据分别与右表中的每条数据进行连接组合，返回的结果除内部连接的数据外，还包含左表中不符合条件的数据，并在右表的相应列中添加 NULL 值。左外连接的语法如下：

```
SELECT [ALL | DISTINCT] <列名或列表达式> [[AS] 别名] [,…n]
FROM 左表名 LEFT [OUTER] JOIN 右表名 [ON( <连接条件>)]
```

【例 4-63】　用左外连接查询籍贯为“上海”的学生的姓名、选修的课程号和相应的考试成绩，结果如图 4-48 所示。

```
SELECT StuName, CNo, Score FROM Student AS S LEFT OUTER JOIN SC ON S.StuNo = SC.StuNo AND
Address = '上海'
```

从结果可以看出，以 Student 表为主的左外连接，将不满足查询条件的“张颖”“叶斌”“张强”“李娜”“田佳佳”也列了出来。

	StuName	CNo	Score
1	张颖	NULL	NULL
2	叶斌	NULL	NULL
3	张强	NULL	NULL
4	李娜	NULL	NULL
5	孙浩	050115	82.00
6	孙浩	050118	93.00
7	孙浩	050218	85.00
8	孙浩	050264	80.00
9	田佳佳	NULL	NULL

图 4-48　左外连接查询

(2) 右外连接。右外连接是指只包括右表的所有行，不包括左表的不匹配行的外连接。也就是将右表中的所有数据分别与左表中的每条数据进行连接组合，返回的结果除内部连接的数据外，还包含右表中不符合条件的数据，并在左表的相应列中添加 NULL 值。右外连接的语法如下：

```
SELECT [ALL | DISTINCT] <列名或列表达式> [[AS] 别名] [,…n]
FROM 左表名 RIGHT [OUTER] JOIN 右表名 [ON ( <连接条件>)]
```

【例 4-64】 用右外连接查询籍贯为“上海”的学生的姓名、选修的课程号和相应的考试成绩，结果如图 4-49 所示。

```
SELECT StuName,CNo,Score FROM Student AS S RIGHT OUTER JOIN SC
ON S.StuNo = SC.StuNo AND Address = '上海'
```

	StuName	CNo	Score
1	NULL	050115	88.00
2	NULL	050116	85.00
3	NULL	050118	92.00
4	NULL	050218	90.00
5	NULL	050264	85.00
6	NULL	050115	89.00
7	NULL	050116	90.00
8	NULL	050118	78.00
9	NULL	050218	86.00
10	NULL	050264	60.00
11	NULL	050115	90.00
12	NULL	050116	92.00
13	NULL	050118	92.00
14	NULL	050218	94.00
15	NULL	050264	96.00
16	孙浩	050115	82.00
17	孙浩	050118	93.00
18	孙浩	050218	85.00
19	孙浩	050264	80.00

图 4-49 右外连接查询

(3) 全外连接。全外连接是指既包括左表不匹配的行，又包括右表不匹配的行的连接。也就是包括所有连接表中的所有记录，不论它们是否匹配。全外连接的语法如下：

```
SELECT [ALL | DISTINCT] <列名或列表达式> [[AS] 别名] [,…n]
FROM 左表名 FULL [OUTER] JOIN 右表名 [ON ( <连接条件>)]
```

2. 笛卡儿积

笛卡儿积又称交叉连接，它不带连接条件，对两个表做交叉连接返回两个表的乘积，使用关键字 CROSS JOIN。例如，Student 表有 6 条记录，SC 表有 19 条记录，那么 Student 表和 SC 表交叉连接的结果包括 6×19＝114 条记录。

【例 4-65】 用交叉连接查询学生的姓名、选修的课程号和相应的考试成绩，结果记录数是 114。

```
SELECT StuName, CNo, Score FROM Student CROSS JOIN SC
或者直接写为 SELECT StuName, CNo, Score FROM Student,SC
```

两个表的笛卡儿积连接会产生大量没有意义的元组，并且这种操作要消耗大量的系统资源，一般很少使用。例 4.65 中的查询在理论上就是经过一个乘积运算的扫描过程，同时进行投影和选择。

3. 并运算

SQL 支持集合的并运算(UNION)、交运算(INTERSECT)和差运算(EXCEPT)，即可以将两个 SELECT 语句的查询结果通过并、交和差运算合并成一个查询结果。这些集合运算的特征就是以行(纵向)为单位进行操作。通俗地说，就是进行这些集合运算时会导致记录行数的增减，但是不会导致列数的改变。其基本语法如下：

```
SELECT [ALL | DISTINCT] <列名或列表达式> [[AS] 别名] [,…n] FROM 表 1
[UNION | INTERSECT | EXCEPT]
SELECT [ALL | DISTINCT] <列名或列表达式> [[AS] 别名] [,…n] FROM 表 2
```

用户在使用并运算、交运算和差运算时需要注意以下几点：

(1) 两个 SELECT 查询语句具有相同的字段个数,并且对应字段的值要来自同一值域,即具有相同的数据类型和取值范围。也就是说,两个关系模式完全一致。

(2) 最后结果集中的列名来自第一个 SELECT 语句的列名。

(3) 在需要对集合查询结果进行排序时,必须使用第一个查询语句中的列名。

SQL 使用 UNION 运算符把查询的结果合并起来,并且去掉重复的元组,如果要保留所有重复的元组,则必须使用 UNION ALL。

【例 4-66】 查询籍贯是“上海”的学生以及姓“张”的学生的基本信息,结果如图 4-50 所示。

```
SELECT * FROM Student WHERE Address = '上海'
UNION
SELECT * FROM Student WHERE StuName LIKE '张%'
```

	StuNo	StuName	Sex	Birthday	Age	MajorNo	Address	EnterDate
1	41756001	张颖	女	2000-01-01	18	2002	北京	2017-09-01
2	41756003	张强	男	1998-10-01	20	2001	河北	2017-09-01
3	41756005	孙浩	男	2000-04-15	18	2001	上海	2017-09-01

图 4-50　例 4.66 的查询结果

可以用多条件查询来实现,该查询等价于:

```
SELECT * FROM Student WHERE Address = '上海' OR StuName LIKE '张%'
```

需要注意的是,与使用 OR 可以选取出一张表中满足多个条件的记录不同,UNION 可以应用于两张表,把查询的结果合并起来。

4. 交运算

SQL 使用 INTERSECT 把同时出现在两个查询的结果取出,实现交运算,并且会去掉重复的元组。如果希望保留所有重复元组,则需要使用 INTERSECT ALL。在交运算中也要求参与运算的前后查询结果的关系模式完全一致。

【例 4-67】 查询年龄大于 18 岁且姓“张”的学生的基本信息,结果如图 4-51 所示。

```
SELECT * FROM Student WHERE Age > 18
INTERSECT
SELECT * FROM Student WHERE StuName LIKE '张%'
```

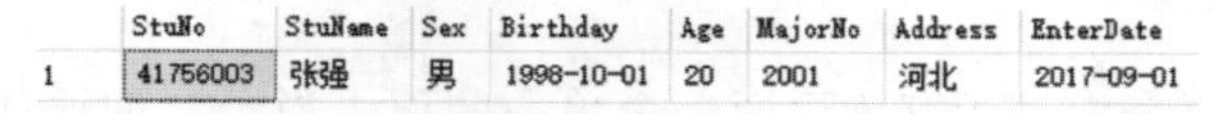

	StuNo	StuName	Sex	Birthday	Age	MajorNo	Address	EnterDate
1	41756003	张强	男	1998-10-01	20	2001	河北	2017-09-01

图 4-51　例 4.67 的查询结果

可以用多条件查询来实现,该查询等价于:

```
SELECT * FROM Student WHERE Age > 18 AND StuName LIKE '张%'
```

需要注意的是，与使用 AND 可以选取出一张表中满足多个条件的公共部分不同，INTERSECT 可以应用于两张表，选取出它们当中的公共记录。

5. 差运算

SQL 使用 EXCEPT 语句查询两个数据表中除公共数据之外的数据信息。

【例 4-68】 查询年龄大于 18 岁且不姓“张”的学生的基本信息，结果如图 4-52 所示。

```
SELECT * FROM Student WHERE Age > 18
EXCEPT
SELECT * FROM Student WHERE StuName LIKE '张%'
```

	StuNo	StuName	Sex	Birthday	Age	MajorNo	Address	EnterDate
1	41756002	叶斌	男	1999-12-10	19	2001	内蒙古	2017-09-01
2	41756004	李娜	女	1999-09-10	19	2001	天津	2017-09-01
3	41756006	田佳佳	女	1999-06-20	19	2002	湖南	2017-09-01

图 4-52 例 4.68 的查询结果

可以用多条件查询来实现，该查询等价于：

```
SELECT * FROM Student WHERE Age > 18 AND StuName NOT LIKE '张%'
```

需要注意的是，当使用 EXCEPT 应用于两张表时，结果中将只包含第一个表中记录除去第二个表中记录之后的剩余部分。EXCEPT 有一点与 UNION 和 INTERSECT 不同，在差运算中减数和被减数的位置不同，所得到的结果也不相同。

4.4.5 嵌套查询

在 SQL 语言中，一个 SELECT…FROM…WHERE 语句称为一个查询块。将一个查询块嵌套在另一个查询块的 WHERE 子句或 HAVING 子句的条件中的查询称为嵌套查询，又称为子查询。这也是涉及多表的查询，其中外层查询称为父查询，内层查询称为子查询。在子查询中还可以嵌套其他子查询，即允许多层嵌套查询，其执行过程是由里向外，即先处理子查询，然后将结果用于父查询的查询条件。注意，子查询中不能使用 ORDER BY 子句，ORDER BY 子句只能对最终查询结果进行排序。

嵌套查询可以将一系列简单的查询组合成复杂的查询，SQL 的查询功能因此变得更加丰富多彩，一些原来无法实现的查询也因有了多层嵌套的子查询迎刃而解。

1. 单值嵌套查询

单值嵌套查询就是通过子查询返回一个单一的值。当子查询返回的是单值时，可以使用比较运算符（＞、＜、＝、＜＝、＞＝、！＝或＜＞等）将父查询的属性与该类子查询的结果连接起来参加表达式的相关运算。

【例 4-69】 查询选修了“数据库技术及应用”的学生的学号和相应的考试成绩，结果如图 4-53 所示。

```
SELECT StuNo,Score FROM SC WHERE CNo = ANY(SELECT CNo FROM
Course WHERE CName = '数据库技术及应用')
```

	StuNo	Score
1	41756002	90.00
2	41756003	86.00
3	41756004	94.00
4	41756005	85.00

图 4-53　例 4.69 的查询结果

本例括号中的查询块是子查询，括号外的查询块是父查询。本查询的执行过程是先执行子查询，在 Course 表中查询获得“数据库技术及应用”的课程号；然后执行父查询，在 SC 表中根据课程号查得学生的学号和成绩。显然，子查询的结果用于父查询建立查询条件。

前面在介绍条件查询时曾经提到了如何使用 IN 进行查询。实际上，对于在父查询中需要判断某个属性的值与子查询结果中某个值相等的这类查询可以用 IN 进行查询。例 4.69 使用 IN 子句实现如下：

```
SELECT StuNo,Score FROM SC WHERE CNo IN (SELECT CNo FROM Course WHERE CName = '数据库技术及
应用')
```

该语句表示父查询只需要判断所给出来的查询条件是不是在子查询所返回的数据集之中。因此不论子查询返回多少记录，父查询中只需要用 IN 判断所查询的条件是否在返回集中，若在返回集中，则作为父查询的结果。

该例也可以用连接查询等效实现：

```
SELECT StuNo,Score FROM SC, Course WHERE SC.CNo = Course.CNo and CName = '数据库技术及应用'
```

注意：只有当连接查询投影列的属性来自一个关系表时才能用嵌套查询等效实现。若连接查询投影列的属性来自多个关系表，则不能用嵌套查询实现。

【例 4-70】　查询考试成绩大于总平均分的学生的学号。

```
SELECT DISTINCT StuNo FROM SC WHERE Score > (SELECT AVG(Score) FROM SC)
```

在单值嵌套查询中，若能确切知道子查询返回的是单值，才可以直接使用比较运算符进行比较，否则将出现错误。如果子查询返回了多行结果，那么它就不再是单值子查询，而仅仅是一个普通的子查询，因此不能被用在＝或者<>等需要单一输入值的运算符当中，也不能用在 SELECT 等子句当中。

由于在 WHERE 子句中不能使用聚合函数，所以下面的 SELECT 语句是错误的：

```
SELECT DISTINCT StuNo FROM SC WHERE Score > AVG(Score)
```

只能使用上面的单值嵌套查询实现。

2. 多值嵌套查询

在实际应用的嵌套查询中，子查询返回的结果往往是一个集合，这样的嵌套查询称为多值嵌套查询。多值嵌套查询不能简单地使用比较运算符连接父查询和子查询，而经常使用 IN、ALL、ANY、SOME 等运算符来解决。

1）使用IN运算符嵌套

IN运算符可以测试表达式的值是否与子查询返回集合中的某一个值相等，NOT IN恰好与其相反。IN运算符的使用格式如下：

```
<列名或列表达式> [NOT] IN (<子查询>)
```

【例 4-71】 查询选修了5门课程的学生的姓名，结果如图4-54所示。

```
SELECT DISTINCT StuName FROM Student WHERE StuNo IN (SELECT
StuNo FROM SC GROUP BY StuNo HAVING COUNT(CNo) = 5)
```

	StuName
1	李娜
2	叶斌
3	张强

图 4-54 例 4.71 的查询结果

大部分的嵌套查询可以修改为连接查询，本例的连接查询的语句如下：

```
SELECT DISTINCT StuName FROM Student, SC WHERE Student.StuNo = SC.StuNo GROUP BY StuName
HAVING COUNT(CNo) = 5
```

2）使用ANY、SOME和ALL运算符嵌套

ANY、SOME和ALL运算符必须与比较运算符一起使用，语法格式如下：

```
<列名或列表达式> <比较运算符> [ANY | SOME | ALL] (<子查询>)
```

其中，ANY和SOME是等效的。ANY和ALL运算符的用法和功能见表4-8。

表 4-8 带有ANY和ALL运算符的运算

运算符用法	运 算 功 能
＞ANY	只要大于子查询结果中的某个值即可
＜ANY	只要小于子查询结果中的某个值即可
＞＝ANY	只要大于或等于子查询结果中的某个值即可
＜＝ANY	只要小于或等于子查询结果中的某个值即可
＝ANY	只要等于子查询结果中的某个值即可
！＝ANY或＜＞ANY	只要与子查询结果中的某个值不等即可
＞ALL	必须大于子查询结果中的所有值
＜ALL	必须小于子查询结果中的所有值
＞＝ALL	必须大于或等于子查询结果中的所有值
＜＝ALL	必须小于或等于子查询结果中的所有值
＝ALL	必须小于或等于所有结果
！＝ALL或＜＞ALL	必须与子查询结果中的所有值不等

【例 4-72】 查询成绩至少比选修了“050218”号课程的一个学生成绩低的学生的学号。

```
SELECT StuNo FROM SC WHERE CNo <> '050218' AND Score < ANY (SELECT Score FROM SC WHERE CNo =
'050218')
```

ANY运算符表示至少一个或某一个，因此使用<ANY就可以表示至少比某集合中一个小的含义。实际上，比最大的值小就等价于<ANY，该例子可用聚合函数MAX()来等效表示。

```
SELECT StuNo FROM SC WHERE CNo <> '050218' AND Score < (SELECT MAX(Score) FROM SC WHERE CNo = '050218')
```

【例4-73】 查询其他专业中比"2002"号专业所有学生年龄都要大的学生的名单，结果如图4-55所示。

```
SELECT * FROM Student WHERE MajorNo <>'2002' AND Age > ALL (SELECT Age FROM Student WHERE MajorNo = '2002')
```

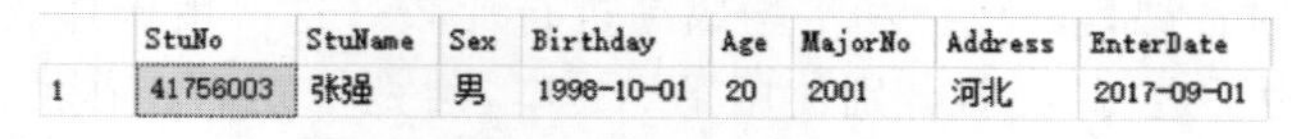

	StuNo	StuName	Sex	Birthday	Age	MajorNo	Address	EnterDate
1	41756003	张强	男	1998-10-01	20	2001	河北	2017-09-01

图4-55 例4.73的查询结果

ALL运算符表示所有或者每个，因此使用>ALL就可以表示至少比某集合所有都大的含义。实际上，比最大的值大就等价于>ALL，该例子可用聚合函数MAX()来等效表示。

```
SELECT * FROM Student WHERE MajorNo <>'2002' AND Age > (SELECT MAX(Age) FROM Student WHERE MajorNo = '2002')
```

对于在父查询中需要判断某个属性的值与子查询结果中某个值相等的这类查询可以用IN进行查询，其实可以用"=ANY"来代替IN。所以例4.71也可以使用以下语句代替。这也证明了SQL语言的魅力，同一个功能可以通过多种方法实现。

```
SELECT DISTINCT StuName FROM Student WHERE StuNo = ANY (SELECT StuNo FROM SC GROUP BY StuNo HAVING COUNT(CNo) = 5)
```

3. 相关子查询

前面介绍的嵌套子查询都不是相关子查询，不相关子查询比较简单，在整个过程中只求值一次，并把结果用于父查询，即子查询不依赖于父查询。更复杂的情况是子查询要多次求值，子查询的查询条件依赖于父查询，每次要对子查询中的外部记录变量的某一项赋值，这类子查询称为相关子查询。

相关子查询不同于嵌套子查询，相关子查询的查询条件依赖于外层查询的某个值。其执行过程如下：

(1) 先取外层表中的第一条记录。

(2) 根据取出的记录与内层查询相关的列值进行内层查询，若内层子查询的任何一条记录与外层记录的相关值匹配，外层查询就返回这一条记录。

(3) 取外层查询的下一条记录。

(4) 重复(2)，直到处理完所有外层查询的所有记录。

(5) 得到一个数据行集，再对这个数据集进行输出操作。

【例 4-74】 查询低于每门课程平均成绩的学生的学号、课程号和成绩，如图 4-56 所示。

	StuNo	CNo	Score
1	41756005	050115	82.00
2	41756002	050116	85.00
3	41756003	050118	78.00
4	41756005	050218	85.00
5	41756003	050218	86.00
6	41756003	050264	60.00
7	41756005	050264	80.00

图 4-56　例 4.74 的查询结果

```
SELECT StuNo, CNo, Score FROM SC AS A1 WHERE Score <
(SELECT AVG(Score) FROM SC AS A2 WHERE A1.CNo = A2.CNo GROUP BY CNo)
```

这里起到关键作用的就是在子查询中添加的 WHERE 子句的条件。该条件的意思是，在同一课程中对各课程的成绩和平均成绩进行比较。这次由于作为比较对象的是同一张 SC 表，所以为了进行区别，分别使用了 A1 和 A2 两个别名。在使用关联子查询时，需要在表所对应的列名之前加上表的别名，以“<表名>. <列名>”的形式表示。在对表中某一部分记录的集合进行比较时，可以使用关联子查询。

在相关子查询中也可以使用关键字 EXISTS 引出子查询。EXISTS 用于判断子查询的结果集中是否存在满足某种条件的记录。EXISTS 表示存在量词，含有 EXISTS 谓词的子查询不返回任何数据，只返回逻辑的“真”或“假”。当子查询的结果不为空集时，返回逻辑“真”(TRUE)，否则返回逻辑“假”(FALSE)。NOT EXISTS 则与 EXISTS 的查询结果相反。在使用存在量词 NOT EXISTS 后，若内层查询结果为空，则外层的 WHERE 子句返回真值，否则返回假值。它的语法格式如下：

```
[NOT] EXISTS (<子查询>)
```

EXISTS 前无列名、常量和表达式，在子查询的输出列表中通常用 * 号，一般指定关联子查询作为 EXISTS 的参数。

【例 4-75】 利用相关子查询查询选修了“数据库技术及应用”课程的学生的学号。

```
SELECT StuNo FROM SC WHERE EXISTS (SELECT * FROM Course WHERE SC.CNo = Course.CNo AND CName =
'数据库技术及应用')
```

该查询的执行过程是首先取外层查询中 SC 表的第一条记录，根据它与内层查询相关的属性值(即 CNo 值)处理内层查询，若 WHERE 子句返回值为真(即内层查询结果非空)，则取此记录放入结果表；然后再检查 SC 表的下一条记录；重复这一过程，直到 SC 表全部检查完毕为止。本例中的查询也可使用含 IN 谓词的非相关子查询完成，读者可自己给出相应的 SQL 语句。

一些带 EXISTS 或 NOT EXISTS 的谓词的子查询不能被其他形式的子查询等价替换，但所有带 IN 谓词、比较运算符、ANY 和 ALL 谓词的子查询都能用带 EXISTS 谓词的子查询等价替换。由于带 EXISTS 谓词的相关子查询只关心内层查询是否有返回值，并不需要查询具体值，所以其效率并不一定低于不相关子查询，甚至有时是最高效的方法。

4.5 视图

4.5.1 视图概述

1. 视图的概念

视图(View)是一种常用的数据库对象，是从基本表或其他视图导出的一种虚表。本章在第一节中就已经介绍了视图是虚表，数据库中只存储视图的定义，而不存储视图对应的数据，这些数据仍存储在原来的基本表(派生出视图的表称为基本表)中。因此，视图就像一个窗口，为用户提供多角度观察数据库中数据的一种机制。

视图的特点如下：

(1) 视图是从若干个基本表或视图导出来的表，因此当基本表中的数据发生变化时，相应的视图数据也会随之改变。

(2) 视图对应于三级模式中的外模式，是外模式的基本单位，从用户观点来看，视图和基本表是一样的。

(3) 视图只存储其定义，而不存储其对应的数据。视图的列可来自不同表，是表的抽象和在逻辑意义上建立的新关系。

(4) 在创建视图后，视图可以像基本表那样被用户进行查询、修改、删除和更新等操作，也可再定义其他视图。建立或删除视图不影响基本表，但对视图内容的更新(查询、修改、删除和更新)操作最终都会转换为对基本表的操作，直接影响基本表。当视图来自多个基本表时，不允许通过视图添加或删除数据。

2. 视图的作用

虽然视图可以简化和定制用户对数据的需求，但视图是定义在基本表上的，对视图的所有操作最终也都要转换为对基本表的操作。那么为什么还要引入视图的概念呢？事实上，结合实际需求合理地使用视图机制，可以提高数据库的开发效率和安全性，具体优点如下：

(1) 视图简化了用户的操作，方便用户使用数据。视图机制是用户把注意力集中在自己所关心的数据上。这种视图所表达的数据逻辑结构相比基本表而言，更易被用户所理解。在设计用户视图时，可对某些属性列重新命名，使用更符合用户习惯的别名，以便用户使用。对视图的操作实际上是把对基本表(尤其是多个基本表)的复杂连接操作隐藏了起来，极大地简化了用户的操作。

(2) 视图为数据提供了一定程度的逻辑独立性。当数据库重新构造时，数据库的整体逻辑结构将发生改变。如果用户程序是通过视图来访问数据库的，视图相当于用户的外模式，只需要修改用户的视图定义，来保证用户的外模式不变即可，因此对应的应用程序不必改变。

(3) 视图有利于数据的保密,提供数据的安全性保护机制。视图使用户能从多种角度看待同一数据,可以对不同级别的用户定义不同的视图,以保证数据的安全性。只授予用户访问自己视图的权限,这样用户就只能看到与自己有关的数据,而无法看到其他用户的数据。

3. 视图的种类

在 SQL Server 中提供了以下 4 种类型的视图:

(1) 标准视图。标准视图组合了一个或多个表中的数据,充分体现了视图机制的大部分优点。

(2) 索引视图。如果一些视图经常被使用到,可以考虑将其物化(Materialize),即将它们从数据库中定期地进行构造并存储。索引视图就是一种非常重要的被物化了的视图。可以为视图创建索引,即对视图创建一个唯一的聚簇索引。索引视图可以显著提高某些类型查询的性能,尤其适合于聚合多行的查询,但不太适合于经常更新的基本数据集。

(3) 分区视图。分区视图允许在一台或多台服务器间水平连接一组成员表中的分区数据,使数据看上去如同来自一个表。需要注意的是,连接同一个 SQL Server 实例中的成员表的视图就是一个本地分区视图。

(4) 系统视图。系统视图包含目录元数据,可使用系统视图返回与 SQL Server 实例或者在该实例中定义的对象有关的信息。例如,可查询 sys. database 目录视图以便返回与实例中提供的用户定义数据库有关的信息。

4.5.2 创建视图

SQL Server 2016 提供了使用 SQL Server Management Studio 向导创建视图和使用 Transact-SQL 语句创建视图两种方法。

1. 使用 SQL Server Management Studio 向导创建视图

【例 4-76】 在 StudentMIS 数据库中,使用 SQL Server Management Studio 创建一个学生成绩视图,其属性包括学号、姓名、课程名、成绩。

分析:在学生成绩视图 SC_Score 中,要显示的学号、姓名在 Student 表中,而课程名在 Course 表中,成绩在 SC 表中,所以 SC_Score 视图来自 3 个基本表。

操作步骤如下:

(1) 启动 SQL Server Management Studio,在"对象资源管理器"窗口中展开"数据库"→StudentMIS→"视图"结点。

(2) 在"视图"结点上右击,在弹出的快捷菜单中选择"新建视图"命令,将出现如图 4-57 所示的对话框。在"添加表"对话框中按住 Ctrl 键,同时选择 Student 表、Course 表和 SC 表,然后单击"添加"按钮。

(3) 出现如图 4-58 所示的工作界面。在该界面中共有 4 个区,即关系图窗格、条件窗格、SQL 窗格和结果窗格。关系图窗格显示正在查询的基本表,每个矩形代表一个基本表，并显示可用的数据列，基本表之间的联系用连线来表示。其中，表示一对多联系，表示一对一联系。条件窗格显示基本表的字段，只有勾选的字段才会显示在结果中。SQL 窗格中系统自动生成 SQL 语句。结果窗格显示一个网格，用来输出视图检索到的数据。

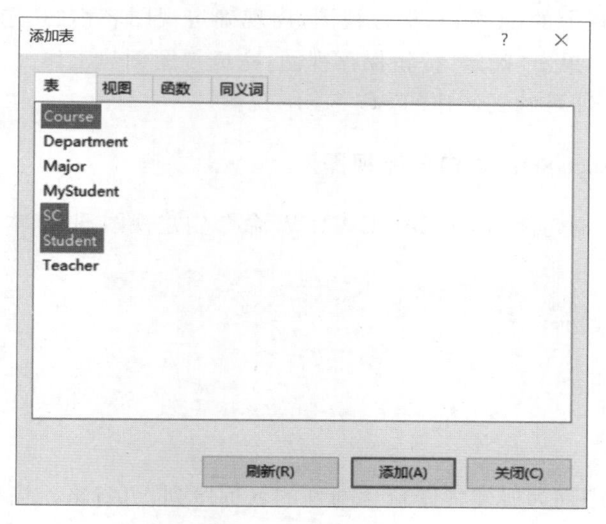

图 4-57 “添加表”对话框

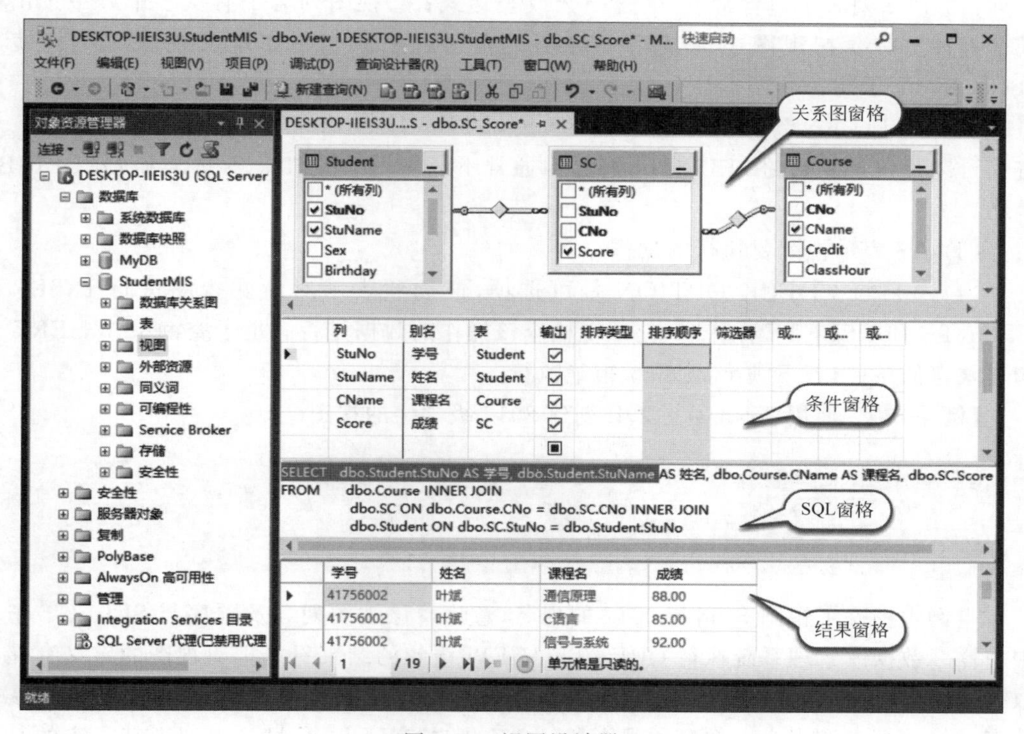

图 4-58 视图设计器

(4) 在关系图窗格中根据需求选择包括在视图的数据列。

(5) 为了便于用户阅读,将所有的列名改为汉字。

(6) 单击工具栏上的按钮,执行SQL语句,在结果窗格中将显示包含在视图中的记录。

(7) 单击工具栏上的按钮,保存视图,出现确定视图名称的“选择名称”对话框,输入视图名SC_Score,单击“确定”按钮保存视图,完成视图创建工作。

(8) 刷新视图,即可看到创建的SC_Score视图。

2. 使用Transact-SQL语句创建视图

Transact-SQL语句使用CREATE VIEW命令创建视图,其基本语法格式为:

```
CREATE VIEW <视图名> [ (视图列名 [ ,…n ] ) ]
  [ WITH ENCRYPTION ]
AS (子查询)
[WITH CHECK OPTION]
```

其中:

(1) 视图列名序列为所建视图包含的列的名称序列,可省略。当列名序列省略时,直接使用子查询SELECT子句里的各列名作为视图的列名。在下列情况下不能省略列名序列:①视图列名中包含常量、聚合函数或表达式;②视图列名中有从多个表中选出的同名列;③需要在视图中为某个列启用更合适的新别名。在定义视图时不能使用ORDER BY子句。

(2) WITH ENCRYPTION对包含CREATE VIEW语句文本的条目进行加密。子查询可以是任意复杂的SELECT语句,但通常不能使用DISTINCT短语和ORDER BY子句。

(3) AS表示视图要执行的操作。

(4) WITH CHECK OPTION是可选项,该选项表示对所建视图进行INSERT、UPDATE和DELETE操作时,让系统检查该操作的数据是否满足子查询中WHERE子句里限定的条件,若不满足,则系统拒绝执行。

【例4-77】 使用Transact-SQL创建2017级学生的视图。

```
CREATE VIEW Student2017
AS
SELECT StuNo, StuName, Sex, Age FROM Student WHERE StuNo LIKE '_17%'
```

本例中省略了视图Student2017的列名,意味着该视图列名及顺序与SELECT子句中一样。数据库管理系统执行CREATE VIEW语句的结果只是把对视图的定义存储在数据字典,并不执行其中的SELECT语句。只是在对视图查询时,才按视图的定义从基本表中将数据查询出来。像这种视图是从单个基本表导出,且只是去掉了基本表的某些行和某些列,但保留了主键,这类视图被称为行列子视图。该语句执行后,系统将生成如

图 4-59 所示的一个虚表。

由于篇幅所限，前面给出的例子中 Student 表中的学生都是 2017 级，所以这里也是 6 条记录。事实上，学生编号不仅保证了每条记录的唯一性，即实体完整性，同时还含包含了一些其他信息，例如第 1 位的 4 表示本科中国学生，6 表示本科留学生；第 2 位和第 3 位表示年级，如 2017 级则为“17”；第 4 位表示所在学院；后面 4 位为顺序号。

	StuNo	StuName	Sex	Age
1	41756001	张颖	女	18
2	41756002	叶斌	男	19
3	41756003	张强	男	20
4	41756004	李娜	女	19
5	41756005	孙浩	男	18
6	41756006	田佳佳	女	19

图 4-59 视图 Student2017 中的数据

【例 4-78】 使用 Transact-SQL 创建 2017 级学生的视图，并要求进行修改和插入操作时仍需保证该视图只有 2017 级的学生。

```
CREATE VIEW Student2017Check
AS SELECT StuNo, StuName, Sex, Age FROM Student WHERE StuNo LIKE '_17%'
WITH CHECK OPTION
```

【例 4-79】 参考例 4.77，使用 Transact-SQL 在 StudentMIS 数据库中创建一个学生成绩视图 SC_Score，其属性包括学号、姓名、课程名、成绩。

```
CREATE VIEW SC_Score(学号,姓名,课程名,成绩)
AS
SELECT S.StuNo, StuName, CName, Score FROM Student AS S, Course AS C, SC WHERE S.StuNo = SC.
StuNo and C.CNo = SC.CNo
```

在本例中因为给视图的列定义了更合适的新名字，所以明确指明了组成视图的属性列。同时，视图可以建立在多个基本表上。另外，视图也可以建立在基本表与视图上，这里就不一一列举。

4.5.3 修改视图

对于一个已经存在的视图，可以使用 ALTER VIEW 语句对其进行修改，修改视图的语法格式如下：

```
ALTER VIEW <视图名> [ (列名 [ ,…n ] )]
[WITH ENCRYPTION]
AS (子查询)
[WITH CHECK OPTION]
```

4.5.4 删除视图

删除视图即删除视图的定义，在 SQL 中删除视图使用 DROP VIEW 语句，其语法格式为：

```
DROP VIEW <视图名>[ ,…n ] [CASCADE]
```

使用 CASCADE 选项可以删除关联视图。

【例 4-80】 删除视图 Student2017。

```
DROP VIEW Student2017
```

本例将从数据字典中删除视图 Student2017 的定义。一个视图被删除后，由此视图导出的其他视图也将失效，用户应该使用 DROP VIEW 语句将它们逐一删除。

4.5.5 重命名视图

在实际应用中，如果重命名视图，则依赖于该视图的代码和应用程序可能会出错。所以在重命名视图之前，首先需要获取视图的所有依赖关系的列表，必须修改引用视图的任何对象、脚本或应用程序，以反映新的视图名称。

使用系统存储过程 sp_rename 可以重命名视图，其语法格式如下：

```
sp_rename <原视图名>, <新视图名>
```

注意：尽管 SQL Server 支持视图的重命名，但不建议这种操作，而是建议删除视图，然后使用新名称重新创建它。通过重新创建视图，可以更新视图中引用的对象的依赖关系信息。

4.5.6 查看视图

在 SQL Server 中有 3 个系统存储过程可以查看视图的信息，它们分别是 sp_help、sp_depends 和 sp_helptext。

1. 系统存储过程 sp_help

sp_help 用来返回有关数据库对象的详细信息，如果不针对某一特定对象，则返回数据库中所有对象信息。其语法格式如下：

```
sp_help 数据库对象名称
```

2. 系统存储过程 sp_depends

sp_depends 返回系统表中存储的任何信息，该系统表指出该对象所依赖的对象。除视图外，这个系统存储过程可以在任何数据库对象上运行。其语法格式如下：

```
sp_ depends 数据库对象名称
```

3. 系统存储过程 sp_helptext

sp_helptext 可以查询视图、存储过程、触发器等对应的 SQL 语句，其语法格式如下：

```
sp_helptext [视图|存储过程|触发器]
```

4.5.7 查询视图

当视图被定义后，用户就可以对视图进行查询操作。从用户角度来说，查询视图与查询基本表是一样的，但视图是不实际存在于数据库当中的虚表，所以 DBMS 执行对视图的查询实际上是根据视图的定义转换成等价的对基本表的查询。

【例 4-81】 在例 4.77 定义的视图 Student2017 中查找年龄大于 18 岁的学生的基本信息。

```
SELECT StuNo, StuName, Sex, Age FROM Student2017 WHERE Age > 18
```

本例在执行时 DBMS 会转化为下列执行语句：

```
SELECT StuNo, StuName, Sex, Age FROM Student WHERE StuNo LIKE '_17 % ' AND Age > 18
```

因此 DBMS 对某 SELECT 语句进行处理时，若发现被查询对象是视图，则 DBMS 将进行下述操作：

(1) 从数据字典中取出视图的定义。

(2) 把视图定义的子查询和本 SELECT 语句定义的查询条件相结合，生成等价的对基本表的查询(此过程称为视图的消解)。

(3) 执行对基本表的查询，把查询结果(作为本次对视图的查询结果)向用户显示。

由上例可以看出，当对一个基本表进行复杂的查询时，可以先对基本表建立一个视图，然后只需对此视图进行查询，这样就不必再书写复杂的查询语句，而是将一个复杂的查询转换成一个简单的查询，从而简化了查询操作。

4.5.8 更新视图

更新视图是指对视图进行插入(INSERT)、删除(DELETE)和修改(UPDATE)操作。和查询视图一样，由于视图是虚表，所以对视图的更新实际上是转换成对基本表的更新。此外，用户通过视图更新数据不能保证被更新的记录必定符合原来 AS <子查询>的条件。因此，在定义视图时若加上子句 WITH CHECK OPTION，则在对视图更新时系统将自动检查原定义时的条件是否满足。若不满足，则拒绝执行该操作。在标准 SQL 中有这样的规定：如果定义视图的 SELECT 子句能够满足某些条件(SELECT 子句中未使用 DISTINCT；FROM 子句中只有一张表；未使用 GROUP BY 子句；未使用 HAVING 子句)，那么这个视图就可以被更新。由于视图和表需要同时进行更新，所以通过汇总得到的视图无法进行更新。

1. 插入数据

与基本表的插入操作一样，也使用 INSERT 语句向视图中添加数据。由于视图是一个虚表,不存储数据,所以对视图插入数据实际上是对基本表插入数据。

【例 4-82】 在 2017 级学生视图 Student2017Check 中插入一条记录,该学生信息为(41750008,宋江,男,20)。

```
INSERT INTO Student2017Check(StuNo, StuName, Sex, Age) VALUES('41750008','宋江','男',20)
```

该语句执行时将转换成对 Student 表的插入:

```
INSERT INTO Student(StuNo, StuName, Sex, Age) VALUES('41750008','宋江','男',20)
```

系统将自动检查学号是否满足 2017 这个要求,否则无法插入数据。

2. 修改数据

用户可使用 UPDATE 语句通过视图对基本表的数据进行修改。

【例 4-83】 将视图 Student2017Check 中学号为"41750008"的学生的年龄改为 21 岁。

```
UPDATE Student2017Check SET Age = 21 WHERE StuNo = '41750008'
```

该语句执行时将转换成对 Student 表的修改:

```
UPDATE Student SET Age = 21 WHERE StuNo LIKE '_17%' AND StuNo = '41750008'
```

3. 删除数据

用户可使用 DELETE 语句删除视图中的数据,即删除基本表中的数据。

【例 4-84】 将视图 Student2017Check 中姓名为"宋江"的学生记录删除。

```
DELETE FROM Student2017Check WHERE StuName = '宋江'
```

该语句执行时将转换成对 Student 表的删除操作:

```
DELETE FROM Student WHERE StuNo LIKE '_17%' AND StuName = '宋江'
```

视图更新实际上是转换成对基本表的更新,但并非所有视图更新都能转换成有意义的对基本表的更新。为了能正确执行视图更新,各 DBMS 对视图更新都有若干规定,由于各系统实现方法上的差异,这些规定也不尽相同。

视图更新的一般限制如下:通常对于由一个基本表导出的视图,如果是从基本表去掉除码外的某些列和行,是允许更新的;由两个或两个以上基本表导出的视图不允许更新;若视图的属性列是由聚合函数或计算列构成的,则不能更新;若视图定义中含有 DISTINCT、GROUP BY 等子句,不允许更新。

4.6　SQL的数据控制

4.6.1　数据控制简介

由于数据库管理系统是一个多用户系统，为了控制用户对数据的存储权限，保持数据的共享及安全性，SQL语言提供了一系列的数据控制功能，主要包括安全性控制、完整性控制、并发控制和恢复。这里简要说明一下，在第8章将详细介绍。

(1) 完整性控制。数据的完整性是指数据的正确性和相容性。完整性控制的主要目的是防止语义上不正确的数据进入数据库。关系数据库系统中的完整性约束包括实体完整性、参照完整性和用户定义完整性。完整性约束条件的定义主要是通过CREATE TABLE语句中的[CHECK]子句来完成。

(2) 并发控制和恢复。数据库作为共享资源，允许多个应用程序并行地存取数据。并发控制指的是当多个用户并行地操作数据库时，需要通过并发控制对它们加以协调、控制，以保证并发操作的正确执行，并保证数据库的一致性；恢复指的是当发生各种类型的故障，使数据库处于不一致的状态时，将数据恢复到某一正确的状态的功能。

(3) 安全性控制。数据的安全性是指保护数据库，以防止非法使用造成数据的泄露和破坏。保证数据安全性的主要方法是通过对数据库存取权限的控制来防止非法用户使用数据库中的数据，即限定不同用户操作不同的数据对象。

存取权限控制包括权限的授予、检查和撤销。权限授予和撤销命令由数据库管理员使用。系统在用户对数据库操作前，先核实相应用户是否有权在相应数据上进行所要求的操作。

这里主要讨论SQL语言的安全控制功能。

4.6.2　授权

SQL语言用GRANT语句向用户授予操作权限，GRANT语句的一般格式为：

```
GRANT {ALL [PRIVILEGES]} | 权限[(列[,…])] [,…]
  ON {<对象类型> <对象名> }[,…]
  TO <用户> [,…]
  [WITH GRANT OPTION];
```

说明：

(1) 该语句的作用是将对指定操作对象的指定操作权限授予指定的用户。发出该GRANT语句的可以是DBA，也可以是该数据库的创建者，还可以是已经拥有该权限的用户。

(2) 对不同类型的操作对象有不同的操作权限，常见的操作权限如表4-9所示。

用户权限定义中数据对象的范围越小授权就越灵活。有的系统可精细到字段级，而有的系统只能对关系授权。授权粒度越细，系统定义与检查权限的开销也会相应增大。关系数据库中授权的数据对象横向粒度有数据库、表、属性列等。

表 4-9　不同对象类型允许的操作权限

对　象	对 象 类 型	操 作 权 限
属性列	TABLE	SELECT、INSERT、UPDATE、DELETE、ALL PRIVILEGES
视图	TABLE	SELECT、INSERT、UPDATE、DELETE、ALL PRIVILEGES
基本表	TABLE	SELECT、INSERT、UPDATE、DELETE、ALTER、INDEX、ALL PRIVILEGES(前面权限的总和)
数据库	DATABASE	CREATE TABLE

接受权限的用户可以是一个或多个具体用户，也可以是 PUBLIC，即全体用户。

(3) 如果指定了 WITH GRANT OPTION 子句，则获得某种权限的用户还可以把这种权限再授予其他的用户，但不允许循环授权。如果没有指定 WITH GRANT OPTION 子句，则获得某种权限的用户只能使用该权限，不能传播该权限。

(4) GRANT 语句可以一次向一个用户授权，也可以一次向多个用户授权，还可以一次完成多个同类对象的授权，甚至可以一次完成对基本表、视图和属性列这些不同对象的授权，但授予关于 DATABASE 的权限必须与授予关于 TABLE 的权限分开，因为对象类型不同。

【例 4-85】 将查询 Student 表的权限授予用户 user1。

```
GRANT SELECT ON TABLE Student TO user1
```

【例 4-86】 将修改学生姓名、查询 Student 表的权限授予用户 user2 和 user3。

```
GRANT UPDATE(StuName),SELECT ON Student TO user2,user3
```

在对属性列授权时必须指明相应属性列的名称。

4.6.3 收回权限

数据库管理员(DBA)和数据库拥有者(DBO)可以通过 REVOKE 语句将其他用户的操作授权撤销。REVOKE 语句的一般格式为：

```
REVOKE {ALL [PRIVILEGES]} | 权限[(列[,…])] [,…]
  ON {<对象类型> <对象名> }[,…]
  FROM <用户> [,…] [CASCADE | RESTRICT];
```

其中，CASCADE 表示撤销授予指定用户或角色权限，同时该用户或角色授予该权限的所有其他用户和角色也撤销授予该权限。

【例 4-87】 将用户 user1 查询 Student 表的权限收回。

```
REVOKE SELECT ON TABLE Student FROM user1
```

【例 5-88】 将所有用户对 Student 表查询的权限收回。

```
REVOKE SELECT ON TABLE Student FROM PUBLIC
```

4.6.4 拒绝权限

拒绝权限就是拒绝给当前数据库的用户授予权限，并防止数据库用户通过组或者角色成员资格继承权限。

使用 DENY 语句拒绝权限的语法格式为：

```
DENY {ALL [PRIVILEGES]} | 权限[(列[,…])] [,…]
  ON {<对象类型> <对象名> }[,…]
  TO <用户> [,…] [CASCADE | RESTRICT];
```

4.7 本章知识点小结

SQL 是关系数据库的标准语言，是集数据定义语言（DDL）、数据查询语言（DQL）、数据操纵语言（DML）、数据控制语言（DCL）于一体的关系数据语言。SQL 功能强大、易学易用。本章主要介绍了 SQL 语言的三级模式结构（外模式对应视图、模式对应基本表，内模式对应存储文件）以及 DDL、DQL、DML 和 DCL。

SQL 的数据定义包括对数据库、基本表、视图、索引的创建和管理。首先介绍了如何使用 SQL Server Management Studio 和 Transact-SQL 语句两种方式来创建、修改和删除数据库，这是建立表、视图等数据库对象的基础。创建一个数据库，仅仅是创建了一个空壳，它是以 model 数据库为模板创建的，因此其初始大小不会小于 model 数据库的大小。在创建数据库时，同时会创建事务日志。事务日志是在一个文件上预留的存储空间，在修改写入数据库之前，事务日志会自动记录对数据库对象所做的所有修改。然后介绍了使用 SQL Server Management Studio、使用 Transact-SQL 语句两种方式创建和管理基本表。在创建基本表时，只需要定义表结构，包括表名、列名、列的数据类型和约束条件等。

数据库中的索引是一个表中一列或几列值的集合及相应的指向表中物理标识其值的数据页的逻辑指针清单。索引使对数据的查找不需要对整个表进行扫描就可以直接找到所需数据，从而极大地减少了数据的查询时间，改善了查询性能。本章在介绍索引的概念、特点、种类的基础上，通过一些典型案例介绍了索引的创建、更新及删除等操作方法。

视图是从若干个基本表或其他视图导出的一种虚表，提供了一定程度的数据逻辑独立性，并可增加数据的安全性，封装了复杂的查询，简化了用户的使用。数据库中只存储视图的定义，而不存储视图所包含的数据，这些数据仍然存放在所引用的基本表中。本章在阐述视图的概念、特点、作用等基础上，通过典型案例介绍了视图的创建、修改、重命名以及视图查询和视图更新等操作。

SQL 数据操纵包括数据的插入、删除、修改等操作。SQL 还提供了一系列的数据控制功能，主要包括授权、收回权限和拒绝权限。

SQL 数据查询可以分为单表查询和多表查询。多表查询的实现方式有连接查询和子查询，其中子查询可分为相关子查询和非相关子查询。在查询语句中可以利用表达式、函数，以及分组操作 GROUP BY、HAVING、排序操作 ORDER BY 等进行处理。查询语句是 SQL 的重要语句，读者要加强对它的学习和训练。

4.8 习题

一、填空题

1. SQL 的中文全称是________。

2. SQL 语言是一种综合性的功能强大的语言，除了具有数据查询和数据操纵功能之外，还具有________和________功能。

3. SQL 语言支持关系数据库的三级模式结构，其中外模式对应于________，模式对应于________，内模式对应于________。

4. 建立索引的目的是________。

5. 在字符匹配中________可以代表任意单个字符。

6. 用 ORDER BY 子句可以对查询结果按照一个或多个属性列降序或升序排序，其默认值是________。

7. SQL 的数据控制功能包括事务管理功能和数据保护功能，其中数据保护功能包括________、________、________、________。

二、选择题

1. 删除数据库的 Transact-SQL 命令语句是________。

A. DELETE　　B. INSERT　　C. UPDATE　　D. DROP

2. 修改数据表的 Transact-SQL 命令语句是________。

A. DELETE　　B. INSERT　　C. UPDATE　　D. ALTER

3. 在 Transact-SQL 语言中，实现数据删除的命令语句是________。

A. DELETE　　B. INSERT　　C. UPDATE　　D. SELECT

三、简答题

1. 名词解释：基本表、视图、相关子查询、连接查询、嵌套查询。

2. 简述视图的作用。

3. SQL 语言的 4 大基本功能是什么？

4. 什么是索引？索引分为哪两种？各有什么特点？

5. 简述等值连接与自然连接的区别和联系。

6. 对于本章例子中教务管理系统使用的 3 个基本表 Student(StuNo，StuName，Gender，Age，DepartmentNo，Address)、Course(CNo，CName，Credit，ClassHour，Teacher)、SC(StuNo，CNo，Score)，试用 Transact-SQL 查询语句在练习本章例子程序的基础上完成下列查询：

(1) 使用 INSERT 语句分别向 Student 表、Course 表和 SC 表插入 5 条数据。

(2) 查询考试成绩不及格的学生的姓名和课程号。

(3) 查询所有缺考学生的学号和相应的课程号。

(4) 查询所有姓“张”的学生的姓名和系别。

(5) 查询姓名中第2个字为“国”字的学生的学号和姓名。

(6) 查询选修课程包含“王老师”所授课程的学生的学号。

(7) 查询开设课程的教师人数。

(8) 查询选修了课程的学生人数。

(9) 查询年龄大于20岁的男学生的学号和姓名。

(10) 查询学号为41750001的学生所学课程的课程名与任课教师名。

(11) 查询至少选修“王老师”所授课程中一门课程的女学生的姓名。

(12) 查询“叶斌”同学没有选修课程的课程号。

(13) 查询至少选修两门课程的学生的学号。

(14) 查询全部学生都选修课程的课程号与课程名。

(15) 查询选修“数据库技术及应用”课程的女学生的平均年龄。

(16) 查询“王老师”所授课程的每门课程的平均成绩。

(17) 统计每个学生选修课程的门数。

(18) 查询年龄大于男学生平均年龄的女学生的姓名和年龄。

(19) 查询年龄不在19～23岁的学生的姓名和系别。

(20) 查询系别为CS(计算机科学)和CE(通信工程)的学生的姓名和性别。

(21) 输出所有学生的学号和平均分，并以平均分递增排序。

(22) 将选修“数据库技术及应用”课程的学生的成绩提高10%。

(23) 创建一个视图sc_view，其包括StuNo、StuName、CName、Credit、ClassHour、Teacher和Score。

7. 设有一个SPJ数据库，包括S、P、J、SPJ几个关系模式，用Transact-SQL语句创建这4个表，要求每个表定义主键，相关表定义外键：

```
S(SNO, SNAME, STATUS, CITY);
P(PNO, PNAME, COLOR, WEIGHT);
J(JNO, JNAME, CITY);
SPJ(SNO,PNO,JNO, QTY).
```

其中，供应商表S由供应商编号(SNO)、供应商名称(SNAME)、供应商状态(STATUS)、供应商所在城市(CITY)组成；零件表P由零件代码(PNO)、零件名(PNAME)、颜色(COLOR)、重量(WEIGHT)组成；工程项目表J由工程项目代码(JNO)、工程项目名(JNAME)、工程项目所在城市(CITY)组成；供应情况表SPJ由供应商编号(SNO)、零件代码(PNO)、工程项目代码(JNO)、供应数量(QTY)组成。

8. 设某信息管理系统在需求分析阶段已经收集到下列信息。

学生信息：学号、姓名、性别、出生日期、成绩、所在系号、系名、系办公电话。

教材信息：教材号、教材名、使用该教材的课程号、课程名、课程学分。

该信息管理系统遵循如下规则：每个系管理多名学生，每个学生只由一个系管理；一本教材仅用于一门课程，一门课程可使用多本教材；每名学生可以选修多门课程，一门课程可由多名学生选修；每门课程对每个学生仅有一个成绩。

根据以上叙述回答下列问题：

(1) 为该信息管理系统设计一个 E-R 图，要求标注属性和联系类型。

(2) 根据转换规则，将该 E-R 图转换为满足 3NF 的关系模型，要求标注每个关系模式的主键(用下画线标注)和外键(如果存在，请说明)。

(3) 用 SQL 语句建立关系模式中有主码和外码的关系，要求定义主码和外码(关系名和各属性名用拼音首字母表示)。

(4) 用 SQL 完成下列查询语句。

① 使用 INSERT 语句向"学生"关系插入一条数据。

② 查询成绩为空值的学生的学号、姓名、课程号。

③ 将选修"数据库技术"课程的学生的成绩都提高 10%。

④ 统计每个学生选修课程的门数。

⑤ 创建一个视图 sc_view，其包括学号、姓名、系名、课程名、课程学分、成绩。

9. 某学校图书借阅管理系统应提供如下功能：

- 查询书库中现有图书信息，包括书号、书名、作者、单价、出版社；
- 查询读者信息，包括读者的借书证号、姓名、性别、单位、地址；
- 查询读者的借阅情况，包括读者的借书证号、书号、借书日期、还书日期、备注；
- 不同类别的读者有不同的借阅权限，读者类别由类别编号、名称、最大允许借书量、借书期限描述。

根据以上叙述回答下列问题：

(1) 为该图书借阅系统设计一个 E-R 模型，要求标注属性和联系类型。

(2) 根据转换规则，将该 E-R 模型转换为关系模型，要求标注每个关系模式的主键和外键(如果存在)。

(3) 用 SQL 语句建立关系模式中有主码和外码的基本表，要求定义主码和外码(关系名和各属性名用拼音首字母表示)。

(4) 用 SQL 完成下列查询语句。

① 查询价格在 50～60 元之间的图书，结果按出版社升序排列。

② 查询"王明"所借阅的所有图书的书名及借阅日期。

③ 将"电子工业出版社"出版的图书的单价降价 10%。

④ 查询各个出版社图书的最高价格、最低价格和平均价格。

⑤ 建立"北京科技大学"读者的视图 USTB。

10. 已知某销售公司代理销售多家汽车公司的汽车，每个汽车公司生产多种型号的汽车，销售公司聘用多名职工，每个职工可以销售所有汽车厂商的所有型号的汽车。汽车公司的属性有公司编号、公司名称和地址，汽车信息的属性有汽车编号、车型名称、单价和保修期，职工的属性有职工号、姓名、聘期和工资。

(1) 请画出 E-R 图，注明属性和联系类型(汽车销售公司实体不用画出)。

(2) 将该 E-R 模型转换为关系模型,分别说明主码和外码。

(3) 用 SQL 语句建立关系模式中有主码和外码的基本表,要求定义主码和外码(各属性名用拼音首字母表示)。

(4) 用 SQL 完成下列查询语句。

① 查询销售量高于平均销量的车型名称和职工名称。

② 查询“奔驰”汽车公司的各种型号的车型名称,单价和保修期、销售量,并按销售量降序排列。

③ 将没卖出的汽车单价降价 10%。

④ 查询生产汽车种类大于 2 的汽车公司的编号。

⑤ 查询单价在 10～20 万的汽车的名称和单价。

11. 假设网上书店经营各种图书,图书有书号、书名、出版社、单价和库存量等属性,客户有编号、姓名和地址等属性;客户通过选择购买图书,最后网站自动生成订单;在一个订单中可包含多本图书,订单中有订单号、日期、客户号、所购图书的书号和数量;一个客户可有多个订单,一个订单只能属于一个客户。

(1) 根据上述业务规则设计 E-R 模型,要求将属性也画出。

(2) 将 E-R 模型转换成关系模型,并指出各关系模式的码以及外码(码用下画线标出,外码用波浪线标出)。

(3) 用 SQL 语句建立订单关系表(用中文即可),要求定义主键及其外键。

第5章

Transact-SQL程序设计进阶

Transact-SQL 包含许多 SQL 不具备的扩展编程功能，主要包括批处理、脚本、流程控制语句，以及存储过程和触发器等，本章主要介绍这些内容。

5.1 批处理和脚本

批处理是数据库系统中很重要的一个功能，能够对系统的性能进行有效优化。脚本将一组 Transact-SQL 语句以文本文件的形式存储，能够提高数据访问的效率，并进行相关的数据处理。事务是数据库系统上执行并发操作时的最小控制单元，能将逻辑单元的一组操作绑定在一起，便于使服务器保持数据的完整性。

5.1.1 批处理概述

1. 批处理的概念

批处理是指一次性地执行包含一条或多条 Transact-SQL 语句的语句组，它表示用户提交给数据库引擎的工作单元。批处理是作为一个单元进行分析和执行的，它要经历的处理阶段有分析(语法检查)、解析(检查引用的对象和列是否存在、是否具有访问权限)、优化(作为一个执行单元)。SQL Server 将批处理语句编译为单个可执行的单元，称为执行计划，执行计划中的语句每次执行一条，这种批处理方式有助于节省执行时间。

在书写批处理时，GO 语句作为批处理命令的结束标志，当编译器读取到 GO 语句时会将 GO 语句前的所有语句当作一个批处理，并将这些语句打包发送给服务器。GO 语句本身不是 Transact-SQL 语句的组成部分，只是一个表示批处理结束的前端指令。

2. 批处理的规则

下面的规则适用于批处理的使用：

(1) 不能被组合在同一个批处理中的语句包括创建默认值(CREATE DEFAULT)、创建函数(CREATE FUNCTION)、创建存储过程(CREATE PROCEDURE)、创建规则(CREATE RULE)、创建模式(CREATE SCHEMA)、创建触发器(CREATE TRIGGER)和创建视图(CREATE VIEW)。

(2) 批处理以 CREATE 语句开始，所有跟在该批处理后的其他语句将被解释为第一个 CREATE 语句定义的一部分。

(3) 不能在同一个批处理中更改表结构(例如修改字段名、新增字段、新增或更改约束等)，然后引用新列。因为 SQL Server 可能还不知道架构定义发生了变化，导致出现解析错误。

(4) 不能在同一个批处理中删除一个对象之后再次引用该对象。

(5) 不可在将规则和默认值绑定到表字段或自定义字段上之后立即在同一个批处理中使用。

(6) 使用 SET 语句设置的某些 SET 选项不能应用于同一个批处理中的查询。

(7) 如果批处理中的第一个语句是执行某个存储过程的 EXECUTE 语句，则 EXECUTE 关键字可以省略。如果 EXECUTE 语句不是批处理中的第一条语句，则 EXECUTE 关键字必须保留。

3. 指定批处理的方法

指定批处理的方法有以下 4 种：

(1) 应用程序作为一个执行单元发出的所有 SQL 语句构成一个批处理，并生成单个执行计划。

(2) 存储过程或触发器内的所有语句构成一个批处理，每个存储过程或者触发器都编译为一个执行计划。

(3) 由 EXECUTE 语句执行的字符串是一个批处理，并编译为一个执行计划。

(4) 由 SP_EXECUTESQL 存储过程执行的字符串是一个批处理，并编译为一个执行计划。

用户需要注意以下几点：

(1) 若应用程序发出的批处理过程中含有 EXECUTE 语句，则已执行字符串或存储过程的执行计划将和包含 EXECUTE 语句的执行计划分开执行。

(2) SP_EXECUTESQL 存储过程所执行的字符串生成的执行计划与 SP_EXECUTESQL 调用的批处理执行计划分开执行。

(3) 若批处理中的语句激活了触发器，则触发器的执行将和原始的批处理分开执行。

4. 批处理的结束与退出

1) 执行批处理语句

用 EXECUTE 语句执行标量值的用户自定义函数、系统过程、用户自定义存储过程或扩展存储过程，同时支持 Transact-SQL 批处理内字符串的执行。

2）批处理结束语句

执行计划中的语句逐条执行，每次执行一条。所有的批处理语句都以 GO 命令作为结束的标志。当编译器读到 GO 时，它会把 GO 前面所有的语句作为一个批处理进行处理，并打包成一个数据包发送给服务器。

GO 命令和 Transact-SQL 语句不能在同一行，否则无法识别。但在 GO 命令行中可包含注释。用户必须遵照使用批处理的规则。

SQL Server 2005 以及更高的版本中对 GO 命令这个客户端工具进行了增强，让它可以支持一个正整数参数，表示 GO 之前的批处理将执行指定的次数。当需要重复执行批处理时，就可以使用这个增强后的命令。该命令使用的语法格式为：

```
GO [count]
```

其中，count 为一个正整数，用于指定 GO 之前的批处理将执行的次数。

【例 5-1】 查询 StudentMIS 数据库中学生的基本信息。

```
USE StudentMIS              -- 将当前使用的数据库切换到"StudentMIS"
GO
SELECT * FROM Student       -- 从 Student 表中查询学生信息
GO
```

3）批处理退出语句

批处理退出语句的基本语法格式为：

```
RETURN [整型表达式]
```

该语句可无条件终止查询、存储过程或批处理的执行。存储过程或批处理不执行 RETURN 之后的语句。当存储过程使用该语句时，RETURN 语句不能返回空值。用户可用该语句指定返回调用应用程序、批处理或存储过程的整数值。

5.1.2 脚本

脚本是存储在文件中的一系列 Transact-SQL 语句，是一系列顺序提交的批处理，脚本文件保存时的扩展名为.sql，该文件是一个纯文本文件。在脚本文件中可包含一个或多个批处理，GO 作为批处理结束语句，若脚本中无 GO 语句，则作为单个批处理。

使用脚本可以将创建和维护数据库时进行的操作保存在磁盘文件中，方便以后重复使用该段代码，还可以将此代码复制到其他计算机上执行。因此，对于经常操作的数据库，保存相应的脚本文件是一个良好的使用习惯。

5.2 流程控制语句

一般结构化程序设计语言的基本结构有顺序结构、条件分支结构和循环结构。Transact-SQL 语言也提供了类似的功能。Transact-SQL 提供了称为流程控制的特殊关键字,用于控制 Transact-SQL 语句、语句块或存储过程的执行流程。

流程控制语句就是用来控制程序执行流程的语句,使用流程控制语句可以在程序中组织语句的执行流程,提高编程语言的处理能力。SQL Server 提供的流程控制语句如表 5-1 所示。

表 5-1 流程控制语句

流程控制语句	说　明
BEGIN…END	定义语句块
BREAK	跳出循环语句
CASE	分支语句
CONTINUE	重新开始循环语句
GOTO	无条件跳转语句
IF…ELSE	条件处理语句,如果条件成立,执行 IF 语句;否则执行 ELSE 语句
RETURN	无条件退出语句
WAITFOR	延迟语句
WHILE	循环语句

5.2.1 BEGIN…END 语句块

BEGIN…END 语句用于将多个 Transact-SQL 语句组合为一个逻辑块。在执行时,该逻辑块作为一个整体被执行。其语法格式如下:

```
BEGIN
  {sql_statement | statement_block}
END
```

其中,BEGIN 和 END 是控制语句的关键字,分别表示语句块的开始和结束;{sql_statement|statement_block}是任何有效的 Transact-SQL 语句或以语句块定义的语句分组。在任何时候,当流程控制语句必须执行一个包含两条或两条以上 Transact-SQL 语句的语句块时,都可以使用 BEGIN 和 END 语句。它们必须成对使用,任何一条语句均不能单独使用。BEGIN…END 语句块的功能类似于程序设计语言中的{…}。此外,BEGIN…END 语句块可以嵌套使用。

下面几种情况经常要用到 BEGIN…END 语句块:

(1) WHILE 循环需要包含语句块。

(2) CASE 函数的元素需要包含语句块。

(3) IF 或 ELSE 子句需要包含语句块。

在上述情况下,如果只有一条语句,则不需要使用 BEGIN…END 语句块。

5.2.2 IF…ELSE 语句

使用 IF…ELSE 语句,可以有条件地执行语句。其语法格式如下:

```
IF <逻辑表达式>
  < Transact - SQL 语句或用语句块定义的语句分组>
[ELSE
  < Transact - SQL 语句或用语句块定义的语句分组>]
```

其中,<逻辑表达式>可以返回 TRUE 或 FALSE。如果<逻辑表达式>中含有 SELECT 语句,必须用圆括号将 SELECT 语句括起来。

IF…ELSE 语句的执行方式是：如果逻辑表达式的值为 TRUE,则执行 IF 后面的语句块；否则执行 ELSE 后面的语句块。

在 IF…ELSE 语句中,IF 和 ELSE 后面的子句都允许嵌套,嵌套层数不受限制。但是,嵌套最好不要超过 3 层,否则会降低程序的可读性。

5.2.3 CASE 语句

使用 CASE 语句可以实现程序的多重分支选择。虽然使用 IF…ELSE 语句也能够实现多重分支结构,但是使用 CASE 语句的程序可读性更强。在 SQL Server 2016 中,CASE 语句有两种格式。

(1) 简单 CASE 语句：将某个表达式与一组简单表达式进行比较以确定结果。其语法格式为：

```
CASE <输入表达式>
  WHEN < when 表达式> THEN <结果表达式>
  WHEN < when 表达式> THEN <结果表达式>
  [ …n]
  [ELSE < else 结果表达式>]
END
```

简单 CASE 语句的执行过程为：将<输入表达式>与各个< when 表达式>进行比较,如果相等,则返回对应的<结果表达式>的值,然后跳出 CASE 语句,不再执行后面的语句；如果没有<输入表达式>等于< when 表达式>的值,则返回< else 结果表达式>的值。如果没有 ELSE 子句,则返回 NULL。需要注意的是,各条件分支返回的<结果表达式>的数据类型必须一致,最好明确地写上 ELSE 子句。

【例 5-2】 显示出版社数据库 pubs 中作者所在州的情况。

```
SELECT au_fname, au_lname,
  CASE state
    WHEN 'CA' THEN 'California'
    WHEN 'KS' THEN 'Kansas'
    WHEN 'TN' THEN 'Tennessee'
    WHEN 'MI' THEN 'Michigan'
    WHEN 'IN' THEN 'Indiana'
    WHEN 'MD' THEN 'Maryland'
  END AS StateName
FROM authors WHERE au_fname LIKE 'M % '
```

执行结果如下：

```
au_fname      au_lname      StateName
-----------------------------------
Marjorie      Green         California
Michael       O'Leary       California
Meander       Smith         Kansas
Morningstar   Greene        Tennessee
Michel        DeFrance      Indiana
```

(2) 搜索CASE语句：计算一组布尔表达式以确定结果。其基本语法格式为：

```
CASE
  WHEN <逻辑表达式> THEN <结果表达式>
  WHEN <逻辑表达式> THEN <结果表达式>
  [ …n]
  [ ELSE < else 结果表达式>]
END
```

搜索CASE语句的执行过程为：如果<逻辑表达式>的值为TRUE，则返回THEN后面的<结果表达式>，然后跳出CASE语句；否则继续测试下一个WHEN后面的<逻辑表达式>。如果所有的WHEN后面的<逻辑表达式>均为FALSE，则返回ELSE后面的< else结果表达式>。如果没有ELSE子句，则返回NULL。WHEN子句中的"<逻辑表达式>"就是类似"列＝值"这样，返回值为真值(TRUE、FALSE、UNKNOWN)的表达式。用户也可以将其看作使用＝、<>或者LIKE、BETWEEN等谓词编写出来的表达式。用户在编写SQL语句的时候需要注意，在发现为真的WHEN子句时，CASE表达式的真假值判断就会中止，而剩余的WHEN子句会被忽略。为了避免引起不必要的混乱，在使用WHEN子句时要注意条件的排他性。

【例5-3】 在StudentMIS数据库中，采用"优""良""中""差""不及格"五级打分制来显示5名学生成绩表的情况，结果如图5-1所示。

```
SELECT TOP 5 StuNo AS 学号, CNo AS 课程号,
  CASE
    WHEN Score >= 90 THEN '优'
    WHEN Score >= 80 THEN '良'
    WHEN Score >= 70 THEN '中'
    WHEN Score >= 60 THEN '差'
    ELSE '不及格'
  END
  AS '成绩等级'
FROM StudentMIS.dbo.SC
```

执行结果如图5-1所示。

【例5-4】 在StudentMIS数据库中，统计每门课程选修的男生总数和女生总数，结果如图5-2所示。

```
SELECT CNo AS 课程号,
  SUM( CASE WHEN sex = '男' THEN 1 ELSE 0 END) AS 男生数,
  SUM (CASE WHEN sex = '女' THEN 1 ELSE 0 END) AS 女生数
FROM Student AS S INNER JOIN SC ON S.StuNo = SC.StuNo GROUP BY CNo
```

	学号	课程号	成绩等级
1	41756002	050115	良
2	41756002	050116	良
3	41756002	050118	优
4	41756002	050218	优
5	41756002	050264	良

图 5-1　例 5.3 的查询结果

	课程号	男生数	女生数
1	050115	3	1
2	050116	2	1
3	050118	3	1
4	050218	3	1
5	050264	3	1

图 5-2　例 5.4 的查询结果

上面这段代码所做的是分别统计选修每门课程的“男生”(即 sex='男')人数和“女生”(即 sex='女')人数。也就是说,这里是将“行结构”的数据转换成了“列结构”的数据。除了 SUM()、COUNT()、AVG()等聚合函数也都可以用于将行结构的数据转换成列结构的数据。

【例 5-5】 在 StudentMIS 数据库中,为了使学生的成绩更符合正太分布且方差尽可能小,将成绩高于 90 分的降低 5%,将成绩低于 80 分的提高 10%。

```
UPDATE SC SET
Score = CASE WHEN Score > 90 THEN Score * 0.95
             WHEN Score < 80 THEN Score * 1.1
             ELSE Score END
```

这样通过一条语句即可实现上述业务规则。尽管对例 5.5 分别执行下面两个 UPDATE 操作的结果与上面的执行效果是一致的,但这种逻辑是不正确的。问题在于,第一次的 UPDATE 操作执行后,学生的成绩发生了变化,如果继续拿它当作第二次 UPDATE 的判定条件,结果就会不准确。所以,例 5.5 只能使用 CASE 语句进行成绩的更新。

```
UPDATE SC SET Score = Score * 0.95 WHERE Score > 90        -- 条件 1
UPDATE SC SET Score = Score * 1.1 WHERE Score < 80         -- 条件 2
```

需要注意的是,SQL 语句最后一行的 ELSE Score 非常重要,必须写上。因为如果没有它,Score 介于 80 分和 90 分之间的学生成绩就会被更新成 NULL。

5.2.4 WHILE 语句

WHILE 语句可以设置重复执行 SQL 语句或语句块的条件。只要指定的条件为真,就重复执行语句。用户可以使用 BREAK 和 CONTINUE 关键字在循环内部控制 WHILE 循环中语句的执行。其语法格式如下:

```
WHILE <逻辑表达式>
BEGIN
  <Transact - SQL 语句或用语句块定义的语句分组>
  [ BREAK ]
  [ CONTINUE ]
  <Transact - SQL 语句或用语句块定义的语句分组>
END
```

其中，BREAK 语句无条件地退出 WHILE 循环，即从最内层的 WHILE 循环中退出，将执行出现在 END 关键字后面的语句，END 关键字为循环结束标记。CONTINUE 结束本次循环，进入下次循环，也就是使 WHILE 循环重新开始执行，忽略 CONTINUE 关键字后面的任何语句。

WHILE 语句的执行方式为：如果逻辑表达式的值为 TRUE，则反复执行 WHILE 语句后面的语句块；否则将跳过后面的语句块。

【例 5-6】 计算并输出 1＋2＋3＋…＋100 的和。

```
DECLARE @sum int, @i int
SET @i = 0
SET @sum = 0
WHILE @i <= 100
  BEGIN
  SET @sum = @sum + @i
  SET @i = @i + 1
END
PRINT '1～100 的和为：' + CAST(@sum AS char(25))
```

执行结果为：

```
1～100 的和为：5050
```

5.2.5 GOTO 语句

GOTO 语句可以实现无条件跳转，让执行流程跳转到 SQL 代码中的指定标签处。其语法格式为：

```
GOTO 标签名
```

GOTO 语句的执行方式为：遇到 GOTO 语句后，直接跳转到"标签名"处继续执行，而 GOTO 后面的语句将不被执行。

5.2.6 RETURN 语句

使用 RETURN 语句，可以从查询或过程中无条件退出。RETURN 语句可在任何时候用于从过程、批处理或语句块中退出，而不执行位于 RETURN 之后的语句。其语法格式为：

```
RETURN [整数值]
```

5.2.7 WAITFOR 语句

使用 WAITFOR 语句，可以在指定的时间或者过了一定时间后执行语句块、存储过程或者事务。其语法格式为：

```
WAITFOR { DELAY <'时间'> | TIME <'时间'>}
```

DELAY 指示 SQL Server 一直等到指定的时间过去，最长可达 24 小时。'时间'是要等待的时间。用户可以按 datetime 数据可接受的格式指定'时间'，也可以用局部变量指定此参数。注意不能指定日期，因此在 datetime 值中不允许有日期部分。TIME 指示 SQL Server 等待到指定时间。

【例 5-7】 等待 30 秒后对 SC 表执行 SELECT 语句。

```
WAITFOR DELAY '00:00:30'
SELECT * FROM StudentMIS.dbo.SC
```

【例 5-8】 指定在 15：30：00 时执行一个输出当前时间的语句。

```
WAITFOR TIME '15:30:00'
PRINT '现在是 15:30:00'
```

执行后，等计算机上的时间到了 15：30：00 时将出现结果"现在是 15：30：00"。

5.2.8 TRY…CATCH 语句

TRY…CATCH 语句实现类似于 Java 和 C++语言中的异常处理。Transact-SQL 语句或用语句块定义的语句分组可以包含在 TRY 中，如果 TRY 内部发生错误，则会将控制传递给 CATCH 中包含的另一个语句分组。其语法格式如下：

```
BEGIN TRY
  <Transact - SQL 语句或用语句块定义的语句分组>
END TRY
BEGIN CATCH
  <Transact - SQL 语句或用语句块定义的语句分组>
END CATCH
```

在 CATCH 模块中，可以使用下面的函数来实现错误处理。

(1) ERROR_NUMBER()：返回错误号。

(2) ERROR_MESSAGE()：返回错误消息的完整文本。

(3) ERROR_SEVERITY()：返回错误严重性。

(4) ERROR_STATE():返回错误状态号。

(5) ERROR_LINE():返回导致错误的例程中的行号。

(6) ERROR_PROCEDURE():返回出现错误的存储过程或触发器的名称。

5.2.9 PRINT 语句

PRINT 语句用于向客户端返回用户信息。PRINT 语句只允许显示常量、表达式或变量,不允许显示列名。它的语法格式如下:

```
PRINT 字符串|局部变量|字符串表达式
```

5.3 存储过程

5.3.1 存储过程概述

1. 存储过程的概念

存储过程(Stored Procedure)是一组为了完成特定功能、可以接收和返回用户参数的Transact-SQL 语句的预编译集合,经过编译后存储在数据库中,以一个名称存储并作为一个单元处理。存储过程存储在数据库内,用户通过指定存储过程名及给出参数进行调用执行,而且允许用户声明变量、带参数执行以及拥有其他强大的编程功能。存储过程在第一次执行时进行语法检查和编译,执行后它的执行计划就驻留在高速缓存中,用于后续调用。存储过程可以接受和输出参数、返回执行存储过程的状态值,还可以嵌套调用。存储过程在数据库开发过程以及数据库维护和管理等任务中有非常重要的作用。

2. 存储过程的特点

存储过程可包含流程控制、逻辑以及对数据库的查询。它们可以接收参数、输出参数、返回单个或多个结果集以及返回值。与单纯的 Transact-SQL 语句相比,存储过程具有以下优点:

(1) 允许模块化的程序设计。存储过程被创建、存储在数据库中,可以在程序中被多次调用。用户可以在自己的存储过程内引用其他存储过程,这可以简化一系列复杂语句;而且存储程序可以独立于应用程序进行修改,极大地提高了程序的可移植性。

(2) 执行速度快,改善系统性能。存储过程在创建时即在服务器上进行编译和优化。程序调用一次后,它的执行计划就驻留在高速缓存中,下次调用时可以直接执行;而批处理的 Transact-SQL 语句在每次运行时都要进行编译和优化,因此速度相对较慢。

(3) 有效降低网络流量。用户可以在单个存储过程中执行一系列 Transact-SQL 语句。有了存储过程,在网络上只要一条语句就能执行一个存储过程,因此有效地减少了网络流量,提高了应用程序的执行效率。

(4) 保证数据库的安全性。通过隔离和加密的方法提高了数据库的安全性,通过授权可以让用户只能执行存储过程而不能直接访问数据库对象。

3. 存储过程的分类

在 SQL Server 2016 中存储过程分为 3 类,即系统存储过程、用户自定义存储过程以及扩展存储过程。

(1) 系统存储过程主要存放在 master 数据库中,并以“sp_”为前缀名。系统存储过程主要是从系统表中获取信息,从而为系统管理员管理 SQL Server 提供支持。SQL Server 2016 提供了一千多个系统存储过程,下面对常用的系统存储过程做一个简单的介绍。

- sp_tables:返回可在当前环境中查询的对象列表。这代表可在 FROM 子句中出现的任何对象。
- sp_stored_procedures:返回当前环境中的存储过程列表。
- sp_rename:在当前数据库中更改用户创建对象的名称。此对象可以是表、索引、列、别名等数据类型。
- sp_renamedb:更改数据库的名称。
- sp_help:报告有关数据库对象(sys. sysobjects 兼容视图中列出的所有对象)、用户定义数据类型或 SQL Server 2016 提供的数据类型的信息。
- sp_helptext:表示用户定义规则的定义、默认值、未加密的 Transact-SQL 存储过程、用户定义 Transact-SQL 函数、触发器、计算列、CHECK 约束、视图或系统对象(例如系统存储过程)。
- sp_who:提供有关 SQL Server Database Engine 实例中的当前用户和进程的信息。
- sp_password:为 SQL Server 登录名添加或更改密码。

(2) 用户自定义存储过程是由用户创建的、存放在用户创建的数据库中,并能完成某些特定功能的存储过程。本节主要介绍用户自定义存储过程。在 SQL Server 2016 中,用户自定义存储过程又分为 Transact-SQL 存储过程和 CLR 存储过程两种。Transact-SQL 存储过程是指保存 Transact-SQL 语句的集合,可以接收和返回用户提供的参数。CLR 存储过程是针对微软公司的.NET Framework 公共语言运行时(CLR)方法的引用,可以接收和返回用户提供的参数。

(3) 扩展存储过程是指使用其他编程语言(例如 C 语言)创建自己的外部存储过程,是 SQL Server 数据库的实例可以动态加载和运行的动态链接库(DLL),扩展了 SQL Server 2016 的性能,常以“xp_”为前缀名,其内容并不存储在 SQL Server 2016 中,而是以 DLL 的形式单独存在。常用的扩展存储过程如下:

- xp_cmdshell:用来运行平常在命令提示符下执行的程序,例如 DIR(显示目录)和 MD(更改目录)命令等。
- xp_sscanf:将数据从字符串读入每个格式参数所指定的参数位置。
- xp_sprintf:设置一系列字符和值的格式并将其存储到字符串输出参数中。每个格式参数都用相应的参数替换。

存储过程与视图之间的关系如表 5-2 所示。

表 5-2　存储过程与视图之间的关系

对比项目	视　图	存储过程
语句	只能是 SELECT 语句	可以包含控制流程、逻辑以及 SELECT 语句
输入、返回结果	不能接受参数，只能返回结果集	可以有输入、输出参数，也可以有返回值
典型应用	多个表的连接查询	完成某个特定的较复杂的任务

5.3.2　创建存储过程

如果要使用存储过程，首先要创建一个存储过程，可以使用 Transact-SQL 语句的 CREATE PROCEDURE 语句，也可以使用 SQL Server Management Studio 来完成。使用 SQL Server Management Studio 创建容易理解，较为简单；使用 Transact-SQL 语句创建较为快捷。在创建存储过程时，需要确定存储过程的 3 个组成部分：

- 所有的输入参数及执行后传给调用者的输出参数。
- 被执行的针对数据库的操作语句，包括调用其他存储过程的语句。
- 返回给调用者的状态值，以指明执行是否成功。

1. 使用 SQL Server Management Studio 创建存储过程

使用 SQL Server Management Studio 创建存储过程的操作步骤如下：

（1）打开 SQL Server Management Studio 并连接到目标服务器，在"对象资源管理器"窗口中找到"数据库"结点，打开要创建存储过程的数据库（例如 StudentMIS）。

（2）展开"可编程性"结点，然后右击"存储过程"项，在打开的快捷菜单中选择"新建存储过程"命令。此时，右侧窗口中显示了 CREATE PROCEDURE 语句的框架，可以修改要创建的存储过程的名称，然后加入存储过程所包含的 SQL 语句，如图 5-3 所示。

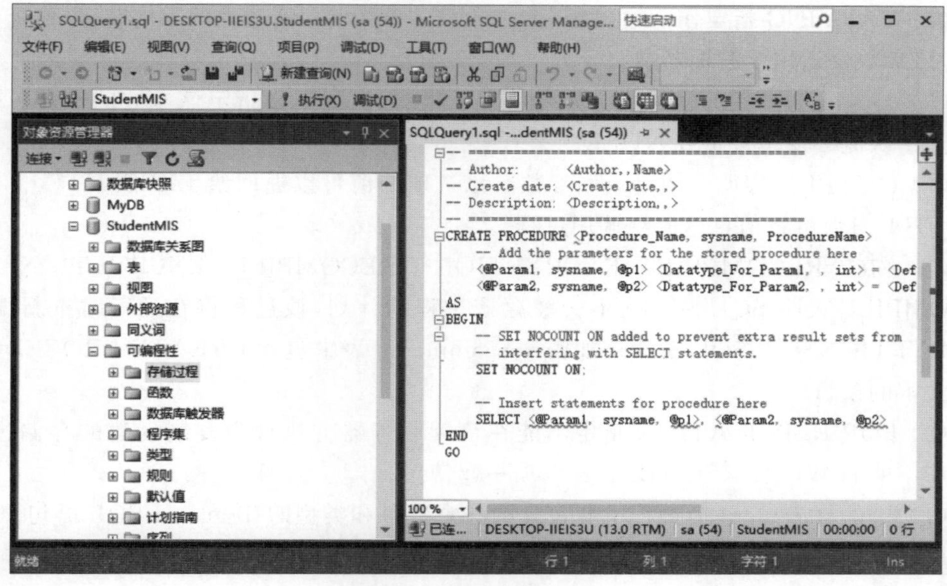

图 5-3　新建存储过程

(3) 在模板中输入完成后，单击工具栏上的“执行”按钮，可以立即执行 SQL 语句以创建存储过程。用户也可以单击“保存”按钮保存该存储过程的 SQL 语句。

2. 使用 Transact-SQL 语句创建存储过程

创建存储过程的 CREATE PROCEDURE 语句的语法为：

```
CREATE [ PROC | PROCEDURE] procedure_name [ ; number ]
[{ @parameter data_type }
[VARYING ] [ = default ] [ OUTPUT ] ] [ , …n ]
[WITH { RECOMPILE | ENCRYPTION | RECOMPILE , ENCRYPTION } ]
[FOR REPLICATION] AS sql_statement [ …n ]
```

其中，各参数的含义如下：

(1) procedure_name 是新建存储过程的名称，必须符合标识符命名规则。

(2) ;number 是可选的整数，用来对同名的存储过程分组，以便用一条 DROP PROCEDURE 语句即可将同组的存储过程一起删除。例如，名为 student 的应用程序使用的存储过程可以命名为“studentProc;1”“studentProc;2”等。DROP PROCEDURE studentProc 语句将删除整个组。

(3) @parameter 为存储过程的参数。在 CREATE PROCEDURE 语句中可以声明一个或多个参数。用户必须在执行过程时提供每个所声明参数的值(除非定义了该参数的默认值)。存储过程最多可以有 2100 个参数。

(4) data_type 为参数的数据类型。所有数据类型均可以用作存储过程的参数。不过，游标(CURSOR)数据类型只能用于 OUTPUT 参数。如果指定的数据类型为 CURSOR，必须同时指定 VARYING 和 OUTPUT 关键字。

(5) VARYING 指定作为输出参数支持的结果集(由存储过程动态构造，内容可以变化)。该参数仅适用于游标参数。

(6) default 为参数的默认值。如果定义了默认值，则不必指定该参数的值即可执行过程。默认值必须是常量或 NULL。

(7) OUTPUT 表明参数是返回参数。该选项的值可以返回给 EXEC[UTE]。使用 OUTPUT 参数可将信息返回给调用过程。

(8) 在{RECOMPILE | ENCRYPTION | RECOMPILE, ENCRYPTION}中，RECOMPILE 表明 SQL Server 不会缓存该过程的计划，该过程将在运行时重新编译；ENCRYPTION 表示 SQL Server 加密 syscomments 表中包含 CREATE PROCEDURE 语句文本的条目。

(9) FOR REPLICATION 指定不能在订阅服务器上执行为复制创建的存储过程。本选项不能和 WITH RECOMPILE 选项一起使用。

(10) sql_statement 为过程中要包含的任意数目和类型的 Transact-SQL 语句。

用户在创建存储过程时应该注意下面几点：

(1) 存储过程最大为 128MB。

(2) 用户自定义的存储过程只能在当前数据库中创建(临时存储过程除外,临时存储过程总是在 tempdb 中创建)。

(3) 在单个批处理中,CREATE PROCEDURE 语句不能与其他 Transact-SQL 语句组合使用。

(4) 存储过程可以嵌套使用,在一个存储过程中可以调用其他的存储过程。嵌套的最大深度不能超过 32 层。

(5) 存储过程如果创建了临时表,则该临时表只能用于该存储过程,而且当存储过程执行结束后,临时表自动被删除。

【例 5-9】 使用 CREATE PROCEDURE 语句创建一个存储过程 studentProc,查询某籍贯某学生的情况:

```
USE StudentMIS
GO
CREATE PROCEDURE studentProc
@name NVARCHAR(64), @address NVARCHAR(256)
AS SELECT * FROM Student WHERE StuName = @name AND Address = @address
GO
```

【例 5-10】 使用 CREATE PROCEDURE 语句创建计算两个整数和的存储过程 SumProc,并将结果返回给用户。

```
CREATE PROCEDURE SumProc
@i1 INT, @i2 INT, @result INT OUTPUT
AS
SET @result = @i1 + @i2
```

从存储过程中返回一个或多个值是通过在创建存储过程的语句中定义输出参数来实现的,通过关键字 OUTPUT 指明这是一个输出参数。值得注意的是,输出参数必须位于所有输入参数之后,如例 5.10 中输出参数@result 位于最后。

5.3.3 执行存储过程

存储过程与函数不同,存储过程不返回取代其名称的值,其参数不需要用括号括起,存储过程也不能直接在表达式中使用。执行存储过程使用 EXECUTE 语句,其完整语法格式如下:

```
[ EXEC | EXECUTE ] {
[ @return_status = ]
{ procedure_name [ ;number ] | @procedure_name_var }
[ [ @parameter = ] { value | @variable [ OUTPUT ] | [ DEFAULT ] }] [ , …n ]
[ WITH RECOMPILE ]}
```

其中,各参数的含义如下:

(1) @return_status 是一个可选的整型变量,用于保存存储过程的返回状态。这个变量用在 EXECUTE 语句前，必须在批处理、存储过程或函数中声明过。

(2) procedure_name 为调用的存储过程名称。

(3) number 是可选的整数，用于将相同名称的过程进行组合，使得它们可以用 DROP PROCEDURE 语句删除。

(4) @procedure_name_var 是局部定义变量名，代表存储过程名称。

(5) @parameter 是存储过程参数，在 CREATE PROCEDURE 语句中定义，参数名称前必须加上符号@。

(6) value 是存储过程中参数的值。

(7) @variable 是用来保存参数或者返回参数的变量。

(8) OUTPUT 指定存储过程必须返回一个参数。该存储过程的匹配参数也必须由关键字 OUTPUT 创建。在使用游标变量做参数时使用该关键字。

(9) DEFAULT 为根据存储过程的定义提供参数的默认值。

(10) WITH RECOMPILE 为强制编译新的计划。

在调用存储过程时有两种传递参数的方法：第一种是在传递参数时，使传递的参数和定义时的参数顺序一致，对于使用默认值的参数可以用 DEFAULT 代替；第二种是采用参数名称引导的形式(例如@name='张颖')，此时各个参数的顺序可以任意排列。当输入参数较多时，建议使用参数名称引导的形式调用存储过程。

例如要执行例 5.9 的存储过程，使用如下语句：

```
EXECUTE studentProc@name = '张颖',@address = '北京'          --参数由参数名标识,顺序任意
或 EXECUTE studentProc '张颖', '北京'                    --参数以位置标识,必须按照定义参数的顺序
```

如果要执行例 5.10 的存储过程，使用如下语句：

```
DECLARE @answer INT
EXEC SumProc 10,20, @answer OUTPUT
SELECT @answer '两个整数相加的结果'
```

存储过程在执行后都会返回一个整型值。如果执行成功，返回 0；否则返回 −1～−99 的数值。用户也可以使用 RETURN 语句来指定一个返回值。

5.3.4 查看存储过程

在存储过程被创建之后，存储过程的名称被存储在系统表 sysobjects 中，它的源代码被存储在系统表 syscomments 中。用户可以使用系统存储过程来查看用户自定义的存储过程。

(1) sp_help 用于显示存储过程的参数及其数据类型，其语法格式如下：

```
sp_help [[@objname = ]存储过程名]
```

（2）sp_helptext 可以查看未加密的存储过程的定义信息，其语法格式如下：

```
sp_helptext [[@objname = ]存储过程名]
```

【例 5-11】 查看 studentProc 存储过程的定义信息。

可以执行下面的 SQL 语句：

```
EXEC sp_helptext studentProc
```

执行的结果如图 5-4 所示。

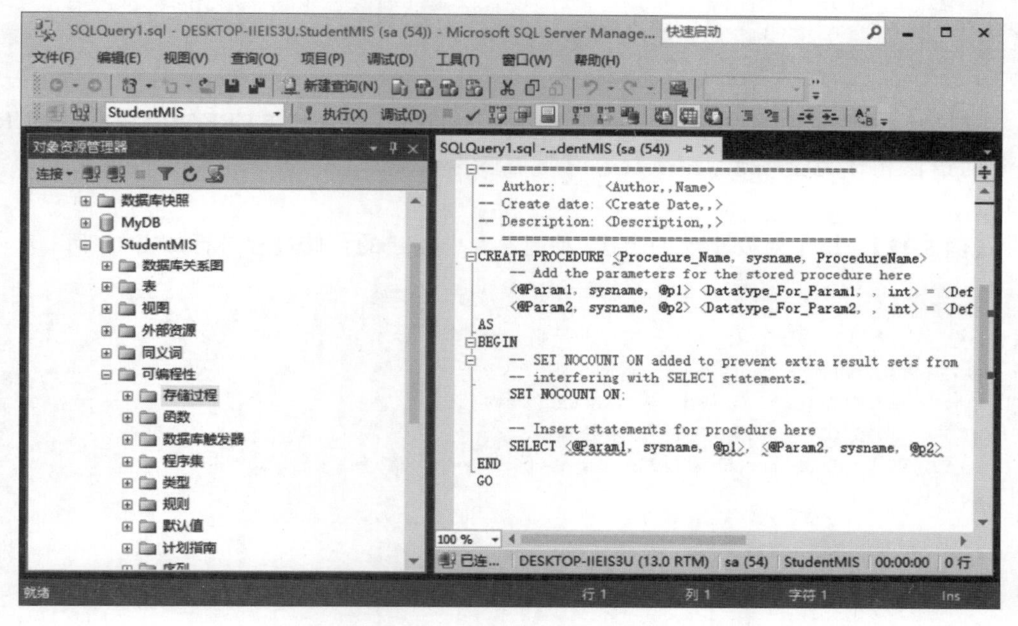

图 5-4　查看 studentProc 存储过程的定义信息

如果在创建存储过程中使用了 WITH ENCYPTION 选项，那么使用 sp_helptext 就无法看到存储过程的定义。

5.3.5　修改存储过程

1. 使用 SQL Server Management Studio 修改存储过程

使用 SQL Server Management Studio 修改存储过程较简单，步骤如下：

（1）打开 SQL Server Management Studio 并连接到目标服务器，在“对象资源管理器”窗口中找到“数据库”结点，然后选择存储过程所在的数据库（例如 StudentMIS）。

（2）依次展开“可编程性”结点和“存储过程”结点，然后右击要修改的存储过程名，例如 studentProc，在弹出的快捷菜单中选择“修改”命令，则会在右侧窗口中打开查询编辑器，显示该存储过程的源代码。

（3）修改代码后重新执行，保存即可。

2. 使用 Transact-SQL 语句修改存储过程

在 SQL Server 2016 中，可以使用 ALTER PROCEDURE 语句修改已经存在的存储过程，即直接将创建中的 CREATE 关键字替换为 ALTER。虽然删除并重新创建该存储过程也可以达到修改存储过程的目的，但是将丢失与该存储过程相关联的所有权限。修改存储过程的语法格式如下：

```
ALTER [ PROC | PROCEDURE] procedure_name [ ; number ]
[ { @parameter data_type }
[ VARYING ] [ = default ] [ OUTPUT ] ] [ , …n ]
[ WITH { RECOMPILE | ENCRYPTION | RECOMPILE , ENCRYPTION } ]
[ FOR REPLICATION ] AS sql_statement [ …n ]
```

通过对 ALTER PROCEDURE 语句语法的分析可以看出，其与 CREATE PROCEDURE 语句的语法构成完全一致，各参数的说明请参考 CREATE PROCEDURE 语句的语法说明。

【例 5-12】 出于对安全性的考虑，对例 5.9 中创建的存储过程进行加密处理。

```
USE StudentMIS
GO
ALTER PROCEDURE studentProc
@name NVARCHAR(64), @address NVARCHAR(256)
WITH ENCRYPTION        --增加了加密处理
AS SELECT * FROM Student WHERE StuName = @name AND Address = @address
GO
```

5.3.6 删除存储过程

1. 使用 SQL Server Management Studio 删除存储过程

使用 SQL Server Management Studio 删除存储过程的步骤如下：

(1) 打开 SQL Server Management Studio 并连接到目标服务器，在“对象资源管理器”窗口中找到“数据库”结点，然后选择存储过程所在的数据库(例如 StudentMIS)。

(2) 依次展开“可编程性”结点和“存储过程”结点，然后右击要删除的存储过程名，例如 studentProc，在弹出的快捷菜单中选择“删除”命令，则会弹出“删除对象”对话框，单击“确定”按钮，完成删除存储过程。

2. 使用 Transact-SQL 语句删除存储过程

使用 DROP PROCEDURE 语句可以在当前数据库中删除一个或多个存储过程，其语法格式如下：

```
DROP[ PROC | PROCEDURE] procedure_name [ , …n ]
```

【例 5-13】 删除例 5.9 创建的 studentProc 存储过程。

```
DROP PROC studentProc
```

5.3.7 重命名存储过程

使用系统存储过程 sp_rename 可以重命名存储过程。其语法格式如下：

```
sp_rename [@objname = ]'object_name', [@newname = ]'new_name'[,[@objtype = ]'object_type']
```

其中，各参数的说明如下：

(1) [@objname=]'object_name'为存储过程的当前名称。

(2) [@newname=]'new_name'为要执行存储过程的新名称。

(3) [,[@objtype=]'object_type']为要重命名的对象的类型。当对象类型为存储过程或触发器时，其值为 OBJECT。

5.4 触发器

5.4.1 触发器概述

1. 触发器的概念

触发器(Trigger)是一种特殊类型的存储过程，是一个在修改指定表值的数据时执行的存储过程，它的执行不是由程序显式地调用或执行，也不是手工启动，而是通过事件触发被执行。例如，当对一个表进行操作(INSERT、UPDATE 或 DELETE 语句)时就会激活触发器的执行。但是触发器又与存储过程不同，存储过程可以由用户直接使用 EXEC 语句调用并执行，但是触发器不能被直接调用并执行，它只能自动执行。与存储过程相比，触发器通常可以完成一定的业务规则，用于 SQL Server 约束、默认值和规则的完整性检查，实施完整性和强制执行业务规则。

2. 触发器的特点

触发器作为一种非程序调用的存储过程，在应用过程中具有如下优点：

(1) 预编译、已优化、自动执行且效率高，避免了 SQL 语句在网络传输后再解释的低效率。

(2) 业务逻辑封装性好，数据库中很多问题都是可以在程序代码中去实现的，但是将其分离出来在数据库中处理，这样逻辑上更加清晰，对于后期维护和二次开发的作用比较明显。

(3) 触发器可通过数据库中的相关表实现级联更改。但是，通过级联引用完整性约束可以更有效地执行这些更改。

(4) 与 CHECK 约束定义相比，触发器可以强制定义更为复杂的约束。与 CHECK

约束不同，触发器可以引用其他表中的列。例如，触发器可以使用另一个表中的SELECT比较插入或修改的数据，以及执行其他操作，例如修改数据或显示用户定义错误信息。

(5) 触发器也可以评估数据更新前后的表状态，并根据其差异采取对策。

(6) 一个表中的多个同类触发器(INSERT、UPDATE或DELETE)允许采取多个不同的对策，以响应同一个更新语句。

(7) 确保数据规范化。使用触发器可以维护非正规化数据库环境中的记录级数据的完整性。

3. 触发器的分类

按照触发事件的不同，SQL Server 2016将系统提供的触发器分为3类，即DML触发器、DDL触发器和登录触发器。在SQL Server中，可以创建CLR(Common Language Runtime，公共语言运行库)触发器，它既可以是DML触发器，也可以是DDL触发器。CLR触发器将执行在托管代码(在.NET Framework中创建并在SQL Server中加载的程序集的成员)中编写的方法，而不需要执行Transact-SQL存储过程。

1) DML触发器

当数据库中发生数据操纵语言(DML)事件时将调用DML触发器。DML事件包括在指定表或视图中更新数据的INSERT语句、UPDATE语句或DELETE语句。按照DML触发器事件类型的不同，可以把SQL Server系统提供的DML触发器分成3种类型，即INSERT类型、UPDATE类型和DELETE类型。这也是DML触发器的基本类型。

DML触发器按照触发时机通常分为两类，即AFTER触发器和INSTEAD OF触发器。AFTER触发器在数据更新完成后被激活，执行顺序为：数据表约束检查→更新表中的数据→激活触发器。INSTEAD OF触发器会取代原来要进行的操作，在数据更改之前发生，数据如何更新完全取决于触发器的内容，执行顺序为：激活触发器→若触发器涉及数据更新，则检查表约束。

2) DDL触发器

在CREATE、ALTER、DROP和其他DDL语句上操作时发生的触发器称为DDL触发器。DDL触发器用于执行管理任务，并强制影响数据库的业务规则。它们通常在数据库或服务器中某一类型的所有命令执行时激活。

3) 登录触发器

登录触发器将为响应LOGON事件而激发触发器。与SQL Server实例建立用户会话时将触发该事件。登录触发器将在登录的身份验证阶段完成之后且用户会话实际建立之前触发。因此，来自触发器内部且通常将到达用户的所有消息传送到SQL Server错误日志。如果身份验证失败，将不触发登录触发器。

任何触发器都可以包含影响另外一个表的INSERT、UPDATE或DELETE语句。当允许触发器嵌套时，一个触发器可以修改触发第二个触发器的表，第二个触发器又可以触发第三个触发器。在默认情况下，系统允许触发器最多嵌套32层。

4. inserted 表和 deleted 表

在触发器执行的时候会产生两个临时表——inserted 表和 deleted 表。它们的结构和触发器所在的表的结构相同，SQL Server 2016 自动创建和管理这些表。用户可以使用这两个临时的驻留在内存中的表测试某些数据修改的效果及设置触发器操作的条件；然而，用户不能直接对这两个表中的数据进行修改，但可以读取。触发器执行完成后，与该触发器相关的这两个表也会被删除。

deleted 表用于存储 DELETE 和 UPDATE 语句所影响的行的副本。在执行 DELETE 或 UPDATE 语句时，行从触发器表中删除，并传输到 deleted 表中。deleted 表和触发触发器的表中不会有相同的行。

inserted 表用于存储 INSERT 和 UPDATE 语句所影响的行的副本。在一个插入或更新事务处理中，新建行被同时添加到 inserted 表和触发器表中。inserted 表中的行是触发器表中新行的副本。

在对具有触发器的表进行 INSERT、DELETE 和 UPDATE 操作时，其操作过程如下：

(1) 执行 INSERT 操作。插入触发器表中的新行被插入 inserted 表中。

(2) 执行 DELETE 操作。从触发器表中删除的行被插入 deleted 表中。

(3) 执行 UPDATE 操作。先从触发器表中删除旧行，然后再插入新行。其中被删除的旧行被插入 deleted 表中，插入的新行被插入 inserted 表中。

5.4.2 创建触发器

在 SQL Server 中，创建触发器可以使用 Transact-SQL 语句的 CREATE TRIGGER 语句，也可以使用 SQL Server Management Studio 来完成，本书只介绍使用 Transact-SQL 语句创建触发器的语法，使用 SQL Server Management Studio 创建触发器的方法请读者自学完成。

1. 创建 DML 触发器

在创建 DML 触发器前，用户应该考虑到下列问题：

(1) CREATE TRIGGER 语句必须是批处理中的第一个语句。将该批处理中随后的其他所有语句解释为 CREATE TRIGGER 语句定义的一部分。

(2) 创建触发器的权限默认分配给表的所有者，且不能将该权限转给其他用户。

(3) 触发器为数据库对象，其名称必须遵循标识符的命名规则。

(4) 虽然触发器可以引用当前数据库以外的对象，但只能在当前数据库中创建触发器。

(5) 虽然不能在临时表或系统表上创建触发器，但是触发器可以引用临时表。注意，不应引用系统表，而应使用信息架构视图。

(6) 在含有用 DELETE 或 UPDATE 操作定义的外键的表中，不能定义 INSTEAD OF 和 INSTEAD OF UPDATE 触发器。

(7) 虽然 TRUNCATE TABLE 语句(用于删除行)类似没有 WHERE 子句的 DELETE 语句,但它并不会激活 DELETE 触发器,因为 TRUNCATE TABLE 语句没有记录。

触发器可以由 CREATE TRIGGER 语句创建,其语法格式如下:

```
CREATE TRIGGER trigger_name ON { table | view }
[ WITH ENCRYPTION ]
{{ FOR | AFTER | INSTEAD OF } { [DELETE] [,] [INSERT] [,] [UPDATE] }
  [ WITH APPEND ] [ NOT FOR REPLICATION ] AS
  [ { IF UPDATE (column) [ { AND | OR } UPDATE (column) ] [ …n ]
  | IF ( COLUMNS_UPDATED () { bitwise_operator } updated_bitmask )
  { comparison_operator } column_bitmask [ …n ]
  } ]
  sql_statement [ …n ]
}
```

其中,各参数的含义如下:

(1) trigger_name 为触发器的名称。

(2) table | view 是在其上执行触发器的表或视图,有时称为触发器表或触发器视图。

(3) WITH ENCRYPTION 为加密 syscomments 表中包含 CREATE TRIGGER 语句的条目。

(4) AFTER 指定触发器只有在触发 SQL 语句中指定的所有操作都已成功执行后才触发。所有的引用级联操作和约束检查也必须成功完成后才能执行此触发器。如果仅指定 FOR 关键字,则 AFTER 是默认设置。注意,不能在视图上定义 AFTER 触发器。

(5) INSTEAD OF 指定执行触发器而不是执行触发 SQL 语句,从而替代触发语句的操作。INSTEAD OF 触发器不能在 WITH CHECK OPTION 的可更新视图上定义。

(6) {[DELETE][,][INSERT][,][UPDATE]}是指定在表或视图上执行哪些数据更新语句时将激活触发器的关键字,必须至少指定一个选项。当向表中插入或者修改记录时,INSERT 或者 UPDATE 触发器被执行。在一般情况下,这两种触发器常用来检查插入或者修改后的数据是否满足要求。DELETE 触发器通常用于两种情况:①防止那些确实要删除,但是可能会引起数据一致性问题的情况,一般是为那些用作其他表的外键记录。②级联删除操作。

(7) WITH APPEND 指定应该添加现有类型的其他触发器。注意,只有当兼容级别是 65 或更低时才需要使用该可选子句。

(8) NOT FOR REPLICATION 表示当复制进程更改触发器所涉及的表时不执行该触发器。

(9) AS 是触发器要执行的操作。

(10) sql_statement 是触发器的条件和操作。触发器条件指定其他准则,以确定 DELETE、INSERT 或 UPDATE 语句是否导致执行触发器操作。

IF 子句说明了触发器条件中的列值被修改时才触发触发器。判断列是否被修改有以下两种办法。

(1) UPDATE (column): 参数为表或者视图中的列名称,说明这一列的数据是否被 INSERT 或者 UPDATE 操作更新过。如果更新过,返回 TRUE; 否则返回 FALSE。

(2) (COLUMNS_UPDATED(){bitwise_operator}updated_bitmask){comparison_operator}column_bitmask[…n]: COLUMNS_UPDATED()检测指定列是否被 INSERT 或者 UPDATE 操作更新过。它返回 varbinary 位模式,表示插入或修改了表中的哪些列。COLUMNS_UPDATED()函数以从左到右的顺序返回位,最左边的为最不重要的位。最左边的位表示表中的第一列; 向右的下一位表示第二列,以此类推。如果在表上创建的触发器包含 8 列以上,则 COLUMNS_UPDATED()返回多个字节,最左边的为最不重要的字节。在 INSERT 操作中 COLUMNS_UPDATED()将对所有列返回 TRUE 值,因为这些列插入了显式值或隐性(NULL)值。bitwise_operator 是用于比较运算的位运算符。updated_bitmask 是整型位掩码,表示实际修改或插入的列。例如,表 t1 包含列 C1、C2、C3、C4 和 C5。假定表 t1 上有 UPDATE 触发器,若要检查列 C2、C3 和 C4 是否都有更新,指定值 14(对应二进制数为 01110); 若要检查是否只有列 C2 有更新,指定值 2 (对应二进制数为 00010)。comparison_operator 是比较运算符。使用等号(=)检查 updated_bitmask 中指定的所有列是否都实际进行了更新,使用大于号(>)检查 updated_bitmask 中指定的任一列或某些列是否已更新。column_bitmask 是要检查列的整型位掩码,用来检查是否已修改或插入了这些列。

在创建触发器时需要指定下面的选项: 触发器的名称,必须遵循标识符的命名规则; 在其上定义触发器的表; 触发器将何时激活; 激活触发器的数据修改语句,有效选项为 INSERT、UPDATE 或 DELETE; 多个数据修改语句可激活同一个触发器,例如触发器可由 INSERT 或 UPDATE 语句激活; 执行触发操作的编程语句。

1) INSERT 触发器

INSERT 触发器通常被用来验证被触发器监控的字段中的数据满足要求的标准,以确保数据完整性。

【例 5-14】 为 StudentMIS 数据库中的 Student 表创建一个名为 tr_student_ins 的 INSERT 触发器,在用户插入记录时,该触发器被触发,并自动显示表中的内容。

```
USE StudentMIS
GO
/* 如果触发器 tr_student_ins 存在,则删除 */
IF EXISTS (SELECT name FROM sysobjects WHERE name = 'tr_student_ins' AND type = 'TR')
DROP TRIGGER tr_student_ins
GO
/* 创建触发器 tr_student_ins */
CREATE TRIGGER tr_student_ins ON Student FOR INSERT AS
SELECT * FROM Student
GO
```

单击“执行”按钮,创建该触发器。后面例子中的触发器也需要输入代码后单击“执行”按钮创建,这里不再赘述。

说明：

(1) 当触发 INSERT 触发器时，新的数据记录就会被插入触发器所在的表和 inserted 表中。inserted 表包含了 INSERT 语句中已记录的插入动作。

(2) 触发器通过检查 inserted 表来确定是否执行触发器动作或如何执行它。

2) DELETE 触发器

当触发 DELETE 触发器后，SQL Server 2016 将被删除的记录转存到 deleted 表中，此时触发器所在的表中将不再存在该记录。也就是说，触发器所在的表和 deleted 表中不可能有相同的记录信息。临时表 deleted 存放在内存中，以提高系统性能。

【例 5-15】 为 StudentMIS 数据库中的 Student 表创建一个名为 tr_student_del 的 DELETE 触发器，因为 SC 表中包含学生的学号和成绩，如果还存在一个 Student 表，其中包含学生的学号和姓名，它们之间以学号相关联。如果要删除 Student 表中的一条记录，则与该记录的学号对应的学生成绩也应该删除。

```
USE StudentMIS
GO
IF EXISTS (SELECT name FROM sysobjects WHERE name = 'tr_student_del' AND type = 'TR')
DROP TRIGGER tr_student_del
GO
CREATE TRIGGER tr_student_del ON Student AFTER DELETE AS
DELETE FROM SC WHERE SC.StuNo = deleted.StuNo
GO
```

此时，要删除 Student 表中的记录，则 SC 表中对应的记录也被删除。如果使用 SELECT 语句来查询 SC 表，将看到对应的记录已经被删除，这样就保证了数据的参照完整性。

3) UPDATE 触发器

UPDATE 触发器的工作过程相当于删除一条旧的记录，插入一条新的记录。因此，可将 UPDATE 语句看成两步操作：

(1) 捕获更新前的记录的 DELETE 语句。

(2) 捕获更新后的记录的 INSERT 语句。

当在定义有触发器的表上执行 UPDATE 语句时，更新前的记录被存储到 deleted 表，更新后的记录被存储到 inserted 表。

【例 5-16】 为 StudentMIS 数据库中的 Student 表创建一个名为 tr_student_update 的 UPDATE 触发器，用户对 Student 表执行更新操作后触发，并返回更新的记录信息。

```
USE StudentMIS
GO
IF EXISTS (SELECT name FROM sysobjects WHERE name = 'tr_student_update' AND type = 'TR')
DROP TRIGGER tr_student_update
```

```
GO
CREATE TRIGGER tr_student_update ON Student AFTER UPDATE AS
BEGIN
    SELECT StuNo AS 更新前学号, StuName 更新前姓名 FROM deleted
    SELECT StuNo AS 更新后学号, StuName 更新后姓名 FROM inserted
END
GO
```

4) INSTEAD OF 触发器

与前面介绍的 3 种 AFTER 触发器不同，SQL Server 服务器在执行触发 AFTER 触发器的 SQL 代码后，先建立临时的 inserted 和 deleted 表，然后执行 SQL 代码中对数据的操作，最后才激活触发器中的代码。而对于 INSTEAD OF 触发器，SQL Server 服务器在执行触发 INSTEAD OF 触发器的代码时，先建立临时的 inserted 和 deleted 表，然后直接触发 INSTEAD OF 触发器，而拒绝执行用户输入的 DML 操纵语句。基于多个基本表的视图必须使用 INSTEAD OF 触发器来支持引用多个表中数据的插入、更新和删除操作。

【例 5-17】 为 StudentMIS 数据库中的 SC 表创建一个名为 tr_sc_insteadof_ins 的 INSERT 触发器，当用户插入 SC 表中的成绩大于 100 分时，拒绝插入，并给出"插入成绩不能大于 100 分"的提示信息。

```
USE StudentMIS
GO
IF EXISTS (SELECT name FROM sysobjects WHERE name = 'tr_sc_insteadof_ins' AND type = 'TR')
DROP TRIGGER tr_sc_insteadof_ins
GO
CREATE TRIGGER tr_sc_insteadof_ins ON SC INSTEAD OF INSERT AS
BEGIN
    DECLARE @score decimal(18,2);
    SELECT @score = (SELECT score FROM inserted)
    IF @score > 100
        PRINT '插入成绩不能大于 100 分'
END
GO
```

2. 创建 DDL 触发器

在 CREATE、ALTER、DROP 和其他 DDL 语句上操作时发生的触发器称为 DDL 触发器。DDL 触发器常用于以下情况：防止对数据库架构进行某些更改，以响应数据库架构中的更改；记录数据库架构中的更改或事件。

创建 DDL 触发器的语法格式如下：

```
CREATE TRIGGER trigger_name
ON { ALL SERVER | DATABASE }
[WITH ENCRYPTION ]
{ FOR | AFTER } { event_type} [ ,…n ]
AS
  sql_statement
```

其中,各参数的说明如下:

(1) ALL SERVER 表示将 DDL 触发器的作用域应用于当前服务器。如果指定了该参数,则当前服务器中的任何数据库都能触发该触发器。

(2) DATABASE 表示将 DDL 触发器的作用域应用于当前数据库。如果指定了该参数,则只有当前数据库能触发该触发器。

(3) AFTER 表示事后触发器,DDL 触发器没有 INSTEAD OF 触发器。

(4) event_type 指定触发 DDL 触发器的 Transact-SQL 语言事件的名称。每一个 DDL 事件都对应一个 Transact-SQL 语句,DDL 事件的名称是 DDL 语句的语法经过修改,在关键字之间包含了下画线(_)。例如删除表事件为 DROP_TABLE,修改表事件为 ALTER_TABLE,修改索引事件为 ALTER_INDEX 等。

【例 5-18】 创建一个触发器,用于防止用户删除和修改 StudentMIS 数据库中的任一数据表。

```
USE StudentMIS
GO
CREATE TRIGGER tr_deny_delete ON DATABASE            --指定作用域
FOR DROP_TABLE, ALTER_TABLE AS                       --指定触发事件
BEGIN
     PRINT '禁止删除或修改该数据表!'
     ROLLBACK TRANSACTION
END
GO
```

5.4.3 查看触发器

因为触发器是一种特殊的存储过程,所以可以使用查看存储过程的方法来查看触发器的内容。因此,用户可以使用系统存储过程 sp_help、sp_helptext 和 sp_depents 分别查看触发器的不同信息。

- sp_ help:显示触发器的所有者和创建时间。
- sp_ helptext:显示触发器的源代码。
- sp_depends:显示该触发器参考的对象清单。

【例 5-19】 查看 tr_student_ins 触发器的源代码。

```
USE StudentMIS
GO
sp_helptext tr_student_ins
```

5.4.4 修改触发器

当触发器不满足需求时，可以修改触发器的定义和属性。在 SQL Server 中可以通过两种方式进行修改：先删除原来的触发器，再重新创建与之同名的触发器；直接修改现有触发器的定义。修改触发器的定义可以使用 ALTER TRIGGER 语句。

1. 修改 DML 触发器

修改 DML 触发器可以使用 ALTER TRIGGER 语句，其语法格式如下：

```
ALTER TRIGGER trigger_name ON (table | view)
[ WITH ENCRYPTION ]
{ ( FOR | AFTER | INSTEAD OF ) { [ DELETE ] [ , ] [ INSERT ] [ , ] [ UPDATE ] }
 [ NOT FOR REPLICATION ] AS sql_statement [ …n ] } |
{ ( FOR | AFTER | INSTEAD OF ) { [ INSERT ] [ , ] [ UPDATE ] }
[ NOT FOR REPLICATION ]
AS { IF UPDATE (column) [ { AND | OR } UPDATE (column) ] [ …n ]
| IF ( COLUMNS_UPDATED () { bitwise_operator } updated_bitmask ) { comparison_operator }
 column_bitmask [ …n ] } sql_statement [ …n ] }
```

各参数的含义和 CREATE TRIGGER 语句相同，这里不再介绍。

2. 修改 DDL 触发器

修改 DDL 触发器的语法格式如下：

```
ALTER TRIGGER trigger_name
ON { ALL SERVER | DATABASE }
[WITH ENCRYPTION ]
{ FOR | AFTER } { event_type} [ ,…n ]
AS
 sql_statement
```

5.4.5 删除触发器

当触发器不再使用时，可以将其删除。删除触发器不会影响其操作的数据表，而当某个表被删除时，该表上的触发器也同时被删除。用户可以使用 DROP TRIGGER 语句来删除触发器，其语法格式如下：

```
DROP TRIGGER { trigger_name } [ ,…n ]                                    --删除 DML 触发器
DROP TRIGGER { trigger_name } [ ,…n ] ON { ALL SERVER | DATABASE }       --删除 DDL 触发器
```

其中，trigger_name 是要删除的触发器名称，而 *n* 是表示可以指定多个触发器的占位符。

【例 6-20】 删除 DML 触发器 tr_student_ins。

在查询编辑器中执行下面的 Transact-SQL 语句：

```
DROP TRIGGER tr_student_ins
```

5.4.6 重命名触发器

重命名触发器使用 sp_rename 命令，其语法格式为：

```
sp_rename [@objname = ]'object_name', [@newname = ]'new_name'[,[@objtype = ]'object_type']
```

其参数说明和用例请参考重命名存储过程的说明，在此不再赘述。

5.4.7 启用和禁用触发器

在默认情况下，触发器创建之后便启用了，如果暂时不需要使用某个触发器，可以将其禁用。触发器被禁用后并没有删除，它仍然作为对象存储在当前数据库中。

1. 禁用触发器

当不再需要某个触发器时可将其禁用。禁用触发器可以使用 ALTER TABLE 语句或者 DISABLE TRIGGER 语句。使用 DISABLE TRIGGER 语句的语法格式如下：

```
DISABLE TRIGGER {ALL|trigger_name [,…n]}
ON {table | view | DATABASE | ALL SERVER}
```

2. 启用触发器

已禁用的触发器可以被重新启用。启用触发器可以使用 ALTER TABLE 语句或者 ENABLE TRIGGER 语句。使用 ENABLE TRIGGER 语句的语法格式如下：

```
ENABLE TRIGGER {ALL| trigger_name[,…n]}
ON {table | view | DATABASE | ALL SERVER}
```

5.5 本章知识点小结

批处理是一次性将多个 Transact-SQL 语句发送给服务器以完成执行的工作方式，这有助于节省语句的执行时间。脚本是指存储在文件中的一系列 SQL 语句，将常用的 Transact-SQL 语句保存为脚本文件，可方便以后重复使用或复制到其他计算机上执行。

Transact-SQL 中提供了一些常用的流程控制语句，通过这些语句使得 Transact-SQL 除了具备标准 SQL 的优点之外，还实现了顺序、选择、循环等程序结构的流程控制。

本章介绍了存储过程与触发器的概念、特点和作用，介绍了创建和管理存储过程与触发器的方法与技巧。存储过程是 SQL 语句和可选控制流语句的预编译集合，以一个名称存储并作为一个单元处理。触发器则是一种特殊的存储过程，在对表执行 INSERT、DELETE 和 UPDATE 操作时自动执行。存储过程和触发器在数据库开发过程以及数据库维护和管理等任务中有非常重要的作用。使用存储过程和触发器可以有效地检查数据的有效性和数据的完整性、一致性。

5.6　习题

1. 什么是批处理？使用批处理有何限制？
2. 什么是存储过程？存储过程分为哪几类？使用存储过程有什么好处？
3. 什么是触发器？其主要功能是什么？
4. 触发器分为哪几种？
5. INSERT 触发器、UPDATE 触发器和 DELETE 触发器有什么不同？
6. AFTER 触发器和 INSTEAD OF 触发器有什么不同？
7. 创建一个存储过程，用于查询订单信息，包括订单日期、客户名称、定购的书籍名称、单价、数量和总价。
8. 创建一个触发器，用于在向 author 表或者修改插入数据时检查 telephone 字段的长度不大于 13 位(必须为区号＋电话号码的格式，例如 0471-11111111)。

第6章

关系数据库规范化理论

关系模式是关系数据库的重要组成部分，直接影响其性能。规范化理论要消除关系模式中的数据依赖中不合理的部分，使各关系模式达到某种程度的分离，使一个关系仅描述一个实体或实体之间的一种联系。规范化后的关系模式可避免许多数据冗余和操作异常。规范化理论提供了判断关系模式是否合理的标准，是数据库设计的有力工具，同时也使数据库设计工作有了严格的理论基础。关系模式及其规范化理论是设计和优化关系模式的指南，使数据库系统无论是在数据存储方面，还是在数据操作方面都具有较好的性能。怎样的关系模式才是最佳的？标准是什么？这些将是本章要讨论的问题。

本章首先介绍关系模式规范化问题的提出和解决的方法，接着引入函数依赖和多值依赖两种数据依赖的概念，在此基础上给出范式的概念，最后介绍关系模式规范化的方法和步骤。

6.1　关系模式的规范化问题

为使数据库设计合理可靠、简单实用，长期以来形成了关系数据库设计理论，即规范化理论。规范化理论是根据现实世界存在的数据依赖而进行的关系模式的规范化处理，是用来改造关系模式，通过模式分解消除其中不合适的数据依赖，以解决数据操作异常和数据冗余问题，实现合理的数据库设计。

6.1.1　关系模式规范化问题的提出

在关系数据库系统中，关系模型包括一组关系模式，各个关系是相互关联的，而不是完全独立的。如何设计一个合理的关系模式，既提高系统的运行效率，减少数据冗余，又方便快捷，是数据库系统设计成败的关键。那么，什么样的关系模式是好的关系模式？下面通过一个示例来进行分析。

【例 6-1】 设计一个学校教学管理的数据库，要求：一个系有多名学生，一个学生只属于一个系；一个系只有一名负责人；一个学生可以选修多门课程，每门课程可有多个学生选修；每个学生学习每一门课程仅有一个成绩。采用单一的关系模式设计为 R(U)，其中 U 是由学号(StuNo)、姓名(StuName)、系名(DName)、系负责人(MName)、课程名(CName)、成绩(Score)组成的属性集合。若将这些信息设计成一个关系，则关系模式为：

```
SCD = (StuNo, StuName, DName, MName, CName, Score)
```

选定此关系的主键为(StuNo，CName)。在此关系模式中填入一部分数据，则可得到该关系模式的实例，如表 6-1 所示，可以看出该关系存在着如下问题：

表 6-1　关系模式 SCD 的实例

StuNo	StuName	DName	MName	CName	Score
41750002	武松	计算机系	鲁达	计算机网络	80
41750002	武松	计算机系	鲁达	数据结构	85
41750002	武松	计算机系	鲁达	C 语言	88
41750018	花荣	通信工程系	秦明	通信原理	75
41750018	花荣	通信工程系	秦明	信号与系统	80
41750018	花荣	通信工程系	秦明	数据库技术	85
41750020	李忠	通信工程系	秦明	信号与系统	82

1. 数据冗余(Data Redundancy)

数据冗余是指相同的数据在数据库中重复出现的问题。在这个关系中，每个系名和系负责人存储的次数等于该系的学生人数乘以每个学生选修的课程门数，同时学生的姓名也要重复存储多次，每一个课程名均对选修该门课程的学生重复存储。大量的数据冗余不但会使数据库中的数据量急剧增加，耗费大量的存储空间和运行时间，增加数据维护的代价，造成数据查询和统计的困难，而且还可能造成数据的不完整、不一致或其他异常问题。

2. 插入异常

插入异常是指插入的数据由于不满足数据完整性的要求而不能正常地被插入数据库中。由于主键的属性值不能取空值，如果新分配来一位教师或新成立一个系，则系负责人及新系名就无法插入，必须招生后才能插入；如果一门课程无人选修或一门课程列入计划但目前不开课，也无法插入。

3. 更新异常

更新异常是指当要修改某个值时，同样的修改操作需要重复多次。例如，如果更换系负责人，则需要修改多个元组。如果仅部分修改，部分不修改，就会造成数据的不一致性，影响数据的完整性。同样的情形，如果一个学生转系，则对应此学生的所有元组都必须修改，否则也会出现数据的不一致性。这不但使更新操作复杂化，而且若这些数据没有全部进行修改，就会导致数据不唯一，产生不一致现象。

4. 删除异常

删除异常是指在删除某些数据的同时将其他数据也一起删除了。例如，如果某系的所有学生全部毕业，又没有在读及新生，当从表中删除毕业学生的选课信息时，此系的信息将一起全部被删除了。同样，如果所有学生都退选一门课程，则该课程的相关信息也同样被删除了。

由此可知，上述的学校教学管理的数据库关系尽管看起来能满足一定的需求，但存在数据冗余、异常、不一致等问题，因此它并不是一个合理的关系模式。

6.1.2 关系模式规范化解决的方法

不合理的关系模式最突出的问题是数据冗余，而数据冗余的产生有着较为复杂的原因。虽然关系模式充分地考虑到文件之间的相互关联而有效地处理了多个文件间的联系所产生的冗余问题，但在关系本身内部数据之间的联系还没有得到充分解决。正如例6.1所示，同一关系模式中的各个属性之间存在着某种联系，如学生与系之间存在依赖关系的事实，才使得数据出现大量冗余，引发各种操作异常。在关系模式中，各属性之间相互依赖、相互制约的联系称为数据依赖。

关系数据库系统中数据冗余产生的重要原因就在于对数据依赖的处理，从而影响到关系模式本身的结构设计。解决数据间的依赖关系常常采用对关系的分解来消除不合理的部分，以减少数据冗余，解决插入异常、更新异常和删除异常的问题。在例6.1中，将教学关系分解为3个关系模式来表达，即学生基本信息(StuNo, StuName, DName)、院系信息(DName, MName)及学生选课信息(StuNo, CName, Score)，就可以解决上述问题。

对教学关系进行分解后，极大地解决了插入异常、删除异常等问题，数据冗余也得到了控制。但改进后的关系模式也会带来新的问题，例如当查询某个系的学生成绩时，就需要将两个关系连接后进行查询，增加了查询时关系的连接开销。此外，必须说明的是，不是任何分解都是有效的。有时分解不但解决不了实际问题，反而会带来更多的问题。

那么，什么样的关系模式需要分解？分解关系模式的理论依据又是什么？分解后能完全消除上述的问题吗？下面几节将加以讨论。

6.1.3 关系模式规范化的研究内容

由上面的讨论可知，在关系数据库的设计中，不是每种关系模式的设计方案都合理、有效，更不是任何一种关系模式都可以投入使用。由于数据库中的每一个关系模式的属性之间需要满足某种内在的必然联系，设计一个好的数据库的根本方法是先要分析和掌握属性间的语义关联，然后再依据这些关联得到相应的设计方案。在理论研究和实际应用中，人们发现，属性间的关联表现为一个属性子集对另一个属性子集的"依赖"关系。数据依赖(Data Dependency)是同一关系中属性间的相互依赖和相互制约。数据依赖包括函数依赖(Functional Dependency)、多值依赖(Multivalued Dependency)和连接依赖(Join Dependency)。基于对这3种依赖关系在不同层面上的具体要求，人们又将属性之间的这些关联分为若干等级，这就形成了所谓的关系模式规范化。由此看来，解决关系数据库冗余问题的基本方案就是分析研究属性之间的数据依赖，通过分解关系模式来消除其中不合理的数据依赖。

关系模式规范化理论研究关系模式中各属性之间的数据依赖关系及其对关系模式性能的影响，讨论良好的关系模式应具备的特性，以及达到良好关系模式的方法。其中，关系模式规范化理论的核心是数据间的函数依赖，解决方法是通过分解关系模式来消除其中不合理的数据依赖，衡量标准是关系规范化的程度及分解的无损连接和保持函数依赖性，模式设计方法是自动化设计的基础。

6.2 函数依赖的基本概念

数据依赖实际上是一个关系内部属性与属性之间的约束关系。函数依赖是数据依赖的一种，反映了同一关系中属性间一一对应的约束。函数依赖是关系模式规范化的理论基础和关键。

6.2.1 函数依赖

【定义 6-1】 设R(U)是一个属性集U上的关系模式，X和Y是U的子集。若对于R(U)的任意一个可能的关系r，r中不存在两个元组在X上的属性值相等，而在Y上的属性值不等，则称"X函数确定Y"或"Y函数依赖于X"，记作X→Y。

另外一种更加直观的定义是：设$R=R(A_1,A_2,\cdots,A_n)$是一个关系模式，$A_1,A_2,\cdots,A_n$是R的属性，$X\subseteq\{A_1,A_2,\cdots,A_n\}$，$Y\subseteq\{A_1,A_2,\cdots,A_n\}$，即X和Y是R的属性子集，$T_1$、$T_2$是R的任意两个元组，即$T_1=T_1(A_1,A_2,\cdots,A_n)$，$T_2=T_2(A_1,A_2,\cdots,A_n)$，如果当$T_1(X)=T_2(X)$成立时总有$T_1(Y)=T_2(Y)$，则称"X函数确定Y"或"Y函数依赖于X"，记作X→Y。

函数依赖和其他数据依赖一样，是语义范畴的概念。用户只能根据数据的语义来确定函数依赖。例如，在关系模式SCD=(学号，姓名，年龄，系名，系负责人，课程名，成绩)中存在以下函数依赖集：

```
F = {学号→姓名,学号→年龄,学号→系名,系名→系负责人,(学号,课程名)→成绩}
```

知道了学生的学号，可以唯一地查询到其对应的姓名、年龄等，因此可以说"学号函数确定了姓名或年龄"，记作"学号→姓名""学号→年龄"等。这里的唯一性并非只有一个元组，而是指任何元组，只要它在X(学号)上相同，则在Y(姓名或年龄)上的值也相同。如果满足不了这个条件，就不能说它们是函数依赖了。例如，学生姓名与年龄的关系，只有在没有同名学生的情况下可以说函数依赖"姓名→年龄"成立，如果允许有相同的名字，则

“年龄”就不再函数依赖于“姓名”了。

特别需要注意的是，函数依赖不是指关系模式 R 中某个或某些关系满足的约束条件，而是指 R 的一切关系均要满足的约束条件。

6.2.2 函数依赖的三种基本情形

当 X→Y 成立时，则称 X 为决定因素（Determinant），称 Y 为依赖因素（Dependent）。当 Y 不函数依赖于 X 时，记为 $X \nrightarrow Y$。

如果 X→Y，且 Y→X，则记其为 X↔Y。

函数依赖可以分为 3 种基本情形：

1. 平凡函数依赖与非平凡函数依赖

【定义 6-2】 在关系模式 R(U)中，对于 U 的子集 X 和 Y，如果 X→Y，但 Y 不是 X 的子集，则称 X→Y 是非平凡函数依赖（Nontrivial Function Dependency）。若 Y 是 X 的子集，则称 X→Y 是平凡函数依赖（Trivial Function Dependency）。

例如，在关系模式 SC(学号，课程名，成绩)中，(学号，课程名)→成绩是非平凡的函数依赖，而(学号，课程名)→学号和(学号，课程名)→课程名则是平凡的函数依赖。

对于任意关系模式，平凡函数依赖都是必然成立的。它不反映新的语义，因此若不特别声明，本书总是讨论非平凡函数依赖。

2. 完全函数依赖与部分函数依赖

【定义 6-3】 在关系模式 R(U)中，如果 X→Y，并且对于 X 的任何一个真子集 X′都有 $X' \nrightarrow Y$，则称 Y 完全函数依赖（Full Functional Dependency）于 X，记作 $X \xrightarrow{F} Y$。若 X→Y，但 Y 不完全函数依赖于 X，则称 Y 部分函数依赖（Partial Functional Dependency）于 X，记作 $X \xrightarrow{P} Y$。

如果 Y 对 X 部分函数依赖，X 中的“部分”就可以确定对 Y 的关联，从数据依赖的观点来看，X 中存在“冗余”属性。

例如，在关系模式 SCD 中，(学号，课程名)→成绩是完全函数依赖，而(学号，课程名)→系名是部分函数依赖。

3. 传递函数依赖

【定义 6-4】 在关系模式 R(U)中，如果 X→Y，Y→Z，且 $Y \nrightarrow X$，则称 Z 传递函数依赖（Transitive Functional Dependency）于 X，记作 $X \xrightarrow{T} Z$。

例如，在关系模式 SCD 中，学号→系名，系名→系负责人，所以学号$\xrightarrow{T}$系负责人。

在传递函数依赖定义中之所以要加上条件 $Y \nrightarrow X$，是因为如果 Y→X，则 X↔Y，这实际上是 Z 直接依赖于 X，而不是传递函数依赖了。

按照函数依赖的定义可以知道，如果 Z 传递依赖于 X，则 Z 必然函数依赖于 X，如果

Z 传递依赖于 X,说明 Z 是“间接”依赖于 X,从而表明 X 和 Z 之间的关联较弱,表现出间接的弱数据依赖。这也是产生数据冗余的原因之一。

6.2.3 码的函数依赖

【定义 6-5】 设 K 为关系模式 R(U,F)中的属性或属性集合。若 K→U,则 K 称为 R 的一个超码(Super Key)。

【定义 6-6】 设 K 为关系模式 R(U,F)中的属性或属性集合。若 $K \xrightarrow{F} U$,则 K 称为 R 的一个候选码(Candidate Key)。候选码一定是超码,而且是“最小”的超码,即 K 的任意一个真子集都不再是 R 的超码。候选码有时也称为“候选键”。

若关系模式 R 有多个候选码,则选定其中一个作为主码(Primary Key)。组成候选码的属性称为主属性,不包含在任何候选码中的属性称为非主属性。

在关系模式中最简单的情况,单个属性是码,称为单码(Single Key);最极端的情况,整个属性组都是码,称为全码(All Key)。

【定义 6-7】 关系模式 R 中属性或属性组 X 并非 R 的码,但 X 是另一个关系模式的码,则称 X 是 R 的外码,也称为外键(Foreign Key)。

码是关系模式中的一个重要概念。候选码能够唯一地标识关系的元组,是关系模式中一组最重要的属性。另一方面,主码和外码一起提供了一个表示关系间联系的手段。

6.3 关系模式的规范化

关系数据库中的关系必须满足一定的规范化要求,对于不同的规范化程度可用范式来衡量。范式(Normal Form)是符合某一种级别的关系模式的集合,是衡量关系模式规范化程度的标准,达到的关系才是规范化的。范式的概念最早是由 E. F. Codd 提出的。在 1971 到 1972 年期间,他先后提出了第一范式(1NF)、第二范式(2NF)、第三范式(3NF)的概念。1974 年,Codd 又和 Boyee 共同提出了 BC 范式(BCNF)的概念。1976 年 Fagin 提出了第四范式(4NF)的概念,后来又有人提出了第五范式(5NF)的概念。在这些范式中,最重要的是 3NF 和 BCNF,它们是进行规范化的主要目标。通常把某一关系模式 R 满足第 n 范式简记为 R∈nNF。各种范式之间的关系如下:

$$1NF \supset 2NF \supset 3NF \supset BCNF \supset 4NF \supset 5NF$$

范式级别越高,说明范式的规范化程度越高。关系模式的规范化就是指通过模式分解将一个低一级范式的关系模式转化为若干个高一级范式的关系模式,从而消除非规范化关系模式中的数据冗余及由此产生的操作异常。其中,将一个低一级范式的关系模式分解为若干个满足高一级范式的关系模式集合的过程称为关系模式的规范化。从函数依赖的观点来看,即是消除关系模式中产生数据冗余的函数依赖。

6.3.1 第一范式

【定义 6-8】 如果关系模式 R 的每个关系 r 的每个属性值都是一个不可分的原子

值，则称该关系模式满足第一范式(1NF)，记为 R∈1NF。

第一范式规定了一个关系中的属性值必须是“原子”的，它排除了属性值为元组、数组或某种复合数据的可能性，使得关系数据库中所有关系的属性值都是“最简形式”。一般而言，每一个关系模式都必须满足 1NF，1NF 是对关系模式的最起码要求。

例如前面提到的关系模式 SCD=(学号，姓名，系名，系负责人，课程名，成绩)，如果成绩不可再分，则符合第一范式；若成绩是由平时成绩和考试成绩两部分组成，则该关系模式就不符合第一范式，需要将成绩分成平时成绩和考试成绩两项才能满足 1NF，即表示为 SCD=(学号，姓名，系名，系负责人，课程名，平时成绩，考试成绩)。此时虽然满足了 1NF 的要求，但仍存在着数据冗余、插入异常和删除异常等问题。该关系模式的主码是(学号，课程名)，存在上述问题的主要原因是存在如下函数依赖：(学号，课程名)$\xrightarrow{F}$平时成绩，(学号，课程名)$\xrightarrow{F}$试卷成绩，学号→姓名，(学号，课程名)$\xrightarrow{P}$姓名，学号→系名，(学号，课程名)$\xrightarrow{P}$系名，学号$\xrightarrow{T}$系负责人，(学号，课程名)$\xrightarrow{P}$系负责人。由此可见，在关系模式 SCD 中既存在完全函数依赖，又存在部分函数依赖和传递函数依赖。所以还需要对其进行分解，使其达到更高的范式，从而避免数据操作中出现的各种异常情况。

6.3.2 第二范式

【定义 6-9】 设有关系模式 R(U)，属性集为 U，U_1，U_2，…，U_k 都是 U 的子集，并且有 $U_1 \cup U_2 \cup \cdots \cup U_k = U$。属性子集 U_1，U_2，…，U_k 的集合用 ρ 表示，$\rho=\{U_1, U_2, \cdots, U_k\}$。用 ρ 代替 R 的过程称为关系模式分解。其中，ρ 称为 R 的一个分解。

【定义 6-10】 如果一个关系模式 R∈1NF，且它的所有非主属性都完全函数依赖于 R 的任一候选码，则称 R 符合第二范式，记为 R∈2NF。

在关系模式 SCD=(学号，姓名，系名，系负责人，课程名，成绩)中，主码是(学号，课程名)，姓名、系名、系负责人均为非主属性，经过上面的分析，知道该关系模式中存在非主属性对主码的部分函数依赖，所以关系模式 SCD 不符合 2NF，如图 6-1 所示。

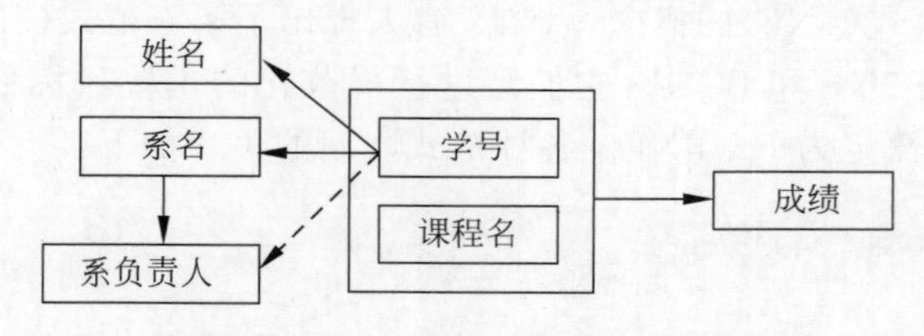

图 6-1 关系模式 SCD 的函数依赖

为了消除这些部分函数依赖，可以采用投影分解法转换成符合 2NF 的关系模式。分解时遵循的原则是“一事一地”，让一个关系只描述一个实体或者实体间的联系。因此，关系模式 SCD 分解为两个关系模式：

```
SD(学号,姓名,系名,系负责人),描述学生实体,主码为"学号";
SC(学号,课程名,成绩),描述学生选课实体,主码为"(学号,课程名)"。
```

表 6-2 为关系模式 SD 的实例,表 6-3 为关系模式 SC 的实例。

表 6-2　关系模式 SD 的实例

StuNo	StuName	DName	MName
41750002	武松	计算机系	鲁达
41750018	花荣	通信工程系	秦明
41750020	李忠	通信工程系	秦明

表 6-3　关系模式 SC 的实例

StuNo	CName	Score
41750002	计算机网络	80
41750002	数据结构	85
41750002	C 语言	88
41750018	通信原理	75
41750018	信号与系统	80
41750018	数据库技术	85
41750020	信号与系统	82

显然,在分解后的关系模式中非主属性都完全函数依赖于主码了,符合 2NF,从而使上述 3 个问题在一定程度上得到部分解决。

(1) 在 SD 关系中可以插入尚未选课的学生。

(2) 删除学生选课情况涉及的是 SC 关系,如果一个学生所有的选课记录全部删除了,只是 SC 关系中没有关于该学生的记录了,不会涉及 SD 关系中关于该学生的记录。

(3) 由于学生选课情况与学生基本情况是分开存储在两个关系中的,所以不论该学生选多少门课程,他的"系名"和"系负责人"值都只存储了一次,这就极大地降低了数据冗余程度。

(4) 如果学生从计算机系转到通信工程系,只需修改 SD 关系中该学生元组的"系名"和"系负责人"的值,由于"系名"和"系负责人"并未重复存储,所以简化了更新操作。

2NF 就是不允许关系模式的属性之间有这样的依赖:设 X 是码的真子集,Y 是非主属性,则有 X→Y。显然,候选码只包含一个属性的关系模式,如果属于 1NF,那么它一定属于 2NF,因为它不可能存在非主属性对候选码的部分函数依赖。

上例中的 SC 关系和 SD 关系都属于 2NF。可见,采用投影分解法将一个 1NF 的关系分解为多个 2NF 的关系,可以在一定程度上减轻原 1NF 关系中存在的插入异常、删除异常、数据冗余等问题。

但是将一个 1NF 关系分解为多个 2NF 的关系,并不能完全消除关系模式中的各种异常情况和数据冗余。也就是说,属于 2NF 的关系模式并不一定是一个好的关系模式。

例如,满足 2NF 的关系模式 SD(学号,姓名,系名,系负责人)中有下列函数依赖:

学号→系名,系名→系负责人,学号$\xrightarrow{T}$系负责人由上可知，系负责人传递函数依赖于学号，即SD中存在非主属性对候选码的传递函数依赖，SD关系中仍然存在插入异常、删除异常和数据冗余的问题。

(1) 插入异常。当一个系没有招生时，有关该系的信息无法插入。

(2) 删除异常。如果某个系的学生全部毕业了，在删除该系学生信息的同时，把这个系的信息也删除了。

(3) 数据冗余。每个系名和系负责人的存储次数等于该系的学生人数。

(4) 更新异常。当更换系负责人时，必须同时更新该系所有学生的系负责人属性值。

之所以存在这些问题，是由于在关系模式SD中存在着非主属性对主码的传递函数依赖。为此，对关系模式SCD还需进一步简化，消除传递函数依赖。

6.3.3 第三范式

【定义6-11】 如果一个关系模式R∈2NF，且所有非主属性都不传递函数依赖于任何候选码，则称R符合第三范式，记为R∈3NF。

关系模式SD出现上述问题的原因是非主属性"系负责人"传递函数依赖于学号，所以SD不符合3NF。为了消除该传递函数依赖，可以采用投影分解法，把SD分解为两个关系模式：

```
S(学号,姓名,系名),描述学生实体,主码为"学号";
D(系名,系负责人),描述系实体,主码为"系名"。
```

表6-4为关系模式S的实例，表6-5为关系模式D的实例。

表6-4 关系模式S的实例

StuNo	StuName	DName
41750002	武松	计算机系
41750018	花荣	通信工程系
41750020	李忠	通信工程系

表6-5 关系模式D的实例

DName	MName
计算机系	鲁达
通信工程系	秦明

显然，在分解后的两个关系模式S和D中，既没有非主属性对主码的部分函数依赖，也没有非主属性对主码的传递函数依赖，因此满足3NF，解决了2NF中存在的4个问题。

(1) 不存在插入异常。当一个新系没有学生时，有关该系的信息可以直接插入关系D中。

(2) 不存在删除异常。如果某个系的学生全部毕业了，在删除该系的学生信息时，可以只删除学生关系S中的相关学生记录，而不影响关系D中的数据。

(3) 数据冗余降低。每个系负责人只在关系D中存储一次，与该系的学生人数无关。

(4) 不存在更新异常。当更换系负责人时，只需修改关系D中一个系负责人的属性值，从而不会出现数据的不一致现象。

可见，采用投影分解法将一个2NF的关系分解为多个3NF关系，可以在一定程度上解决原2NF关系中存在的插入异常、删除异常、数据冗余、更新异常等问题。

但是将一个2NF关系分解为多个3NF关系后，只是限制了非主属性对候选码的依赖关系，而没有限制主属性对候选码的依赖关系。如果发生这种依赖，仍有可能存在数据冗余、插入异常、删除异常、更新异常等问题。这时，需要对3NF进一步规范化，这就需要使用BCNF范式。

6.3.4 BCNF范式

【定义6-12】 关系模式R∈1NF，对任何非平凡的函数依赖X→Y(Y⊈X)，X均包含候选码，则称R符合BCNF范式，记为R∈BCNF。

由BCNF的定义可以看到，每个BCNF的关系模式都具有以下3个性质：

(1) 所有非主属性都完全函数依赖于每个候选码。

(2) 所有主属性都完全函数依赖于每个不包含它的候选码。

(3) 没有任何属性完全函数依赖于非码的任何一组属性。

BCNF是从1NF直接定义而成的，可以证明，如果R∈BCNF，则R∈3NF。

如果关系模式R∈BCNF，由定义可知，R中不存在任何属性传递函数依赖于或部分依赖于任何候选码，所以必定有R∈3NF。但是，如果R∈3NF，R未必属于BCNF。

例如，在关系模式SC(学号，姓名，课程名，成绩)中，如果姓名是唯一的，该关系模式存在两个候选码(学号，课程名)和(姓名，课程名)。模式SC只有一个非主属性"成绩"，对两个候选码(学号，课程名)和(姓名，课程名)都是完全函数依赖，并且不存在对两个候选码的传递函数依赖，因此SC∈3NF。但是当学生退选了课程时，元组被删除，也失去学生学号与姓名的对应关系，因此仍然存在删除异常的问题；并且由于学生选课很多，姓名也将重复存储，造成数据冗余。

出现以上问题的原因在于主属性姓名部分依赖于候选码(学号，课程名)，因此关系模式还需要继续分解，转换成更高一级的BCNF范式，以消除数据库操作中的异常现象。

3NF和BCNF是以函数依赖为基础的关系模式规范化程度的测度。如果一个关系数据库中的所有关系模式都属于BCNF，那么在函数依赖范畴内，它已实现了模式的彻底分解，达到了最高的规范化程度，消除了插入异常和删除异常。

在信息系统的设计中，普遍采用的是"基于3NF的系统设计"方法，就是由于3NF是无条件可以达到的，并且基本解决了"异常"的问题，所以这种方法目前在信息系统的设计中仍然被广泛应用。

如果仅考虑函数依赖这一种数据依赖，属于BCNF的关系模式已经很完美了。如果考虑其他数据依赖，例如多值依赖，属于BCNF的关系模式仍存在问题，不能算作完美的关系模式。

6.3.5 多值依赖与第四范式

在关系模式中，数据之间是存在一定联系的，而对这种联系的处理适当与否直接关系到模式中数据冗余的情况。函数依赖是一种基本的数据依赖，通过对函数依赖的讨论和分解，可以有效地消除模式中的冗余现象。函数依赖实质上反映的是"多对一"联系，在实际应用中还会有"一对多"形式的数据联系，诸如此类的不同于函数依赖的数据联系也会产生数据冗余，从而引发各种数据异常现象。本节就讨论数据依赖中的"多对一"现象及其产生的问题。

1. 问题的引入

首先看下面的例子：

【例 7-2】 设有一个课程安排关系 CTB(C,T,B)，如表 6-6 所示。

表 6-6 课程安排示意图

课程名称 C	任课教师 T	选用教材名称 B
通信原理	宋江	《通信原理》上下册(北邮版)
	晁盖	《通信原理》(国防版)
计算机网络	卢俊义	计算机网络(高教版)
	吴用	计算机网络——自顶向下的设计方法
	花荣	计算机网络与因特网

在这里的课程安排具有以下语义：

(1)"通信原理"这门课程可以由两名教师担任，同时有两本教材可以选用。

(2)"计算机网络"这门课程可以由 3 名教师担任，同时有 3 本教材可以选用。

把表 6-6 变换成一张规范化的二维表 CTB，如表 6-7 所示。

表 6-7 关系 CTB

课程名称 C	任课教师 T	选用教材名称 B
通信原理	宋江	《通信原理》上下册(北邮版)
通信原理	宋江	《通信原理》(国防版)
通信原理	晁盖	《通信原理》上下册(北邮版)
通信原理	晁盖	《通信原理》(国防版)
计算机网络	卢俊义	计算机网络(高教版)
计算机网络	卢俊义	计算机网络——自顶向下的设计方法
计算机网络	卢俊义	计算机网络与因特网
计算机网络	吴用	计算机网络(高教版)
计算机网络	吴用	计算机网络——自顶向下的设计方法
计算机网络	吴用	计算机网络与因特网
计算机网络	花荣	计算机网络(高教版)
计算机网络	花荣	计算机网络——自顶向下的设计方法
计算机网络	花荣	计算机网络与因特网

很明显，关系模式 CTB 具有唯一候选码(C,T,B)，即全码，因而 CTB∈BCNF。但这个关系表是数据高度冗余的，且存在插入、删除和修改操作复杂的问题。

通过仔细分析关系 CTB，可以发现它有以下特点：

(1) 属性集{C}与{T}之间存在着数据依赖关系，在属性集{C}与{B}之间也存在着数据依赖关系，而这两个数据依赖都不是“函数依赖”，当属性子集{C}的一个值确定之后，另一属性子集{T}就有一组值与之对应。例如当课程名称的一个值“通信原理”确定之后，就有一组任课教师值“宋江”“晁盖”与之对应。对于{C}与{B}的数据依赖也是如此，显然，这是一种“一对多”的情形。

(2) 属性集{T}和{B}也有关系，这种关系是通过{C}建立起来的间接关系。

如果属性 X 与 Y 之间的依赖关系具有上述特征，就不为函数依赖关系所包容，需要引入新的概念予以刻画与描述，这就是多值依赖的概念。

2. 多值依赖

【定义 6-13】 设有关系模式 R(U)，X、Y 是属性集 U 中的两个子集，而 r 是 R(U)中任意给定的一个关系。如果有下述条件成立，则称 Y 多值依赖于 X，记为 $X\rightarrow\rightarrow Y$。

(1) 对于关系 r 在 X 上的一个确定的值(元组)，都有 r 在 Y 中的一组值与之对应。

(2) Y 的这组对应值与 r 在 $Z=U-X-Y$ 中的属性值无关。

此时，如果 $X\rightarrow\rightarrow Y$，但 $Z=U-X-Y\neq\Phi$，则称为非平凡多值依赖，否则称为平凡多值依赖。平凡多值依赖的一个常见情形是 $U=X\cup Y$，此时 $Z=\Phi$，多值依赖定义中关于 $X\rightarrow\rightarrow Y$ 的要求总是满足的。

由定义可以得到多值依赖具有以下性质：

(1) 在 R(U)中 $X\rightarrow\rightarrow Y$ 成立的充分必要条件是 $X\rightarrow\rightarrow U-X-Y$ 成立。

必要性可以从上述分析中得到证明。事实上，交换 s 和 t 的 Y 值所得到的元组和交换 s 和 t 中的 $Z=U-X-Y$ 值得到的两个元组是一样的。充分性类似可证。

(2) 在 R(U)中如果 $X\rightarrow Y$ 成立，则必有 $X\rightarrow\rightarrow Y$。

事实上，此时如果 s、t 在 X 上的投影相等，则在 Y 上的投影也必然相等，该投影自然与 s 和 t 在 $Z=U-X-Y$ 的投影无关。

(3) 传递性：若 $X\rightarrow\rightarrow Y$，$Y\rightarrow\rightarrow Z$，则 $X\rightarrow\rightarrow Z-Y$。

性质(1)表明多值依赖具有某种“对称性质”：只要知道了 R 上的一个多值依赖 $X\rightarrow\rightarrow Y$，就可以得到另一个多值依赖 $X\rightarrow\rightarrow Z$，而且 X、Y 和 Z 是 U 的分割；性质(2)说明多值依赖是函数依赖的某种推广，函数依赖是多值依赖的特例。

3. 第四范式

【定义 6-14】 关系模式 R∈1NF，对于 R(U)中的任意两个属性子集 X 和 Y，如果非平凡的多值依赖 $X\rightarrow\rightarrow Y(Y\nsubseteq X)$，X 都含有候选码，则称 R 符合第四范式，记为 R(U)∈4NF。

关系模式 R(U)上的函数依赖 $X\rightarrow Y$ 可以看作多值依赖 $X\rightarrow\rightarrow Y$，如果 R(U)属于第四范式，此时 X 就是超键，所以 $X\rightarrow Y$ 满足 BCNF。因此，由 4NF 的定义就可以得到下面两点基本结论：

(1) 4NF 中可能的多值依赖都是非平凡的多值依赖。

(2) 4NF 中所有的函数依赖都满足 BCNF。

因此可以粗略地说，R(U)满足第四范式必满足 BC 范式。但反之是不成立的，所以 BC 范式不一定就是第四范式。

在例 6.2 当中，关系模式 CTB 具有唯一候选码(C，T，B)，并且没有非主属性，当然就没有非主属性对候选键的部分函数依赖和传递函数依赖，所以 CTB 满足 BCNF 范式。但在多值依赖 C→→T 和 C→→B 中的"C"不是键，所以 CTB 不属于 4NF。对 CTB 进行分解，得到 CT 和 CB，如表 6-8 和表 6-9 所示。

表 6-8　关系 CT

课程名称 C	任课教师 T
通信原理	宋江
通信原理	晁盖
计算机网络	卢俊义
计算机网络	吴用
计算机网络	花荣

表 6-9　关系 CB

课程名称 C	选用教材名称 B
通信原理	《通信原理》上下册(北邮版)
通信原理	《通信原理》(国防版)
计算机网络	计算机网络(高教版)
计算机网络	计算机网络——自顶向下的设计方法
计算机网络	计算机网络与因特网

在 CT 中，有 C→→T，不存在非平凡多值依赖，所以 CT 属于 4NF；同理，CB 也属于 4NF。

6.4 关系模式规范化的步骤

规范化程度过低的关系不一定能够很好地描述现实世界，可能会存在插入异常、删除异常、更新异常、数据冗余等问题，解决方法就是对其进行规范化，转换成高一级范式。

规范化的基本思想是逐步消除数据依赖中不合适的部分，使模式中的各关系模式达到某种程度的"分离"。即采用"一事一地"的模式设计原则，让一个关系描述一个概念、一个实体或实体间的一种联系。若多于一个概念就把它"分离"出去。因此，所谓规范化实质上是概念的单一化。

关系模式规范化的基本步骤如图 6-2 所示。

(1) 对 1NF 关系进行投影，消除原关系中非主属性对候选码的部分函数依赖，将 1NF 关系转换成为若干个 2NF 关系。

(2) 对 2NF 关系进行投影，消除原关系中非主属性对候选码的传递函数依赖，从而

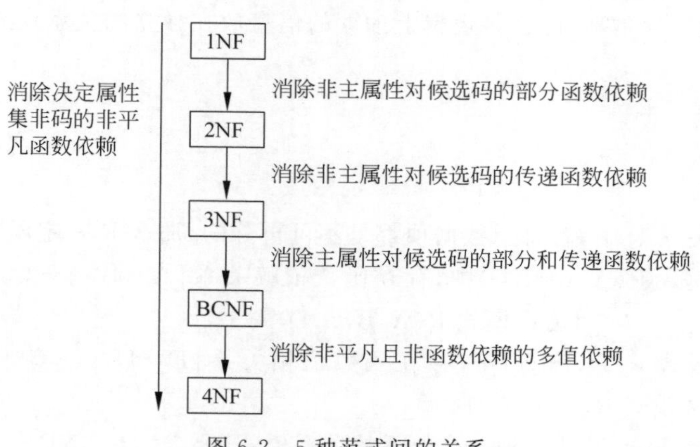

图 6-2 5 种范式间的关系

产生多个 3NF 关系。

(3) 对 3NF 关系进行投影,消除原关系中主属性对候选码的部分函数依赖和传递函数依赖(也就是说,使决定属性都成为投影的候选码),得到多个 BCNF 关系。

(4) 对 BCNF 关系进行投影,消除原关系中非平凡且非函数依赖的多值依赖,从而产生多个 4NF 关系。

规范化程度过低的关系可能会存在插入异常、删除异常、更新异常、数据冗余等问题,需要对其进行规范化,转换成高级范式,但这并不意味着规范化程度越高的关系模式就越好。在设计数据库模式结构时,必须以现实世界的实际情况和用户应用需求做进一步分析,确定一个合适的、能够反映现实世界的模式。即上面的规范化步骤可以在其中任何一步终止。

6.5 本章知识点小结

本章主要讨论关系模式的规范化设计问题。关系模式设计的好坏,对消除数据冗余和保持数据一致性等重要问题有直接影响。设计好的数据库模式,必须以模式规范化理论为基础。

在数据库中,数据冗余的一个主要原因是数据之间的相互依赖关系的存在,而数据间的依赖关系表现为函数依赖、多值依赖和连接依赖等。需要注意的是,多值依赖是广义的函数依赖。函数依赖和多值依赖都是基于语义。

规范化的基本思想是逐步消除数据依赖中不合适的部分,使模式中的各关系模式达到某种程度的"分离"。即采用"一事一地"的模式设计原则,让一个关系描述一个概念、一个实体或实体间的一种联系。因此,所谓规范化实质上是概念的单一化。

范式是衡量关系模式规范化程度的标准。范式表达了模式中数据依赖之间应当满足的联系。各种范式之间的关系为:1NF⊃2NF⊃3NF⊃BCNF⊃4NF⊃5NF。

关系模式的规范化过程就是模式分解的过程,模式分解是解决数据冗余和操作异常的主要方法,也是规范化的一条原则:"关系模式有冗余问题就应分解"。模式分解实际上是将模式中的属性重新分组，将逻辑上独立的信息放在独立的关系模式中。

6.6 习题

一、填空题

1. 在一个关系R中，若每个数据项都是不可再分的，那么R一定属于________。

2. 在关系模式R(A,B,C,D)中，存在函数依赖关系{A→B,A→C,A→D,(B,C)→A}，则候选码是________，关系模式R(A,B,C,D)属于________。

3. 在关系模式R(D,E,G)中，存在函数依赖关系{E→D,(D,G)→E}，则候选码是________，关系模式R(D,E,G)属于________。

4. 根据生活经验，设计一种自己熟悉的关系模式，要求满足3NF。

二、简答题

1. 解释名词：函数依赖、部分函数依赖、完全函数依赖、传递函数依赖、候选码、主码、外码、全码、1NF、2NF、3NF、BCNF、4NF、多值依赖、插入异常、删除异常。

2. 设有关系模式R(U,F)，其中U={A,B,C,D,E}，函数依赖集F={A→BC,CD→E,B→D,E→A}，求出R的所有候选码。

3. 设关系模式R(A,B,C,D)，F是R上成立的函数依赖集，F={AB→C,A→D}。试说明R不是2NF的理由，试把R分解成2NF模式集。

4. 设有关系模式R(职工编号,日期,日营业额,部门名,部门经理)，该模式统计商店里每个职工的日营业额，以及职工所在的部门和经理信息。如果规定每个职工每天只有一个营业额；每个职工只在一个部门工作；每个部门只有一个经理。试回答下列问题：

(1) 根据上述规定，写出关系模式R的基本函数依赖和候选码。

(2) 说明R不是2NF的理由，并把R分解为2NF模式集。

(3) 将R分解为属于3NF的模式集。

5. 现有关系模式借阅(图书编号,书名,作者名,出版社,读者编号,读者姓名,借阅日期,归还日期)，基本函数依赖集F={图书编号→(书名,作者名,出版社),读者编号→读者姓名,(图书编号,读者编号,借阅日期)→归还日期}。试回答下列问题：

(1) 读者编号是"借阅"关系的候选码吗？

(2) 写出该关系模式的主码。

(3) 该关系模式中是否存在非主属性对码的部分函数依赖？如果存在，请写出。

(4) 该关系模式满足第几范式？说明理由。

6. 设有关系模式R(客户编号,商品编号,数量,企业名称,企业地址)，其中,(客户编号,商品编号)是R的候选码，请写出关系模式R的基本函数依赖，并将其分解为3NF模式集。

7. 设有一个记录职工历次体检情况的关系模式R(职工号,姓名,部门号,体检日期,体检医院,总检结果,体检项目,分项结果)。试回答下列问题：

说明：体检医院不固定，总检结果是指对体检结果的总体评价。

(1) 写出模式R的基本函数依赖和候选码。

(2) R 最高属于第几范式?

(3) 将 R 规范到 3NF。

8. 设有一个反映工程及其所使用相关材料信息的关系模式 R(工程号,工程名,工程地址,开工日期,完工日期,材料号,材料名称,使用数量)。试回答下列问题:

规定:每个工程的地址、开工日期、完工日期唯一;不同工程的地址、开工和完工日期可能相同;工程名与材料名称均有重名;每个工程使用若干种材料,每种材料可应用于若干工程中。

(1) 根据上述规定,写出模式 R 的基本函数依赖和候选码。

(2) R 最高达到第几范式? 并说明理由。

(3) 将 R 规范到 3NF。

9. 设有一个反映教师参加科研项目的关系模式 R(教师号,项目名称,科研工作量,项目类别,项目金额,负责人)。试回答下列问题:

规定:每个项目可有多人参加,每名教师每参加一个项目有一个科研工作量;每个项目只属于一种类别,只有一名负责人。

(1) 根据上述规定,写出模式 R 的基本函数依赖和候选码。

(2) 说明 R 不是 2NF 的理由。

(3) 将 R 规范到 3NF。

第 7 章

MongoDB数据库基础

随着以用户为中心的社交类网站的兴起，尤其是在当前飞速发展的移动互联时代背景下，传统的关系数据库在应对海量的信息，特别是超大规模和高并发的社交网络类型应用所带来的爆炸式数据时已经显得力不从心，暴露了很多难以克服的问题，而非关系型数据库（NoSQL）由于其自身的特点能够快速适应这些应用场景，因此得到了非常迅速的发展。

MongoDB 作为 NoSQL 数据库四大分类之一的文档型数据库的杰出代表，是目前非常流行的一种 NoSQL 数据库，因其操作简单、数据存储方便、高性能、高可用、扩展性强、完全免费、源代码公开等特点，受到了 IT 从业人员的青睐，可以满足日新月异的应用场景需求，并被广泛部署于实际的生产环境（例如用户评论、博客等社交网站）中。在所有高性能数据库中，都必须在速度、准确性和可靠性之间进行折中。

7.1 MongoDB 简介

MongoDB 的第一版于 2009 年由 10gen 公司（后来的 MongoDB 公司）推出，以解决当前稳定的关系数据库管理系统无法解决的问题，处理大数据和建模对象。MongoDB 最初是专用的，后来作为开源软件发布。

MongoDB 是一个基于分布式文档存储模型的 NoSQL 数据库，其中的 Mongo 源自单词 humongous。MongoDB 用 C++语言编写，旨在为基于互联网的应用提供可扩展的高性能数据存储解决方案。在这种模型中，数据对象被存储为集合中的文档，而不是传统关系数据库中的行和列。文档是以 BSON（Binary Serialized Document Format，简称 Binary JSON，它是一种轻量级二进制 JSON）对象的方式存储的。JSON（JavaScript Object Notation，JavaScript 对象表示法）是存储和交换文本信息的语法，具有“自我描述性”、层级结构(值中存在值)等特性,可通过 JavaScript 进行解析,其数据可使用 AJAX (Asynchronous JavaScript And XML,异步 JavaScript 和 XML)进行传输。JSON 与 XML 是用于如今的现代网络数据交换的一种标准,其格式对于人类和机器来说都是可读的。

MongoDB 是一个介于关系数据库和非关系数据库之间的产品,是非关系型数据库当中功能最丰富、最像关系数据库的 NoSQL 数据库,它支持的查询语言功能非常强大,其语法有点类似于面向对象的查询语言,可以实现类似关系数据库中单表查询的绝大部分功能,而且还支持对数据建立索引。MongoDB 的优点如下:

(1) 面向文档。MongoDB 是面向文档的,数据在数据库中的存储格式与用户要在服务器端脚本和客户端脚本中处理的格式非常接近。这避免了将数据在行和对象之间进行转换。

(2) 高性能。MongoDB 是市面上性能最高的数据库之一。

(3) 高可用性。MongoDB 的复制模型使其很容易保持高可用性,同时能够提供高性能和高可扩展性。

(4) 高可扩展性。应用程序数据集的大小正在飞速增长。随着可用带宽的增长和存储器价格的下降,即使是一个小规模的应用程序,需要存储的数据量也可能大得惊人,甚至超出了很多数据库的处理能力。过去非常罕见的 T 级别数据,现在已是司空见惯了。MongoDB 的结构使得能够将数据分布到多台服务器,从而轻松地实现横向扩展。面向文档的数据模型使它能很容易地在多台服务器之间进行数据分割。MongoDB 能自动处理跨集群的数据和负载,自动重新分配文档,以及将用户请求路由到正确的服务器上。这样,开发者能够集中精力编写应用程序,而不需要考虑如何扩展的问题。如果一个集群需要更大的容量,只需要向集群添加新服务器,MongoDB 就会自动将现有数据向新服务器传输。

(5) 对 SQL 注入攻击免疫。MongoDB 将数据存储为对象,而不使用 SQL 字符串,因此对 SQL 注入攻击免疫。

MongoDB 发展迅速,无疑是当前 NoSQL 领域的“人气王”,就算与传统的关系数据库比较也不甘落后。数据库知识网站 DB-Engines 根据搜索结果对 357 个数据库系统进行流行度排名,在 2019 年 11 月的数据库流行度排行榜中,MongoDB 排第五名,但在 NoSQL 数据库中排名第一。

7.1.1 MongoDB 的发展历史

2007 年 10 月,MongoDB 由 10gen 团队所开发,现在被称为 MongoDB Inc.,它最初被开发为 PAAS(平台即服务)。MongoDB 于 2009 年 2 月首度推出。MongoDB 的第一个真正产品是从 2010 年 3 月发布的 MongoDB 1.4 版本开始的。2012 年 6 月 6 日,MongoDB 2.0.6 发布,提出了分布式文档数据库。2013 年 4 月 17 日,MongoDB 2.4.1 发布,此版本包括了一些性能优化、功能增强以及 bug 修复。2014 年 5 月 5 日,MongoDB 2.6.1 发布。2015 年 3 月 17 日,MongoDB 3.0.1 发布。2016 年 1 月 12 日,MongoDB 3.2.1 发布。2016 年 12 月 20 日,MongoDB 3.4.1 发布。2017 年 12 月 26 日,MongoDB 3.6.1

发布。2018年8月6日，MongoDB 4.0.1发布。

7.1.2 MongoDB的设计原则

MongoDB中的数据具有灵活的模式。文档在同一集合，但它们不需要具有相同的字段或模式集合，文档中的公共字段可以包含不同类型的数据。数据建模中的关键挑战是平衡应用程序的需求、数据库引擎的性能特征和数据检索模式。在设计数据模型时，请始终考虑数据的应用程序使用情况（即数据的查询、更新和处理）以及数据本身的固有结构。在MongoDB中设计架构时有一些考虑：

(1) 根据用户要求设计架构。

(2) 将对象合并到一个文档中，否则分开它们（但确保不需要连接）。

(3) 复制数据（但有限制），因为与计算时间相比，磁盘空间便宜。

(4) 在写入时加入，而不是在读取时加入。

(5) 在模式中执行复杂聚合。

例如，假设客户需要他的博客的数据库设计，并查看关系数据库和MongoDB架构设计之间的区别。网站有以下要求：

(1) 每个帖子都有唯一的标题，以及描述、网址、发帖者、发帖时间和评论总人数。

(2) 每个帖子都可以有一个或多个标签。

(3) 每个帖子都有用户给出的评论以及他们的姓名、消息、评论时间和喜好。

(4) 每个帖子可以有零个或多个评论。

在SQL Server架构中，上述要求的设计至少需要如下3个表：

帖子（帖子编号，标题，描述，网址，发帖者，发帖时间）

标签（标签编号，帖子编号，标签说明）

评论（评论号，帖子编号，评论人姓名，评论消息，评论时间，喜好）

而在MongoDB模式中，只要设计一个集合post（帖子）即可，其结构如下：

```
{
    _id: POST_ID
    title: TITLE_OF_POST,
    description: POST_DESCRIPTION,
    by: POST_BY,
    url: URL_OF_POST,
    tags: [TAG1, TAG2, TAG3],
    postDate: POST_DATE_TIME,
    likes: TOTAL_LIKES,
    comments: [
        {
            user: COMMENT_BY,
            message: TEXT,
            dateCreated: DATE_TIME,
            like: LIKES
        },
        {
```

```
            user: COMMENT_BY,
            message: TEXT,
            dateCreated: DATE_TIME,
            like: LIKES
        }
    ]
}
```

通过上面的示例说明可以知道，在显示数据时，在 SQL Server 中需要连接 3 个表，而在 MongoDB 中，数据将仅显示在一个集合中。

7.1.3 MongoDB 的数据类型

JSON 是一种简单的数据表示方式，它易于理解、易于解析、易于记忆。但从另一方面来说，因为只有 Null、布尔、数字、字符串、数组和对象这几种数据类型，所以 JSON 有一定的局限性。例如，JSON 没有日期类型，JSON 只有一种数字类型，无法区分浮点数和整数，更别说区分 32 位和 64 位数字了。再者，JSON 无法表示其他一些通用类型，例如正则表达式或函数。但是 BSON 比 JSON 支持的数据类型更多。

MongoDB 文档存储时使用 BSON 数据格式，可以为字段值指定字符串、整数、数组、对象等类型，就像 JavaScript 的对象一样。ObjectId 类型是 MongoDB 生成的类似于关系数据库中表的主键，生成快速。它具体由 12 个字节组成：前 4 个字节是从 UNIX 新纪元(1970 年 1 月 1 日)开始的秒数，3 个字节的机器标识符，两个字节的进程 ID，3 个字节的随机数。3 个字节的机器标识符，表示 MongoDB 实例所在机器的不同；两个字节的进程 ID，表示相同机器的不同 MongoDB 实例。再加上时间戳和随机数(3 个字节的随机数，同一秒，理论上可以有 2^{24} 次插入)，在很大程度上保证了 ObjectId 的唯一性。

表 7-1 列出了 BSON 文档支持的字段值数据类型。这些类型与 JavaScript 类型非常接近，当查询 MongoDB 时，可以查找指定属性的值为特定类型的对象。MongoDB 给每种数据类型都分配了一个整数 ID 号，以方便按类型查询。在 MongoDB 中，可以使用 $ type 操作符查看相应文档的 BSON 类型。

表 7-1 MongoDB 的数据类型及其 ID 号

类型	别名	编号	示例	描述
Double(双精度浮点数)	double	1	{"x": 3.14}	用于存储 64 位浮点值
String(字符串)	string	2	{"x": "呵呵"}	在 MongoDB 中，UTF-8 编码的字符串才是合法的
Object(对象)	object	3	{"x":{"y":3 }}	用于内嵌文档。文档可以嵌套其他文档，被嵌套的文档作为值来处理
Array(数组)	array	4	{"x":["a","b","c"]}	数据列表或数据集可以表示为数组
Binary data(二进制数据)	binData	5	不能直接在 shell 中使用	用于存储二进制数据

续表

类　型	别　名	编号	示　例	描　述
Undefined	undefined	6	{"x": undefined}	文档中也可以使用未定义类型，已弃用
ObjectId(对象 ID)	objectId	7	{"x": objectId() }	用于创建文档的唯一标识
Boolean(布尔值)	bool	8	{"x": null}	用于存储布尔值(true 和 false)
Date(日期)	date	9	{"x": new Date()}	用 UNIX 时间格式来存储当前日期或时间
Null(空)	null	10	{"x": null}	用于表示空值或者不存在的字段
Regular Expression(正则表达式)	regex	11	{"x": /[abc]/i}	用于存储正则表达式，其中/i 表明该正则表达式是不区分大小写的
JavaScript	javascript	13	{"x": function() {/ * … * /}}	用于在文档中存储 JavaScript 代码
Symbol(符号)	symbol	14		该数据类型基本上等同于字符串类型，区别是，它一般用于采用特殊符号类型的语言
JavaScript(带作用域)	javascriptWithScope	15	{"x": function() {/ * … * /}}	用于在文档中存储 JavaScript 代码
32-bit integer(32 位整数)	int	16	{"x": 3}	用于存储数值
Timestamp(时间戳)	timestamp	17		记录文档修改或添加的具体时间
64-bit integer(64 位整数)	long	18	{"x": 3}	用于存储数值
Decimal128	decimal	19	{"x": 3.14}	用于存储浮点值
Min Key	minKey	−1	shell 中不支持这个类型	将一个值与 BSON 元素的最低值相对比
Max Key	maxKey	127	shell 中不支持这个类型	将一个值与 BSON 元素的最高值相对比

MongoDB 中存储的文档必须有一个_id 字段。这个字段的值可以是任何类型的，默认是 ObjectId 对象。由于 ObjectId 中保存了创建的时间戳，所以用户不需要为自己的文档保存时间戳字段，可以通过 getTimestamp()函数来获取文档的创建时间：

```
> var newObject = ObjectId()
> newObject.getTimestamp()
> newObject.str          // ObjectId 转为字符串
5c07425695769bf8558cf72b
```

BSON 的 String 类型都是 UTF-8 编码。Timestamp 类型是一种特殊时间戳类型，不与常规 Date 类型相关联，时间戳值是 64 位值(其中，第 1 个 32bit 是 UNIX 时间戳秒，第 2 个 32bit 是当前秒的递增操作数)，可以保证一个 MongoDB 实例下，Timestamp 总是唯一的。

BSON 的 Date 类型是一个 64bit 有符号整数，表示自 UNIX 新纪元(1970 年 1 月 1

日)以来的毫秒数。JavaScript 的 Date 对象用作 MongoDB 的日期类型,在创建一个新的 Date 对象时,通常会调用 new Date()。

因为 MongoDB 中有 3 种数字类型(32 位整数、64 位整数和 64 位浮点数),而 JavaScript 中只有一种"数字"类型,所以 MongoDB shell 必须绕过 JavaScript 的限制。在默认情况下,MongoDB shell 中的数字都被 MongoDB 当作双精度数。这意味着如果用户从数据库中获得的是一个 32 位整数,修改文档后,将文档存回数据库的时候,这个整数也被转换成浮点数,即便保持这个整数原封不动也会这样的。所以明智的做法是尽量不要在 MongoDB shell 下覆盖整个文档。

7.1.4　MongoDB 的基本概念及其与关系数据库的对比

MongoDB 的逻辑结构是一种层次结构,主要由文档(document)、集合(collection)、数据库(database)这 3 部分组成的,如图 7-1 所示。在 MongoDB 中基本的概念就是文档、集合、数据库,表 7-2 列出了关系数据库与 MongoDB 对应的术语。

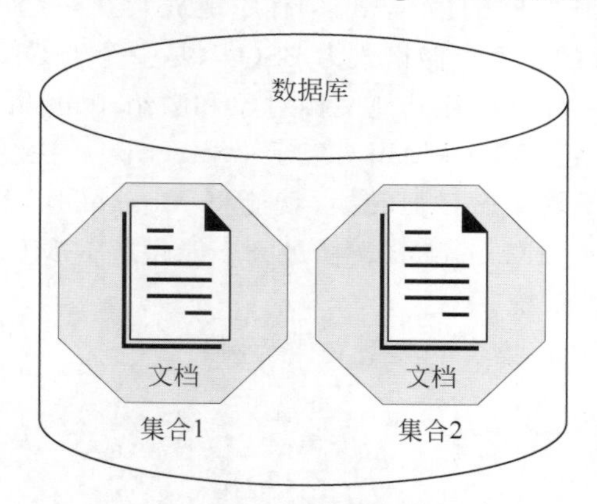

图 7-1　MongoDB 的逻辑结构

表 7-2　关系数据库与 MongoDB 对应的术语

关系数据库的术语/概念	MongoDB 术语/概念	解释/说明
database	database	数据库
table	collection	数据库表/集合
row	document	数据记录行/文档
column	field	数据字段/域
index	index	索引
table joins	embedded document(嵌入文档)	表连接,MongoDB 不支持
primary key	_id field	主键,MongoDB 自动将_id 字段设置为主键
group by	aggregation	分组

通过图 7-2 所示的示例,读者可以更直观地了解 MongoDB 中的一些概念。

1. 文档

文档(Document)是 MongoDB 中数据的基本存储单元(类似于关系数据库中的行,

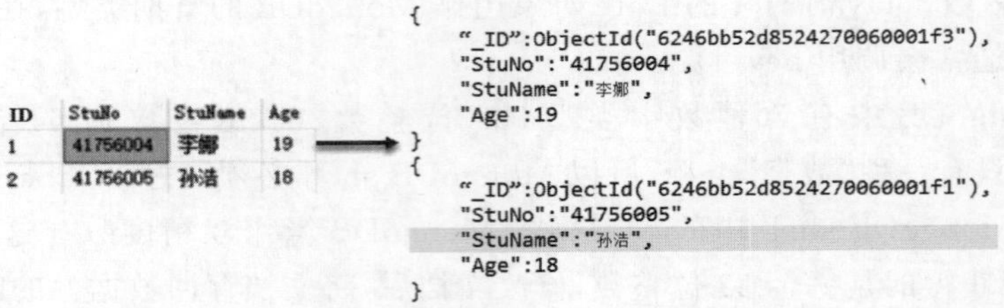

ID	StuNo	StuName	Age
1	41756004	李娜	19
2	41756005	孙浩	18

```
{
    "_ID":ObjectId("6246bb52d8524270060001f3"),
    "StuNo":"41756004",
    "StuName":"李娜",
    "Age":19
}
{
    "_ID":ObjectId("6246bb52d8524270060001f1"),
    "StuNo":"41756005",
    "StuName":"孙浩",
    "Age":18
}
```

图 7-2 关系数据库与 MongoDB 的比较

但是比行要复杂得多),是表示单个实体的数据。MongoDB 和关系数据库的一个主要差别在于文档不同于行:行数据是扁平的,每列都包含行中的一个值,而在 MongoDB 中,文档可包含嵌入的子文档,提供的数据模型与应用程序的要求更一致。面向文档的方式可以将文档或者数组内嵌进来,所以用一条记录就可以表示非常复杂的层次关系。使用面向对象语言的开发者恰恰这么看待数据,所以感觉非常自然。

多个字段(Field)及其关联的值(Value)有序地放置在一起的字段/值(field: value)对便是文档。MongoDB 的文件存储格式为 BSON,是一个 JSON 文档对象的二进制编码格式。BSON 同 JSON 一样支持往其他文档对象和数组中再插入文档对象和数组,同时扩展了 JSON 的数据类型。BSON 使用对应于 JavaScript 属性/值对的字段/值对来定义文档中存储的值。几乎不需要做任何转换,就能将 MongoDB 记录转换为可能在应用程序中使用的 JSON 字符串。MongoDB 文档最大不能超过 16MB,这旨在避免查询占用太多 RAM 或频繁访问文件系统。

【例 7-1】 一个 student 集合的典型文档示例。

```
{
    "name":"孙浩",
    "age":"18",
    "address":{
        "city":"上海",
        "country":"中国",
        "postcode":"200001"
    },
    "courses":[
        {"courseName": "英语", "score": 90},
        {"courseName": "数据库技术", "score":88}
    ]
}
```

BSON 的语法规则如下:

(1) 数据在字段/值对中。字段/值对包括字段(在双引号中),后面写一个冒号,然后是值。BSON 值可以是数字(整数或浮点数)、字符串(在双引号""中)、逻辑值(true 或 false)、数组(在方括号[]中)、对象(在花括号{}中)、null 等。例如,"name": "孙浩"。

(2) BSON 对象在花括号中书写。对象可以包含多个字段/值对,每条数据由逗号分隔。例如,{"calssName":"英语", "score": 90}。

(3) BSON 数组在方括号中书写。数组可包含多个对象,例如{"scores":[{"calssName":"英语","score":90},{"calssName":"数据库技术","score":88}]}。在上面的例子中,对象"scores"是包含两个对象的数组。每个对象代表一门课程(包括课程名和成绩)的记录。

(4) 类似于关系数据库中的联系,在 MongoDB 中可以通过嵌入式和引用的方法对联系 1:1、1:N、N:1 或 N:N 建模,表示各个文档在逻辑上的相互关联。如例 7.1 中的课程(courses)就是嵌入式文档,与学生(student)构成 1:N 的联系。该方法将所有相关数据保存在单个文档中,这使得检索和维护更容易。用户可以使用单个查询来检索整个文档。

需要注意的是:

(1) 文档中的字段/值对是有序的。例如,{"id":1, "name":"Tom"}和{"name":"Tom", "id":1}是不同的。通常,字段的顺序并不重要,无须让数据库模式依赖特定的字段顺序。

(2) MongoDB 区分类型和大小写。MongoDB 不但区分类型,而且区分大小写。例如,{"id":1}、{"ID":1}和{"id":"1"}3 个文档是不同的。

(3) MongoDB 的文档不能有重复的字段。例如,{"id":1, "id":2}文档是非法的。

(4) 文档的值不仅可以是在双引号里面的字符串,还可以是其他数据类型(甚至可以是整个嵌入的文档)。

(5) 文档的字段是字符串。除了少数例外情况,字段可以使用任意 UTF-8 字符。

文档中字段的命名规则是:字段不能含有 null(空字符),这个字符用来表示字段的结尾;.和 $ 有特别的意义,只有在特定环境下才能使用;以下画线"_"开头的字段是保留的(不是严格要求的)。

MongoDB 使用句点(.)表示法来访问数组的元素以及嵌入文档的字段。

对于数组而言,要通过从零开始的索引位置指定或访问数组元素,就将数组名称和从零开始的索引位置用句点连接起来,并用半角的双引号括起来,基本语法格式如下:

```
"<数组名>.<从零开始的索引位置>"
```

例如,要指定前面文档中 scores 数组的第 2 个元素,使用句点表示法表示为"scores.1"。

对于嵌入的文档而言,要使用句点表示法指定或访问嵌入文档的字段,就将嵌入的文档名与字段名用句点连接起来,并用半角的双引号括起来,基本语法格式如下:

```
"<嵌入的文档名>.<字段名>"
```

例如,要指定前面文档中 address 字段中的 city 字段,使用句点表示法表示为"address.city"。

关系数据库中最基本的单元是行,而 MongoDB 中最基本的存储单元是文档,以下示例展示了一个人的关系网的文档结构,它是由逗号分隔的字段/值对构成的。

```
{
    "_id": ObjectId("7df79f67a1f631733d917a7a"),
    "username": "joe",
    "blogs": "http://www.cnblogs.com/joe/",
    "relationships":
    {
        "friends": 32,
        "enemies": 2
    }
}
```

MongoDB与传统关系数据库还有一个重大区别，就是可扩展的表结构。也就是说，集合(表)中的文档(一条记录)所拥有的字段(列)是可以动态变化的，每个字段可以存储不同类型的值。例如下面的文档和上面的文档可以存储在一个集合中。

```
{
    "_id" : ObjectId("7df79f67a1f631733d917a7a"),
    "username": "joe",
    "blogs": "http://www.cnblogs.com/joe/",
    "relationships":
    {
        "friends": [
            {
                "name":"user1",
                "age": 18,
                "friends": [...]
            },
            {
                "name":"user2",
                "age": 20,
                "friends": [...]
            }
        ]
        "enemies": [...]
    }
}
```

2. 集合

MongoDB使用集合将数据编组。集合就是一组用途相同或类似的MongoDB文档，类似于传统关系数据库中的表，但存在一个重要差别：在MongoDB中，集合不受严格模式的约束，其中的文档可根据需要采用不同的结构。这样就无须将文档的内容放在多个不同的表中，而在关系数据库中经常需要这样做。例如，可以将以下不同数据结构的文档插入集合中：

```
{"site":"www.baidu.com"}
{"site":"www.google.com","name":"Google"}
```

既然没有必要区分不同类型文档的模式，为什么还要使用多个集合呢？这里有几个重要的原因。

(1) 如果把各种各样的文档不加区分地放在同一个集合里，无论对开发者还是对管理员来说都将是噩梦。开发者要么确保每次查询只返回特定类型的文档，要么让执行查询的应用程序来处理所有不同类型的文档。如果查询博客文章时还要剔除含有作者数据的文档，这会带来很大的困扰。

(2) 在一个集合里查询特定类型的文档在速度上也很不划算，分开查询多个集合要快得多。

(3) 把同种类型的文档放在一个集合里，数据会更加集中。从一个只包含博客文章的集合里查询几篇文章，或者从同时包含文章数据和作者数据的集合里查询几篇文章，相比之下，前者需要的磁盘查询操作更少。

(4) 在创建索引时，需要使用文档的附加结构（特别是创建唯一索引时）。索引是按照集合来定义的。在一个集合中只放入一种类型的文档，可以更有效地对集合进行索引。

集合名的命名规则如下：

(1) 集合名不能是空字符串""。

(2) 集合名不能含有\0 字符（空字符），这个字符表示集合名的结束。

(3) 集合名不能以"system."开头，这是为系统集合保留的前缀。例如，system.users 这个集合保存着数据库的用户信息，而 system.namespaces 集合保存着所有数据库集合的信息。

(4) 用户创建的集合名不能含有保留字符，例如 $ 等。

如果单纯地参考 SQL Server 而使用引用，可以创建一系列相关集合以建立规范化数据模型。在图 7-3 中，通过定义字段 addressId 来建立规范化数据模型，该字段形成 student 集合和 address 集合之间的引用。此外，字段 courseId 可以作为 student 集合和 courses 集合之间的引用。

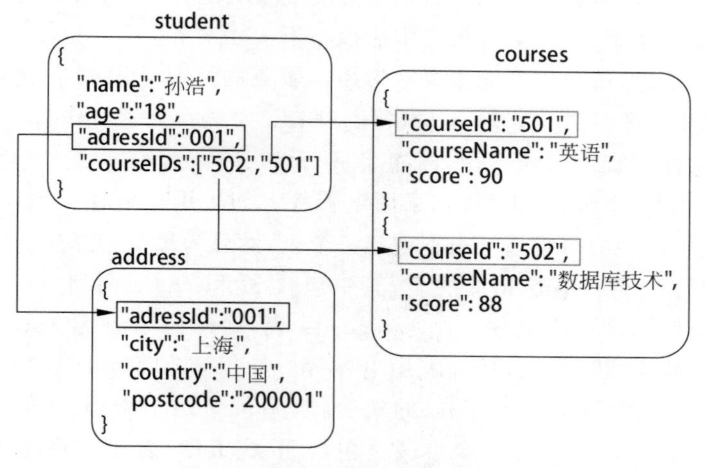

图 7-3　基于引用关系定义的集合

但是,通过在 MongoDB 数据集上强制使用关系数据库的解决方案,用户将无法使用 NoSQL 数据库。除非用户的数据库驱动程序提供对数据库引用的支持(允许集合之间的嵌入式链接),否则用户将被迫编写代码以手动遍历引用。MongoDB 提供了一个更加简化的数据模型,使用嵌入式文档将规范化关系合并为一个集合。对于前面的示例,更好的解决方案如下。

```
{
    "name":"孙浩",
    "age":"18",
    "address":{
        "city":"上海",
        "country":"中国",
        "postcode":"200001"
    },
    " courses":[
        {"courseName": "英语", "score": 90},
        {"courseName": "数据库技术", "score":88}
    ]
}
```

使用嵌入式文档,通过单个查询,用户可以轻松获取合并的信息块,其中包括学生姓名、年龄、地址及其选课的详细信息。在设计文档时,最终会以集合形式出现,在开始设计时常用的方法是摆脱关系数据库思想的束缚,了解需要输出哪些数据,然后通过嵌入相关子文档逆向确定需要创建的文档。

组织集合的一种惯例是使用句点(".")字符分隔的按命名空间划分的子集合。在 MongoDB 中使用子集合来组织数据是很好的方法。例如,学生集合信息包括的子集合分别是 student. address 和 student. courses。这样做的目的只是为了使组织结构更好一些,也就是说 student 这个集合(这里根本就不需要存在)及其子集合没有任何关系。再把数据库名放到集合名前面,得到的就是集合的完全限定名,称为命名空间。命名空间的长度不得超过 121 字节,在实际使用当中应该小于 100 字节。

另一种基于 SQL 的思想不能很好地为用户服务的情况是用户希望实现一系列查询表。例如,假设用户要从数据库填充 HTML SELECT 表单元素。作为一个例子,假设第一个选择元素为用户提供产地选择,例如北京、天津、内蒙古等;另一个选择元素由一系列类别组成,即男装、女装、手机数码、家用电器等。如果用户正在考虑使用 SQL Server 数据库实现,则可能会为每种选择类型创建一个表,然后为每个选择项创建一条记录。例如,用户可能有一个名为 province 的表,其中包含 id 和 name 两列,name 将是北京、天津、内蒙古等。然后,用户将创建一个 categories 表,同样使用 id 和 category 两列,其中 category 将是男装、女装、手机数码、家用电器等。如果要在 MongoDB 中完成相同的功能,可以创建一个名为 select_options 的集合,其中包含两个文档。第一个文档将具有 type 字段,其值为 Province;第二个字段是包含北京、天津、内蒙古等的数组。第二个文档也将具有 type 字段,其值为 Categories;第二个字段是包含男装、女装、手机数码、家用电器等的数组。这就是二者设计上的差异性,请读者认真掌握。

3. 数据库

在 MongoDB 中多个集合可以组成数据库,数据库是集合的实际容器。每一个数据库都在文件系统中有自己的一组文件。一个 MongoDB 服务器通常有多个独立的数据库,每一个数据库都有自己的集合和权限,不同的数据库放置在不同的文件中。MongoDB 的默认数据库为"db",该数据库存储在 data 目录中。

数据库也通过名字来标识。数据库名可以是满足以下条件的任意 UTF-8 字符串:不能是空字符串("");不得含有' '(空格)、.、$、/、\和\0(空字符);数据库名区分大小写,即便是在不区分大小写的文件系统中也是如此,为简单起见,数据库名应全部小写;数据库名最多为 64 字节。

需要注意的是,数据库最终会变成文件系统里的文件,而数据库名就是相应的文件名,这是数据库名有如此多限制的原因。

有一些数据库名是保留的,用户可以直接访问这些有特殊作用的数据库。这些数据库如下:

(1) admin 数据库。从权限的角度来看,这是"root"数据库。如果将一个用户添加到这个数据库,这个用户会自动继承所有数据库的权限。一些特定的服务器端命令也只能从这个数据库运行,例如列出所有的数据库或者关闭服务器。

(2) local 数据库。这个数据库永远都不可以复制,且一台服务器上的所有本地集合都可以存储在这个数据库中。

(3) config 数据库。当 MongoDB 用于分片设置时,config 数据库在内部使用,用于保存分片的相关信息。

7.2 搭建 MongoDB 环境

实现 MongoDB 数据库的第一步是安装 MongoDB 服务器。MongoDB 官方已经提供了用于各种主要平台(Linux、Windows、Mac 操作系统)的 MongoDB 社区版(MongoDB Community Server)和 MongoDB 企业版(MongoDB Enterprise Server)。MongoDB 企业版是基于订阅的,提供了更强大的安全、管理和集成支持。就本书以及学习 MongoDB 而言,MongoDB 社区版就可以满足要求,其最新的稳定版本是 4.0.4。MongoDB 社区版的命名规范为 x.y.z,其中 y 为奇数时表示当前版本为开发版,y 为偶数时表示当前版本为稳定版。

7.2.1 下载和安装 MongoDB

首先登录 MongoDB 官网(https://www.mongodb.com/download-center/community),然后根据自己的操作系统选择下载相应的 MongoDB 安装包。本书将使用 MongoDB 社区版(Community Edition)进行介绍,因为它是免费的,可以让读者免费学习和实验 MongoDB。本书中将使用的版本是 MongoDB 4.0.4,下载的 Windows 系统下的安装包是 mongodb-win32-x86_64-2008plus-ssl-4.0.4-signed.msi。在安装时，对 Windows 安装的最低要求是 Windows Server 2008 R2、Windows 7 或更高版本。双击该文件，按操作提示安装即可。

（1）下载结束后双击安装文件，打开安装界面，如图 7-4 所示。

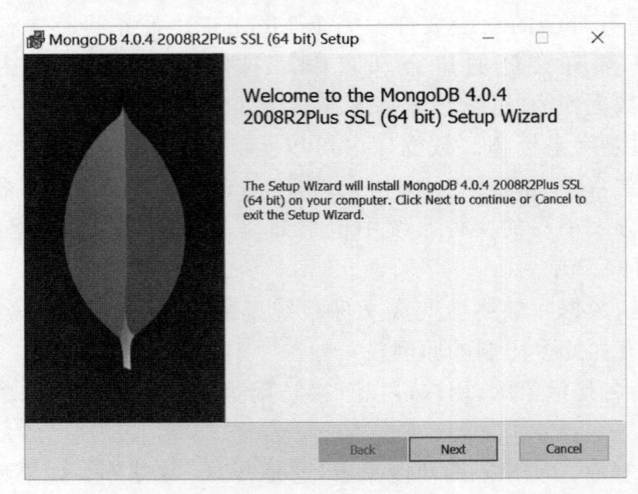

图 7-4 “欢迎进入 MongoDB 安装向导”对话框

（2）单击 Next 按钮进入下一步，如图 7-5 所示。选择同意协议，单击 Next 按钮进入下一步。

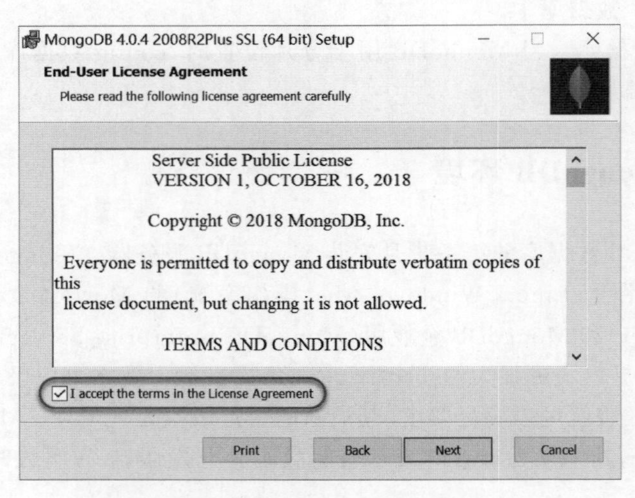

图 7-5 “终端用户许可协议”对话框

（3）单击 Custom 按钮来设置安装目录，进入下一步，如图 7-6 和图 7-7 所示。这里可以选择希望安装的路径，本书选择的是默认路径。然后单击 Next 按钮，出现“服务配置”对话框，如图 7-8 所示，选中 Install MongoD as a Service 复选框，这样 MongoDB 安装完成后该服务会自动启动。从 MongoDB v4.0 开始，安装向导允许用户配置启动选项。如果要让 MongoDB 自动启动并在后台运行，请选择 Run service as Network Service user。用户还可以配置 MongoDB 存储其数据文件(数据目录)的位置以及存储日志文件的位置(日志目录)。

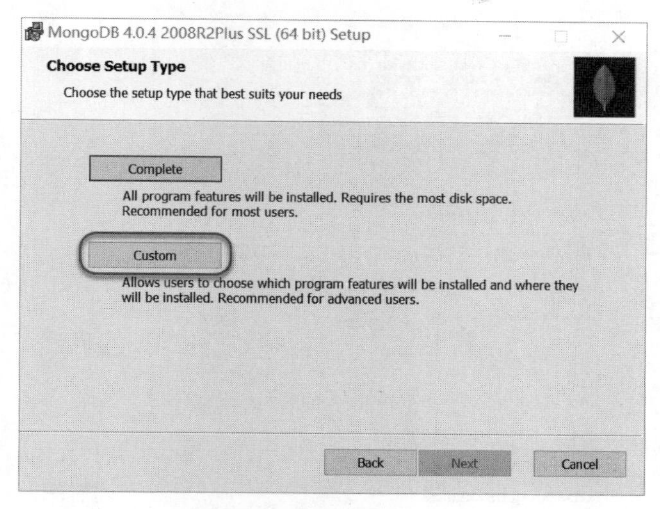

图 7-6 “选择安装类型”对话框

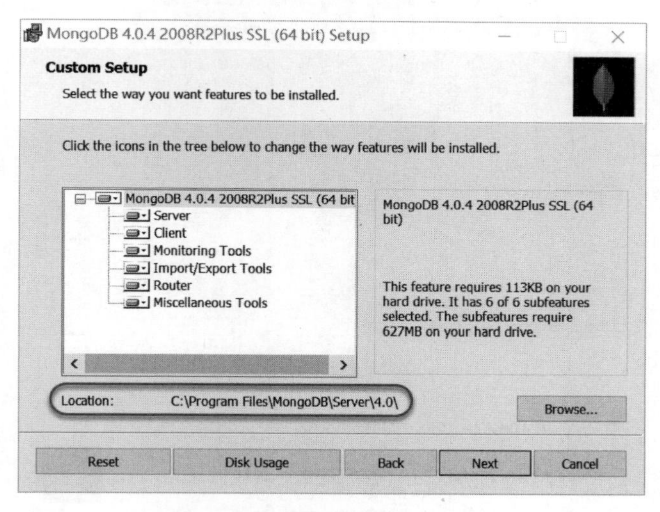

图 7-7 “定制安装选项”对话框

(4) 单击 Next 按钮进入下一步,如图 7-9 所示。取消选中 Install MongoDB Compass 复选框,不要安装 MongoDB Compass 图形化工具。

(5) 单击 Next 按钮进入下一步,如图 7-10 所示。然后单击 Install 按钮开始安装。

(6) 安装结束后将弹出如图 7-11 所示的对话框。

自此 MongoDB 已安装在“C:\Program Files\MongoDB\Server\4.0”下,后面都称为“安装目录”。同时自动创建了默认配置文件,绝对路径为“安装目录\bin\mongod.cfg”。配置文件包含数据库和日志文件的位置,此文件由安装程序自动生成。在默认情况下,下面是其内容。

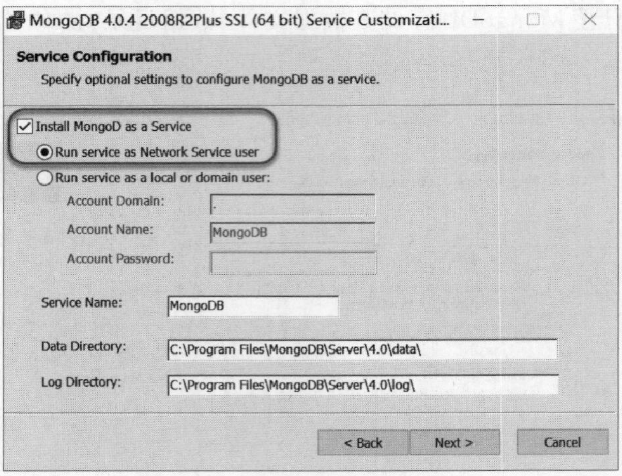

图 7-8 “服务配置”对话框

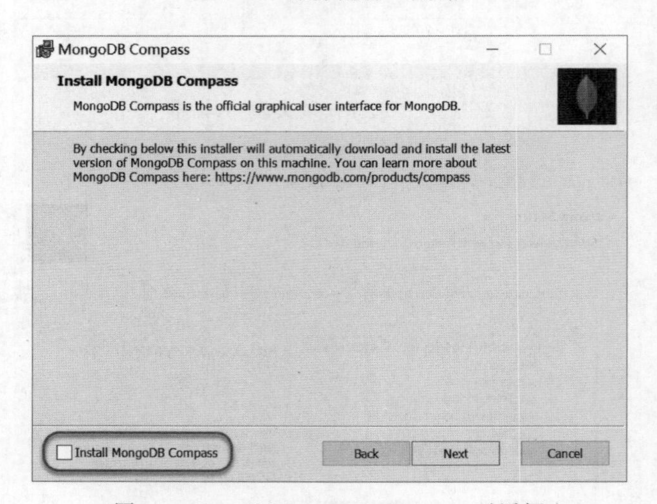

图 7-9 Install MongoDB Compass 对话框

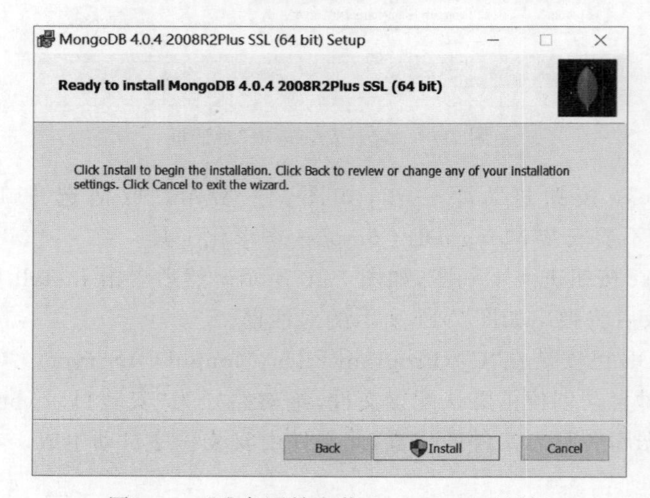

图 7-10 “准备开始安装 MongoDB”对话框

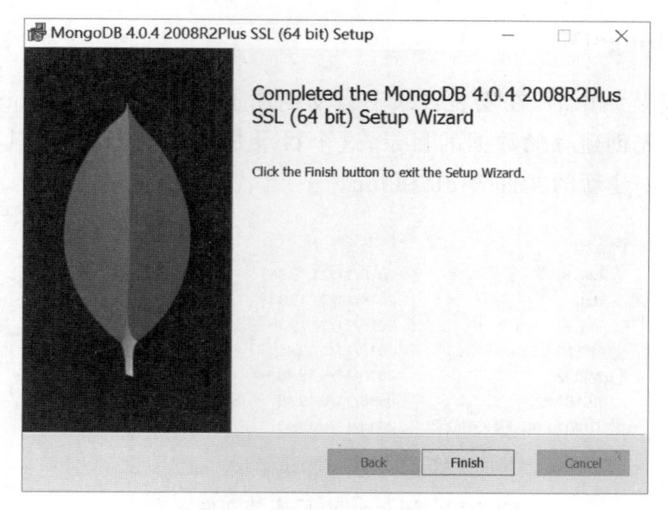

图 7-11 “安装结束”对话框

```
# mongod.conf
# for documentation of all options, see:
# http://docs.mongodb.org/manual/reference/configuration-options/

# Where and how to store data.
storage:
  dbPath: C:\Program Files\MongoDB\Server\4.0\data
  journal:
    enabled: true
# engine:
# mmapv1:
# wiredTiger:

# where to write logging data.
systemLog:
    destination: file
    logAppend: true
    path: C:\Program Files\MongoDB\Server\4.0\log\mongod.log

# network interfaces
net:
  port: 27017
  bindIp: 127.0.0.1
#processManagement:
#security:
#operationProfiling:
#replication:
#sharding:
## Enterprise-Only Options:
#auditLog:
#snmp:
```

7.2.2 配置 MongoDB

MongoDB 安装结束后，在安装目录下自动创建了 3 个文件夹，即 bin、data 和 log，如图 7-12 所示。首先创建存储数据的目录，这个目录是可以自定义的，但习惯上在安装目录 data 文件夹下创建新的文件夹 db 和 log。

名称	修改日期	类型	大小
bin	2018/11/21 19:36	文件夹	
data	2018/11/21 19:38	文件夹	
log	2018/11/21 19:36	文件夹	
LICENSE-Community	2018/11/6 19:48	文本文档	30 KB
MPL-2	2018/11/6 19:48	文件	17 KB
README	2018/11/6 19:48	文件	3 KB
THIRD-PARTY-NOTICES	2018/11/6 19:48	文件	56 KB

图 7-12 MongoDB 已安装文件列表

以管理员身份打开命令提示符，执行以下命令：

```
cd C:\Program Files\MongoDB\Server\4.0\bin
mongod.exe --dbpath "C:\Program Files\MongoDB\Server\4.0\data\db"
```

第一行语句将操作空间切换到 MongoDB 的 bin 目录。在启动时，使用的是“安装目录\bin\”下的 mongod.exe，如果直接启动，实际使用“C:\data\db\”为数据库文件存储目录，需要确保该目录存在。用户可以使用“--dbpath "安装目录\data\db"”显式指定该目录为存储位置来启动 MongoDB。

说明：要以管理员身份启动命令提示符，需要右击计算机桌面左下角的 Windows 图标(或同时按键盘上的 Windows 键和 X 键)，在弹出的快捷菜单中选择“命令提示符(管理员)(A)”，即可启动命令行。在 Windows 10 中，可以在命令提示符界面中使用 Ctrl 键。因此，可以使用 Ctrl+C 组合键复制文本文件中的字符串，然后在命令提示符界面中使用 Ctrl+V 组合键进行粘贴。

此时 MongoDB 服务器已经开启，保持命令提示符终端不关闭，如图 7-13 所示。

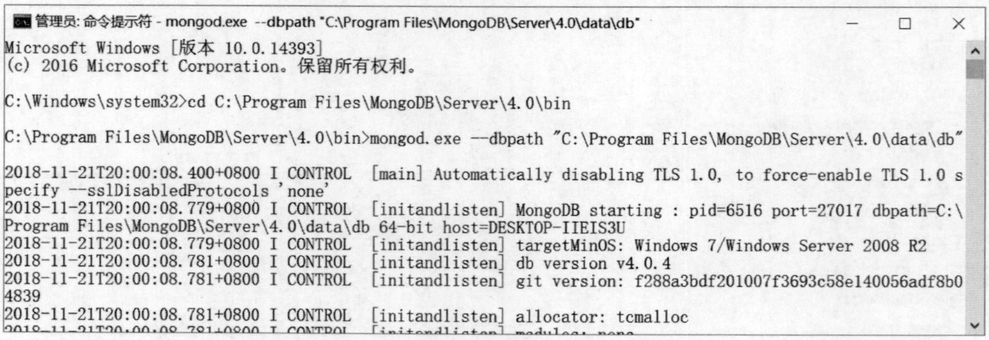

```
管理员: 命令提示符 - mongod.exe --dbpath "C:\Program Files\MongoDB\Server\4.0\data\db"
Microsoft Windows [版本 10.0.14393]
(c) 2016 Microsoft Corporation。保留所有权利。

C:\Windows\system32>cd C:\Program Files\MongoDB\Server\4.0\bin

C:\Program Files\MongoDB\Server\4.0\bin>mongod.exe --dbpath "C:\Program Files\MongoDB\Server\4.0\data\db"

2018-11-21T20:00:08.400+0800 I CONTROL  [main] Automatically disabling TLS 1.0, to force-enable TLS 1.0 s
pecify --sslDisabledProtocols 'none'
2018-11-21T20:00:08.779+0800 I CONTROL  [initandlisten] MongoDB starting : pid=6516 port=27017 dbpath=C:\
Program Files\MongoDB\Server\4.0\data\db 64-bit host=DESKTOP-IIEIS3U
2018-11-21T20:00:08.779+0800 I CONTROL  [initandlisten] targetMinOS: Windows 7/Windows Server 2008 R2
2018-11-21T20:00:08.781+0800 I CONTROL  [initandlisten] db version v4.0.4
2018-11-21T20:00:08.781+0800 I CONTROL  [initandlisten] git version: f288a3bdf201007f3693c58e140056adf8b0
4839
2018-11-21T20:00:08.781+0800 I CONTROL  [initandlisten] allocator: tcmalloc
```

图 7-13 启动 MongoDB 服务器

在浏览器中访问“http://localhost:27017/”，若浏览器页面上输出“It looks like you are trying to access MongoDB over HTTP on the native driver port.”，则说明 MongoDB 服务器已经启动，且它的默认端口(27017)没有被占用。

因为在安装时勾选了“Install MongoD as a Service”复选框，所以应当有本地 MongoDB 服务。用户可以在命令提示符后输入 services.msc 检查该服务，如图 7-14 所示。这样该服务就会在每次计算机开机时自动启动。

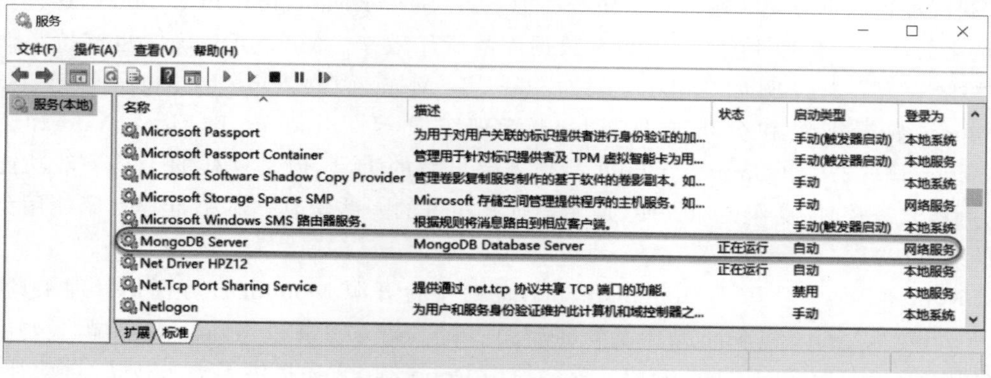

图 7-14 检查本地 MongoDB 服务是否启动

一个运行着的 MongoDB 数据库可以看成是一个 MongoDB Server，该 Server 由实例和数据库组成。在一般情况下，一个 MongoDB Server 机器上包含一个实例和多个与之对应的数据库，但是在特殊情况下，例如硬件投入成本有限或特殊的应用需求，也允许一个 Server 机器上有多个实例和多个数据库。MongoDB 中一系列物理文件(数据文件、日志文件等)的集合或与之对应的逻辑结构(集合、文档等)被称为数据库。

7.2.3 启动 MongoDB

关闭刚刚的命令提示符窗口不会关闭 MongoDB，因为确保了它在服务里，所以可以用 net 命令来控制它的开启和关闭。在命令提示符后输入以下语句可以启动 MongoDB：

```
net start MongoDB
```

7.2.4 停止 MongoDB

在命令提示符后输入以下语句可以停止 MongoDB：

```
net stop MongoDB
```

然而，停止 MongoDB 的最佳方法是在 MongoDB shell 中进行，这将干净地终止当前操作，并强制 mongod 退出。要在 MongoDB shell 中停止 MongoDB 数据库服务器，可以使用下面的命令，切换到 admin 数据库再关闭数据库引擎：

```
use admin
db.shutdownServer()
```

7.2.5 可视化管理工具

MongoDBshell上的交互式命令操作对初学者加深基础知识的学习有利，但是不直观，调试过程也不方便。用户总希望有类似SQL Server Management Studio的这种直观可视化的数据库管理工具，以提高对数据库的操作效率。MongoDB确实也支持类似的可视化管理工具，例如Robo 3T、Studio 3T、MongoVue、Ops Manager管理工具、Compass数据浏览和分析工具、Cloud管理工具等。Studio 3T、MongoVue和Ops Manager管理工具、Compass、Cloud都是需要付费的工具，但是这样的工具一般功能强大、更新非常及时、操作更加方便，是大家应该知道的一些工具。本书推荐大家使用免费版的Robo 3T。

Robo 3T是一个基于MongoDB shell的跨平台开源MongoDB可视化管理工具，支持Windows、Linux和Mac操作系统，嵌入了JavaScript引擎和mongo客户端，只要用户会使用MongoDB shell(下节介绍)，就会使用Robo 3T，它还提供了语法高亮、自动补全、差别视图等功能。

在Robo 3T的官网(https://robomongo.org/download)下载安装包，并进行安装。

安装成功后，首先启动MongoDB，然后打开Robo 3T，单击左上角的Create创建一个到MongoDB的连接，如图7-15所示。给创建的连接新建一个名称，例如localhost，使用默认地址(localhost)和端口(27017)即可，然后单击Test按钮测试是否能够建立连接。若能正确建立连接，则单击Save按钮来保存这个新建的MongoDB连接。返回如图7-16所示的对话框。

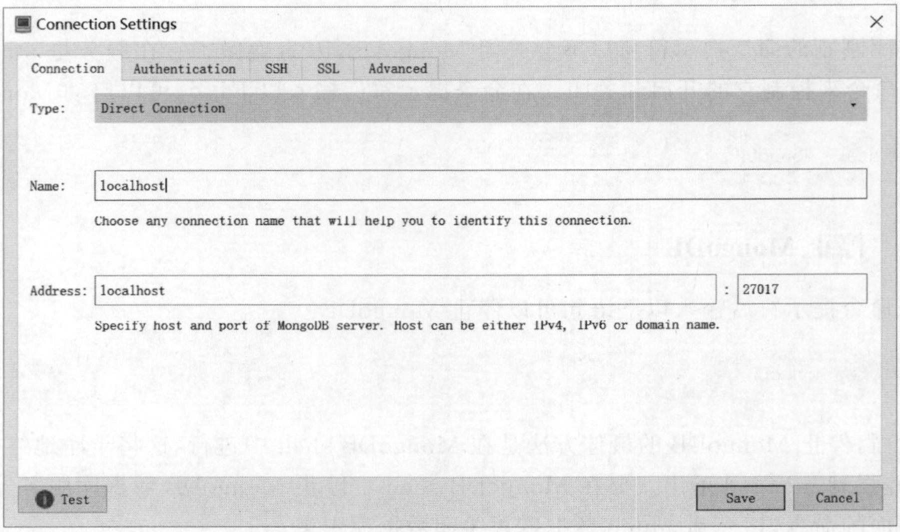

图7-15 与MongoDB的连接设置

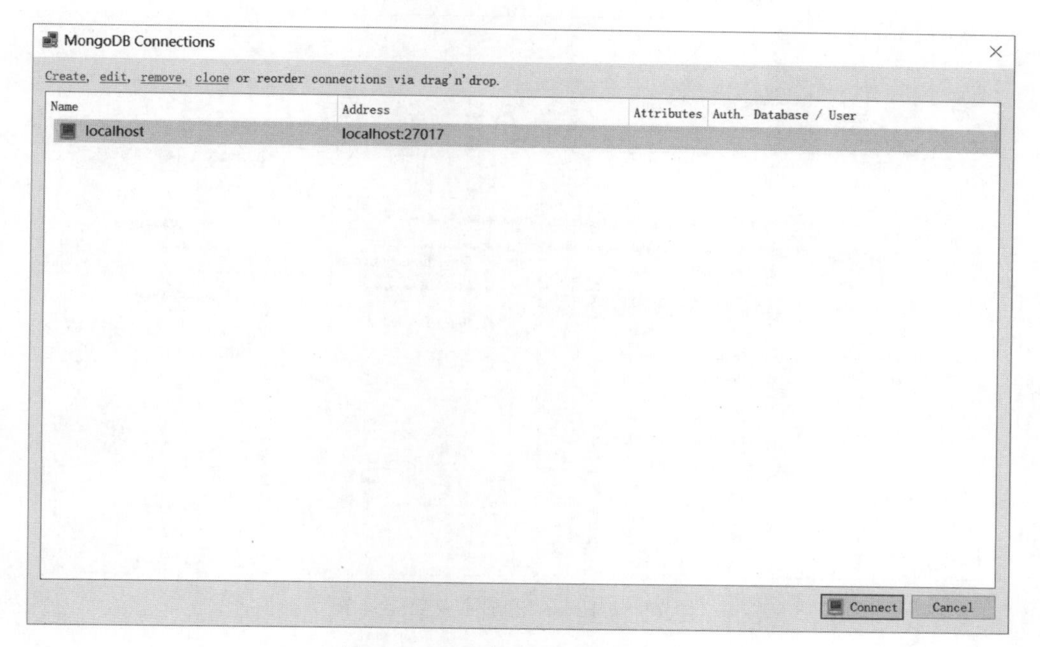

图 7-16　建立与 MongoDB 的连接

接着在 MongoDB 启动的情况下单击 Connect 按钮，Robo 3T 即可连接到 MongoDB 了，如图 7-17 所示。在 Robo 3T 的左上方可以看到 MongoDB 里面的数据库。

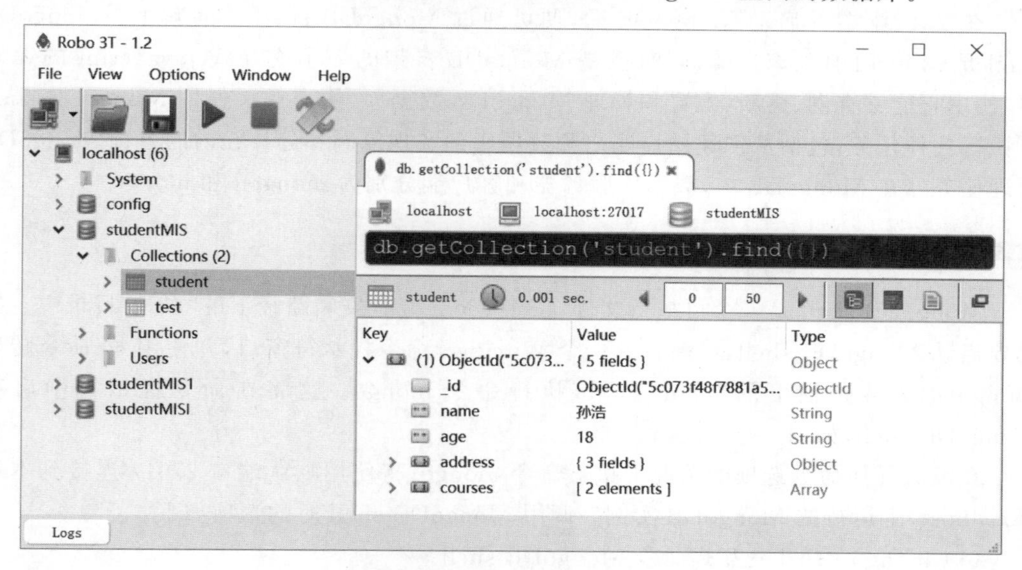

图 7-17　Robo 3T 主界面

Robo 3T 提供了对数据库、集合、文档、索引等的可视化操作，如图 7-18 所示。但本书主要介绍 MongoDB shell 的使用，读者可以对照进行学习。

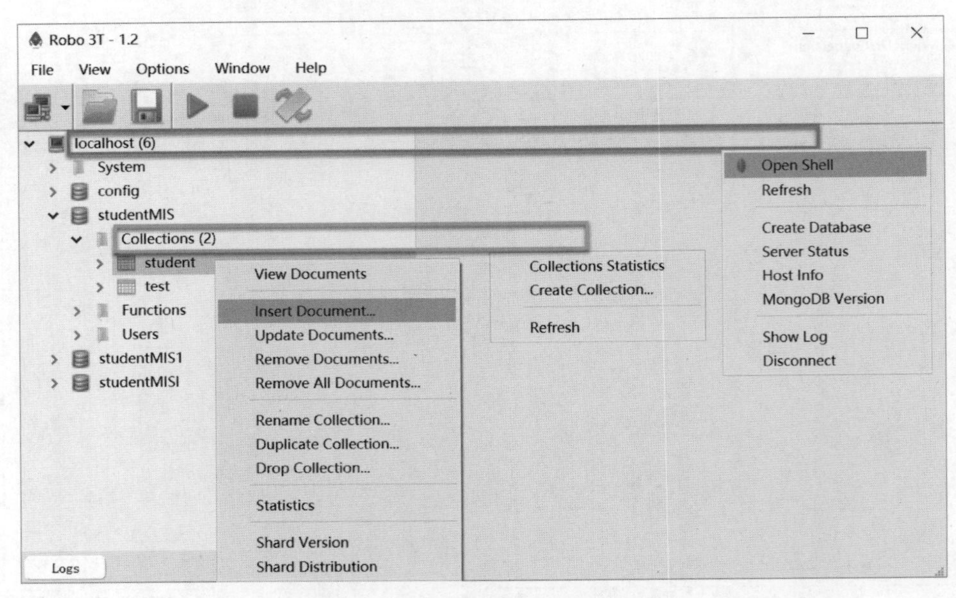

图 7-18　Robo 3T 的主要功能菜单

7.3　从 MongoDB shell 访问 MongoDB

在安装、配置并启动 MongoDB 后，便可通过 MongoDB shell 访问它了。MongoDB shell 是 MongoDB 的客户端，同时也是 MongoDB 自带的一个交互式 JavaScript 的编译器，使用它能够查询、更新、配置和管理 MongoDB 数据库、用户等。使用 MongoDB shell 可执行各种任务，包括从创建用户账户和数据库到实现复制和分片在内的各种 MongoDB 管理任务。在 MongoDB 中，数据库服务器和客户端分别为 mongod 和 mongo。

7.3.1　启动 MongoDB shell

MongoDB shell 是一个可执行文件，位于 MongoDB 安装路径下的“/bin”目录中。如果要启动 MongoDB shell，可新打开一个 Windows 命令提示符窗口，并使用 cd 命令转到 MongoDB 安装路径下的“/bin”目录，执行命令 mongo。这将在命令提示符中启动 MongoDB shell，如图 7-19 所示。

在没有任何命令选项的情况下执行命令 mongo，将使用默认端口 27017 连接到本地(localhost)上运行的 MongoDB 实例。调用 MongoDB shell 时的选项如下。

(1) mongo：打开交互式命令 MongoDB shell。

(2) mongo -u username -p password -h host --port nnnn --ssl：配置安全性时需要前两个选项，访问远程 MongoDB 实例时需要接下来的两个选项，最后一个选项使用 TLS 或 SSL 命令流保护系统安全。

(3) mongo JavaScript_file.js：执行包含 MongoDB 命令的 JavaScript 文件。

(4) mongo --eval 'JavaScript 命令'：直接运行在引号中的 JavaScript 命令。

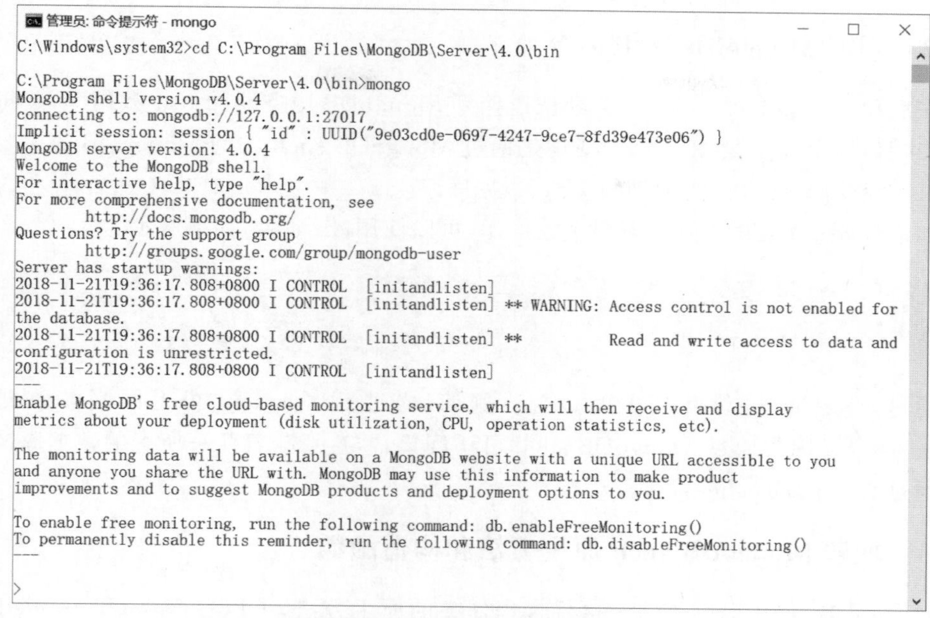

图 7-19　启动 MongoDB shell

（5）mongo --help：获取有关使用 mongo 命令的选项信息。

（6）exit：调用 quit()方法，它将关闭 MongoDB shell，返回命令行。

在启动 MongoDB shell 后，就可通过它管理 MongoDB 的各个功能。MongoDB shell 命令、方法和数据结构都是基于交互式 JavaScript 语言的。这意味着可以使用大部分 JavaScript 语法来与数据库进行交互。

MongoDB shell 提供了多个命令，可以在 shell 提示符下执行它们。在命令行提示符后输入 help，将出现可以使用的命令，如图 7-20 所示。读者应熟练掌握这些命令，因为后面会经常使用它们。此外，MongoDB shell 保留着已输入的历史命令，使用向上和向下箭头可选择输入以前的命令。

```
管理员: 命令提示符 - mongo
> help
        db.help()                    help on db methods
        db.mycoll.help()             help on collection methods
        sh.help()                    sharding helpers
        rs.help()                    replica set helpers
        help admin                   administrative help
        help connect                 connecting to a db help
        help keys                    key shortcuts
        help misc                    misc things to know
        help mr                      mapreduce

        show dbs                     show database names
        show collections             show collections in current database
        show users                   show users in current database
        show profile                 show most recent system.profile entries with time >= 1ms
        show logs                    show the accessible logger names
        show log [name]              prints out the last segment of log in memory, 'global' is default

        use <db_name>                set current database
        db.foo.find()                list objects in collection foo
        db.foo.find( { a : 1 } )     list objects in foo where a == 1
        it                           result of the last line evaluated; use to further iterate
        DBQuery.shellBatchSize = x   set default number of items to display on shell
        exit                         quit the mongo shell
>
```

图 7-20　MongoDB shell 中的命令列表

7.3.2 理解 MongoDB shell 命令

在启动 MongoDB shell 后，会默认连接到 MongoDB 服务器的 test 数据库，并将数据库连接赋值给全局变量 db。这个变量是通过 MongoDB shell 访问 MongoDB 的主要入口点。db 命令用于查看当前操作的文档(数据库)

如果想要查看 db 当前指向哪个数据库，可以使用 db 命令，如下所示。

```
> db
test
```

通过 db 变量，可访问其中的集合。例如，通过 db.student 可返回当前数据库的 student 集合。因为通过 MongoDB shell 可访问集合，这意味着几乎所有的数据库操作都可以通过 MongoDB shell 完成。

7.3.3 理解 MongoDB shell 原生方法和构造函数

MongoDB shell 提供了用于执行管理任务的原生方法，可以在 MongoDB shell 中直接调用它们，也可以在 MongoDB shell 执行的脚本中调用它们。包括 DB、Collection 和 Cursor 在内的 JavaScript 对象也提供了管理方法，这将在本书后面讨论。

表 7-3 列出了最常见的原生方法，它们提供了建立连接、创建对象、加载脚本等功能。

表 7-3 MongoDB shell 的原生方法和构造函数

方　法	描　述
Date()	创建一个 Date 对象。在默认情况下，创建一个包含当前日期的 Date 对象
UUID(hex_string)	将 32 字节的十六进制字符串转换为 BSON 子类型 UUID
Objectld.valueOf()	将一个 ObjectId 的属性值显示为十六进制字符串
Mongo.getDB(database)	返回一个数据库对象，它表示指定的数据库
Mongo(host:port)	创建一个连接对象，它连接到指定的主机和端口
connect(string)	连接到指定 MongoDB 实例中的指定数据库，返回一个数据库对象。连接字符串的格式为"host:port/database"，例如：db=connect("localhost:28001/studentMIS")
cat(path)	返回指定文件的内容
version()	返回当前 MongoDB shell 实例的版本
cd(path)	将工作目录切换到指定路径
getMemlnfo()	返回一个文档，指出 MongoDB shell 当前占用的内存量
hostname()	返回运行 MongoDB shell 的系统的主机名
_isWindows()	如果 MongoDB shell 运行在 Windows 系统上，就返回 true；如果运行在 UNIX 或 Linux 系统上，就返回 false
load(path)	在 MongoDB shell 中加载并运行参数 path 指定的 JavaScript 文件
_rand()	返回一个 0～1 的随机数

7.3.4 理解命令参数和结果

MongoDB shell 是一个交互式 JavaScript shell，与 MongoDB 数据结构联系紧密。这意味着大部分数据交互（从传递给方法的参数到从方法返回的数据）都是标准的 MongoDB 文档——在大多数情况下都是 JavaScript 对象。

例如，在创建用户时传入一个类似于下面的文档来定义用户：

```
db.createUser({user: "testUser", userSource: "test", roles: ["read"], otherDBRoles:
{testDB2: ["readWrite"]}})
```

在 MongoDB shell 中列出数据库的用户时，以类似于下面的文档列表显示用户：

```
db.getUsers()
```

7.3.5 脚本编程

在脚本文件中，可包含任意数量使用 JavaScript(例如条件语句和循环)的 MongoDB 命令。MongoDB shell 脚本编程主要是通过以下 3 种方式实现的：

(1) 在命令行使用参数--eval <expression>，其中 expression 是要执行的 JavaScript 表达式。

一种以脚本方式执行 MongoDB shell 命令的方法是使用命令行选项--eval。

(2) 在 MongoDB shell 启动后调用方法 load(script_path)，其中 script_path 是要执行的 JavaScript 文件的路径。

(3) 在命令行指定要执行的 JavaScript 文件。

7.4 MongoDB 数据库的管理

本节介绍有关如何在 MongoDB shell 中创建、查看和删除数据库的基本知识。

7.4.1 创建或切换数据库

MongoDB 没有提供显式地创建数据库的 MongoDB shell 命令。数据库是在添加集合或用户时隐式地创建的。MongoDB 使用“use DATABASE_NAME”命令来创建数据库，其语法格式如下：

```
use 数据库名称
```

use 命令具有两个功能：如果指定的数据库不存在，则创建该数据库；如果指定的数据库存在，则可以切换到该指定的数据库。

【例 7-2】 创建数据库 studentMIS。

```
> use studentMIS
switched to db studentMIS
> db
studentMIS
```

执行 db 命令可以显示当前使用的数据库。

7.4.2 显示数据库

如果用户想查看 MongoDB 当前已创建的所有数据库的列表,可以使用 show dbs 命令。

```
> show dbs
admin     0.050GB
config    0.006GB
local     0.080GB
```

可以看到,刚创建的数据库 studentMIS 并不在数据库的列表中,如果要显示它,需要向 studentMIS 数据库中插入集合或文档。注意,在 MongoDB 中,只有在插入数据后才会真正创建数据库。也就是说,在创建数据库后要再创建一个集合,数据库才会真正创建。

```
> db.createCollection("student")
{ "ok": 1 }
> show dbs
admin          0.050GB
config         0.006GB
local          0.080GB
studentMIS     0.000GB
```

在 MongoDB 中默认的数据库是 test,如果用户没有创建过任何数据库,则集合和文档将存储在 test 数据库中。

Database 对象的另一项很有用的功能是让用户能够获取特定数据库的统计信息。通过信息让用户能够知道数据库包含的集合数、数据库大小、索引数等。在需要编写代码定期地检查数据库的统计信息,以确定数据库是否需要清理时,这些信息特别有用。

如果要获取数据库的统计信息,可使用 Database 对象的 stats()方法,如下所示。

```
> db.stats()
{
    "db": "studentMIS",
    "collections": 1,
    "views": 0,
    "objects": 0,
```

```
    "avgObjSize": 0,
    "dataSize": 0,
    "storageSize": 4096,
    "numExtents": 0,
    "indexes": 1,
    "indexSize": 4096,
    "fsUsedSize": 31707496448,
    "fsTotalSize": 33121366016,
    "ok": 1
}
```

7.4.3 删除数据库

数据库在创建后，将一直存在于 MongoDB 中，直到管理员将其删除。如果要在 MongoDB shell 中删除数据库，可使用 dropDatabase()方法，其语法格式如下：

```
db.dropDatabase()
```

该方法用于删除当前数据库，默认为 test，用户可以使用 db 命令查看当前数据库名。

【例 7-3】 删除数据库 studentMIS。

```
> use studentMIS
> db.dropDatabase()
> show dbs
```

此时，可以通过 show dbs 命令查看数据库 studentMIS 是否删除成功。在删除数据库后，如果用户在没有切换到其他数据库的情况下创建集合，将重新创建被删除的数据库。

7.5 MongoDB 集合的管理

有时需要管理数据库中的集合。MongoDB 在 MongoDB shell 中提供了显示、创建、删除集合的功能。

7.5.1 显示集合

如果要在 MongoDB shell 中查看数据库中的集合列表，需要切换到相应的数据库，再使用 show collections 列出该数据库中的集合，其语法格式如下：

```
show collections
```

【例 7-4】 显示 studentMIS 数据库中的集合。

```
> use studentMIS
switched to db studentMIS
> show collections
```

用户还可以使用数据库对象的 getCollectionNames()方法，其将返回一个集合名数组，如下所示。

```
> use studentMIS
> collectionNames = db.getCollectionNames()
```

7.5.2 创建集合

如果要存储文档，必须在 MongoDB 数据库中创建集合，为此需要使用 Database 对象调用 createCollection()方法，其语法格式如下：

```
db.createCollection(name, [options])
```

其中，参数 name 是要创建的集合的名称，而可选参数 options 是一个对象，指定有关内存大小及索引的选项，可使用表 7-4 所列的属性来定义集合的行为。

表 7-4 createCollection()方法的 options 选项

字　段	类 型	描　　述
capped	布尔值	（可选）如果为 true，则创建一个固定集合。固定集合是指有着固定大小的集合，其大小不能超过 size 属性指定的值。当达到最大值时，它会自动覆盖最早的文档。其默认值为 false。当该值为 true 时，必须指定 size 参数
autoIndexId	布尔值	（可选）如果为 true，将自动为加入集合中的每个文档创建_id 字段，并根据这个字段创建一个索引。对于固定集合，应将这个属性设置为 false。其默认值为 true
size	数值	（可选）指定固定集合的大小，单位为字节。如果 capped 为 true，必须指定该字段
max	数值	（可选）指定固定集合中最多可包含文档的数量。为给新文档腾出空间，将删除最旧的文档

在插入文档时，MongoDB 首先检查固定集合的 size 字段，然后检查 max 字段。

【例 7-5】 在 studentMIS 数据库中创建集合 student。

```
> use studentMIS
switched to db studentMIS
> db.createCollection("student")
{ "ok": 1 }
> show collections
```

【例 7-6】 在 studentMIS 数据库中创建固定集合 student1，整个集合空间大小为 1024000 字节，文档最大个数为 10000 个。

```
> use studentMIS
switched to db studentMIS
> db.createCollection("student1", { capped: true, autoIndexId: true, size: 1024000, max: 10000 } )
{ "ok": 1 }
```

在 MongoDB 中，用户不需要创建集合。当用户插入第一个文档时，MongoDB 会自动创建集合，其语法格式如下：

```
db.集合名称.insert(文档)
```

【例 7-7】 在 studentMIS 数据库中自动创建集合 student2。

```
> use studentMIS
> db.student2.insert({"name": "张三"})
> show collections
```

7.5.3 删除集合

有时还需删除不再需要的旧集合。删除旧集合可释放磁盘空间，消除与这些集合相关的开销，例如索引。如果要在 MongoDB shell 中删除集合，需要切换到相应的数据库，再对集合调用函数 drop()，其语法格式如下：

```
db.集合名称.drop()
```

通常，可使用集合名和句点表示法来访问集合。如果成功删除选定集合，则 drop() 方法返回 true，否则返回 false。

【例 7-8】 删除 studentMIS 数据库中的集合 student2。

```
> use studentMIS
> db.student2.drop()
> show collections
```

用户还可以使用 getCollection()来获取 Collection 对象，再对其调用方法 drop()，对于 MongoDB shell 中句点表示法不支持的集合名，这很有用。例如，下面的代码也从数据库 studentMIS 中删除集合 student2。

```
> use studentMIS
> coll = db.getCollection("student2")
> coll.drop()
```

7.5.4 特殊的集合

数据库的信息存储在集合中，它们使用了系统的命名空间 dbname.system.*。

在 MongoDB 数据库中命名空间 dbname.system.* 是包含多种系统信息的特殊集合，如表 7-5 所列。

表 7-5　MongoDB 的特殊集合

集合命名空间	描　述
dbname. system. namespaces	列出所有名字空间
dbname. system. indexes	列出所有索引
dbname. system. profile	包含数据库概要(profile)信息
dbname. system. users	列出所有可访问数据库的用户
dbname. local. sources	包含复制对端(slave)的服务器信息和状态

7.6　MongoDB 文档的管理

MongoDB 在 MongoDB shell 中提供了插入、更新、删除和查询文档的功能。

7.6.1　插入文档

本节介绍如何将文档插入 MongoDB 的集合中。

MongoDB 可以使用 insert()、save()、insertOne()和 insertMany()4 种方法向集合中插入文档，其语法格式如下：

```
db.集合名称.insert(documents)
db.集合名称.save(documents)
db.集合名称.insertOne(document)
db.集合名称.insertMany(documents)
```

插入文档也可以使用 db. collection. save(documents)命令。如果不指定_id 字段，则 save()方法类似于 insert()方法；如果指定_id 字段，则会更新该_id 的数据。save()方法会在下面的更新文档里面用示例进行说明。如果用户只想插入单个文档，请使用 insertOne()方法。

【例 7-9】　在 studentMIS 数据库的 student 集合中插入例 7.1 表示的文档。

```
> use studentMIS
> db.student.insert({"name":"孙浩", "age":"18", "address":{"city":"上海", "country":"中国", "postcode": "200001"}, "courses":[{"courseName":"英语", "score": 90}, {"courseName":"数据库技术", "score":88}]})
> db.student.insertOne({"name":"王五", "age":"19", "address":{"city":"北京", "country":"中国", "postcode": "100083"}, "courses":[{"courseName":"英语", "score": 92}, {"courseName":"数据库技术", "score":90}]})
```

在以上示例中 student 是集合名，如果该集合不在 studentMIS 数据库中，MongoDB 会自动创建该集合并插入文档。用户也可以使用 insertMany()方法一次插入多个文档。

【例 7-10】　在 studentMIS 数据库的 student 集合中插入{"name":"王菲菲","age":18}和{"name":"李娜","age":19}两个文档。

```
> use studentMIS
> db.student.insertMany([{"name":"王菲菲","age":18},{"name":"李娜","age":19}])
```

需要注意的是，在 MongoDB 中并非所有文档都具有相同的字段，甚至是相同数量的字段。

【例 7-11】 使用循环插入一万条测试数据。

```
> use studentMIS
> for (var i = 0; i < 10000; i++){ db.tester.insert({"id":i, "name": "Tom"})}
```

7.6.2　更新文档

MongoDB 用 update()、updateOne()、updateMany()、replaceOne()或者 save()方法更新集合中的文档，下面分别进行介绍。

1. 使用 update()、updateOne()、updateMany()方法更新文档

在更新 MongoDB 数据库中的文档时，需要指定要修改哪些字段以及如何修改它们。在 SQL 中，使用很长的查询字符串来定义更新；而在 MongoDB 中，可使用简单的 update()方法，其中包含如何对文档中的数据进行修改的运算符。用户可根据需要在 update()方法中包含任意数量的运算符。update()方法用于更新已经存在的文档的值，其语法格式如下：

```
db.集合名称.update({filter}, {update}[,{upsert:true},{ multi: true}])
db.集合名称.updateOne({filter},{update}[,{upsert:true}])
db.集合名称.updateMany({filter},{update}[,{upsert:true}])
```

其中，参数 filter(过滤器)是一个 JSON 表达式，指定了要更新文档的字段需要满足的条件。filter 参数通常由两部分组成，即文档字段名称和表达式。表达式可以是具体的值，正则表达式可以涉及一个或多个查询运算符的语句。参数 upsert 是一个布尔值，如果设置为 true，且 update 命令无法找到与参数 filter 匹配的文档，则会插入一个新文档；如果文档存在就尝试更新。参数 multi 也是一个布尔值，如果为 true 将更新所有与查询匹配的文档；如果为 false 将只更新查询匹配的第一个文档。第二个参数 update 必须使用更新运算符，其语法格式如下：

```
{
  更新运算符:{字段运算, 字段运算,…},
  更新运算符:{字段运算, 字段运算,…},
  …
}
```

常用的更新运算符见表 7-6。

表 7-6 更新文档时可使用的更新运算符

运 算 符	描 述
$ currentDate	使用 Date 或 Timestamp 对象将字段值设定为当前的日期
$ inc	将字段值增加指定的数量，格式为 field：inc_value
$ min	只有当指定值小于存在的字段值时才更新该字段
$ max	只有当指定值大于存在的字段值时才更新该字段
$ mul	使用指定的数乘以字段值
$ rename	重命名字段，格式为 field：new_name
$ set	设置已存在文档的字段值，格式为 field:new_value。如果该字段不存在，则将此字段添加到文档中
$ setOnInsert	仅在新建文档时可设置字段的值，修改存在的文档时更新无效，格式为 field:value
$ unset	从存在的文档中删除指定的字段，格式为 field：""
$	充当占位符，更新与查询条件匹配的第一个元素
$ addToSet	在已有的数组中添加元素，格式为 array_field:new value
$ pop	删除数组的第一个或最后一个元素。如果 pop_value 为－1，则删除第一个元素；如果 pop_ value 为 1，则删除最后一个元素。其格式为 array_field：pop_value
$ pullAll	从数组中删除多个值，要删除的位是以数组方式指定的。其格式为 array_field：[valuel，value2，…]
$ pull	从数组中删除与查询条件匹配的元素，其中查询条件是一个基本的查询对象，指定了字段名和匹配条件。其格式为 array_field：query
$ push	在数组中添加一个元素。对于简单数组，格式为 array_field:new_value；对于对象数组，格式为 array_field:{field:value}
$ each	运算符 $ push 和 $ addToSet 的限定符，用于在数组中添加多个元素。其格式为 array_field：{ $ each:[valuel，value2，…]}
$ slice	运算符 $ push 的限定符，用于限制更新后的数组长度。其格式为 array_field：{ $ slice：num}
$ sort	运算符 $ push 的限定符，用于将数组中的文档重新排序

【例 7-12】 在集合 student 中，使用 update()或 updateOne()方法将文档原来的 name 值“王菲菲”更新为“王菲”，更新之前先查询集合 student 中存在的文档，然后再查询更新以后的所有文档，以便确定是否更新成功。

```
> use studentMIS
> db.student.updateOne({"name":"王菲菲"},{ $ set:{ "name":"王菲"}})
```

上面的示例只会更新第一条发现的文档，若想更新全部发现的文档，则需要将参数 multi 设为 true，具体写法如下：

```
> use studentMIS
> db.student.update({"name":"王菲菲"},{ $ set:{"name":"王菲"}},{multi: true})
或者> db.student.update({"name":"王菲菲"},{ $ set:{"name":"王菲"}}, false, true)
```

2. 使用 replaceOne()方法更新文档

updateOne()和 replaceOne()的区别在于前者只需提供需要设置或取消设置的字段，而后者则需要提供完整的替换文档。其语法格式如下：

```
db.集合名称.replaceOne({filter},{document}[,{upsert:true}]);
```

3. 使用 save()方法更新文档

save()方法通过传入的文档来替换已有文档，其语法格式如下：

```
db.集合名称.save({"_id":ObjectId(), NEW_DATA})
```

【例 7-13】　在集合 student 中，使用 save()方法将文档原来的 name 值“王菲菲”更新为“王菲”。

```
> use studentMIS
> db.student.save({"_id": ObjectId("58e1d2f0bb1bbc3245fa754b"), "name":"王菲菲","age":18})
```

7.6.3　删除文档

为减少消耗的空间，改善性能以及保持整洁，需要从 MongoDB 集合中删除文档。MongoDB 使用 deleteOne()、deleteMany()、remove()方法删除集合中的文档，其语法格式如下：

```
db.集合名称.deleteOne({filter})
db.集合名称.deleteMany({filter})
db.集合名称.remove({filter}, {justOne:true})
```

其中，参数 filter 是一个 JSON 表达式，指定了要删除的文档。参数 justOne 是一个布尔值，如果为 true，将只删除与查询匹配的第一个文档。如果没有指定参数 filter 和 justOne，将删除集合中的所有文档。

【例 7-14】　在集合 student 中删除 name 为“孙浩楠”的文档。

```
> db.student.deleteMany({"name":"孙浩楠"})
```

这样，name 为“孙浩楠”的所有文档都被删除了。如果只想删除一条记录，则需要设置 justOne 为 true，如下所示：

```
> db.student.remove({"name":"孙浩楠"}, true)
或者> db.student.deleteOne({"name":"孙浩楠"})
```

如果想删除所有记录，则可以用不带参数的 remove()方法，如下所示：

```
> db.student.remove()
```

7.6.4 查询文档

对于习惯于使用SQL的读者而言，查询是指任何SELECT语句。MongoDB不支持关系数据库中标准的SQL查询，但它有一套自己的查询语言，基本上能实现关系数据库中大部分的查询功能。在MongoDB文档中，查询文档可以用find()方法查询指定集合中满足条件的全部文档，也可以用findOne()方法查询满足条件的第一个文档，当然还可以根据算术运算符、逻辑运算符查询满足条件的文档。

MongoDB用find()方法查询指定集合中满足条件的全部文档，其语法格式如下：

```
db.集合名称.find({filter}, {projection}).<aggregation>()
```

如果想要格式化显示查询结果，需要用pretty()方法，其语法格式如下：

```
db.集合名称.find({filter}, {projection}).pretty()
```

除了find()方法，还有一个findOne()方法，它只会返回满足条件的第一个文档，其语法格式如下：

```
db.集合名称.findOne({filter}, {projection})
```

find()和findOne()的第一个参数filter都是JSON表达式，该表达式包含查询运算符(见表7-7)，指定了文档的字段需要满足的条件，结果集仅包含与查询条件匹配的文档。参数projection(投影)用于指定返回的文档应哪些字段包含在最终输出中或从最终输出中排除。在MongoDB中，projection采用由键/值对组成的JSON表达式。键是字段的名称，值为1或0。将要包括的字段设为1，要排除的字段设为0。在默认情况下，包括所有字段。参数aggregation(聚合)用于操作最终结果集(例如sort()、limit()等，将在后面进行介绍)。如果未指定任何参数，则find()将返回集合中的所有文档。参数filter就相当于关系数据库中WHERE子句后面的内容，参数projection相当于关系数据库中SELECT子句后面需要返回的字段。MongoDB的字段数据类型可以嵌套，可以为数组等多种复杂的结构模型，用于弥补没有JOIN操作的不足，因此针对字段值类型为数组的查询，它提供了一些特殊的查询方式。对照SQL Server的查询条件，用户可以更好地理解表7-7中的MongoDB查询运算符。

表7-7 MongoDB的查询运算符

运算符说明	运算符	格　式	示　例	SQL Server中的类似语句
等于	field:value	{field:value}	db.student.find({"name":"孙浩"})	WHERE name='孙浩'
等于	$eq	{field:{$eq:value}}	db.student.find({"name":{$eq:"孙浩"}})	WHERE name='孙浩'

续表

运算符说明	运算符	格式	示例	SQL Server 中的类似语句
小于	$ lt	{field:{ $ lt:value}}	db. student. find({"age":{ $ lt:18}})	WHERE age < 18
小于等于	$ lte	{field:{ $ lte:value}}	db. student. find({"age":{ $ lte:18}})	WHERE age <=18
大于	$ gt	{field:{ $ gt:value}}	db. student. find({"age":{ $ gt:18}})	WHERE age > 18
大于等于	$ gte	{field:{ $ gte:value}}	db. student. find({"age":{ $ gte:18}})	WHERE age >=18
不等于	$ ne	{field:{ $ ne:value}}	db. student. find({"age":{ $ ne:18}})	WHERE age<> 18
包含	$ in	{field: { $ in:[value1, value2 ,…]}}	db. student. find({"age":{ $ in:[16,20]}})	WHERE age IN {16, 17, 18,19,20}
不包含	$ nin	{field:{ $ nin:[value1, value2 ,…]}}	db. student. find({"age":{ $ nin:[16,20]}})	WHERE age NOT IN {16, 17,18,19,20}

1. 根据特定的字段值查询文档

限制结果的最基本的方式是在查询文档中指定必须匹配的字段值,这样将只返回指定字段为指定值的文档。

【例 7-15】 查询 student 集合中 name 为“孙浩”的文档。

```
> db.student.find({"name":"孙浩"})
```

【例 7-16】 查询 student 集合中 age>18 的文档。

```
> db.student.find({"age":{"$gt":18}}).pretty()
```

需要注意的是,find()方法的返回值不是实际的结果集本身,而是被称为游标(cursor)的 MongoDB 文档。这是一个迭代器或一个资源指针,可以用来提取结果。MongoDB shell 将自动迭代游标 20 次(默认),因此不需要额外的逻辑。如果结果超过 20 条,则会提示用户“Type "it" for more”。

在实际中可能还需要根据子文档包含的值来查询文档,为此只需使用句点语法来引用子文档字段,例如 courses. courseName。

【例 7-17】 查询 student 集合中课程名为“数据库技术”的文档。

```
> db.student.find({"courses.courseName":"数据库技术"}).pretty()
```

2. 根据字段值数组查找文档

如果要查询特定字段为多个值之一的文档,可以使用运算符 $ in。

【例 7-18】 查询 student 集合中 name 为“孙浩”或“李娟”的文档。

```
> db.student.find({"name":{"$in":["孙浩", "李娟"]}})
```

3. 根据数组字段的内容查找文档

根据数组字段的内容查找文档是另一种很有用的查询。运算符 $all 匹配这样的文档：其指定数组字段包含查询数组中所有的元素。

【例 7-19】 查询 student 集合中两门课程的成绩分别为 85 分和 86 分的文档。

```
> db.student.find({"courses.score":{"$all":[85, 86]}})
```

4. 根据字段是否存在($exists)查找文档

$exists 与关系数据库中的 exists 不一样，因为 MongoDB 不要求文档遵循结构化模式，所以可能出现这样的情况：某个字段在有些文档中存在，而在其他文档中不存在。在这种情况下，运算符 $exists 很有用，它可以对结果集进行限制，使其只包含有或者没有指定字段的文档。其语法格式如下：

```
db.集合名称.find({specialField:{"$exists":true}})
```

【例 7-20】 查询 student 集合中地址字段存在的文档。

```
> db.student.find({"address":{"$exists":true}})
```

5. MongoDB 中的 and 条件

MongoDB 的 find()方法可以传入多个字段，每个字段以逗号隔开，MongoDB 会把这些字段作为逻辑与条件，也可以显式地用 $and 关键字，类似于 SQL 的 AND 条件，其语法格式如下：

```
db.集合名称.find({field1:value1, field2:value2,…})
db.集合名称.find({$and:[{field1:value1}, {field2:value2},…]})
```

【例 7-21】 查询 student 集合中 name 值为“孙浩”且 age 值为 18 的文档。

```
> db.student.find({"name":"孙浩", "age":18}).pretty()
```

此示例类似于 SQL 中的 WHERE 条件“WHERE name='孙浩' AND age=18”。

6. MongoDB 中的 or 条件

MongoDB 中的逻辑或条件用 $or 关键字，其语法格式如下：

```
db.集合名称.find({"$or":[{field1:value1},{field2:value2},…]})
```

【例 7-22】 查询 student 集合中 name 值为“孙浩”或“李娟”的文档。

```
> db.student.find({"$or":[{"name":"孙浩"},{"name":"李娟"}]}).pretty()
```

此示例类似于 SQL 中的 WHERE 条件“WHERE name='孙浩' OR name='李娟'”。

7. MongoDB 中 and 和 or 结合使用

【例 7-23】 查询 student 集合中 age>18 且 name 值为“孙浩”或“李娟”的文档。

```
> db.student.find({"age":{"$gt":18}, "$or":[{"name":"孙浩"}, {"name":"李娟"}]}).
pretty()
```

此示例类似于 SQL 中的 WHERE 条件“WHERE age>18 AND (name='孙浩' OR name='李娟')”。

注意： and 条件是在大括号中，or 条件是在中括号中。

8. MongoDB 中的 not 条件

MongoDB 中的逻辑非条件用 $not 关键字，返回与查询表达式不匹配的文档，其语法格式如下：

```
db.集合名称.find({"$not":{field:value}})
```

9. MongoDB 中的 nor 条件

MongoDB 中的逻辑或非条件用 $nor 关键字，返回与两个子句都不匹配的文档，其语法格式如下：

```
db.集合名称.find({"$nor":{field1:value1},{field2:value2}})
```

10. 根据子文档数组中的字段查找文档

在 MongoDB 文档模型中，一种比较棘手的查询是根据数组字段中的子文档来查找文档。在这种情况下，文档包含一个子文档数组，而用户要根据子文档中的字段来查询文档。如果要根据数组字段中的子文档进行查询，可以使用运算符 $elemMatch。这个运算符让用户能够根据数组中的子文档进行查询。

【例 7-24】 查询 student 集合中 courseName 为“数据库技术”、score 为 88 分的文档。

```
> db.student.find({"courses":{"$elemMatch":{"$and":[{"courseName":"数据库技术"},
"score":88]}}})
```

11. $type 运算符

基于 BSON 类型(见表 7-1)来查询集合中匹配的数据类型,返回匹配指定字段为指定 BSON 类型(见表 7-1 列出的 BSON 类型的编号)的文档,其语法格式如下:

```
db.集合名称.find({specialField: {"$type": BSONtype}})
```

【例 7-25】 查询 student 集合中 name 为 String 类型的文档。

```
> db.student.find({"name":{"$type":2}}).pretty()
```

12. 查询不同的字段值

在 SQL 中有关键字 DISTINCT,MongoDB 提供了类似的 distinct()方法,让用户获取一组文档中指定字段的不同值列表,其语法格式如下:

```
db.集合名称.distinct (key, {filter})
```

其中,参数 key 是一个字符串,指定了要获取哪个字段的不同值。如果要获取子文档中字段的不同值,可以使用句点语法,例如 courses.courseName。参数 filter 是一个包含标准查询选项的 JSON 表达式,指定了要从哪些文档中获取不同的字段值。

【例 7-26】 查询 student 集合中不同的 name 值。

```
> db.student.distinct ("name", {"age":{"$gt":18}})
```

7.6.5 MongoDB 的查询优化

在大型系统上查询较复杂的文档时,经常需要限制返回的内容,以降低对服务器和客户端网络及内存的影响。如果要限制与查询匹配的结果集,方法有 3 种,即只接收一定数量的文档;限制返回的字段;对结果分页,批量地获取它们。

1. 计算文档数

在访问 MongoDB 中的文档集时,用户可能想在取回文档前知道有多少个文档。在 MongoDB 服务器和客户端计算文档数的开销很小,因为不需要实际传输文档。使用 count()方法可以返回文档数。

【例 7-27】 查询例 7.25 包含的文档数。

```
> db.student.find({"name":{"$type":2}}).count()
```

2. 限制结果集的大小

在 MongoDB 中想要显示或者跳过指定的文档条数,可以利用 limit()方法和 skip()

方法。

1）limit()方法

limit()方法接收一个数值类型的参数，其值为想要显示的文档数，它可以返回指定数量的文档，可避免检索的对象量超过应用程序的处理能力。其语法格式如下：

```
db.集合名称.find().limit(NUMBER)
```

【例 7-28】 查询 student 集合的文档，要求只显示两条文档。

```
> db.student.find().limit(2)
```

首先查询出 student 集合中的所有文档，然后利用 limit(2)方法，显示两条记录。如果不给 limit()方法指定参数，就会返回全部文档。

2）skip()方法

skip()方法接收一个数值类型的参数，其值为想要跳过的文档数，默认值是 0。其语法格式如下：

```
db.集合名称.find().limit(NUMBER).skip(NUMBER)
```

【例 7-29】 查询 student 集合的文档，要求只显示第二个文档。

```
> db.student.find().limit(1).skip(1)
```

首先查询 student 集合中的所有文档，然后利用 limit(1)方法显示一个文档，利用 skip(1)方法跳过第一个文档。

3. 限制返回的字段

为限制文档检索时返回的数据量，另一种极有效的方式是限制要返回的字段。细心的读者可能已发现前面提到的 find()方法的查询结果都是显示了集合中全部的字段，下面介绍指定特定的字段显示文档，在 MongoDB 中使用映射实现这种功能。如果要对 find()方法从服务器返回的字段进行限制，可在 find()方法中使用前面提到的 projection 参数。projection 参数是一个将字段名用作属性的 JavaScript 对象，让用户能够显示或隐藏字段：将属性值设置为 0 或 false 表示隐藏字段；将属性值设置为 1 或 true 表示显示字段。然而，在同一个表达式中不能同时指定显示或隐藏。其语法格式如下：

```
db.集合名称.find({},{field1:true, field2:false,…})
```

仅包含所需的字段通常使用{field1:true, field2:true,…}格式，将所有需要显示的属性值设置为 true，不需显示的字段不需要列出。

【例 7-30】 查询 student 集合的文档，只显示文档中的 name。

```
> db.student.find({},{"name":1, "_id":0})
```

首先查询 student 集合中的所有文档,然后利用映射返回文档中的 name 字段。如果不加"_id":0 会返回_id 字段。其实,不设置"_id":1 结果中也会返回_id 字段,这是因为在执行 find()方法时_id 字段是一直显示的。如果不想显示该字段,则可以设置"_id":0。

4. 对结果集进行排序

在从 MongoDB 数据库检索文档时,一个重要方面是对找到的文档进行排序。在只想取回特定数量的文档或要对结果集进行分页时,这特别有用。结果集游标提供了 sort 选项,让用户能够指定用于排序的文档字段和方向。sort()方法采用 JSON 表达式(键/值对)作为参数,影响排序的字段是键,升序值为 1,降序值为-1。如果要表示多个字段,只需使用逗号添加其他字段即可分隔这些键/值对。

【例 7-31】 查询 student 集合的文档,并按字段 name 降序排列。

```
> db.student.find().sort({"name": - 1})
```

5. 对结果集分页

为减少返回的文档数,一种常见的方法是进行分页。如果要进行分页,需要指定要在结果集中跳过的文档数,还需限制返回的文档数。跳过的文档数将不断增加,每次的增量都是前次返回的文档数。

如果要对一组文档进行分页,需要使用方法 limit()和 skip()。方法 skip()让用户能够指定在返回文档前要跳过多少个文档。在每次获取下一组文档时都增大方法 skip()中指定的值,增量为前一次调用 limit()时指定的值,这样就实现了数据集分页。

【例 7-32】 查询 student 集合的文档,要求每页 10 个文档,显示 3 页。

```
> db.student.find().sort({"name":1})limit(10).skip(0)
> db.student.find().sort({"name":1})limit(10).skip(10)
> db.student.find().sort({"name":1})limit(10).skip(20)
```

在对数据进行分页时,务必调用 sort()方法来确保数据的排列顺序不变。

7.7 MongoDB 索引的管理

使用索引可以极大地提高文档的查询效率。如果没有索引,会遍历集合中的所有文档,才能找到匹配查询语句的文档。这样遍历集合中整个文档的方式是非常耗时的,特别是在处理大数据时,耗时几十秒甚至几分钟都是有可能的。

7.7.1 索引的分类

在集合中可根据设计需求创建多种索引。表 7-8 列出了各种索引类型。

表 7-8 MongoDB 支持的索引类型

类　型	描　述
默认的_id 索引	所有 MongoDB 集合默认都包含_id 的索引。如果应用程序没有给文档指定_id 值，MongoDB 服务器将为文档创建包含 ObjectID 值的_id 字段。_id 索引是唯一的，禁止客户端插入两个_id 值相同的文档
单字段索引	最简单的索引是单字段索引。这种索引类似于_id 索引，但是根据指定的字段创建的。这种索引可按升序或降序排列，且不要求指定字段的值是唯一的，例如{name:1}
复合索引	这种索引基于多个字段，它首先根据第一个字段排序，再根据第二个字段排序，以此类推。各个字段的排序方向可以不同，可根据一个字段升序排列，并根据另一个字段降序排列，例如{"name":1,"age":－1}
多键索引	在基于数组字段创建索引时，将为数组中的每个元素创建一个索引项。这使得根据索引包含的值查找对象时速度更快。例如，如果有一个 myObjs 对象数组，其中每个对象都有 score 字段，将创建基于 score 字段的索引——{myObjs. score:1}
地理空间索引	MongoDB 支持创建基于二维坐标或二维球面坐标的地理空间索引，这意味着可以更有效地存储和检索引用地理位置的数据
全文索引	MongoDB 还支持创建全文索引，这使得根据单词查找字符串元素的速度更快。
散列索引	在使用基于散列的分片时，MongoDB 支持创建散列索引，其中值包含存储在特定服务器中的散列值，这可避免在其他服务器中存储不相关散列值的开销

7.7.2 创建索引

在 MongoDB 中可以使用 ensureIndex()方法创建索引，其语法格式如下：

```
db.集合名称.ensureIndex({field1:1, field2:1,…}, options)
```

其中，field 表示要创建索引的字段名称，1 表示按升序排列字段值，－1 表示按降序排列。options 指定 ensureIndex()方法可接收的参数选项，见表 7-9，这些参数告诉 MongoDB 该如何处理索引。

表 7-9 ensureIndex()方法的参数列表

参　数	类 型	描　述
background	布尔值	建索引过程会阻塞其他数据库操作，background 可指定以后台方式创建索引，即增加"background"可选参数。"background"的默认值为 false
unique	布尔值	建立的索引是否唯一，指定为 true 创建唯一索引。其默认值为 false
name	字符串	索引的名称。如果未指定，MongoDB 通过连接索引的字段名和排序顺序生成一个索引名称
dropDups	布尔值	在建立唯一索引时是否删除重复记录，指定 true 创建唯一索引。其默认值为 false
sparse	布尔值	对文档中不存在的字段数据不启用索引。使用这个参数需要特别注意，如果设置为 true，在索引字段中不会查询出不包含对应字段的文档。其默认值为 false
expireAfterSeconds	整型	指定一个以秒为单位的数值，完成 TTL 设定，设定集合的生存时间

续表

参　数	类 型	描　述
v	索引版本	索引的版本号。默认的索引版本取决于 mongod 创建索引时运行的版本
weights	文档	索引权重值,数值在 1 到 99999 之间,表示该索引相对于其他索引字段的得分权重
default_language	字符串	对于文本索引,该参数决定了停用词及词干和词器的规则的列表。其默认为英语
language_override	字符串	对于文本索引,该参数指定了包含在文档中的字段名,语言覆盖默认的 language

【例 7-33】 给 student 集合中的 name 字段添加索引。

```
> db.student.ensureIndex({"name":1})
```

在 MongoDB 中用 db.集合名称.getIndexes()方法查询集合中所有的索引,下面查询 student 集合中所有的索引。

```
> db.student.getIndexes()
```

可以发现 student 集合中有两个索引,其中索引"_id_"是创建 student 集合时 MongoDB 自动生成的索引;第二个索引就是刚才创建的索引,name 值"name_1"表示索引名称,MongoDB 会自动生成索引名称。当然,用户也可以自己指定索引的名称。

【例 7-34】 给 student 集合中的 age 字段添加索引,并指定索引名称为"index_age_asc"。

```
> db.student.ensureIndex ({"age":1},{name:"index_age_asc"})
```

指定索引名称用到的 name 参数只是 ensureIndex()方法可接收可选参数中的一个,表 7-9 列出了 ensureIndex()方法可接收的参数。

(1) 唯一索引。MongoDB 和关系数据库一样都可以建立唯一索引,相同的字段值就不能重复插入了,MongoDB 用 unique 来确定建立的索引是否为唯一索引,true 表示为唯一索引。

【例 7-35】 给 student 集合中的 name 字段指定唯一索引。

```
> db.student.ensureIndex({"name":1},{unique:true})
```

(2) 复合索引。在 ensureIndex()方法中也可以设置使用多个字段创建索引。

【例 7-36】 给 student 集合中的 name 字段和 age 字段添加索引。

```
> db.student.ensureIndex({"name":1,"age":1})
```

7.7.3 删除索引

有时需要将索引从集合中删除,因为它们占用的服务器资源太多或不再需要。删除索引很容易，只需使用 Collection 对象的方法 dropIndex()即可，其语法格式如下：

```
db.集合名称.dropIndex(索引名)
db.集合名称.dropIndex(索引文档)
```

dropIndex()方法可根据指定的索引名称或索引文档删除索引(_id 上的默认索引除外)。

【例 7-37】 删除 student 集合中 name 字段上的索引。

```
>db.student.dropIndex("name_1")        #根据索引名称删除索引
>db.student.dropIndex({"name":1})      #根据索引文档删除索引
```

用户还可以用 dropIndexes()方法删除集合中的所有索引(_id 上的默认索引除外)，其语法格式如下：

```
db.集合名称.dropIndexes()
```

7.7.4 查询索引

查询索引可以使用集合的 getIndexes()方法或 db.system.indexes.find()，其语法格式如下：

```
db.集合名称.getIndexes()
db.system.indexes.find()
```

创建的所有索引记录都保存在特殊的集合 system.indexes 中。

7.8 数据的导入和导出

当尝试将应用程序从一个环境迁移到另一个环境中时，通常需要导入数据或导出数据。MongoDB 的导入和导出是利用 mongoimport 和 mongoexport 这两个工具来完成的。本质上它们是实现集合中每一条 BSON 格式的文档记录与本地文件系统上内容为 JSON 格式或 CSV 格式文件的转换。其中 JSON 格式的文件是按行组织内容，每行为一个 JSON 对象；CSV 格式的文件按行组织内容，第一行为字段名称，每行包含输出的字段值，字段与字段之间用逗号分隔。两种格式的文件都能用文本文件工具打开，而且 CSV 格式文件的默认打开方式为 Excel。

7.8.1 mongoimport

MongoDB 提供了批量将数据直接加载到数据库的一个集合中的 mongoimport 工具，它从一个文件中读取并且将数据批量加载到一个集合中。在 MongoDB shell 中输入 mongoimport --help 将会提供该工具可用的所有选项，如图 7-21 所示。

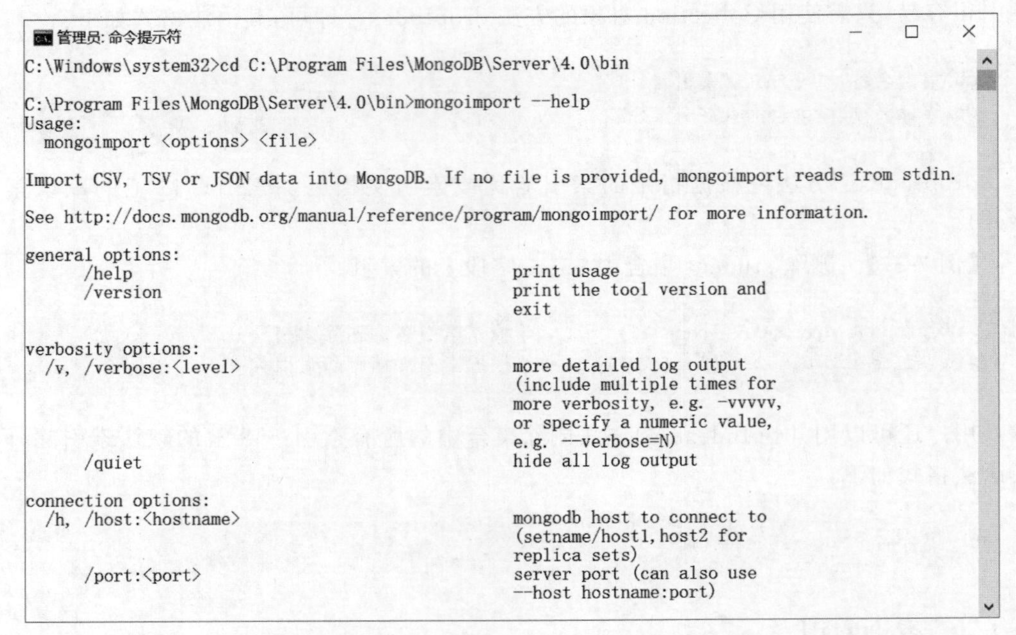

图 7-21　mongoimport --help 选项列表

mongoimport 支持下面 3 种文件格式。

(1) JSON：在这种格式中,每行有一个 JSON 块,它表示一个文档。

(2) CSV：这是一种以逗号分隔的文件。

(3) TSV：TSV 文件与 CSV 文件相同,唯一的区别是它使用制表符作为分隔符。

mongoimport 命令的语法非常简单。在大多数时候用户会使用以下选项。

(1) --h 或--host：指定需要恢复数据的 mongod 的主机名称。如果未指定该选项,那么该命令默认将连接到在本地主机端口 27017 上运行的 mongod。根据需要,可以通过--port 选项指定一个端口号连接到运行在另一个端口上的 mongod。

(2) --d 或--db：指定需要导入数据的数据库。

(3) --c 或--collection：指定需要上传数据的集合。

(4) --type：这是文件的类型(例如 CSV、TSV 或 JSON)。

(5) --file：这是需要将数据导入到其中的文件路径。

(6) --drop：如果设置了这个选项,那么它将丢弃该集合并且从导入的数据中重建该集合,否则数据会被附加到该集合的结尾处。

(7) --headerLine：这仅用于 CSV 或 TSV 文件,并且被用于表明第一行是头信息行。

【例 7-38】 将以下的 studentex.csv 文件的数据导入本地主机上的 student 集合中。

```
id, name, sex, address
01,张三,男,北京
02,李四,男,天津
03,王五,女,河北
```

```
04,赵柳,女,天津
05,钱七,男,北京
mongoimport --host localhost --db studentMIS --collection student --type csv --file C:\
studentex.csv --headerLine
```

7.8.2 mongoexport

类似于 mongoimport 工具，MongoDB 提供了将数据从 MongoDB 数据库中导出的 mongoexport 工具。顾名思义，这个工具会从已有的 MongoDB 集合中导出文件。下面是经常会用到的一些选项：

(1) --query：这个选项被用于指定将需要被导出的记录作为输出返回的查询。这类似于用户必须检索匹配选择条件的记录时在 db.CollectionName.find()函数中指定的内容。如果不指定查询，所有的文档都会被导出。

(2) --fields：这个选项被用于指定需要从所选文档中导出的字段。

(3) --out：指定输出文件。

【例 7-39】 将本地主机上 studentMIS 数据库中的 student 集合导出到 student.json 文件。

```
mongoexport --host localhost --db studentMIS --collection student --out C:\student.json
```

上面的命令执行流程为：连接到本地主机的 MongoDB 实例，选择数据库 studentMIS 及其包含的集合 student，导出每一行 BSON 文档对象到 C 盘的 student.json 文件中。

【例 7-40】 将本地主机上 studentMIS 数据库中的 student 集合导出到 student.csv 文件。

```
mongoexport --host localhost --db studentMIS --collection student  --fields "name, sex" --
out C:\student.csv
```

7.9 本章知识点小结

本章旨在让读者快速熟悉 MongoDB 服务器和 MongoDB shell。首先下载并安装 MongoDB，学习如何设置配置选项，以控制 MongoDB 服务器的行为。

其次，介绍了如何启动 MongoDB shell。MongoDB shell 是一个用于同 MongoDB 服务器交互的 JavaScript 接口，可在其中执行方法，以访问 MongoDB 服务器、查看数据库和集合以及执行管理任务。

MongoDB shell 提供了表示 MongoDB 服务器连接、数据库和集合的对象，这些对象包含的方法实现用户与 MongoDB 服务器上的数据库和集合交互。MongoDB 的单个实例可以拥有多个相互独立的数据库，每一个数据库都有自己的集合和权限。MongoDB 自带一个简单但功能强大的 MongoDB shell，可用于管理 MongoDB 的实例和数据操作。

Database 对象用于访问数据库,其包含的方法能够创建和查看集合。在 MongoDB 中,执行“db”命令可以显示当前使用的数据库;执行“use DATABASE_NAME”命令来创建或切换数据库;执行“show dbs”命令可以查看 MongoDB 当前已创建的所有数据库的列表;可使用 Database 对象的 dropDatabase()方法关闭数据库。

MongoDB 的集合可以被看作是一个拥有动态模式的表。在 MongoDB shell 中提供了查询集合(show collections)、创建集合(使用 Database 对象的 createCollection()方法)、删除集合(对集合调用 drop()方法)等功能。

多个字段(Field)及其关联的值(Value)有序地放置在一起的字段/值(field: value)对便是文档。MongoDB 的文件存储格式为 BSON,是一个 JSON 文档对象的二进制编码格式。文档是 MongoDB 中数据的基本单元,非常类似于关系数据库管理系统中的行,但是要比行复杂得多,而且功能更强大。面向文档的方式可以将文档或者数组内嵌进来,所以用一条记录就可以表示非常复杂的层次关系。每一个文档都有一个特殊的键“_id”,它在文档所属的集合中是唯一的。读者应重点掌握文档的插入、更新、删除和查询等功能。

MongoDB 也提供了功能丰富的索引功能,包括默认的_id 索引、单字段索引、复合索引、多键索引、地理空间索引、全文索引、散列索引等。

表 7-10 提供了在 SQL Server 和 MongoDB shell 中的相关语句及命令,请读者对比学习。

表 7-10 SQL Server 语句和 MongoDB shell 命令的比较

SQL Server 语句	MongoDB shell 命令
CREATE TABLE Users(id int,name varchar(32))	db.createCollection("users")
INSERT INTO Users VALUES(1,'Tom')	db.users.insertOne({"id":1,"name": "Tom"})
SELECT * FROM Users	db.users.find()
SELECT id,name FROM Users	db.users.find({},{"id":1,"name":1})
SELECT * FROM Users WHEREid=1	db.users.find({"id":1})
SELECT id,name FROM Users WHERE id=1	db.users.find({"id":1},{"id":1,"name":1})
SELECT * FROM Users WHEREid=1 ORDER BY name	db.users.find({"id":1}).sort({name:1})
SELECT * FROM Users WHEREid=1 ORDER BY name DESC	db.users.find({"id":1}).sort({name:-1})
SELECT * FROM Users WHERE id>1	db.users.find({"id":{"$gt":1}})
SELECT * FROM Users WHERE id<>1	db.users.find({"id":{"$ne":1}})
SELECT * FROM Users WHERE name LIKE '%om%'	db.users.find({"name":/om/})
SELECT * FROM Users WHERE name LIKE 'Tom%'	db.users.find({"name":/^Tom/})
SELECT * FROM Users WHERE id>1 AND id<=5	db.users.find({"id":{"$gt":1,"$lte":5}})
SELECT * FROM Users WHEREid=1 AND name='Tom'	db.users.find({"id":1,"name": "Tom"})
SELECT * FROM Users WHEREid=1 OR id=2	db.users.find({$or:[{"id":1},{"id":2}]})
SELECT TOP 1 * FROM Users	db.users.findOne()
SELECT TOP 5 * FROM Users	db.users.find().limit(5)
SELECT DISTINCT name FROM Users	db.users.distinct("name")
SELECT COUNT(*) FROM Users	db.users.count()

续表

SQL Server 语句	MongoDB shell 命令
SELECT COUNT(name) FROM Users	db. users. find({"name":{"$exists":true}}). count()
SELECT COUNT(*) FROM Users WHERE id>1	db. users. find({"id":{"$gt":1}}). count()
CREATE INDEX idx_name ON Users(name)	db. users. ensureIndex({"name":1})
CREATE INDEX idx_name ON Users(id DESC,name)	db. users. ensureIndex({"id":-1,"name":1})
UPDATE Users SET name='Tommy' WHERE id=1	db. users. update({"id":1},{"$set":{"name":"Tommy"}})
DELETE FROM Users WHERE id=1	db. users. remove({"id":1})

7.10 习题

1. 名词解释：数据库、集合、文档、BSON、游标。
2. 简述 MongoDB 的数据类型。
3. 简述_id 字段的内容组成和作用。
4. 简述 MongoDB 索引的类型。
5. 某社交网络有以下要求：

(1) 每个帖子都有唯一的标题，以及描述、网址、发帖者、发帖时间和评论总人数。

(2) 每个帖子都可以有一个或多个标签。

(3) 每个帖子都有用户给出的评论以及他们的姓名、消息、评论时间和喜好。

(4) 每个帖子可以有零个或多个评论。

根据以上叙述，回答下列问题：

(1) 请使用 MongoDB 为该社交网络设计相应的数据库、集合和文档。

(2) 对相应的文档进行优化，仅保留一个集合。

(3) 使用 insertOne 命令插入 5 条文档数据。

(4) 查询发帖者“张三”的发帖数量。

(5) 查询发帖者“张三”的铁杆粉丝。

第 8 章

数据库的安全和维护

随着信息技术的飞速发展,作为信息基础的各种数据库的使用也越来越广泛。各行各业都经历了管理信息系统(MIS)、办公自动化(OA)、企业资源规划(ERP)以及各种业务系统,这些数据目前已经成为企业或国家的无形资产,所以需要保证数据库及整个系统安全和正常地运转,这就需要考虑数据库的安全和维护问题。随着大数据时代的到来,数据及其安全的重要性更加突出,已经成为推动经济发展,甚至主宰经济命脉的关键。

数据库安全和维护的主要目的是防止非法用户对数据库进行非法操作,实现数据库的安全性;防止不合法数据进入数据库,实现数据库的完整性;防止并发操作产生的事务不一致性,进行并发控制;防止计算机系统硬件故障、软件错误、操作失误等所造成的数据丢失,采取必要的数据备份和恢复措施,并能从错误状态恢复到正确状态。

本章从 DBMS 的角度讲述数据库管理的原理和方法,主要介绍数据库的安全性、完整性、并发控制、备份与恢复 4 个方面的内容,并以 SQL Server 2016 和 MongoDB 为例进行具体说明。

8.1 数据库的安全性

8.1.1 数据库安全性概述

数据安全(Data Security)是指通过安全保护措施确保数据的保密性、完整性、可用性、可控性和可审查性(5 个安全属性),主要通过实施对象级控制数据库的访问、存取、加密、使用、应急处理和审计等机制,包括用户可存取指定的模式对象及在对象上允许做具体操作类型等,防止数据被非授权访问、泄露、更改、破坏和控制。

数据库安全(Database Security)是指采取各种安全措施对数据库及其相关文件和数据进行保护,其实质是保证系统运行安全和系统数据安全。

数据库系统安全(Database System Security)是指为数据库系统采取的安全保护措施,保护系统软件和其中的数据不遭到破坏、更改和泄漏。

数据安全是数据库安全的核心。数据库存储数据,而数据库系统是对数据库和数据进行管理的功能集合,因此数据库系统的安全是数据库安全研究的一个重要方面。数据库系统的安全性也主要是针对数据而言的,包括数据独立性、数据安全性、数据完整性、并发控制、数据备份和恢复等。

影响数据库安全性的因素很多,不仅有软/硬件因素,还有环境和人的因素;不仅涉及技术问题,还涉及管理问题、政策法律问题等。其内容包括计算机安全理论、策略、技术,计算机安全管理、评价、监督,计算机安全犯罪、侦察、法律,等等。概括起来,计算机系统的安全性问题可分为3大类,即技术安全类、管理安全类和政策法律类。其中,技术安全类是指系统采用具有一定安全性的硬件、软件来实现对计算机系统及其所存数据的安全保护,当计算机系统受到无意或恶意攻击时仍然能保证正常的运行。管理安全类是指除了技术安全以外,硬件意外故障、场地的意外事故、管理不善导致的计算机设备和数据介质的物理破坏、丢失等安全问题。政策法律类是指政府部门建立的有关计算机犯罪、数据安全保密的法律道德准则和政策法规、法令。本书只在技术层面介绍数据库的安全性。

8.1.2　数据库安全性控制的一般方法

安全性控制是指尽可能地杜绝所有可能的数据库非法访问。为了防止对数据库的非法访问,数据库的安全措施是逐级设置的,其安全控制模型如图8-1所示。

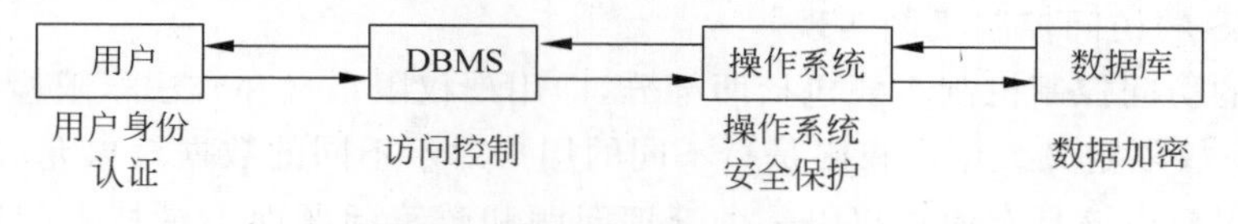

图8-1　数据库安全控制模型

由图8-1所示的安全控制模型可知,当用户进入计算机系统时,系统首先进行用户身份认证,只有合法的用户才允许进入系统。对于已进入系统的用户,DBMS还要进行访问控制,只允许进行合法的操作。DBMS是建立在操作系统之上的,安全的操作系统是数据库安全的前提。操作系统应能保证数据库中的数据必须由DBMS访问,而不允许用户越过DBMS直接通过操作系统或其他方式访问。数据最后可以通过加密的形式存储到数据库中,能使非法访问者即使得到了加密数据,也无法识别它的安全效果。下面分别进行简要介绍。

1. 用户身份认证

用户身份认证(Identity and Authentication)是数据库系统提供的最外层安全保护措施。其方法是由系统提供一定的方式让用户标识自己的身份,每次用户要求进入系统时,通过认证后才提供系统使用权。

用户身份认证方法有多种途径,可以委托操作系统进行认证,也可以委托专门的全局验证服务器进行认证。一般数据库管理系统提供了身份认证机制,常用的方法有以下几种：

(1) 用户标识。用一个用户名(User Name)或者用户标识号(User Identification, UID)来标明用户身份。系统内部记录着所有合法用户的标识，系统认证此用户是否合法，若是，则进入口令的核实；若不是，则不能使用系统。

(2) 口令。口令(Password)是为了进一步认证用户，系统常常要求用户输入口令。为保密起见，用户在终端上输入的口令不显示在屏幕上，系统核对口令以认证用户身份。

(3) 通过用户名和口令来认证用户的方法简单易行，但用户名与口令容易被人窃取，因此还可以用更复杂的方法。例如每个用户都预先约定好一个计算过程或者函数，在认证用户身份时，系统提供一个随机数，用户根据自己预先约定的计算过程或者函数进行计算，系统根据用户的计算结果是否正确进一步认证用户身份。用户可以约定比较简单的计算过程或函数，以便计算起来方便。例如让用户记住函数 $2x+3y$，当认证用户身份时，系统随机告诉用户 $x=3$，$y=5$，如果用户回答 21，那就证实了用户身份。用户也可以约定比较复杂的计算过程或函数，以便安全性更好。

此外，可以使用磁卡或 IC 卡，但系统必须有阅读磁卡或 IC 卡的装置；还可以使用签名、指纹、声波纹等用户特征来进行身份认证。

2. 访问控制

数据库安全性所关心的主要是 DBMS 的访问控制机制。数据库安全最重要的一点就是确保只有授权用户才能访问数据库，同时令所有未被授权的用户无法访问数据，这主要通过 DBMS 的访问控制机制实现。

DBMS 的访问控制机制主要包括两部分，即用户权限定义和合法权限检查。

(1) 用户权限定义。用户权限是指不同的用户对于不同的数据对象允许执行的操作权限。某个用户应该具有何种权限是个管理问题和政策问题而不是技术问题，DBMS 的功能是保证这些权限的执行。DBMS 必须提供适当的语言来定义用户权限，这些定义经过编译后存放在数据字典中，被称为安全规则或授权规则。

用户权限由 4 个要素组成，即权限授出用户(Grantor)、权限接受用户(Grantee)、操作数据对象(Object)、操作权限(Operate)。定义一个用户的存取权限就是权限授出用户定义权限接受用户可以在哪些数据对象上进行哪些类型的操作。在 DBMS 中，定义存取权限称为授权(Authorization)。

数据对象的创建者、拥有者(DBO)和超级用户(DBA)自动拥有数据对象的所有操作权限，包括权限授出的权限；接受权限用户可以是系统中标识的任何用户；数据对象不仅有表和属性列等数据本身，还有模式、外模式、内模式等数据字典中的内容，常见的数据对象有基本表(Table)、视图(View)、存储过程(Procedure)等；操作权限有建立(CREATE)、增加(INSERT)、修改(UPDATE/ALTER)、删除(DELETE/DROP)、查询(SELECT)，以及这些权限的总和(ALL PRIVILEGES)。

(2) 合法权限检查。每当用户发出存取数据库的操作请求后，DBMS 查找数据字典，根据安全规则进行合法权限检查，若用户的操作请求超出了定义的权限，系统将拒绝执行此操作。

用户权限定义和合法权限检查一起组成了 DBMS 的安全子系统，支持自主存取控制（Discretionary Access Control，DAC）和强制存取控制（Mandatory Access Control，MAC）。

1）自主存取控制

用户对于不同的数据对象有不同的存取权限，不同的用户对同一对象也有不同的权限，而且用户还可将自己拥有的存取权限转授于其他的用户。

（1）授权与权限收回。目前的 SQL 标准也对自主存取控制提供支持，主要通过 SQL 的 GRANT 语句和 REVOKE 语句来实现，在第 4 章已介绍过语法，本节举例说明。

【例 8-1】 基本表 Student 的创建者使用 GRANT 将 Student 表的操作权限授予不同的用户。

```
GRANT SELECT ON TABLE Student TO user1;
GRANT SELECT, INSERT, UPDATE, DELETE ON TABLE Student TO user2;
GRANT ALL PRIVILEGES ON TABLE Student TO user3;       //将全部操作权限授予 user3
//把对 Student 表的 INSERT 权限授予 user4 用户,并允许将此权限再授予其他用户
GRANT INSERT ON TABLE Student TO user4 WITH GRANT OPTION;
```

执行此 SQL 语句后，user4 不仅拥有了对表 Student 的 INSERT 权限，还可以传播此权限，即由 user4 用户转授上述 GRANT 命令给其他用户。

【例 8-2】 使用 REVOKE 将例 8.1 授出的权限收回。

```
REVOKE SELECT ON TABLE Student FROM user1;
REVOKE SELECT, INSERT, UPDATE, DELETE ON TABLE Student FROM user2;
REVOKE ALL ON TABLE Student FROM user3;
```

（2）创建数据库模式的权限。对数据库模式的授权则由 DBA 在创建用户时实现。

CREATE USER 语句的一般语法格式如下：

```
CREATE USER <用户名> [WITH] [DBA | RESOURCE | CONNECT];
```

只有系统的超级用户才有权创建一个新的数据库用户。

新创建的数据库用户有 3 种权限，即 CONNECT、RESOURCE 和 DBA。

CREATE USER 命令中如果没有指定创建的新用户的权限，默认该用户拥有 CONNECT 权限。拥有 CONNECT 权限的用户不能创建新用户，不能创建模式，也不能创建基本表，只能登录数据库。拥有 RESOURCE 权限的用户能创建基本表和视图，成为所创建对象的宿主，但是不能创建数据库，不能创建新的用户。拥有 DBA 权限的用户是系统中的超级用户，可以创建新的用户、创建数据库、创建基本表和视图等；DBA 拥有对所有数据库对象的存取权限，还可以把这些权限授予一般用户。

（3）数据库角色。数据库角色是被命名的一组与数据库操作相关的权限，角色是权限的集合。在 SQL 中首先用 CREATE ROLE 语句创建角色，然后用 GRANT 语句给角色授权。

① 角色的创建。创建角色的语法格式如下：

```
CREATE ROLE <角色名>
```

刚刚创建的角色是空的，没有任何内容，可以用 GRANT 为角色授权。

② 给角色授权。

```
GRANT <权限>[,<权限>]… ON <对象类型> 对象名 TO <角色>[,<角色>]…
```

DBA 和用户可以利用 GRANT 语句将权限授予某一个或几个角色。

③ 将一个角色授予其他的角色或用户。

```
GRANT <角色 1 >[,<角色 2 >]… TO <角色 3 >[,<用户 1 >]…[WITH ADMIN OPTION]
```

该语句把角色授予某用户，或授予另一个角色。

④ 角色权限的收回。

```
REVOKE <权限>[,<权限>]… ON <对象类型> <对象名> FROM <角色>[,<角色>]…
```

用户可以收回角色的权限，从而修改角色拥有的权限。

REVOKE 动作的执行者或者是角色的创建者，或者是拥有在这个(些)角色上的 ADMIN OPTION。

【例 8-3】 通过角色来实现将一组权限授予一个用户。

步骤如下：

首先创建一个角色 R1：

```
CREATE ROLE R1;
```

然后使用 GRANT 语句使角色 R1 拥有 Student 表的 SELECT、UPDATE、INSERT 权限：

```
GRANT SELECT, UPDATE, INSERT ON TABLE Student TO R1;
```

再将这个角色授予 user1、user2，使他们具有角色 R1 所包含的全部权限：

```
GRANT R1 TO user1, user2;
```

用户也可以一次性地通过 R1 来收回 user1 的这 3 个权限：

```
REVOKE R1 FROM user1;
```

自主存取控制能够通过授权机制有效地控制其他用户对敏感数据的存取。但是由于用户对数据的存取权限是“自主”的，用户可以自由地决定将数据的存取权限授予其他用户。在这种授权机制下，仍可能存在数据的“无意泄露”。例如，用户 user1 将数据对象权限授予用户 user2，user1 的意图是只允许 user2 操纵其这些数据，但是 user2 可以在 user1 不知情的情况下进行数据备份并进行传播。出现这种问题的原因是，这种机制仅仅通过限制存取权限进行安全控制，而没有对数据本身进行安全标识。解决这一问题需要对所有数据进行强制存取控制。

2）强制存取控制

每一个数据对象被标以一定的密级（例如绝密、机密、可信、公开等），每一个用户也被授予某一个级别的许可证。对于任意一个对象，只有具有合法许可证的用户才可以存取。所谓强制存取控制是指系统为保证更高程度的安全性所采取的强制存取检查手段。它不是用户能直接感知或进行控制的。强制存取控制适用于那些对数据有严格而固定密级分类的部门，例如军事部门或政府部门。

强制存取控制是对数据本身进行密级标记，无论数据如何复制，标记与数据是一个不可分的整体，只有符合密级标记要求的用户才可以操纵数据，从而提供了更高级别的安全性。

3. 数据加密

在有些系统中，为了保护数据本身的安全性，采用了数据加密技术，对高度敏感数据进行保护。数据加密是防止数据库中的数据在存储和传输中失密的有效手段。加密的基本思想是根据一定的算法将原始数据（明文）变换为不可直接识别的格式（密文），从而使得不知道解密算法的人即使获取了密文也无法获知原文。加密的方法有两种，即替换方法（使用密匙）和置换方法（按不同的顺序重新排列）。数据加密与解密比较费时，占用较多的系统资源，DBMS 往往将其作为可选特征，允许 DBA 根据应用对安全性的要求自由选择，只对高度机密的数据（例如财务数据、军事数据、国家机密等数据）进行加密。

4. 审计管理

前面介绍的各种数据库安全控制措施都可将用户操作限制在规定的安全范围内。但实际上任何系统的安全保护措施都不是完美无缺的，蓄意盗窃、破坏数据的人总是想方设法打破这些控制。对于某些高度敏感的保密数据，必须以审计作为预防手段。

审计功能把用户对数据库的所有操作自动记录下来，存放在审计日志中。DBA 可以利用审计跟踪的信息重现导致数据库现有状况的一系列事件，找出非法存取数据的人、时间和内容等。

审计通常是很费时间和空间的，所以 DBMS 往往将其作为可选特征，允许 DBA 根据应用对安全性的要求灵活地打开或关闭审计功能。审计功能一般主要用于对安全性要求较高的部门。

8.1.3 SQL Server 的安全性管理

数据库的安全性管理是数据库服务器应实现的重要功能之一。SQL Server 2016 的安全认证和访问控制措施包含通过 SQL Server 身份验证模式登录 SQL Server 实例，通过 SQL Server 安全性机制控制对 SQL Server 2016 数据库及其对象的操作。其安全管理体现在以下几个方面：

(1) 登录认证。发生在用户连接数据库服务器时，数据库服务器将验证该用户的账户和口令，决定用户是否有连接到数据库服务器的资格，验证用户连接数据库服务器的连接权。

(2) 用户认证。当用户访问数据库时，确认用户账户的有效性和访问数据库系统的权限。

(3) 权限认证。当用户操作数据库对象时，确定用户是否有对象操作许可，验证用户的操作权，对用户的操作进行权限控制。所以 SQL Server 2016 的安全级别有以下 3 级。

第一级：数据库服务器，使用登录认证，属于数据库服务器级别的用户身份认证。

第二级：数据库，使用用户认证，属于数据库级别的用户身份认证。

第三级：数据库对象，使用权限认证，属于自主存取控制方法。

SQL Server 2016 通过数据库引擎管理着可以通过权限进行保护的实体的分层集合。这些实体称为"安全对象"。在安全对象中，最突出的是服务器和数据库，但可以在更细的级别上设置离散权限。SQL Server 通过验证主体是否已获得适当的权限来控制主体对安全对象执行的操作。图 8-2 显示了数据库引擎权限层次结构之间的关系。

1. SQL Server 2016 登录认证

1) 设置登录服务器的身份验证模式

身份验证模式是指在用户访问数据库服务器之前，操作系统本身或数据库服务器对来访用户进行的身份合法性验证。只有通过服务器认证后才能连接到 SQL Server 2016 服务器，否则服务器将拒绝用户对数据库的连接。SQL Server 2016 提供了两种身份验证模式，即 Windows 身份验证模式、SQL Server 身份验证模式。

(1) Windows 身份验证模式。用户登录 Windows 进行身份验证后，登录 SQL Server 时就不再进行身份验证了。Windows 创建、管理 Windows 账户，由 Windows 授权连接 SQL Server，并将 Windows 账户映射为 SQL Server 登录。

(2) SQL Server 身份验证模式。由 SQL Server 服务器对要登录的用户进行身份验证。SQL Server 负责创建、管理登录，并将登录保存在数据库中。系统管理员必须设定登录验证模式的类型为 SQL Server 和 Windows 混合身份验证模式。当采用混合身份验证模式时，SQL Server 系统既允许使用 Windows 登录名登录，也允许使用 SQL Server 登录名登录。

SQL Server 登录服务器的身份验证模式如图 8-3 所示。

在 SQL Server Management Studio 中设置登录服务器的身份验证模式的步骤如下：

打开 SQL Server Management Studio 并连接到目标服务器，在"对象资源管理器"窗口中的目标服务器上右击，弹出快捷菜单，从中选择"属性"命令，出现"服务器属性"对话框，选择"选择页"中的"安全性"选项，进入设置服务器的身份验证模式页面，如图 8-4 所示。目前采用的是 SQL Server 和 Windows 混合身份验证模式。

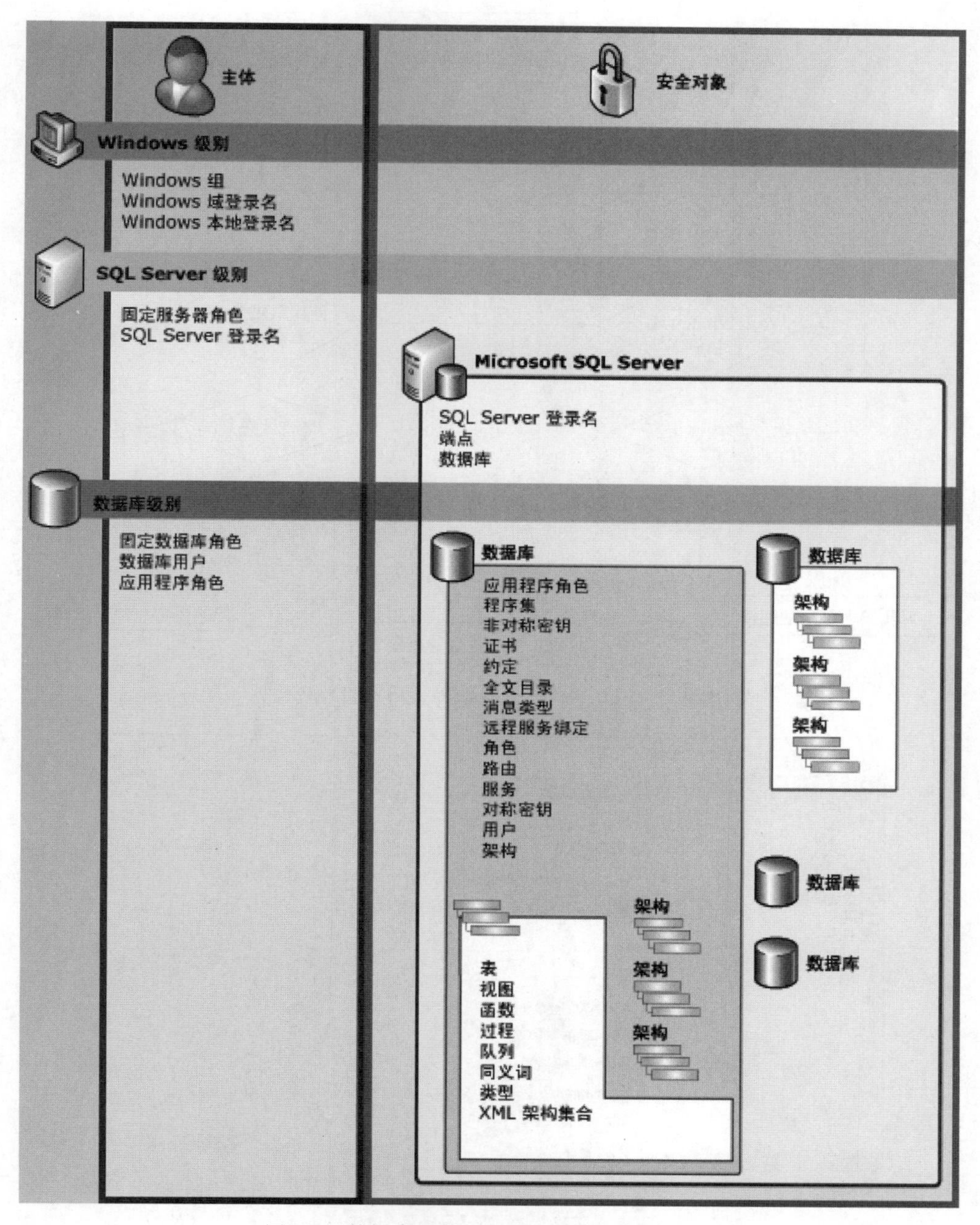

图 8-2　数据库引擎权限层次结构之间的关系

2）登录名管理

登录名是用户登录 SQL Server 的重要标识，若要登录到 SQL Server 数据库系统，必须有有效的 SQL Server 登录名。登录名管理包括创建登录名、设置密码策略、查看登录名信息、修改和删除登录名。目前比较常用的登录名管理的方法有两种，即使用 SQL Server Management Studio 和使用 Transact-SQL。

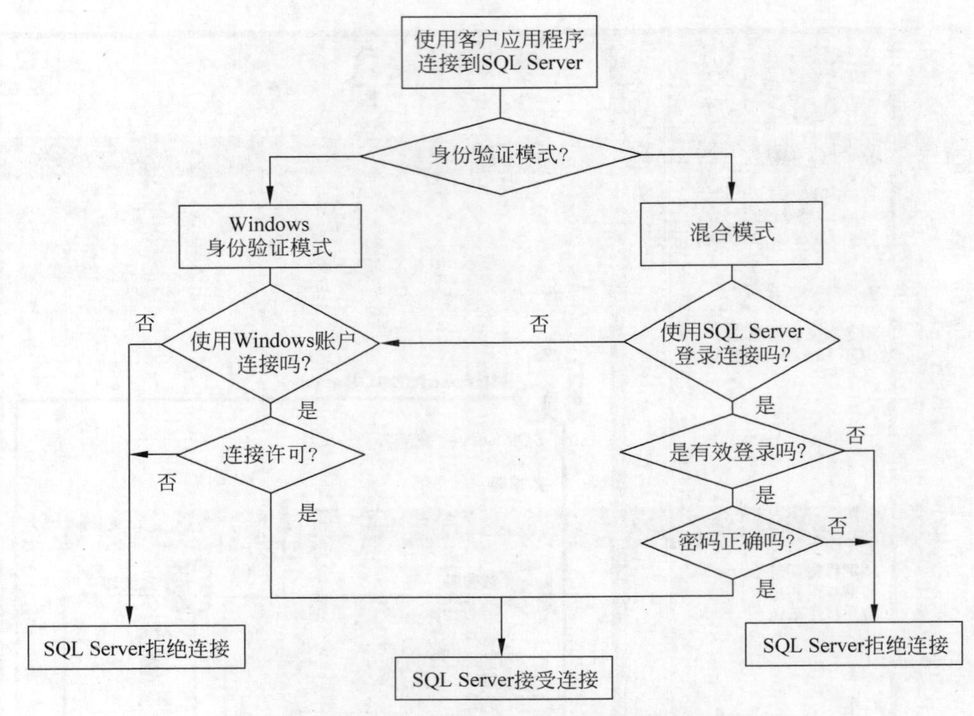

图 8-3　SQL Server 登录服务器的身份验证模式

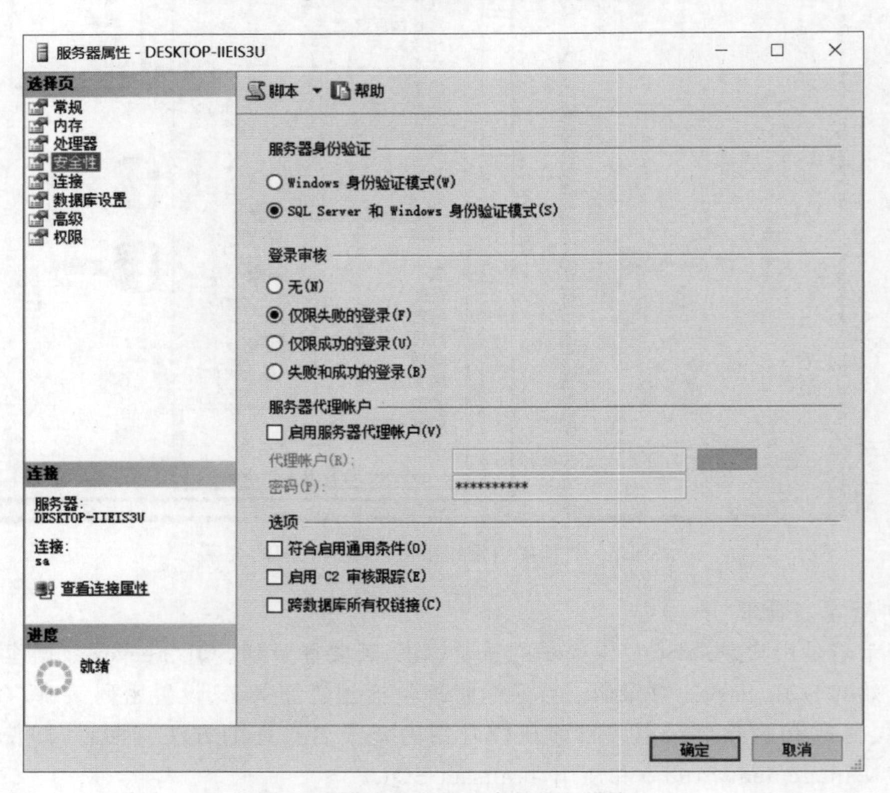

图 8-4　设置服务器的身份验证模式

SQL Server Management Studio 提供了图形界面工具建立和维护登录名，操作简单、方便。在连接到目标服务器后，依次选择“对象资源管理器”→“安全性”→“登录名”，右击，选择“新建登录名”命令，如图 8-5 所示。然后出现如图 8-6 所示的“登录名-新建”对话框，按照向导一步步创建。

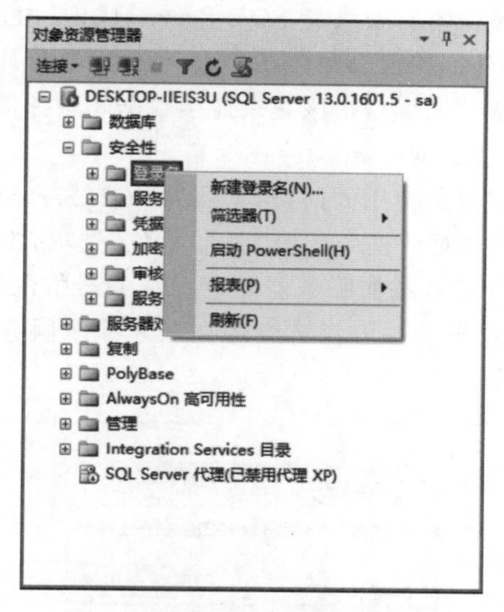

图 8-5　选择“新建登录名”命令

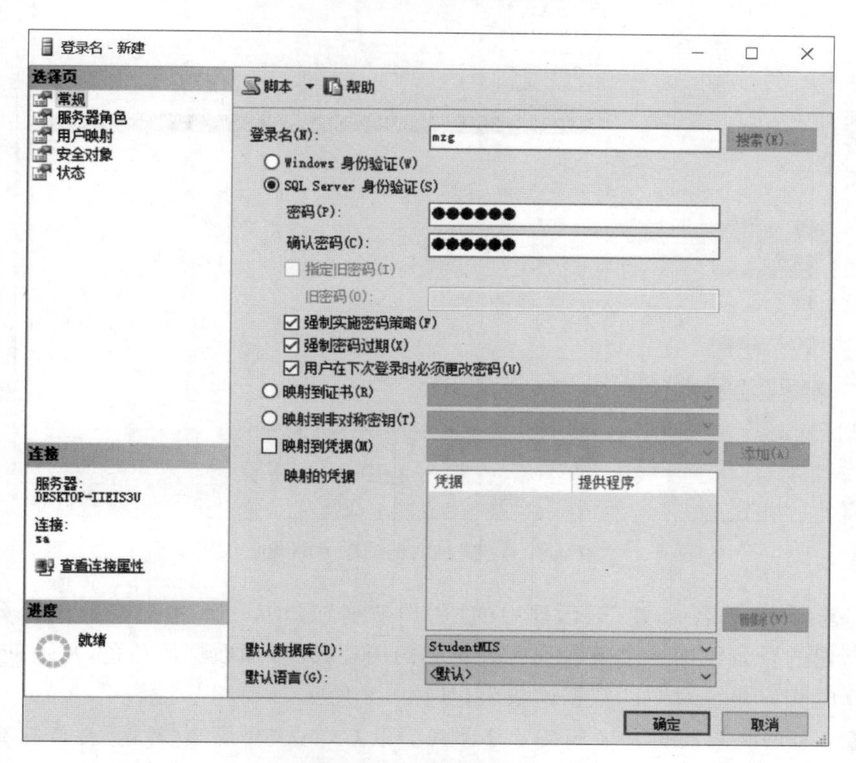

图 8-6　创建登录账号

(1) 服务器登录属性有登录名、密码、默认数据库、服务器角色、语言等。

- 登录名和密码。如果是 Windows 认证,登录名必须是 Windows 账号,其账号、密码由 Windows 操作系统保存,但在 SQL Server 中需要指明 Windows 账号(包括域名或组名,以及主机名,由 Windows 主机隶属于域或组决定,该处统一用域名表示),不需要设置密码。如果是 SQL Server 认证,由 SQL Server 创建登录名,同时设置密码,其名称和密码保存在 SQL Server 数据库中。
- 默认数据库。默认数据库是指该登录连接数据库服务器后,其所属用户默认访问的数据库,默认为主数据库 master。
- 语言。语言是指该登录使用的语言,默认为 SQL Server 语言设置。

(2) 选择"登录名-新建"对话框中的"服务器角色"选项,出现服务器角色设定页面,如图 8-7 所示,可以为此登录名添加服务器角色。服务器角色是指该登录所属的服务器角色,指明登录的服务器权限。一般只有管理登录才赋予服务器角色。有关"服务器角色",请参考后面的"角色管理"一节。

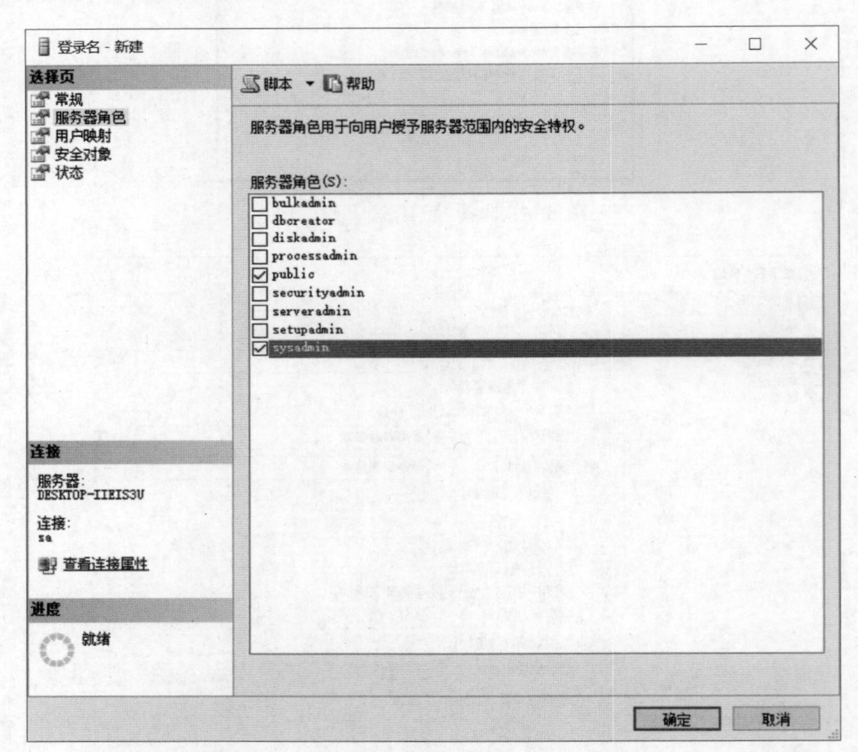

图 8-7 "登录名-新建"对话框的服务器角色设定页面

(3) 选择"登录名-新建"对话框中的"用户映射"选项,进入用户映射设置页面,可以为这个新建的登录添加一个映射到此登录名的用户,并添加数据库角色,从而使该用户获得数据库的相应角色对应的数据库权限,如图 8-8 所示。

注意:自动映射的用户名和登录名相同。最后单击"登录名-新建"对话框底部的"确定"按钮,完成登录名的创建。

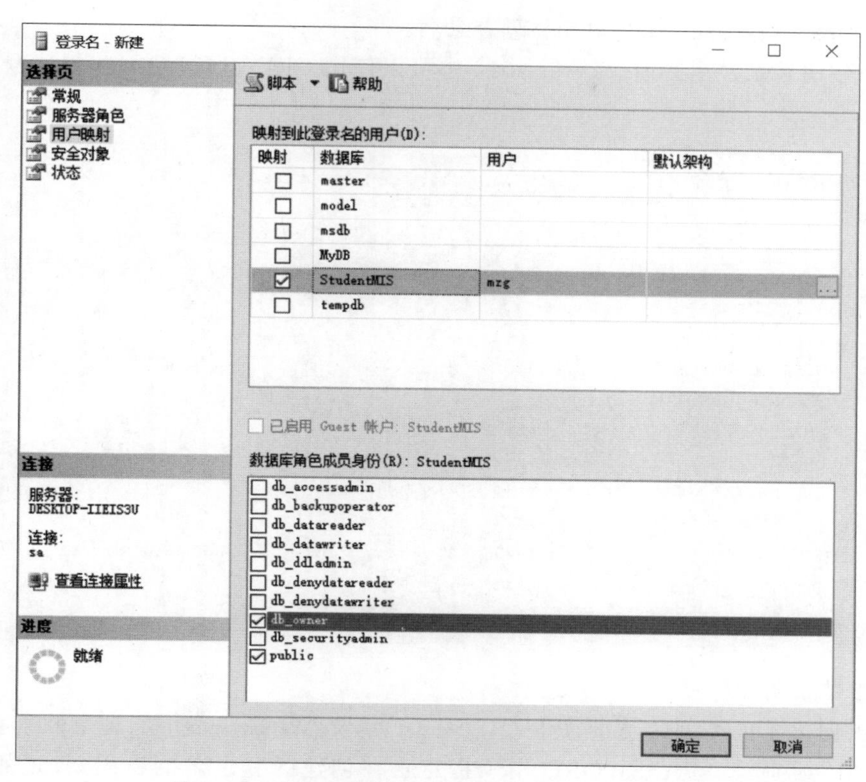

图 8-8 “登录名-新建”对话框的用户映射设置页面

创建登录名之后，在“对象资源管理器”窗口中展开“安全性”目录下的“登录名”结点，可以查看已有的登录名，如图 8-9 所示。

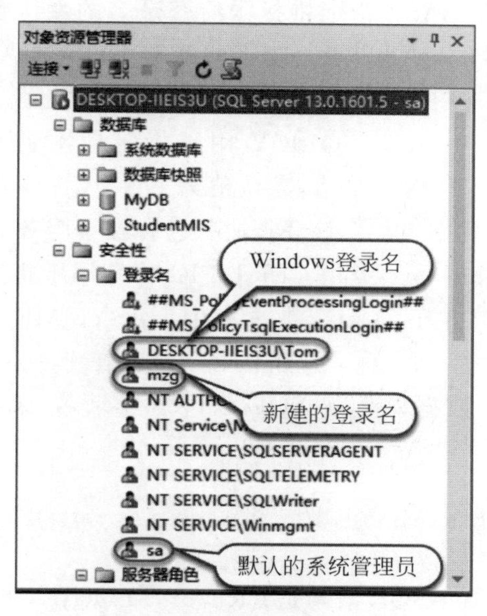

图 8-9 查看已有的登录名

下面介绍 Transact-SQL 语句管理登录名。

(1) 创建登录。在 SQL Server 2016 中可以使用 CREATE LOGIN 创建登录名,语法格式如下:

```
CREATE LOGIN 登录名 { WITH < option_list1 > | FROM < sources > }
< option_list1 > :: =
      PASSWORD = { '密码' | hashed_password HASHED } [ MUST_CHANGE ]
      [ , < option_list2 > [ ,… ] ]
< option_list2 > :: =
      SID = 登录 sid
      | DEFAULT_DATABASE = 数据库名
      | DEFAULT_LANGUAGE = 语言
      | CHECK_EXPIRATION = { ON | OFF}
      | CHECK_POLICY = { ON | OFF}
      | CREDENTIAL = 凭据名称
< sources > :: =
      WINDOWS [ WITH < DEFAULT_DATABASE = 数据库名 | DEFAULT_LANGUAGE = 语言>[ ,… ] ]
      | CERTIFICATE 证书名
      | ASYMMETRIC KEY 非对称密钥名
```

各参数说明如下:

可以创建 4 种类型的登录,即 SQL Server 登录、Windows 登录、证书映射登录和非对称密钥映射登录。PASSWORD 用于指定正在创建的登录名的密码,仅适用于 SQL Server 登录。PASSWORD=hashed_password 仅适用于 HASHED 关键字,指定要创建的登录名的密码的哈希值。MUST_CHANGE 仅适用于 SQL Server 登录。如果包括此选项,则 SQL Server 将在首次使用新登录时提示用户输入新密码。SID 用于重新创建登录名。DEFAULT_DATABASE 指定将指派给登录名的默认数据库。如果未包括此选项,则默认数据库将设置为 MASTER。DEFAULT_LANGUAGE 指定将指派给登录名的默认语言。CHECK_EXPIRATION 用于指定是否应对此登录账户强制实施密码过期策略,默认值为 OFF。CHECK_POLICY 用于指定应对此登录强制实施运行 SQL Server 的计算机的 Windows 密码策略,默认值为 ON。CREDENTIAL 用于指定将映射到新 SQL Server 登录的凭据名称。该凭据必须已存在于服务器中。WINDOWS 用于指定将登录名映射到 Windows 登录名。CERTIFICATE 用于指定将与此登录名关联的证书名称。此证书必须已存在于 master 数据库中。ASYMMETRIC KEY 用于指定将与此登录名关联的非对称密钥的名称。此密钥必须已存在于 master 数据库中。

例如为 StudentMIS 数据库创建 SQL Server 登录名 SQLUser,密码为 123,代码如下:

```
CREATE LOGIN SQLUser WITH PASSWORD = '123', DEFAULT_DATABASE = StudentMIS
```

创建登录名的 Transact-SQL 语句是 CREATE LOGIN,更改是 ALTER LOGIN,删除是 DROP LOGIN,请读者自己查阅联机帮助。

SQL Server 还提供了 sp_addlogin 和 sp_grantlogin 存储过程用来创建登录名。其中,sp_addlogin 创建 SQL Server 认证登录,sp_grantlogin 映射 Windows 认证的 Windows 账号为登录。在查询编辑器窗口中输入 execute+以下代码执行即可。

sp_addlogin 的语法格式如下：

```
sp_addlogin 登录名，登录密码，默认数据库，默认语言，安全标识号，是否加密
```

其中,登录名和密码不能省略；安全标识号一般省略,由 SQL Server 自动生成；是否加密选项,可设置 NULL|Skip_Encryption|Skip_Encryption_Old。

sp_grantlogin 的语法格式如下：

```
sp_grantlogin  Windows 用户名
```

Windows 用户名必须用 Windows 域名限定,格式为“域\用户名”。

(2) 维护登录。使用 Transact-SQL 维护登录账号的语法格式如下。

修改密码：

```
sp_password  旧密码，新密码，指定登录名
```

查询登录账号：

```
sp_helplogins  指定登录名
```

删除登录账号(但不能删除系统管理员 sa 登录,不能删除正在连接服务器的登录)：

```
sp_droplogin  指定登录名
```

(3) 默认登录。在安装 SQL Server 数据库服务器时,SQL Server 自动创建了默认登录(系统内置账号),展开“对象资源管理器”组件中的“安全性”选项,就可以看到当前数据库服务器中的账号信息。

- BUILTIN\Administrators：Windows 认证的 Administrator 组的所有账号。默认服务器角色为 System Administrators。
- 域名\Administrator：Windows 认证的 Administrator 登录。只有在安装服务器时指明为 Windows 认证才创建,默认服务器角色为 System Administrators。
- sa：SQL Server 认证的系统管理员登录,不一定要求是 Windows 管理员。默认服务器角色为 System Administrators。

数据库管理员应定期检查访问过 SQL Server 的用户。访问 SQL Server 服务器的用户可能经常变动,表明有些账号可能无人使用。为了系统安全,应将这些登录名进行修改或删除,以防止非法访问。

2. SQL Server 2016 用户管理

在 SQL Server 服务器中,当用户提出访问数据库的请求时,必须通过 SQL Server 两

个阶段的安全审核，即验证与授权。验证阶段是使用登录名来标识用户，而且只验证输入的登录名能否连接到 SQL Server 服务器。如果验证成功，登录名就会连接到 SQL Server 服务器，但登录名本身不能让用户访问服务器中的任何数据库。只有创建了数据库的用户，成为数据库的合法用户后，才能访问数据库。数据库的用户只能来自服务器的登录，而且是可以访问该数据库的登录。一个服务器登录可以映射为多个数据库中的用户，但在一个数据库中只能映射为一个用户。

在建立数据库时，SQL Server 自动建立了两个默认数据库用户：

(1) dbo：数据库的拥有者(Database Owner)，隶属于 sa 登录，拥有 public 和 db_owner 数据库角色，具有该数据库的所有特权。

(2) guest：客户访问用户，没有隶属的登录，拥有 public 数据库角色。除了 master 和 tempdb 两个数据库的 guest 用户不能删除外，其他数据库的 guest 用户可以删除。

除此之外，还可以创建自定义用户，下面主要介绍对自定义用户的管理。

使用 SQL Server Management Studio 创建数据库用户的步骤如下：

(1) 连接到目标服务器，依次选择"对象资源管理器"→"数据库"，然后选择目标数据库(例如 StudentMIS)展开。单击"安全性"→"用户"，然后右击，弹出快捷菜单，从中选择"新建用户"命令，出现"数据库用户-新建"对话框，在"常规"页面中填写"用户名"，再分别单击"登录名"和"默认架构"右侧的 ... 按钮，选择相应的登录名为 mzg，选择"默认架构"为 db_owner，如图 8-10 所示。

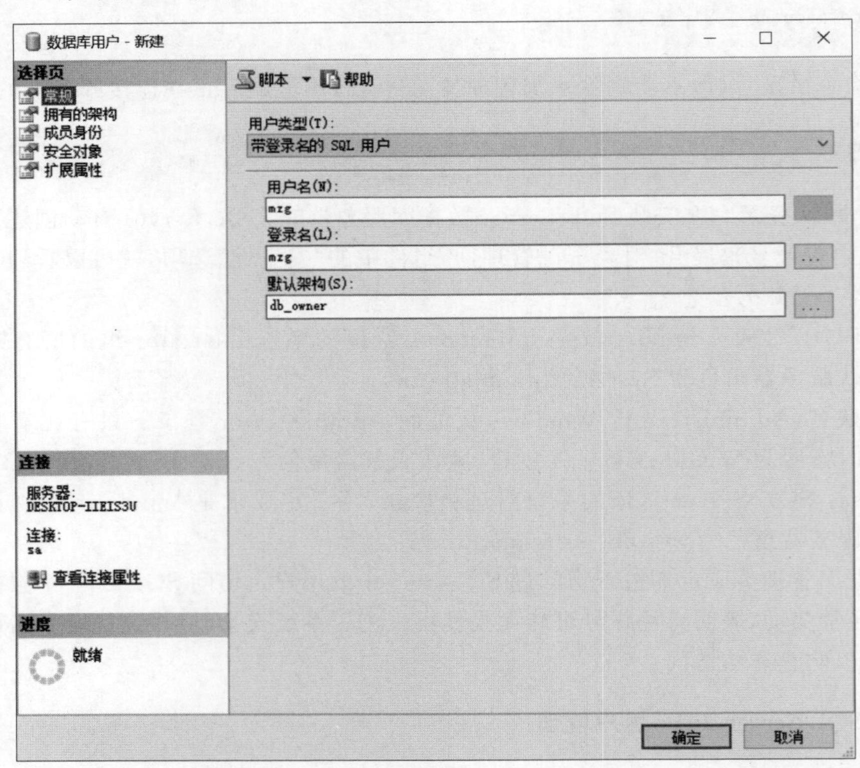

图 8-10 新建数据库用户-常规

架构(Schema)是指包含表、视图、存储过程等数据库对象的容器。架构位于数据库内部,而数据库位于服务器内部。服务器实例是最外部的容器,架构是最里面的容器。架构是独立于数据库用户的非重复的命名空间,在默认情况下,系统的默认架构为 dbo。SQL Server 内置了 13 个预定义的架构,它们与内置的数据库角色具有相同的名称,如图 8-11 所示。

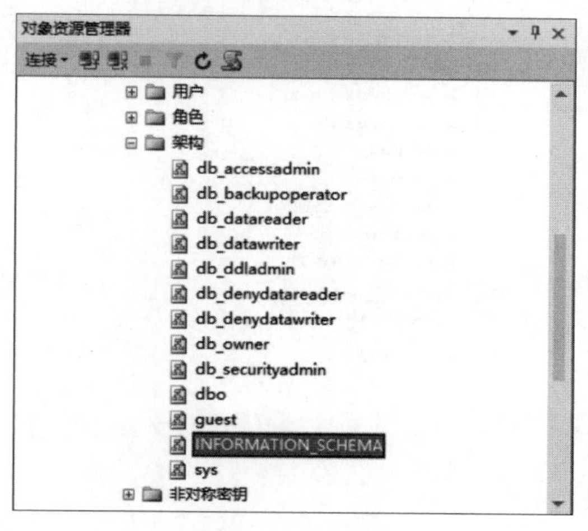

图 8-11　内置架构

(2) 在“数据库用户-新建”对话框中选择“拥有的架构”选项,进入“拥有的架构”页面,如图 8-12 所示。

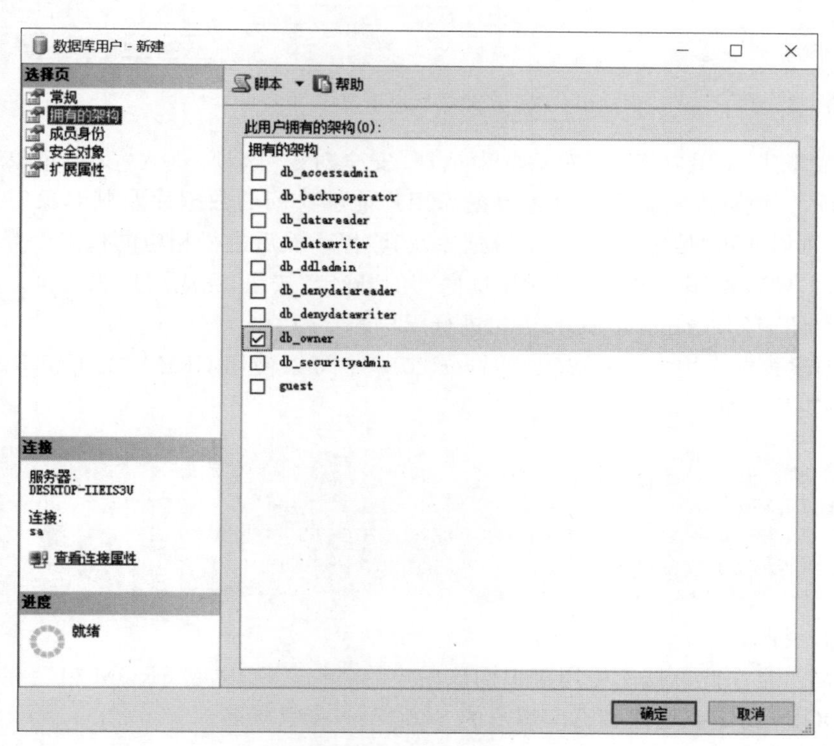

图 8-12　新建数据库用户-拥有的架构

(3) 在“数据库用户-新建”对话框中选择“成员身份”选项,进入“成员身份”页面,如图 8-13 所示。

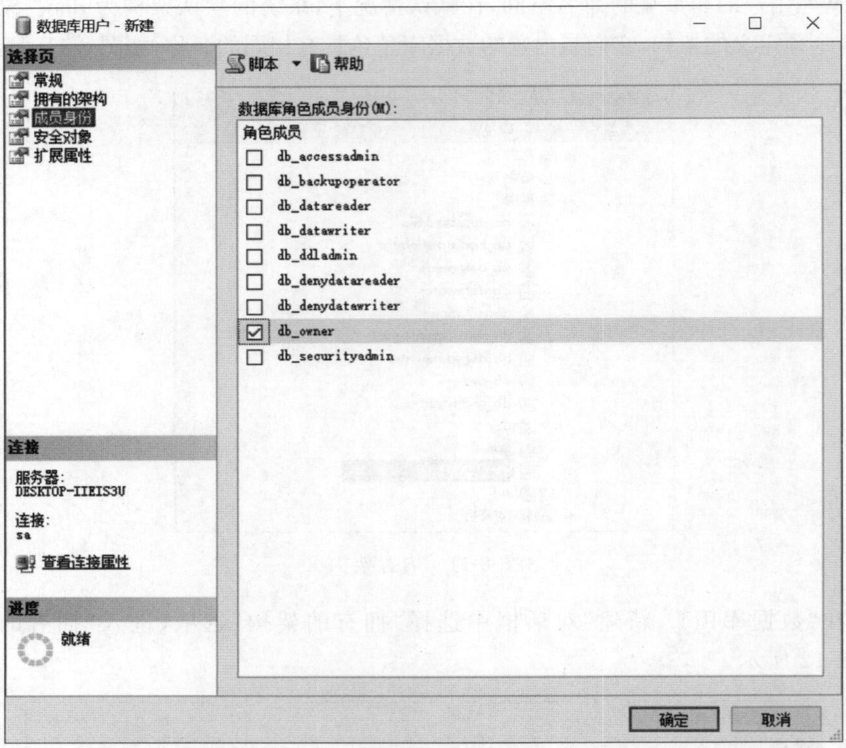

图 8-13　新建数据库用户-成员身份

(4) 在“数据库用户-新建”对话框中选择“安全对象”选项,进入“安全对象”页面,如图 8-14 所示。该页面主要用于设置数据库用户能够访问的数据库及其对象以及相应的访问权限,可以通过“搜索”命令添加数据库及其对象,然后进行相应的权限设置。

最后单击“数据库用户-新建”对话框底部的“确定”按钮,完成用户的创建。

下面介绍使用 Transact-SQL 语句进行用户的管理。

(1) 创建数据库用户。在 SQL Server 2016 中可以使用 CREATE USER 创建数据库用户,语法格式如下:

```
CREATE USER 用户名
  [{ FOR | FROM }
   {LOGIN 登录名| CERTIFICATE 证书名 | ASYMMETRIC KEY 非对称秘钥名}]
  [ WITH DEFAULT_SCHEMA = 架构名]
```

各参数说明如下:

用户名指定在此数据库中用于识别该用户的名称。FOR 或 FROM 指定相关联的登录名。LOGIN 指定要创建数据库用户的 SQL Server 登录名。

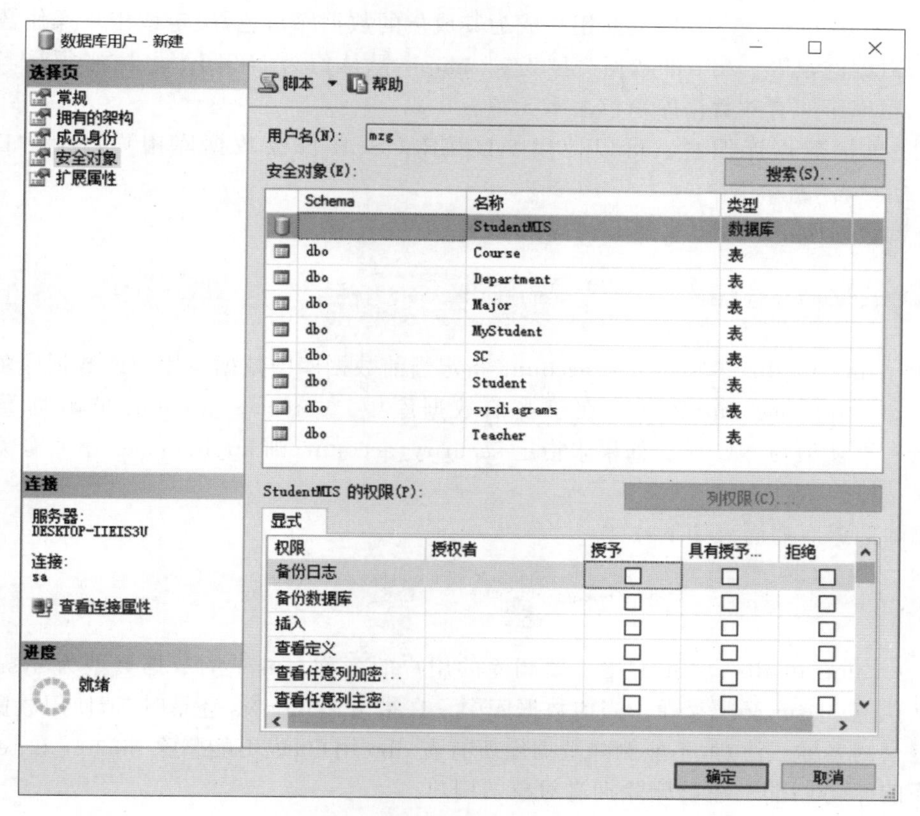

图 8-14 新建数据库用户-安全对象

例如：

```
CREATE USER mzg FOR LOGIN mzg WITH DEFAULT_SCHEMA = dbo
```

同时,SQL Server 提供了 sp_ adduser 存储过程来创建数据库用户,语法格式如下：

```
sp_adduser [ @loginame = ] 'login'
    [ , [ @name_in_db = ] 'user' ]
    [ , [ @grpname = ] 'role' ]
```

- [@loginame=]'login': SQL Server 登录或 Windows 登录的名称,指该数据库用户所属的服务器登录。login 的数据类型为 sysname,无默认值。login 必须是现有的 SQL Server 登录名或 Windows 登录名。一个数据库用户必须隶属于一个服务器登录,一个登录账号在一个数据库中只能有一个用户。
- [@name_in_db=]'user': 新数据库用户的名称。user 的数据类型为 sysname,默认值为 NULL。如果未指定 user,则新数据库用户的名称默认为 login 名称。指定 user 将为数据库中的新用户赋予一个不同于服务器级别登录名的名称。

• [@grpname=]'role'：新用户成为其成员的数据库角色，决定该用户操作数据库对象的权限。role 的数据类型为 sysname，默认值为 NULL。role 必须是当前数据库中的有效数据库角色。

（2）维护数据库用户。可以使用 ALTER USER 修改数据库用户，使用“DROP USER 用户名”删除用户。

查询数据库用户的语法如下：

```
sp_helpuser [ [ @name_in_db = ] 'security_account' ]
```

[@name_in_db=]'security_account'指定当前数据库中数据库用户或数据库角色的名称。security_account 必须存在于当前数据库中。security_account 的数据类型为 sysname，默认值为 NULL。如果未指定 security_account，则 sp_helpuser 返回有关所有数据库主体的信息。

删除数据库的语法如下：

```
sp_dropuser [ @name_in_db = ] 'user'
```

[@name_in_db=]'user'指定要删除的用户的名称。user 的数据类型为 sysname，没有默认值。user 必须存在于当前数据库中。在指定 Windows 登录时，请使用数据库标识该登录的名称。注意，不能删除数据库所有者 dbo 用户，也不能删除 master 和 tempdb 数据库的 guest 用户，不能删除拥有对象的用户。

3. SQL Server 2016 权限管理

权限是进行操作和访问数据的通行证。权限用于控制对数据库对象的访问，以及指定用户对数据库可以执行的操作。SQL Server 2016 使用权限许可来实现访问控制，用户可以设置不同的权限。SQL Server 2016 的权限按等级分为 3 级，即服务器权限、数据库对象权限和数据库权限。

1）服务器权限

服务器权限是指在数据库服务器级别上对整个服务器和数据库进行管理的权限，例如 SHUTDOWN、CREATE DATABASE、BACKUP DATABASE 等，允许 DBA 执行管理任务。这些权限定义在固定服务器角色中。这些角色可以分配给登录用户，但不能修改。一般只将服务器权限授给 DBA，而不需要修改或授权给其他用户登录。服务器角色 sysadmin 具有全部的系统权限。服务器的相关权限和配置将在后面介绍。

2）数据库对象权限

数据库对象权限是指在特定数据库级别上对数据库对象的操作权限，例如对某数据库中表的 SELECT、INSERT、UPDATE、DELETE；对存储过程和函数的 EXECUTE 权限等。数据库对象权限对于使用 SQL 语句访问表或视图是必需的。

在 SQL Server Management Studio 中给用户添加对象权限的步骤如下：

连接到目标服务器，依次选择“对象资源管理器”→“数据库”，然后选择目标数据库

(例如 StudentMIS)展开。单击“安全性”→“用户”→guest,然后右击,弹出快捷菜单,从中选择“属性”命令,出现“数据库用户-guest”对话框,进入“安全对象”页面,单击“搜索”按钮,选择“表”对象,将出现如图 8-15 所示的界面。在其中可以对数据库对象设置 INSERT、UPDATE、DELETE 等权限,最后单击“确定”按钮完成操作。

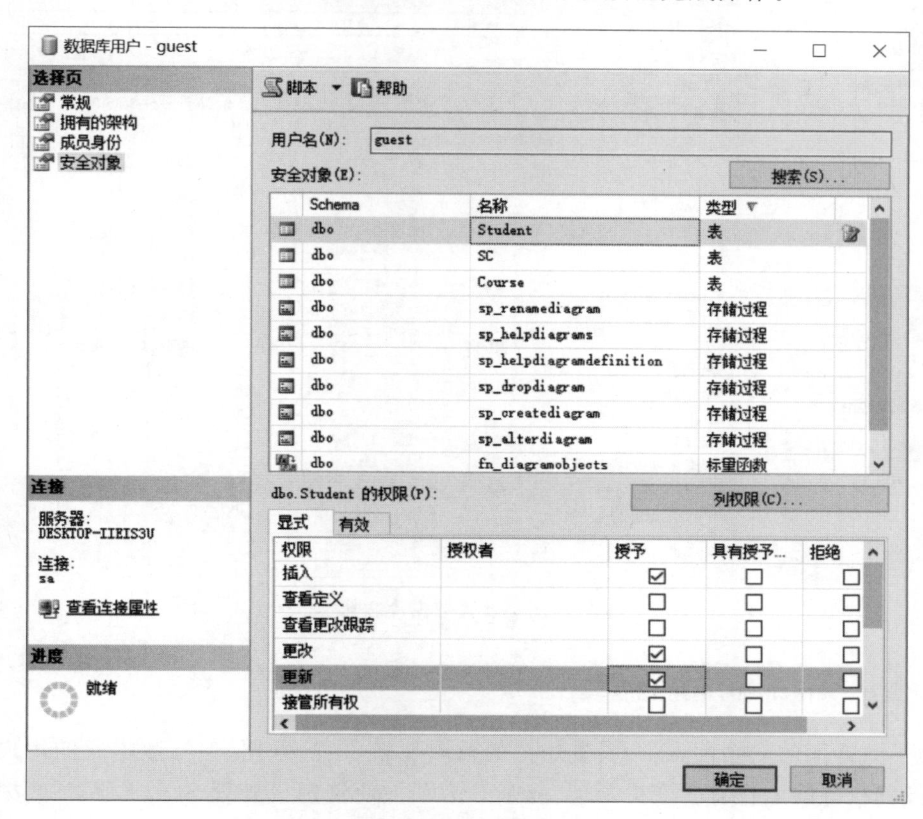

图 8-15 设置数据库对象权限

3) 数据库权限

数据库权限用于控制对象访问和语句的执行。用户在数据库中备份数据库、创建表和用户等一类特殊活动的权限称为数据库权限。一个用户可以直接分配到权限,也可以作为一个角色中的成员来间接得到权限。

在 SQL Server Management Studio 中给用户添加数据库权限的步骤如下:

连接到目标服务器,依次选择“对象资源管理器”→“数据库”,然后选择目标数据库(例如 StudentMIS),右击,弹出快捷菜单,从中选择“属性”命令,出现“数据库属性-StudentMIS”对话框,进入“权限”页面,如图 8-16 所示。在其中可以设置 BACKUP DATABASE、BACKUP LOG、CREATE DATABASE、CREATE DEFAULT、CREATE FUNCTION、CREATE PROCEDURE、CREATE RULE、CREATE TABLE、CREATE VIEW 等权限,最后单击“确定”按钮完成操作。

使用 Transact-SQL 的 GRANT 和 REVOKE 语句见本章“访问控制”一节。

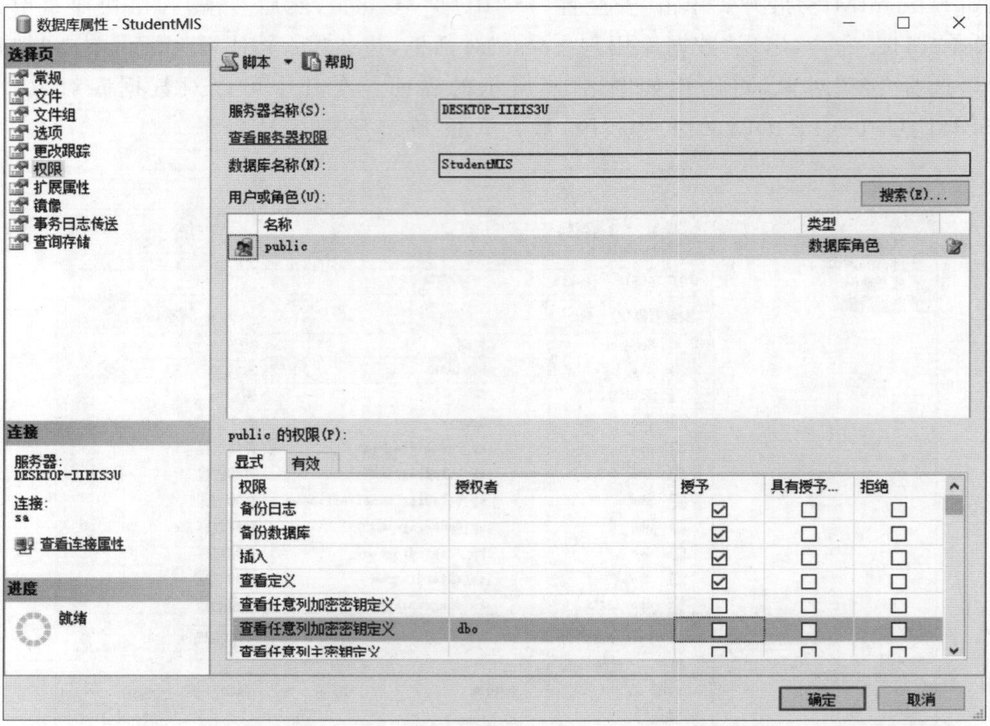

图 8-16 设置数据库权限

4. SQL Server 2016 角色管理

为了数据库的安全性，逐个设置用户的权限比较直观、方便，但当数据库的用户数很多时，设置权限的工作将会变得烦琐、复杂。为了方便管理员管理 SQL Server 数据库中的数据权限，在 SQL Server 中引入了“角色”这一概念。“角色”类似于 Microsoft Windows 操作系统中的“组”，角色(Role)是具有指定权限的用户(组)，用于管理数据库访问权限。在 SQL Server 将部分权限赋予角色，然后将角色赋予用户，简化了权限管理，也便于用户分组。一个用户可以属于多个角色。SQL Server 的角色分为服务器角色、数据库角色和应用程序角色。

1）服务器角色

服务器角色是系统内置的服务器权限的集合，是指根据 SQL Server 的管理任务以及这些任务相对的重要性等级，把具有 SQL Server 管理职能的用户划分为不同的角色来管理 SQL Server 的数据权限。服务器角色是在 SQL Server 安装时创建的，不允许增加和删除，服务器角色的权限也不允许修改，因此服务器角色也称为“固定服务器角色”。服务器角色的权限作用域为服务器范围。用户可以向服务器角色中添加 SQL Server 登录名、Windows 账户和 Windows 组。固定服务器角色的每个成员都可以向其所属角色添加其他登录名。通过给用户分配固定服务器角色，可使用户具有执行管理任务的角色权限。表 8-1 显示了服务器角色及其权限描述。

表 8-1 服务器角色及其权限描述

服务器角色名	说 明
sysadmin	系统管理员，属于该角色的成员可以在服务器上执行任何活动。在默认情况下，Windows BUILTIN\Administrators 组(本地管理员组)的所有成员和 sa 都是该角色的成员。这个角色一般适用于数据库管理员
serveradmin	服务器管理员，角色成员可以更改服务器范围的配置选项和关闭服务器
securityadmin	安全管理员，角色成员可以管理登录名及其属性。他们可以 GRANT、DENY 和 REVOKE 服务器级别的权限，可以 GRANT、DENY 和 REVOKE 数据库级别的权限，此外他们还可以重置 SQL Server 登录名的密码
processadmin	进程管理员，角色成员可以终止在 SQL Server 实例中运行的进程
setupadmin	安装管理员，角色成员可以添加和删除链接服务器
bulkadmin	大容量插入操作管理员，角色成员可以执行 BULK INSERT 语句
diskadmin	磁盘管理员，用于管理数据库在磁盘上的文件
dbcreator	数据库创建者，角色成员可以创建、修改、删除或还原任何数据库
public	每个 SQL Server 登录名都属于 public 服务器角色。如果未向某个服务器主体授予或拒绝对某个安全对象的特定权限，该用户将继承授予该对象的 public 角色的权限

在 SQL Server 中，只能向服务器角色中添加用户或删除服务器角色中的用户。

在 SQL Server Management Studio 中给用户分配服务器角色的步骤如下：

连接到目标服务器，依次选择"对象资源管理器"→"安全性"→"服务器角色"，如图 8-17 所示。然后在要给用户添加的目标角色(例如 sysadmin)上右击，弹出快捷菜单，从中选择"属性"命令，出现"服务器角色属性-sysadmin"对话框，单击"添加"按钮，出现"选择登录名"对话框，单击"浏览"按钮，出现"查找对象"对话框，在该对话框中选择目标用户前的复选框，选中该用户，如图 8-18 所示，最后连续单击"确定"按钮，完成为用户分配服务器角色的操作，如图 8-19 所示。

图 8-17 利用对象资源管理器为用户分配固定服务器角色

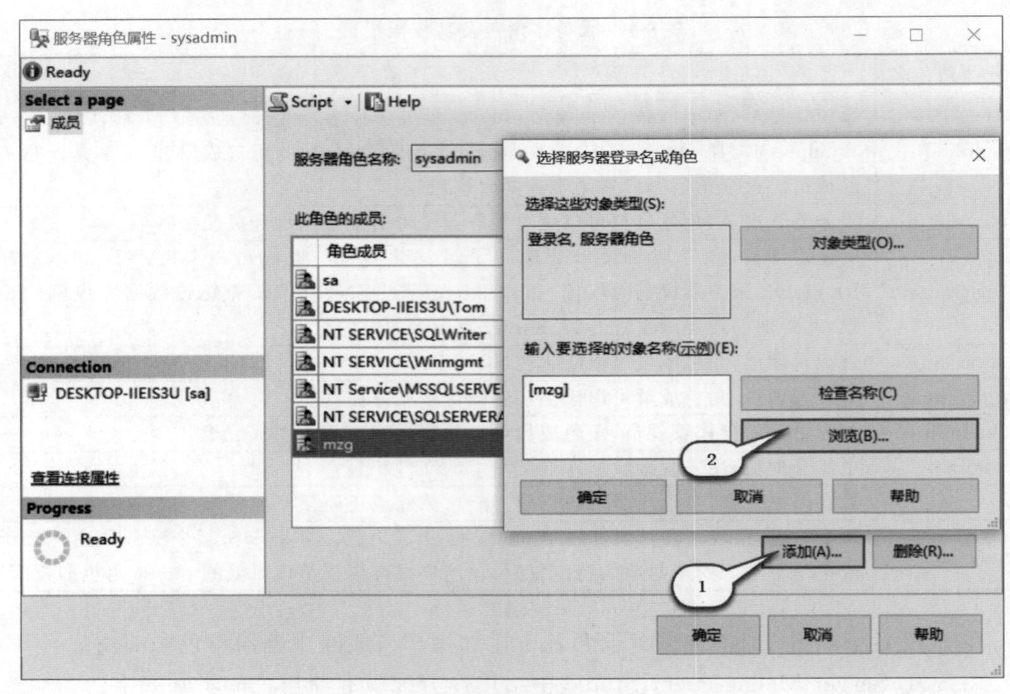

图 8-18 给用户分配服务器角色

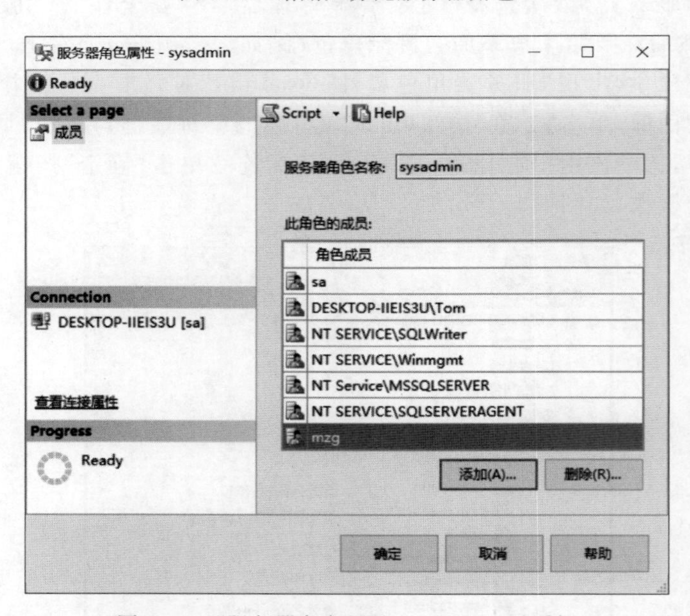

图 8-19 “服务器角色属性-sysadmin”对话框

使用系统存储过程管理服务器角色如下。

(1) 利用系统存储过程增加服务器角色的用户：

```
sp_addsrvrolemember [ @loginame = ] 'login', [ @rolename = ] 'role'
```

其中,'login'为添加到服务器角色中的登录名,而不是用户名。login 可以是 SQL Server 登录或 Windows 登录。如果未向 Windows 登录授予对 SQL Server 的访问权限,将自动授予该访问权限。'role'为要添加登录的服务器角色的名称,且必须为 sysadmin、securityadmin、serveradmin、setupadmin、processadmin、diskadmin、dbcreator、bulkadmin 之一。

(2) 利用系统存储过程删除服务器角色中的用户:

```
sp_dropsrvrolemember [ @loginame = ] 'login', [ @rolename = ] 'role'
```

2) 数据库角色

数据库角色是指在数据库级别上可以将数据库角色赋予用户。数据库角色的权限作用域为数据库范围。在 SQL Server 中有两种类型的数据库级角色,即数据库中预定义的"固定数据库角色"和用户可以创建的"自定义数据库角色"。

固定数据库角色是在数据库级别定义的,并且存在于每个数据库中。db_owner 和 db_securityadmin 数据库角色的成员可以管理固定数据库角色成员身份。但是,只有 db_owner 数据库角色的成员能够向 db_owner 固定数据库角色中添加成员。除 public 角色外,不能修改固定数据库角色的对象权限。public 角色是所有用户都必须属于的角色。固定数据库角色及其权限描述见表 8-2。

表 8-2 固定数据库角色及其权限描述

数据库角色名	说明
db_owner	角色成员可以执行数据库的所有配置和维护活动,还可以删除数据库
db_securityadmin	角色成员可以修改角色成员身份和管理权限
db_accessadmin	角色成员可以为 Windows 登录名、Windows 组和 SQL Server 登录名添加或删除数据库访问权限
db_backupoperator	角色成员可以备份数据库
db_ddladmin	角色成员可以在数据库中运行任何数据定义语言(DDL)命令
db_datawriter	角色成员可以在所有用户表中添加、删除或更改数据
db_datareader	角色成员可以从所有用户表中读取所有数据
db_denydatawriter	角色成员不能添加、修改或删除数据库内用户表中的任何数据
db_denydatareader	角色成员不能读取数据库内用户表中的任何数据
public	拥有数据库中用户的所有默认权限

自定义数据库角色可以任意定义和修改角色的权限。

在 SQL Server Management Studio 中给用户分配数据库角色与给用户分配服务器角色类似,所不同的是选择某个具体的数据库(例如 StudentMIS),然后选择该数据库下的"安全性"→"角色",右击,进行新建操作。请读者自行完成,这里不再赘述。

使用 Transact-SQL 管理数据库角色的语句见本章"访问控制"一节。

3) 应用程序角色

应用程序角色是一个数据库主体,它使应用程序能够用其自身的、类似用户的权限来运行。使用应用程序角色,可以只允许通过特定应用程序连接的用户访问特定数据。与数据库角色不同的是,应用程序角色默认情况下不包括任何成员,而且是非活动的。应用程序角色使用两种身份验证模式。可以使用 sp_setapprole 启用应用程序角色,该过程需要密码。因为应用程序角色是数据库级主体,所以它们只能通过其他数据库中为 guest 授予的权限来访问这些数据库。因此,其他数据库中的应用程序角色将无法访问任何已禁用 guest 的数据库。

应用程序角色的使用过程如下:

(1) 用户通过登录名或 Windows 认证方式登录到数据库。

(2) 登录有效,获得用户在数据库中拥有的权限。

(3) 应用程序执行 sp_setapprole 系统存储过程,并提供角色名和密码。

(4) 应用程序角色生效,用户原有角色对应的权限消失,用户将获得应用程序角色对应的权限。

(5) 用户使用应用程序角色中的权限操作数据库。

8.1.4 MongoDB 的安全性管理

在实现 MongoDB 解决方案时,最重要的方面之一是实现用户账户,以控制对数据库的访问。MongoDB shell 提供了创建、查看和删除用户账户所需的工具。用户账户的权限从只读到全面地管理数据库,各不相同。

1. MongoDB 用户管理

MongoDB 能够正常运行后,可以添加用户,让其能够访问数据库。在 MongoDB shell 中可添加、删除和配置用户。

1) 创建用户

如果要添加用户,可以在 MongoDB shell 中使用方法 createUser()。createUser()将一个文档对象作为参数,让用户能够指定用户名、密码和角色。表 8-3 列出了可在这个文档对象中指定的字段。

表 8-3 使用 createUser()方法创建用户时使用的字段

字 段	格 式	描 述
user	字符串	唯一的用户名
pwd	字符串	可选的用户密码
roles	数组	一个用户角色数组。MongoDB 提供了大量可分配给用户的角色
userSource	database	可选。可不使用 pwd 字段,而使用这个字段来指定定义了该用户的数据库。在这种情况下,用户的凭证将为存储在 userSource 指定的数据库中的凭证。注意,不能同时指定 pwd 和 userSource

MongoDB 提供了多种可分配给用户的角色,这些角色能够赋予用户复杂的权限和限制。MongoDB 内置的角色如下。

(1) 数据库用户角色:read、readWrite。

(2) 数据库管理角色:dbAdmin、dbOwner、userAdmin。

(3) 集群管理角色：clusterAdmin、clusterManager、clusterMonitor、hostManager。

(4) 备份恢复角色：backup、restore。

(5) 所有数据库角色：readAnyDatabase、readWriteAnyDatabase、userAdminAnyDatabase、dbAdminAnyDatabase。这些数据库角色只能分配给 admin 数据库中的用户，因为它们指定的是对所有数据库的权限。

(6) 超级用户角色：root。这里还有几个角色间接或直接提供了系统超级用户的访问(dbOwner、userAdmin、userAdminAnyDatabase)。

(7) 内部角色：_system。

如果要创建用户账户，可切换到目标数据库，再使用 createUser()命令创建用户。

【例 8-4】 在数据库 studentMIS 中创建一个基本的数据库用户，其具有管理员权限。

```
> use studentMIS
> db.createUser( {user: "admin", pwd: "123456", roles: ["readWrite","dbAdmin"]} )
```

在安装 MongoDB 时会自动创建 admin 数据库，这是一个特殊的数据库，提供了普通数据库没有的功能。例如，有些用户账户角色赋了用户操作多个数据库的权限，而这些角色只能在 admin 数据库中创建。如果要创建有权操作所有数据库的超级用户，必须将该用户加入 admin 数据库中。在检查凭证时，MongoDB 将在指定数据库和 admin 数据库中检查用户账户。可以使用以下命令在 MongoDB 服务器中创建具有管理员权限的超级用户：

```
> use admin
> db. createUser ( {user: " myUserAdmin", pwd: " 123456", roles: [{role:" root", db:
"admin"}]})
```

2) 列出用户

在每个数据库中，用户账户都存储在集合 db. system. users 中。User 对象包含字段 _id、user、db、pwd 和 roles 等。如果要获取用户账户列表，可切换到要列出其用户账户的数据库，再执行 db. getUsers()命令。

3) 删除用户

如果将用户从 MongoDB 数据库中删除，可使用 db. dropUser(username)命令。为此，必须先切换到用户所在的数据库。例如将用户 admin 从数据库 studentMIS 中删除，可在 MongoDB shell 中执行下面的命令：

```
> use studentMIS
> db.dropUser("admin")
```

2. 配置访问控制和强制认证

MongoDB 提供了数据库级身份验证和授权，这意味着用户账户存在于单个数据库中。为支持基本的身份认证，MongoDB 在每个数据库中都将用户凭证存储在集合 system. users 中。

在 MongoDB 刚安装时，数据库 admin 中没有任何用户账户。在数据库 admin 中没有任何账户时，MongoDB 向从本地主机发起的连接提供全面的数据库管理权限。因此，在配置 MongoDB 新实例时，首先需要创建用户管理员账户和数据库管理员账户。用户管理员账户可在 admin 和其他数据库中创建用户账户。此外还需要创建一个数据库管理员账户，将其作为管理数据库、集群、复制和 MongoDB 其他方面的超级用户。需要注意的是，用户管理员账户和数据库管理员账户都是在数据库 admin 中创建的。在 MongoDB 服务器中启用身份验证后，要以用户管理员或数据库管理员的身份连接到服务器，必须向 admin 数据库验证身份。但是，还需要在每个数据库中创建用户账户，让这些用户能够访问该数据库。

1）创建用户管理员账户

配置访问控制的第一步是创建用户管理员账户。用户管理员应只有创建用户账户的权限，而不能管理数据库或执行其他管理任务。这确保了数据库管理和用户账户管理之间有清晰的界限。

如果要创建用户管理员，可在 MongoDB shell 中执行下面两个命令，这些命令切换到数据库 admin，并添加一个角色为 userAdminAnyDatabase 的用户账户，这让用户管理员能够新建用户账户，但不能对数据库执行其他操作。

```
> use admin
> db.createUser( {user: "myUserAdmin", pwd: "123456", roles: ["userAdminAnyDatabase"]})
```

2）启用身份认证

如果要验证用户，可参考 MongoDB 提供的 db. auth()命令。对于 MongoDB shell，还可以通过从命令行传递用户身份验证信息来验证用户。除了验证客户端的身份之外，MongoDB 还可以要求副本集和分片集群的成员对其各自的副本集或分片集群进行身份认证。

【例 8-5】 在创建用户管理员账户后，使用参数--auth 重启 MongoDB 服务器，也可在配置文件中指定 auth 设置。例如“mongod. exe --dbpath "C:\Program Files\MongoDB\Server\4.0\data\db" --auth”。现在，客户端连接到服务器时必须提供用户名和密码。另外，从 MongoDB shell 访问 MongoDB 服务器时，如果要添加用户账户，必须执行下面的命令向数据库 admin 验证身份。

```
> use admin
> db.auth("myUserAdmin", "123456")
```

用户也可以在启动 MongoDB shell 时使用选项--username 和--password 向数据库 admin 验证身份，如下所示：

```
Mongo -- username ("myUserAdmin" -- password "123456")
```

MongoDB 支持多种身份认证机制，客户端可以使用它们来验证身份。这些机制允许 MongoDB 集成到现有的身份认证系统中，包括 SCRAM-SHA-1、MongoDB 质询和响应(MongoDB-CR)、x.509 证书认证。

3) 创建数据库管理员账户

如果要创建数据库管理员，可在 MongoDB shell 中切换到数据库 admin，再使用方法 createUser()添加角色为 readWriteAnyDatabase、dbAdminAnyDatabase 和 clusterAdmin 的用户。这让该用户能够访问系统中的所有数据库、创建新的数据库以及管理 MongoDB 集群和副本集。

【例 8-6】 创建一个名为 dbadmin 的数据库管理员。

```
> use admin
> db.createUser( {user: "dbadmin", pwd: "123456", roles: ["readWriteAnyDatabase",
"dbAdminAnyDatabase", "clusterAdmin"]})
> db.auth("dbadmin", "123456")
```

这样，用户就可以在 MongoDB shell 中使用这个用户账户来管理数据库了。在创建新的数据库管理员后，可使用 db.auth()命令验证这个用户的身份。

3. 配置基于角色的访问控制

角色授权用户访问 MongoDB 资源。MongoDB 提供了许多内置的角色，管理员可以使用它们来控制对 MongoDB 系统的访问。若这些角色无法描述所需的权限集，则可以在特定数据库中创建新角色。除了在管理数据库中创建的角色外，角色只能包含适用于其数据库的权限，并且只能继承其数据库中的其他角色。在管理数据库中创建的角色可以包括适用于管理数据库、其他数据库或群集资源的权限，并且可以从其他数据库中的角色以及管理数据库继承。

如果要创建新角色，可使用 db.createRole()方法，指定 permissions 数组中的权限和 roles 数组中的继承角色。MongoDB 使用数据库名称和角色名称的组合来唯一定义角色。每个角色的范围限定在创建角色的数据库中，但 MongoDB 将所有角色信息存储在 admin 数据库的 admin.system.roles 集合中。

首先创建用户管理员，然后创建其他用户。为访问系统的每个人员和应用程序创建一个唯一的 MongoDB 用户，创建一组用户需要的访问权限的角色，然后创建用户并分配他们只需要执行其操作所需的角色。这部分内容请读者查阅联机文档，这里不再赘述。

8.2 数据库的完整性

8.2.1 数据库的完整性概述

数据库的完整性是指数据的正确性和相容性。与数据库的安全性不同，数据库的完整性是为了防止错误数据的输入，而安全性是为了防止非法用户和非法操作。维护数据库的完整性是 DBMS 的基本要求。为了维护数据库的完整性，DBMS 必须提供一种机制来检查数据库中的数据是否满足语义约束条件。这些加在数据库数据之上的语义约束条件称为数据库的完整性约束条件。DBMS检查数据是否满足完整性约束条件的机制称为完整性检查。

8.2.2 完整性约束条件

完整性约束条件的作用对象可以是关系、元组、列。其中,列约束主要是列的数据类型、取值范围、精度、是否为空等;元组约束是元组之间列的约束关系;关系约束是指关系中元组之间以及关系和关系之间的约束。

完整性约束条件涉及的这3类对象,其状态可以是静态的,也可以是动态的。静态约束是指数据库每一确定状态时的数据对象所应满足的约束条件,它是反映数据库状态合理性的约束,这是最重要的一类完整性约束。动态约束是指数据库从一种状态转变为另一种状态时新、旧值之间所应满足的约束条件,它是反映数据库状态变迁的约束。

综合静态和动态约束两个方面,可以将完整性约束条件分为以下6类。

1. 静态列约束

静态列约束是对一个列的取值域的说明,这是最常用也最容易实现的一类完整性约束,主要有以下几个方面:

(1) 对数据类型的约束,包括数据的类型、长度、单位、精度等。

例如,"姓名"类型为字符型,长度为16;"体重"单位为公斤(kg),类型为数值型,长度为24位,精度为小数点后两位。

(2) 对数据格式的约束。

例如,"出生日期"的格式为"YYYY-MM-DD";"学号"的格式共8位,第1位表示学生是本国学生还是留学生,接下来的两位表示入学年份,第4位为院系编号,后面4位是顺序编号。

(3) 对取值范围或取值集合的约束。

例如,学生"成绩"的取值范围为0～100,"性别"的取值集合为[男,女]。

(4) 对空值的约束。

空值表示未定义或未知的值,与零值和空格不同,可以设置列不能为空值。例如,"学号"不能为空值,而"成绩"可以为空值。

2. 静态元组约束

一个元组是由若干个列值组成的,静态元组约束就是规定元组的各个列之间的约束关系。例如,定货关系中包含发货量、定货量,规定发货量不得大于定货量。

3. 静态关系约束

在一个关系的各个元组之间或者若干关系之间常常存在各种联系或约束。常见的静态关系约束有实体完整性约束、参照完整性约束、域完整性约束和用户定义完整性。

4. 动态列约束

动态列约束是修改列定义或列值时应满足的约束条件，包括以下两个方面：

(1) 修改列定义时的约束。例如将允许空值的列改为不允许空值时，如果该列目前已存在空值，则拒绝这种修改。

(2) 修改列值时的约束。修改列值有时需要参照其旧值，并且新旧值之间需要满足某种约束条件。例如，学生年龄只能增加。

5. 动态元组约束

动态元组约束是指修改元组的值时元组中的各个字段间需要满足某种约束条件。例如，职工工资调整时新工资不得低于原工资＋工龄工资×1.5。

6. 动态关系约束

动态关系约束是加在关系变化前后状态上的限制条件。例如事务一致性、原子性等约束条件。

8.2.3 完整性控制

DBMS的完整性控制机制应具有以下3个方面的功能：

(1) 定义功能。其提供定义完整性约束条件的机制。

(2) 检查功能。其检查用户发出的操作请求是否违背了完整性约束条件。

(3) 保护功能。如果发现用户的操作请求使数据违背了完整性约束条件，则采取一定的动作来保证数据的完整性。

完整性约束的约束条件可能非常简单，也可能极为复杂。一个完善的完整性控制机制应该允许用户定义这6类完整性约束条件。

目前，在DBMS系统中提供了定义和检查实体完整性、参照完整性和用户定义完整性的功能。对于违反实体完整性和用户定义完整性的操作，一般拒绝执行；对于违反参照完整性的操作，不是简单拒绝，而是根据语义执行一些附加操作，以保证数据库的正确性。

8.2.4 SQL Server的完整性

SQL Server提供了比较完善的完整性约束机制，不仅有实体完整性和参照完整性约束，还提供了多种自定义完整性约束的方法。

1. SQL Server的实体完整性

实体完整性约束就是定义主键，并设置主键不为空(NOT NULL)。

定义主键可以使用CREATE TABLE语句，在建立表时定义；如果在创建表时没有设置主键，可以使用ALTER TABLE语句增加主键，在增加主键时，如果原有数据中设置主键的列不符合主键约束条件(NOT NULL和唯一性)，则拒绝执行，要先对数据进行处理。在创建表时定义主键如下：

```
CREATE TABLE student(
    id int IDENTITY(1,1) NOT NULL,      -- 自动编号 IDENTITY(起始值,递增量)
    name nvarchar(64) NOT NULL,
    sex nvarchar(4),
    age int,
    address nvarchar(256) NULL,
 CONSTRAINT [PK_student] PRIMARY KEY (id));
```

首先定义 id 不为空(NOT NULL),使用关键字 PRIMARY KEY 定义 id 为主键,其约束名为 PK_student,SQL Server 根据主键自动建立索引,索引名为 PK_student。当主键由一个字段组成时,可以直接在字段后面定义主键,称为列约束。例如:

```
id int IDENTITY(1,1) NOT NULL PRIMARY KEY,
```

使用 ALTER TABLE 增加主键定义的示例:假设在创建 student 关系时已经定义了学号(id int IDENTITY(1,1)NOT NULL),但没有定义主键,则可以使用下面的操作增加主键。

```
ALTER TABLE student ADD CONSTRAINT PK_student PRIMARY KEY(id);
```

2. SQL Server 的参照完整性

参照完整性就是定义好被参照关系及其主键后,在参照关系中定义外键。其定义语法如下:

```
CONSTRAINT constraint_name FOREIN KEY (column [,…])
   REFERENCES ref_table(ref_column [,…])
   [ ON DELETE {CASCADE | NO ACTION }]
   [ ON UPDATE {CASCADE | NO ACTION }]
```

各参数说明如下:

(1) constraint_name:约束名。

(2) FOREIN KEY(column[,…]):外键,如果是单个字段,可作为列约束,省略限制名。

(3) REFERENCES ref_table(ref_column[,…]):被参照关系及字段。

(4) ON DELETE{CASCADE|NO ACTION}:定义删除行为,CASCADE 为级联删除,NO ACTION 为不允许删除。

(5) ON UPDATE{CASCADE|NO ACTION}:定义更新行为,CASCADE 为级联更新,NO ACTION 为不允许更新。

3. SQL Server 的用户定义完整性

1) NOT NULL 约束

NOT NULL 约束应用在单一的数据列上,保护该列必须要有数据值。在默认情况下，SQL Server 允许任何列都可以有 NULL 值。主键必须有 NOT NULL 约束。设置 NOT NULL 约束可以使用 CREATE TABLE 语句，在建立表时一起设置，例如：

```
CREATE TABLE student(
    id int IDENTITY(1,1) NOT NULL,
    name nvarchar(64) NOT NULL,
    sex nvarchar(4));
```

如果在创建表时没有 NOT NULL 约束，可以使用 ALTER TABLE 语句修改。在修改时，如果原有数据中有 NULL 值，将拒绝执行，要先对数据进行处理。例如增加 student 表中 sex 列的 NOT NULL 约束。

```
ALTER TABLE student MODIFY (sex nvarchar(4) NOT NULL);
```

2）检查约束

检查(CHECK)约束是对录入数据表中的数据所设置的检查条件，以限制输入值，用于保证数据库的完整性。检查约束通过逻辑表达式对数据列的值进行输入内容的限定，只有使逻辑表达式为 true 的数据才接受。如果用户的商业规则需要复杂的数据检查，那么可以使用触发器。检查约束不保护 LOB 类型的数据列。单一数据列可以有多个检查约束保护，一个检查约束可以保护多个数据列。当检查约束保护多个数据列时，必须使用表级约束语法。用户可用 CREATE TABLE 语句在定义表时设置检查约束，例如：

```
CREATE TABLE student(
    id int IDENTITY(1,1) NOT NULL,
    name nvarchar(64) NOT NULL,
    age int,
    CONSTRAINT age _ck CHECK (age > 18))
```

如果检查约束只对一列进行约束，可以作为列级约束直接写在列后面：

```
age int CHECK (age > 18)
```

ALTER TABLE 语句可以增加或修改检查约束。例如在 student 表中增加性别(sex)约束：

```
ALTER TABLE student ADD CONSTRAINT sex_ck CHECK (sex in ('男', '女'));
```

3）唯一性约束

唯一性约束使数据列中任何两行的数据都不相同或为 NULL。唯一性约束与主键不同的是，唯一性约束可以为 NULL(是指没有 NOT NULL 约束的情况)，一个表可以有多个唯一性约束，而主键只能有一个。用户可以使用 CREATE TABLE 语句在创建表时设置唯一性约束。

8.3 数据库的并发控制

为了有效地利用网络资源，可能出现多个用户通过网络同时操作多个程序的多个进程并行运行，即数据库的并行操作。对并行操作的有效控制称为并发控制。数据库的并发控制和恢复技术与事务密切相关，事务是并发控制和恢复的基本单位。本节先介绍事务的基本概念，然后介绍并发控制，在下一节将介绍备份与恢复技术。

8.3.1 事务

1. 事务的概念

事务(Transaction)是完成一个应用处理的最小单元，作为单个逻辑工作单元，由一个或多个对数据库操作的语句组成。数据库的并发控制是以事务为基本单位进行的。事务的概念主要是为了保持数据的一致性而提出的。例如银行转账操作，从A账号转入1000元资金到B账号，对客户而言，电子银行转账是一个独立的操作，而对于数据库系统而言，包括从A账号取出1000元和将1000元存入B账号两个操作，如果从A账号取出1000元成功而B账号存入1000元失败，或者从A账号取出1000元失败而B账号存入1000成功，只要其中一个操作失败，转账操作即失败。这些操作要么全都发生，要么由于出错而全不发生。保证这一点非常重要，决不允许发生下面的事情：在账号A透支情况下继续转账；或者从账号A转出1000元，而不知去向未能转入账号B中。

从用户观点看，对数据库的某些操作应是一个整体，也就是一个独立的工作单元，不能分割。一个事务内的操作要么全部执行，要么全部不执行，将事务作为一个不可分割的工作单位。在关系型数据库中，一个事务可以是一条SQL语句、一组SQL语句或整个程序，一个应用程序可以包括多个事务。事务是这样一种机制：它确保多个SQL语句被当作单个工作单元来处理。

事务的开始和结束可以由用户显式控制，在SQL语言中常用的定义事务的语句有3个，即BEGIN TRANSACTION、COMMIT和ROLLBACK。其中，BEGIN TRANSACTION表示事务的开始，以COMMIT或ROLLBACK结束事务。COMMIT表示事务的提交，即将所有对数据库的更新写回到磁盘上的物理数据库中，正常结束该事务。ROLLBACK表示事务的回滚，用于事务执行过程中发生了某种故障，事务不能继续执行，系统将该事务中对数据库的所有已完成更新操作全部撤销，回滚到事务开始时的状态。如果用户没有指明事务的开始和结束，DBMS按默认规定自动划分事务。

事务与批处理是有区别的。事务是操作的原子工作单元，而一个批处理可以包含多个事务，一个事务也可以在多个批处理中的某些部分提交。当事务在执行中被取消或回滚时，SQL Server会撤销自事务开始以来进行的部分活动，而不考虑批处理是从哪里开始的。此外，批处理的组合发生在编译时刻，事务的组合发生在执行时刻。

2. 关系数据库中事务的性质

事务定义了一个或多个数据库操作的序列，但是并非任意数据库操作序列都能称为事务。为了保护数据的完整性，关系数据库一般要求事务具有 4 个特性，即原子性（Atomicity）、一致性（Consistency）、隔离性（Isolation）和持久性（Durability），简称为 ACID 特性。

（1）原子性。事务的原子性保证事务包含的一组更新操作是原子不可分的，即这些操作是一个整体，事务中包括的所有操作在执行时应遵守“要么不做，要么全做”的原则，不允许事务部分完成。

（2）一致性。一致性要求事务执行的结果必须是使数据库从一个一致状态转变到另一个一致状态。因此，当数据库只包含成功事务提交的结果时，就说数据库处于一致状态。如果数据库系统运行中发生故障，有些事务尚未完成就被迫中断，系统将事务中对数据库的所有已完成的操作全部撤销，回滚到事务开始时的一致状态。数据库的一致状态是指数据库中的数据满足完整性约束。

（3）隔离性。隔离性意味着若多个事务并行执行，应和各事务独立执行一样，一个事务的执行不能被其他事务干扰。即一个事务内部的操作及使用的数据对其他并发事务是隔离的，并发执行的各个事务之间不能互相干扰。并发控制就是为了保证事务间的隔离性。

（4）持久性。持久性保证一个事务一旦提交，它对数据库中数据的更新就应该是永久性的。接下来的其他操作或系统故障不应该对其执行结果有任何影响。

具有 ACID 特性的数据库支持强一致性，强一致性代表数据库本身不会出现不一致，每个事务是原子的，或者成功或者失败，事务间是隔离的，互相完全不影响，而且最终状态是持久保存的。因此，数据库会从一个明确的状态到另外一个明确的状态，中间的临时状态是不会出现的，如果出现也会及时地自动修复，所以是强一致的。典型的关系数据库 SQL Server、Oracle、MySQL 都能保证强一致性。

保证事务的 ACID 特性是事务处理的重要任务。事务的 ACID 特性可能遭到破坏的因素如下：

（1）多个事务并行运行时，不同事务的操作交叉执行。

（2）事务在运行过程中被强制停止。

在第一种情况下，数据库管理系统必须保证多个事务的交叉运行不影响这些事务的原子性；在第二种情况下，数据库管理系统必须保证被强行终止的事务对数据库和其他事务没有任何影响。这些就是数据库管理系统中并发控制和恢复机制的任务。

3. NoSQL 数据库中事务的性质

CAP 理论、BASE 理论和最终一致性是 NoSQL 数据库存在的三大基石。

1）CAP 理论

在分布式存储系统中，一般要求事务具有 3 个特性，即一致性（Consistency）、可用性（Availability）和分区容忍性（Partition Tolerance），简称为 CAP 理论。CAP 理论由 Eric Brewer 于 2000 年在 ACM PODC 会议上的主题报告中提出，这个理论是 NoSQL 数据库管理系统构建的基础，如图 8-20 所示。CAP 理论告诉我们，一个分布式系统不可能满足一致性、可用性和分区容忍性这 3 个需求，最多只能同时满足两个。因此，系统设计者必须在这3个特性之间做出权衡。

(1) 一致性。一致性是指系统在执行过某项操作后仍然处于一致的状态。对于分布式的存储系统，一个数据往往会存在多份。简单地说，一致性会让客户对数据的更新操作(增加、修改、删除)要么在所有的数据副本(replica)全部成功，要么全部失败。即更新操作对于一份数据的所有副本(整个系统)而言，是原子的操作。如果一个存储系统可以保证一致性，则客户读写的数据完全可以保证是最新的，不会发生两个不同的客户端在不同的存储结点中读取到不同副本的情况。

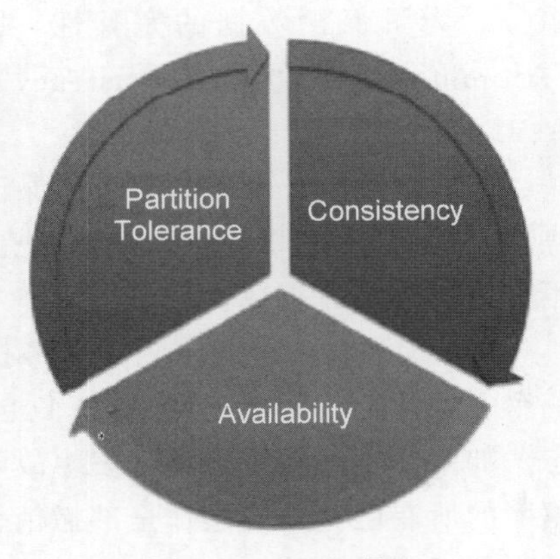

图 8-20 CAP 理论

(2) 可用性。可用性是指在客户端想要访问数据的时候可以得到响应。即每一个操作总是能够在一定时间内返回结果，这里需要注意的是"一定时间内"和"返回结果"。"一定时间内"是指系统的结果必须在给定时间(允许的最长响应时间)内返回，如果超时则被认为不可用。"返回结果"同样非常重要，但是注意，系统可用并不代表存储系统所有结点提供的数据是一致的。对于这种情况，我们仍然说系统是可用的。

(3) 分区容忍性。分区容忍性是指系统在存在网络分区的情况下仍然可以接受请求(满足一致性和可用性)。这里所说的"网络分区"是指由于某种原因网络被分成若干个独立的区域，且区域之间互不相通。

表8-4所示为CAP问题的选择。

表 8-4 CAP 问题的选择

序 号	选 择	特 点	示 例
1	C,A	两段锁提交、缓存验证协议	集群数据库、关系数据库
2	C,P	悲观锁	分布式数据库、分布式加锁、MongoDB
3	A,P	冲突处理、乐观方法	DynamoDB、Cassandra

2) 数据一致性模型

某些分布式系统的可靠性和容错性的提高是通过复制数据来实现的，并在不同的机器上存放不同的数据副本。许多系统采用弱一致性来提高性能，因为维护数据副本的一致性代价非常高，所以不同的一致性模型相继被提出，主要有以下几种：

(1) 强一致性。要求在任何数据副本上执行更新操作，在操作成功执行后，所有的读操作都要获得最新的数据。

(2) 弱一致性。在这种一致性下，用户读到某一操作对系统特定数据的更新需要一段时间，通常将这段时间称为"不一致性窗口"。

(3) 最终一致性。它是弱一致性的一种特例，经过一段时间以后，更新的数据会到达系统中的所有相关结点，保证某操作的更新操作用户最终能读取到。这段时间被称为"最终一致性窗口"。

3）BASE 理论

如 CAP 理论所言，一致性、可用性和分区容忍性这 3 个条件系统几乎不可能同时满足。但是，对数据量不断增长的系统来说，它对系统的可用性及分区容忍性的要求与强一致性相比更高一些，并且很难满足事务的 ACID 特性，因此 BASE 理论被提出。

通过牺牲一致性和独立性来提高系统的性能和可用性，这便是 BASE 方法的理念。其中 BASE 分别代表：

（1）基本可用性(Basically Available)：系统能够基本运行、一直提供服务。

（2）软状态(Soft-state)：系统不要求一直保持强一致状态。即使没有为系统提供任何输入，其状态也将随时间而变化。

（3）最终一致性(Eventually Consistency)：系统需要在某一时刻后达到一致性要求。

ACID 和 BASE 的比较如表 8-5 所示。

表 8-5　ACID 和 BASE 的比较

ACID	BASE
原子性	基本可用
强一致性	最终一致性
隔离性	软状态，可用性优先
持久性	适应变化、更简单、更快
采用悲观、保守方法	采用乐观方法

4. 事务的类型

任何对数据的修改都是在事务环境中进行的。SQL Server 使用 4 类事务模式管理数据的修改。

（1）显式事务。事务中存在显式的 BEGIN TRANSACTION 或 BEGIN DISTRIBUTED TRANSACTION 语句开始，以 COMMIT TRANSACTION、COMMIT WORK、ROLLBACK TRANSACTION、ROLLBACK WORK、SAVE TRANSACTION 中的一种语句显式结束。SQL Server 2016 支持分布式事务(DISTRIBUTED TRANSACTION)。

（2）隐式事务。在前一个事务完成时新事务就隐式启动，但是每个事务仍然以 COMMIT 或 ROLLBACK 语句显式结束。

（3）自动提交事务。如果数据修改语句是在没有显式或者隐式事务的数据库中执行的，就称为自动提交事务。简而言之，它一次仅执行一个操作，每条单独的语句都可看作一个事务。

（4）批处理级事务。只能应用于多个活动结果集，在多个活动结果集会话启动的 Transact-SQL 显式或隐式事务变为批处理级事务。当批处理完成时没有提交或回滚的批处理级事务自动由 SQL Server 进行回滚。

8.3.2　并发控制概述

在多用户数据库系统中，运行的事务很多。事务可以一个一个地串行执行，即每个时刻只有一个事务运行,其他事务必须等待这个事务结束后才能运行,则称这种执行方式为串行执行,如图 8-21(a)所示,这样可以有效保证数据的一致性。事务在执行过程中需要不同的资源,有时需要 CPU,有时需要存取数据库,有时需要 I/O,有时需要通信,但是串行执行方式使许多系统资源处于空闲状态。为了充分利用系统资源,发挥数据库共享资源的特点,应该允许多个事务并行执行。但这又会发生多用户并发同时存取同一数据的情况,即数据库的并发操作。

在单处理机系统中,事务的并行执行实际上是这些事务交替轮流执行,这种并行执行方式称为交叉并行执行方式(Interleaved Concurrency),如图 8-21(b)所示。虽然单处理机系统中的并行事务并没有真正地并行运行,但是减少了处理机的空闲时间,提高了系统的效率。在多处理机系统中,每个处理机可以运行一个事务,多个处理机可以运行多个事务,真正实现了多个事务的并行运行,这种并行执行方式称为同时并行方式(Simultaneous Concurrency)。

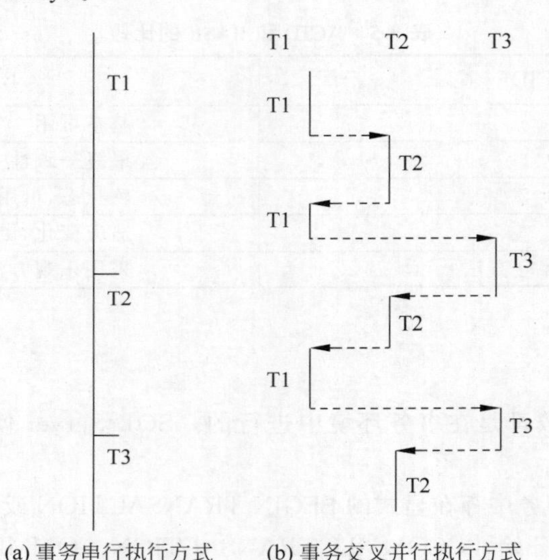

(a) 事务串行执行方式　(b) 事务交叉并行执行方式

图 8-21　事务的执行方式

当多个事务被并行执行时,称这些事务为并发事务。并发事务可以在时间上重叠执行,可能产生多个事务存取同一数据的情况,如果不对并发事务进行控制,则可能出现存取不正确的数据,破坏数据的一致性。对并发事务进行调度,使并发事务所操作的数据保持一致性的整个过程称为并发控制。并发控制是数据库管理系统的重要功能之一。

当多个用户试图同时访问一个数据库,他们的事务同时使用相同的数据时,可能破坏事务的隔离性和数据的一致性,会产生丢失更新(Lost Update)、读"脏"数据(Dirty Read)、不可重复读(Non-Repeatable Read)和幻读问题。

(1) 丢失更新。当两个事务 T1 和 T2 同时读入同一个数据并修改时,由于每个事务都不知道其他事务的存在,最后的更新将重写其他事务所作的更新,即 T2 把 T1 或 T1 把 T2 提交的修改结果覆盖掉,造成了数据的丢失更新问题,导致数据的不一致。

(2) 读"脏"数据。事务 T1 修改数据后,将其写回磁盘,事务 T2 读同一数据,T1 由于某种原因被撤销，T1 修改的值恢复原值，T2 读到的数据与数据库中的数据不一致，是“脏”数据，称为读“脏”数据。读“脏”数据的原因是读取了未提交事务的数据，所以又称为未提交数据。

(3) 不可重复读。事务 T1 读取数据 D 后，事务 T2 读取并更新了数据 D，如果事务 T1 再一次读取数据 D 以进行核对，得到的两次读的结果不同，这种情况称为不可重复读。

(4) 幻读。当一个事务对某行执行插入或删除操作，而该行属于某个事务正在读取的行的范围时，会发生幻读问题。

产生上述 4 种数据不一致的主要原因是并行操作破坏了事务的隔离性。并发控制就是采用一定的调度策略控制并发事务，使事务的执行不受其他事务的干扰，从而避免数据的不一致性。

多个事务的并行执行是正确的，当且仅当其结果与按某一次序串行地执行它们时的结果相同，这种调度策略称为可串行化(Serializable)的调度。可串行性是并发事务正确性的准则。按这个准则规定，一个给定的并发调度，当且仅当它是可串行化的，才认为是正确调度。

并发控制方法主要有封锁(Locking)方法、时间戳(TimeStamp)方法、乐观(Optimistic)方法等，本章主要介绍在数据库管理系统中使用较多的封锁方法。

8.3.3 常用的封锁技术

封锁就是事务 T 在对某个数据对象操作之前，先向系统发出请求，对其加锁。加锁后事务 T 就对该数据对象有了一定的控制，在事务 T 释放它的锁之前，其他的事务不能更新此数据对象。封锁可以防止用户读取正在由其他用户更改的数据，并可以防止多个用户同时更改相同数据。即封锁可以防止丢失更新、读“脏”数据、不可重复读等并发操作带来的数据不一致性问题。

1. 封锁类型

基本的封锁类型有两种，即排他锁(Exclusive Locks，简记为 X 锁)和共享锁(Share Locks，简记为 S 锁)。排他锁又称为写锁。如果事务 T 对某个数据 D(可以是数据项、记录、数据集乃至整个数据库)加上 X 锁，那么只允许 T 读取和修改 D，其他任何事务都不能再对 D 加任何类型的锁，直到 T 释放 D 上的锁。这就保证了其他事务在 T 释放 D 上的锁之前不能再读取和修改 A。共享锁又称为读锁。若事务 T 对某个数据 D 加上 S 锁，则事务 T 可以读 D，但不能修改 D，其他事务只能再对 D 加 S 锁，而不能加 X 锁，直到 T 释放 D 上的 S 锁。这就保证了其他事务可以读 D，但在 T 释放 D 上的 S 锁之前其他事务不能对 D 做任何修改。

排他锁与共享锁的控制方式可以用表 8-6 所示的相容矩阵来表示，其中 Y 表示相容的请求，N 表示不相容的请求，X、S、一分别表示 X 锁、S 锁和无锁。如果两个封锁是不相容的，则后提出封锁的事务要等待。

表 8-6 封锁类型的相容矩阵

T1	T2		
	X	S	—
X	N	N	Y
S	N	Y	Y
—	Y	Y	Y

2. 封锁协议

在运用 X 锁和 S 锁这两种基本封锁对数据对象加锁时，还需要约定一些规则，例如何时申请 X 锁或 S 锁、持锁时间、何时释放等，我们称这些规则为封锁协议。对封锁方式规定不同的规则，就形成了各种不同的封锁协议。下面介绍三级封锁协议。对并发事务的不正确调度可能会带来丢失更新、读“脏”数据和不可重复读等不一致性问题，三级封锁协议分别在不同程度上解决了这些问题，为并发事务的正确调度提供一定的保证。

1）一级封锁协议

事务 T 在修改数据 D 之前必须先对其加 X 锁，直到事务结束（包括正常结束 COMMIT 和非正常结束 ROLLBACK）才释放，这称为一级封锁协议。一级封锁协议可防止丢失更新，并保证事务 T 是可恢复的。

在一级封锁协议中，如果仅仅是读数据不对其进行修改，是不需要加锁的，所以它不能保证不读“脏”数据和可重复读。

2）二级封锁协议

二级封锁协议是指在一级封锁协议的基础上，当事务 T 在读取数据 D 之前必须先对其加 S 锁，读完后即可释放 S 锁。二级封锁协议除防止了丢失更新以外，还可进一步防止读“脏”数据。由于读完后即可释放 S 锁，所以不能保证可重复读。

3）三级封锁协议

三级封锁协议是指一级封锁协议加上事务 T 在读取数据 R 之前必须先对其加 S 锁，直到事务结束才释放。三级封锁协议除防止了丢失更新和不读“脏”数据外，还进一步防止了不可重复读。

3. 活锁和死锁

1）活锁

系统可能使某个事务永远处于等待状态，得不到封锁的机会，这种现象称为“活锁”（Live Lock）。例如，如果事务 T1 封锁了数据 D，事务 T2 又请求封锁 D，于是 T2 等待。T3 也请求封锁 D，当 T1 释放了 D 上的封锁后，系统首先批准了 T3 的请求，T2 仍然等待。然后 T4 又请求封锁 D，当 T3 释放了 D 上的封锁之后，系统又批准了 T4 的请求……T2 可能永远等待。避免活锁的一种简单方法是采用“先来先服务”的策略，也就是简单的排队方式。

如果运行时事务有优先级，那么很可能使优先级低的事务，即使排队也很难轮上封锁的机会。此时可采用“升级”方法来解决，也就是当一个事务等待若干时间（例如 3 分钟）

还轮不上封锁时，可以提高其优先级别，这样总能轮上封锁。

2）死锁

系统中有两个或两个以上的事务都处于等待状态，并且每个事务都在等待其中另一个事务解除封锁，它才能继续执行下去，结果造成任何一个事务都无法继续执行，这种现象称系统进入了“死锁”(Dead Lock)状态。

(1) 产生死锁的原因。如果事务 T1 封锁了数据 D1，T2 封锁了数据 D2，然后 T1 又请求封锁 D2，因 T2 已封锁了 D2，于是 T1 等待 T2 释放 D2 上的锁。接着 T2 又申请封锁 D1，因 T1 已封锁了 D1，T2 也只能等待 T1 释放 D1 上的锁。这样就出现了 T1 在等待 T2，而 T2 又在等待 T1 的局面，T1 和 T2 两个事务永远不能结束，形成死锁。

(2) 死锁的预防。在数据库中，产生死锁的原因是两个或多个事务都已封锁了一些数据对象，然后又都请求对已被其他事务封锁的数据对象加锁，从而出现死等待。防止死锁的发生其实就是要破坏产生死锁的条件。预防死锁通常有以下两种方法：

① 一次封锁法。一次封锁法要求每个事务必须一次将所有要使用的数据全部加锁，否则就不能继续执行。一次封锁法虽然可以有效地防止死锁的发生，但也存在问题，一次就将以后要用到的全部数据加锁，势必扩大了封锁的范围，从而降低了系统的并发度。

② 顺序封锁法。顺序封锁法是预先对数据对象规定一个封锁顺序，所有事务都按这个顺序实行封锁。顺序封锁法可以有效地防止死锁，但也同样存在问题。事务的封锁请求可以随着事务的执行而动态决定，很难事先确定每一个事务要封锁哪些对象，因此也就很难按规定的顺序去施加封锁。

可见，可用一次封锁法和顺序封锁法预防死锁，但是不能根本消除死锁，因此 DBMS 在解决死锁的问题上还要有诊断并解除死锁的方法。

(3) 死锁的诊断与解除。

① 超时法。如果一个事务的等待时间超过了规定的时限，就认为发生了死锁。超时法实现简单，但其不足也很明显。一是有可能误判死锁，事务因为其他原因使等待时间超过时限，系统会误认为发生了死锁；二是时限若设置得太长，死锁发生后不能及时发现。

② 等待图法。事务等待图是一个有向图 G=(T,U)。T 为结点的集合，每个结点表示正运行的事务；U 为边的集合，每条边表示事务等待的情况。若 T1 等待 T2，则 T1、T2 之间画一条有向边，从 T1 指向 T2。事务等待图动态地反映了所有事务的等待情况。并发控制子系统周期性地(例如每隔 1 分钟)检测事务等待图，如果发现图中存在回路，则表示系统中出现了死锁。

数据库管理系统的并发控制子系统一旦检测到系统中存在死锁，就要设法解除。通常采用的方法是选择一个处理死锁代价最小的事务，将其撤销，释放此事务持有的所有锁，使其他事务得以继续运行下去。当然，对撤销的事务所执行的数据修改操作必须加以恢复。

8.3.4 SQL Server 的并发控制

SQL Server 允许多个事务并行执行。但是，如果多个用户同时访问同一数据库，并且他们的事务同时使用相同的数据，则可能发生丢失更新、读“脏”数据和不可重复读等并发问题。

1. SQL Server的锁粒度

SQL Server具有多粒度锁,允许一个事务锁定不同类型的资源。为了使锁定的成本减至最少,SQL Server自动将资源锁定在适合任务的级别。锁定在较小的粒度(例如行)可以增加并发但需要较大的开销,因为如果锁定了许多行,则需要控制更多的锁;锁定在较大的粒度(例如表)就并发而言是相当昂贵的,因为锁定整个表限制了其他事务对表中任意部分进行访问,但要求的开销较低,因为需要维护的锁较少。SQL Server的锁粒度如表8-7所示(按粒度增加的顺序列出)。

表8-7 SQL Server的锁粒度及其说明

锁粒度	说明
行锁	单独对表中的一行加锁,这是最小的锁
键锁	索引中的行锁,用于保护可串行事务中的键范围
页锁	锁定8KB的数据页或索引页
区锁	锁定相邻的8个数据页或索引页
表锁	锁定包括所有数据和索引在内的整个表
数据库锁	锁定整个数据库,常用于数据库的恢复操作

2. SQL Server的锁模式

SQL Server使用不同的锁模式锁定资源,这些锁模式确定了并发事务访问资源的方式。SQL Server使用如表8-8所示的资源锁模式。

表8-8 SQL Server的资源锁模式

锁模式	说明
共享锁(S)	用于不更新数据的只读操作,例如SELECT语句
更新锁(U)	用于可更新的资源中,防止当多个事务在读取、锁定以及随后可能进行的资源更新时发生的死锁
排他锁(X)	用于数据修改操作,例如INSERT、UPDATE或DELETE,确保不会同时对同一资源进行多重更新
意向锁(I)	用于建立锁的层次结构。意向锁的类型为意向共享锁(IS)、意向排他锁(IX)以及意向排他共享锁(SIX)
架构锁(Sch)	在执行依赖于表架构的操作时使用,有架构修改锁(Sch-M)和架构稳定性锁(Sch-S)
键范围锁(Key-range)	用于序列化的事务隔离级别,可以保护由Transact-SQL语句读取的记录集合中隐含的行范围
大容量更新锁(BU)	向表中大容量复制数据并指定了在TABLOCK提示时使用

共享锁(S)允许并发事务读取一个资源。当一个资源上存在共享锁时,任何其他事务都不能修改数据。一旦已经读取数据,便立即释放资源上的共享锁,除非将事务隔离级别设置为可重复读或更高级别,或者在事务生存周期内用锁定提示保留共享锁。

更新锁(U)可以防止通常形式的死锁。一般更新模式由一个事务组成,此事务读取记录,获取资源(页或行)的共享锁,然后修改行,此操作要求锁转换为排他锁。如果两个事务获得了资源上的共享模式锁,然后试图同时更新数据,则一个事务尝试将锁转换为排他锁。共享模式锁到排他锁的转换必须等待一段时间,因为一个事务的排他锁与其他事务的共享模式锁不兼容;发生锁等待。第二个事务试图获取排他锁以进行更新。由于两个事务都要转换为排他锁,并且每个事务都等待另一个事务释放共享模式锁,因此发生死锁。若要避免这种潜在的死锁问题,请使用更新锁。一次只有一个事务可以获得资源的更新锁。如果事务修改资源,则更新锁转换为排他锁,否则锁转换为共享锁。

排他锁(X)可以防止并发事务对资源进行访问。其他事务不能读取或修改排他锁锁定的数据。

意向锁(I)表示 SQL Server 需要在层次结构中的某些底层资源上获取共享锁或排他锁。例如,放置在表级的共享意向锁表示事务打算在表中的页或行上放置共享锁。在表级设置意向锁可防止另一个事务随后在包含那一页的表上获取排他锁。意向锁可以提高性能,因为 SQL Server 仅在表级检查意向锁来确定事务是否可以安全地获取该表上的锁,无须检查表中的每行或每页上的锁以确定事务是否可以锁定整个表。意向锁包括意向共享锁(IS)、意向排他锁(IX)以及意向排他共享锁(SIX)。意向共享锁(IS)是指通过在各资源上放置 IS 锁,表明事务的意向是读取层次结构中的部分(而不是全部)底层资源。意向排他锁(IX)是通过在各资源上放置 IX 锁,表明事务的意向是修改层次结构中的部分(而不是全部)底层资源。IX 是 IS 的超集。意向排他共享锁(SIX)是通过在各资源上放置 SIX 锁,表明事务的意向是读取层次结构中的全部底层资源并修改部分(而不是全部)底层资源。允许顶层资源上的并发 IS 锁。例如,表的 SIX 锁在表上放置一个 SIX 锁(允许并发 IS 锁),在当前所修改页上放置 IX 锁(在已修改行上放置 X 锁)。虽然每个资源在一段时间内只能有一个 SIX 锁,以防止其他事务对资源进行更新,但是其他事务可以通过获取表级的 IS 锁来读取层次结构中的底层资源。

架构锁(Sch)是指执行表的数据定义语言(DDL)操作(例如添加列或删除表)时,使用架构修改锁。当编译查询时,使用架构稳定性锁。架构稳定性锁不阻塞任何事务锁,包括排他锁。因此在编译查询时,其他事务都能继续运行,但不能在表上执行 DDL 操作。

键范围锁(Key-range)用于序列化的事务隔离级别,可以保护由 Transact-SQL 语句读取的记录集合中隐含的行范围。键范围锁可以防止幻读,还可以防止对事务访问的记录集进行幻想插入或删除。

大容量更新锁(BU)是将数据大容量复制到表,且指定了 TABLOCK 提示或者使用 sp_tableoption 设置了 table lock on bulk 表选项时,将使用大容量更新锁。大容量更新锁允许进程将数据并发地大容量复制到同一表,同时防止其他不进行大容量复制数据的进程访问该表。

3. SQL Server 的锁提示

锁提示可以使用 SELECT、INSERT、UPDATE 和 DELETE 语句指定表级锁定提示的范围,以引导 SQL Server 使用所需的锁类型。当需要对对象所获得锁类型进行更精细的控制时,可以使用表级锁提示。这些锁提示取代了当前事务隔离级别。SQL Server 查询优化器自动做出正确的决定。建议仅在必要时才使用表级锁提示更改默认的锁定行为。

8.3.5 MongoDB 的并发控制

MongoDB 不支持多文档原子事务,但是它可以为单个文档提供原子操作。如果文档有 100 个字段,则更新语句将更新或不更新所有字段的值,因此在原始级别保持原子性。

维持原子性的推荐方法是将所有相关信息保存在一起,并使用嵌入式文档在一个文档中一起更新。这将确保单个文档的所有更新都是原子的。

8.4 数据库的备份与恢复

任何一个系统都不可能是完美的,数据库系统也不例外。尽管数据库系统采取了各种措施来保证数据库的安全性和完整性,保证并发事务的正确执行,但是在系统的运行过程中,硬件故障、软件错误、用户操作失误、恶意破坏不可避免,这些故障轻则造成运行事务非正常中断,影响数据库的正确性和事务的一致性,重则破坏数据库,使数据库中的数据部分或全部丢失。

数据库系统中的数据是非常宝贵的资源,为了保证数据库系统长期而稳定的运行,必须采取一定的措施,以防意外。数据库的备份和恢复为存储在 SQL Server 中的数据提供了重要的保护手段,在灾难恢复中起着重要作用。数据库的备份是一个长期的过程,而恢复只在发生故障后进行。

8.4.1 数据库备份

数据库备份(Database Backup)是指为防止系统出现操作失误或系统故障导致数据丢失,而将数据库的全部或部分数据复制到其他存储介质的过程。设计数据库备份策略的指导思想是以最小的代价恢复数据。备份与恢复是相互联系的,备份策略与恢复应结合起来考虑。

1. 备份的内容

数据库中数据的重要程度决定了数据恢复的必要性和重要性,也决定了数据是否需要备份及如何备份。SQL Server 数据库需备份的内容分为数据文件(包括主数据文件和次要数据文件)、日志文件两部分。为了使数据库能够恢复到某个一致点,备份不仅需要复制数据库数据文件里的内容,还要复制日志文件里的内容。因此,根据每次备份的目标不同,可以将备份分为数据备份和日志备份。从数据库恢复基本策略中可知,影响数据库恢复的主要是日志文件和数据库备份。

1) 日志文件

日志文件是用来记录事务对数据库更新的文件。如果以记录为单位形成日志文件,其内容包括事务的开始标志(BEGIN TRANSACTION);事务的结束标志(COMMIT 或 ROLLBACK);事务的所有操作,例如操作的类型(插入、删除、修改)、操作对象、操作的数据(更新前后的值)。

日志文件在数据库的恢复中起着重要的作用,用来恢复事务故障和系统故障,并协助恢复介质故障。其具体作用如下:

(1) 事务故障和系统故障的恢复必须使用日志文件进行 UNDO 或 REDO。

(2) 在恢复介质故障时,首先利用数据库备份还原到备份点,从备份点到故障点,根据日志文件,采用 REDO 和 UNDO 方法,将数据库恢复到故障点的一致状态。如果日志文件损坏,则只能恢复到备份点的一致状态,需要手工提供备份点到故障点的事务。

日志文件严格按并发事务执行的时间顺序进行登记,并且先写日志文件再写数据文件。如果先写了数据文件而在写日志文件时发生错误,导致日志文件没有记录这个修改,则在以后就无法恢复该修改了;如果先写了日志文件而在写数据文件时发生错误,导致没有修改数据库,可按日志文件进行 REDO。

2) 数据库备份

数据库备份是将数据库中的数据复制到另外的存储介质中,例如磁盘(备份本地文件、备份网络文件)或磁带(仅可用于备份本地文件),产生数据库副本。数据库副本的作用是,当数据库介质故障时,重新将副本装入,还原到副本产生时(备份点)的一致状态。如果要恢复到故障点的一致状态,要使用日志文件。

数据库备份可以采用操作系统的文件形式复制数据文件,称为物理备份;也可以采用 DBMS 特有的形式复制数据库,称为逻辑备份,逻辑备份一般使用 DBMS 系统专用的导入/导出工具。

备份的方法可以是静态的,也可以是动态方式。

(1) 静态备份是指系统中无任何事务时进行的复制操作,由于它一般是在数据库关闭状态下进行的,所以又称为冷备份。由于复制期间不允许任何事务对数据库进行操作,所以静态备份得到的是一个有一致性的副本。静态备份比较简单,但是必须停止所有的事务,只有备份完成后事务才能运行,这会降低数据库的可用性。

(2) 动态备份是指允许其他事务对数据库进行操作的同时进行数据的复制,是并行执行的。动态备份可以克服静态备份的缺点,不用停止其他运行的事务,也不影响新的事务,不用关闭数据库,但是复制后的副本不能保证事务的一致性。

由于数据库中的数据量比较大,备份是比较费时的,并且占用较大的空间。备份可以采用完整备份和差异备份两种方式。完整备份是每次都备份整个数据库或事务日志文件;差异备份是在前一次备份的基础上只备份变化的部分,也称为增量备份。第一次备份采用完整备份,后续的备份可以采用差异备份。

2. 备份介质

备份介质是指将数据库备份到目标载体,即备份到何处。在 SQL Server 2016 中,允许使用两种类型的备份介质。

(1) 磁盘。磁盘是最常用到的备份介质,可以用于备份本地文件,也可以用于备份网络文件。备份到磁盘中有两种形式，即文件形式和备份设备的形式。

(2) 磁带。大容量的备份介质，仅可用于备份本地文件。

3. 备份的时机

对于系统数据库和用户数据库，备份的时机是不同的。

(1) 系统数据库。当系统数据库 Master、Msdb 和 Model 中的任何一个被修改以后，都要将其备份。

(2) 用户数据库。当创建数据库或加载数据库时，应备份数据库；当为数据库创建索引时，应备份数据库，以便恢复时能够大大节省时间。

4. 备份的方法

数据库备份常用的两类方法是完全备份和差异备份。完全备份每次都备份整个数据库或事务日志，差异备份只备份自上次备份以来发生变化的数据库数据。差异备份也称为增量备份。

8.4.2 数据库恢复

数据库恢复(Database Recovery)是指将备份到存储介质上的数据再恢复(还原)到计算机系统中的过程。它与数据备份是一个逆过程，可能需要涉及整个数据库系统的恢复。恢复的基础是数据库的备份和还原以及日志文件，只有完整的数据库备份和日志文件才能有完整的恢复。数据库管理系统的恢复功能是衡量数据库管理系统性能的重要指标。

1. 数据库恢复的基本原则

数据库恢复涉及两个关键问题，即建立备份数据、利用这些备份数据实施数据库恢复。数据恢复最常用的技术是建立数据转储和利用日志文件。

(1) 平时做好两件事：数据转储和建立日志。

数据转储是数据库恢复中采用的基本技术。所谓数据转储是指系统管理员周期性地(例如一天一次)对整个数据库进行复制，转储到另一个磁盘或磁带一类存储介质保存起来的过程。

建立日志数据库，记录事务的开始、结束标志，记录事务对数据库的每一次插入、删除和修改前后的值，写到日志库中，以便有案可查。

(2) 一旦发生数据库故障，分两种情况进行处理：

如果数据库已被破坏，例如磁头脱落、磁盘损坏等，这时数据库已不能用了，就要装入最近一次复制的数据库备份到新的磁盘，然后利用日志库执行“重做”(REDO)处理，将这两个数据库状态之间的所有更新重做一遍。

如果数据库未被破坏，但某些数据不可靠，受到怀疑，例如程序在批处理修改数据库时异常中断，这时不必去复制存档的数据库，只要通过日志库执行“撤销”(UNDO)处理，撤销所有不可靠的修改，把数据库恢复到正确的状态。

2. 故障类型和恢复策略

1）故障种类

数据库系统中可能发生的各种各样的故障大致可以分为以下几类：

(1) 事务故障。事务故障是指事务在执行过程中发生的故障。此类故障只发生在单个或多个事务上，系统能正常运行，其他事务不受影响。事务故障有些是预期的，通过事务程序本身可以发现并处理，如果发生故障，使用 ROLLBACK 回滚事务，使事务回到前一种正确状态；有些是非预期的，不能由事务程序处理，例如运算溢出、违反了完整性约束、并发事务发生死锁后被系统选中强制撤销等，使事务未能正常完成就终止。这时事务处于一种不一致状态。后面讨论的事务故障仅指这类非预期的故障。

在发生事务故障时，事务对数据库的操作没有到达预期的终点（要么全部 COMMIT，要么全部 ROLLBACK），破坏了事务的原子性和一致性，这时可能已经修改了部分数据，因此数据库管理系统必须提供某种恢复机制，强行回滚该事务对数据库的所有修改，使系统回到该事务发生前的状态，这种恢复操作称为撤销（UNDO）。

(2) 系统故障。系统故障主要是由于服务器在运行过程中突然发生硬件错误（例如 CPU 故障）、操作系统故障、DBMS 错误、停电等原因造成的非正常中断，致使整个系统停止运行，所有事务全部突然中断，内存缓冲区中的数据全部丢失，但硬盘、磁带等外设上的数据未受损失。

系统故障的恢复要分别对待，其中有些事务尚未提交完成，其恢复方法是撤销（UNDO），与事务故障处理相同；有些事务已经完成，但其数据部分或全部还保留在内存缓冲区中，由于缓冲区数据全部丢失，致使事务对数据库修改的部分或全部丢失，同样会使数据库处于不一致状态，这时应将这些事务已提交的结果重新写入数据库，需要重做（REDO）提交的事务，所谓重做，就是先使数据库恢复到事务前的状态，然后顺序重做每一个事务，使数据库恢复到一致状态。

(3) 介质故障。介质故障是指外存故障。介质故障使数据库的数据全部或部分丢失，并影响正在存取出错介质上数据的事务。介质故障可能性小，但破坏性最大。一般将系统故障称为软故障，将介质故障称为硬故障。对于介质故障，通常是将数据从建立的备份上先还原数据，然后使用日志进行恢复。

2）恢复策略

故障的种类不同，其恢复的方法也不同。

(1) 事务故障的恢复。事务故障恢复采取的主要策略是根据日志文件将事务进行的操作撤销（UNDO）。事务故障对用户来说是透明的，系统自动完成。其步骤如下：

① 根据事务开始标志和结束标志成对的原则，正向扫描日志文件，找出没有事务结束标志的事务（没有提交的事务），查找事务的更新操作。

② 对日志记录的操作进行反向逆操作。所谓反向，如果原来的顺序是第一个操作，第二个操作，直到第 n 个操作，则从第 n 个操作开始，直到第二个操作，最后是第一个操作。所谓逆操作，如果是插入记录就删除相应的记录，如果是删除就插入原来的记录，如果是修改就将新值改为旧值。

③ 继续扫描,查找没有结束事务标志的事务,直到日志结束。

(2) 系统故障的恢复。系统故障恢复,一是对未提交事务进行撤销(UNDO),二是对已经提交事务但因为内存缓冲区数据丢失没有写入数据库的事务进行重做(REDO)。系统故障恢复是在系统重新启动时完成的,也不需要用户干预。其步骤如下:

① 正向扫描日志文件,根据事务开始标志和事务结束标志将只有事务开始标志没有事务结束标志的事务记入UNDO队列;将既有事务开始标志又有事务结束标志的事务记入REDO队列。

② 对UNDO队列进行撤销处理:反方向逆操作(见事务故障恢复)。

③ 对REDO队列进行重做处理:顺序重做每一个事务的操作。

(3) 介质故障的恢复。介质故障可能使磁盘上的数据库和日志文件都遭损坏,是破坏性最大的一种故障。介质故障的恢复需要DBA干预。其步骤如下:

① 装入最近的数据库备份,使数据库还原到最后备份点的一致状态。

② 在从备份点到故障点的日志文件没有损坏的情况下,根据日志文件,采用REDO和UNDO方法,将数据库恢复到故障点的一致状态。如果日志文件损坏,需要手工提供备份点到故障点的事务。

(4) 具有检查点的恢复。在对数据库进行恢复时,使用日志文件恢复子系统搜索日志文件,以便确定哪些需要UNDO,哪些需要REDO,一般需要检查全部的日志。扫面全部的日志将消耗大量的时间,同时将有大量的事务都要REDO,而实际已经将更新结果写入了数据库中,浪费了大量的时间。为了减少扫描日志的长度,在日志中插入一个检查点(Checkpoint),并确保检查点以前事务的一致性。在进行恢复时,从检查点开始扫描,而不是从全部日志开始扫描,可以节省扫描时间,同时减少REDO事务。检查点恢复只对事务故障和系统故障有效,对于介质故障,日志的扫描从备份点开始。

为了确保检查点以前的事务都具有一致性,在检查点时应该进行以下工作:

① 将当前日志缓冲区的所有日志写入日志文件中。

② 在日志文件中插入检查点数据,作为检查点的标志。

③ 将当前数据缓冲区的数据写入数据库(物理文件)。

DBMS可以指定固定的周期产生检查点;另外可以根据一定的事件产生检查点,例如日志文件切换时产生检查点;同时可以让某些命令产生检查点,例如关闭数据库命令产生检查点。

具有检查点的事务故障和系统故障恢复,只需要从最后一个检查点(其检查点号最大)开始扫描到日志文件结束,然后对其中没有提交的事务进行UNDO,对提交的事务进行REDO。

3. 数据库恢复的类型

数据库恢复操作通常有3种类型,即全盘恢复、个别文件恢复和重定向恢复。

(1) 全盘恢复也称为系统恢复,是将备份到介质上的指定系统信息全部备份到其原来的地方。

(2) 个别文件恢复是将个别已备份的最新版文件恢复到原来的地方。

(3) 重定向恢复是将备份的文件或数据恢复到另一个不同的位置或系统上去，而不是进行备份操作时其所在的位置。重定向恢复可以是整个系统恢复，也可以是个别文件恢复。在进行重定向恢复时需要慎重考虑，要确保系统或文件恢复后的可用性。

8.4.3 SQL Server的备份与恢复

SQL Server 2016 提供了功能强大的备份与恢复方案。按备份的对象分有数据库备份和日志文件备份，按备份的方式有完整备份和差异备份，在进行数据库备份时可以按指定的数据文件进行备份。在 SQL Server 2016 中，具有下列角色的成员可以做备份工作：

(1) 固定服务器角色 sysadmin(系统管理员)；

(2) 固定数据库角色 db_owner(数据库所有者)；

(3) 固定数据库角色 db_backupoperator(允许进行数据库备份的用户)。

除上述角色外，还可以通过授权允许其他角色进行数据库备份。SQL Server 备份可用 SQL Server Management Studio 和 Transact-SQL 语句完成。使用 Transact-SQL 的 BACKUP DATABASE 和 RESTORE DATABASE 方法请参阅相关书籍，本书仅介绍 SQL Server Management Studio 的使用。

1. 备份类型

SQL Server 2016 提供了 8 种备份数据库的方式供用户选择。

(1) 完整备份(Full Backup)。其包括特定数据库或者一组特定的文件组或文件中的所有数据，以及可以恢复这些数据的足够的日志文件。

(2) 差异备份(Differential Backup)。差异备份是基于数据的最新完整备份，这称为差异基准。差异基准是读/写数据的完整备份。差异备份仅包括自建立差异基准后发生更改的数据。通常，建立基准备份之后很短时间内执行的差异备份比完整备份的基准更小，创建速度也更快。因此，使用差异备份可以加快进行频繁备份的速度，从而降低数据丢失的风险。通常，一个差异基准会由若干个相继的差异备份使用。在还原时，首先还原完整备份，然后再还原最新的差异备份。

(3) 事务日志备份(Log Backup)。在完整恢复模式或大容量日志恢复模式下，需要定期进行事务日志备份。每个日志备份都包括创建备份时处于活动状态的部分事务日志，以及先前日志备份中未备份的所有日志记录。不间断的日志备份序列包含数据库的完整(即连续不断的)日志链。在完整恢复模式下(或者在大容量日志恢复模式下的某些时候)，连续不断的日志链让用户可以将数据库还原到任意时间点。

(4) 文件和文件组备份(File Backup)。如果在创建数据库时为数据库创建了多个数据库文件或文件组，可以使用该备份方式。

(5) 数据备份(Data Backup)。完整数据库的数据备份(数据库备份)、部分数据库的数据备份(部分备份)或者一组数据文件或文件组的备份(文件备份)。

(6) 数据库备份(Database Backup)。完整数据库备份表示备份完成时的整个数据库，差异数据库备份只包含自最近完整备份以来对数据库所做的更改。

(7) 仅复制备份(Copy-only Backup)。独立于正常 SQL Server 备份序列的特殊用途备份。

(8) 部分备份(Partial Backup)。部分备份仅包含数据库中部分文件组的数据(包含主要文件组、每个读/写文件组以及任何可选指定的只读文件中的数据)。

2. 恢复模式

恢复模式旨在控制事务日志维护。SQL Server 2016 提供了 3 种恢复模式,即简单恢复模式、完整恢复模式和大容量日志恢复模式。通常,数据库使用完整恢复模式或简单恢复模式。

(1) 简单恢复模式。该模式可最大限度地减少事务日志的管理开销,因为不备份事务日志。如果数据库损坏,则简单恢复模式将面临极大的工作丢失风险。数据只能恢复到已丢失数据的最新备份。因此,在简单恢复模式下,备份间隔应尽可能短,以防止大量丢失数据。但是,间隔的长度应该足以避免备份开销影响生产工作。在备份策略中加入差异备份有助于减少开销。简单恢复模式通常只有在对数据库数据安全要求不太高的数据库中使用。

(2) 完整恢复模式。该恢复模式基于备份事务日志来提供完整的可恢复性及在最大范围的故障情形内防止丢失工作,为需要事务持久性的数据库提供了常规数据库维护模式。

此模式完整记录所有事务,并将事务日志记录保留到对其备份完毕为止。如果能够在出现故障后备份日志尾部,则可以使用完整恢复模式将数据库恢复到故障点。完整恢复模式也支持还原单个数据页。该恢复模式是 SQL Server 2016 的默认恢复模式。

(3) 大容量日志恢复模式。此恢复模式可记录大多数大容量操作,它只用作完整恢复模式的附加模式。对于某些大规模大容量操作(例如大容量导入或索引创建),暂时切换到大容量日志恢复模式可提高性能并减少日志空间使用量。它仍需要日志备份。与完整恢复模式相同,大容量日志恢复模式也将事务日志记录保留到对其备份完毕为止。由于大容量日志恢复模式不支持时点恢复,所以必须在增大日志备份与增加工作丢失风险之间进行权衡。

在 SQL Server Management Studio 中设置数据库恢复模式的步骤如下:

打开 SQL Server Management Studio 并连接到目标服务器,在"对象资源管理器"窗口中选中将要设置恢复模式的数据库,然后右击,弹出快捷菜单,从中选择"属性"命令,出现"数据库属性"对话框,选择"选择页"中的"选项"选项,进入设置数据库恢复模式页面,如图 8-22 所示,目前采用的是完整恢复模式。

3. 创建备份设备

在执行数据库备份前必须首先创建备份设备。备份设备是用来存储数据库、事务日志文件的存储介质,包括磁带机和操作系统提供的磁盘文件。

1) 使用 SQL Server Management Studio 创建备份设备

SQL Server 2016 允许将本地主机硬盘或远程主机的硬盘作为备份设备,备份设备在硬盘中是以文件的方式存储的。

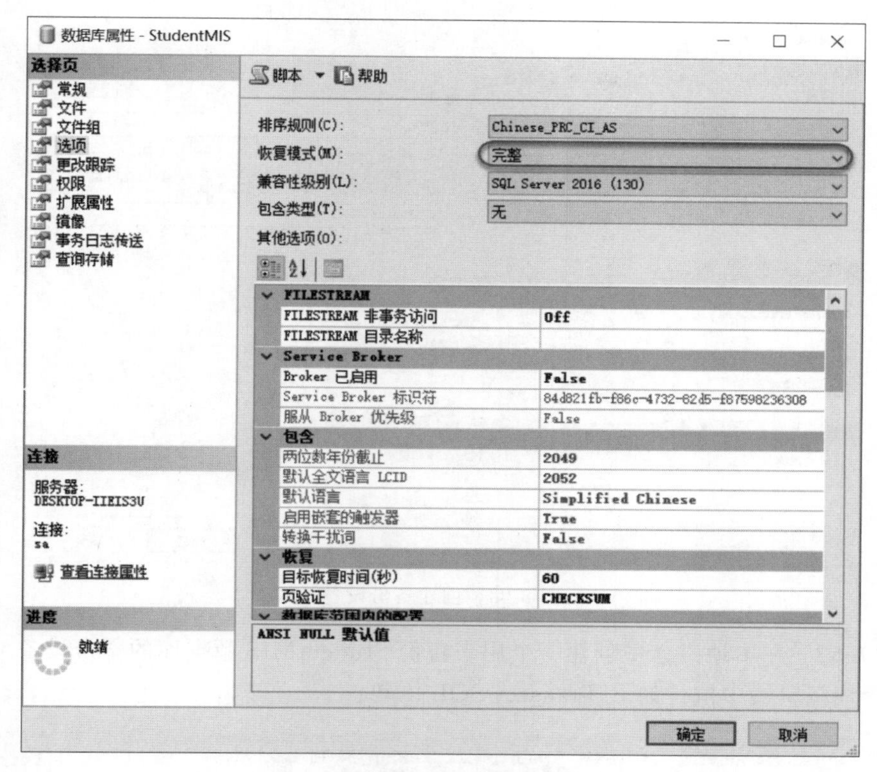

图 8-22　设置数据库的恢复模式

【例 8-7】 在本地磁盘中创建一个用来备份 StudentMIS 数据库的备份设备 JWGL。

创建步骤如下：

打开 SQL Server Management Studio 并连接到目标服务器，在“对象资源管理器”窗口中展开“服务器对象”结点，然后右击“备份设备”结点，从弹出的快捷菜单中选择“新建备份设备”命令，将打开“备份设备”对话框，如图 8-23 所示。在“备份设备”对话框的“设备名称”文本框中输入“JWGL”。设置好目标文件或保持默认值，这里必须保证 SQL Server 2016 所选择的硬盘驱动器上有足够的可用空间。最后单击“确定”按钮完成永久备份设备的创建。

备份设备创建之后，在相应的文件夹中并没有实际生成该文件。只有在执行了备份操作，备份设备上存储了备份内容之后，该文件才会出现在指定的位置中。同时，不要把数据库和备份放在同一磁盘上，如果磁盘设备发生故障，可能无法恢复数据库。

2）使用存储过程创建备份设备

使用系统存储过程 sp_addumpdevice 创建备份设备，其语法格式如下：

```
sp_addumpdevice <备份设备类型>, <逻辑设备名称>, <物理设备名称>
```

其中，备份设备类型为 DISK（本地或网络磁盘驱动器）或 TAPE（操作系统支持的任何磁带设备）。

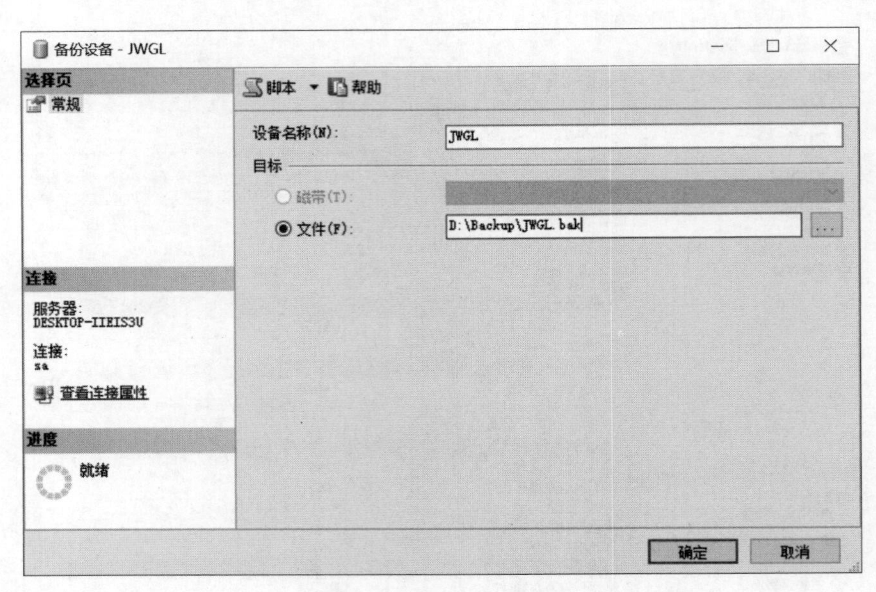

图 8-23 创建备份设备

【例 8-8】 在本地磁盘中创建一个用来备份 StudentMIS 数据库的备份设备 JWGL。

在查询编辑器中执行如下 Transact-SQL 语句：

```
EXEC  sp_addumpdevice  'DISK', 'JWGL', 'D:\Backup\JWGL.bak'
```

【例 8-9】 添加网络共享硬盘来创建一个用来备份 StudentMIS 数据库的备份设备 netJWGL。

在查询编辑器中执行如下 Transact-SQL 语句：

```
EXEC  sp_addumpdevice  'DISK', 'netJWGL', '\\192.168.1.10\NetShare\netJWGL.bak'
```

3）删除备份设备

若备份设备不再使用，需要从数据库中删除，可以使用 SQL Server Management Studio。在"对象资源管理器"窗口中依次展开"服务器对象"结点和"备份设备"结点，选择要删除的备份设备，右击，选择"删除"命令即可。当然也可以使用系统存储过程 sp_dropdevice，其语法格式如下：

```
sp_dropdevice  <逻辑设备名称>
```

【例 8-10】 删除例 8.9 创建的备份设备 netJWGL。

在查询编辑器中执行如下 Transact-SQL 语句：

```
EXEC  sp_dropdevice  'netJWGL'
```

4. 在 SQL Server 中备份数据库

在备份设备创建好后，就可以开始备份数据库了。

1）使用 SQL Server Management Studio 备份数据库

【例 8-11】　通过 SQL Server Management Studio 来备份 StudentMIS 数据库。

操作步骤如下：

打开 SQL Server Management Studio 并连接到目标服务器，在“对象资源管理器”窗口中展开“数据库”结点，在需要备份的数据库（例如 StudentMIS）上右击，从弹出的快捷菜单中选择“任务”→“备份”命令，打开“备份数据库”对话框，如图 8-24 所示。

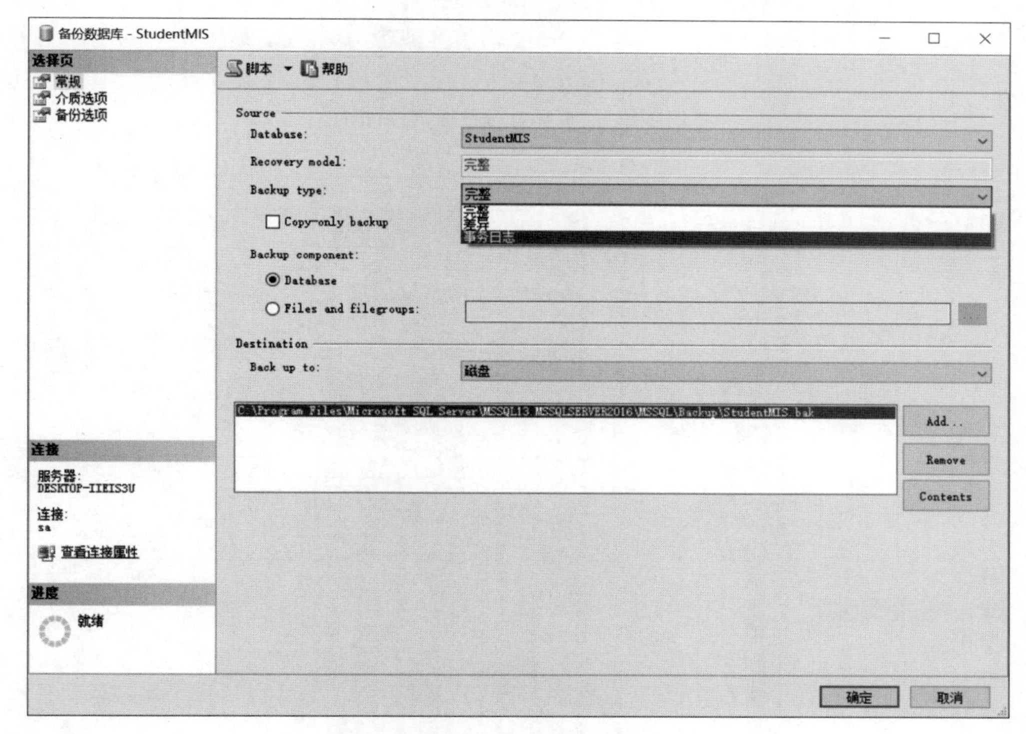

图 8-24　“备份数据库”对话框

在“备份数据库”对话框中打开“常规”选项卡，在 Database 下拉列表中选择 StudentMIS 数据库，Recovery model 默认为“完整”，可以从下拉列表中选择“差异”或“事务日志”选项，这里选择“完整”。在 Backup component 选项组中选择 Database 单选按钮。在没有磁带机的情况下，Destination 区域自动选择为备份到磁盘。设置备份到磁盘的目标位置，通过单击 Remove 按钮删除已存在的目标文件，然后单击 Add 按钮，打开“选择备份目标”对话框，在其中选择“备份设备”单选按钮，然后从下拉列表中选择 JWGL 选项，如图 8-25 所示。单击“确定”按钮返回“备份数据库”对话框，这时就可以看到 Destination 下面的文本框中增加了一个 JWGL 备份设备，如图 8-26 所示。需要特别注意的是，在如图 8-26 所示的对话框中，在 Back up to 下方的列表中应只有一个路径，如果有多余的路径，请选中并单击右侧的 Remove 按钮进行删除，否则会备份成两个部分，导致无法正常还原。

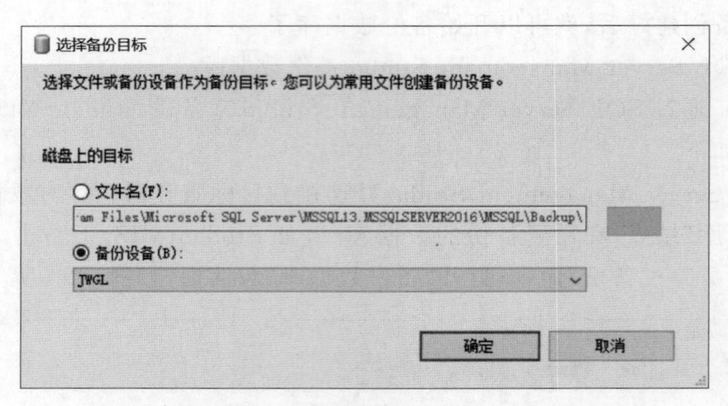

图 8-25 “选择备份目标”对话框

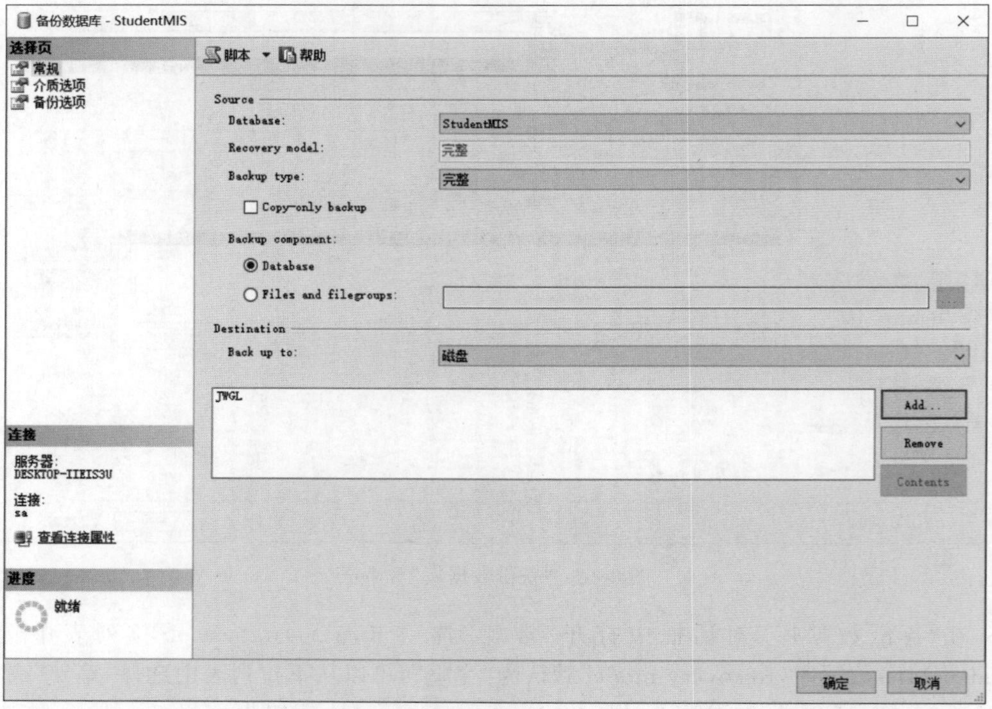

图 8-26 在“备份数据库”对话框中选择备份设备

在“备份数据库”对话框中切换到“介质选项”选项卡，选择“覆盖所有现有备份集”单选按钮，这样系统创建备份时将初始化备份设备并覆盖原有备份内容。在“可靠性”区域，选择“完成后验证备份”复选框，以避免在备份过程中数据库可能遭到破坏，造成所有的备份无法使用，如图 8-27 所示。完成设置后，单击“确定”按钮开始备份，完成备份将弹出“备份完成”对话框，表示已经完成了对数据库 StudentMIS 的一个完整备份。

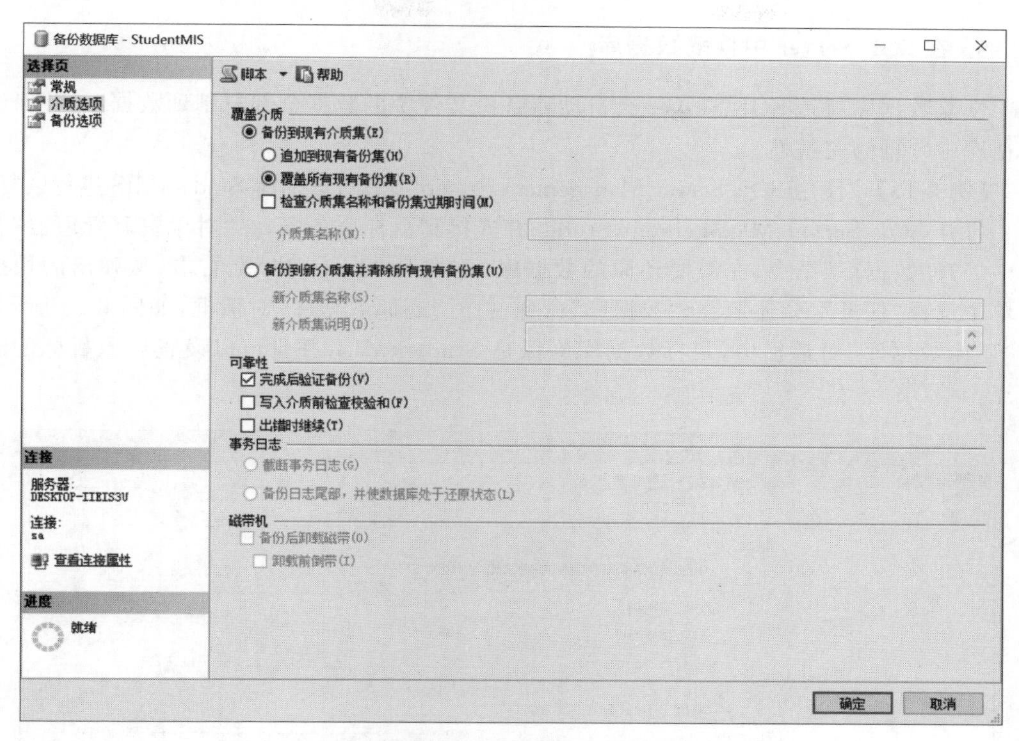

图 8-27　“备份数据库”对话框的“介质选项”选项卡

2）使用 Transact-SQL 备份数据库

使用 Transact-SQL 备份文件或文件组的语法格式如下：

```
BACKUP DATABASE 数据库名 <文件或文件组>[,…n]
  TO  <备份设备>[,…n]
  [ WITH
     [BLOCKSIZE = { blocksize | @blocksize_variable} ]
     [[,]DESCRIPTION = { text | @text_variable} ]
     [[,]DIFFERENTIAL]
     [[,]EXPIREDATE = { date | @date_variable} | EXPIREDAYS = { days | @days_variable} ]
     [[,]PASSWORD = { password | @ password_variable} ]
     [[,] { FORMAT | NOFORMAT ]
     [[,]{INIT | NOINIT} ]
     [[,]{ NOSKIP | SKIP} ]
     [[,]{ NOREWIND | REWIND} ]
     [[,]{NOUNLOAD | UNLOAD } ]
     [[,]RESTART]
     [[,]STATS [ = percentage ]]
```

【例 8-12】 使用 Transact-SQL 备份 StudentMIS 数据库。

```
BACKUP DATABASE StudentMIS TO DISK = N'E:\mydata\back1' WITH NOFORMAT, NOINIT, NAME =
N'StudentMIS - 完整数据库备份', SKIP, NOREWIND, NOUNLOAD, STATS = 10
```

5. 在 SQL Server 中恢复数据库

恢复数据库就是 SQL Server 会自动将备份文件中的数据全部复制到数据库,并保证数据库中数据的完整性。

【例 8-13】 使用 SQL Server Management Studio 工具对数据库 StudentMIS 进行恢复。

打开 SQL Server Management Studio 并连接到目标服务器,在"对象资源管理器"窗口中展开"数据库"结点,在需要还原的数据库(例如 StudentMIS)上右击,从弹出的快捷菜单中选择"任务"→"还原"→"数据库"命令,打开"还原数据库"对话框,如图 8-28 所示。在"还原数据库"对话框中,目标数据库确保是 StudentMIS,并且可以设置还原目标的时间点。

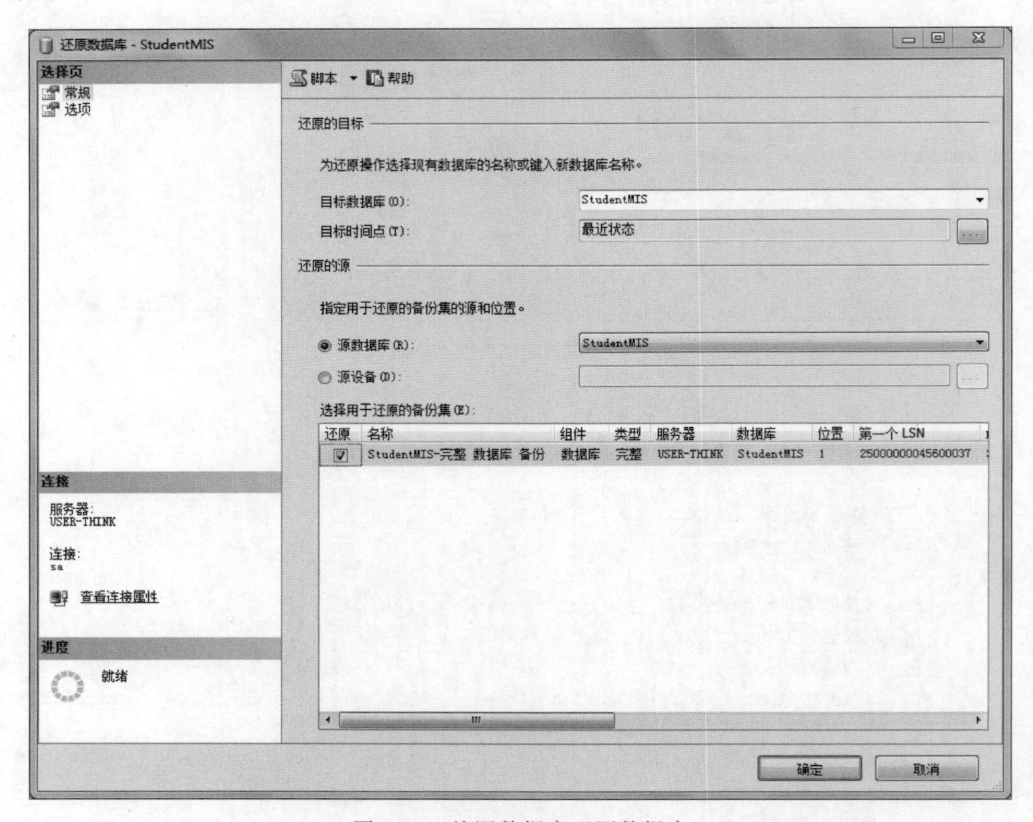

图 8-28 从源数据库还原数据库

选择还原的源数据库为 StudentMIS。若选择还原的源设备,选择"源设备"单选按钮,并单击右侧的"…"按钮,打开"指定备份"对话框,在该对话框中,选择"备份媒体"右边的下拉列表框中的"备份设备",然后单击"添加"按钮,弹出"选择备份设备"对话框,选择备份设备 JWGL,如图 8-29 所示。单击"确定"按钮,在"选择用于还原的备份集"下的第一项列表前打"√",如图 8-30 所示。在图 8-30 中,单击左上角的"选项",选中"覆盖现有数据库"复选框,恢复状态使用默认选项,如图 8-31 所示。单击"确定"按钮,还原备份,还原完成后显示还原成功信息。

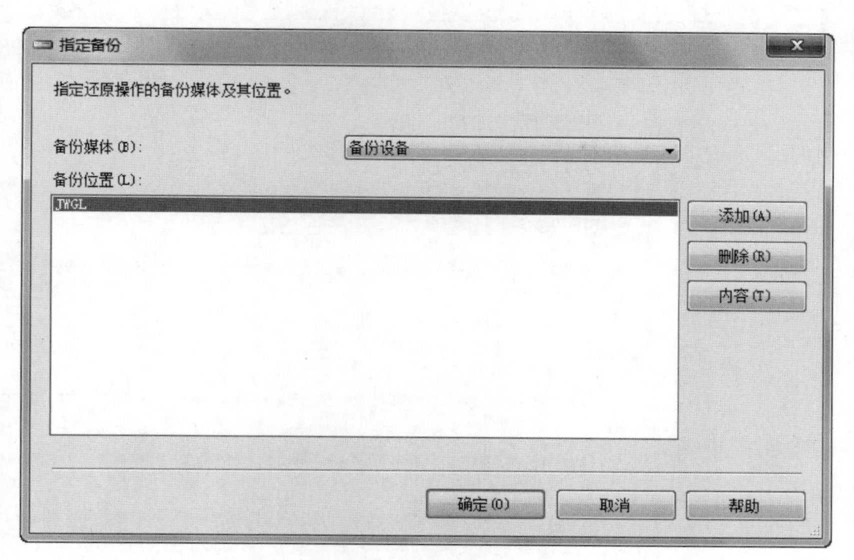

图 8-29　指定备份设备

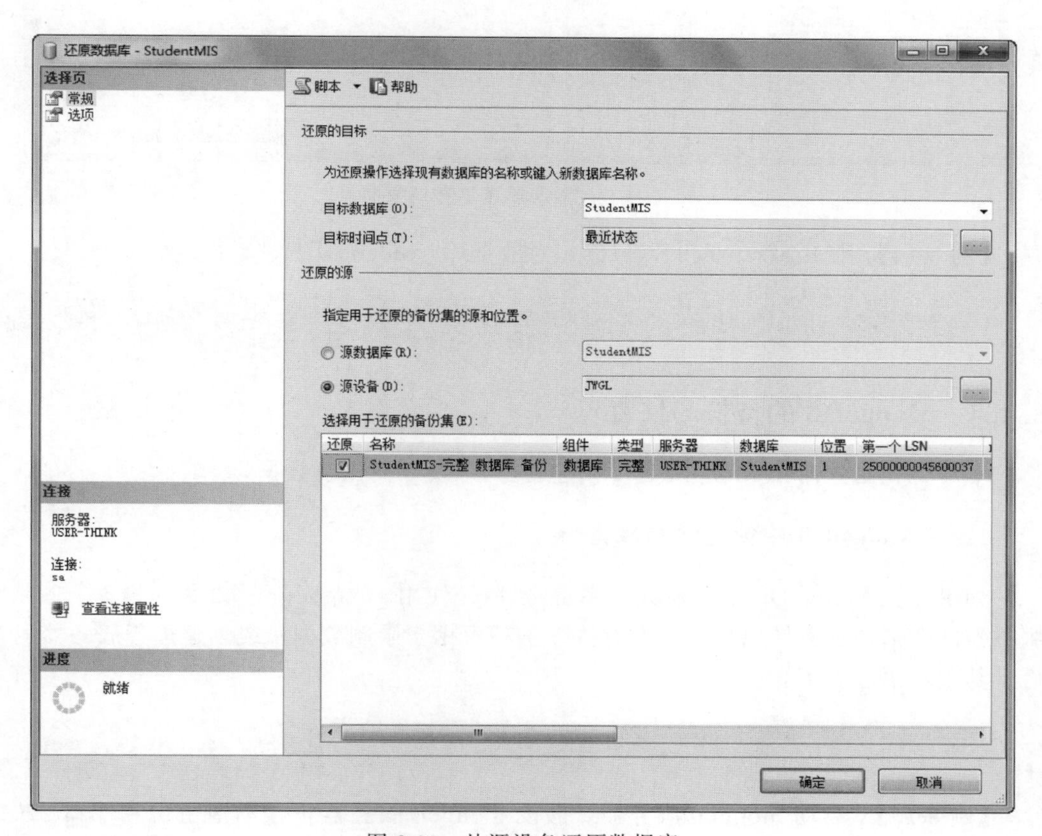

图 8-30　从源设备还原数据库

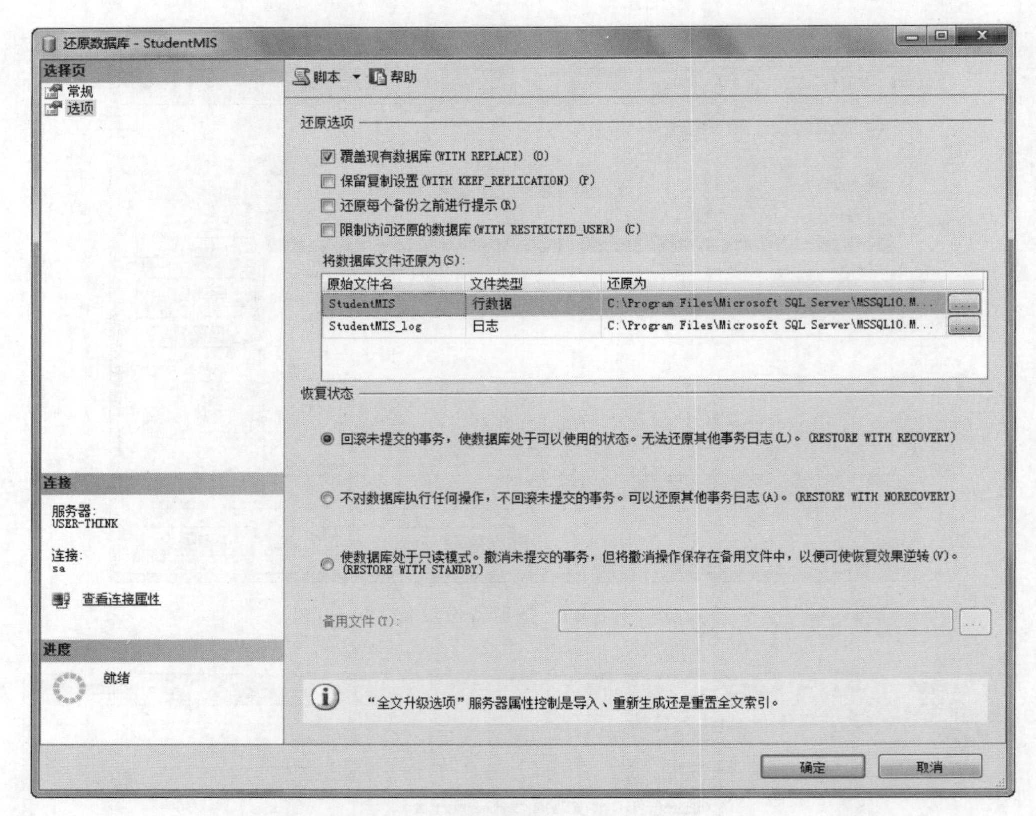

图 8-31　设置还原选项和恢复状态

【例 8-14】　使用 Transact-SQL 语句对数据库 StudentMIS 进行恢复。

```
RESTORE DATABASE StudentMIS FROM DISK = N'E:\mydata\back1' WITH FILE = 1, NOUNLOAD, STATS = 10
```

8.4.4　MongoDB 的备份与恢复

本节将介绍如何在 MongoDB 中创建备份，以及如何恢复数据。

1. 在 MongoDB 中创建数据库备份

如果要在 MongoDB 中创建数据库备份，应该使用 mongodump 命令。此命令将导出服务器的全部数据到转储目录。它有许多选项可用于限制数据量或创建远程服务器的备份。其基本语法如下：

```
mongodump
```

【例 8-15】　启动 mongod 服务器。假设 mongod 服务器正在本地主机和端口 27017 上运行，请打开命令提示符并转到 mongodb 实例的 bin 目录(如示例安装路径：C:\Program Files\MongoDB\Server\4.0\bin)，然后输入 mongodump 命令备份所有数据库。

```
> cd C:\Program Files\MongoDB\Server\4.0\bin
> mongodump
```

该命令将连接到运行在 127.0.0.1 和端口 27017 的服务器，并将服务器的所有数据备份到目录“/bin/dump/”。在默认情况下，MongoDB 会在当前目录下创建一个 dump 目录，并把所有的数据库按数据库名称创建目录。在这个示例中有两个数据库 admin 和 studentMIS，那么它将创建两个目录。

表 8-9 是可用于 mongodump 命令的可用选项的列表。

表 8-9　mongodump 命令可用选项的列表

语　法	描　述	示　例
mongodump --host HOST_NAME--port PORT_NUMBER	此命令将备份指定的 mongod 实例的所有数据库	mongodump --host 127.0.0.1--port 27017
mongodump --out BACKUP_DIRECTORY	此命令将仅在指定路径上备份数据库	mongodump --out /home/bak
mongodump --collection COLLECTION_Name--db DB_NAME	此命令将仅备份指定数据库的指定集合	mongodump --collection student--db studentMIS

2. 在 MongoDB 中恢复数据库

如果要恢复备份的数据库，使用 MongoDB 的 mongorestore 命令。此命令从备份目录中恢复所有数据，其基本语法如下：

```
mongorestore
```

在恢复数据之前，先删除当前数据库的部分数据，以演示导入恢复数据后可以查询到备份时的数据。例如：

```
> db.student.remove()
> mongorestore
```

8.5　本章知识点小结

本章主要讨论了数据库保护的基本技术，包括数据库的安全性、完整性、并发控制以及数据库的备份与恢复技术。

数据库的安全性是为了防止非法用户访问数据库，数据库管理系统使用用户标识和密码防止非法用户进入数据库系统，存储控制防止非法用户对数据库对象的访问，审计记录了对数据库的各种操作，重点掌握角色的创建和授权。本章结合 SQL Server 2016 和

MongoDB的实际应用,概述了具体的登录控制、用户与角色管理、权限管理等应用操作。

数据库的完整性防止不合法数据进入数据库。数据库管理系统通过实体完整性、参照完整性和用户定义完整性实现完整性控制。实体完整性就是定义关系的主码,参照完整性就是定义关系的外码。

事务是用户定义的数据操作序列,这些操作作为一个完整的不可分割的工作单元,一个事务内的操作要么都做,要么都不做。利用事务可以保持数据的一致性。为了保护数据的完整性,关系数据库一般要求事务具有原子性(Atomicity)、一致性(Consistency)、隔离性(Isolation)和持久性(Durability),简称为ACID特性。CAP理论为NoSQL数据库管理系统的基石,该理论告诉用户强一致性、可用性和分区容错性不能同时满足。在进行系统设计的时候必须在这三者之间做出权衡,需根据不同的应用和环境进行系统设计。为了提高系统的效率,在大多数系统中采用的是"最终一致性策略",而放弃了CAP理论中的"强一致性"要求。BASE理论正是这一方面应用的典型理论代表,该方法通过牺牲一致性和孤立性来提高可用性和系统性能,其中BASE分别代表基本可用、软状态和最终一致性。

数据库的并发控制防止并行执行的事务产生的数据不一致性。数据不一致性有丢失更新、读"脏"数据、不可重复读和幻读4种情况。并发控制方法有封锁、时间戳、乐观方法等。本章主要介绍了封锁方法。

数据库的备份与恢复是数据库文件管理中最常见的操作,数据库备份应考虑备份内容、备份介质、备份时机、备份方法及类型。数据库恢复是与数据库备份相对应的系统维护和管理操作,通过叙述数据库运行故障,介绍了相对应的数据库恢复类型。本章还介绍了利用SQL Server Management Studio和Transact-SQL备份/恢复语句在本地主机上进行数据库备份和恢复操作。

8.6 习题

1. 什么是数据库的安全性?
2. 什么是自主存取控制和强制存储控制?
3. SQL Server的权限分为几种?
4. 简述SQL Server的用户管理。
5. 简述SQL Server的角色管理。
6. 简述MongoDB的用户管理。
7. 什么是数据库的完整性?
8. 数据库完整性约束条件有哪些?
9. 什么是实体完整性?
10. 什么是参照完整性?违反参照完整性的附加操作有哪些?
11. 关系数据库管理系统实现参照完整性时需要考虑哪些方面?
12. 在SQL Server中完整性是如何实现的?
13. 什么是事务?关系数据库中事务的4个性质是什么?

14. 简述 CAP 理论和 BASE 理论。
15. 并发控制需要处理的问题有哪些？
16. 正确的并发事务调度原则是什么？并发控制的方法有哪些？
17. 什么是封锁？封锁类型有几种？
18. 什么是死锁？如何预防死锁？死锁的解决方法有哪些？
19. 什么是封锁粒度？根据封锁粒度添加的意向锁有几种？它们的含义是什么？
20. SQL Server 的封锁粒度和封锁模式各有哪些？
21. 什么是数据库的恢复？
22. 数据库故障的种类有哪些？简述每种故障的恢复方法。
23. 数据库系统中的备份对象有哪些？有哪些备份方法？
24. 什么是备份？备份分为哪几种类型？
25. 简述 SQL Server 的恢复技术。

第 9 章

数据库设计

数据库设计是数据库应用系统开发的关键环节。数据库设计的目标是在数据库管理系统的支持下，按照数据库设计规范化的要求和用户需求，规划、设计一个结构良好、使用方便、效率较高的数据库应用系统，为用户和各种应用系统提供一个信息基础设施和高效率的运行环境。为弥补关系数据库的不足，各种各样的 NoSQL 数据库应运而生。NoSQL 的意义是在适用关系数据库的时候就使用关系数据库，在不适用的时候也没有必要非使用关系数据库，可以考虑使用更加合适的 NoSQL 数据库。因此，读者在设计具体的应用系统时应综合考虑。

大型数据库的设计和开发是一项庞大的工程，其开发周期较长，必须把软件工程的原理和方法应用到数据库设计中来。因此，按照规范化的数据库设计过程，数据库的设计一般分为 6 步，即需求分析、概念结构设计、逻辑结构设计、物理结构设计、数据库实施、运行及维护。其中，需求分析和概念结构设计独立于任何数据库管理系统，而逻辑结构设计和物理设计与选用的数据库管理系统密切相关。

本章主要介绍数据库设计的任务和特点、设计方法及设计步骤，以概念结构设计和逻辑结构设计为重点，介绍每一个阶段的方法、技术以及注意事项。通过本章的学习，要求读者按照数据库设计步骤，灵活运用数据库设计方法，能够完成数据库的设计和实现。

9.1 数据库设计概述

数据库设计是指根据用户及应用系统需求设计与构建相应的数据库及其应用系统的过程。

9.1.1 数据库设计的任务

数据库设计的任务是指对于给定的应用环境，构造最优的数据库模式，包括数据库逻辑结构和物理结构，建立数据库及其应用系统，使之能够有效地存储和管理数据，满足用户的各种信息管理需求和数据操作需求。

按照数据库设计的定义，其结果不是唯一的，针对同一应用环境，不同的设计人员可能设计出不同的数据库。评判数据库设计结果好坏的主要准则如下：

(1) 完备性。数据库应能表示应用领域所需的所有信息，满足数据存储需求，满足信息需求和处理需求，同时数据是可用的、准确的、安全的。

(2) 一致性。数据库中的信息是一致的，没有语义冲突和值冲突。尽量减少数据的冗余，如果可能，同一数据只能保存一次，以保证数据的一致性。

(3) 优化。数据库应该规范化和高效率，易于各种操作，满足用户的性能需求。

(4) 易维护。好的数据库维护工作比较少。当需要维护时，改动比较少而且方便，扩充性好，不影响数据库的完备性和一致性，也不影响数据库的性能。

大型数据库的设计和开发是一项庞大的工程，是一门涉及多个学科的综合性技术，其开发的周期长、耗资多、风险大。对于从事数据库设计的专业人员来讲，应该具备多方面的知识和技术，主要有数据库的基本知识和数据库设计技术；软件工程的原理和方法；程序设计的方法和技术；应用领域的知识。

9.1.2 数据库设计的特点

(1) 数据库设计是硬件、软件的结合。数据库设计是一项涉及多学科的综合性技术，又是一项庞大的工程项目。数据库设计是将应用需求转化为在相应硬件、软件环境中的实现，在整个过程中，良好的管理是数据库设计的基础。“三分技术、七分管理”是数据库设计的特点之一，所以在整个数据库的设计过程中要加强管理和控制。

(2) 数据库设计应该和应用系统设计相结合。数据库设计的目的是为了在其上建立应用系统，与应用系统设计相结合，满足应用系统的需求。所以数据库设计人员要与应用系统设计人员保持良好的沟通和交流，是一种“反复探寻，逐步求精的过程”。

(3) 与具体应用环境相关联。数据库设计置身于实际的应用环境，是为了满足用户的信息需求和处理需求，脱离实际的应用环境，空谈数据库设计，无法判定设计的好坏。

9.1.3 数据库设计的方法

数据库设计属于方法学的范畴，是数据库应用研究的主要领域，不同的数据库设计方法采用不同的设计步骤。在软件工程之前，主要采用手工试凑法。由于信息结构复杂、应用环境多样，这种方法主要凭借设计人员的经验和水平。数据库设计是一种技艺而不是工程技术，缺乏科学理论和工程方法，工程的质量难以保证，数据库很难最优，数据库运行一段时间后各种各样的问题会渐渐地暴露出来，增加了系统维护的工作量。如果系统的扩充性不好，经过一段时间运行后要重新设计。

为了改进手工试凑法，人们运用软件工程的思想和方法，使设计过程工程化，提出了各种设计准则和规程，形成了一些规范化设计方法。其中比较著名的有新奥尔良方法(New Orleans)，它将数据库设计分为需求分析、概念结构设计、逻辑结构设计、物理结构设计4个阶段。1985年，S. B. Yao等提出了一种数据库设计的综合方法，分为5个步骤，即需求分析、建立视图模型、视图汇总、视图的再结构、模式分析和映射。后来又出现了计算机辅助数据库设计方法，该方法按照规范化的设计方法，结合数据库应用系统开发过程，可将开发设计过程分为6个阶段，即需求分析、概念结构设计、逻辑结构设计、物理结构设计、数据库的实施和数据库的运行与维护，如图9-1所示，是目前常用的数据库设计方法。把数据库设计和对数据库中数据处理的设计紧密结合起来，将这两个方面的需求分析、抽象、设计、实现在各个阶段同时进行，相互参照、相互补充，以完善两方面的设计。数据库设计的基本思想是过程迭代和逐步求精，整个设计过程是6个阶段的不断重复。

随着数据库设计工具的出现，产生了一种借助数据库设计工具的计算机辅助设计方法(例如Oracle公司的Oracle Designer、Sybase公司的Power Designer等)。另外，随着面向对象设计方法的发展和成熟，面向对象的设计方法也开始应用于数据库设计。

9.1.4 数据库设计的步骤

按照规范化设计的方法，同时考虑到数据库及其应用系统开发的全过程，数据库设计划分为6个阶段，即需求分析、概念结构设计、逻辑结构设计、物理结构设计、数据库的实施、数据库的运行与维护，如图9-2所示，每个阶段有相应的成果。其具体设计内容如表9-1所列。

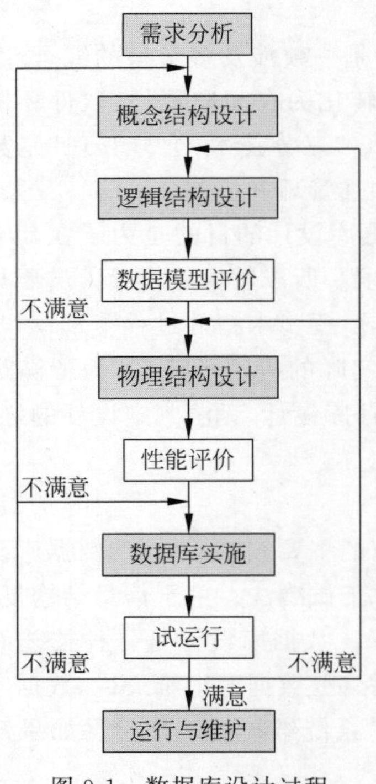

图9-1 数据库设计过程

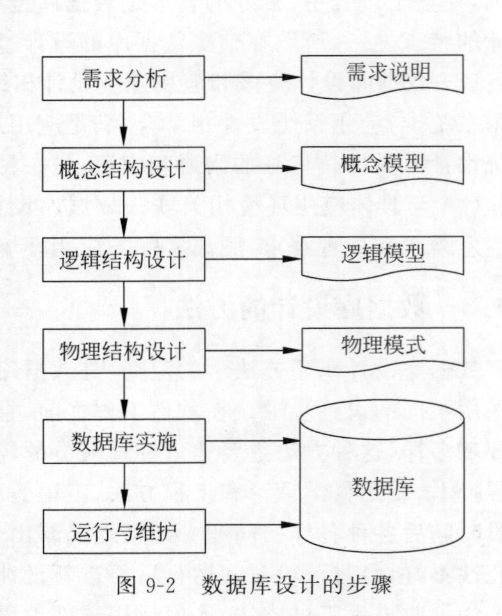

图9-2 数据库设计的步骤

表 9-1　数据库设计每阶段的设计内容

设计各阶段	设计内容	
	数　据	处　理
需求分析	数据字典：系统中数据项、数据流图、数据存储、数据处理的描述	数据流图：核定数据字典及处理过程的描述
概念结构设计	概念模型(E-R 图)、数据字典	系统说明书,包括新系统要求、方案,反映新系统信息数据流图
逻辑结构设计	某种数据模型,例如关系模型,设计表、视图结构	系统结构图、功能模块结构图
物理结构设计	存储安排-结构顺序过程、存取方法选择、存取路径建立	模块设计、界面设计 IPO 表、索引等
数据库实施	编写建立数据库及其对象的脚本,装入数据,数据库试运行	程序编码、编译、测试
运行与维护	性能测试,备份/恢复,数据库重组和重构	新旧系统转换、运行、维护(修正性、适应性、改善性维护)

(1) 需求分析阶段。在需求分析阶段,主要是准确收集用户信息需求和处理需求,并对收集的结果进行整理和分析,形成需求分析报告。需求分析是整个设计活动的基础,也是最困难和最耗时的一步。如果需求分析不准确或不充分,可能导致整个数据库设计的返工。

(2) 概念结构设计阶段。概念结构设计是数据库设计的重点,对用户需求进行综合、归纳与抽象,形成一个与具体的 DBMS 无关的概念模型(一般为 E-R 图),是对现实世界的可视化描述,属于信息世界,是逻辑结构设计的基础。

(3) 逻辑结构设计阶段。逻辑结构设计是将概念结构设计的概念模型转化为某个特定的 DBMS 所支持的数据模型,建立数据库逻辑模式,并对其进行优化,同时为各种用户和应用设计外模式。

(4) 物理结构设计阶段。物理结构设计是为设计好的逻辑模型选择物理结构,包括存储结构和存取方法,建立数据库物理模式(内模式)。

(5) 数据库实施阶段。数据库实施阶段就是使用 DLL 语言建立数据库模式,组织数据入库,建立真正的数据库;在数据库上建立应用系统,并经过测试、试运行后正式投入使用。

(6) 数据库运行与维护阶段。运行与维护阶段是对运行中的数据库进行评价、调整和修改。

9.2　需求分析

需求分析就是收集、分析用户的需求,是数据库设计过程的起点,也是后续步骤的基础。只有准确地获取了用户需求,才能设计出优秀的数据库。本节主要介绍需求分析的任务、过程、方法,以及需求分析的结果。

9.2.1 需求分析的任务

需求分析的任务是通过详细调查，了解数据库应用系统的运行环境和用户需求，通过各种调查方式，获取原有手工系统的工作过程和业务处理，明确用户的各种需求，确定新系统的功能，经规范化和分析后形成系统需求分析说明书。在用户需求分析中，除了充分考虑现有系统的需求外，还要充分考虑系统将来可能的扩充和修改，从而让系统具有扩展性。数据库需求分析的重点是调查用户的"数据"和"处理"需求。数据是数据库设计的依据，处理是系统处理的依据。用户需求主要包括以下几个方面：

（1）信息需求。明确用户需要从数据库中获得信息的内容与性质。由信息需求可以导出各种数据需求，从而确定数据库中需要存储哪些数据，从而形成数据字典。

（2）处理需求。明确用户完成哪些处理，处理的对象是什么，处理的方法和规则是什么，处理有什么要求，最终要实现什么处理功能，使用数据流图进行描述。例如是联机处理还是批处理？处理周期多长？处理量多大？

（3）性能需求。明确用户对新系统性能的要求，例如系统的响应时间、系统的容量、可靠性等。

（4）安全性与完整性要求。明确系统中不同用户对数据库的使用和操作情况，明确数据之间的关联关系及数据的用户定义要求。

需求分析可以划分为需求调查和需求分析两个阶段，但是这两个阶段没有明确的界限，可能交叉或同时进行。在需求调查时，进行初步需求分析；在需求分析时，对需求不明确之处要进一步调查。需求分析的步骤如图9-3所示。

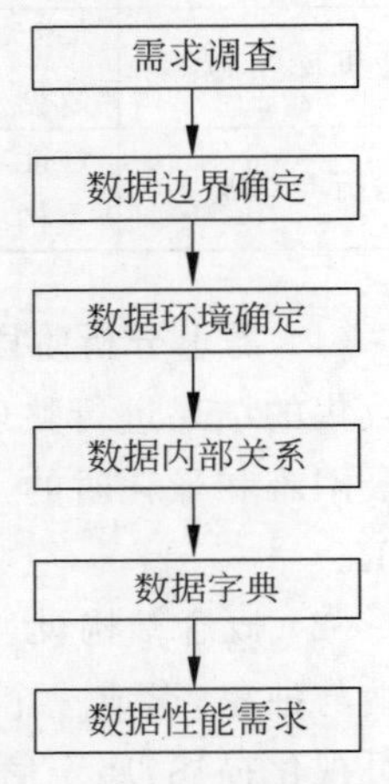

图9-3　需求分析的步骤

9.2.2 需求调查

进行需求分析，首先要进行需求调查，需求调查的主要途径是用户调查，用户调查就是调查用户，了解需求，与用户达成共识，然后分析和表达用户需求。用户调查的具体内容如下：

（1）调查组织结构情况。了解该组织的部门组成情况、各个部门的职能和职责等，画出组织结构图，以供将来进行访问权限划分。

（2）调查各部门的业务活动情况。了解各部门需要输入和使用的具体数据，输入数据的格式和含义；部门如何加工处理这些数据，处理的方法和规则及输出哪些数据，输出到什么部门，输出数据的格式和含义。

（3）明确新设计系统的各种需求。在熟悉业务活动的基础上协助用户明确对新系统的各种需求，对于计算机不能实现的功能要耐心地做解释工作。

（4）确定新系统的边界及接口。对前面的调查结果进行初步分析，确定哪些功能由计算机完成或将来由计算机完成，哪些功能由手工完成。

为了完成上述调查的内容，可以采取各种有效的调查方法，常用的用户调查方法如下：

(1) 跟班作业。参与到用户各个部门的业务处理中，了解业务活动。这种方法能比较准确地了解用户的业务活动，缺点是比较费时。如果单位自主建设数据库系统，自行进行数据库设计，在时间上允许使用较长的时间，可以采用跟班作业的调查方法。

(2) 开调查会。通过与有丰富业务经验的用户进行座谈，一般要求调查人员具有较好的业务背景。如原来设计过类似的系统，被调查人员有比较丰富的实际经验，双方能就具体问题有针对性地交流和讨论。

(3) 问卷调查。将设计好的调查表发放给用户，供用户填写。调查表的设计要合理，调查表的发放要进行登记，并规定交表的时间，调查表的填写要有样板，以防用户填写的内容过于简单。同时要将相关数据的表格附在调查表中。

(4) 访谈询问。针对调查表或调查会的具体情况，若仍有不清楚的地方，可以访问有经验的业务人员，询问其对业务的理解和处理方法。

以上调查方法可以同时采用，主要目的是为了全面、准确地收集用户的需求。同时，用户的积极参与是调查能否达到目的的关键。

9.2.3 需求分析的方法

通过用户调查，收集用户需求后，要对用户需求进行分析，并表达用户的需求。用户需求分析的方法很多，可以采用结构化分析方法、面向对象分析方法等，本章采用结构化分析方法。结构化分析方法采用自顶向下、逐层分解的方法进行需求分析，从最上层的组织结构入手，逐步分解。结构化分析方法主要采用数据流图对用户需求进行分析，用数据字典和加工说明对数据流图进行补充和说明。

1. 数据流图

1) 数据流图的概念

数据流图(Data Flow Diagram，DFD)是描述数据与处理流程及其关系的图形表示，以图形的方式刻画信息和数据从输入到输出的数据流动的过程，反映的是加工处理的对象。数据流图要表述出数据来源、数据处理、数据输出以及数据存储，反映了数据和处理的关系。数据流图的基本形式如图 9-4 所示。

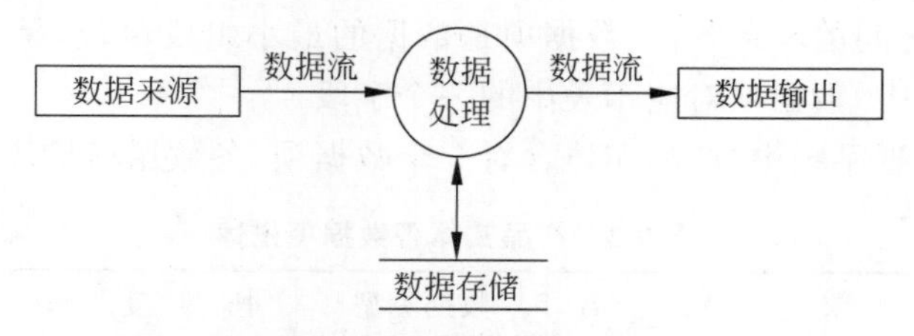

图 9-4 数据流图的基本形式

2) 数据流图的四要素

数据流图是由数据流、数据存储、数据处理、数据的源点和终点 4 个部分组成的。

(1) 数据流。数据流表示含有规定成分的动态数据，可以用箭头“→”表示，箭头方向表示数据流向，箭头上标明数据流的名称，数据流由数据项组成。数据流包括输入数据和输出数据。

(2) 数据存储。数据存储用来保存数据流，可以是暂时的，也可以是永久的，用双画线表示，并标明数据存储的名称。数据流可以从数据存储流入或流出，可以不标明数据流名。

(3) 数据处理。数据处理又称为变换，表示对数据进行的操作，可以用圆"○"表示，并在其内标明加工处理的名称。

(4) 数据的源点和终点。数据的源点和终点表示数据的来源和输出，代表系统的边界，用矩形框"▭"表示。

例如，公司销售管理的数据流程如图 9-5 所示。

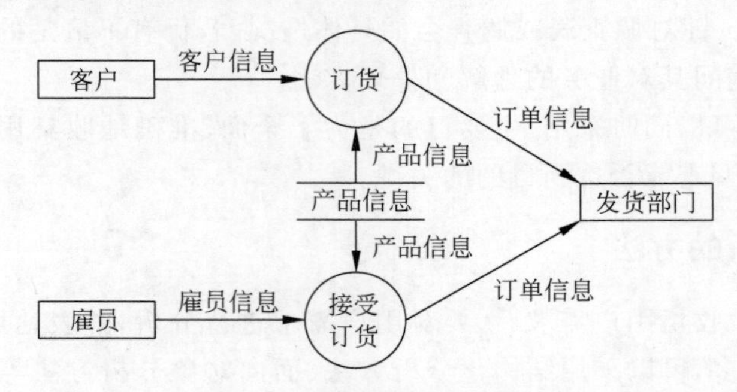

图 9-5 公司销售管理的数据流程

对于复杂系统，一张数据流图难以描述和难以理解，往往采用分层数据流图。

2. 数据字典

数据字典(Data Dictionary)是系统中各类业务数据及结构描述的集合，是各类数据结构和属性的清单，它对数据流图中的数据进行定义和说明。数据字典是关于数据库中数据的描述，是元数据，而不是数据本身。数据字典通常包括数据项、数据结构、数据流、数据存储和处理过程 5 个部分。

1) 数据项

数据项描述={数据项名，数据项含义，别名，数据类型，数据长度，取值范围，取值说明，与其他数据项之间的联系等}。数据项是数据的最小组成单位，是不可再分的数据单位。在关系数据库中，数据项对应于表中的一个字段。

在公司销售管理系统中，产品实体含有 5 个数据项，各数据项描述如表 9-2 所示。

表 9-2 产品实体各数据项描述

数据项名	含义	别名	数据类型	长度	取值说明
产品编号	统一商品编码	UPC 码	定长字符	12	采用一维条形码
产品名	产品名称	品名	可变长字符	128	
类别名	产品所属类别	分类名	可变长字符	64	
单价			浮点数	默认	单位元，保留两位小数
库存量	仓库剩余量		整数	默认	

2）数据结构

数据结构描述＝{数据结构名，含义说明，组成数据流的所有数据项名}。

3）数据流

数据流描述＝{数据流名，组成数据流的所有数据项名，数据流的来源，数据流的去向，平均流量，高峰期流量}。其中，“数据流的来源”是指来自哪个数据处理过程；“数据流的去向”是指数据流将到哪个数据处理过程中去；“平均流量”是指在单位时间里的传输次数；“高峰期流量”是指在高峰时期的数据流量。

4）数据存储

数据存储描述＝{数据存储名，描述，别名，输入的数据流，输出的数据流，组成数据存储的所有数据项名，数据量，存取频率，存取方式}。数据存储是数据流中数据存储的地方，也是数据流的来源和去向之一。对于关系数据库系统来说，数据存储一般是指一个数据库文件或一个表文件。

5）处理过程

处理过程描述＝{处理过程名，说明，输入：{数据流}，输出：{数据流}，处理：{简要说明}}。

数据流图和数据字典共同构成数据库应用系统的逻辑模型，没有数据字典，数据流图就不严格；没有数据流图，数据字典也发挥不了作用，只有数据流图和相对应的数据字典结合在一起，才能共同构成应用系统的需求分析说明书。

9.2.4 需求分析的结果

需求分析的主要成果是软件需求分析说明书（Software Requirement Specification），需求分析说明书为用户、分析人员、设计人员及测试人员之间相互理解和交流提供了方便，是系统设计、测试和验收的主要依据，同时需求分析说明书也起着控制系统演化过程的作用，追加需求应结合需求分析说明书一起考虑。

需求分析说明书应具有正确性、无歧义性、完整性、一致性、可理解性、可修改性、可追踪性和注释等。需求分析说明书需要得到用户的验证和确认。一旦确认，需求分析说明书就变成了开发合同，也成了系统验收的主要依据。

需求分析说明书的基本格式如下：

“公司销售管理系统”需求分析说明书

1 引言

1.1 编写目的

1.2 编写背景

1.3 专门术语的定义

1.4 参考资料

2 数据关系分析

2.1 数据边界分析

2.2 数据内部关系分析

2.3 数据环境分析

3　数据字典

3.1　数据流图

3.2　数据项分析

3.3　数据类分析

3.4　数据性能需求分析

4　原始资料汇编

4.1　原始资料汇编之1

……………………

4.n 原始资料汇编之 n

编写人员：________　　审核人员：________

审批人员：________　　日　　期：________

9.3 概念结构设计

概念结构设计是将需求分析得到的用户具体业务数据处理的实际需求抽象为概念模型的过程，是整个数据库设计的关键。概念结构设计的目的是获取数据库的概念模型，将现实世界转化为信息世界，形成一组描述现实世界中的实体及实体间联系的概念。它通过对用户需求进行综合、归纳与抽象，确定实体、属性及它们之间的联系，形成一个独立于具体 DBMS 并反映用户需求的概念模型，一般可以用 E-R 图表示出来。

9.3.1 概念结构设计概述

概念结构设计是将现实世界的用户需求转化为概念模型。概念模型不同于需求分析说明书中的业务模型，也不同于机器世界的数据模型，是现实世界到机器世界的中间层，是数据模型的基础。概念模型独立于机器，比数据模型更抽象、更稳定。概念模型是现实世界到信息世界的第一层抽象，是数据库设计的工具，也是数据库设计人员和用户进行交流的语言。因此，概念结构设计的特点如下：

(1) 反映现实。概念结构设计能准确、客观地反映现实世界，包括事物及事物之间的联系，能满足用户对数据的处理要求，是对现实世界的一个真实模拟，要求具有较强的表达能力。

(2) 易于理解。概念结构设计不仅让设计人员能够理解，开发人员也要能够理解，不熟悉计算机的用户也要能理解，所以要求简洁、清晰，无歧义。

(3) 易于修改。当应用需求和应用环境改变时，容易对概念模型进行更改和扩充。

(4) 易于转换。概念结构设计能比较方便地向机器世界的各种数据模型转换，例如层次模型、网状模型、关系模型，主要是关系模型。

概念结构设计在整个数据库设计过程中是最重要的阶段，也是最难的阶段。概念结构设计通常采用数据库设计工具辅助进行设计，通常采用 E-R 图表示概念模型。

9.3.2 概念结构设计的方法

概念结构设计通常采用以下 4 种方法：

(1) 自顶向下。首先定义全局概念结构的框架，然后逐步分解细化，其设计方法如图 9-6 所示。

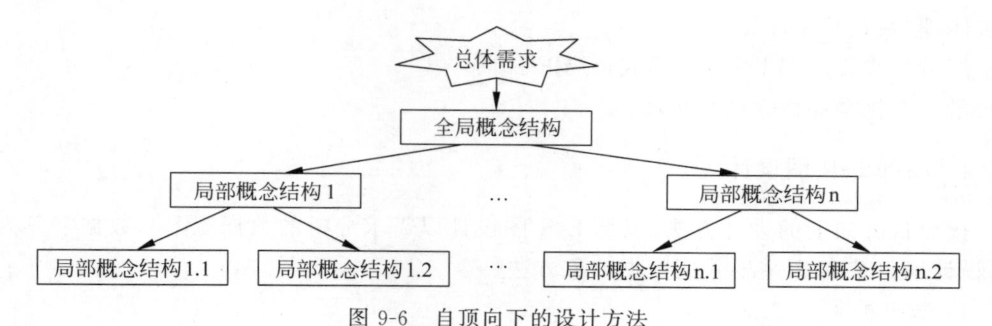

图 9-6 自顶向下的设计方法

(2) 自底向上。首先定义每个局部应用的概念结构，然后按一定的规则将局部概念结构集成全局的概念结构。

(3) 逐步扩张。首先定义最重要的核心概念结构，然后以核心概念结构为中心，向外部扩充，逐步形成其他概念结构，直到形成全局的概念结构。

(4) 混合策略。将自顶向下和自底向上方法相结合，用自顶向下的方法设计一个全局概念结构的框架，用自底向上方法设计各个局部概念结构，然后形成总体的概念结构。

具体采用哪种数据库设计方法，与需求分析方法有关。其中比较常用的数据库设计方法是自底向上，即用自顶向下的方法进行需求分析，而用自底向上的方法进行概念结构的设计，如图 9-7 所示。

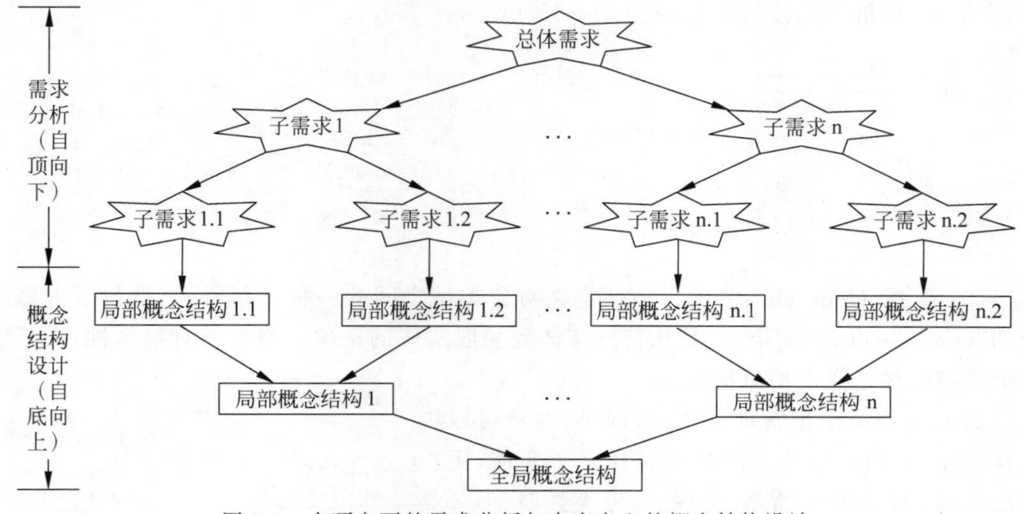

图 9-7 自顶向下的需求分析与自底向上的概念结构设计

9.3.3 自底向上的概念结构设计的步骤

由图 9-7 可知，采用自底向上的概念结构设计的步骤如下：

首先根据需求分析的结果（数据流图、数据字典等）对现实世界的数据进行抽象，设计各个局部概念结构（E-R 图），内容包括确定各局部概念结构的范围，定义各局部概念结构的实体、联系及其属性。

然后集成各局部 E-R 图，形成全局 E-R 图。

最后优化全局概念结构模型。

1. 局部 E-R 图设计

按照自底向上的设计方法，局部 E-R 图设计以需求分析的数据流图和数据字典为依据，设计局部 E-R 图主要采用数据抽象方法。

1）数据抽象

设计局部 E-R 模型的关键是正确划分实体和属性。实体、联系和属性在形式上并无明显区分的界限，通常是按照现实世界中事物的自然划分来定义实体、联系和属性，进行数据抽象，调整后得到实体和属性。所谓抽象，是在对现实世界有一定认识的基础上对实际的人、物、事进行分析概括，抽取人们共同关心的本质特性，忽略非本质的细节，并把这些特性用各种概念精确地加以描述，组成某种模型。常用的抽象方法有以下 3 种：

（1）分类（Classification）。定义一组对象的类型，这些对象具有共同的特征和行为，定义了对象值和型之间的“is a member of”的语义，是从具体对象到实体的抽象。

例如在公司销售管理系统中，牛奶是产品，打印纸也是产品，它们都是产品的一员（is a member of 产品），如图 9-8 所示，它们具有产品共同的特征，通过分类得出“产品”这个实体。

（2）聚集（Aggregation）。聚集定义某一类型对象的组成成分，抽象了类型和成分之间的“is a part of”的语义。若干属性组成实体就是这种抽象。例如产品实体是由产品编号、产品名、单价等属性组成的，如图 9-9 所示。

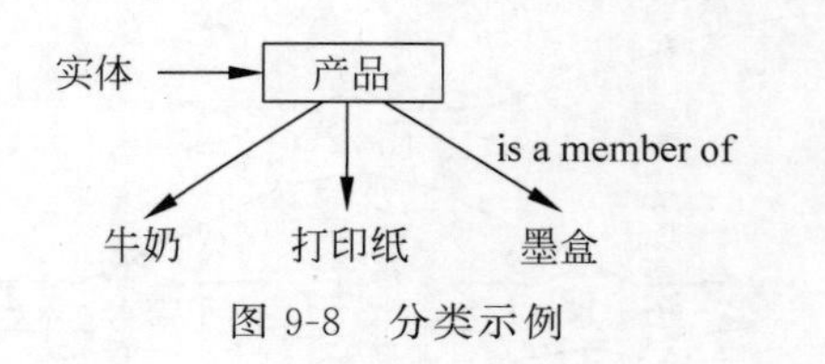

图 9-8　分类示例

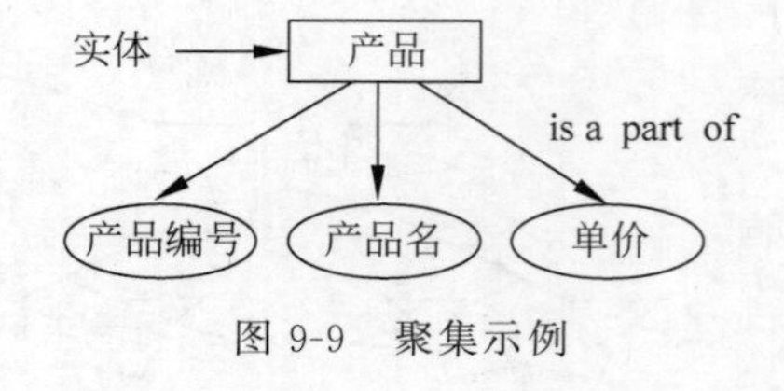

图 9-9　聚集示例

（3）概括（Generalization）。概括定义对象类型之间的一种子集联系，抽象了类型之间的“is a subset of”的语义，是从特殊实体到一般实体的抽象。概括具有继承性，即子实体继承超实体定义的所有抽象。

例如在公司销售管理系统中，雇员、客户可以进一步抽象为“用户”，其中雇员和客户是子实体，用户是超实体，如图 9-10 所示。概括与分类类似，但分类是对象到实体的抽象，概括是子实体到超实体的

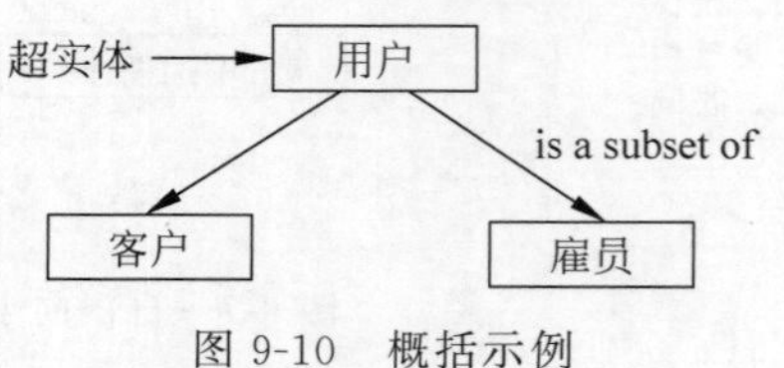

图 9-10　概括示例

抽象。

2）局部 E-R 图设计

局部 E-R 图设计一般包括 4 个步骤，即确定范围、识别实体、定义属性、确定联系。

（1）确定范围。范围是指局部 E-R 图设计的范围。范围划分要自然、便于管理，可以按业务部门或业务主题划分。与其他范围界限比较清晰，相互影响比较小。范围大小要适度，实体控制在 10 个左右。

（2）识别实体。在确定的范围内寻找和识别实体，确定实体的主码。在数据字典中按人员、组织、物品、事件等寻找实体。在实体找到后，给各实体分别命名。

（3）定义属性。属性是描述实体的特征和组成，也是分类的依据。相同实体应该具有相同数量的属性、名称、数据类型。在实体的属性中，有些是系统不需要的属性，要去掉；有的实体需要区别状态和处理标识，要人为地增加属性。实体的主码可能需要人工定义。

实体和属性之间没有截然的划分，能作为属性对待的，要尽量作为属性对待。在调整时要遵守下面两条基本原则：

① 属性必须是不可再分的数据项，属性中不能包含其他属性，不能再有需要描述的性质。

② 属性不能与其他实体有联系，联系只发生在实体之间。

（4）确定联系。对于识别出的实体，进行两两组合，判断实体之间是否存在联系，联系的类型是 1:1、1:n、m:n。如果是 m:n 的实体，增加关联实体，使之成为 1:n 的联系。

3）局部 E-R 图设计示例

下面以公司销售管理系统为例说明局部 E-R 图的设计步骤。

（1）确定范围：选择以产品销售为核心的范围，根据分层数据流图和数据字典来确定局部 E-R 图的边界。

（2）识别实体：雇员、客户、订单、产品。

（3）定义属性：

雇员（雇员编号，雇员姓名，雇员性别，出生日期，雇佣日期，特长，薪水）

客户（客户编号，联系人姓名，联系方式，地址，邮编）

订单（订单编号，产品编号，产品名称，数量，雇员编号，客户编号，订货日期）

产品（产品编号，产品名称，类别编号，单价，库存量）

（4）确定联系：客户与订单（1:n）、雇员与订单（1:n）、订单与产品（1:n）。

公司销售管理系统的局部 E-R 图设计示例如图 9-11 所示。

2. 全局 E-R 图设计

各个局部 E-R 图设计好以后，下一步就是将所有的局部 E-R 图集成起来，形成一个全局 E-R 图。局部 E-R 图的集成方法有以下两种。

- 一次集成法：将所有的局部 E-R 图一次集成。
- 逐步集成法：一次将一个或几个局部 E-R 图合并，逐步形成全局 E-R 图。

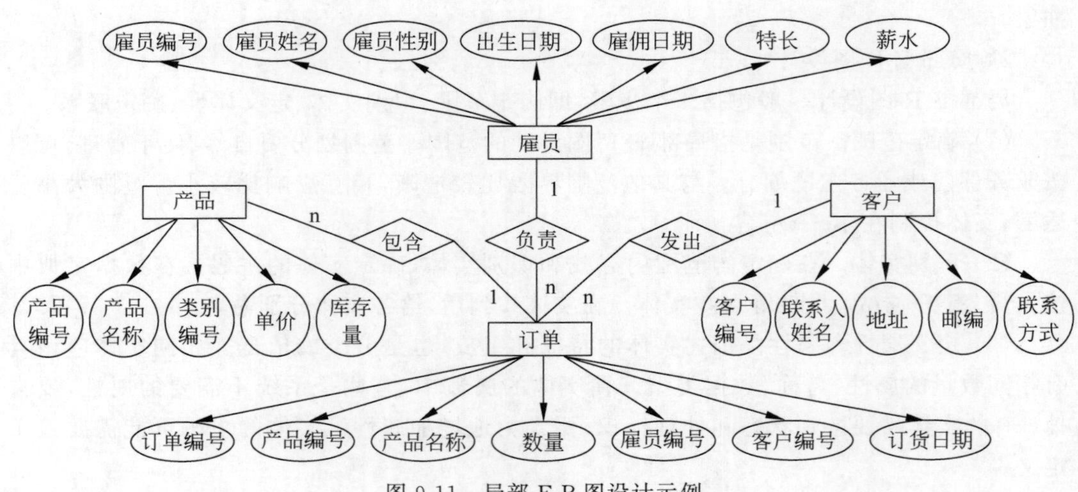

图 9-11 局部 E-R 图设计示例

无论采用哪种集成方法,集成局部 E-R 图一般都需要两步,如图 9-12 所示。第一步是合并,解决各 E-R 图之间的冲突,生成初步的 E-R 图;第二步是修改与重构,消除不必要的冗余,生成基本的 E-R 图。下面分别讨论。

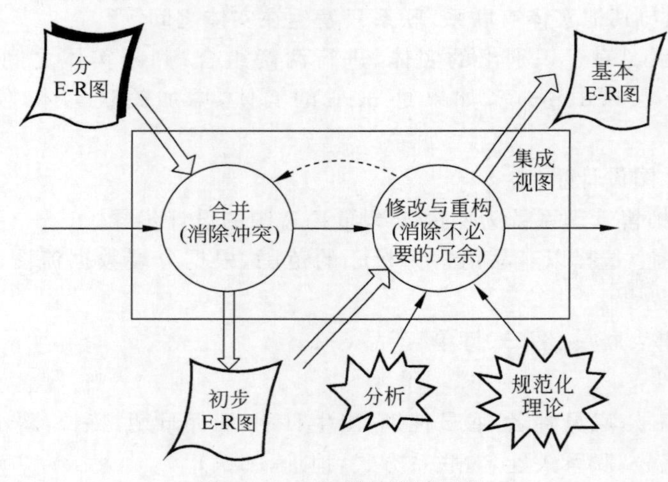

图 9-12 E-R 图的设计过程

1) 合并局部 E-R 图,消除冲突,生成初步 E-R 图

各个局部 E-R 图面向不同的应用,由不同的人进行设计或由同一个人在不同时间进行设计,各个局部 E-R 图存在许多不一致的地方,称之为冲突,在合并局部 E-R 图时,消除冲突是工作的关键。E-R 图之间的冲突主要有 3 类,即属性冲突、命名冲突和结构冲突。

(1) 属性冲突:包括属性域冲突和属性取值单位冲突。

属性域冲突是指同一属性在不同的局部 E-R 图中的数据类型、取值范围或取值集合不同。例如,“产品编号”属性有的部门定义为整数型,有的部门定义为字符型。属性取值单位冲突是指同一属性在不同的局部 E-R 图中具有不同的单位。例如,对于产品库存量,有的部门使用“箱”为单位,有的部门使用“个”或“盒”为单位。在合并过程中要消除属性的不一致。

(2) 命名冲突:实体名、属性名、联系名之间存在同名异义或异名同义的情况。

同名异义指相同的实体名称或属性名称,而意义不同。异名同义指相同的实体或属性使用了不同的名称。在合并局部 E-R 图时,消除实体命名和属性命名方面不一致的地方。

(3) 结构冲突:同一对象在不同应用中具有不同的抽象。

结构冲突的表现主要有 4 种:同一对象在不同的局部 E-R 图中,有的作为实体,有的作为属性;同一实体在不同的局部 E-R 图中,属性的个数或顺序不一致;同一实体在局部 E-R 图中的主码不同;实体间的联系在不同的局部 E-R 图中联系的类型(1:1、1:n、m:n)不同。

2) 修改与重构 E-R 图,消除冗余,生成基本 E-R 图

在初步 E-R 图中,可能存在一些冗余的数据和冗余的实体联系。冗余数据是指可以用其他数据导出的数据。冗余的实体联系是指可以通过其他实体导出的联系。冗余数据和冗余实体联系容易破坏数据库的完整性,给数据库的维护增加困难,应该予以消除。消除冗余后的 E-R 图称为基本 E-R 图。例如,雇员的年龄可由系统年月减去雇员的出生日期生成,如果存在雇员出生日期属性,则年龄属性是冗余的,应该予以消除。

在消除冗余时,有时为了提高查询的效率,人为地保留一些冗余,应根据处理需求和性能要求做出取舍。

9.4 逻辑结构设计

概念结构设计所得的概念模型是面向用户的,独立于具体的 DBMS 的信息结构,与实现无关。逻辑结构设计的任务就是将概念结构设计阶段产生的 E-R 图转化为与选用的 DBMS 所支持的数据模型相符的逻辑结构,形成逻辑模型。

逻辑结构设计的步骤如图 9-13 所示。其一般分为 3 个步骤:

(1) 将概念结构模型转化为一般的数据模型(例如关系模型、网状模型、层次模型)。本书以关系数据模型为例讲解逻辑结构设计。

(2) 将转化的模型向特定 DBMS 支持的数据模型转换。

(3) 对数据模型进行优化。

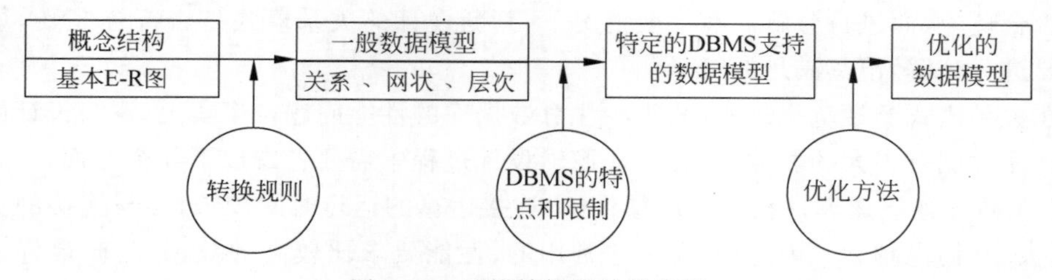

图 9-13 逻辑结构设计的步骤

9.4.1 概念模型转换为关系数据模型

概念模型向关系数据模型的转化就是将用 E-R 图表示的实体、实体属性和实体之间的联系转化为关系模式，具体而言就是转化为选定的 DBMS 支持的数据库对象，例如表、列、视图、主键、外键、约束等数据库对象。其一般转换原则如下：

(1) 实体的转换。一个实体转换为一个关系模式(表)，实体的属性转换为关系的属性，实体的码转换为关系的主键。

(2) 一个 1:n 的联系可以转换为一个独立的关系模式，也可以与 n 端对应的关系模式合并。如果转换成一个独立的关系模式，则与该联系相连的两个实体的码以及联系本身的属性均转换为关系的属性，同时关系的主键为 n 端实体的主键。若将联系与 n 端的实体的关系模式合并，则在 n 端关系中加入 1 端关系的主键(作为其外键)和联系本身的属性作为合并后关系的属性，且合并后关系的主键不变。前面介绍的公司销售管理系统均采用与 n 端对应的关系模式合并的方法，例如雇员与订单是 1:n 的联系，在订单表中增加了一个"雇员编号"属性，它是一个外键，是雇员表的主键。

(3) 1:1 联系的转换。一个 1:1 的联系可以转换为一个独立的关系模式，也可以与任意一端对应的关系模式合并。如果转换为一个独立的关系模式，则与该联系相连的两个实体的码以及联系本身的属性均转换为关系的属性，而每个实体的码均为该关系的候选码。如果将联系与一端的实体的关系模式合并，则需要在该关系的属性中加入另一个关系的主键和联系本身的属性，合并后关系的主键不变。

(4) 一个 m:n 的联系转换为一个关系模式，与该联系相连的两个实体的码以及联系本身的属性均转换成关系的属性，同时关系的主键为两个实体的码的组合。

9.4.2 关系模型的优化与改进

关系模型的优化是为了进一步提高数据库的性能，适当地修改、调整关系模型结构。关系模型的优化通常以规范化理论为指导，其目的是消除各种数据库操作异常，提高查询效率，节省存储空间，方便数据库的管理。其常用的方法包括规范化和分解。

1. 规范化

规范化就是确定表中各个属性之间的数据依赖，并逐一进行分析，考察是否存在部分函数依赖、传递函数依赖、多值依赖等，确定属于哪种范式。根据需求分析的处理要求，分析是否合适，从而进行分解。在一般情况下，判断设计的关系模式是否符合 3NF，如果不符合要进行分解，使其满足 3NF。

在关系模式的规范化过程中，很少注意数据库的性能问题。事实上，逻辑设计的好坏对数据库性能有很大的影响。因此，在逻辑设计过程中需要考虑以下几个方面：

(1) 减少连接运算。在数据库操作中，连接运算的运行时间较长，参与连接的关系越多、越大，开销也越大。因此，对于一些常用的、性能要求比较高的数据查询，最好是单表操作，尽量避免连接运算。这与规范化理论相矛盾。

(2) 减小关系的大小和数据量。关系的大小对查询的速度影响很大。有时为了提高查询的速度,需要将一个大关系划分成多个小关系。当关系的元组个数太多时,可从横向进行划分;当关系的属性太多时,可从纵向划分关系。例如将常用的和不常用的属性分别放在不同的关系中,以提高查询关系的速度。

(3) 为每个属性选择合适的数据类型。关系中的每个属性都要求有一定的数据类型,为属性选择合适的数据类型不仅可以提高数据的完整性,还可以提高数据库的性能,节省系统的存储空间。

2. 分解

分解的目的是为了提高数据操作的效率和存储空间的利用率。常用的分解方式是水平分解和垂直分解。水平分解是指按一定的原则将一个表横向分解成两个或多个表,垂直分解是通过模式分解将一个表纵向分解成两个或多个表。垂直分解也是关系模式规范化的途径之一。同时,为了应用和安全的需要,垂直分解将经常一起使用的数据或机密的数据分离。当然,通过视图的方式可以达到同样的效果。

9.4.3 设计外模式

概念模型通过转换、优化后成为全局逻辑模型,用户还应该根据局部应用的需要,结合 DBMS 的特点,设计外模式。

外模式也称为用户子模式,是全局逻辑模式的子集,是数据库用户(包括程序用户和最终用户)能够看见和使用的局部数据的逻辑结构和特征。

目前,关系数据库管理系统一般都提供了视图的概念,可以通过视图功能设计外模式。此外,也可以通过垂直分解的方式来实现。

定义外模式的主要目的是符合用户的使用习惯;为不同的用户级别提供不同的用户模式,保证数据的安全;简化用户对系统的使用:若某些查询比较复杂,为了方便用户使用,并保证查询结果的一致性,将这些复杂的查询定义为视图,简化用户的使用。

【例 9-1】 先将图 9-11 所示的公司销售管理系统的 E-R 图转换成关系模型,然后转换成 SQL Server 2016 数据库管理系统所支持的实际数据模型。

(1) 将每个实体和联系转换为关系模式,并进行优化。

根据 E-R 图向关系模型的转换规则以及优化方法,得出公司销售管理系统的关系模型,其中主键用下画线标出。

雇员(<u>雇员编号</u>,雇员姓名,雇员性别,出生日期,雇佣日期,特长,薪水)

客户(<u>客户编号</u>,联系人姓名,联系方式,地址,邮编)

订单(<u>订单编号,产品编号</u>,数量,雇员编号,客户编号,订货日期),其中,产品编号为引用“产品”关系模式的外键。

产品(<u>产品编号</u>,产品名称,类别编号,单价,库存量),其中,类别编号为引用“产品类别”关系模式的外键。

产品类别(<u>类别编号</u>,类别名称,类别说明)

通过分析,当产品表中包含“类别名称”属性时,每一个产品都要存储相应的“类别名称”,这样就会造成数据冗余、更新异常和插入异常等。于是,根据关系模型的优化方法将产品表分解为产品表和产品类别表，如上所示，可以解决以上问题。同时，原来的订单实体包含的“产品名称”并不函数依赖于订单编号，而是仅函数依赖于产品编号，所以不符合2NF，故在转换为订单关系表时已将“产品名称”删除。

（2）将转化的关系模式向SQL Server 2016数据库管理系统支持的数据模型转换。

根据范式理论，转换成SQL Server 2016数据库管理系统所支持的实际数据模型如表9-3～表9-7所示。

表9-3 雇员信息表（Employee）

字段名	字段含义	数据类型	字段长度	备注
GYBH	雇员编号	char	6	主键
GYXM	雇员姓名	varchar	32	
GYXB	雇员性别	varchar	2	默认值“男”
CSRQ	出生日期	date	默认	
GYRQ	雇佣日期	date	默认	
TC	特长	varchar	256	
XS	薪水	money	默认	单位元，保留两位小数

表9-4 客户信息表（Customer）

字段名	字段含义	数据类型	字段长度	备注
KHBH	客户编号	int	默认	主键，自动增加1
LXRXM	联系人姓名	varchar	32	
LXFS	联系方式	varchar	32	优先存储移动电话号
DZ	地址	varchar	64	
YB	邮编	char	6	

表9-5 产品信息表（Product）

字段名	字段含义	数据类型	字段长度	备注
CPBH	产品编号	char	12	主键，采用一维条形码
CPMC	产品名称	varchar	128	
LBBH	类别编号	char	8	外键，引用“产品类别”表
DJ	单价	money	默认	单位“元”，保留两位小数
KCL	库存量	int	默认	默认值为0

表9-6 产品类别表（Category）

字段名	字段含义	数据类型	字段长度	备注
LBBH	类别编号	char	8	主键
LBMC	类别名称	varchar	32	
LBSM	类别说明	varchar	256	

表 9-7　订单信息表(Order)

字段名	字段含义	数据类型	字段长度	备注
DDBH	订单编号	int	默认	主键,自动增加 1
CPBH	产品编号	char	12	主键,引用“产品”表
SL	数量	varchar	128	
GYBH	雇员编号	char	6	外键,引用“雇员”表
KHBH	客户编号	int	默认	外键,引用“客户”表
DHRQ	订货日期	datetime	默认	默认值为 getdate()

9.5　物理结构设计

数据库在物理设备上的存储结构与存取方法称为数据库的物理结构(内模式),它依赖于选择的计算机系统。为一个给定的逻辑数据模型选择一个最适合应用要求的物理结构的过程就是数据库的物理结构设计。

9.5.1　物理结构设计概述

物理结构设计的目的主要有两个：一是提高数据库的性能,满足用户的性能需求；二是有效地利用存储空间。总之,是为了使数据库系统在时间和空间上最优。

数据库的物理结构设计包括以下两个步骤：

(1) 确定数据库的物理结构,在关系数据库中主要是确定存储结构和存取方法。

(2) 对物理结构进行评价,评价的重点是时间和空间的效率。如果评价结果满足应用要求,则可进入到物理结构的实施阶段,否则要重新进行物理结构设计或修改物理结构设计,有时甚至返回到逻辑结构设计阶段,修改逻辑结构。

由于物理结构设计与具体的 DBMS 有关,各种产品提供了不同的物理环境、存储结构和存取方法,能供设计人员使用的设计变量、参数范围都有很大的差别,因此物理结构设计没有通用的方法。在进行物理设计前需注意以下两方面的问题：

(1) DBMS 的特点。物理结构设计只能在特定的 DBMS 下进行,必须了解 DBMS 的功能和特点,充分利用其提供的环境和工具,了解其限制条件。

(2) 应用环境。需要了解应用环境的具体要求,例如各种应用的数据量、处理频率和响应时间等；特别是计算机系统的性能,数据库系统不仅与数据库设计有关,与计算机系统也有关,例如是单任务系统还是多任务系统,是单磁盘还是磁盘阵列,是数据库专用服务器还是多用途服务器,等等；还要了解数据的使用频率,对于使用频率高的数据要优先考虑。此外,数据库的物理结构设计是一个不断完善的过程,开始只能是一个初步设计,在数据库系统运行过程中要不断检测并进行调整和优化。

关系数据库的物理结构设计的主要内容包括以下两个方面：

(1) 为关系模式选取存取方法。

(2) 设计关系、索引等数据库文件的物理存储结构。

9.5.2 关系模式的存取方法的选择

数据库系统是多用户共享的系统，为了满足用户快速存取的要求，必须选择有效的存取方法。对同一个关系要建立多条存取路径才能满足多用户的多种应用需求。一般数据库系统中为关系、索引等数据库对象提供了多种存取方法，主要有索引存取方法、聚簇存取方法、散列存取方法。

1. 索引存取方法的选择

索引是数据库表的一个附加表，存储了建立索引列的值和对应的记录地址。在查询数据时，先在索引中根据查询的条件值找到相关记录的地址，然后在表中存取对应的记录，所以能加快查询速度。索引是系统自动维护的，但索引本身占用存储空间。B+树索引和位图索引是常用的两种索引。建立索引的一般原则如下：

(1) 如果某个属性或属性组经常出现在查询条件中，则考虑为该属性或属性组建立索引。

(2) 如果某个属性经常作为最大值和最小值等聚集函数的参数，则考虑为该属性建立索引。

(3) 如果某个属性和属性组经常出现在连接操作的连接条件中，则考虑为该属性或属性组建立索引。

注意：关系上定义的索引数并不是越多越好，原因是索引本身占用磁盘空间，而且系统为索引的维护要付出代价，特别是对于更新频繁的表，索引不能定义太多。

2. 聚簇存取方法的选择

在关系数据库管理系统中，连接查询是影响系统性能的重要因素之一，为了改善连接查询的性能，很多关系数据库管理系统提供了聚簇存取方法。

聚簇的主要思想是将经常进行连接操作的两个或多个数据表按连接属性（聚簇码）相同的值存放在一起，从而极大地提高连接操作的效率。在一个数据库中可以建立很多簇，但一个表只能加入一个聚簇中。

设计聚簇的原则如下：

(1) 经常在一起连接操作的表，考虑存放在一个聚簇中。

(2) 在聚簇中的表，主要是用来查询的静态表，而不是频繁更新的表。

3. 散列存取方法的选择

有些数据库管理系统提供了散列存取方法。散列存取方法的主要原理是根据查询条件的值按 HASH 函数计算查询记录的地址。它减少了数据存取的 I/O 次数，加快了存取速度。注意，并不是所有的表都适合散列存取。选择散列存取方法的原则如下：

(1) 主要是用于查询的表（静态表），而不是经常更新的表。

(2) 作为查询条件列的值域（散列键值），具有比较均匀的数值分布。

(3) 查询条件是相等比较，而不是范围（大于或等于比较）。

9.5.3　数据库存储结构的确定

确定数据库的存储结构包括记录存储结构的设计、确定数据库中数据的存放位置以及合理设置系统的配置参数。数据库中的数据主要是指表、索引、聚簇、日志、备份等数据。存储结构选择的主要原则是数据存取时间上的高效性、存储空间的利用率、存储数据的安全性。

1. 记录存储结构的设计

记录存储结构的设计就是设计存储记录的结构形式，它涉及不定长数据项的表示。常用的3种数据存储方式如下：

(1) 顺序存储。顺序存储是指将逻辑相邻的数据存储在连续存储区域的相邻单元中，使逻辑相邻的数据一定是物理位置相邻。这种存储方式的平均查找次数为表中记录数的一半，通常用于存储具有线性结构的数据。

(2) 散列存储。散列存储是指以主键值为自变量，通过一定的散列函数计算对应的函数值，并以该值为数据的存储地址存到存储单元中。常用的散列函数构造法包括除余法、直接地址法和平方取中法。不同的散列函数决定了该存储方式的平均查找次数。

(3) 聚集存储。聚集存储是指把某个或某些属性(聚集码)上具有相同值的数据集中存放在连续的物理块上，以提高这个或这些属性的查询效率。

2. 确定数据的存放位置

在确定数据的存放位置之前，要将数据中的易变部分和稳定部分进行适当的分离，并分开存放；要将数据库管理系统文件和数据库文件分开。如果系统采用多个磁盘和磁盘阵列，将表和索引存放在不同的磁盘上，在查询时，由于两个驱动器并行工作，可以提高I/O读写速度。为了保证系统的安全性，一般将日志文件和重要的系统文件存放在多个磁盘上，互为备份。另外，数据库文件和日志文件的备份，由于数据量大，并且只在数据库恢复时使用，所以一般存储在磁带上。

3. 设置系统的配置参数

DBMS产品一般都提供了大量的系统配置参数，供数据库设计人员和DBA进行数据库的物理结构设计和优化，例如用户数、缓冲区、内存分配、物理块的大小、时间片的大小等。一般在建立数据库时系统都提供了默认参数，但是默认参数不一定适合每一个应用环境，要做适当的调整。此外，在物理结构设计阶段设计的参数只是初步的，要在系统运行阶段根据实际情况进行进一步调整和优化。

9.5.4　物理结构设计的评价

在数据库物理结构设计过程中需要对时间效率、空间效率、维护代价和各种用户需要进行权衡，其结果可以产生多种方案。数据库设计人员必须对这些方案进行细致地评价，从中选择一个较优的方案作为数据库的物理结构。评价物理数据库的方法完全依赖于所

选用的DBMS,具体的考核指标如下:

(1) 查询和响应时间。响应时间是指从查询开始到查询结果开始显示之间的时间。一个好的应用程序设计不应占用过多的CPU时间和I/O时间。

(2) 更新事物的开销。其主要包括修改索引、重写物理块或文件、写校验等方面的开销。

(3) 生成报告的开销。其主要包括索引、重组、排序、结果显示的开销。

(4) 主存储空间的开销。其包括程序和数据占用的空间。设计者可对缓冲区的个数、缓冲区的大小做适当的控制,以减小该开销。

(5) 辅助存储空间的开销。其包括数据块和索引块占用的空间。设计者可对索引块的大小、索引块的充满度做适当的控制,以减小该开销。

9.6 数据库的实施

数据库实施是指设计人员根据数据库逻辑结构设计和物理结构设计的结果,运用DBMS提供的数据定义语言和其他应用程序建立数据库结构,组织数据入库,进行测试和试运行的过程。数据库实施的工作内容主要包括建立实际的数据库结构、组织数据入库、编制与调试应用程序以及数据库试运行。

9.6.1 建立实际的数据库结构

建立数据库是在指定的计算机平台上和特定的DBMS下建立数据库和组成数据库的各种对象。数据库对象可以使用DBMS提供的工具交互式地进行,也可以使用脚本成批地建立。例如,在SQL Server 2016环境下可以编写和执行Transact-SQL脚本程序。

9.6.2 数据载入

建立数据库模式,只是一个数据库的框架,只有在装入实际的数据后才算真正地建立了数据库。数据的来源有两种形式,即"数字化"数据和非"数字化"数据。

"数字化"数据是存在某些计算机文件和某种形式的数据库中的数据,这种数据的载入工作主要是转换,将数据重新组织和组合,并转换成满足新数据库要求的格式。这些转换工作可以借助于DBMS提供的工具,例如SQL Server的DTS工具。

非"数字化"数据是没有计算机化的原始数据,一般以纸质的表格、单据的形式存在。这种形式的数据处理工作量大,一般需要设计专门的数据录入子系统完成数据的载入工作。数据录入子系统中一般要有数据校验的功能,以保证数据的正确性。

9.6.3 编制与调试应用程序

数据库应用程序的设计应该与数据库设计并行进行。在数据库实施阶段,当数据库结构建立好后,就可以开始编制与调试数据库的应用程序。在调试应用程序时由于数据入库尚未完成,可先使用模拟数据。对应用程序的调试需要实际运行数据库应用程序,执行对数据的各项操作,测试应用程序的功能是否满足要求。如果不满足,还需要对应用程序进行修改和调整。

9.6.4 数据库试运行

数据库系统在正式运行前要经过严格的测试。数据库测试一般与应用系统测试结合起来,通过试运行,参照用户需求说明,测试应用系统是否满足用户需求,查找应用程序的错误和不足,核对数据的准确性。如果功能不满足或数据不准确,就需要对应用程序进行修改、调整,直到满足设计要求为止。

对数据库的测试,重点在两个方面:一是通过应用系统的各种操作,数据库中的数据能否保持一致性,完整性约束是否有效实施;二是数据库的性能指标是否满足用户的性能要求,分析是否达到设计目标。在对数据库进行物理结构设计时,已经对系统的物理参数进行了初步设计。但在一般情况下,设计时的考虑在许多方面还只是对实际情况的近似估计,和实际系统的运行总有一定的差距,因此必须在试运行阶段实际测量和评价系统性能指标。事实上,有些参数的最佳值往往是经过运行调试后找到的。如果测试的物理结构参数与设计目标不符,则要返回到物理结构设计阶段,重新调整物理结构,修改系统物理参数。在有些情况下要返回到逻辑结构设计,修改逻辑结构。

在试运行的过程中,要注意在数据库试运行阶段,由于系统还不稳定,硬件、软件故障随时都可能发生;而系统的操作人员对新系统还不熟悉,误操作也不可避免,因此应首先调试 DBMS 的恢复功能,做好数据库的备份和恢复工作。一旦发生故障,应能使数据库尽快恢复,减少对数据库的破坏。

9.6.5 整理文档

在程序的编制和试运行中,应将发现的问题和解决方法记录下来,将它们整理存档为资料,供以后正式运行和改进时参考。在全部的调试工作完成之后,应该编写应用系统的技术操作说明书,在系统正式运行时提供给用户。

9.7 数据库的运行与维护

在数据库实施后,对数据库进行测试,测试合格后,数据库进入运行阶段。在运行的过程中,要对数据库进行维护。但是,由于应用环境不断变化,在数据库运行过程中物理存储也会不断变化。对数据库设计的评价、调整、修改等维护工作是一个长期的任务,也是设计工作的继续和提高。

在数据库运行阶段,对数据库经常性的维护工作主要是由 DBA 完成的,包括数据库的备份和恢复,数据库的安全性和完整性控制,数据库性能的监控、分析和改造,数据库的重组和重构。

(1) 数据库的备份和恢复。数据库的转储和恢复工作是系统正式运行后最重要的维护工作之一。DBA 要针对不同的应用要求制定不同的备份计划,以保证一旦发生故障尽快将数据库恢复到某种一致的状态,并尽可能减少对数据库的损失和破坏。

(2) 数据库的安全性和完整性控制。在数据库的运行过程中,由于应用环境的变化,对数据库安全性的要求也会发生变化。例如有的数据原来是机密的，现在可以公开查询了，而新增加的数据又可能是机密的了。系统中用户的级别也会发生变化。这些都要DBA根据实际情况修改原来的安全性控制。同样，数据库的完整性约束条件也会变化，也需要DBA不断修正，以满足用户需要。

(3) 数据库性能的监控、分析和改造。在数据库的运行过程中，监控系统运行，对检测数据进行分析，找出改进系统性能的方法，是DBA的又一重要任务。目前有些DBMS产品提供了检测系统性能的工具，DBA可以利用这些工具方便地得到系统运行过程中一系列参数的值。DBA应仔细分析这些数据，判断当前系统的运行状况是否最优，应当做哪些改进，找出改进的方法。例如调整系统物理参数，或者对数据库进行重组织或重构造等。

(4) 数据库的重组和重构。数据库运行一段时间之后，由于记录不断增加、删除、修改，会使数据库的物理存储结构变坏，降低了数据的存取效率，数据库性能下降，这时DBA就要对数据库进行重组或部分重组(只对频繁增加、删除的表进行重组)。DBMS系统一般都提供了对数据库重组的实用程序。在重组的过程中，按原设计要求重新安排存储位置、回收垃圾、减少指针链等，提高系统性能。

数据库的重组并不修改原来的逻辑和物理结构，而数据库的重构则不同，它是指部分修改数据库模式和内模式。

由于数据库应用环境发生变化，增加了新的应用或新的实体，取消了某些应用，有的实体和实体间的联系也发生了变化，等等，使原有的数据库模式不能满足新的需求，需要调整数据库的模式和内模式。例如在表中增加或删除了某些数据项，改变数据项的类型，增加和删除了某个表，改变了数据库的容量，增加或删除了某些索引，等等。当然，数据库的重构是有限的，只能做部分修改。如果应用变化太大，重构也无济于事，说明此数据库应用系统的生命周期已经结束，应该设计新的数据库。

9.8 数据库设计案例

本节将通过一个典型的图书管理信息系统设计案例详细说明数据库设计的过程和方法，按照数据库设计的步骤进行系统需求分析、概念结构设计、逻辑结构设计、物理结构设计，使读者掌握数据库应用软件的开发流程、Transact-SQL语句的使用和视图的使用。

9.8.1 引言

随着计算机的普及和信息技术的发展，人们的生活发生了日新月异的变化，各类计算机软件逐渐渗透到了社会的每个角落，极大地改善了人们的生活质量，提高了人们的工作效率。在高校中，图书借阅是学生获取知识的一个很重要的途径，如何既能方便学生借书，又能减轻图书馆管理人员的工作负担，高效地完成图书借阅管理工作，是一件非常重要的事情。

A高校拥有一个小型图书馆，为全校师生提供学习、阅读的空间。近几年来，随着生源的不断扩大，图书馆的规模也随之扩大，图书数量也相应地大量增加，有关图书借阅的各种信息成倍增加。面对如此巨大的信息量，图书馆管理人员很难支撑，因此学校领导决定建立一套合理、实用的图书管理信息系统，以对校内的图书借阅信息进行统一、集中地管理。图书管理信息系统借助计算机强大的处理能力，不仅可以实现图书管理的系统化和自动化，而且可以极大地减轻管理人员的工作量，并提高处理的准确性。

9.8.2　系统需求分析

通过对A高校图书管理信息系统的调研，分析现有的工作流程，根据实际需求确定图书管理信息系统的功能，本节仅完成其基本功能，以期让读者掌握完整的数据库应用系统的开发设计思路与步骤。该图书管理信息系统能够实现读者信息管理、图书信息管理和借阅管理，能够提供方便快速的图书信息检索功能以及便捷的图书借阅和归还功能，方便管理员和读者的借阅处理。要求系统具备以下特点：

- 操作简单，易用。
- 数据存储可靠，具备较高的处理效率。
- 系统安全、稳定。
- 开发技术先进、功能完备、扩展性强。

1. 信息需求

读者基本信息包括读者编号、读者姓名、性别、电话、所在院系、专业、注册日期、最多可借阅图书数量、累计借次、违章次数等信息。

图书基本信息包括馆藏号、图书ISBN编号、图书名称、作者、出版社、出版日期、单价、是否在馆、类别名称、可借天数、逾期每天罚款额、书架名、所在房间、联系电话等信息。

借阅信息包括图书名称、读者姓名、借书时间、还书时间、是否续借等信息。

统计报表信息对读者借阅信息进行汇总、统计等。

2. 功能需求

该图书管理信息系统能够进行数据库的数据定义、数据操纵、数据查询等处理功能，进行联机处理的相应时间要短。系统的功能模块包括图书信息管理、读者信息管理、图书借阅管理和基础信息维护，具体功能如下。其功能结构图如图9-14所示。

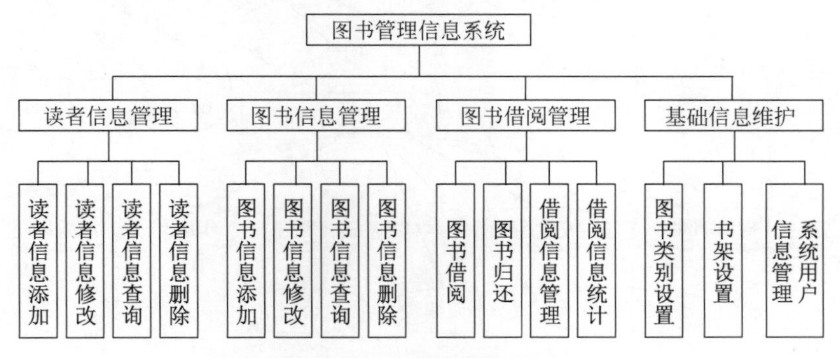

图9-14　图书管理信息系统功能结构图

(1) 读者信息管理。读者信息管理包括读者信息添加和读者信息查询与修改功能。用户登录成功之后,可以浏览所有读者的信息,也可以检索特定读者的信息;同时可以对读者信息进行维护,包括增加、删除及修改。

(2) 图书信息管理。图书信息管理包括图书信息添加和图书信息查询与修改功能。用户登录成功之后,可以浏览所有图书信息和检索特定图书的信息;也可以对图书信息进行维护,包括添加图书、删除图书以及修改图书信息。

(3) 图书借阅管理。图书借阅管理包括图书借阅和图书归还功能,以及对图书借阅信息的管理、查询和统计。对于图书借阅功能,先输入读者的编号,然后输入要借阅的图书的信息,记录系统当前时间(即借阅时间);对于图书归还功能,输入读者的编号,选择其名下已借阅的图书,判断当前日期(即归还日期)与借阅日期的差值是否超过了规定的期限,并计算罚金,从而进行图书的归还操作。由于要计算罚金,故需要知道该图书的类别,根据图书类别判断其可借图书天数、可借图书数量等。

(4) 基础信息维护。基础信息维护包括图书类别设置、书架设置、系统用户信息管理。对于图书类别设置,可以对图书的类别进行增加、删除、修改和查询,并对每类图书的可借天数、逾期每天罚款额进行设置。系统用户信息管理包括增加新的系统操作用户,对当前系统用户的密码进行修改,以及删除某一用户。考虑到篇幅,系统用户信息管理在这里不列出。

9.8.3 概念结构设计

概念结构设计是整个数据库设计的关键,它通过对用户需求进行综合、归纳与抽象,形成独立于具体 DBMS 的概念模型。图书管理信息系统的基本 E-R 图如图 9-15 所示。

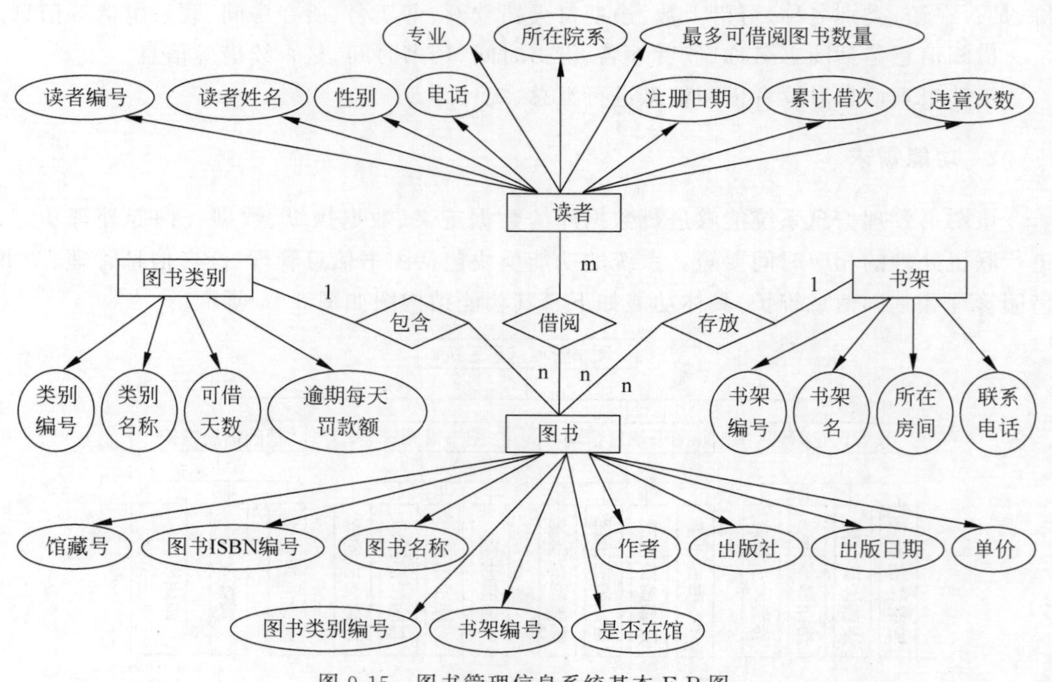

图 9-15 图书管理信息系统基本 E-R 图

9.8.4　逻辑结构设计

(1) 将每个实体和联系转换为关系模式,并进行优化。

根据 E-R 图向关系模型的转换规则以及优化方法(规范化处理和分解),将概念结构设计阶段设计好的基本 E-R 图转换为图书管理信息系统的关系模型,其中主键用下画线标出。

图书类别(类别编号,类别名称,可借天数,逾期每天罚款额)

图书(馆藏号,图书 ISBN 编号,图书名称,作者,出版社,出版日期,单价,图书类别编号,书架编号,是否在馆)。其中,图书类别编号为引用“图书类别”关系模式的外键,书架编号为引用“书架”关系模式的外键。

书架(书架编号,书架名,所在房间,联系电话)

读者(读者编号,读者姓名,性别,电话,所在院系,专业,注册日期,最多可借阅图书数量,累计借次,违章次数)

借阅(馆藏号,读者编号,借书时间,还书时间,是否续借)。其中,馆藏号为引用“图书”关系模式的外键,读者编号为引用“读者”关系模式的外键。

(2) 将转化的关系模式向 SQL Server 2016 数据库管理系统支持的数据模型转换。

根据范式理论,转换成 SQL Server 2016 数据库管理系统所支持的实际数据模型如表 9-8～表 9-12 所示。

表 9-8　图书类别信息表(BookKind)

字段名	字段含义	数据类型	字段长度	备　注
LBBH	类别编号	char	2	主键
LBMC	类别名称	varchar	32	
KJTS	可借天数	tinyint	默认	默认值为 60
FKE	逾期每天罚款额	decimal(6,2)	默认	默认值为 0.15,单位为“元”

表 9-9　图书信息表(Book)

字段名	字段含义	数据类型	字段长度	备　注
GCH	馆藏号	char	16	主键
ISBN	图书 ISBN 编号	char	10	
TSMC	图书名称	varchar	64	
ZZ	作者	varchar	64	
CBS	出版社	varchar	64	
CBRQ	出版日期	date	默认	
DJ	单价	money	默认	单位为“元”,保留两位小数
TSLBBH	图书类别编号	char	2	外键
SJBH	书架编号	int	默认	外键
SFZG	是否在馆	bit	默认	

表 9-10　书架信息表(Bookshelf)

字段名	字段含义	数据类型	字段长度	备　注
SJBH	书架编号	int	默认	主键
SJM	书架名	varchar	16	
SZFJ	所在房间	varchar	32	
LXDH	联系电话	varchar	32	

表 9-11　读者信息表(Reader)

字段名	字段含义	数据类型	字段长度	备　注
DZBH	读者编号	char	8	主键
DZXM	读者姓名	varchar	32	
XB	性别	varchar	2	默认值为“男”
DH	电话	varchar	16	
SZYX	所在院系	char	4	
ZY	专业	char	4	
ZCRQ	注册日期	date	默认	
JYSL	最多可借阅图书数量	tinyint	默认	默认值为 10
LJJC	累计借次	smallint	默认	默认值为 0
WZCS	违章次数	tinyint	默认	默认值为 0

表 9-12　借阅信息表(Borrow)

字段名	字段含义	数据类型	字段长度	备　注
GCH	馆藏号	char	16	联合主键
DZBH	读者编号	char	8	联合主键
JSRQ	借书时间	date	默认	
HSRQ	还书时间	date	默认	
SFXJ	是否续借	bit	默认	

9.8.5　物理结构设计

物理结构设计的步骤如下。

(1) 确定数据库的存储结构。因为本系统的数据库不是很大,所以数据存储采用单个磁盘的一个分区。

(2) 存取方法和优化方法。除了建立合适的索引以外,视图的合理建立和使用也可以给数据操作带来好处,为用户提供不同的视角进行数据操作。

9.8.6　数据库的实施

在完成数据库的物理设计之后,设计人员就可通过 SQL Server 2016 提供的数据定义语言和其他实用程序将数据库逻辑设计和物理设计结果严格描述出来,成为 DBMS 可以接受的源代码,再经过调试产生目标模式,最后是组织数据入库。限于篇幅,下面仅给出借阅信息的建表语句和一个视图。

```
CREATE TABLE Borrow (
    GCH char(16) NOT NULL,
    DZBH char(8) NOT NULL,
    JSRQ DATE,
    HSRQ DATE,
    SFXJ bit,
    PRIMARY KEY (GCH, DZBH),        -- 表级主键约束
    FOREIGN KEY(GCH) REFERENCES Book(GCH),
    FOREIGN KEY(DZBH) REFERENCES Reader(DZBH));
```

下面给出学生借阅信息的一个视图。

```
CREATE VIEW borrow_book_view (读者编号, 读者姓名, 所在院系, 图书名称, 还书日期)
AS
SELECT Reader.DZBH, DZXM, SZYX, TSMC, HSRQ FROM Reader, Borrow, Book WHERE Reader.DZBH =
Borrow.DZBH AND Book.GCH = Borrow.GCH
```

9.8.7　数据库的运行与维护

数据库试运行合格后，数据库开发工作基本完成，即可投入正式运行。但是，由于应用环境在不断变化，在数据库运行过程中物理存储结构也会不断变化，对数据库设计进行评价、调整、修改等维护工作是一个长期的任务，也是设计工作的继续和提高。

9.9　本章知识点小结

本章详细介绍了数据库设计的6个阶段，即需求分析、概念结构设计、逻辑结构设计、物理结构设计、数据库的实施、数据库运行与维护阶段；主要讨论了数据库设计的方法、步骤，列举了较多的示例，详细介绍了数据库设计的各个阶段的目标、方式、工具以及注意事项。其中重要的是概念结构设计和逻辑结构设计，这也是数据库设计过程中最重要的两个环节。

数据库设计属于方法学的范畴，主要掌握其基本方法和一般原则，并能在数据库设计过程中加以灵活运用，设计出符合实际需求的数据库。

9.10　习题

1. 简述数据库的设计过程。
2. 简述数据库设计过程中形成的数据库模式。
3. 简述数据库设计的特点。
4. 简述数据库设计的主要方法。
5. 数据库设计的主要工具有哪些？
6. 需求分析阶段的设计目标是什么？调查的内容是什么？调查方法有哪些？

7. 数据字典的内容和作用是什么？
8. 什么是数据库的概念结构？试述其特点和设计策略。
9. 举例说明什么叫数据抽象。
10. 什么是 E-R 图？组成 E-R 图的基本要素是什么？
11. 简述采用 E-R 图进行数据库概念设计的过程。
12. 如何将 E-R 图转换为关系数据模型？
13. 简述数据库物理结构设计的内容和步骤。
14. 什么是数据库的逻辑结构设计？试述其设计步骤。
15. 规范化理论对数据库设计有什么指导意义？
16. 使用 SQL Server 2016 设计“点歌系统”的数据库。

第10章

Java与数据库编程示例

Java 是由 Sun Microsystems 公司于 1995 年 5 月 23 日推出的 Java 面向对象程序设计语言和 Java 平台的总称。它由 James Gosling 和同事们共同研发,并在 1995 年正式推出。Java 可运行于多个平台,例如 Windows、Mac OS 及其他多种 UNIX 版本的系统。Java 语言的跨平台的工作能力(write once,run anywhere)、优秀的图像处理能力、网络通信功能、通过 JDBC 数据库访问技术等,让人们无法否认 Java 语言是 Sun 公司对于计算机界的一个巨大贡献。它是目前十分流行的高级程序设计语言,尤其适合网络应用程序的开发。

10.1 Java 概述

10.1.1 Java 简介

Java 在现代软件设计中有着非常重要的地位,应用广泛。Sun 公司为开发人员提供了 Java 标准版开发工具包(Java SE Development Kit,JDK),以支持 Java 应用程序的开发。它提供了编译、运行 Java 程序所需的各种工具和资源,包括 Java 编译器、Java 运行时环境,以及常用的 Java 类库等。其中,Java 运行时环境(Java Runtime Environment,JRE)是运行 Java 程序的必需条件。

1995 年 5 月 23 日,Java 语言诞生。1996 年 1 月,Sun 公司发布了 JDK1.0。1997 年 2 月 18 日,Sun 公司发布了 JDK1.1。1998 年 12 月 8 日,Sun 公司发布了 JDK1.2,开始使用"Java 2"这一名称,即 Java 2 企业平台 J2EE 发布。目前已经很少使用 JDK1.1 版本,所以大家所说的 Java 都是指 Java 2。1999 年 6 月,Sun 公司发布 Java 的 3 个版本,即 J2SE(Java 2 Platform Standard Edition,Java2 平台标准版)、J2EE(Java 2 Platform Enterprise Edition,Java2 平台企业版)、J2ME(Java 2 Platform Micro Edition,Java2 平台

微型版)。2000 年 5 月 8 日,JDK1.3 发布。2000 年 5 月 29 日,JDK1.4 发布。2001 年 9 月 24 日,J2EE1.3 发布。2002 年 2 月 26 日,J2SE1.4 发布,自此 Java 的计算能力有了大幅提升。2004 年 9 月 30 日,Sun 公司发布 J2SE 的开发工具包 JDK1.5.0,成为 Java 语言发展史上的又一里程碑。为了表示该版本的重要性,J2SE1.5 更名为 Java SE 5.0。2005 年 6 月,JavaOne 大会召开,Sun 公司公开 Java SE 6。此时,Java 的各种版本已经更名,以取消其中的数字"2":J2EE 更名为 Java EE,J2SE 更名为 Java SE,J2ME 更名为 Java ME。2006 年 12 月,Sun 公司发布 JRE6.0。2009 年 12 月,Sun 公司发布 Java EE 6。2009 年 4 月 20 日,Oracle 公司宣布正式收购 Sun 公司,Java 商标从此正式归 Oracle 所有。2011 年 7 月 28 日,Oracle 公司发布 Java SE 7。2014 年 3 月 18 日,Oracle 公司发布 Java SE 8。2016 年 9 月,Oracle 公司发布 Java SE 9。从 Java SE 9 开始,仅提供 64 位的 JDK。Java SE 10 在 2018 年 3 月 21 日如期推出,带来了可以进一步简化代码书写方式的 var 变量类型。

目前,根据应用领域的不同,Java 分为 3 个平台:

(1) Java SE(Java Platform Standard Edition,Java 平台标准版)主要用于桌面程序和 Java 小应用程序开发。

(2) Java EE(Java Platform Enterprise Edition,Java 平台企业版)主要应用于企业级开发和大型网站开发。

(3) Java ME(Java Platform Micro Edition,Java 平台微型版)主要应用于手机、掌上电脑等移动设备开发。

10.1.2 Java 语言的特点

Java 是一种简单、跨平台、面向对象、分布式、健壮安全、结构中立、可移植、性能很优异的多线程、动态的语言。Java 语言的特点如下:

(1) 简单性。Java 语言的语法与 C 语言和 C++ 语言很接近,使得大多数程序员很容易学习和使用。另一方面,Java 丢弃了 C++ 中很少使用的、很难理解的、令人迷惑的那些特性,例如操作符重载、多重继承、自动的强制类型转换。特别地,Java 语言不使用指针,而是使用引用,并提供了自动的垃圾回收机制,使得程序员不必为内存管理而担忧。

(2) 安全性。Java 通常被用在网络环境中,为此,Java 提供了一个安全机制以防恶意代码的攻击。除了 Java 语言具有的许多安全特性以外,Java 对通过网络下载的类具有一个安全防范机制(类 ClassLoader),如分配不同的名字空间以防替代本地的同名类、字节代码检查,并提供安全管理器(类 SecurityManager)让 Java 应用设置安全哨兵。Java 舍弃了 C++ 的指针对存储器地址的直接操作,在程序运行时,内存由操作系统分配,这样可以避免病毒通过指针侵入系统。

(3) 面向对象。Java 借鉴了 C++ 面向对象的概念,提供类、接口和继承等面向对象的特性,为了简单起见,只支持类之间的单继承,但支持接口之间的多继承,并支持类与接口之间的实现机制(关键字为 implements)。Java 提供的 Object 类及其子类的继承关系如同一棵倒立的树形,根类为 Object 类,Object 类功能强大,大家经常会使用到它及其派生的子类。

(4) 分布式。Java 建立在扩展 TCP/IP 协议的网络平台上，支持 Internet 应用的开发，在基本的 Java 应用编程接口(API)中有一个网络应用编程接口(java net)，它提供了用于网络应用编程的类库，包括 URL、URLConnection、Socket、ServerSocket 等，这些库函数提供了用 HTTP 和 FTP 协议传输和接收信息的方法，这使得程序员使用网络上的文件和使用本机文件一样容易。

(5) 健壮性。Java 的强类型机制、异常处理、垃圾的自动收集等是 Java 程序健壮性的重要保证。对指针的丢弃是 Java 的明智选择。Java 的安全检查机制使得 Java 更具健壮性。

(6) 平台无关性。平台无关性是指 Java 能运行于不同的平台。Java 引进虚拟机原理，并运行于虚拟机上。Java 虚拟机(Java Virtual Machine，JVM)建立在硬件和操作系统之上，实现 Java 二进制代码的解释执行功能，为不同平台提供了接口。

10.1.3　JDK 的下载和安装

在进行 Java SE 开发时，需要安装 Java SE 开发包 JDK。写本书时最新的 JDK 版本是 JDK 10，用户可以在 Oracle 公司的官方网站"https://www.oracle.com/technetwork/java/javase/downloads/index.html"下载。不同的操作系统平台可下载不同的版本。本书在 Windows 10 环境下以稳定的版本 JDK 8 为例进行说明，下载后得到一个可执行的文件 jdk-8u191-windows-x64.exe。

双击下载的 EXE 文件即开始安装，在安装过程中需要用户指定 JDK 的安装路径，默认安装路径是"C:\Program Files\Java\jdk1.8.0_191"，用户可以通过单击"更改"按钮指定新的位置，这里使用默认安装路径。单击"下一步"按钮即开始安装，在安装完成后系统自动安装 Java 运行时环境(JRE)。JRE 的安装过程与 JDK 的安装过程类似。

全部安装结束后，安装程序在"C:\Program Files\Java\jdk1.8.0_191"中建立了几个子目录：

(1) bin 目录下存放开发、执行和调试 Java 程序的工具。例如 javac.exe 是 Java 编译器、java.exe 是 Java 解释器、appletviewer.exe 是小应用程序浏览器、javadoc.exe 是 HTML 格式的 API 文档生成器、jar.exe 是将.class 文件打包成 JAR 文件的工具、jdb.exe 是 Java 程序的调试工具。

(2) lib 目录下存放开发工具所需要的附加类库和支持文件。

(3) include 目录下存放本地代码编程需要的 C 头文件。

(4) jre 目录下存放由 JDK 使用的 Java 运行时环境的目录。运行时环境包括 Java 虚拟机(JVM)、类库以及其他运行程序所需要的支持文件。

(5) sample 目录下存放一些示例程序。

在 jdk1.8.0_191 目录下还有一个 src.zip 文件，该文件中存放着 Java 平台核心 API 类的源文件。

10.1.4　环境变量的设置

JDK 安装结束后必须配置有关的环境变量才能使用。配置环境主要是设置可执行文件的查找路径(PATH 环境变量)和类查找路径(CLASSPATH 环境变量)。

假设 JDK 安装在 Windows 10 平台上,修改 PATH 和 CLASSPATH 环境变量的具体操作步骤如下:

选择"此电脑"后右击,从弹出的快捷菜单中选择"属性"命令,出现"系统"对话框,如图 10-1 所示。在"系统"对话框中单击"高级系统设置"选项卡,出现"系统属性"对话框,如图 10-2 所示。单击"环境变量"按钮,打开"环境变量"对话框,如图 10-3 所示。在"系统变量"下拉列表框中设置 3 项属性,即 JAVA_HOME、Path 和 CLASSPATH(大小写无所谓),若已存在则单击"编辑"按钮,若不存在则单击"新建"按钮。这里单击"新建"按钮,在打开的"新建系统变量"对话框的"变量名"中输入 JAVA_HOME,在"变量值"中输入"C:\Program Files\Java\jdk1.8.0_191",然后单击所有对话框中的"确定"按钮。对于 JAVA_HOME 的路径,用户要根据自己安装时的实际路径进行配置。

图 10-1 "系统"对话框

在"系统变量"下拉列表框中找到 Path 环境变量,单击"编辑"按钮,弹出"编辑环境变量"对话框,然后单击"新建"按钮,在最下方的位置把 JDK 目录下的 bin 文件夹的路径"%JAVA_HOME%\bin"复制进去,再单击"确定"按钮即可,如图 10-4 所示。

单击"新建"按钮,在打开的"新建系统变量"对话框的"变量名"中输入 CLASSPATH,在"变量值"中输入".;%JAVA_HOME%\lib",然后单击所有对话框中的"确定"按钮。注意,在分号前面有一个点号(.),它表示当前目录。

在配置完成后,就可以启动 Eclipse 来编写代码,它会自动完成 Java 环境的配置。

接下来启动 Windows 的"命令提示符"窗口,对于 Windows 10 系统可以在左下角搜索 cmd,然后按回车键即可启动。在提示符后输入"java -version",系统显示当前 JDK 的版本,则说明环境变量配置成功,如图 10-5 所示。这样就可以使用 JDK 编译和运行 Java 程序了。

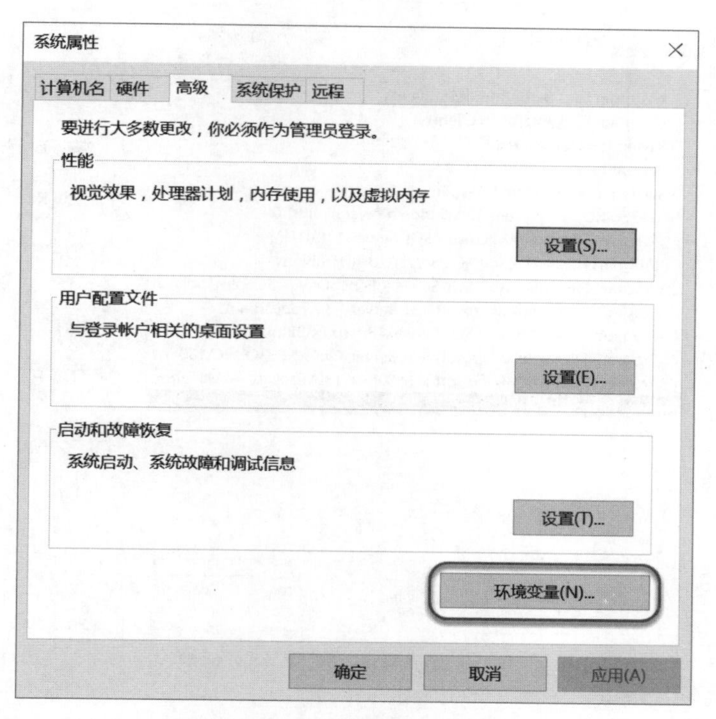

图 10-2　“系统属性”对话框

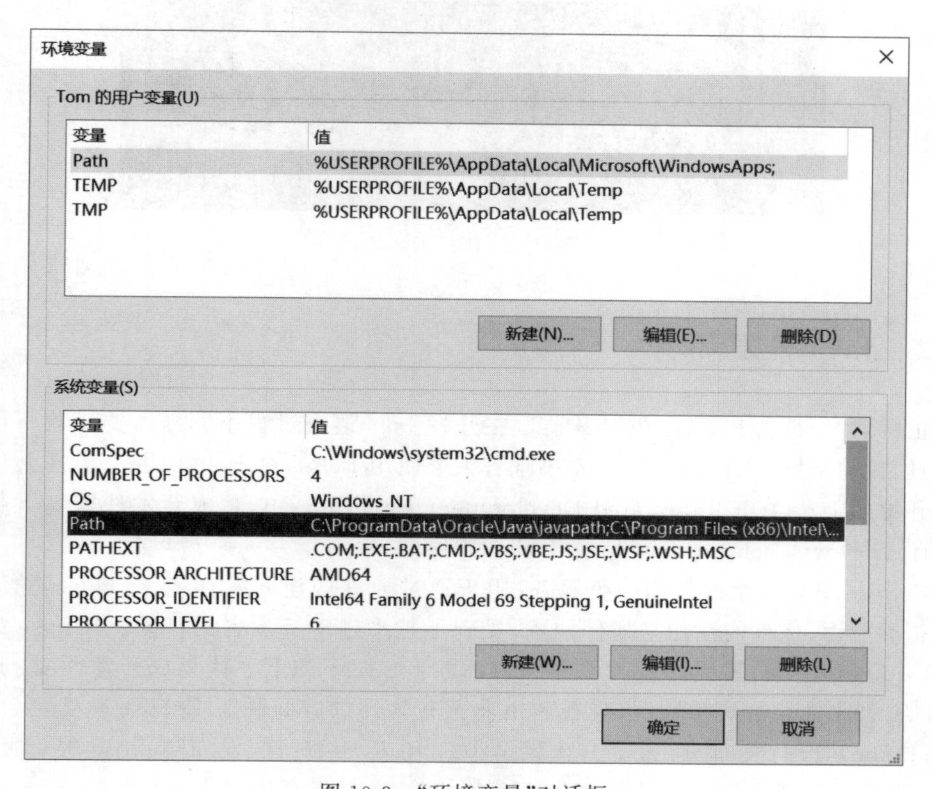

图 10-3　“环境变量”对话框

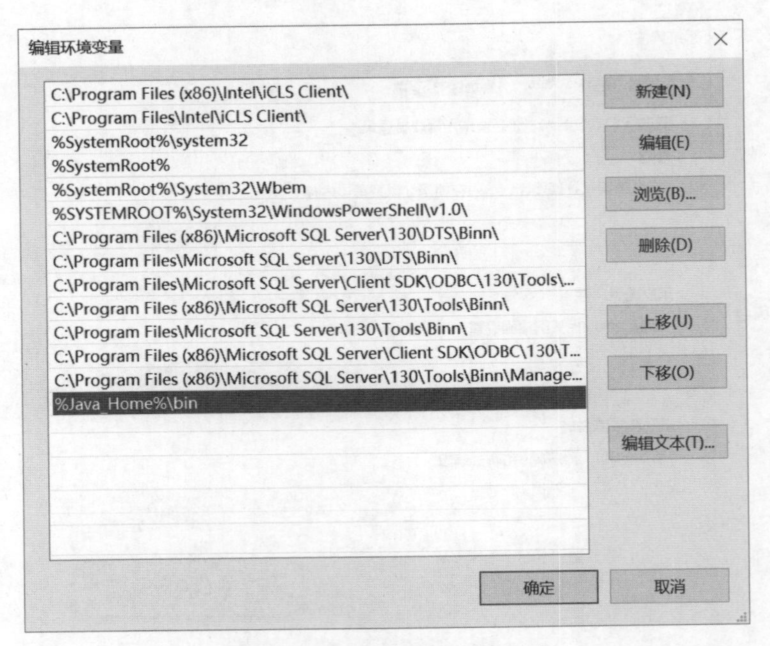

图 10-4 “编辑环境变量”对话框

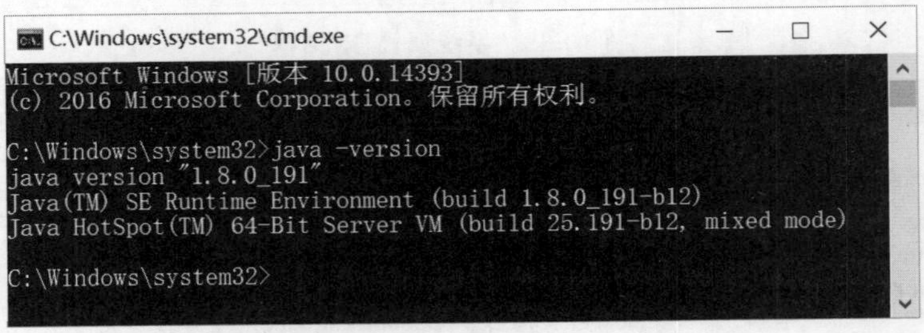

```
C:\Windows\system32\cmd.exe
Microsoft Windows [版本 10.0.14393]
(c) 2016 Microsoft Corporation。保留所有权利。

C:\Windows\system32>java -version
java version "1.8.0_191"
Java(TM) SE Runtime Environment (build 1.8.0_191-b12)
Java HotSpot(TM) 64-Bit Server VM (build 25.191-b12, mixed mode)

C:\Windows\system32>
```

图 10-5 JDK 安装测试

10.2 Java 开发环境

正所谓“工欲善其事，必先利其器”，在开发 Java 语言过程中同样需要一款不错的开发工具，目前市场上的 IDE 很多，本书推荐大家使用 Eclipse。Eclipse 是一款非常优秀的免费开源的 Java IDE（Integrated Development Environment，集成开发环境），下载地址为“http://www.eclipse.org/downloads/packages/”。

Eclipse 只是一个框架和一组服务，用于通过插件构建开发环境。Eclipse 凭借其灵活的扩展能力、优良的性能与插件技术，受到了越来越多开发者的喜爱。Eclipse 最初是由 IBM 公司开发的替代商业软件 Visual Age for Java 的下一代集成开发环境，于 2001 年 11 月 7 日贡献给开源社区，现在它由非营利软件供应商联盟 Eclipse 基金会（Eclipse Foundation）管理，发布 Eclipse 1.0 版。2004 年 6 月 25 日，发布 Eclipse 3.0 版，选择 OSGi 服务平台规范为运行时架构。2005 年 6 月 27 日发布代号为 IO 的 Eclipse 3.1 版，

2006年6月26日发布代号为Callisto的Eclipse 3.2版，2007年6月27日发布稳定版Eclipse 3.3，代号为Eruopa。2008年6月25日发布代号为Ganymede的Eclipse 3.4版，2009年6月24日发布代号为Galileo的Eclipse 3.5版，2010年6月23日发布代号为Helios的Eclipse 3.6版，2011年6月22日发布代号为Indigo的Eclipse 3.7版，2012年6月27日发布代号为Juno的Eclipse 4.2版，2013年6月26日发布代号为Kepler的Eclipse 4.3版，2014年6月25日发布代号为Luna的Eclipse 4.4版，2015年6月25日发布代号为Mars的Eclipse 4.5版，2016年6月25日发布代号为Neon的Eclipse 4.6版，2017年6月发布代号为Oxygen的Eclipse 4.7版，2018年6月发布代号为Photon的Eclipse 4.8版。本书使用的是Oxygen Eclipse 4.7版。

Eclipse是开放源代码的项目，用户可以到www.eclipse.org网址免费下载Eclipse的最新版本。Eclipse本身是用Java语言编写的，但下载的压缩包中并不包含Java运行环境，需要用户自己另行安装JRE，并且要在操作系统的环境变量中指明JDK中bin的路径。安装Eclipse的步骤非常简单，只需将下载的压缩包按原路径直接解压即可。需注意如果有了更新的版本，要先删除老的版本重新安装，不能直接解压到原来的路径覆盖老版本。进入解压后的eclipse目录，双击eclipse.exe文件即可运行Eclipse集成开发环境。

在第一次运行时，Eclipse会要求选择工作空间(workspace)，用于存储工作内容(这里选择"C:\Users\Tom\Downloads\workspace"作为工作空间)。选择工作空间后，Eclipse打开工作台窗口。工作台窗口提供了一个或多个视图。用户可同时打开多个工作台窗口。开始时，在打开的第一个工作台窗口中将显示Java视图，其中只有"欢迎"视图可见。单击"欢迎"视图中标记为"工作台"的箭头，以使视图中的其他视图变得可视，如图10-6所示。

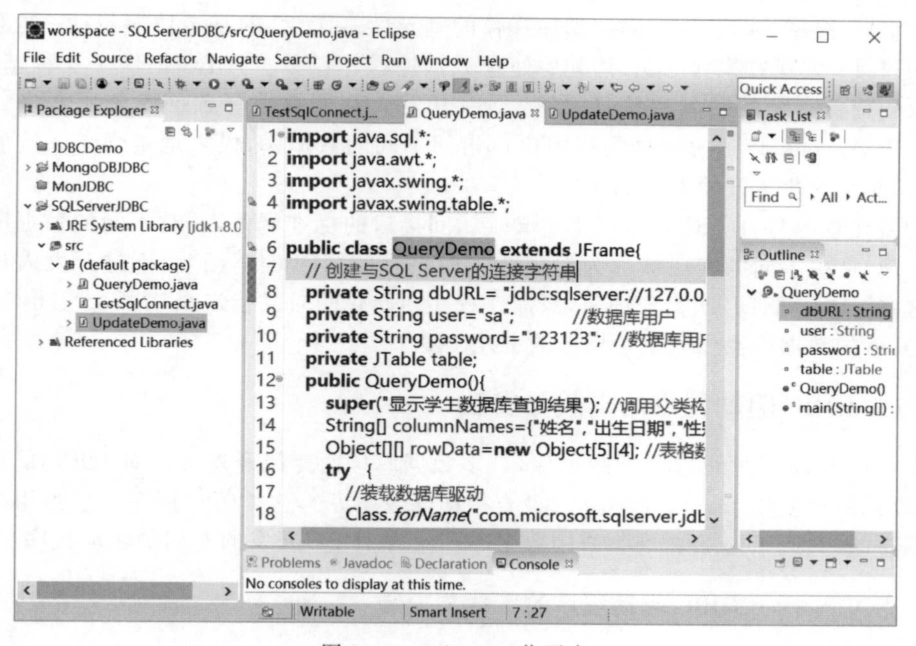

图10-6　Eclipse工作平台

在窗口的右上角会出现一个快捷方式栏，它允许用户打开新视图，并可在已打开的各视图之间进行切换。活动视图的名称显示在窗口的标题中，并且将突出显示它在快捷方式栏中的项。工作台窗口的标题栏指示哪一个透视图是活动的。"导航器""任务"和"大纲"视图随编辑器一起打开。

10.3 JDBC

驱动(Driver)就是一个用来连接应用程序和数据库的非常小的特殊程序。在两者之间插入驱动程序之后，应用方面就可以只针对应用程序进行特别处理，数据库方面也可以只针对数据库进行特别处理。不管哪一方发生版本升级或产品变更，都只需要对驱动的连接部分进行很小的修改就可以了。换而言之，驱动就是应用程序和数据库这两个世界之间的"桥梁"。不过，大家并不需要特意去编写驱动程序，通常情况下数据库厂商都会提供相应的驱动程序。

现在广泛使用的驱动标准主要有 ODBC(Open DataBase Connectivity，开放数据库连接)和 JDBC(Java DataBase Connectivity，Java 数据库连接)两种。ODBC 是 1992 年微软公司发布的数据库管理系统的连接标准，后来逐步成为业界标准。JDBC 是在此基础上制定出来的 Java 应用连接标准。本书将使用 SQL Server 2016 的 JDBC 驱动来实现 Java 应用程序和数据库之间的连接。

JDBC 是 Sun 公司开发的标准数据库访问接口，它是由一组 Java 语言编写的类和接口组成的，这些类和接口称为 JDBC API(Application Programming Interface，应用程序编程接口)。JDBC API 为 Java 语言提供一种通用的数据访问接口，几乎所有数据库都支持通过 JDBC 进行访问。和微软平台的 ODBC、ADO、ADO. NET 等类似，JDBC 的作用是屏蔽 Java 程序访问各种不同数据库操作的差异性。JDBC 的基本功能包括：建立与数据库的连接；发送并操作 SQL 语句；处理数据库操作结果。JDBC 提供了一种基准，据此可以构建更高级的工具和接口，使数据库开发人员能够编写数据库应用程序。使用 JDBC，开发人员可以通过同样的程序接口访问不同的数据库，极大地增强了系统的可移植性，同时也简化了开发人员的工作。

需要注意的是，JDBC 只是一个定义了访问接口的标准规范，针对不同的数据库有不同的实现，这些不同的实现被称为对应数据库平台的"JDBC 驱动"。不过开发人员无须关心这些"JDBC 驱动"的实现细节，只需在程序初始化的时候指定采用哪个"JDBC 驱动"即可，其后的数据库操作完全是标准的 JDBC 操作。

10.3.1 JDBC 驱动程序的下载与安装

为了让 Java 程序可以访问数据库，许多数据库厂商专门开发了针对 JDBC 的驱动程序，可以让用户使用 Java 语言和 JDBC 直接访问数据库。这类驱动程序大多是用纯 Java 语言编写的，因此 Sun 公司推荐使用数据库厂商为 JDBC 开发的专门的驱动程序。

1. SQL Server JDBC 驱动程序的下载与安装

对于 SQL Server 2016 数据库，用户可以到微软公司的官方网站(https://www.

microsoft. com/zh-CN/download/details. aspx? id = 11774）下载相应的 SQL Server JDBC 驱动程序 sqljdbc_6. 0. 8112. 200_chs. exe，如图 10-7 所示。由于 SQL Server JDBC 的版本是不断更新的，请大家下载当前的最新版本。

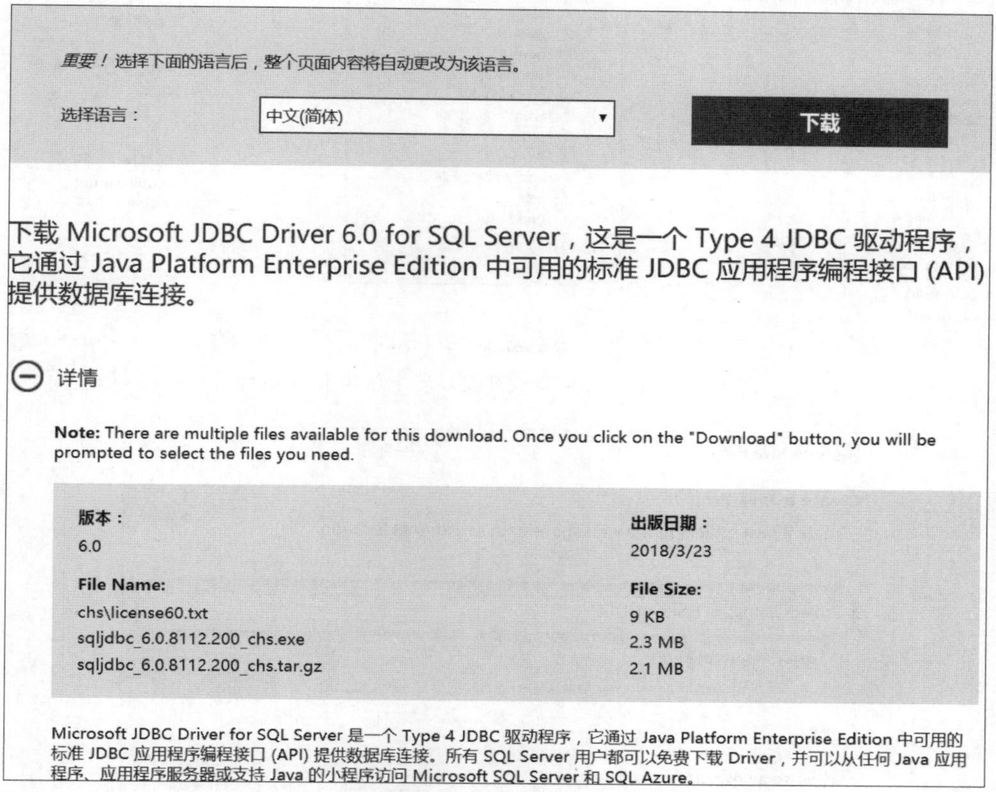

重要！选择下面的语言后，整个页面内容将自动更改为该语言。

选择语言： 中文(简体) 下载

下载 Microsoft JDBC Driver 6.0 for SQL Server，这是一个 Type 4 JDBC 驱动程序，它通过 Java Platform Enterprise Edition 中可用的标准 JDBC 应用程序编程接口 (API) 提供数据库连接。

详情

Note: There are multiple files available for this download. Once you click on the "Download" button, you will be prompted to select the files you need.

版本：	**出版日期：**
6.0	2018/3/23
File Name:	**File Size:**
chs\license60.txt	9 KB
sqljdbc_6.0.8112.200_chs.exe	2.3 MB
sqljdbc_6.0.8112.200_chs.tar.gz	2.1 MB

Microsoft JDBC Driver for SQL Server 是一个 Type 4 JDBC 驱动程序，它通过 Java Platform Enterprise Edition 中可用的标准 JDBC 应用程序编程接口 (API) 提供数据库连接。所有 SQL Server 用户都可以免费下载 Driver，并可以从任何 Java 应用程序、应用程序服务器或支持 Java 的小程序访问 Microsoft SQL Server 和 SQL Azure。

图 10-7 JDBC 驱动程序下载页面

将下载的压缩包解压，根据自己的 JDK 的版本号，选择对应的类库导入即可。对于 JDK 8 以上版本，请选择 sqljdbc42. jar 类库。这就是驱动程序了，它的文件名会根据版本的不同而变化。首先启动 Eclipse 集成开发环境，在菜单栏中选择 File→New→Java Project 命令，如图 10-8 所示。

然后单击，将弹出如图 10-9 所示的 New Java Project(Create a Java Project)对话框。在该对话框的项目名称后面输入“SQLServerJDBC”，并选择前面已安装的 JDK，设置如图 10-9 所示。

然后单击 Next 按钮，将弹出如图 10-10 所示的 New Java Project(Java Settings)对话框。Java 应用程序要成功访问数据库，首先要加载相应的驱动程序；要使驱动程序加载成功，必须先安装驱动程序。选择上面的标签 Libraries，然后单击 Add External JARs 按钮，弹出选择外部 Jar 包的对话框，这里选择刚刚下载的 sqljdbc42. jar 类库，添加即可，如图 10-10 所示。其他选择默认值，单击 Finish 按钮，就完成了 Java 项目的创建，同时也将 JDBC 驱动程序安装成功了。

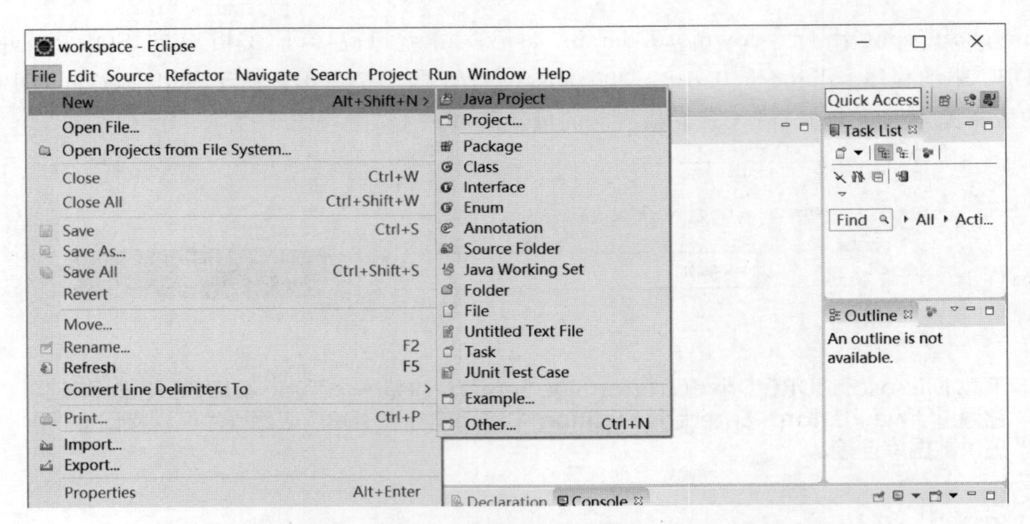

图 10-8 在 Eclipse 集成开发环境中新建 Java 项目

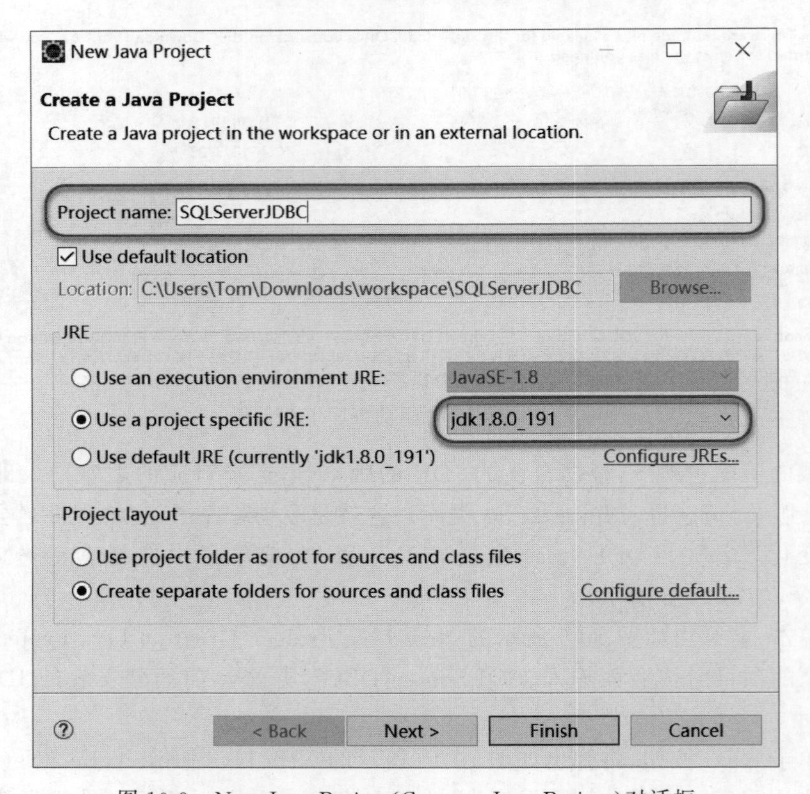

图 10-9 New Java Project(Create a Java Project)对话框

然后新建一个 Java 的类文件，就可以编写程序代码了，将弹出如图 10-11 所示的 New Java Class 对话框。在 Name 后输入 TestSqlConnect 作为类名，同时选中 public static void main(String[] args)前面的复选框。最后单击 Finish 按钮，将新建一个 TestSqlConnect.java 文件，如图 10-12 所示。

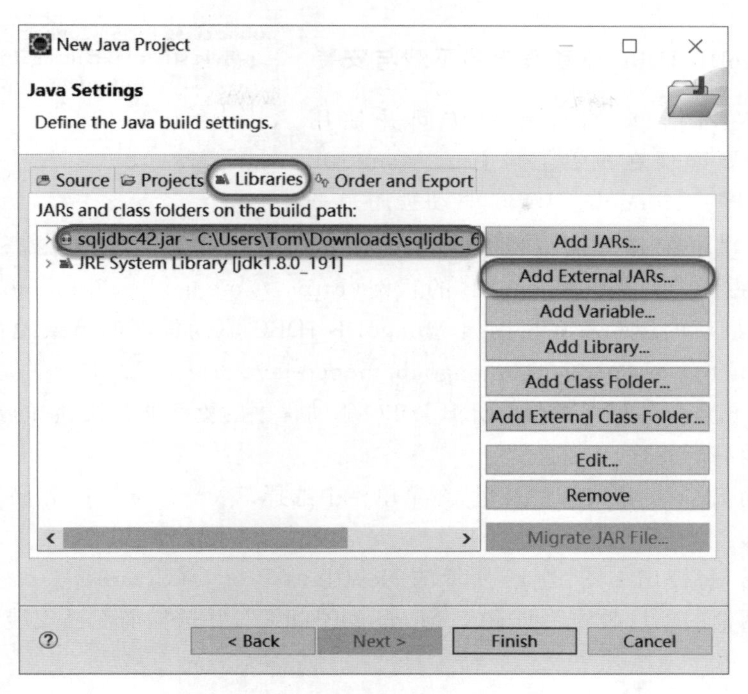

图 10-10　New Java Project(Java Settings)对话框

New Java Class
Java Class
The use of the default package is discouraged.
Source folder: SQLServerJDBC/src Browse...
Package: (default) Browse...
Enclosing type: Browse...
Name: TestSqlConnect
Modifiers: public package private protected
abstract final static
Superclass: java.lang.Object Browse...
Interfaces: Add... Remove
Which method stubs would you like to create?
public static void main(String[] args)
Constructors from superclass
Inherited abstract methods
Do you want to add comments? (Configure templates and default value here)
Generate comments
Finish Cancel

图 10-11　在 New Java Class 对话框中新建类文件

```
public class TestSqlConnect {
  public static void main(String[] args) {
    // TODO Auto-generated method stub
  }
}
```

图 10-12 TestSqlConnect. java 文件

2. MongoDB JDBC 驱动程序的下载与安装

如果要在 Java 应用程序中访问并使用 MongoDB,需要确保在机器上设置了 MongoDB JDBC 驱动程序。MongoDB JDBC 驱动程序是一个 Java 库,提供了在 Java 应用程序中访问 MongoDB 服务器所需的对象和功能。对于 MongoDB 数据库,可以到 MongoDB 的官网(https://mongodb. github. io/mongo-java-driver/)下载最新的驱动程序。国内 MongoDB JDBC 驱动程序的下载地址为“http://central. maven. org/maven2/org/mongodb/mongo-java-driver/”。本书下载的是 mongo-java-driver-3. 6. 2. jar。由于 MongoDB JDBC 驱动程序的更新非常快,它的文件名会根据版本的不同而有所变化。

首先启动 Eclipse 集成开发环境,在菜单栏中选择 File→New→Java Project 命令,如图 10-8 所示。

然后单击,将弹出如图 10-13 所示的 New Java Project(Create a Java Project)对话框。在该对话框的项目名称后面输入“MongoDBJDBC”,并选择前面已安装的 JDK,设置如图 10-13 所示。

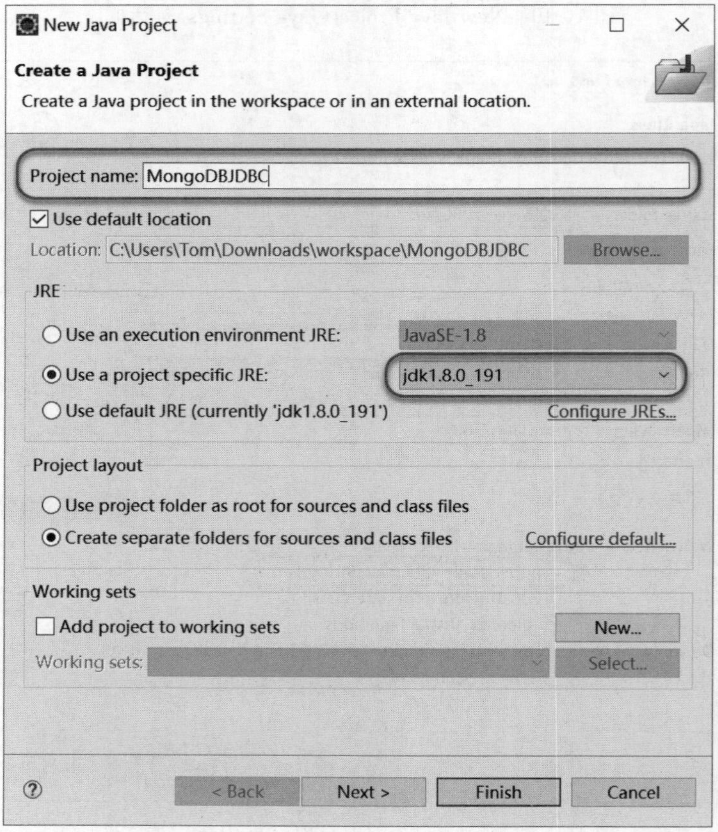

New Java Project
Create a Java Project
Create a Java project in the workspace or in an external location.
Project name: MongoDBJDBC
Use default location
Location: C:\Users\Tom\Downloads\workspace\MongoDBJDBC Browse...
JRE
Use an execution environment JRE: JavaSE-1.8
Use a project specific JRE: jdk1.8.0_191
Use default JRE (currently 'jdk1.8.0_191') Configure JREs...
Project layout
Use project folder as root for sources and class files
Create separate folders for sources and class files Configure default...
Working sets
Add project to working sets New...
Working sets: Select...
< Back Next > Finish Cancel

图 10-13 New Java Project(Create a Java Project)对话框

然后单击 Next 按钮，将弹出如图 10-14 所示的 New Java Project(Java Settings)对话框。Java 应用程序要成功访问数据库，首先要加载相应的驱动程序；要使驱动程序加载成功，必须先安装驱动程序。选择上面的标签 Libraries，然后单击 Add External JARs 按钮，弹出选择外部 Jar 包的对话框，这里选择刚刚下载的 mongo-java-driver-3.6.2.jar 类库，添加即可，如图 10-14 所示。其他选择默认值，单击 Finish 按钮，就完成了 Java 项目的创建，同时也将 JDBC 驱动程序安装成功了。

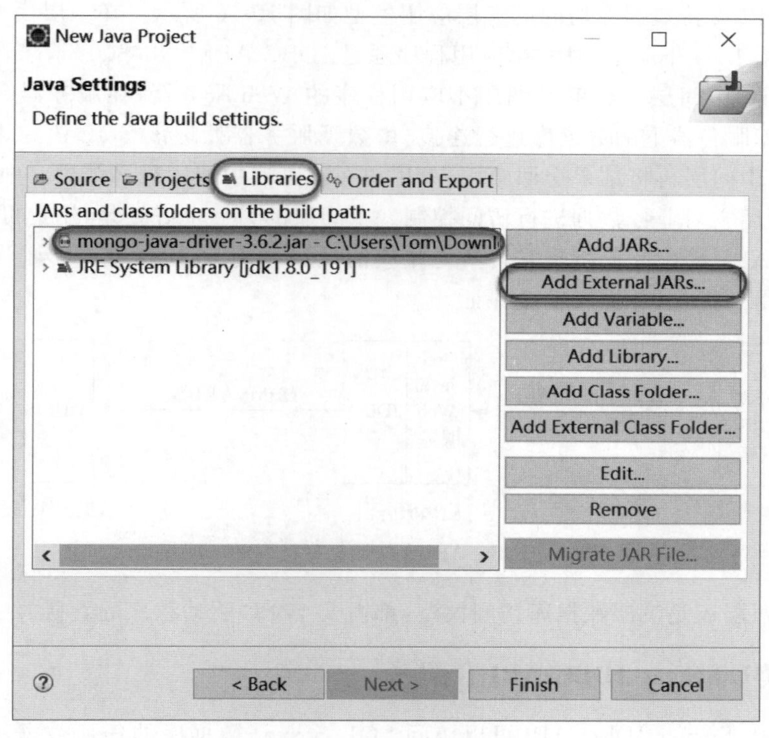

图 10-14　New Java Project(Java Settings)对话框

10.3.2　JDBC 的数据库访问模型

Java 的客户端程序大致可分为两类，即 Java Applet 和 Java 应用程序。相对于客户端来说，JDBC API 既支持数据库访问的两层模型(C/S)，同时也支持三层模型(B/S)。JDBC API 支持数据库访问的两层模型如图 10-15 所示。

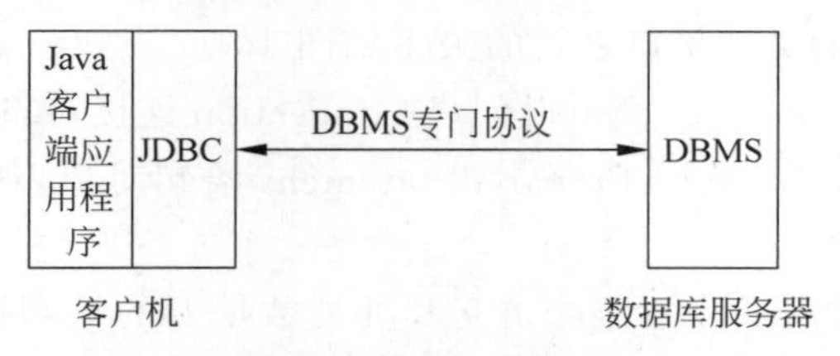

图 10-15　JDBC API 支持数据库访问的两层模型

在两层模型中，Java Applet 或 Java 应用程序将直接与数据库进行对话。这将需要一个 JDBC 驱动程序来与所访问的特定数据库管理系统进行通信。用户的 SQL 语句被送往数据库中，而其结果将被送回给用户。数据库可以存放在本地机或者是网络服务器上，Java 应用程序也可以通过网络访问远程数据库。如果数据库存放于网络计算机上，则称为客户机/服务器(Client/Server，C/S)模型。其中用户的计算机称为客户机，提供数据库的计算机称为服务器。网络可以是局域网，也可以是互联网。

JDBC API 支持数据库访问的三层应用模型如图 10-16 所示。在三层模型中，客户通过浏览器调用 Java 小应用程序，小应用程序通过 JDBC API 提出 SQL 请求，请求先是被发送到服务的“中间层”，也就是调用小应用程序的 Web 服务器，在服务器端通过 JDBC 与特定数据库服务器上的数据库进行连接，由数据服务器处理该 SQL 语句，并将结果送回到中间层，中间层再将结果送回给用户，用户在浏览器中阅读最终结果。中间层为业务逻辑层，可利用它对业务数据进行访问控制。中间层的另一个好处是，用户可以利用易于使用的高级 API，而中间层将把它转换为相应的低级调用。最后，在许多情况下，三层结构可使性能得到优化，并提高安全保证。

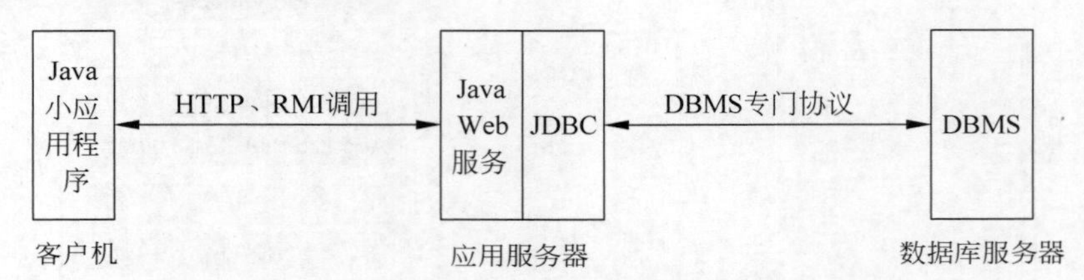

图 10-16　JDBC API 支持数据库访问的三层模型

不管是两层还是三层数据库访问模型，都需要 JDBC 驱动程序的支持。

10.3.3　SQL Server JDBC API 介绍

使用 SQL Server JDBC API 可以访问 SQL Server 数据库的任何数据源，它使开发人员可以用纯 Java 语言编写完整的数据库应用程序。SQL Server JDBC API 已经成为 Java 语言的标准 API，目前的最新版本是 JDBC 4.2。在 JDK 中是通过 java.sql 和 javax.sql 两个包提供的。

java.sql 包提供了为基本的数据库编程服务的类和接口，例如驱动程序管理类 DriverManager、创建数据库连接类 Connection、执行 SQL 语句以及处理查询结果的类和接口等。

java.sql 包中常用的类和接口之间的关系如图 10-17 所示。图中类与接口之间的关系表示通过使用 DriverManager 类可以创建 Connection 连接对象，通过 Connection 对象可以创建 Statement 语句对象或 PreparedStatement 语句对象，通过语句对象可以创建 ResultSet 结果集对象。

javax.sql 包主要提供了服务器端访问和处理数据源的类和接口，例如 DataSource、ResultSet、RowSet、PooledConnection 接口等，它们可以实现数据源管理、结果集管理、行集管理以及连接池管理等。

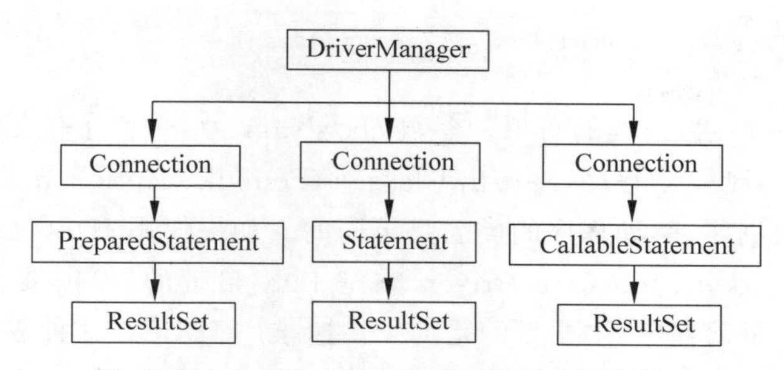

图 10-17 java.sql 包中的接口和类之间的关系

10.3.4 MongoDB JDBC API 介绍

使用 Java 访问 MongoDB 需要用到以下 Java 类：

```
import com.mongodb.MongoClient;
import com.mongodb.MongoClientURI;
import com.mongodb.ServerAddress;
import com.mongodb.client.MongoDatabase;
import com.mongodb.client.MongoCollection;
import com.mongodb.client.MongoCursor;
import com.mongodb.client.result.DeleteResult;
import com.mongodb.client.result.UpdateResult;
import com.mongodb.client.model.Updates;
import com.mongodb.client.model.Filters;
import com.mongodb.Block;
import org.bson.Document;
import java.util.Arrays;
import java.util.List;
```

10.4 SQL Server 数据库连接步骤

使用 JDBC API 连接和访问数据库一般分为以下 5 个步骤：

(1) 利用 java.lang.Class 类的 forName()方法加载 JDBC 驱动程序。

(2) 调用 DriverManager 类的 getConnection()方法建立数据库连接对象。

(3) 调用 Connection 对象的 createStatement()方法创建 SQL 语句对象。

(4) 调用 Statement 对象的相关方法执行相应的 SQL 语句。

(5) 关闭建立的对象和数据库连接，释放资源。

下面详细介绍这些步骤。

10.4.1 加载 JDBC 驱动程序

程序能够访问数据库，必须首先加载想要连接数据库的 JDBC 驱动程序。加载驱动程序一般使用 java.lang.Class 类的静态方法 forName()实现，该方法的声明格式如下：

```
public static Class <?> forName(String className)
```

该方法返回一个 Class 类的对象。参数 className 为一字符串表示的完整的驱动程序类的名称，若找不到驱动程序，将抛出 ClassNotFoundException 异常。

对于不同的数据库，驱动程序的类名是不同的。如果使用 JDBC-ODBC 桥驱动程序，其名称为 sun.jdbc.odbc.JdbcOdbcDriver，它是 JDK 自带的，不需要安装。这种驱动是最早实现的 JDBC 驱动程序，主要目的是为了快速推广 JDBC。这种驱动将 JDBC API 映射到 ODBC API。这种方式在最新的 JDK 8 中已经被删除了。加载该驱动程序的语句如下：

```
Class.forName("sun.jdbc.odbc.JdbcOdbcDriver");
```

如果要通过 JDBC 直接连接 SQL Server 2016，则需要加载 SQL Server 2016 数据库的驱动程序，语句如下：

```
Class.forName("com.microsoft.sqlserver.jdbc.SQLServerDriver");
```

10.4.2 建立 SQL Server 数据库连接对象

与数据库建立连接的标准方法是调用 DriverManager.getConnection()方法。

1. DriverManager 类

DriverManager 类是 JDBC 的管理层，作用于应用程序和驱动程序之间。DriverManager 类跟踪可用的驱动程序，并在数据库和驱动程序之间建立连接。建立数据库连接的方法是调用 DriverManager 类的 getConnection()静态方法，该方法的声明格式如下：

```
(1) public static Connection getConnection(String dburl)
(2) public static Connection getConnection(String dburl, String user, String password)
```

参数 dburl 表示 JDBC URL，user 表示数据库用户名，password 表示口令。DriverManager 类维护一个注册的 Driver 类的列表。当调用方法 getConnection()时，DriverManager 类试图从已注册的驱动程序中选择一个可与 JDBC URL 中指定的数据库进行连接的驱动程序，然后建立到给定的 JDBC URL 的连接。如果不能建立连接，将抛出 SQLException 异常。

2. JDBC URL

URL(Uniform Resource Locator，统一资源定位符)提供在 Internet 上定位资源所需的信息。用户可将它想象为一个地址，URL 的第一部分指定了访问信息所用的协议，后面总是跟着冒号。常用的协议有“ftp”(代表文件传输协议)和“http”(代表超文本传输协议）。如果协议是“ftp”，表示资源是在某个本地文件系统上，而非在Internet上，URL的其余部分（冒号后面的）给出了数据资源所处位置的有关信息。如果协议是“http”，则URL的其余部分是文件的路径。对于ftp和http协议，URL的其余部分标识了主机并可选地给出某个更详尽的地址路径。

JDBC URL与一般的URL不同，JDBC URL提供了一种标识数据库的方法，可以使相应的驱动程序识别该数据库并与之建立连接。实际上，驱动程序编程人员将决定用什么JDBC URL来标识特定的驱动程序。用户不必关心如何来形成JDBC URL，他们只需使用与所用的驱动程序一起提供的URL即可。JDBC的作用是提供某些约定，驱动程序编程人员在构造他们的JDBC URL时应该遵守这些约定。

由于JDBC URL要与各种不同的驱动程序一起使用，所以这些约定应非常灵活。首先，它们应允许不同的驱动程序使用不同的方案来命名数据库。例如，odbc子协议允许URL含有属性值。其次，JDBC URL应允许驱动程序编程人员将一切所需的信息编入其中。这样就可以让要与给定数据库对话的Java Applet打开数据库连接，而无须要求用户去做任何系统管理工作。最后，JDBC URL应允许某种程度的间接性。也就是说，JDBC URL可指向逻辑主机或数据库名，而这种逻辑主机或数据库名将由网络命名系统动态地转换为实际的名称。这可以使系统管理员不必将特定主机声明为JDBC名称的一部分。JDBC URL的标准语法如下，它由三部分组成，各部分之间用冒号分隔。

```
jdbc:< subprotocol >:< subname >
```

其中，jdbc表示协议，JDBC URL的协议总是jdbc；subprotocol表示子协议，它表示驱动程序或数据库连接机制的名称；subname为子名称，它表示数据库标识符，该部分内容随数据库驱动程序的不同而不同。

（1）如果通过JDBC-ODBC桥驱动程序连接数据库，子协议就是odbc，URL的形式为：

```
String url = "jdbc:odbc:DataSourceName"
```

DataSourceName为ODBC数据源名。使用JDBC-ODBC桥驱动程序连接数据库，需要先在计算机上建立ODBC数据源。假设数据源名为StudentMIS，则数据库JDBC URL为jdbc：odbc：StudentMIS。

（2）如果使用专用驱动程序，子协议名通常为数据库厂商名，例如sqlserver。使用JDBC直接连接SQL Server 2016的URL形式为：

```
String url = " jdbc:sqlserver://dbServerIP:1433;databaseName = master"
```

使用Class.forName加载驱动程序后，可通过使用连接JDBC URL和DriverManager类的getConnection()方法来建立连接，如下所示：

```
Class.forName("com.microsoft.sqlserver.jdbc.SQLServerDriver");
Connection conn = DriverManager.getConnection(url, "sa", "password");
```

其中，forName()方法中的字符串为驱动程序名；getConnection()方法中的字符串为JDBC URL；dbServerIP是要连接到的数据库服务器的地址，它可以是DNS或IP地址，也可以是本地计算机地址localhost或127.0.0.1，端口号为相应数据库的默认端口；databaseName为所连接的数据库的名称。

在JDBC API 4.2中，DriverManager.getConnection()方法得到了增强，可自动加载JDBC Driver。因此，在使用sqljdbc42.jar类库时，应用程序无须调用Class.forName()方法来注册或加载驱动程序。

在调用DriverManager类的getConnection()方法时，会从已注册的JDBC Driver集中找到相应的驱动程序。sqljdbc42.jar文件包括"META-INF/services/java.sql.Driver"文件，后者包含com.microsoft.sqlserver.jdbc.SQLServerDriver作为已注册的驱动程序。现有的应用程序(当前通过使用Class.forName()方法加载驱动程序)将继续工作，无须修改。

说明：在JDBC 3.0标准扩展API中提供了一个ISQLServerDataSource接口可以替代DriverManager建立数据库连接。SQLServerDataSource对象可以用来产生Connection对象，如下所示：

```
SQLServerDataSource ds = new SQLServerDataSource();
ds.setIntegratedSecurity(true);
ds.setServerName("localhost");
ds.setPortNumber(1433);
ds.setDatabaseName("master");
Connection conn = ds.getConnection();
```

3. Connection对象

Connection对象代表与数据库的连接，也就是在加载的JDBC驱动程序与数据库之间建立连接。一个应用程序可以与一个数据库建立一个或多个连接，或者与多个数据库建立连接。

在得到连接对象后，可以调用Connection接口的方法创建Statement语句或PreparedStatement语句的对象以及在连接对象上完成各种操作，下面是Connection接口的常用方法。

(1) public Statement createStatement()：向数据库发送SQL语句创建一个Statement对象。Statement对象通常用来执行不带参数的SQL语句。

(2) public DatabaseMetaData getMetaData()：返回数据库的元数据对象。

(3) public void setAutoCommit(boolean autoCommit)：设置通过该连接对数据库的更新操作是否自动提交，默认情况为true。

(4) public boolean getAutoCommit()：返回当前连接是否为自动提交模式。

(5) public void commit()：提交对数据库的更新操作，使更新写入数据库。只有当setAutoCommit()设置为false时才应该使用该方法。

(6) public void rollback()：回滚对数据库的更新操作。只有当setAutoCommit()设

置为 false 时才应该使用该方法。

(7) public void close():关闭该数据库连接。在使用完连接后应该关闭,否则连接会保持一段比较长的时间,直到超时。

(8) public boolean isClosed():返回该连接是否已被关闭。

10.4.3 创建语句对象

JDBC 提供了 3 个类,即 Statement、PreparedStatement 和 CallableStatement,分别用于向数据库发送 SQL 语句。通过调用 Connection 接口的相应方法可以得到这 3 种 SQL 语句对象。其中,Statement 对象用于执行不带参数的简单 SQL 语句;PreparedStatement 对象用于发送带有一个或多个输入参数的 SQL 语句,以及不带参数的预编译 SQL 语句;CallableStatement 对象用于执行存储过程。

1. Statement 对象

Statement 对象用于执行不带参数的简单 SQL 语句,由方法 createStatement()所创建。该对象定义的常用方法如下。

(1) public ResultSet executeQuery(String sql):执行 SQL 查询语句。参数 sql 为用字符串表示的 SQL 查询语句。查询结果以 ResultSet 对象返回。

(2) public int executeUpdate(String sql):执行 SQL 更新语句。参数 sql 用来指定更新 SQL 语句,该语句可以是 INSERT、DELETE、UPDATE 语句或者无返回的 SQL 语句,例如 SQL DDL 语句 CREATE TABLE 或 DROP TABLE。该方法的返回值是更新的行数,如果语句没有返回,则返回值为 0。

(3) public boolean execute(String sql):执行可能有多个结果集的 SQL 语句。参数 sql 为任何的 SQL 语句。如果语句执行的第一个结果为 ResultSet 对象,该方法返回 true,否则返回 false。

(4) public Connection getConnection():返回产生该语句的连接对象。

(5) public void close():释放 Statement 对象占用的数据库和 JDBC 资源,每一个 Statement 对象在使用完毕都应该关闭。

Statement 接口提供了 executeQuery()、executeUpdate()和 execute()3 种执行 SQL 语句的方法,具体使用哪一个方法由 SQL 语句本身来决定。对于查询语句,调用 executeQuery(String sql)方法,该方法的返回类型为 ResultSet,再通过调用 ResultSet 的方法对查询结果的每行进行处理。对于更新语句,例如 INSERT、UPDATE、DELETE,需使用 executeUpdate(String sql)方法。该方法的返回值为整数,用来指示被影响的行的数目。

需要注意的是,一个 Statement 对象在同一时间只能打开一个结果集,对于第二个结果集的打开隐含着对第一个结果集的关闭;如果想对多个结果集同时操作,必须创建多个 Statement 对象,在每个 Statement 对象上执行 SQL 查询语句以获得相应的结果集;如果不需要同时处理多个结果集,则可以在一个 Statement 对象上顺序执行多个 SQL 查询语句,对获得的结果集进行顺序操作。

2. PreparedStatement 对象

PreparedStatement 对象用于发送带有一个或多个输入参数(IN 参数)的 SQL 语句，以及不带参数的预编译 SQL 语句，由方法 prepareStatement()所创建。由于 Statement 对象在每次执行 SQL 语句时都将该语句传给数据库，如果需要多次执行同一条 SQL 语句，这样将导致执行效率特别低，此时可以采用 PreparedStatement 对象来封装 SQL 语句。如果数据库支持预编译，它可以将 SQL 语句传给数据库做预编译，以后每次执行该 SQL 语句，可以提高访问速度；如果数据库不支持预编译，将在语句执行时才传给数据库，其效果等同于 Statement 对象。

另外，PreparedStatement 对象的 SQL 语句还可以接收参数，可以用不同的输入参数来多次执行编译过的语句，比 Statement 灵活、方便。

(1) 创建 PreparedStatement 对象：从一个 Connection 对象上可以创建一个 PreparedStatement 对象，在创建时可以给出预编译的 SQL 语句。对于不带参数的情况，与 Statement 使用的 SQL 语句类似；对于带输入参数的情况，可以使用问号(?)代替参数，这些问号用来表示要输入的数值，可以用 setXXX()方法将数值指定到上述的 SQL 语法，XXX 代表数据形态，例如：

```
PreparedStatement ps = conn.prepareStatement("select * from student where id = ?" and name = ?);
ps.setInt (1,5);                    //第一个问号用 5 代替
ps.setString (2,"刘烨");            //第一个问号用"刘烨"代替
```

以 setString 为例，setXXX()的语法如下：

```
public void setString (int index, String x) throws SQLException
```

将第 index 个参数设置成 x。其他类似的还有 setByte()、setDate()、setDouble()、setFloat()、setInt()、setLong()、setShort()、setBoolean()、setTime()等，第一个参数代表参数的索引，第二个表示数据类型，index 从 1 开始。

(2) 执行 SQL 语句：可以调用 executeQuery()来实现，但与 Statement 方式不同的是，它没有参数，因为在创建 PreparedStatement 对象时已经给出了要执行的 SQL 语句，系统并进行了预编译。

```
ResultSet rs = ps.executeQuery();       //该条语句可以被多次执行
```

(3) 关闭 PreparedStatement：

```
ps.close();                             //其实是调用了父类 Statement 中的 close()方法
```

3. CallableStatement 对象

CallableStatement 类是 PreparedStatement 类的子类，因此可以使用在 PreparedStatement

类及 Statement 类中的方法，主要用于执行存储过程。

(1) 创建 CallableStatement 对象：使用 Connection 类中的 prepareCall()方法可以创建一个 CallableStatement 对象，其参数是一个 String 对象，一般格式如下。

① 不带输入参数的存储过程："{call 存储过程名()}"。

② 带输入参数的存储过程："{call 存储过程名(?, ?)}"。

③ 带输入参数并有返回结果参数的存储过程："{? =call 存储过程名(?, ?, …)}"。

```
CallableStatement cs = con.prepareCall("{call Query1()}");
```

(2) 执行存储过程：可以调用 executeQuery()方法来实现。

```
ResultSet rs = cs.executeQuery();
```

(3) 关闭 CallableStatement 对象：

```
cs.close();
```

10.4.4 ResultSet 对象

ResultSet 对象表示 SQL 查询语句得到的记录集合，称为结果集。结果集一般是一个记录表，其中包含列标题和多个记录行，一个 Statement 对象在一个时刻只能打开一个 ResultSet 对象。

每个结果集对象都有一个游标。所谓游标(Cursor)，是结果集的一个标志或指针。对新产生的 ResultSet 对象，游标指向第一行的前面，可以调用 ResultSet 的 next()方法使游标定位到下一条记录。如果游标指向一个具体的行，就可以通过调用 ResultSet 对象的方法对查询结果进行处理。

1. ResultSet 的常用方法

ResultSet 接口提供了对结果集操作的方法，常用的方法如下。

(1) public boolean next() throws SQLException：将游标从当前位置向下移动一行。第一次调用 next()方法将使第一行成为当前行，以后调用游标依次向后移动。如果该方法返回 true，说明新行是有效的行；若返回 false，说明已无记录。

可以使用 getX()方法检索当前行的字段值的方法，由于结果集列的数据类型不同，所以应该使用不同的 getX()方法获得列值。

(2) public String getString(int columnIndex)：返回结果集中当前行指定列号的列值，结果作为字符串返回。columnIndex 为列在结果行中的序号，序号从 1 开始。

(3) public String getString(String columnName)：返回结果集中当前行指定列名的列值，columnName 为列在结果行中的列名。

下面列出了返回其他数据类型的方法，这些方法都可以使用这两种形式的参数。

(1) public short getShort(int columnIndex)：返回指定列的 short 值。

(2) public byte getByte(int columnIndex)：返回指定列的 byte 值。

(3) public int getInt(int columnIndex)：返回指定列的 int 值。

(4) public long getLong(int columnIndex)：返回指定列的 long 值。

(5) public float getFloat(int columnIndex)：返回指定列的 float 值。

(6) public double getDouble(int columnIndex)：返回指定列的 double 值。

(7) public boolean getBoolean(int columnIndex)：返回指定列的 boolean 值。

(8) public Date getDate(int columnIndex)：返回指定列的 Date 对象值。

(9) public Object getObject(int columnIndex)：返回指定列的 Object 对象值。

(10) public int findColumn(String columnName)：返回指定列名的列号，列号从 1 开始。

(11) public int getRow()：返回游标当前所在行的行号。

2. 数据类型转换

ResultSet 对象中的数据为从数据库中查询出的数据，调用 ResultSet 对象的 getX() 方法返回的是 Java 语言的数据类型，因此这里就有数据类型转换的问题。实际上，调用 getX()方法就是把 SQL 数据类型转换为 Java 数据类型。表 10-1 列出了 SQL 数据类型与 Java 数据类型的转换。

表 10-1　SQL 数据类型与 Java 数据类型的对应关系

SQL 数据类型	Java 数据类型	SQL 数据类型	Java 数据类型
CHAR	String	DOUBLE	double
VARCHAR	String	NUMERIC	java. math. BigDecimal
BIT	boolean	DECIMAL	java. math. BigDecimal
TINYINT	byte	DATE	java. sql. Date
SMALLINT	short	TIME	java. sql. Time
INTEGER	int	TIMESTAMP	java. sql. Timestamp
REAL	float	CLOB	Clob
FLOAT	double	BLOB	Blob
BIGINT	long	STRUCT	Struct

10.4.5　关闭有关对象和数据库连接

在数据库访问结束后，可以使用 close()方法关闭有关对象，关闭顺序与建立对象的顺序相反：首先关闭结果集对象；然后关闭语句对象；最后关闭连接对象。例如：

```
rs.close();
ps.close();
conn.close();
```

10.5 MongoDB 数据库连接步骤

MongoDB JDBC 提供了多个对象，可以让用户连接到 MongoDB 数据库，进而查询和操作集合中的对象。这些对象分别表示 MongoDB 服务器连接、数据库、集合、游标和文档，提供了在 Java 应用程序中集成 MongoDB 数据库所需的各项功能。

10.5.1 建立与 MongoDB 服务器的连接

Java 对象 MongoClient 提供了连接到 MongoDB 服务器和访问数据库的功能。如果要在 Java 应用程序中实现 MongoDB，首先需要创建一个 MongoClient 对象实例，然后就可以使用它来访问数据库以及执行其他操作。如果要创建 MongoClient 对象实例，需要从驱动程序中导入它，再使用合适的选项调用 new MongoClient()，如下所示：

```
import com.mongodb.MongoClient;
MongoClient mongoClient = new MongoClient("localhost", 27017);
```

MongoClient 的构造函数可以接收多种不同形式的参数，下面是其中的一些。

(1) MongoClient()：创建一个客户端实例，并连接到本地主机(localhost)的默认端口。

(2) MongoClient(String host)：创建一个客户端实例，并连接到指定主机的默认端口。

(3) MongoClient(String host, int port)：创建一个客户端实例，并连接到指定主机的指定端口。

(4) MongoClient(MongoClientURI uri)：创建一个客户端实例，并连接到连接字符串 uri 指定的服务器。uri 的格式为"mongodb://username:password@host:port/database? options"。其中，username 表示用户名，password 表示密码，host 表示主机域名或主机 IP 地址，port 表示端口号。例如"mongodb://localhost:27017"。

10.5.2 访问 MongoDB 数据库

在创建 MongoClient 对象实例后，可以使用 MongoClient.getDatabase()方法访问指定的数据库，同时返回 MongoDatabase 对象实例。MongoDatabase 提供了访问和操作集合的功能。访问 MongoDB 数据库的代码如下：

```
import com.mongodb.MongoClient;
import com.mongodb.client.MongoDatabase;
MongoClient mongoClient = new MongoClient("localhost", 27017);
MongoDatabase database = mongoClient.getDatabase("studentMIS");
```

为 getDatabase()方法指定数据库的名称，这里是“studentMIS”。如果该数据库不存在，MongoDB 会在第一次向该数据库存储数据时创建该数据库。

创建 MongoDatabase 对象实例后，就可以用它来访问 MongoDB 数据库 studentMIS 了。

10.5.3 访问和操作 MongoDB 集合

1. 访问 MongoDB 集合

在拥有 MongoDatabase 对象实例后，使用其 getCollection()方法就可以访问集合。为 getCollection()方法指定集合的名称，可以获取 MongoCollection 对象实例。对象 MongoCollection 提供了访问和操作集合中文档的功能。代码如下：

```
import com.mongodb.MongoClient;
import com.mongodb.client.MongoDatabase;
import com.mongodb.client.MongoCollection;
MongoClient mongoClient = new MongoClient("localhost", 27017);
MongoDatabase database = mongoClient.getDatabase("studentMIS");
MongoCollection<Document> collection = database.getCollection("student");
```

如果集合不存在，MongoDB 会在第一次存储该集合的数据时创建该集合。在创建 MongoCollection 对象实例后，可以用它来访问 MongoDB 的集合。用户还可以使用各种选项显式地创建集合。例如设置最大容量或文档验证规则。

2. 显式地创建一个集合

MongoDB 驱动程序提供了 createCollection()方法显式地创建集合。在显式地创建集合时，可以使用 CreateCollectionOptions 类指定各种创建集合的选项，例如最大容量或文档验证规则。如果未指定这些选项，则无须显式地创建集合，因为 MongoDB 在首次存储集合数据时会创建新集合。

例如，以下代码将创建一个大小为 1MB 的固定集合。

```
database.createCollection("cappedCollection",
    new CreateCollectionOptions().capped(true).sizeInBytes(0x100000));
```

3. 获取集合列表

可以使用 MongoDatabase.listCollectionNames()方法获取数据库中的集合列表：

```
for (String name: database.listCollectionNames()) {
    System.out.println("集合:" + name);
}
```

4. 删除一个集合

可以使用 MongoCollection.drop()方法删除集合：

```
MongoCollection<Document> collection = database.getCollection("student");
collection.drop();
```

10.5.4 访问和操作 MongoDB 文档

1. 插入文档

在获得 MongoCollection 对象后，就可以将文档插入集合中。在集合中插入文档包括两个步骤：

1) 创建文档

如果要使用 JDBC 驱动程序创建文档，可以使用 org.bson.Document 类。首先使用字段和值对(key, value)实例化 Document 对象；然后使用其 append()方法将其他字段和值包含到文档对象中。其中，值也可以是另一个 Document 对象，用于指定嵌入的文档。例如要插入下面的文档，其代码如下：

```
{
    "name": "MongoDB",
    "type": "database",
    "count" : 1,
    "versions": [ "v3.2", "v3.6", "v4.0" ],
    "info": { x: 203, y: 102 }
}
Document document = new Document("name", "MongoDB")
                .append("type", "database")
                .append("count", 1)
                .append("versions", Arrays.asList("v3.2", "v3.6", "v4.0"))
                .append("info", new Document("x", 203).append("y", 102));
```

2) 插入文档

(1) 插入一个文档。要将单个文档插入集合，可以使用集合的 insertOne()方法。如果文档中未指定_id 字段，MongoDB 会自动将_id 字段添加到插入的文档中。

```
collection.insertOne(document);
```

(2) 插入多个文档。要添加多个文档，可以使用集合的 insertMany()方法来获取要插入的文档列表。

首先创建文档集合(List <Document>)；然后将文档集合插入数据库集合中(collection.insertMany(List <Document>))。示例代码如下：

```
import java.util.*;
import org.bson.Document;
Document document = new Document("name", "MongoDB")
                .append("type", "database")
```

```
                .append("count", 1)
                .append("versions", Arrays.asList("v3.2", "v3.6", "v4.0"))
                .append("info", new Document("x", 203).append("y", 102));
List<Document> documents = new ArrayList<Document>();
documents.add(document);
collection.insertMany(documents);
system.out.println(collection.count());
```

如果要计算集合中的文档数，可以使用集合的 count()方法。

2. 查询文档

如果要查询集合，可以使用集合的 find()方法。用户可以调用不带任何参数的方法来查询集合中的所有文档，也可以通过查询条件来获取与条件匹配的文档。

find()方法返回一个 FindIterable()对象实例，该对象实例为链接其他方法提供了一个流畅的接口。

1）查询并返回集合中的第一个文档

如果要返回集合中的第一个文档，请使用不带任何参数的 find()方法，并使用 find().first()方法。如果集合为空，则操作返回 null。以下示例打印在集合中找到的第一个文档。

```
Document document = collection.find().first();
System.out.println(document.toJson());
```

2）查询并返回集合中的所有文档

如果要查询集合中的所有文档，可以使用不带任何参数的 find()方法。如果要遍历结果，请使用 find().iterator()。以下示例查询集合中的所有文档并打印返回的文档：

```
import com.mongodb.client.FindIterable;
import com.mongodb.client.MongoCursor;
MongoCursor<Document> cursor = collection.find().iterator();
try {
    while (cursor.hasNext()) {
        System.out.println(cursor.next().toJson());
    }
} finally {
    cursor.close();
}
```

Java 接口 MongoCursor 称为游标，表示 MongoDB 服务器中的一组文档。在使用查找操作查询集合时，常返回一个 MongoCursor 对象，而不是向 Java 应用程序返回全部文档，这让用户能够在 Java 中以受控的方式访问文档。MongoCursor 对象以分批的方式从服务器取回文档，并使用一个索引来迭代文档。在迭代期间，当索引到达当前那批文档的末尾时，将从服务器取回下批文档。在上面的示例中，使用 while 循环和 hasNext()方法来判断是否到达了游标末尾。

3）指定查询条件

如果要查询符合特定条件的文档，需将过滤器对象传递给 find()方法。为了便于创建过滤器对象，JDBC 驱动程序提供了过滤器助手。

例如要查找字段 type 的值为“database”的第一个文档，需传递 eq 过滤器对象以指定相等条件：

```
import com.mongodb.client.model.Filters;
myDoc = collection.find(Filters.eq("type", "database")).first();
System.out.println(myDoc.toJson());
```

以下示例返回并打印"count"< 10 的所有文档：

```
Block < Document > printBlock = new Block < Document >() {
    @Override
    public void apply(final Document document) {
        System.out.println(document.toJson());
    }
};
collection.find(Filters.lt("count", 10)).forEach(printBlock);
```

该示例使用 FindIterable 对象上的 forEach()方法将 Block 应用于每个文档。

3. 更新文档

如果要更新集合中的文档，可以使用集合的 updateOne()和 updateMany()方法，需要传递给这些方法两个参数：

一是用于确定要更新的文档的过滤器对象。为了便于创建过滤器对象，Java 驱动程序提供了过滤器助手。如果要指定空过滤器（即匹配集合中的所有文档），可使用空的 Document 对象。

二是指定修改的更新文档。有关可用运算符的列表请参阅更新运算符。update()方法返回一个 UpdateResult 对象，它提供有关操作的信息，包括更新修改的文档数。

1）更新单个文档

如果要更新最多一个文档，可使用 updateOne()。

以下示例更新满足过滤器的第一个文档 count 等于 1 并将 count 的值设置为 10：

```
import com.mongodb.client.model.Filters;
import org.bson.Document;
collection.updateOne(Filters.eq("count", 1), new Document(" $ set", new Document("count",
10)));
```

2）更新多个文档

如果要更新与过滤器匹配的所有文档，可使用 updateMany()方法。

对于 count 小于 10 的所有文档，以下示例将 count 的值递增 5：

```
import com.mongodb.client.result.UpdateResult;
import com.mongodb.client.model.Filters;
import com.mongodb.client.model.Updates;
UpdateResult updateResult = collection.updateMany(Filters.lt("count", 10), Updates.inc
("count", 5));
System.out.println(updateResult.getModifiedCount());
```

4. 删除文档

如果要从集合中删除文档，可以使用集合的 deleteOne()和 deleteMany()方法。将过滤器对象传递给方法以确定要删除的文档。为了便于创建过滤器对象，JDBC 驱动程序提供了过滤器助手。如果要指定空过滤器(即匹配集合中的所有文档)，可使用空的 Document 对象。delete()方法返回一个 DeleteResult 对象，它提供有关操作的信息，包括删除的文档数。

1）删除与过滤器匹配的单个文档

如果要最多删除与过滤器匹配的单个文档，可使用 deleteOne()方法：

以下示例删除最多一个符合过滤器 count 等于 10 的文档：

```
collection.deleteOne(Filters.eq("count", 10));
```

2）删除与过滤器匹配的所有文档

如果要删除与过滤器匹配的所有文档，可使用 deleteMany()方法。

以下示例删除 count 大于或等于 10 的所有文档：

```
import com.mongodb.client.result.DeleteResult;
DeleteResult deleteResult = collection.deleteMany(Filters.gte("count", 10));
System.out.println(deleteResult.getDeletedCount());
```

10.6 SQL Server 2016 数据库连接示例

本节讨论使用 JDBC 专门的数据库驱动程序连接并访问 SQL Server 2016 数据库。

10.6.1 使用 JDBC 连接 SQL Server 2016 数据库

在连接 SQL Server 2016 数据库前，需要先启动“配置工具”下面的“SQL Server 2016 配置管理器”，如图 10-18 所示，将“MSSQLSERVER 的协议”中的 TCP/IP 协议设置为已启用。同时，双击 TCP/IP 行，弹出如图 10-19 所示的“TCP/IP 属性”对话框。这里需要将 IP1 的 IP 地址修改为“127.0.0.1”或“localhost”，将“IP2 已启用”选择“是”，将 IPAll 的 TCP 端口改为 1433，单击“确定”按钮。用同样的方法开启客户端的 TCP/IP，端口也设置为 1443,如图 10-20 所示。

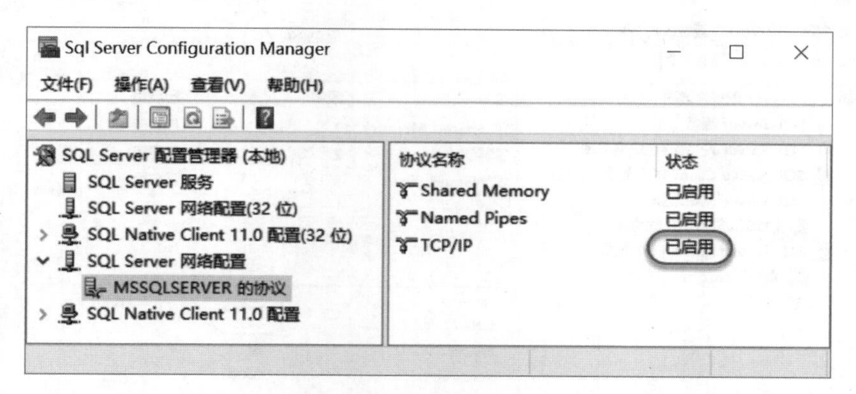

图 10-18 在 SQL Server 配置管理器中将 TCP/IP 协议设置为已启用

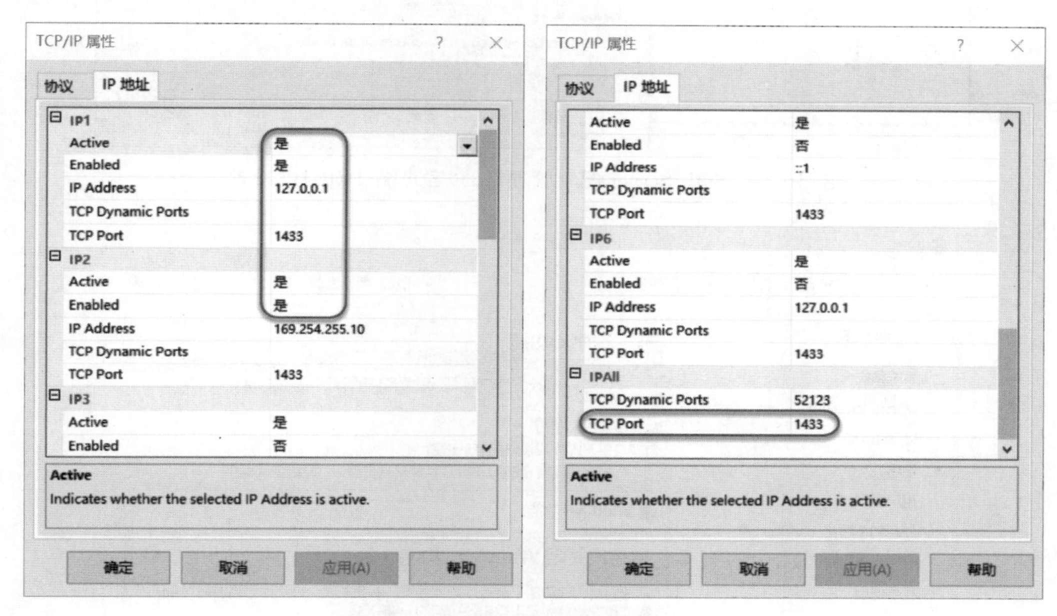

图 10-19 配置“TCP/IP 属性”对话框

在实际的系统开发中,运行 Java 程序的计算机和运行数据库的计算机通常是分开的,这时“localhost”就需要替换成运行数据库的计算机的 IP 地址或者主机名。

然后在 DOS 命令中输入“telnet 127.0.0.1 1433”,如果结果只有一个光标在闪动,那么就说明 127.0.0.1 1433 端口已经打开。如果出现连接主机端口 1433 没打开,就需要更换端口。

如果提示 telnet 不是内部命令,可以打开“控制面板”→“程序”→“启用或关闭 Windows 功能”,然后将“Telnet 客户端”前面的复选框勾选,如图 10-21 所示。

注意:需要把服务器身份验证模式修改为“SQL Server 和 Windows 身份验证模式”,如图 10-22 所示。然后设置准备连接数据库的用户(这里使用系统管理员 sa)的登录属性,单击“状态”,将“登录”设置为“已启用”,如图 10-23 所示。

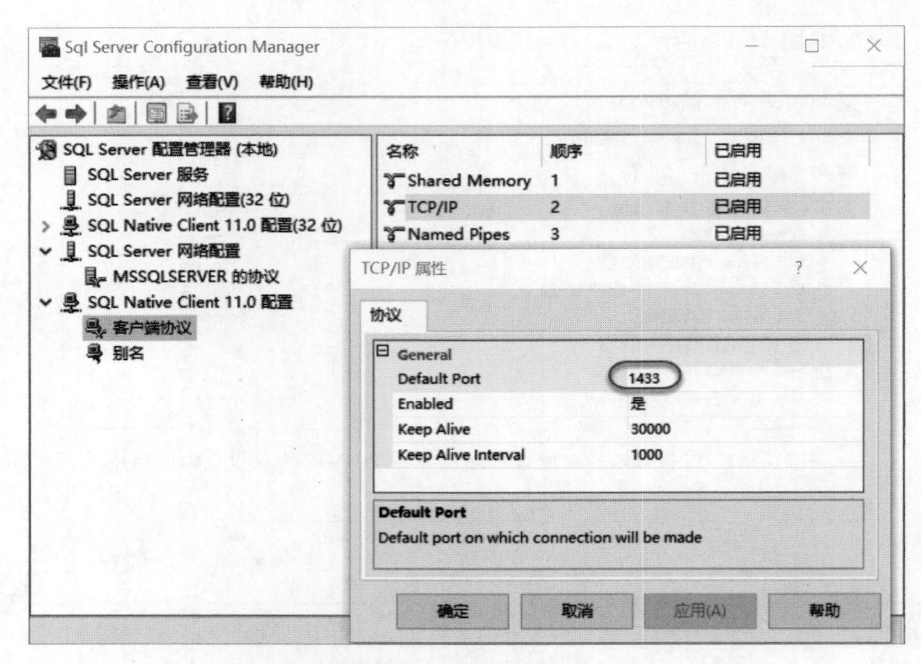

图 10-20 SQL Server 配置管理器的“客户端 TCP/IP”设置

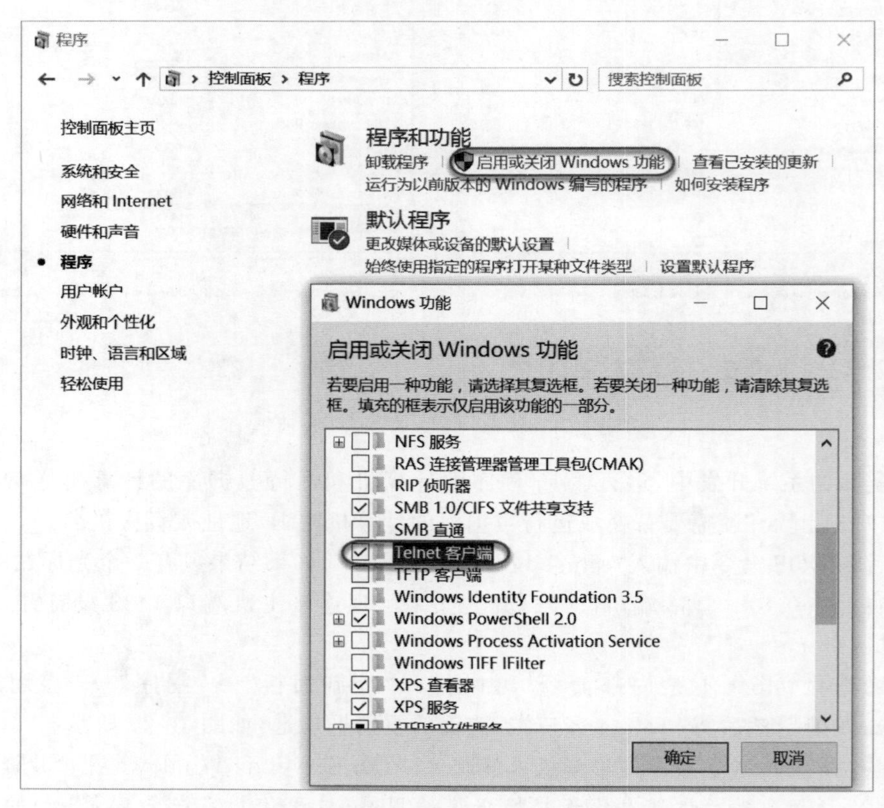

图 10-21 Telnet 客户端设置

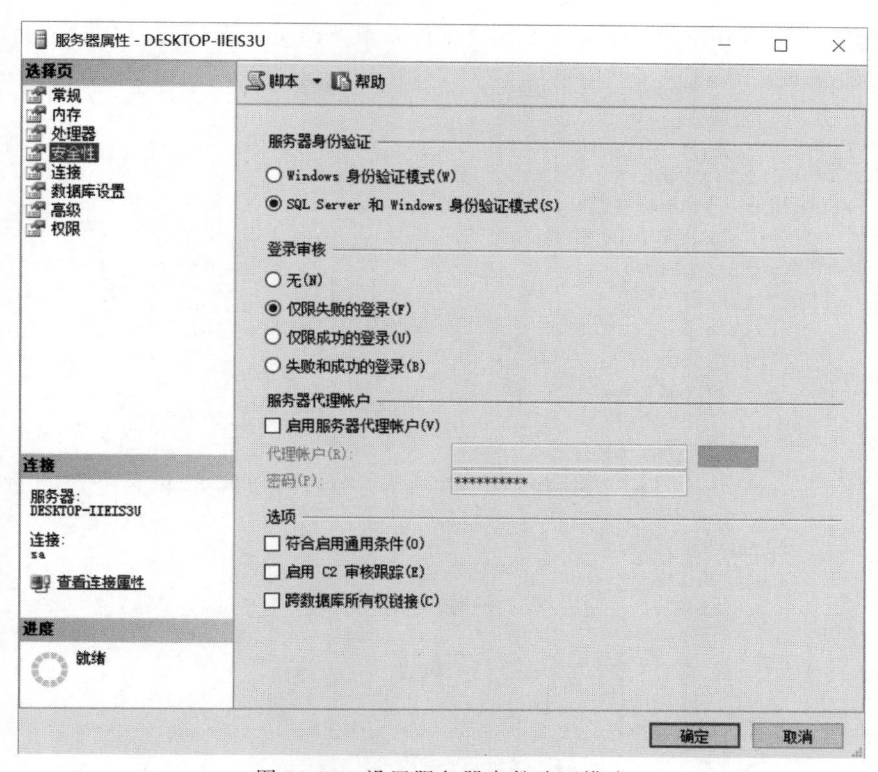

图 10-22　设置服务器身份验证模式

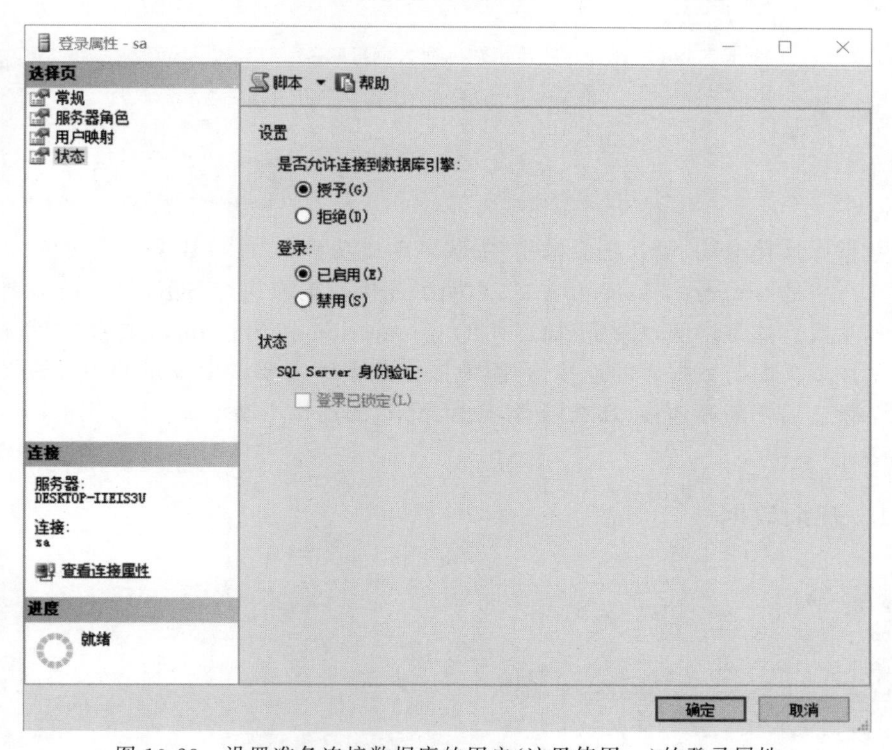

图 10-23　设置准备连接数据库的用户(这里使用 sa)的登录属性

仍然使用前面介绍的 StudentMIS 数据库及其 Student 表,连接数据库的代码如下(TestSqlConnect.java)。

```
import java.sql.*;
public class TestSqlConnect {
    public static void main(String[] args) {
        //创建与 SQL Server 的连接字符串
        String url = "jdbc:sqlserver://127.0.0.1:1433;databaseName = StudentMIS";
        String user = "sa";                //数据库用户
        String password = "123123";        //数据库用户密码
        //声明 SQL Server 连接对象
        Connection con = null;
        try {
            // 1.加载驱动程序
            Class.forName("com.microsoft.sqlserver.jdbc.SQLServerDriver");
            System.out.println("加载驱动成功!");
        } catch(Exception e) {
            e.printStackTrace();
            System.out.println("加载驱动失败!");
        }
        try {
            // 2.获取连接
            con = DriverManager.getConnection(url, user, password);
            System.out.println("连接数据库成功!");
            con.close();                   //关闭连接
        } catch (Exception e) {
            System.out.println("连接数据库失败!");
            e.printStackTrace();
        }
    }
}
```

若数据库连接成功,则系统会输出"加载驱动成功!"和"连接数据库成功!"。

第 1 行中的"import java.sql.*;",声明了连接数据库执行 SQL 语句所需要的 Java 功能。如果没有这条声明,那么下面声明的 Connection 和 Statement 这些类就无法使用了。之所以要关闭与数据库的连接,是因为连接数据库需要占用少量的内存资源。如果在操作结束之后不断开连接,那么随着"残留下来"的连接不断增加,所占用的内存资源会越来越多。

10.6.2 查询数据

```
import java.sql.*;
import java.awt.*;
import javax.swing.*;
public class QueryDemo extends JFrame{
    //创建与 SQL Server 的连接字符串
```

```
    private String dbURL = "jdbc:sqlserver://127.0.0.1:1433;databaseName = StudentMIS";
    private String user = "sa";                                       //数据库用户
    private String password = "123123";                               //数据库用户密码
    private JTable table;
    public QueryDemo(){
        super("显示学生数据库查询结果");                                   //调用父类构造函数
        String[] columnNames = {"姓名","出生日期","性别","地址"};  //列标题名
        Object[][] rowData = new Object[5][4];                        //表格数据
        try{
            //装载数据库驱动
            Class.forName("com.microsoft.sqlserver.jdbc.SQLServerDriver");
            //获取连接
            Connection con = DriverManager.getConnection(dbURL,user,password);
            Statement stmt = con.createStatement();                   //创建 Statement 对象
            //查询语句
            String sql = "SELECT TOP 5 StuName, Birthday, Sex, Address FROM Student";
            ResultSet rs = stmt.executeQuery(sql);                    //执行查询
            int count = 0;
            while (rs.next()){                                        //遍历查询结果
                rowData[count][0] = rs.getString("StuName");          //初始化数组内容
                rowData[count][1] = rs.getDate("Birthday").toString();
                rowData[count][2] = rs.getString("Sex");
                rowData[count][3] = rs.getString("Address");
                count++;
            }
            rs.close();
            stmt.close();
            con.close();                                              //关闭连接
        }
        catch(Exception ex){
            ex.printStackTrace();                                     //输出出错信息
        }
        Container container = getContentPane();                       //获取窗口容器
        table = new JTable(rowData,columnNames);                      //实例化表格
        table.getColumn("出生日期").setMaxWidth(80);                   //设置行宽
        //增加组件
        container.add(new JScrollPane(table),BorderLayout.CENTER);
        setSize(300,200);                                             //设置窗口尺寸
        setVisible(true);                                             //设置窗口可视
        setDefaultCloseOperation(JFrame.EXIT_ON_CLOSE);               //关闭窗口时退出程序
    }
    public static void main(String[] args){
        new QueryDemo();
    }
}
```

执行成功后，输出结果如图 10-24 所示。

显示学生数据库查询结果

姓名	出生日期	性别	地址
张颖	2000-01-01	女	北京
叶斌	1999-12-10	男	内蒙古
张强	1998-10-01	男	河北
李娜	1999-09-10	女	天津
孙浩	2000-04-15	男	上海

图 10-24　查询结果

10.6.3　添加、修改和删除数据

在 Java 程序中，可以使用 INSERT 语句向基本表插入数据、使用 UPDATE 语句修改数据、使用 DELETE 语句删除数据，主要用到的是 Statement 对象，对 Transact-SQL 语句执行主要使用方法 executeUpdate(String sql)，返回值为 int 类型，表示数据库中执行相应操作影响的行数。为了减少篇幅，下面将 3 种操作放在一个文件中进行介绍，在实际中应该分成 3 个文件进行操作。同时，本节中的一些字段值直接给出，主要是为了说明 Transact-SQL 语句的使用，在实际应用中是通过友好的人机接口让用户输入，请参考 Java 数据库编程的相关书籍。

```
import java.sql.*;
public class UpdateDemo {
    //创建与 SQL Server 的连接字符串
    private String dbURL = "jdbc:sqlserver://127.0.0.1:1433;databaseName = StudentMIS";
    private String user = "sa";                          //数据库用户
    private String password = "123123";                  //数据库用户密码
    public UpdateDemo() {
        try{
            Class.forName("com.microsoft.sqlserver.jdbc.SQLServerDriver");
            Connection con = DriverManager.getConnection(dbURL,user,password);
            PreparedStatement ps = null;          //定义 PreparedStatement 对象
            //添加数据的语句示例 1,直接构造 SQL 语句
            String sql1 = "INSERT INTO Student(StuNo,StuName,Birthday,Sex,Address)";
            sql1 = sql1 + " values('41756101','王平','1999 - 8 - 8','男','北京市')";
            ps = con.prepareStatement(sql1);      //获取 PreparedStatement 对象
            ps.executeUpdate();

            //添加数据的语句示例 2,带参数的 SQL 语句
            String sql2 = "INSERT INTO student(StuNo,StuName,Birthday,Sex,Address) values
(?,?,?,?,?)";
            ps = con.prepareStatement(sql2);      //获取 PreparedStatement 对象
            ps.setString(1, "41756102");
            ps.setString(2, "王美丽");
            ps.setDate(3, Date.valueOf("1999 - 5 - 15"));
            ps.setString(4, "女");
            ps.setString(5, "辽宁省铁岭市");
            ps.executeUpdate();
```

```
            //删除数据的语句
            String sql3 = "DELETE FROM Student WHERE StuNo = ?";
            ps = con.prepareStatement(sql3);        //获取 PreparedStatement 对象
            ps. setString(1, "41756101");           //删除编号为 41756101 的学生
            ps.executeUpdate();

            //修改数据的语句示例,可以直接构造 SQL 语句,下面介绍带参数的 SQL 语句
            String sql4 = "UPDATE Student SET StuName = ?, Birthday = ?, Sex = ? where StuNo = ?";
            ps = con.prepareStatement(sql4);        //获取 PreparedStatement 对象
            ps.setString(1,"张华");
            ps.setDate(2,Date.valueOf("1999 - 6 - 19"));
            ps.setString(3,"男");
            ps.setString(4, "41756102");            //修改编号为 41756102 的学生
            ps.executeUpdate();
            ps.close();
            con.close();                            //关闭连接
        }
        catch(Exception ex){
            ex.printStackTrace();                   //输出出错信息
        }
    }
    public static void main(String[ ] args){
        new UpdateDemo();
    }
}
```

前面介绍了数据库的操作,所返回的 ResultSet 对象只能对单向游标移动操作和获取列的数据进行操作。下面介绍可滚动和可更新的结果集。可滚动的 ResultSet 是指在结果集对象上不仅可以向前访问结果集中的记录,还可以向后访问结果集中的记录;可更新的 ResultSet 是指不仅可以访问结果集中的记录,还可以更新结果集对象。

10.6.4 可滚动的 ResultSet

如果要使用可滚动的 ResultSet 对象,必须使用 Connection 对象的带参数的 createStatement()方法创建的 Statement,然后在该对象上创建的结果集才是可滚动的,该方法的格式为:

```
public Statement createStatement(int resultType, int concurrency)
```

如果这个 Statement 对象用于查询,那么这两个参数决定 executeQuery()方法返回的 ResultSet 是否为一个可滚动、可更新的 ResultSet。

参数 resultType 的取值应为 ResultSet 接口中定义的下面常量:

(1) ResultSet. TYPE_SCROLL_SENSITIVE;

(2) ResultSet. TYPE_SCROLL_INSENSITIVE;

(3) ResultSet. TYPE_FORWARD_ONLY。

前两个常量用于创建可滚动的 ResultSet。如果使用 TYPE_SCROLL_SENSITIVE 常量,当数据库发生改变时,这些变化对结果集是敏感的,即数据库变化对结果集可见;如果使用 TYPE_SCROLL_INSENSITIVE 常量,当数据库发生改变时,这些变化对结果集是不敏感的,即这些变化对结果集不可见。使用 TYPE_FORWARD_ONLY 常量将创建一个不可滚动的结果集。

对于可滚动的结果集,ResultSet 接口提供了下面移动游标的方法。

(1) public boolean previous() throws SQLException:游标向前移动一行,如果存在合法的行,返回 true,否则返回 false。

(2) public boolean first() throws SQLException:移动游标使其指向第 1 行。

(3) public boolean last() throws SQLException:移动游标使其指向最后 1 行。

(4) public boolean absolute(int rows) throws SQLException:移动游标使其指向指定的行。

(5) public boolean relative(int rows) throws SQLException:以当前行为基准相对游标的指针,rows 为向后或向前移动的行数。rows 若为正值是向前移动,若为负值是向后移动。

(6) public boolean isFirst() throws SQLException:返回游标是否指向第 1 行。

(7) public boolean isLast() throws SQLException:返回游标是否指向最后 1 行。

10.6.5 可更新的 ResultSet

在使用 Connection 的 createStatement(int,int)创建 Statement 对象时,指定第 2 个参数的值决定是否创建可更新的结果集,该参数也使用 ResultSet 接口中定义的常量,如下所示:

(1) ResultSet.CONCUR_READ_ONLY;

(2) ResultSet.CONCUR_UPDATABLE。

使用第 1 个常量创建只读的 ResultSet 对象,不能通过它更新表;使用第 2 个常量则创建可更新的 ResultSet 对象。例如,下面语句创建的 rst 对象就是可滚动和可更新的结果集对象:

```
Statement stmt = conn.createStatement(ResultSet.TYPE_SCROLL_SENSITIVE,
                ResultSet.CONCUR_UPDATABLE);
ResultSet rst = stmt.executeQuery("SELECT * FROM books");
```

在得到可更新的 ResultSet 对象后,就可以调用适当的 updateX()方法更新当前行指定的列值。对于每种数据类型,ResultSet 都定义了相应的 updateX()方法。

(1) public void updateInt(int columnIndex, int x):用指定的整数 x 的值更新当前行指定的列的值,其中 columnIndex 为列的序号。

(2) public void updateInt(String columnName, int x):用指定的整数 x 的值更新当前行指定的列的值,其中 columnName 为列名。

(3) public void updateString(int columnIndex, String x):用指定的字符串 x 的值

更新当前行指定的列的值，其中 columnIndex 为列的序号。

(4) public void updateString(String columnName, String x)：用指定的字符串 x 的值更新当前行指定的列的值，其中 columnName 为列名。

每个 updateX()方法都有两个重载的版本，一个是第 1 个参数是 int 类型的，用来指定更新的列号；另一个是第 1 个参数是 String 类型的，用来指定更新的列名。第 2 个参数的类型与要更新的列的类型一致。有关其他方法请参考 Java API 文档。

下面是通过可更新的 ResultSet 对象更新表的方法。

(1) public void updateRow() throws SQLException：执行该方法后，将用当前行的新内容更新结果集，同时更新数据库。

(2) public void cancelRowUpdate() throws SQLException：取消对结果集当前行的更新。

(3) public void moveToInsertRow() throws SQLException：将游标移到插入行。它实际上是一个新行的缓冲区。当游标处于插入行时，调用 updateX()方法用相应的数据修改每列的值。

(4) public void insertRow() throws SQLException：将当前新行插入到数据库中。

(5) public void deleteRow() throws SQLException：从结果集中删除当前行，同时从数据库中将该行删除。

在使用 updateX()方法更新当前行的所有列之后，调用 updateRow()方法把更新写入表中，调用 deleteRow()方法从一个表或 ResultSet 中删除一行数据。

如果要插入一行数据，首先应该使用 moveToInsertRow()方法将游标移到插入行，当游标处于插入行时，调用 updateX()方法用相应的数据修改每列的值，最后调用 insertRow()方法将新行插入到数据库中。在调用 insertRow()方法之前，该行所有的列都必须给定一个值。在调用 insertRow()方法之后，游标仍位于插入行。这时可以插入另外一行数据，或者移回到刚才 ResultSet 记住的位置(当前行位置)。通过调用 moveToCurrentRow()方法返回到当前行。用户也可以在调用 insertRow()方法之前通过调用 moveToCurrentRow()方法取消插入。

下面的代码说明了如何在 Student 表中修改一个学生的信息：

```
Statement stmt = con.createStatement(ResultSet.TYPE_SCROLL_SENSITIVE,ResultSet.CONCUR_
UPDATABLE);
String sql = "SELECT StuNo, StuName FROM Student WHERE StuNo = '41756101'";
ResultSet rs = stmt.executeQuery(sql);
rs.next();
rs.updateString(2, "赵宏");
rs.updateRow();                    //更新当前行
```

10.7 MongoDB 数据库连接示例

本节讨论使用专门的 MongoDB JDBC 驱动程序连接并访问 MongoDB 数据库。

10.7.1 使用 JDBC 连接 MongoDB 数据库

```
import com.mongodb.MongoClient;
import com.mongodb.client.MongoDatabase;
public class TestConnect {
    public static void main(String[] args) {
        try {
            //连接到 MongoDB 服务器
            MongoClient mongoClient = new MongoClient("localhost", 27017);
            //连接到数据库
            MongoDatabase mongoDatabase = mongoClient.getDatabase("studentMIS");
            System.out.println("成功连接到数据库:" + mongoDatabase.getName() + "!");
            //If MongoDB in secure mode, authentication is required.
            //boolean auth = db.authenticate(myUserName, myPassword);
            //System.out.println("Authentication: " + auth);
        } catch (Exception e) {
            System.err.println(e.getClass().getName() + ": " + e.getMessage());
        }
    }
}
```

若数据库连接成功,则系统会输出“成功连接到数据库：studentMIS!”。

10.7.2 插入数据

```
import java.util.*;
import org.bson.Document;
import com.mongodb.MongoClient;
import com.mongodb.client.MongoCollection;
import com.mongodb.client.MongoDatabase;
public class InsertDemo {
    public static void main(String args[])
    {
        try{
            //连接到 MongoDB 服务器
            MongoClient mongoClient = new MongoClient("localhost",27017);
            //连接到数据库
            MongoDatabase mongoDatabase = mongoClient.getDatabase("studentMIS");
            System.out.println("成功连接到数据库!");
            //创建集合
            MongoCollection<Document> collection = mongoDatabase.getCollection("test");
            System.out.println("集合 test 选择成功");
            //插入文档
            Document document = new Document("title", "MongoDB").
                append("description", "database").
                append("likes", 100).
```

```
                append("by", "Fly");
            List<Document> documents = new ArrayList<Document>();
            documents.add(document);
            collection.insertMany(documents);
            System.out.println("文档插入成功");
        }catch(Exception e)
        {
            System.err.println(e.getClass().getName() + ":" + e.getMessage());
        }
    }
}
```

10.7.3 查询数据

```
import org.bson.Document;
import com.mongodb.MongoClient;
import com.mongodb.client.FindIterable;
import com.mongodb.client.MongoCollection;
import com.mongodb.client.MongoCursor;
import com.mongodb.client.MongoDatabase;
public class QueryDemo {
    public static void main(String[] args) {
        try{
            //连接到 MongoDB 服务器
            MongoClient mongoClient = new MongoClient( "localhost" , 27017 );
            //连接到数据库
            MongoDatabase mongoDatabase = mongoClient.getDatabase("studentMIS");
            System.out.println("成功连接到数据库!");
            //创建集合
            MongoCollection<Document> collection = mongoDatabase.getCollection("test");
            System.out.println("集合 test 选择成功");
            //检索所有文档
            //可以使用 MongoCollection 类中的 find()方法来获取集合中的所有文档
            //此方法返回一个游标,所以用户需要遍历这个游标
            /**
             * 1. 获取迭代器 FindIterable<Document>
             * 2. 获取游标 MongoCursor<Document>
             * 3. 通过游标遍历检索出的文档集合
             **/
            FindIterable<Document> findIterable = collection.find();
            MongoCursor<Document> mongoCursor = findIterable.iterator();
            while(mongoCursor.hasNext()){
                System.out.println(mongoCursor.next());
            }
        }catch(Exception e){
            System.err.println( e.getClass().getName() + ": " + e.getMessage() );
        }
    }
}
```

10.7.4 修改和删除数据

```
import org.bson.Document;
import com.mongodb.MongoClient;
import com.mongodb.client.FindIterable;
import com.mongodb.client.MongoCollection;
import com.mongodb.client.MongoCursor;
import com.mongodb.client.MongoDatabase;
import com.mongodb.client.model.Filters;
public class UpdateDemo {
    public static void main(String[] args) {
        try{
                //连接到 MongoDB 服务器
                MongoClient mongoClient = new MongoClient( "localhost" , 27017 );
                //连接到数据库
                MongoDatabase mongoDatabase = mongoClient.getDatabase("studentMIS");
                System.out.println("成功连接到数据库!");
                //创建集合
                MongoCollection<Document> collection = mongoDatabase.getCollection("test");
                System.out.println("集合 test 选择成功");
                //可以使用 MongoCollection 类中的 updateMany()方法来更新集合中的文档
                //更新文档:将文档中 likes = 100 的文档修改为 likes = 200
                collection.updateMany(Filters.eq("likes", 100), new Document("$set",new
Document("likes",200)));
                //检索查看结果
                FindIterable<Document> findIterable = collection.find();
                MongoCursor<Document> mongoCursor = findIterable.iterator();
                while(mongoCursor.hasNext()){
                    System.out.println(mongoCursor.next());
                }
                //删除符合条件的第一个文档
                collection.deleteOne(Filters.eq("likes", 200));
                //删除所有符合条件的文档
                collection.deleteMany (Filters.eq("likes", 200));
                //检索查看结果
                findIterable = collection.find();
                mongoCursor = findIterable.iterator();
                while(mongoCursor.hasNext()){
                    System.out.println(mongoCursor.next());
                }
        }catch(Exception e){
                System.err.println( e.getClass().getName() + ": " + e.getMessage() );
        }
    }
}
```

10.8　本章知识点小结

本章详细介绍了如何使用目前比较流行的 Java 语言和 SQL Server 2016 开发 C/S 体系结构的学生管理系统，以及使用 Java 语言访问和操作 MongoDB 的示例。首先介绍了 Java 开发环境的搭建；然后介绍了 Java 数据库编程的基础知识，着重介绍了如何使用 JDBC 访问和操作两种数据库；最后以一个典型的学生管理系统为例，介绍开发数据库系统的步骤和方法。本章只是介绍了 Java 与数据库的连接及其开发框架，在此基础上读者可以进一步完善和优化提供的例程。

附录A

实验指导

实验1　SQL Server 2016 管理工具的使用

一、实验目的

1. 了解 SQL Server 2016 服务器配置和登录方法。
2. 了解 SQL Server Management Studio 的启动以及“对象资源管理器”的使用方法。
3. 掌握 SQL Server Management Studio 中常用操作界面和“查询编辑器”的使用方法。
4. 了解数据库、表及其他数据库对象。

二、实验内容

1. 了解 SQL Server 2016 支持的身份验证模式。
2. 练习启动、暂停和关闭 SQL Server 2016 的某一服务器。
3. 了解 SQL Server Management Studio 中“对象资源管理器”目录树的结构。
4. 掌握在“查询编辑器”中执行 SQL 语句的方法。
5. 了解数据库、表及其他数据库对象。

三、实验步骤

1. 启动 SQL Server Management Studio。

SQL Server 2016 提供了比以前版本更加丰富的工具，用来设计、开发、部署和管理数据库。SQL Server Management Studio 是 SQL Server 2016 中最重要的管理工具，集数据库开发、管理、分析等多种功能于一体，其启动过程如图 A-1 所示。

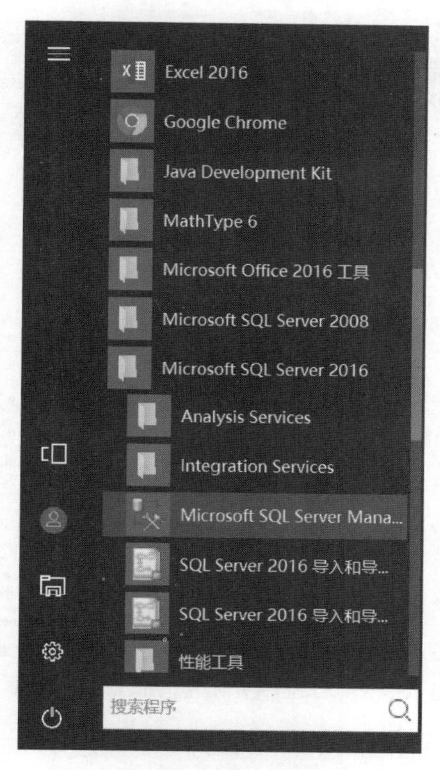

图 A-1 启动 SQL Server 2016

操作步骤如下：

单击“开始”按钮，选择“程序”，然后选择 Microsoft SQL Server 2016，单击 SQL Server Management Studio，打开“连接到服务器”对话框，如图 A-2 所示。

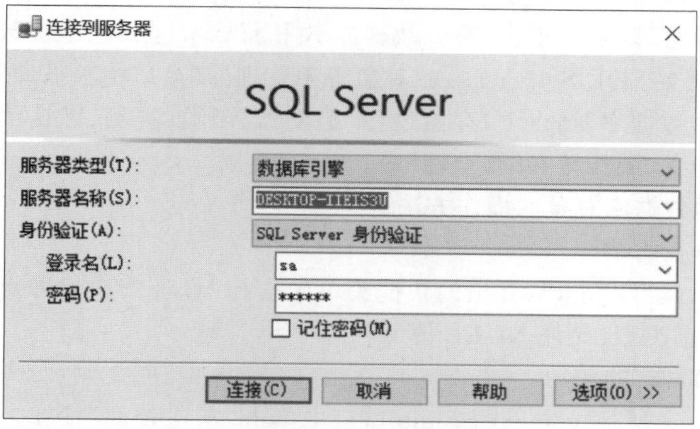

图 A-2 “连接到服务器”对话框

在打开的“连接到服务器”对话框中使用系统默认设置连接服务器，输入密码，然后单击“连接”按钮，完成与本地服务器的连接，系统显示 SQL Server Management Studio 窗口，如图 A-3 所示。

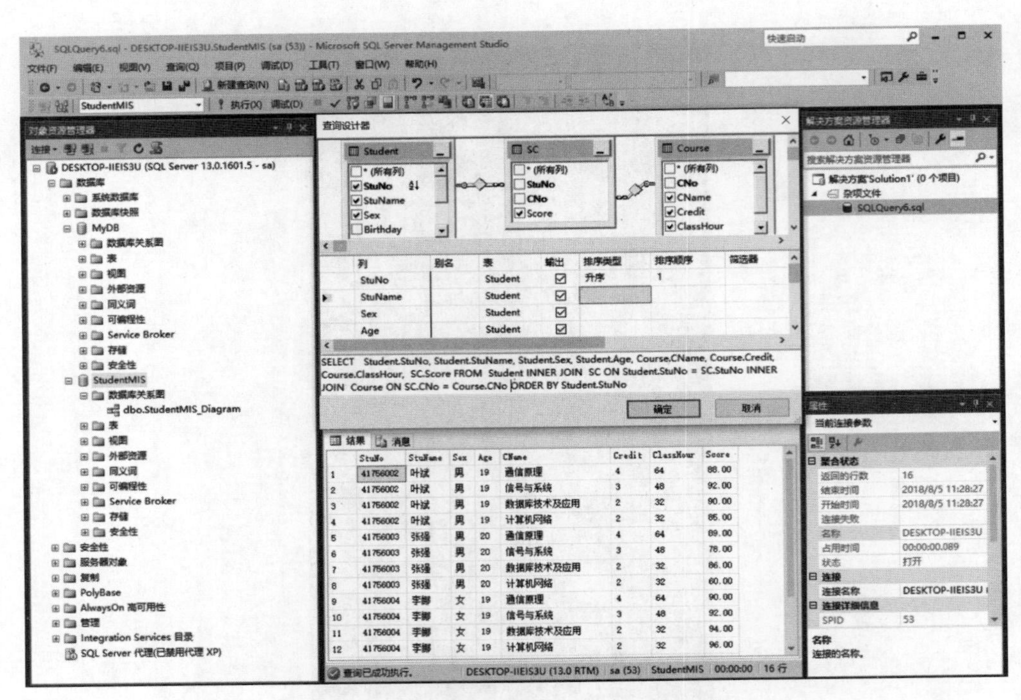

图 A-3　SQL Server Management Studio 窗口

在 SQL Server Management Studio 窗口中，左边是“对象资源管理器”，它以目录树的形式组织对象；中间是操作界面，分为 3 个窗口，从上到下分别是“查询设计器”窗口、“查询编辑器”窗口、“结果显示”窗口；右边是“解决方案资源管理器”窗口和“属性”窗口。

2. 了解系统数据库和数据库的对象。

在安装 SQL Server 2016 后，系统生成了 5 个数据库，即 master、model、msdb、resource 和 tempdb。

在“对象资源管理器”中单击“系统数据库”，下面显示这 5 个系统数据库。选择系统数据库 master，观察 SQL Server 2016“对象资源管理器”窗口中数据库对象的组织方式。其中，表、视图在“数据库”结点下，存储过程、触发器、函数、类型、默认值、规则等在“可编程性”中，用户、角色、架构等在“安全性”中。

3. 尝试不同数据库对象的操作方法。

4. 认识基本表的结构。

选择某个表，然后右击，从弹出的快捷菜单中选择“设计”，之后即可查看表的具体构成，包括列名、数据类型、允许 NULL 值等。

5. “查询编辑器”的使用。

在 SQL Server Management Studio 窗口中单击“新建查询”按钮，在“对象资源管理器”的右边会出现“查询编辑器”窗口，如图 A-4 所示，在该窗口中输入下列命令：

```
USE msdb
SELECT * FROM MSdbms
GO
```

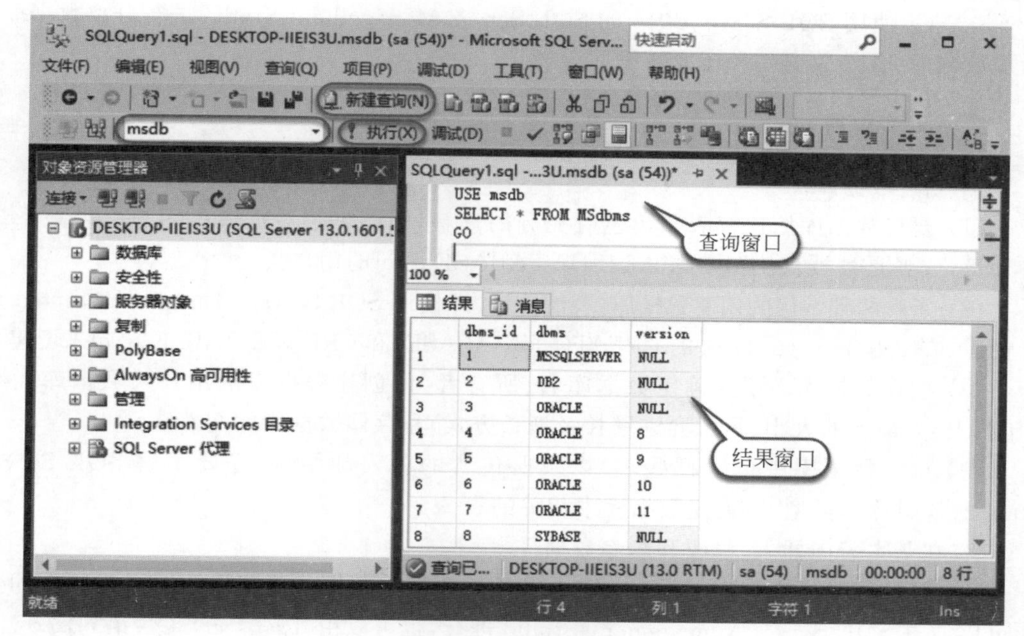

	dbms_id	dbms	version
1	1	MSSQLSERVER	NULL
2	2	DB2	NULL
3	3	ORACLE	NULL
4	4	ORACLE	8
5	5	ORACLE	9
6	6	ORACLE	10
7	7	ORACLE	11
8	8	SYBASE	NULL

图 A-4 查询命令和执行结果

单击“执行”按钮，执行结果如图 A-4 所示。

如果在 SQL Server Management Studio 窗口上的可用数据库下拉列表框中选择当前数据库为 msdb，则 USE msdb 命令可以省略。

使用 USE 命令选择当前数据库为 StudentMIS 的语句如下：

```
USE StudentMIS
```

实验 2 数据库和表的创建及维护

一、实验目的

1. 了解 SQL Server 2016 数据库的逻辑结构和物理结构。
2. 熟练掌握在 SQL Server 2016 环境下创建数据库、修改数据库和删除数据库。
3. 熟练掌握在 SQL Server 2016 环境下创建和修改基本表并向表中插入数据，在操作的同时理解数据库、基本表、属性、关键字等关系数据库中的基本概念。
4. 掌握在 SQL Server 2016 的 SQL Server Management Studio 中对基本表中的数据进行更新操作。
5. 了解各种约束的作用，并了解 SQL Server 2016 的常用数据类型。
6. 掌握使用 Transact-SQL 语句创建数据库和表。
7. 掌握使用 Transact-SQL 语句对基本表进行插入(INSERT)、修改(UPDATE)和删除(DELETE 或 TRANCATE TABLE)操作。

8. 熟悉使用 SQL Server 2016 的 SQL Server Management Studio 进行分离数据库、附加数据库、备份数据库和还原数据库等操作。

二、实验内容

1. 创建数据库。

(1) 要对数据库用户权限和角色有充分的理解，能够创建数据库的用户必须是系统管理员，或者是被授权使用 CREATE DATABASE 语句的用户。

(2) 了解两种常用的创建数据库、表的方法，即使用 SQL Server Management Studio 直接创建，或使用 Transact-SQL 的 CREATE DATABASE 和 CREATE TABLE 语句来创建。

(3) 创建数据库必须要确定数据库名、所有者(即创建数据库的用户)、数据库大小(初始大小、最大的大小、是否允许增长及增长方式)和存储数据库的文件。

(4) 确定数据库中包含哪些表，以及所包含的各表的结构，还要了解 SQL Server 2016 的常用数据类型，以创建数据库中相关的表。

2. 在基本表中插入、修改和删除数据。

(1) 了解对基本表数据的插入、修改、删除都属于表数据的更新操作。对表数据的操作可以通过 SQL Server Management Studio 进行，也可以由 Transact-SQL 语句实现。

(2) 掌握 Transact-SQL 中用于对基本表数据进行插入、修改和删除的命令分别是 INSERT、UPDATE 和 DELETE(或 TRANCATE TABLE)，要特别注意在执行插入、修改、删除等数据更新操作时必须保证数据完整性。

(3) 使用 Transact-SQL 语句对基本表数据进行插入、修改和删除，比在 SQL Server Management Studio 中操作基本表数据更为灵活，功能更强大。

三、实验步骤

假设建立一个学生管理信息系统，其数据库名为“StudentMIS”，初始大小为 100MB，最大为 1GB，数据库自动增长，增长方式是按 10%比例增长；日志文件初始为 10MB，最大可增长到 50MB(默认为不限制)，按 5MB 增长。数据库的逻辑文件名为 StudentMIS，物理文件名为“D:\DATA \StudentMIS. mdf”；事务日志的逻辑文件名和物理文件名分别为 StudentMIS_log 和“D:\DATA \StudentMIS. ldf”。数据库 StudentMIS 包含下列 3 个表。

(1) 学生信息表：表名为 Student，描述学生相关信息。

(2) 课程表：表名为 Course，描述课程相关信息。

(3) 学习成绩表：表名为 SC，描述学习成绩相关信息。

各表的结构分别如表 A-1～表 A-3 所示。

表 A-1 学生信息表(Student)的结构

序号	字段说明	字段名称	数据类型	必填项	主键	备注
1	学号	StuNo	char(8)	Y	Y	
2	姓名	StuName	nvarchar(64)	Y		
3	性别	Sex	nvarchar(4)	Y		

续表

序　号	字段说明	字段名称	数据类型	必填项	主　键	备　注
4	出生日期	Birthday	date			
5	专业编号	MajorNo	nvarchar(4)			
6	籍贯	Address	nvarchar(256)			
7	入学时间	EnTime	date			

表 A-2　课程表(Course)的结构

序　号	字段说明	字段名称	数据类型	必填项	主　键	备　注
1	课程号	CNo	char(6)	Y	Y	
2	课程名	CName	nvarchar(64)	Y		唯一性约束
3	学分	Credit	int			默认值为 2
4	学时数	ClassHour	int			默认值为 32

表 A-3　学习成绩表(SC)的结构

序　号	字段说明	字段名称	数据类型	必填项	主　键	备　注
1	学号	StuNo	char(8)	Y	Y	
2	课程号	CNo	char(6)	Y	Y	
3	成绩	Score	decimal(18，2)			

1．在 SQL Server 2016 的“对象资源管理器”中创建 StudentMIS 数据库。

使用系统管理员用户以 SQL Server 身份验证方式登录 SQL Server 服务器，在“对象资源管理器”窗口中选择“数据库”结点，然后右击，在弹出的快捷菜单中选择“新建数据库”命令，打开“新建数据库”对话框。

在“新建数据库”对话框的“常规”选项卡中输入数据库名“StudentMIS”，所有者为默认值；在“数据库文件”下方的列表框中分别设置“数据文件”和“日志文件”的增长方式和增长比例，设置完成后单击“确定”按钮完成数据库的创建。

2．使用 SQL Server Management Studio 删除 StudentMIS 数据库。

在“对象资源管理器”中选择数据库 StudentMIS，然后右击，在弹出的快捷菜单中选择“删除”命令，在打开的“删除对象”对话框中单击“确定”按钮，执行删除操作。

3．使用 Transact-SQL 语句创建数据库 StudentMIS。

在“查询编辑器”窗口中输入以下语句：

```
CREATE DATABASE StudentMIS
ON
(NAME = 'StudentMIS',
FILENAME = 'D:\DATA\StudentMIS.mdf', SIZE = 100MB, MAXSIZE = 1GB, FILEGROWTH = 10 % )
LOG ON
(NAME = 'StudentMIS _Log',
FILENAME = 'D:\DATA\StudentMIS.ldf', SIZE = 10MB, MAXSIZE = 50MB, FILEGROWTH = 5MB)
GO
```

单击工具栏上的“执行”按钮，执行上述语句，并在“对象资源管理器”窗口中查看执行结果。如果“数据库”列表中未列出 StudentMIS 数据库，则右击“数据库”，选择“刷新”命令。

4. 使用 SQL Server Management Studio 创建和删除 Student、Course 和 SC 表。

在“对象资源管理器”中展开数据库 StudentMIS，选择“表”，然后右击，在弹出的快捷菜单中选择“新建表”命令，在“表设计”窗口中输入 Student 表的各字段信息，单击工具栏中的“保存”按钮，在弹出的“保存”对话框中输入表名 Student，最后单击“确定”按钮即创建了 Student 表。按同样的操作过程创建 Course 和 SC 表。

在“对象资源管理器”中展开数据库 StudentMIS，选择 StudentMIS 中的“表”结点，右击其中的 dbo. Student 表，在弹出的快捷菜单中选择“删除”命令，打开“删除对象”对话框。在“删除对象”对话框中单击“显示依赖关系”按钮，打开“Student 依赖关系”窗口。在该窗口中确认 Student 表确实可以删除，之后单击“确定”按钮，返回“删除对象”对话框。在“删除对象”对话框中单击“确定”按钮，完成 Student 表的删除。按同样的操作过程删除 Course 和 SC 表。

5. 使用 Transact-SQL 语句创建 Student、Course 和 SC 表。

在“查询编辑器”窗口中输入以下 Transact-SQL 语句：

```
USE StudentMIS
CREATE TABLE Student
(   StuNo char(8) NOT NULL PRIMARY KEY,
    StuName nvarchar(64) NOT NULL,
    Sex nvarchar(4) DEFAULT '男',
    Birthday date NULL,
    MajorNo nvarchar(4) NULL ,
    Address nvarchar(256) NULL,
    EnTime date NULL
)
GO
```

单击工具栏上的“执行”按钮，执行上述语句，即可创建 Student 表。

按同样的操作过程创建 Course 和 SC 表，但要注意主键的定义方法。

6. 使用 SQL Server Management Studio 和 Transact-SQL 语句分别为 Student、Course 和 SC 表各输入 10 条数据。

在“对象资源管理器”中展开数据库 StudentMIS，选择要进行操作的表 Student，然后右击，在弹出的快捷菜单中选择“编辑前 200 行”命令，进入“表数据”窗口。在此窗口中，表中的记录按行显示，每条记录占用一行。用户可通过“表数据”窗口向表中加入 10 条记录，输完一行记录后将光标移到下一行即保存了上一行记录。注意，输入的数据要符合字段的数据类型，且两条记录的主键不能重复。

同时尝试使用 SQL Server Management Studio 修改和删除数据。

重点掌握使用 Transact-SQL 语句中的 INSERT 语句、UPDATE 语句和 DELETE 语句完成数据的增加、修改和删除操作。

7. 熟悉使用 SQL Server 2016 的 SQL Server Management Studio 进行分离数据库、附加数据库、备份数据库和还原数据库等操作。

(1) 首先在 SQL Server Management Studio 中分离 StudentMIS 数据库，然后刷新数据库，观察数据库的变化，这时该数据库可以移动和复制，最后再附加 StudentMIS 数据库。

(2) 创建一个名为 mydisk 的备份设备。

(3) 创建 StudentMIS 数据库的完整备份到 mydisk 备份设备。

(4) 将一条记录添加到学生表中，然后创建 StudentMIS 数据库的差异备份到 mydisk 备份设备。

(5) 删除 StudentMIS 数据库。

(6) 利用 mydisk 备份设备还原 StudentMIS 数据库，观察数据库的变化。

四、实验报告内容及要求

完成实验报告，写出实验的操作过程和使用的 Transact-SQL 语句、实验步骤及结果、实验中的问题及解决方案。

实验 3　数据库查询

一、实验目的

熟练掌握 Transact-SQL 语言，熟练掌握数据查询中的分组、统计、计算和组合的操作方法，掌握用 Transact-SQL 命令创建视图、使用视图和删除视图的方法。

1. 掌握 SELECT 语句的基本语法和查询条件的表示方法。
2. 掌握连接查询的表示。
3. 掌握子查询和嵌套查询的表示。
4. 掌握 SELECT 语句的统计函数(AVG()、SUM()、MAX()、MIN()、COUNT())的使用方法。
5. 掌握 SELECT 语句的 GROUP BY 和 ORDER BY 子句的作用和使用方法。
6. 熟悉视图的概念和作用，掌握视图的创建、查询和修改方法。

二、实验内容

1. 使用 Transact-SQL 语言实现复杂查询。
2. 使用 Transact-SQL 语言定义视图。

三、实验步骤

1. 在学生管理信息系统数据库 StudentMIS 中，根据自己在实验 2 的数据库里增加的数据，使用 SQL Server 2016 中的“查询编辑器”输入 Transact-SQL 查询语句，实现以下数据查询操作：

(1) 查询选修某一课程(例如数据库技术)的学生的学号和姓名。

(2) 查询某一课程的成绩高于某个学生(例如张三)的学生的学号和成绩。

(3) 查询某一专业中比另外一个专业的某一学生年龄小的学生。

(4) 查询没有选修某一课程的学生的姓名。

(5) 查询所有被学生选修了的课程号。

(6) 查询选修某一课程的人数。

(7) 查询某一专业女学生的姓名、出生日期以及籍贯。

(8) 查询所有姓李的学生的个人信息。

(9) 查询课程名为“数据库技术”的课程的平均成绩、最高分、最低分。

(10) 查询成绩为空的学生的姓名。

(11) 查询所有与学生“张三”有相同选修课程的学生的信息。

(12) 查询年龄为18～22岁的学生的信息。

(13) 查询选修某一课程的学生的学号及其成绩,并按成绩降序排列。

(14) 查询全体学生信息,要求查询结果按专业号升序排列,同一专业的学生按年龄降序排列。

(15) 查询选修3门以上课程的学生的学号和姓名。

(16) 统计每个学生选修课程的门数。

(17) 查询年龄大于男学生平均年龄的女学生的姓名和年龄。

2. 在学生管理信息系统数据库StudentMIS中,使用SQL Server 2016中的“查询编辑器”的Transact-SQL命令定义如下视图:

(1) 建立某一专业(例如通信工程专业)的学生视图。

(2) 有学生、课程和成绩3个表,定义某一专业(例如通信工程专业)的学生成绩视图,其属性包括学号、姓名、课程号、课程名和成绩。

(3) 查看以上定义的两个视图,并删除它们。

四、思考题

1. 在使用存在量词EXISTS的嵌套查询时,何时外层查询的WHERE条件为真?何时为假?

2. 在什么情况下需要使用关系别名?别名的作用范围是什么?

3. 在用UNION或UNION ALL将两个SELECT命令结合为一个时,结果有何不同?

4. 当既能用连接词查询又能用嵌套查询时,应该选择哪种查询比较好?为什么?

5. 库函数能否直接使用在SELECT选取目标、HAVING子句、WHERE子句、GROUP BY列名中?

6. 视图如何使用?

五、实验报告内容及要求

完成实验报告,写出实验过程中使用的Transact-SQL语句、实验步骤及结果、实验中的问题及解决方案。

实验4 SQL Server 2016的安全性管理

一、实验目的

1. 熟悉SQL Server 2016对数据访问进行安全性控制的策略和技术。

2. 熟悉有关用户、角色及操作权限等概念。

3. 掌握数据控制中授权和回收权限的概念和操作方法。

4. 掌握使用Transact-SQL进行自主存取控制的方法。

5. 熟悉视图机制在自主存取控制中的应用。

二、实验内容

1. 使用Transact-SQL对数据进行自主存取控制,包括创建用户、用户授权、创建角色、给角色授权、权限收回、授权/收回权限级联。

2. 在对用户权限操作完成之后,查看已授权的用户是否真正具有授予的数据操作权限;在权限收回操作执行之后,看用户是否确实丧失了收回的数据操作的权限。

3. 以下操作都是在实验2中所建立的数据库StudentMIS上进行。

三、实验步骤

1. 在服务器级别上创建3个以SQL Server身份验证的登录名,登录名自定。

2. 创建用户:分别为3个登录名在StudentMIS数据库映射3个数据库用户,数据库用户名为Tom、Mary和John,使这3个登录名可以访问StudentMIS数据库。

3. 用户授权:给数据库用户Tom、Mary和John赋予不同的权限,然后查看是否真正拥有被授予的权限。

4. 收回权限:将上面授予的权限部分收回,检查收回后该用户是否真正失去了相应的操作权限。

5. 使用SQL Server Management Studio管理数据库角色:包括创建角色、给角色授权,通过角色来实现将一组权限授予一个用户。

6. 两个同学为一组(自由搭配),在自己的数据库服务器上分别为对方创建一个登录名,并授予一定的权限,然后用对方为自己创建的登录名和对方的数据库服务器建立连接,进行登录,对对方的数据库服务器进行操作。试试看不同的权限能做的操作是否相同。

四、实验报告要求

按照上述实验步骤完成实验报告,写出实验过程中具体的操作、实验步骤及结果、实验中的问题及解决方案。

实验5　数据库系统开发(综合设计型实验)

一、实验目的

1. 掌握数据库基本原理,理解关系数据库的设计方法,设计一个数据库应用系统,培养学生对所学知识综合运用的能力。

2. 掌握以Java语言开发平台Eclipse作为开发工具、以SQL Server 2016和MongoDB作为后台数据库进行数据库应用系统开发的步骤,实现增加、修改、删除和查询等功能,培养学生的动手实践能力。

二、实验内容

用SQL Server 2016和MongoDB实现一个自己比较熟悉的管理信息系统(例如教学管理系统、销售管理系统、图书管理系统、社交网络)的数据库设计和应用,完成以下5项内容。

1. 数据库设计:系统分析、概念设计、逻辑结构设计、物理结构设计。
2. 设计E-R图。
3. 设计系统的关系数据模型和文档模型。
4. 建立数据库和数据库中的各种对象。
5. 使用Java语言实现该管理信息系统的增加、修改、删除和查询等功能。

三、实验步骤

用SQL Server 2016和MongoDB实现一个管理信息系统的数据库设计和应用。

1. 需求分析:要求全面描述系统的信息需求和处理需求。

2. 数据库的概念设计、逻辑设计与物理设计:要求画出系统的E-R图。

3. 数据库和基本表的创建:将E-R图转化为关系模式,并对关系模式进行规范化处理。

(1) 详细描述系统需要的基本表及属性。

(2) 说明基本表的关键字、外关键字及被参照关系。

(3) 说明基本表中数据的约束条件。

(4) 图示各基本表间的关系。

4. 数据查询:要求掌握简单查询和条件查询,掌握连接查询、嵌套查询的用法,完成实验报告,写出实验过程中使用的Transact-SQL语句和MongoDB shell命令。

5. 数据库对象的设计。

(1) 设计若干数据表或文档。

(2) 设计两个视图。

6. 使用Java语言实现该管理信息系统,创建和配置数据源,完成编码工作。

四、思考题

1. 数据库设计过程包括哪几个部分?
2. 如何将概念模型转化为数据模型?

五、实验报告要求

编写设计说明书,内容如下:

1. 题目:*** 管理信息系统。
2. 管理信息系统功能描述。
3. E-R 图。
4. 关系模型。
5. 数据库所含数据表名称及结构,参考实验 2 的表格格式。
6. 设计 3～5 个查询,分别用条件查询、连接查询、嵌套查询,写出查询使用的 Transact-SQL 语句和 MongoDB shell 命令。
7. 数据库表和视图的设计,描述功能及 Transact-SQL 语句脚本。
8. 系统结果展示及主要源代码。

实验报告模板

*** 大学实验报告

学院：　　　　　　专业：　　　　　　班级：

姓名：　　　　　　学号：　　　　　　实验日期：　　年　　月　　日

实验名称：

实验目的：

实验环境：

实验内容：

实验步骤：

实验结果与分析：

思考题：

参考文献

[1] 王珊,萨师煊. 数据库系统概论[M]. 5版. 北京：高等教育出版社,2014.

[2] 萨师煊,王珊. 数据库系统概论[M]. 4版. 北京：高等教育出版社,2006.

[3] 王珊. 数据库系统概论. 学习指导与习题解析[M]. 4版. 北京：高等教育出版社,2008.

[4] 贾铁军,徐方勤. 数据库原理及应用 SQL Server 2016[M]. 北京：机械工业出版社,2017.

[5] MICK. SQL 基础教程[M]. 孙森,罗勇,译. 2版. 北京：人民邮电出版社,2017.

[6] Stephens R,Plew R,Jones A D. SQL 入门经典[M]. 井中月,郝记生,译. 5版. 北京：人民邮电出版社,2011.

[7] 钱冬云. SQL Server 2014 数据库应用技术[M]. 北京：清华大学出版社,2017.

[8] 马忠贵,曾广平. 数据库技术及应用：Microsoft SQL Server 2008+Java[M]. 北京：国防工业出版社,2012.

[9] 孙亚男,郝军. SQL Server 2016 从入门到实战[M]. 北京：清华大学出版社,2018.

[10] 吴秀丽,杜彦华,丁文英,等. 数据库技术与应用——SQL Server 2016[M]. 北京：清华大学出版社,2018.

[11] 邓立国,佟强. 数据库原理与应用：SQL Server 2016 版本[M]. 北京：清华大学出版社,2017.

[12] 何玉洁. 数据库原理与应用[M]. 3版. 北京：机械工业出版社,2017.

[13] 曾建华,梁雪平. SQL Server 2014 数据库设计开发及应用[M]. 北京：电子工业出版社,2016.

[14] 李春葆,曾慧,尹为民,等. 新编数据库原理习题与解析[M]. 北京：清华大学出版社,2013.

[15] Sarka D, Radivojevió M, Durkin W. SQL Server 2016 Developer's Guide[M]. Birmingham Packt Publishing,2017.

[16] 微软公司. SQL Server 2016 教程[EB/OL]. https://docs.microsoft.com/zh-cn/sql/sql-server/tutorials-for-sql-server-2016? view=sql-server-2016.

[17] 微软公司. SQL Server 2016 文档[EB/OL]. https://docs.microsoft.com/zh-cn/sql/sql-server/sql-server-technical-documentation? view=sql-server-2016.

[18] Connolly T M,Begg C E. Database Systems——A Practical Approach to Design,Implementation, and Management[M]. 6th ed. Pearson Education Limited,2015.

[19] 廖瑞华. 数据库原理与应用[M]. 北京：机械工业出版社,2010.

[20] 黄德才. 数据库原理及其应用教程[M]. 3版. 北京：科学出版社,2010.

[21] 朝乐门. 数据科学[M]. 北京：清华大学出版社,2016.

[22] 林子雨. 大数据技术原理与应用[M]. 2版. 北京：人民邮电出版社,2017.

[23] (日)佐佐木达也. NoSQL 数据库入门[M]. 罗勇,译. 北京：人民邮电出版社,2012.

[24] Dayley B. MongoDB 入门经典[M]. 米爱中,译. 北京：人民邮电出版社,2015.

[25] Banker K,Bakkum P,Verch S,等. MongoDB 实战[M]. 徐雷,徐扬,译. 2版. 武汉：华中科技大学出版社,2017.

[26] 张泽泉. MongoDB 游记之轻松入门到进阶[M]. 北京：清华大学出版社,2017.

[27] Edward S G,Sabharwal N. MongoDB 实战：架构、开发与管理[M]. 蒲成,译. 北京：清华大学出版社,2017.

[28] Marchioni F. MongoDB for Java Developers[M]. Birmingham Packt Publishing,2015.

[29] Bierer D. MongoDB 4 Quick Start Guide[M]. Birmingham Packt Publishing,2018.

[30] Giamas A. Mastering MongoDB 3. x[M]. Birmingham Packt Publishing,2017.

[31] Hows D,Plugge E,Membrey P,等. MongoDB大数据处理权威指南[M].王肖峰,译.3版.北京:清华大学出版社,2017.

[32] 刘瑜,刘胜松. NoSQL数据库入门与实践(基于MongoDB、Redis)[M].北京:水利水电出版社,2018.

[33] MongoDB Inc. MongoDB Java Driver [EB/OL]. http://mongodb. github. io/mongo-java-driver/.

[34] MongoDB Inc. The MongoDB 4. 0 Manual [EB/OL]. https://docs. mongodb. com/manual/.

[35] 3T Software Labs GmbH. MongoDB Tutorials [EB/OL]. https://studio3t. com/knowledge-base/categories/mongodb-tutorials/.

图书资源支持

感谢您一直以来对清华版图书的支持和爱护。为了配合本书的使用，本书提供配套的资源，有需求的读者请扫描下方的“书圈”微信公众号二维码，在图书专区下载，也可以拨打电话或发送电子邮件咨询。

如果您在使用本书的过程中遇到了什么问题，或者有相关图书出版计划，也请您发邮件告诉我们，以便我们更好地为您服务。

我们的联系方式：

地　　址：北京市海淀区双清路学研大厦 A 座 701

邮　　编：100084

电　　话：010-83470236　010-83470237

资源下载：http://www.tup.com.cn

客服邮箱：tupjsj@vip.163.com

QQ：2301891038（请写明您的单位和姓名）

资源下载、样书申请

书圈

扫一扫，获取最新目录

课　程　直　播

用微信扫一扫右边的二维码，即可关注清华大学出版社公众号“书圈”。